Philologus

Zeitschrift für antike Literatur und ihre Rezeption /
A Journal for Ancient Literature and its Reception

Supplemente / Supplementary Volumes

Herausgegeben von / Edited by
Sabine Föllinger, Therese Fuhrer,
Tobias Reinhardt, Jan Stenger, Martin Vöhler

Band 12

Emrys Schlatter
Der Tod auf der Bühne

Emrys Schlatter

Der Tod auf der Bühne

Jenseitsmächte in der antiken Tragödie

DE GRUYTER

ISBN 978-3-11-061104-5
e-ISBN (PDF) 978-3-11-061269-1
e-ISBN (EPUB) 978-3-11-061126-7
ISSN 2199-0255

Library of Congress Control Number: 2018948743

Bibliografische Information der Deutschen Nationalbibliothek
Die Deutsche Nationalbibliothek verzeichnet diese Publikation in der Deutschen Nationalbibliografie; detaillierte bibliografische Daten sind im Internet über http://dnb.dnb.de abrufbar.

Satz: 3w+p GmbH, Rimpar
Druck und Bindung: CPI books GmbH, Leck

www.degruyter.com

A. M. H. gewidmet

Vorwort

Dieses Buch ist die geringfügig überarbeitete Fassung meiner Doktorarbeit, die im Sommersemester 2017 von der Fakultät für Sprach- und Literaturwissenschaften der Ludwig-Maximilians-Universität München angenommen worden ist. Das Konzept entstand am Department for Classics an der Universität Harvard und wurde in der Graduiertenschule *Distant Worlds* an der LMU München von 2013 bis 2016 umgesetzt und großzügig gefördert. Fertiggestellt wurde die Arbeit am Institut für Religionswissenschaft an der Freien Universität Berlin.

Vom Anfang bis zur Vollendung, in München wie in Berlin, hat meine unermüdliche Doktormutter Prof. Dr. Susanne Gödde die Arbeit immer mit vollem Einsatz und Wohlwollen, zugewandter Förderung und inspirierender Diskussion begleitet. Sie hat die idealen Bedingungen für Forschung und Entwicklung von Ideen geschaffen, ohne die die Realisierung dieser Arbeit nicht denkbar gewesen wäre. Ich danke ihr sehr herzlich und an erster Stelle, wenngleich mir bewusst ist, dass der ihr gehörige Dank damit nur unzureichend ausgedrückt ist.

Besonderer Dank gilt auch den weiteren Kommissionsmitgliedern für ihren Einsatz und ihre Akribie: Prof. Dr. Hose danke ich für wichtige Anregungen und seine Unterstützung im Rahmen der Graduiertenschule *Distant Worlds*. Für frische Impulse zum Thema Tod und Tragödie sowie ihren Beistand über die Disputatio hinaus danke ich Prof. Dr. Claudia Wiener.

Die Arbeit gedieh in der Münchener Graduiertenschule *Distant Worlds*, und allen dortigen Principal Investigators und Fellows, Kollegen und Diskutanten gebührt mein großer Dank. Insbesondere danke ich Dr. Polly Lohmann, die jedes Kapitel „hot off the press" mit genauem Blick las, sowie Dr. Olivier Dufault, Dr. Jenn Finn, PhD, Dr. Mélanie Flossmann-Schütze, Dr. Katja Kröss, Dr. Markus Löx, PD Dr. Verena Schulz, Martin Stahl und Laurien Zurhake. Dr. Isabella Wiegand sei an dieser Stelle für ihre Anteilnahme an allen Phasen der Promotion und ihr kritisches Korrekturlesen herzlich gedankt.

Den Herausgebern der Reihe *Philologus. Supplemente*, speziell Prof. Dr. Therese Fuhrer, danke ich für die Aufnahme meiner Arbeit. Ebenfalls bedanke ich mich bei den beiden anonymen Gutachtern für deren wertvolle Hinweise und genaue Lektüre. Schließlich bin ich De Gruyter für freundliche und unkomplizierte verlegerische Betreuung, Dr. Annamaria Peri für ihre philologische Unterstützung sowie Nathalie Schuler und Rudi Schmid für ihre schnelle und kompetente Hilfe bei der Druckvorbereitung zu Dank verpflichtet.

Am Anfang war diese Arbeit nur eine Idee. Sie erwuchs in einer Umgebung, die ebenso inspirierend war wie die, in der sie ausgearbeitet wurde. Dr. Yumna Broadhead, Prof. Dr. Gregory Nagy, Teresa Wu und vor allem Prof. Dr. Emma Dench, die einerseits mich mit Rat und Humor und andererseits meine Auseinandersetzung mit den *Chthonioi* in manch angeregtem Gespräch gefördert hat, sei hier stellvertretend für viele andere gedankt.

https://doi.org/10.1515/9783110612691-001

Ein letzter, wichtiger Dank gilt meinem Lehrer Albert Henrichs, der mich mit dem ihm eigenen übersprudelnden Enthusiasmus und mit väterlicher Großzügigkeit in Wort und Tat unterstützt hat. Die Anregung zum vorliegenden Buch und einige wesentliche Grundgedanken gehen auf unsere Zusammenarbeit zurück; unsere Gespräche und unser Austausch in den letzten Jahren haben die Arbeit immer wieder neu belebt und insbesondere die Studien zu Aischylos sowie die Untersuchungen zur *Alkestis* bereichert.

Berlin, im August 2018 — Der Verfasser

Inhalt

I Einleitung

Chthnonioi. Zur Präsenz des Todes und der Toten

Der Tod ist ein Grundelement der antiken Tragödie. Gerade aus seiner zerstörerischen, aber auch verwandelnden Macht entspringt eine produktive Kraft, deren poetisches Potential im attischen Drama des fünften vorchristlichen Jahrhunderts entwickelt und realisiert wird. Der gewaltsame Tod – denn in der Tragödie stirbt man ja selten ohne Gewalt, wenngleich auch der „natürliche" Tod seine eigene Dramatik hat[1] – kann als Selbstmord Ausdruck tiefsten Leides, als Menschenopfer eine problembehaftete Form der Krisenbewältigung sein und stellt als Mord immer wieder den Versuch dar, die geltenden zwischenmenschlichen Machtverhältnisse zu beeinflussen, aus denen die Tragödie ihre Spannung bezieht. Wenn er eintritt, bildet er stets den Höhepunkt des dramatischen Konflikts, aber trotz seines endgültigen Charakters hebt er nur in Ausnahmefällen die Konfliktsituation auf – viel öfter verschärft, erneuert oder erweitert er gar den Konflikt.

Das Besondere am Tod nämlich ist, dass er den Menschen zwar aus der Welt der Lebenden entfernt, ihn dabei aber weder gänzlich entmachtet noch die Erinnerung an ihn löscht. Er verwandelt sein Opfer, indem er den Menschen zu etwas wesentlich und materiell Anderem macht und seinen Status in der menschlich-göttlichen Ordnung ändert, und er verwandelt dabei auch dessen Verhältnis zu anderen Menschen, ohne jedoch die Verbindung zu den Lebenden zu durchtrennen: Der Tote bleibt eine präsente Macht. Der Anspruch des Menschen auf Ehre und Achtung überdauert das Lebensende und manifestiert sich als Recht auf Betrauerung und Bestattung – sowie auf Rache oder Vergeltung –, und alleine oder mit Hilfe seiner Nächstverwandten und der Götter vermag es der Tote aus dem Jenseits heraus, seine diesseitigen Anliegen durchzusetzen. An den im Diesseits entstandenen Konflikten beteiligen sich nun nicht nur die Lebenden, sondern auch der Tote, dem oft eine besondere Macht oder Autorität zukommt, und die Unterweltsgötter werden ebenfalls involviert, so dass durch den Tod eine neue Machtdynamik erzeugt wird. Nicht allein in seiner emotionalen Schwere beziehungsweise seinem Pathospotential liegt also die dramatische Kraft des Todes, sondern auch darin, dass der Tod Situationen und Charaktere transformiert, das Handlungsfeld erweitert und, indem er gleichsam das Tor zum Jenseits öffnet, neue Gefahren mit sich bringt und Spannungen zwischen Göttern, Lebenden und Toten entstehen lässt. An eben diesem Punkt setzt die vorliegende Arbeit an und untersucht vor dem kulturellen Hintergrund des fünften Jahrhunderts die besondere dramatische Konstellation, die sich ergibt, wenn in der Tragödie die Toten und die

---

1 In den vollständig erhaltenen Tragödien sterben nur Alkestis (Eur. *Alc.*) und Ödipus (Soph. *Oid. K.*) weder durch Mord noch Selbstmord noch Unfall. Zur Dramatik des „natürlichen" Todes siehe Kapitel VIII (Euripides, *Alkestis*).

https://doi.org/10.1515/9783110612691-002

Unterweltsgötter mit den Lebenden interagieren beziehungsweise zu potentiellen oder tatsächlichen Akteuren im diesseitigen Geschehen werden.[2]

Die Präsenz und Wirkungsmacht der Toten und anderer Unterweltsmächte in der attischen Tragödie spiegelt vorrangig dramatische Darstellungsinteressen wider. Die Art, wie sie dargestellt werden, verdankt sich in erster Linie der Verfolgung bestimmter dramaturgischer Zwecke im jeweiligen Theaterstück. Dies schließt jedoch einen Bezug zum antiken Alltag keineswegs aus – im Gegenteil. Denn die Tragödien, die im Folgenden behandelt werden, wurden vor einem großen Theaterpublikum im stark agonalen Kontext der Städtischen Dionysien aufgeführt. Deshalb mussten ihre „Figuren und [deren] Motive wie auch das dramatische Geschehen insgesamt [...] – bei aller dramatisch-poetischen Zuspitzung und Übersteigerung – in der Vorstellungswelt des Publikums möglich sein"[3] und verstehen sich dabei nicht ausschließlich als Schöpfungen der dichterischen Phantasie, sondern auch als äußerst zeit- und kulturbedingte Ausformungen. Ohne einen Bezug zum antiken Alltag wäre die Welt des Dramas – und darin die Darstellung von Jenseitsfiguren und der Umgang mit ihnen – nicht zu denken.

Zum Alltag im fünften vorchristlichen Jahrhundert gehörte die Präsenz des Todes und der Toten in einem Ausmaß, das seit der Vormoderne in industrialisierten westlichen Gesellschaften so nicht mehr besteht. Ob im Krieg oder im Frieden, etwa bei Geburten oder infolge schlechter Arbeitsbedingungen, wegen einer Epidemie (man denke an die Pest von 430 v. Chr.) oder Krankheit, der Tod kam häufiger vor und traf viel öfter die jüngeren Mitglieder der Gesellschaft.[4] Im Unterschied zur Moderne, in der gerne von einer Professionalisierung und Medikalisierung des Sterbens gesprochen wird, wurde in der Antike – abgesehen vom Tod auf dem Schlachtfeld – vorwiegend in häuslicher Umgebung gestorben. Dementsprechend oblagen den Familienangehörigen sämtliche Einzelheiten der Bestattung, einschließlich der Vorbereitung des Leichnams durch Waschung und Salbung und seiner dreitägigen

---

2 Nicht behandelt werden in der vorliegenden Arbeit Trauerriten in der Tragödie, außer wenn sie für das Verständnis der Interaktion zwischen den Lebenden und den *als präsent* bzw. *aktiv* gedachten Toten von Bedeutung sind (z. B. in den *Choephoren* des Aischylos: Siehe hierzu Kapitel III). Trauer- und Bestattungsriten an sich setzen nicht unbedingt die Vorstellung eines präsenten oder aktiven Toten voraus; vgl. Burkert (2011) 291: „Totenbrauch und Totenglaube stehen seit je und überall in gegenseitiger Wechselwirkung nebeneinander, jedoch [...] nicht in strenger Korrelation".

3 Gehrke (1987) 125.

4 Feldmann (2010) 30 f. Die durchschnittliche Lebenserwartung ist (erst) seit der Jahrhundertwende um 1900 gestiegen: „Die Lebenserwartung bei der Geburt hat für die gesamte menschliche Bevölkerung [...] von 30 Jahren um 1900 auf über 50 heutzutage" zugenommen; „25-Jährige hatten [mindestens] vom 16. bis zum 19. Jahrhundert eine Lebenserwartung von ca. 60 Jahren, während sie heute [in Europa] zwischen 70 und 80 Jahren beträgt; 60-Jährige hatten in den frühen Jahrhunderten eine Lebenserwartung von knapp über 70 und heute zwischen 75 und 80; 80-Jährige leben im Durchschnitt noch 4 bis 5 Jahre – diese Lebenserwartung hat sich [mindestens] seit dem 16. Jahrhundert nur minimal verändert", Feldmann (2004) 33 f. Der für das 16. bis 19. Jh. geltenden Statistik soll die Lebenserwartung der griechisch-römischen Antike ungefähr entsprochen haben: Schmitz (2007) 3 – 7, bes. 6.

Aufbahrung.[5] Die darauf folgenden Bestattungs- und Trauerriten bildeten aber keine ausschließlich private Angelegenheit der Nahverwandten, sondern waren öffentlich sichtbar und hörbar, wie unter anderem die Grabaufwandgesetze des Solon bezeugen, die die Ausgestaltung der Bestattungsriten, darunter die Totenklage und die Teilnahme daran, gezielt beschränkten.[6]

Öffentlich, seit dem zweiten Viertel des fünften Jahrhunderts sogar als staatliche Einrichtung gestaltet, waren auch die alljährlich stattfindende Rede auf die Kriegsgefallenen in Athen und die Beisetzung ihrer Asche auf dem Kerameikos, dem Athener Friedhof. Mit dem häufigen Umgang mit dem Tod, den Sterbenden und den Überresten der Verstorbenen ging einerseits ein verstärktes Bedürfnis nach geeigneten Bewältigungstechniken einher, zu denen die eben erwähnten Trauer- und Totenriten zählen, andererseits ein stark ausgeprägtes Bewusstsein vom Tode und von der Präsenz der Toten. Die Verstorbenen waren nicht nur als tote Körper präsent, sondern ihre Gräber blieben als Orte der Erinnerung oder des Kontakts bestehen, und der Toten wurde

---

5 Zur modernen Medikalisierung und Professionalisierung des Todes siehe Feldmann (2010) 140 – 153; zur Theorie einer generellen Verdrängung des Todes, zu der seine Medikalisierung und Professionalisierung gehören, siehe Feldmann (2010) 58 – 78 und *passim*. Solche Tendenzen im modernen Umgang mit dem Tod werden insbesondere von Philippe Ariès (1977) in seiner Mentalitätsgeschichte des Todes hervorgehoben und als charakteristisch für die moderne Einstellung zum Tode bezeichnet. Nach dem stark schematisierenden Modell von Ariès charakterisieren bestimmte Einstellungen zum Tod bestimmte Epochen vom 9. Jahrhundert n. Chr. bis ins 20. Jahrhundert; zur Kritik an diesem Modell vgl. z. B. Borst (1990); Darnton (1990); Feldmann (2010) 65; Fischer (2011); Strange (2005) 18 – 20 mit weiterführender Literatur.

In den Altertumswissenschaften hat Sourvinou-Inwood (1981; 1983; 1995) versucht, zwei der vier von Ariès postulierten Entwicklungsphasen in der Einstellung zum Tod (nämlich die „Zähmung" des Todes und den Fokus auf den eigenen Tod) auf das antike Griechenland gewissermaßen zu übertragen. Sie stellt die schwer belegbare These auf, dass ab ca. 700 v. Chr. eine generelle Todesakzeptanz durch einen „more individual and anxious approach towards one's own death" abgelöst wurde (Sourvinou-Inwood 1981, 17). Kritik an dieser These und der von Sourvinou-Inwood angewandten Methodologie übt v. a. Morris (1989), der argumentiert, es habe vielmehr eine „fundamental continuity in personal attitudes toward death from the earliest times to the Classical period and beyond" gegeben (297). M. E. ist eine teilweise oder völlige Übertragung des ariès'schen Modells auf die griechische Antike wenig ergiebig: In den Text- und archäologischen Quellen der Archaik und Klassik finden sich verschiedene Einstellungen zum Tod, meist in Todesbildern ausgedrückt, die sich mehreren ariès'schen Kategorien zugleich zuordnen lassen. Der Tod wird durch Ritualisierung „gezähmt", aber man setzt sich auch mit dem eigenen Tod auseinander und kümmert sich um sein κλέος; einmal stehen die Emotionalität der Trennung oder die Ästhetisierung des Toten im Zentrum (zu *le beau mort* und *la belle mort* vgl. Vernant 1982), die nach Ariès die Zeit der Fixierung auf den „Tod des anderen" charakterisieren, ein andermal werden der Tod und die Erotik in Verbindung miteinander gebracht (vgl. Rehm 1994, Vernant 1989), was Ariès als Merkmal des „verwilderten Todes" ansieht. Selbst Formen der Todesverdrängung wie etwa die Verleugnung oder Tabuisierung des Todes sowie die Verbergung und das Unsichtbarmachen des Sterbenden oder Toten kommen vor. Alle diese Bilder haben selbstverständlich einen anderen Stellenwert in der Antike als im Christentum des europäischen Mittelalters.

6 Im Kontrast zur antiken Praxis ist in der Moderne der Tod zunehmend privatisiert worden: hierzu Feldmann (2010) 69 f. – Zu Grabaufwandgesetzen in der Antike siehe die umfassende Studie von Engels (1998).

regelmäßig nach der Trauerzeit im Rahmen von Grabbesuchen und den jährlichen Genesia gedacht, die Solon in Athen zu einem staatlichen Fest gemacht haben soll.[7]

Ihre Präsenz wurde jedoch nicht nur als eine passive gedacht, wenngleich die Aktivität der meisten Toten sich in einem relativ begrenzten und regulierten Rahmen bewegte. Der aussagekräftigste Beleg für die Vorstellung ihrer aktiven Gegenwart im Diesseits ist nicht etwa der Verweis auf umherwandernde Totengeister bei Platon oder das von Autoren unterschiedlichster Gattungen dargestellte Interesse der Toten an der Welt der Lebenden, sondern wohl die Stellung der Toten im Kult:[8] An den letzten zwei Tagen des dreitägigen Frühlings- beziehungsweise Dionysosfestes, der Anthesterien, besuchten Familienangehörige zum Beispiel nicht nur die Verstorbenen und brachten ihnen Trank- und Speiseopfer dar, sondern es herrschte ferner die Vorstellung, dass die Verstorbenen ihrerseits die Lebenden besuchten.[9] Auch dem Hermes Chthonios wurden Speiseopfer dargebracht; denn der Kontakt mit Toten schließt stets auch unterirdische oder sonst mit dem Bereich des Todes verbundene Gottheiten mit ein. Spätere Lexikographen überliefern, dass das Ende der Anthesterien als μιαρὰ ἡμέρα beziehungsweise μιαραὶ ἡμέραι bezeichnet wurde, als eine „unreine Zeit" also, in der die Seelen (ψυχαί) der Verstorbenen heraufstiegen und in der man folglich verschiedene Abwehrmaßnahmen traf.[10] Dass die Toten nicht allein in der Literatur als präsent und gefährlich gedacht wurden, belegen ferner zwei Sakralgesetze aus Selinus (5. Jh. v. Chr.) und Kyrene (4. Jh. v. Chr.), die neben anderen Vorschriften Reinigungsriten gegen eindeutig „schädigende" (oder rächende) Geister beinhalten.[11] Im Zusammenhang mit der Präsenz der Toten in Kult, Ritual und Alltag bleibt schließlich zu betonen, dass der Heroenkult, dessen Verbreitung und Wichtigkeit ausgiebig erforscht worden ist, im Kern eine Form der Totenverehrung bildet: Der Heros ist ein besonders mächtiger Toter, dessen oft ortsgebundener Kult als dauerhaft konzipiert und von einer Stadtgemeinde gepflegt wird (mit entsprechend höherem rituellen Aufwand als

---

7 Herodot 4,26 zufolge wurden die Genesia in ganz Griechenland (κατὰ [...] Ἕλληνες) gefeiert. Zu den Genesia und anderen Erinnerungsanlässen: Deubner (1932) 229 f.; Engels (1998) 109; Humphreys (1980) 100 f.; Jacoby (1944); Johnston (1999) 43 – 46; Rohde (1898) Bd. 1, 234 – 236. Zum privaten Grab- bzw. Totenkult im 5. Jh. v. Chr. siehe Hame (1999).

8 Platon: Plat. *Phaid.* 81c10–d9; vgl. Plat. *leg.* 865d5–e6; Plat. *leg.* 927b1 – 4; Xen. *Kyr.* 8,7,18 f. – Interesse der Toten an der Welt der Lebenden: Verweise auf verschiedene nicht-dramatische Textquellen finden sich in den nachfolgenden Einzelkapiteln.

9 Über die Vorstellung einer Wiederkehr der Toten im Rahmen des Anthesterienfestes ist wenig mehr bekannt, als das oben Zusammengefasste; genauere Bezüge zwischen dieser Vorstellung von den Anthesterien und ihrer Dramatisierung in der Tragödie lassen sich aus diesem Grund nicht feststellen.

10 Hesych. μ 1314 (τὰς ψυχὰς τῶν κατοιχομένων ἀνιέναι ἐδόκουν); Phot. s. v. μιαρὰ ἡμέρα (ἐν ὧι δοκοῦσιν αἱ ψυχαὶ τῶν τελευτησάντων ἀνιέναι). Zum Anthesterienfest siehe u. a. Burkert (2011) 358 – 364; Johnston (1999) 63 – 66; Nilsson (1967) Bd. 1, 594 – 598; Parker (2005) 290 – 316; und v. a. Deubner (1932) 93 – 123; van Gaertringen (1894), Hamilton (1992) und Rohde (1898) Bd. 1, 236 – 239 mit Verweis auf die einschlägigen Textquellen.

11 Kyrene: SEG IX 72 = LSS 115; Selinus: Jameson – Jordan – Kotansky (1993) mit Clinton (1996). Zum Stellenwert beider Sakralgesetze und deren Kontextualisierung (einschließlich allgemeiner Bemerkungen zum „Geisterglauben" im 5. Jh. v. Chr.) siehe Geisser (2002) 174 – 190.

im auf die Familiengemeinde beschränkten Totenkult); der Heros wirkt, für die Gemeinschaft schützend oder schadend, vom Jenseits aus in die Welt der Lebenden hinein.[12] Die Griechen des fünften Jahrhunderts leben also bewusst mit dem Tod und nach eigener Vorstellung auch mit den Toten: Vom Sterben und den Bestattungsriten über Trauer und Totenkult bis hin zu Geisterglauben und Heroenverehrung haben in der antiken Lebenswelt der Tod und die Toten eine prominente Präsenz, die sich – in spezifisch dramatischen Brechungen – in der attischen Tragödie niederschlägt.

So präsent wie die Toten in der Welt der Lebenden auch sind, sind sie doch Teil einer anderen Welt. Nach ihrer Bestattung sind sie nämlich der Erde beziehungsweise dem unterirdischen Reich angehörig und werden von der oberen Welt durch die „Grenze" (ὅρος) der Erdoberfläche getrennt, wie das gelegentlich auf sie angewendete lokalisierende Adjektiv χθόνιος klar zum Ausdruck bringt.[13] Denn χθόνιος bezeichnet alles, was unter der Erde liegt, sowie alle göttlichen Mächte, deren Tätigkeitsbereich primär oder teilweise unter der Erde beziehungsweise im Hades ist. Individuell oder als undifferenzierte unterirdische, aus Göttern und Toten bestehende Gemeinschaft werden die Unterweltsmächte als Chthonioi bezeichnet.[14] Doch nicht nur bewohnen die Toten ein entferntes Reich, sondern sie lebten und starben auch in der Vergangenheit und sind insofern immer an jene Zeit gebunden; ferner sind sie durch den Tod wesentlich und materiell anders als die Lebenden geworden und werden von diesen durch die beschriebenen Bestattungs- und Totenrituale zudem rituell getrennt. Diese

12 Zur Definition von Heros (in Abgrenzung zum „normalen" Toten einerseits und den Göttern andererseits) und Heroenkult (in Abgrenzung zum Totenkult) vgl. z. B. Bernard (2001) 48–56 (mit Blick auf die Implikationen des Begriffs „Heros" für die literaturwissenschaftliche Interpretation des *Ödipus auf Kolonos*); Boehringer (2001) 25–46 (mit Blick auf einen in der Archäologie verwendbaren Begriff des Heroenkultes); Currie (2005) 112–116 (ein gründlicher Überblick mit ausführlichen Quellenangaben und weiterführender Bibliographie); Ekroth (2002) 20–22; Farnell (1921) 343–360; Kearns (1989) 1–4 (Problematisierung: „the essence of the hero is elusive"); Rohde (1898) Bd. 1, 146–199 (zu den Heroen und zum Heroenkult) und Rohde (1898) Bd. 1, 216–258 (zum Totenkult); wichtig sind Rohdes Beobachtungen, dass „[d]er Cult, den die Familien den Seelen ihrer Vorfahren widmen, [...] sich von der Verehrung der unterirdischen Götter und der Heroen kaum durch etwas anderes [unterscheidet] als die viel engere Begrenzung der Cultgemeinde" (240) und dass „der Seelencult" wie „aller Cult [...] mehr zu thun [hat] mit dem Verhältniss des Dämons zu den Lebenden als mit dessen Natur und Wesen, wie sie etwa an und für sich betrachtet sich darstellen mögen" (246).

13 Erdoberfläche als Grenze: Vgl. Eur. *Phoen.* 670–672 (in Bezug auf die aus Drachenzähnen gesäten Männer im Gründungsmythos Thebens: ἔνθεν ἐξανῆκε γᾶ / πάνοπλον ὄψιν ὑπὲρ ἄκρων / ὅρων χθονός, „die Erde schickte eine schwer gewappnete Erscheinung über die obersten Grenzen der Erde hinauf", Übs. vom Verfasser).

14 Das Adjektiv beschreibt vornehmlich Götter (z. B. Aischyl. *Ag.* 89; Eur. *Hec.* 78; Hdt. 6,134; Hes. *theog.* 767), bezeichnet aber auch die Verstorbenen (z. B. Eur. *Ion* 1441 f.; Pind. *P.* 5,101), beide zusammen ohne Differenzierung (z. B. Aischyl. *Choeph.* 476; Pind. *P.* 4,159) sowie alles, was sich unter der Erde befindet (z. B. Eur. *Alc.* 902; Eur. *Hipp.* 1201). Zum Begriff vgl. Schlesier (1997). Der Terminus *Chthonioi* wird in der vorliegenden Arbeit nur im obigen Sinne (in Anlehnung an den antiken Gebrauch) verwendet; zur Debatte über eine ausgeprägte Antithese zwischen „chthonisch" und „olympisch" in antiker griechischer Religion und in Ritualpraktiken, auf die hier nicht eingegangen wird, siehe v. a. Schlesier (1994) und Scullion (1994a) sowie den Überblick bei Deacy (2015).

Rituale dienen nicht allein zur Verarbeitung von Tod und Trauer, sondern werden als gebührende Ehrengabe für die Toten verstanden, als γέρας θανόντων, und lassen sich als eine Verpflichtung den Toten gegenüber, unter Umständen gar als Beschwichtigung der Toten, deuten.[15] Indem solche Riten den Übergang in einen anderen existentiellen Status rituell anerkennen, verstärken sie die Grenze, die das Reich der Toten von dem der Lebenden abtrennt. Ebenfalls geht es (unter anderem) im Anthesterienfest nicht um die dauerhafte Durchlässigkeit der – topographischen und temporalen, rituellen und existentiellen – Grenze zwischen oberen und unteren Bereichen, sondern vielmehr um die Verstärkung dieser Grenze durch ihre vorübergehende kontrollierte Aufhebung. Am Schluss des Festes sollen die Totenseelen ja zurück in die Unterwelt verwiesen worden sein mit dem Spruch: Θύραζε Κᾶρες [bzw. Κῆρες], οὐκ ἔτ' Ἀνθεστήρια („Hinaus, ihr Keren, die Anthesterien sind zu Ende!"); somit wurde die Grenze bestätigt und erneuert.[16]

Die scharfe räumliche und zeitliche, existentielle und sogar rituelle Grenze zwischen der Unterwelt und der Welt der Lebenden wird in keiner Gattung häufiger überschritten als in der Tragödie. Dies macht die Tragödie zu einem unbestreitbar wichtigen Zeugnis für Vorstellungen von Tod und Jenseits, von den Toten und den Unterweltsgöttern. Aus diesem Grund sind einzelne Stellen aus dramatischen Texten vor allem in religionswissenschaftlichen Arbeiten über Totenglauben als Quellen herangezogen und gleichwertig mit anderen verfügbaren Quellen behandelt worden.[17] Obwohl diese Herangehensweise zu wertvollen Erkenntnissen führt, läuft sie Gefahr, die Grenze zwischen Realität und Repräsentation verschwinden zu lassen. Wenngleich also die dramatische Vorstellungswelt eine feste Anbindung an die reale Welt hat und den Zuschauern verständlich sein muss, so ist es im Dienste der Verständlichkeit trotzdem nicht erforderlich, dass auf der Bühne die reale Welt abgebildet wird. Insofern, als es sich darin letztendlich um die Fiktionalisierung von als mythisch-historisch verstandenen Ereignissen handelt, stellt die Tragödie selbst nämlich eine

---

15 Als γέρας θανόντων werden die Totenklage und der Bestattungsprozess (Leichenwaschung, Schmückung des Leichnams, Aufbahrung usw.) sowie die Errichtung eines Grabmals bezeichnet: Hom. *Il.* 16,457; 16,675; 23,9; *Od.* 24,190; 24,296; Diskussion bei Garland (1982) und Wagner-Hasel (2006) 206–219. – Zur antiken griechischen Bestattungspraxis im Allgemeinen siehe auch Boardman–Kurz (1971/1985) 169–187; Garland (2001) 21–37; Graves (1891) mit weiteren Quellen; Vermeule (1979) 12–21. – Zur Bedeutung des γέρας der Toten in dramatischen Darstellungen von Kontakt oder gar Beschwichtigung vgl. Kapitel III (Aischylos, *Choephoren*) und VII (Euripides, *Hekabe*).

16 Spruch: Hesych. θ 923; Zenob. Par. 4,33; Übs. Rohde (1898) Bd. 1, 239. Zur Identifizierung der hier genannten Keren mit den Totenseelen: Hesych. κ 2538; Burkert (1997) 250–255; Harrison (1922) 35 f.; Johnston (1999) 64; Nilsson (1967) Bd. 1, 224 f.; Rohde (1898) Bd. 1, 239 f., dagegen Bremmer (1983) 108–123.

17 Z. B. Dieterich (1893), Johnston (1999), Ogden (2009/2010), Otto (1958), Radermacher (1903) und natürlich die bahnbrechende Arbeit von Rohde (1898), der als Erster eine möglichst erschöpfende Quellenbasis zusammengestellt und nach Todes- und Jenseitsvorstellungen bzw. „Seelenkult und Unsterblichkeitsglauben" in der griechischen Antike ausgewertet hat.

problematische Quelle dar.[18] Ebenso voreilig wäre es andererseits, literarische oder dramatische Zeugnisse als reine Fiktion ohne Wirklichkeitsbezug abzutun und dadurch ins gegenteilige Extrem zu verfallen. Vielmehr erweist es sich als erforderlich, einschlägige Textstellen in ihrem jeweils unmittelbaren dramatischen Kontext zu untersuchen, um sie genauer auswerten zu können, und auf diese Weise literaturwissenschaftliche und religionshistorische Ansätze und Erkenntnisinteressen miteinander zu koppeln.

Die folgende Arbeit möchte philologische Ansätze mit literaturwissenschaftlichen Analysen und religionshistorischen Interessen verbinden, um ein gattungsspezifisches und differenziertes Bild der Darstellungen und Vorstellungen von Jenseitsmächten – den aus Toten wie Göttern bestehenden „Chthonioi" – herauszuarbeiten. Die im wesentlichen philologische Vorgehensweise stellt den Text ins Zentrum, versteht ihn jedoch nicht als ein in sich geschlossenes System (Textimmanenz), sondern als Filter, durch den mythologische Vorstellungen und rituelle Praktiken absorbiert und in Einklang mit den Anforderungen des jeweiligen Dramas gebracht werden, indem verschiedene Aspekte geschickt umgestaltet, voneinander isoliert oder miteinander verflochten, hervorgehoben oder abgeschwächt werden.

Die hier gewählte textnahe Herangehensweise hat sich vor allem deswegen empfohlen, weil sie besonders geeignet ist, Nuancen der poetischen Sprache und tiefschichtiger poetischer Bilder freizulegen, die unser Bild und Verständnis der antiken Vorstellungswelt erweitern. Die Notwendigkeit, die Texte im Kontext ihrer Gattung so zu betrachten, dass es möglich ist, sowohl der kulturellen als auch der internen und poetischen Logik der Texte gerecht zu werden, begründet sich ferner aus der Natur des Themenbereiches. Denn einerseits charakterisiert die im fünften Jahrhundert kursierenden Todes- und Jenseitsvorstellungen – einschließlich Vorstellungen vom Totenreich und seinen Bewohnern – eine besondere Variabilität. Selbst wenn sich der Hades und die Toten schon seit Homer und Hesiod in der griechischen Literatur etabliert haben und im antiken griechischen Kosmos einen festen Platz besitzen, kann von einer einheitlichen Eschatologie keine Rede sein. Bereits im homerischen Epos lässt sich beispielsweise neben dem überwiegend düsteren Bild eines schattenhaften Daseins im modrigen Hades eine „positivere" Weiterexistenz, etwa auf den Inseln der Seligen, erkennen und im homerischen Hymnus an Demeter wird das dem Eingeweihten versprochene glückliche Jenseits mit dem Schicksal der Uneingeweihten kontrastiert, die „im modrigen Dunkel" vergingen.[19] Mit dem Bedeutungs-

---

18 Vgl. Aristot. *poet.* 1451b. – Zur allgemeineren Frage nach dem Verhältnis der in der Tragödie vorkommenden religiösen Vorstellungen zu denen des Alltags bzw. zur Tradition und Konvention siehe u. a. Mikalson (1991), Parker (1997), Parker (2005) 136–152, Sourvinou-Inwood (1997); vgl. Sourvinou-Inwood (2003).

19 Inseln der Seligen: Hom. *Od.* 4,561–569; Vergehen in modrigem Dunkel: Hom. *h.* 2,481 f. (ὃς δ' ἀτελὴς ἱερῶν, ὅς τ' ἄμμορος, οὔ ποθ' ὁμοίων / αἶσαν ἔχει φθίμενός περ ὑπὸ ζόφωι εὐρώεντι). Zu diesen zwei „Hauptrichtungen" (d. h. eine düstere versus eine glückliche postmortale Existenz) vgl. Otto (1958) 11–13.

gewinn der Mysterienkulte könnte man einen stärkeren Niederschlag des zweiten, eher „nachhomerischen" Jenseitsbildes im Drama erwarten, doch stattdessen richten die Dramatiker den Fokus auf fast alle anderen Vorstellungen des Jenseits mehr als auf die der Mysterien.[20] Andererseits entsprechen der Variabilität der Jenseitsvorstellungen die ebenfalls variable, gerne als widersprüchlich bezeichnete Charakterisierung der Toten als nah und mächtig oder fern und kraftlos – manchmal sogar innerhalb desselben Dramas – sowie die Ambivalenz aller chthonischen Mächte als Bringer von Schutz und Heil oder Schaden und Gefahr.[21] Diese vermeintliche Widersprüchlichkeit ist vielmehr als eine den Toten eigene Ambivalenz zu verstehen, deren Bedeutung in den folgenden Kapiteln weiter erläutert wird.[22] Dem Dichter steht also ein ganzes Spektrum von Vorstellungen über die Toten und ihr Dasein im Jenseits zur Verfügung, deren Variabilität, ja Plastizität, er sich bedienen kann, um verschiedene Aspekte des kollektiven und individuellen Verhältnisses zum Tod, zu den Toten und den – im Kontrast zum Menschen – unsterblichen Göttern zu inszenieren, kurz: um die Stellung des Menschen im Kosmos zu reflektieren.[23] Es handelt sich also um Reflexionen zu einer fundamentalen anthropologischen Frage und um ihre spezifische Poetik in der Tragödie.

Die Textstellen in der Tragödie, die mit der Todesthematik im Allgemeinen und den Jenseitsmächten im Besonderen zu tun haben, sind zahlreich und das Bild, das sie vermitteln, ist, wie angedeutet, sehr heterogen. Vereinzelte Verweise auf die Unterwelt und die Chthonioi, die sich weder konsequent durch das jeweilige Drama ziehen noch für dessen Handlung oder Atmosphäre von zentraler Bedeutung sind, werden in der vorliegenden Studie hintangestellt zugunsten ganzer Tragödien, in denen die Interaktion mit der Unterwelt einen integralen Bestandteil der Handlung bildet. Weiterhin wird das zu behandelnde Textkorpus auf Tragödien eingegrenzt, in denen der Kontakt zu und die Einwirkung von Unterweltsmächten eine entscheidende Rolle spielen. Dieser thematische Aspekt steht im Mittelpunkt der folgenden Dramenanalysen. Wenn allerdings Kontakt zwischen den Lebenden und dem Totenreich inszeniert wird, stellt er im jeweiligen Drama nie ein isoliertes Phänomen dar, sondern ist in das Handlungs- und Motivgeflecht eingebunden, und das daraus entstehende Bild von den Toten und den chthonischen Göttern verflicht sich notwendigerweise mit Vorstellungen vom Tod und von einem jenseitigen Dasein. Auch diese Vorstellungen, die unterschiedlich ausfallen, gilt es neben den wirkungsmächtigen Chthonioi zu untersuchen.

Von der Einschränkung der Materialbasis auf diejenigen Tragödien, in denen eine aktive Teilnahme der Chthonioi am irdischen Geschehen von den Dramenfiguren er-

---

20 Siehe hierzu Kapitel IX, S. 243–252.

21 Siehe hierzu besonders Kapitel III (Aischylos, *Choephoren*) und VI (Aischylos, *Eumeniden*).

22 Grundsätzlich zur Ambivalenz der Toten: Meuli (1937) und Henrichs (1991).

23 Zu seiner vollen Geltung kommt der gezielte dramaturgische Einsatz von Figuren wie dem Tod, den Toten und den Unterweltsgöttern, der Reflexionen über die Stellung des Menschen im Kosmos anstößt (bzw. anstoßen soll), in der *Alkestis* des Euripides: Ausführlicher dazu siehe Kapitel VI, 1.

wünscht wird oder tatsächlich erfolgt, ist insbesondere Sophokles betroffen. In seinen überlieferten Dramen – vor allem *Antigone* und *Ödipus auf Kolonos*, aber auch in den *Trachinierinnen* und im *Aias* – ist die Unterwelt zwar präsent, nicht jedoch als aktive Macht und in Gestalt handelnder Unterweltsbewohner:[24] Statt die Jenseitsmächte direkt in die Welt der Lebenden eingreifen zu lassen, inszeniert Sophokles in den vier genannten Tragödien vielmehr einen anderen, besonderen Aspekt der Todesthematik, nämlich den – bewussten – Eingang in den Tod. Die Übergangsszenen, die Präsenz des Todes und die Dramatik des Jenseitigen sowie die Rolle des Heroenkultes in den sophokleischen Dramen verdienen daher eine eigene Studie.[25]

Bei Aischylos hingegen spielen die Chthonioi eine vornehmlich aktive Rolle, ja, bei „keinem anderen Tragiker greifen die Toten [und Unterweltsgötter] so direkt in den Bereich der Lebenden ein wie bei Aischylos".[26] In zwei der vollständig erhaltenen Tragödien des Aischylos (den *Choephoren* und den *Persern*) bieten die Charaktere alle rituellen und lyrischen Kräfte auf, um in Kontakt mit einem verstorbenen König zu treten, allerdings zu verschiedenen Zwecken und mit verschiedenen Ergebnissen. Am lebendigsten aber sind die chthonischen Mächte in den *Eumeniden*, in denen Klytaimestras rachsüchtiger Totengeist eine Schar Unterweltsgottheiten, die Erinyen, dazu treibt, den blutschuldigen Orest von Argos über Delphi bis nach Athen zu hetzen. Da die Erinyen eine besonders intensive Auseinandersetzung mit ihrer unergründlichen Komplexität und ihrer Stellung im Kosmos der *Orestie* erfordern, werden sie und Klytaimestras Totengeist in getrennten Kapiteln behandelt.

Aus dem skizzierten Sachverhalt ergibt sich in der vorliegenden Arbeit eine gewisse Übergewichtung des Aischylos. Sophokles' *Elektra*, in der die in den aischyleischen *Choephoren* zugleich gefürchtete und herbeigewünschte Macht des toten Agamemnon fehlt, dient vielmehr als Komplement zur aischyleischen Darstellung denn als alleinstehende Analyse. Doch die kontrastierenden Toten- und Todesbilder der *Choephoren* und der *Elektra*, die begründete Zentralität des Aischylos und die erwähnte Tendenz der überlieferten Sophoklestragödien, den Übergang in den Tod zu

24 Zum Beispiel werden im *Ödipus auf Kolonos* die Eumeniden unbestreitbar als präsente Mächte vorgestellt, die v. a. für die dramatische Topographie wichtig sind, aber die Handlung wenig beeinflussen; weder treten die Göttinnen als Figuren auf, noch wird ihnen ein Einfluss auf das Geschehen zugeschrieben.

25 Eine umfassende Studie zur Todesthematik bei Sophokles ist noch nicht geschrieben worden. Einen Überblick über die einschlägigen Textstellen bietet Wüst (1870); vgl. Wüst (1868). (Ein ähnlich konzipiertes Werk zu Jenseitsvorstellungen bei Euripides erschien kurz danach: Warmbold 1871. Das Verdienst beider Werke liegt darin, die wichtigsten Passagen zusammenzustellen und somit einen Überblick der verschiedenen Todes- und Jenseitsvorstellungen bei Sophokles und Euripides zu vermitteln. Da aber die Textstellen isoliert vom jeweiligen Kontext behandelt werden, sind die Analysen von Wüst und Warmbold nur mit Vorsicht zu genießen.) Grundlegende Überlegungen zum Heroenkult bei Sophokles finden sich in der Monographie von Bernard (2001) sowie bei Calame (1998), Edmunds (1981) und Festugière (1973) zum *Ödipus auf Kolonos* und in den jeweiligen Aufsätzen von Burian (1972) und Henrichs (1993) zum *Aias*.

26 Henrichs (1991) 187; ähnlich Kranz (1933) 54.

dramatisieren, sollen keinesfalls als Beweis für eine vermeintlich aufgeklärtere Weltanschauung des Sophokles einem archaisch-abergläubischen Aischylos gegenüber betrachtet werden. Die Dichter auf diese Weise als Gegensatzpaar aufzufassen, ginge nicht nur von einer schwer belegbaren Übereinstimmung des persönlichen Glaubens mit Darstellungsinteressen und Dramaturgie aus, sondern spiegelte letzten Endes ein Zerrbild wider, das aus der Willkür der Überlieferung resultiert: Von den 113 bis 130 dramatischen Werken des Sophokles, von denen ungefähr ein Viertel Satyrspiele bildeten, sind nur sieben vollständig erhalten.[27] Doch Sophokles konnte ebenso gut wie Aischylos Totengeister auftreten lassen, wie ein Fragment der verlorenen Tragödie *Polyxene* zeigt, nur bleiben uns die Spezifika der Darstellung unbekannt.[28]

Es ist sogar möglich, dass Sophokles' Achill, der als Totenschatten den Prolog der *Polyxene* sprach, als Inspirationsquelle für Euripides diente, als dieser in der *Hekabe* den gleichen mythischen Stoff behandelte.[29] Neben dem Heros Achill lässt Euripides aber auch einen weiteren Totengeist, den des ermordeten Polydor, die Handlungsentscheidungen der Lebenden beeinflussen, bis die Oberwelt fast unterweltliche Züge annimmt. Vor allem aber in der *Alkestis*, in der es im buchstäblichen Sinne um Leben und Tod geht, hat Euripides die Unterwelt auf die Bühne gebracht. In der Eröffnungsszene tritt der Todesgott Thanatos persönlich auf; danach erscheinen der todgeweihten Alkestis verschiedene Unterweltsgötter in einer Vision, um sie ins Jenseits zu holen; schließlich lässt Euripides die Tote selbst auftreten. Mit den Totengeistern der Tragödie hat Alkestis gemeinsam, dass sie stirbt und – wenn auch auf andere Art und Weise – die Grenze zwischen Ober- und Unterwelt überschreitet, doch die tote Alkestis ist anders als alle anderen Toten in den überlieferten Tragödien. Denn sie wird weder heraufbeschworen noch erscheint sie aus eigenem Antrieb; sie ist überhaupt kein Totengeist beziehungsweise Revenant, sondern soll wieder in die Gemeinschaft der Lebenden eingegliedert werden. Da sich ihre Rückkehr in eine größere Thematik von Leben und Tod, Sterblichkeit und göttlich-menschlichen Machtverhältnissen einfügt, ist es erforderlich, die Darstellung des Todesgottes und der zurückgekehrten Toten in diesem Kontext zu analysieren. Im abschließenden Kapitel zur *Alkestis* wird dementsprechend die Interaktion zwischen Toten, Lebenden und Unsterblichen in Verbindung mit der gesellschaftlichen und kosmischen Bedeutung des Todes (im Spiegel der attischen Tragödie) untersucht.

In jeder der behandelten Tragödien, einschließlich der *Alkestis*, gestaltet sich die Interaktion zwischen den Lebenden und den diversen jenseitigen Mächten, ob Toten oder Göttern, stets als ein prekäres Unternehmen, in dem zwei Bereiche in Berührung kommen, die grundverschieden sind, und aus dem sich eine labile – und dramatisch spannungsvolle – Balance zwischen Gewinn und Gefahr ergibt. Die unterschiedlichen

---

27 Die Zahl von Sophokles' Dramen wird unterschiedlich als 113, 123 oder 130 angegeben: Ar. Byz. fr. IV Nauck; *Suda* ς 816 und 817; *Vita*, T 1,76 f. Radt. – Unser Bild nicht nur des sophokleischen Œuvres, sondern auch der restlichen Tragiker ist fragmentarisch und zum großen Teil arbiträr.

28 Soph. fr. 523 Radt (= 480 Nauck). Vgl. Kapitel IV (Sophokles, *Elektra*), S. 96.

29 Siehe unten zur *Hekabe*, Kapitel V, S. 179 f.

Konflikte und Spannungen einerseits, die die Tragiker im jeweiligen Drama aus dieser Dynamik entwickeln, und die Vorstellungswelt andererseits, vor deren Folie die spezifisch dramatischen Formungen zu verstehen sind, bilden den Gegenstand dieser Arbeit. Sie zielt nicht an erster Stelle auf neue Gesamtinterpretationen der zu behandelnden Dramen ab. Dennoch soll durch die Fokussierung auf diese in der Tragödienforschung bisher weitgehend vernachlässigte Thematik ein wesentliches Element der behandelten Dramen wieder in voller Geltung erscheinen, das sich als unverzichtbares Bindeglied herausstellen wird – denn chthonische Götter und vor allem die Toten werden vom Dichter nicht lediglich um des Schauers oder Staunens willen eingesetzt. Vielmehr bieten sie unter anderem ein Mittel, mit Zeitverhältnissen im Drama zu spielen und Vergangenheit, Gegenwart und Zukunft miteinander zu verschränken, wie es keine lebende Figur könnte;[30] als Götter beziehungsweise übernatürliche Wesen besitzen chthonische Mächte eine Autorität, die die Autoritätsansprüche der Lebenden unterstützen oder untergraben und mit den Forderungen anderer übermenschlicher Kräfte konkurrieren kann;[31] ihre Ansprüche auf Recht oder Rache, Ehre und Achtung bekommen eine verschärfte Dringlichkeit durch die Auswirkung auf ihr Ansehen oder Schicksal,[32] und ihre Missachtung kann bisweilen verheerende Konsequenzen für die Lebenden haben. Mit dem Anliegen, das Bild antiker Vorstellungen von den Toten und den Jenseitsgöttern, dem Tod und dem Jenseits auf diese Weise zu schärfen und ihre spezifische Bedeutung für die Tragödie herauszuarbeiten, verbindet diese Arbeit die Frage nach den besonderen Eigenschaften der Chthonioi als dramatischer Figuren und der Logik ihrer Darstellung. Beleuchtet werden dabei letztendlich vormoderne Formen und Vorstellungen von der Koexistenz der Lebenden mit den Toten.

Ein Wort zur Terminologie

Unser Wort „Totengeist“ hat keine genaue Entsprechung im Griechischen, vielmehr wird das Konzept des „aktiven“ Toten von verschiedenen Termini abgedeckt. Zu diesen gehört der Begriff εἴδωλον, das „Ebenbild“ (in bestimmten Kontexten auch „Traum- oder Spiegelbild“), das dem Verstorbenen abgesehen von seiner Stofflichkeit in jeder

30 Vgl. v. a. Kapitel II (Aischylos, *Perser*) und Kapitel VII (Euripides, *Hekabe*).

31 Autorität: Vgl. die übermenschliche und väterliche Autorität des Dareios in den *Persern* (Kapitel II, 1), durch die seine urteilenden Worte an Gewicht gewinnen. Zu Autoritätskonflikten zwischen Chthonioi und den Lebenden oder bestimmten Göttern vgl. die komplexen Machtverhältnisse zwischen dem toten König, Ehemann und Vater Agamemnon und seinen Kindern, seiner Frau und Apoll in den *Choephoren* (Kapitel III); die Autoritätsansprüche der Erinyen (im Auftrag der ermordeten Mutter) in den *Eumeniden* (Kapitel V – VI) oder die durch Achills Forderung ausgelöste Debatte in Euripides' *Hekabe* (Kapitel VII).

32 Auswirkung auf Ansehen: Vgl. Thanatos in Euripides' *Alkestis* (Kapitel VIII); auf Schicksal: Vgl. Polydor in Euripides' *Hekabe* (Kapitel VII); verheerende Konsequenzen: Siehe Kapitel VI (Aischylos, *Eumeniden*).

Hinsicht gleicht; der Begriff begegnet uns bei Homer, jedoch bei den Tragikern nur einmal in Bezug auf einen Toten – die Bezeichnung für die auftretenden Verstorbenen Klytaimestra, Polydor und Dareios als εἴδωλα (z. B. Κλυταιμήστρας εἴδωλον) im jeweiligen Text sind spätere Hinzufügungen.[33] Auch der Begriff ψυχή („Lebenshauch") kann sich in der Tragödie wie im Epos auf einen Toten beziehen: Zum bekanntlich breiten Bedeutungsspektrum gehört nicht nur das individuelle Leben eines Menschen, sondern auch die identitätstragende Totenseele; der Akzent liegt dabei auf der den Tod überdauernden Identität oder der Lebenskraft.[34] Anders verhält es sich beim Synonympaar νέκυς und νεκρός, die streng genommen den toten Körper bezeichnen, aber auch für den Verstorbenen als in der Unterwelt weiterexistierendes Individuum verwendet werden können.[35] Im Unterschied zu ψυχή und νέκυς/νεκρός steht bei den Termini φάσμα und φάσματα („Erscheinung" im Traum oder im Wachzustand) wie bei εἴδωλον das Visuelle im Vordergrund;[36] in Abgrenzung zu εἴδωλον wird jedoch nicht die Bildtreue, sondern die Erscheinung als (bisweilen epiphanisches) Erlebnis hervorgehoben.

In der Regel aber werden sowohl in der Tragödie als auch in anderen Gattungen die oben genannten Begriffe nur selten verwendet. An ihre Stelle treten gelegentlich Umschreibungen, beispielsweise wenn Odysseus den „Schwarm der Nachtwandler" heraufbeschwören lässt (νυκτιπόλων ἑσμός, Aischyl. fr. 273,9 f. Radt): An dieser Stelle geht es zum einen um die „unüberschaubare, undifferenzierte Masse" der Toten, die Odysseus entgegenschwärmen wird (vgl. ἔθνεα νεκρῶν bei Homer, *Od.* 11,34), zum anderen um die Beweglichkeit der Toten (νυκτιπόλων) und das Dunkel, in dem sie sich vorzugsweise bewegen (νυκτιπόλων).[37] Manchmal wiederum wird auf die Übernatürlichkeit des Toten verwiesen, zum Beispiel wenn die persischen Alten aufgefordert werden, den verstorbenen Großkönig – den „Dämon" Dareios – heraufzurufen (ὕμνους ἐπευφημεῖτε, τόν τε δαίμονα / Δαρεῖον ἀνακαλεῖσθε, Aischyl. *Pers.* 620 f.): Hier wird der besondere Status des Toten, den er erst im Tode erreichen konnte, betont.[38] Doch am häufigsten wird der Tote einfach beim Namen (beziehungsweise nach seinem Verwandtschaftsverhältnis) genannt. So fleht Orest in den *Choephoren:* „O Erde, schicke mir meinen Vater!" (ὦ Γαῖ', ἄνες μοι πατέρ' ἐποπτεῦσαι μάχην, 489); die

---

33 εἴδωλον: z. B. Hom. *Il.* 23,72; *Od.* 11,83; Tragödie: [Ps.-]Aischyl. *Prom.* 568.

34 ψυχή in der Tragödie: z. B. Aischyl. *Pers.* 630 (πέμψατ' ἔνερθεν ψυχὴν ἐς φῶς); Eur. fr. 912,9 Kannicht (πέμψον δ' ἐς φῶς ψυχὰς ἐνέρων); Eur. *Or.* 675 – 677 (Orest zu Menelaos: τὸν κατὰ χθονὸς / θανόντ' ἀκούειν τάδε δόκει, ποτωμένην / ψυχὴν ὑπὲρ σοῦ, καὶ λέγειν ἁγὼ λέγω, „stelle dir vor, dass der Tote unter der Erde das [d. h. deine Worte] hört, dass seine *psyche* über dir schwebt und das sagt, was ich [jetzt] sage", Übs. vom Verfasser). Weiter zur ψυχή siehe Kapitel V (Aischylos, *Eumeniden*), S. 117 f.

35 Z. B. Hom. *Od.* 10,521; Sapph. 55, 3 f. PLF (ἀλλ' ἀφάνης κὰν Ἀίδα δόμωι / φοιτάσηις πεδ' ἀμαύρων νεκύων ἐκπεποταμένα); Eur. *Hec.* 535; Soph. fr. 879 Radt; *Oid. K.* 621 f.; vgl. Aristoph. *Ran.* 761. Für weitere Beispiele siehe Kapitel VII (Euripides, *Hekabe*), S. 173 – 175.

36 φάσμα: Eur. *Alc.* 1127 (φάσμα νερτέρων); vgl. Eur. *Hel.* 569. φάντασμα: Eur. *Hec.* 93 f. (ἦλθ' [...] / φάντασμ' Ἀχιλέως) und 390 (φάντασμ' Ἀχαιοὺς [...] ᾐτήσατο).

37 Zum „Schwarm der Nachtwandler" siehe Henrichs (1991) 187 – 192; Zitat: Henrichs (1991) 194.

38 Zur Bezeichnung des Dareios als δαίμων siehe Kapitel II (Aischylos, *Perser*).

tote Klytaimestra weckt höchstpersönlich die schlafenden Erinyen auf mit dem Ruf: „Ich, Klytaimestra, rufe euch nun im Traum an!“ (ὄναρ [...] ὑμᾶς νῦν Κλυταιμήστρα καλῶ, Aischyl. *Eum.* 116) und Herodot (zum Beispiel) kann beschreiben, wie eine verstorbene Königin namens Melissa bei einem Totenorakel „erschien und sprach [...]“ (ἔφη ἡ Μέλισσα ἐπιφανεῖσα [...], Hdt. 5,92γ,2), ohne die Tote als φάσμα, ψυχή oder Ähnliches bezeichnen zu müssen.

In der vorliegenden Arbeit werden angesichts der oben angeführten komplexen Gründe die Toten, die erscheinen oder auf andere Art und Weise präsent oder aktiv sind, meist als „der Tote“, aber auch mit dem modernen Begriff „Totengeist“ bezeichnet. Der Begriff wird nicht nur der Einfachheit halber gebraucht, sondern auch weil dadurch vermieden wird, griechische Termini da einzuführen, wo sie nicht im Text vorkommen: Ist die Rede von Achills φάντασμα, dann hat der Interpret kein Recht, von seinem εἴδωλον oder νέκυς zu sprechen. Die Bedeutung und die Nuancen der tatsächlich vom Dichter verwendeten Termini werden im Einzelfall ausgewertet.

II Verehrung und Vergangenheit. Die Beschwörung des Dareios in Aischylos' *Persern*

Einführung[1]

ἐστὶ δ' οὐκ εὐέξοδον: Der Weg aus dem Totenreich ist nicht leicht, wie der heraufbeschworene König Dareios, der erste bekannte Totengeist der Theatergeschichte, erklärt, und in Dialog mit einem Toten zu treten, stellt für die Lebenden aufgrund der scharfen räumlichen und zeitlichen, existentiellen und rituellen Grenzen keine einfache Aufgabe dar.[2] Zudem birgt jeder Kontakt mit den Toten, die nach verbreiteter Vorstellung ebenso gern Schaden stiften wie Segen spenden, gewisse Gefahren in sich und erfordert demensprechend einen vorsichtigen Umgang mit ihnen. Umso mehr vermag es zu erstaunen, wenn trotz aller Schwierigkeiten und Risiken die Lebenden Kontakt mit den Toten aufzunehmen versuchen. Hauptsächlich unter außerordentlichen Umständen oder gar in Krisensituationen, wenn das aus der Unterwelt erhoffte Heil gegenüber den Risiken überwiegt, suchen – im Rahmen der griechischen Literatur – die Lebenden gezielt den Kontakt zu den Toten. Doch welche Art von Heilung oder Hilfe ist aus der Unterwelt zu erwarten? Über welche besondere Macht oder sonstige Eigenschaften verfügen ausgerechnet die leblosen Totenschatten, die nicht mal zu den Unterweltsgöttern zählen, daß ihre Hilfe der einer – eventuell zugänglicheren und weniger gefährlichen – Gottheit vorzuziehen ist?

Die *Perser* des Aischylos (472 v.Chr.) zeigen, wie kontextabhängig die Antworten auf diese Fragen sind, insofern als das Drama eine Antwort zulässt, die einerseits allgemeine Vorstellungen von den Chthonioi und der Unterwelt widerspiegelt, andererseits in höchstem Maße durch das spezifische Darstellungsprogramm des Textes gesteuert wird. Im Mittelpunkt der Handlung steht eine Begebenheit aus der Zeitgeschichte: der Auszug des Perserkönigs Xerxes samt seinem gewaltigen Heer gegen die Griechen (480 v.Chr.). In den Eröffnungsanapästen (1–154) schildert der Chor der persischen Ältesten, die in der Hauptstadt Susa zurückgeblieben sind, die Pracht und Größe des Heers, doch eine Vorahnung kommenden Unheils verdüstert die Szene. Ein Alptraum der Königinmutter (176–199), in dem auch der tote Dareios, Vater des Xerxes, kurz erscheint, intensiviert die ängstlich gespannte Stimmung. Als bald darauf ein Bote eintrifft und die katastrophale Niederlage des Heeres bei Salamis meldet, schlägt diese Stimmung in Trauer und Verzweiflung um, und die Königinmutter und die Ältesten wenden sich – fast genau in der Mitte des Dramas – dem erhöhten Grabmal neben dem Palast zu. Noch vor der Rückkehr des geschlagenen Königs Xerxes und der Klage, die das Drama abschließt, wird der Rat des ehemaligen Groß-

1 Im Folgenden wird der griechische Text nach der Ausgabe von West (1990a) zitiert; die Übersetzungen der *Perser* orientieren sich an der Übertragung von Schadewaldt (1964) und sind zum Teil modifiziert worden.

2 Zitat: Aischyl. *Pers.* 688.

https://doi.org/10.1515/9783110612691-003

königs Dareios gesucht und mit seinem heraufbeschworenen Geist der Vergangenheit Stimme und Gestalt verliehen.

Die Figur und Funktion des Totengeists stehen im Mittelpunkt der folgenden Analyse. Für das Verständnis seines Stellenwertes in den *Persern* und des Verhältnisses seiner Darstellung zur Vorstellungswelt des fünften Jahrhunderts ist die Frage nach der Macht des Toten zentral. Der Begriff „Macht" umfasst in Bezug auf Dareios zum einen die Wirkungsweise des Toten – das heißt, wie und inwiefern er in die Welt der Lebenden hineinzuwirken vermag und welche Abhilfe von ihm erwartet wird. Zum anderen bezieht sich der Begriff auf die Macht des Toten im Kontext der göttlich-menschlichen Ordnung, das heißt, auf seinen (postmortalen) Status den Göttern und den Sterblichen gegenüber. Der postmortale Status eines Verstorbenen hängt ebenso viel wie die Wirkungserwartung an ihn mit seinem früheren Leben (und manchmal auch mit seinem Sterben) zusammen, doch in den *Persern* hat die Vielfalt an teilweise widersprüchlichen Benennungen des Dareios zur Unklarheit in der Forschung über Dareios' Macht und genaue Identität nach dem Tod geführt: Mal als gottgleich und dämonenähnlich, mal als Sterblicher und Totenseele (ψυχή), aber auch als Dämon und Gott schlechthin wird Dareios bezeichnet. Die Bedeutung dieser Bezeichnungen für die Charakterisierung des Toten wird im Folgenden neu und genauer bestimmt, und die Darstellung des Totengeistes sowie seiner Erscheinung in ihrem weiteren literarischen und religiösen, aber auch im unmittelbaren dramatischen und dramaturgischen Kontext beleuchtet.

Der Traum (197 – 199)

Dareios tritt zwar erst in der Beschwörungsszene auf, erscheint aber schon am Anfang des Stücks in dem Unheil verheißenden Traum (197 – 199), von dem die Königinmutter dem Chor berichtet (176 – 214). Im Traum versucht Xerxes zwei streitende Schwestern, die eine persisch, die andere dorisch gekleidet, unters Joch zu spannen, doch die Griechin bäumt sich auf, zerbricht Joch und Geschirr, und Xerxes stürzt zu Boden. Als Dareios zu seinem niedergefallenen Sohn tritt und ihn bemitleidet (οἰκτίρων, 198), zerreißt der gedemütigte Xerxes sein Gewand.[3] In der Traumsequenz gibt es keine Indizien dafür, dass die Traumgestalt des Dareios als der Tote selbst beziehungsweise seine ψυχή zu deuten ist, wie etwa die Traumerscheinung des toten Patroklos bei Achill, des rachsüchtigen Totengeistes der Klytaimestra bei den schlafenden Erinyen oder des Schattens des Phrixos bei Pelias. [4] Dareios ist vielmehr eine bloße Traumerscheinung, genauso wie die Traumfigur seines Sohnes. Der Traum stellt den erfolgreichen Vater dem gescheiterten Sohn gegenüber, eine Konstellation, die hier zum ersten Mal in dem Stück begegnet und die Aischylos später ausführlich inszeniert

3 Zum Zerreißen des Gewandes und zur Bedeutung dieses Motivs in den *Persern* siehe Gödde (2000b).

4 Patroklos: Hom. *Il.* 23,59 – 108; Klytaimestra: Aischyl. *Eum.* 94 – 139; Phrixos: Pind. *P.* 4,159 – 163.

durch die Beschwörung des verherrlichten einstmaligen Königs und die kurz darauf folgende Rückkehr des jetzigen Königs in Lumpen.

Abwehrrituale (200 – 225)

Der Alptraum weist nicht nur voraus auf die Niederlage des Xerxes und deutet dessen Unterlegenheit seinem Vater gegenüber an. Er führt außerdem, wenn auch indirekt, zur Totenbeschwörung des im Traum erschienenen Dareios. Der Traum veranlasst die Königinmutter zunächst, den abwehrenden Gottheiten (ἀπότροποι δαίμονες, 203) Opfer darzubringen. Dabei aber erscheint ein ungünstiges Vogelzeichen (200 – 211), das ihre Beunruhigung noch verstärkt und infolgedessen sie den Chor um Rat bittet. Ohne das Vogelzeichen oder den Traum explizit zu deuten, empfiehlt ihr der Chor, erstens die Götter (θεοί, 216) um die Abwehr des Übels anzuflehen (ἀποτροπή, 215 – 219). Zweitens soll sie der Erde und den Toten (φθιτοί, 220) ein Trankopfer darbringen mit folgender Bitte (220 – 223):

> πρευμενῶς δ' αἰτοῦ τάδε,
> σὸν πόσιν Δαρεῖον, ὅνπερ φῂις ἰδεῖν κατ' εὐφρόνην,
> ἐσθλά σοι πέμπειν τέκνωι τε γῆς ἔνερθεν εἰς φάος,
> τἄμπαλιν δὲ τῶνδε γαίαι κάτοχα μαυροῦσθαι σκότωι.

> [...] und bitte darum, sanften Mutes,
> dass dein Gatte Dareios, den du, wie du sagst, in der Nacht gesehen hast,
> Gutes dir und deinem Sohne aus der Erde drunten sende an das Licht,
> das Andre aber, festgehalten in der Erde, in dem Dunkel kraftlos mache.

Die Erscheinung des Dareios im Traum legt dem Chor nahe,[5] dass auch dieser um Hilfe gebeten werden sollte (220), der ja die Macht habe, das Gute aus der Erde hervorzusenden und „das Gegenteilige" (τἄμπαλιν [...] τῶνδε, 223) in der Erde festzuhalten. Indem der Chor Dareios dabei eine Fähigkeit zuschreibt, über welche auch andere soeben genannte Chthonioi verfügen, hebt er Dareios gegenüber der Göttin Erde und dem Kollektiv der Toten, dem der verstorbene König angehört, als besonders heraus. Dadurch wird in dieser Konstellation Dareios zum Hauptvertreter der allen Chthonioi eigenen Macht, so dass seine besondere Stellung im Jenseits bereits jetzt angedeutet wird.

Die vom Chor vorgeschlagenen Abwehrriten kommen jedoch nicht zustande: Ein Bote erscheint und berichtet von der verheerenden Niederlage (249 – 514); die im Traum angedeuteten Ereignisse sind schon eingetroffen und können durch kein apotropäisches Ritual mehr verhindert werden. Dennoch besteht die Königinmutter

5 Versteht man den Relativsatz in Vers 220 kausal, wird der Zusammenhang noch deutlicher: „da du ihn, wie du erzählst, in der Nacht gesehen hast".

auf dem Bittgang und dem Trankopfer für die Erde und die Toten (522–524), in der Hoffnung, dass die Zukunft doch noch besser werde (525 f.).[6]

Totenbeschwörung (598 – 680)

Im Trauerkleid, ohne den vorherigen Prunk und Pomp (607–609) kehrt die Königinmutter zurück. Im Kontrast zur Schlichtheit ihres Auftrittes zeichnet sich das vorbereitete besänftigende Trankopfer für die Toten (νεκροῖσι μειλικτήρια, 610) durch natürliche Üppigkeit (sowie Reinheit) der Bestandteile aus (611–618). Die Spenden sind aber nicht für die Toten allein, sondern auch für die unterirdischen Götter (622 f.); auch den Zweck des Ritus hat die Königinmutter geändert: Die Chthonioi nur zu beschwichtigen, steht nicht mehr im Zentrum, sondern Dareios aus dem Reich der Toten heraufzubringen (619 – 622).

Die Ursache des Beschwörungsrituals ist Angst – die Angst der Königinmutter vor der Zukunft (vgl. 525 f.) und überhaupt in Anbetracht der Katastrophe (598 – 600). Dass sich die Königinmutter dieses Rituals bedient, setzt bei ihr die Erwartung voraus, der Heraufbeschworene könne sie von dieser Angst befreien. Doch die Befreiung von Angst ist keine typische Wirkung von Totengeistern, deren Erscheinung eher Angst bei den Lebenden hervorruft, und die Entscheidung, sich mit einem Totengeist in direkte Verbindung zu setzen, ist nicht selbstverständlich.[7] Wie Dareios die Angst seiner

6 Trankopfer für die Toten: Dareios wird hier nicht explizit erwähnt, aber dass das Trankopfer hauptsächlich für ihn bestimmt ist, lässt sich aus dem Kontext erschließen. Auch in Aischyl. *Pers.* 229 f. findet sich keine gesonderte bzw. eindeutige Erwähnung von Dareios (πάντα θήσομεν θεοῖσι τοῖς τ' ἔνερθε γῆς φίλοις), als die Königinmutter ihre Absicht kundtut, den Rat der Ältesten zu befolgen, die ihr ja auch empfohlen hatten, eine Bitte an Dareios zu richten.

7 Totengeister rufen Angst hervor: Als in der homerischen *Nekyia* die gewaltsam Gestorbenen aus dem Erebos zur Grube am Eingang der Unterwelt kommen, ergreift Odysseus das „bleiche Entsetzen" (ἐμὲ δὲ χλωρὸν δέος ἥιρει, Hom. *Od.* 11,43; Übs. Voß 1793); als Herakles mit einem Pfeil auf das εἴδωλον des Meleagros zielt (Bakchyl. 5,71–76), erklärt ihm der Schatten, gegen die substanzlosen Totenseelen zu schießen sei vergeblich, fügt aber hinzu, dass Herakles dennoch ohne Angst sein solle (οὔ τοι δέος, Bakchyl. 5,84; hierzu Maehler (2004) z. St.: „The irony is that Herakles, the mightiest of heroes, is scared (like Odysseus in *Od.* 11,43)"; Foß (1997) 13 betont, dass Herakles seinen Bogen nicht unbedingt aus Angst vor irgendeinem Toten spanne, sondern „in erster Linie deshalb, weil es für den Heros typisch ist, sich in dieser Pose mit wirklichen oder vermeintlichen heroischen Gegnern zu messen."). Das plötzlich erscheinende *eidolon* des toten Wächters Argos versetzt Io erst in Schrecken ({φοβοῦμαι} / τὸν μυριωπὸν εἰσορῶσα βούταν, [Ps.-]Aischyl. *Prom.* 567 f.) und jagt sie dann von der Bühne ([Ps.-]Aischyl. *Prom.* 566 – 575); die Totenseelen, die nachts Hekate begleiten, ängstigen in einem anonymen tragischen Fragment des 5. Jh. v. Chr. einen Protagonisten (ἀλλ' εἴτ' ἔνυπνον φάντασμα φοβῆι, / χθονίας θ' Ἑκάτης κῶμον ἐδέξω, Trag. Adesp. 375 Kannicht-Snell), wie überhaupt nach populärer Vorstellung allerlei Ängste von Hekate und von Heroen verursacht werden konnten (Hippokr. *morb. sacr.* 1,93: Ὁκόσα δὲ δείματα νυκτὸς παρίσταται καὶ φόβοι καὶ παράνοιαι καὶ ἀναπηδήσιες ἐκ τῆς κλίνης καὶ φόβητρα καὶ φεύξιες ἔξω, Ἑκάτης φασὶν εἶναι ἐπιβολὰς καὶ ἡρώων ἐφόδους. Der „Schwarm der Hekate" wurde eventuell hauptsächlich mit den vorzeitig Gestorbenen assoziiert: Rohde 1898, Bd. 2, 411 f.). In anderen Fällen rufen Totengeister, auch wenn sie gewaltsam zu Tode gekommen sind, keine

Gattin beruhigen kann beziehungsweise was genau von ihm erwartet wird, erklärt erst der Chor im folgenden Beschwörungslied: Die Königinmutter hofft, dass Dareios ein Heilmittel gegen das Übel kennt (εἰ γάρ τι κακῶν ἄκος οἶδε πλέον, / μόνος ἂν θνητῶν πέρας εἴποι, 631 f., „denn weiß er gegen die Übel ein Heil, das zum Besseren führt, / so wird er allein unter [*sc.* ehemaligen] Sterblichen der Trauer Ende kundtun"). Erwünscht und erwartet wird nicht etwa das direkte Eingreifen ins Geschehen, das auch nicht mehr zu ändern ist, sondern Beistand in Form einer Auskunft. Der Tote besitzt, so entnimmt man den Worten der Ältesten, ein besonderes Wissen, das über das der Lebenden hinausgeht.

Auf die Natur dieses privilegierten Wissens wird später in diesem Kapitel noch zurückzukommen sein, aber vorweg sei auf die wenigen erhaltenen Darstellungen nekromantischer Rituale aus der archaischen und klassischen Zeit hingewiesen. In mindestens zweien davon ging es ebenfalls um die Gewinnung von Informationen: Bei Herodot, als der Tyrann Periander von Korinth seine verstorbene Frau an einem Totenorakel heraufbeschwören lässt, um sie zu fragen, wo das von einem Gastfreund hinterlegte Pfand sei, und bei Homer, als Odysseus den Totenschatten des Teiresias am Unterweltseingang beschwört, um seine Heimfahrt nach Ithaka fortsetzen zu können.[8] Während es Odysseus problemlos gelingt, die gewünschte Auskunft zu erlangen, verweigert dem Periander hingegen seine Frau eine Antwort so lange, bis er sie hinreichend gnädig gestimmt hat.

Wenn man diesen zwei Beispielen auch die Beschwörungsszene der *Choephoren* gegenüberstellt, in der keine Auskunft, sondern konkretere Abhilfe erbeten wird, wird klar, wie unterschiedlich ein Beschwörungsversuch ausgehen beziehungsweise in der Literatur gestaltet werden kann.[9] Der Erfolg und die Effektivität einer Totenbeschwörung sind keineswegs sicher. Zudem tritt man dabei in Kontakt mit einem Bereich, den man im Leben lieber meidet, und geht – in den *Persern* – das Risiko ein, dass die aus der Unterwelt erhaltene Auskunft nicht zur Linderung der Angst führt, sondern Unsicherheit durch die Aussicht auf sicheres Leid ersetzt. Mittels der Totenbeschwörung erhöht Aischylos die Spannung und steigert die durch den Traum ausgelöste Unsicherheit nach dem Bericht der Niederlage noch weiter.

In dieser gespannten Atmosphäre richtet der Chor sein Beschwörungslied abwechselnd an die unterirdischen Gottheiten (χθόνιοι δαίμονες, 627) Erde, Hermes und Hades, die in ihrer jeweiligen Rolle als Seelengeleiter oder φθιμένων πομποί (625) beziehungsweise ἀναπομπός (von Hades, 650) den Toten ans Licht führen sollen,

---

Angst hervor: z. B. Patroklos, Hom. *Il.* 23,59 – 108, der Trauer erweckt, oder die Reihe von Totenseelen, mit denen sich Odysseus unterhält (Hom. *Od.* 11,51 – 629; die in *Od.* 11,36 – 43 erwähnten Toten sind aber potentiell furchterregend).

8 Periander: Hdt. 5,92γ; Odysseus: Hom. *Od.* 10,490 – 493; *Od.* 11. Die Beschwörung des Teiresias hat Aischylos in den *Psychagogoi* inszeniert: Aischyl. fr. 275 Radt.

9 Aischyl. *Choeph.* 489 – 497 und vgl. Aischyl. *Choeph.* 459, wo ἄκουσον εἰς φάος μολών die gleiche Bedeutung hat wie πέμψατ' ἔνερθεν ψυχὴν εἰς φῶς (Aischyl. *Pers.* 630). Zur Beschwörung des Agamemnon siehe Kapitel III (Aischylos, *Choephoren*).

sowie an den Toten selbst.[10] In den Anrufungen wird Dareios einerseits als Sterblicher und ψυχή, andererseits als gottgleich und dämonenähnlich, aber auch als Dämon und Gott schlechthin bezeichnet. Die Vielfalt an teilweise widersprüchlichen Benennungen, die sich im Beschwörungslied häufen, außerhalb davon jedoch nur sporadisch erscheinen, hat in der Forschung zu Unsicherheit und Uneinigkeit darüber geführt, welcher Rang dem ehemaligen Großkönig nach dem Tode zuteil geworden sei und welche Bedeutung diesem Status beigemessen werden sollte: Verehren die von Aischylos dargestellten Perser, im Gegensatz zum griechischen Brauch, ihre verstorbenen Könige als Götter[11] oder entspricht die Darstellung des toten Königs griechischen Vorstellungen?[12] Bei der Behandlung dieser Frage soll es im Folgenden nicht vornehmlich um die aischyleische Darstellung der Fremden, sondern um seine Darstellung des Toten und dessen postmortaler Daseinsform gehen: Was oder wer ist Dareios nach dem Tode geworden und warum? Wie verhält sich seine Darstellung zu anderen archaischen und klassischen Vorstellungen von den Toten und welche dramatische Wirkung erreicht Aischylos dadurch? Zur genauen Einschätzung des Stellenwerts der unterschiedlichen Benennungen und deren Bedeutung für die Interpretation der Dareios-Figur bedarf es einer Analyse der einschlägigen Wörter im Kontext der Beschwörung (623 – 680).

Die Bezeichnungen zerfallen in drei Klassen. Erstens weisen einige Bezeichnungen eindeutig auf die Sterblichkeit des Dareios hin: ψυχή (630), μόνος [...] θνητῶν (632) und ἀνήρ (647). Zweitens setzen ἰσοδαίμων (634) und ἰσόθεος (856) seine Sterblichkeit voraus, legen die Betonung aber auf Dareios' Gottähnlichkeit.[13] Drittens scheint ein weiterer Begriff die Gottähnlichkeit des Verstorbenen bis hin zur Gött-

---

10 Anrufe an die Götter und Dareios: 629 f.; 640 – 644; 650 f. Zu Hades als Totengeleiter vgl. Kapitel VIII (Euripides, *Alkestis*), S. 211 – 213.

11 Z. B. Geisser (2002) 18; Gruen (2011) 14; Hall (1989) 92 f. („on no other occasion in extant fifth-century tragedy is any king called *theos* [...] and it must have jarred badly on democratic Athenian ears. [T]he references [...] to the dead Darius' divinity imply that [...] Aeschylus may have been trying to suggest the ritual honours paid to the Persian kings after death"); Kantzios (2004) 9 f. („regardless of whether the [real] Persians actually believed in the divinity of their king or not, Aeschylus presents them as paying him divine honors, which the Greeks would have found both humiliating and sacrilegious"); Pelling (1997) 14 f. („What is clear is that the audience would *notice* the distance from normal Greek religious assumptions, and the differentiation of the two worlds is very strong"; „Darius by nature of this continued, posthumous, divine existence is distanced from Greek thoughts"); dagegen Broadhead (1960) zu Aischyl. *Pers.* 619 – 622 („that Darius is called δαίμων does not mean that Aesch[ylus] ascribes king-worship to the Persians"). Garvie (2009) zu Aischyl. *Pers.* 157 versteht δαίμων und θεός als mit ἰσοδαίμων und ἰσόθεος gleichbedeutend; vgl. Gow (1928) 136: „When the chorus call Darius and Xerxes θεοί [...], they are talking in a figurative and (in so far as that is part of Aeschylus' design) an impious manner".

12 Z. B. Roloff (1979) 127 – 130; vgl. die kurzen Bemerkungen bei Deichgräber (1941) 185 f./315 f.; Eitrem (1928) 14; Vogt (1972) 134 f.

13 Wenn die – von West übernommene, aber nicht nötige – Emendation von Schütz in Aischyl. *Pers.* 651 richtig ist, nämlich ἀνείης [...] θεῖον [codd. οἷον oder οἷον] ἀνάκτορα Δαριᾶνα, dann ließe sich die Bezeichnung θεῖος ἄναξ auch in diese Kategorie einordnen.

lichkeit zu steigern: θεός (643). Zwischen den beiden letzten Kategorien schwebt der Terminus δαίμων, mit dem Dareios zweimal apostrophiert wird, zuerst in Vers 620, als die Königinmutter dem Chor aufträgt, die Totenbeschwörung durchzuführen (τόν τε δαίμονα / Δαρεῖον ἀνακαλεῖσθε, 620 f.), und dann in der ersten Antistrophe des Beschwörungsliedes, wo Dareios zugleich θεός genannt wird (δαίμονα μεγαυχῆ / ἰόντ' αἰνέσατ' ἐκ δόμων, Περσᾶν Σουσιγενῆ θεόν, 641–643).

Die Bedeutung von δαίμων reicht seit archaischer Zeit von (vor allem ungenanntem oder unbestimmtem) „göttlichem oder übermenschlichem Wesen, das in die Welt der Menschen positiv oder negativ hineinwirken kann", bis hin zu „Schicksal".[14] Auch in den *Persern* wird der Begriff weder einheitlich gebraucht, noch ist seine Bedeutung immer ganz eindeutig, sondern er kann synonym zu θεός verwendet werden sowie den Einfluss einer unbestimmten göttlichen Macht umschreiben und sich damit einem Schicksalsbegriff nähern.[15] Nur an den zwei oben angeführten Stellen in den *Persern* und jeweils einmal bei Euripides und Hesiod bezieht sich der Terminus δαίμων im vorplatonischen Gebrauch auf den Geist eines Verstorbenen.[16] Die hesiodsche Stelle belegt nicht nur den voraischyleischen Gebrauch des Wortes in diesem Sinne und zeigt, dass sich der Begriff nicht auf Götter beschränkt; vielmehr steht auch die Natur der damit beschriebenen Wesen der des Dareios nahe: In den *Erga* werden die Menschen des goldenen Zeitalters nach ihrem Tode zu Dämonen (δαίμονες), die unsichtbar auf Erden (ἐπιχθόνιοι) eine schützende, Übel abwehrende Funktion als φύλακες θνητῶν ἀνθρώπων ausüben.[17] Im Gegensatz zu den hesiodschen Dämonen des goldenen Geschlechts ist der Aufenthaltsort des Dareios unterirdisch und seine Bewegungsfreiheit freilich beschränkter,[18] doch wird er beschworen in der Hoffnung,

14 Zum δαίμων als übermenschlichem Wesen vgl. Burkert (2011) 277 („in den alten Belegen ist weder das Rangverhältnis zu den Göttern noch der gute oder böse Charakter eines *daímon* festgelegt, vom Geist-Begriff zu schweigen") und ter Vrugt-Lentz (1976) 208; den Dämonen kann ein untergeordneter Rang zugewiesen werden (vgl. Geisser 2002, 15 mit Rohde 1898, Bd. 1, 152 f. und Wilamowitz 1931, Bd. 1, 362 f. = 1951, Bd. 1, 356 f.), aber das Wort δαίμων kann auch auf Götter angewendet werden (z. B. Aischyl. *Pers.* 628 f. und vgl. Geisser 2002, 8 f. mit homerischen Beispielen). – Zum δαίμων als Schicksalsmacht vgl. Geisser (2002) 57–65 (von Homer bis Aischylos).

15 Synonym für θεός: δαίμων bezieht sich in Aischyl. *Pers.* 627 f. auf die chthonischen Gottheiten Erde, Hermes und Hades: χθόνιοι δαίμονες ἁγνοί, / Γῆ τε καὶ Ἑρμῆ βασιλεῦ τ' ἐνέρων. Die frühere Bezeichnung von Dareios als δαίμων unterstreicht eine Gleichstellung mit den unterirdischen Göttern nicht, *pace* Roloff (1970) 127. – Schicksalsmacht: Z. B. Aischyl. *Pers.* 823–826 und Geisser (2002) 57–65.

16 Ter Vrugt-Lentz (1976) 605 f. und 613 f. – Eur. *Alc.* 1003 f.; Hes. *erg.* 122 f.

17 Hes. *erg.* 121–126: αὐτὰρ ἐπεὶ δὴ τοῦτο γένος κατὰ γαῖα κάλυψεν, / τοὶ μὲν δαίμονές εἰσι Διὸς μεγάλου διὰ βουλάς / ἐσθλοί, ἐπιχθόνιοι, φύλακες θνητῶν ἀνθρώπων, / {οἵ ῥα φυλάσσουσίν τε δίκας καὶ σχέτλια ἔργα / ἠέρα ἑσσάμενοι, πάντηι φοιτῶντες ἐπ' αἶαν,} / πλουτοδόται· καὶ τοῦτο γέρας βασιλήιον ἔσχον.

Die beschirmende Funktion der Dämonen des goldenen Zeitalters wird in der von Platon wiedergegebenen Version von Hes. *erg.* 122 f. noch stärker betont: οἱ μὲν δαίμονες ἁγνοὶ ἐπιχθόνιοι τελέθουσιν, / ἐσθλοί, ἀλεξίκακοι, φύλακες μερόπων ἀνθρώπων (Plat. *rep.* 469a1). Zur Diskussion der beiden Versionen vgl. West (1978) zu Hes. *erg.* 122 f.

18 Vgl. Aischyl. *Pers.* 688–692.

dass er eine ähnliche Funktion erfülle. Diese Hoffnung hallt, wie Helen Moritz gezeigt hat, besonders deutlich in dem wiederholten Anruf βάσκε πάτερ ἄκακε Δαριάν (664 = 671) in der zweiten Antistrophe des Beschwörungsliedes inhaltlich und klanglich nach: In der Anrufung spielt das Adjektiv ἄκακος („nicht schadend")[19] auf κακῶν ἄκος an, stellt die besonnene Herrschaft des Dareios der schadenbringenden seines Sohnes gegenüber und nimmt im Rahmen der Beschwörung eine apotropäische Funktion ein.[20] Angesichts dieses Kontexts, dessen Ton durch die weitere Bezeichnung des angerufenen Königs als ἄκακος beispielhaft gezeigt wird, liegt bei der aischyleischen Bezeichnung des Dareios als δαίμων der Akzent wohl auf dem positiven, beschirmenden und hilfespendenden Aspekt des Toten. Die Ähnlichkeit zur hesiodschen Stelle dient als erster Hinweis dafür, dass es sich bei der Darstellung des toten Dareios um erkennbar griechische Totenvorstellungen handeln könnte.

Nach dem Tode zum δαίμων zu werden stellt aber kein gewöhnliches Geschick dar, so dass man nach den Umständen fragen muss, unter denen dies geschehen kann. Einen Einblick in diesen Zusammenhang gewährt die Geschichte des sterblichen Phaëthon bei Hesiod, dessen postmortales Schicksal dem der Menschen des goldenen Zeitalters ähnelt.[21] Phaëthon wird noch zu Lebzeiten von Aphrodite entrückt (ἀνερειψαμένη, 990), zu ihrem Tempelwächter (νηοπόλος, 991) auserkoren und zum δαίμων δῖος (991) erhoben. Auch weitere Mythen bei Hesiod, die von göttlicher Entrückung erzählen, beschreiben, wie Geliebte von Göttern einen gottähnlichen, durch Unsterblichkeit und Alterslosigkeit gekennzeichneten Status erhalten, und in Analogie zu diesen Fällen ist der Status des Phaëthon wohl ähnlich zu deuten.[22] Mit dem

---

19 Das Wort kommt ein weiteres Mal vor (Aischyl. *Pers.* 855); vgl. ἀβλαβής in Aischyl. *Pers.* 555 und die Aussage in Aischyl. *Pers.* 789 (der Chor impliziert, dass es den Persern während Dareios' Herrschaft am besten erging). Zur Bedeutung von ἀκάκης bzw. ἄκακος siehe Garvie (2009) zu Aischyl. *Pers.* 657–663: „not (LSJ) 'unknowing of ill, guileless', but 'who did no harm'."

20 Moritz (1979) 190–192; vgl. 190 zur apotropäischen Wirkung: „The raising of the dead was a dreadful task; this is clear in the cautionary statements made by queen and chorus that they make libation with kindly intent (609 [...]) and expect kindly return from Darius (610 [...]) and from the gods below (625–27 [...]). It is significant that at his appearance Darius allays that particular anxiety almost at once: χοὰς δὲ πρευμενὴς ἐδεξάμην (685)."

21 Hes. *theog.* 986–991.

22 Göttliche Entrückung und die Verleihung von Unsterblichkeit und Alterslosigkeit: Vgl. Ganymed, der ἀθάνατος καὶ ἀγήρως ἶσα θεοῖσιν (Hom. *h.* 5,214) wird (und später bei Theognis auch als Dämon bezeichnet wird, Thgn. 1345–1350 IEG); Tithonos, der bekanntlich Unsterblichkeit ohne ewige Jugend bekommt (Hom. *h.* 5,218–238); Odysseus, dem Kalypso Unsterblichkeit und Alterslosigkeit verspricht (τὸν μὲν ἐγὼ φίλεόν τε καὶ ἔτρεφον ἠδὲ ἔφασκον / θήσειν ἀθάνατον καὶ ἀγήραον ἤματα πάντα, Hom. *Od.* 5,135f.), und Demophon, den Demeter ebenfalls unsterblich und ewig jung machen wollte (καί κέν μιν ποίησεν ἀγήρων τ' ἀθάνατόν τε, Hom. *h.* 2,242). Erst im 5. Jh. ist in solchen Fällen ausdrücklich von Vergöttlichung die Rede: Pind. *N.* 10,7 (Διομήδεα δ' ἄμβροτον ξανθά ποτε Γλαυκῶπις ἔθηκε θεόν) und Eur. *Andr.* 1253–1256 [*sic*] (Thetis zu Peleus: σὲ δ', ὡς ἂν εἰδῇς τῆς ἐμῆς εὐνῆς χάριν, / κακῶν ἀπαλλάξασα τῶν βροτησίων / ἀθάνατον ἄφθιτόν τε ποιήσω θεόν). Zum Motiv der Entrückung vgl. Rohde (1898) Bd. 1, 68–75; Radermacher (1903) 113–117; zur Interpretation aller oben genannten Beispiele

Status der Menschen des goldenen Zeitalters kann dies jedoch nicht völlig gleichgesetzt werden, da diese nicht entrückt werden, sondern erst nach dem Tode zu Dämonen werden, was Unsterblichkeit und damit Vergöttlichung im engeren Sinne ausschließt. Phaëthon hat aber noch eine Eigenschaft mit den Dämonen des ersten hesiodschen Zeitalters gemeinsam, nämlich dass er schon als Mensch durch seine Gottähnlichkeit ausgezeichnet war: Er ist nicht nur, wie für die homerischen Heroen charakteristisch, φαίδιμος (986) und ἴφθιμος (987), sondern auch θεοῖς ἐπιείκελον ἄνδρα (987), den Göttern gleich. Gottähnlich sind auch die Menschen des goldenen Zeitalters nicht wegen ihrer Kraft oder ihres Aussehens,[23] sondern weil ihr Leben, wie das der Unsterblichen, ohne Alter, Mangel und Not ist (Hes. *erg.* 112–120; ὥστε θεοὶ [...] ἔζωον, 112).[24] Die hesiodschen Beispiele von Menschen, die vor oder nach dem Tod zum Dämon werden, weisen also die Gemeinsamkeit auf, dass der Mensch schon vorher eine gewisse Ähnlichkeit zum Göttlichen hinsichtlich seiner eigenen Beschaffenheit oder seiner Lebensform besaß.

Ähnlich wie für die hesiodschen Stellen kann im Fall des Dareios eine Linie zwischen besonderen Eigenschaften im Leben und seinem Sonderstatus im Jenseits gezogen werden. Dass es sich bei diesem Sonderstatus aber nicht um eine Vergöttlichung im eigentlichen Sinne handelt und dass Dareios auch im Leben „nur" als Sterblicher betrachtet wurde,[25] zeigt sich erstens vor allem in der Bitte an die Unterweltsgötter, Dareios' ψυχή aus der Unterwelt heraufzuschicken (πέμψατ' ἔνερθεν ψυχὴν ἐς φῶς, 630), zweitens an der Notwendigkeit, die Unterweltsgötter überhaupt anzurufen,[26] und ferner an seiner Bezeichnung als der „einzige [*sc.* ehemalige] Sterbliche" (μόνος [...] θνητῶν, 632),[27] der jetzt Hilfe leisten könnte. Das Adjektiv μόνος verweist hier auf die besondere Fähigkeit des Dareios, als Herrscher klug und be-

einschließlich Hes. *theog.* 991 und Hes. *erg.* 122 f. als Vergöttlichung (und nicht lediglich gottähnlichen postmortalen Status) vgl. Roloff (1970) 83–93.

23 Wie vermutlich bei Phaëthon der Fall: Vgl. Hom. *h.* 5,200 f., wo Aphrodite zufolge die Gottähnlichkeit des Anchises und anderer Troer (d. h. Tithonos und Ganymed) auf ihrer Schönheit basiert: ἀγχίθεοι δὲ μάλιστα καταθνητῶν ἀνθρώπων / αἰεὶ ἀφ' ὑμετέρης γενεῆς εἶδός τε φυήν τε.

24 Wohlstand und Reichtum, aus den Gaben der Natur, d. h. Feldfrüchten und Herden, bestehend (Hes. *erg.* 116–120), gehören dem goldenen Geschlecht im Leben; nach dem Tode spenden sie als πλουτοδόται (Hes. *erg.* 126) den Menschen den gleichen Reichtum, der ihr Zeitalter charakterisiert hatte. (Reichtum bei Hesiod besteht hauptsächlich aus Ackerland und Vieh: Vgl. Krafft 1963, 112 mit Anm. 2; West 1978 zu Hes. *erg.* 126, der auch die Abstammung des Plutos von Demeter unterstreicht und auf eine lokrische Vase des 6. Jh. v. Chr. hinweist, auf welcher der Gott Πλουτοδότας im Gefolge der Demeter dargestellt ist: Reggio Calabria, Museo Nazionale 4001; dazu Beazley 1956, 147.6, 147, 714; Nilsson 1967, Bd. 1, 860; Procopio 1952; Shapiro 1989, 79 f.)

25 Die Möglichkeit, dass Aischylos hier eine Verehrung der persischen Großkönige als Götter (schon zu Lebzeiten) dramatisieren will, wird dabei ausgeschlossen. Die griechische Vorstellung, die Perser hätten ihre Könige als Götter verehrt, beruht auf einem Missverständnis: Hall (1989) 91; Vogt (1972) 135.

26 Aischyl. *Pers.* 619–621; 625–630; 640–642; 650 f. und vgl. 688–692 zu der Schwierigkeit, aus der Unterwelt zu kommen.

27 Zur Bezeichnung eines Verstorbenen als θνητῶν vgl. Hes. *erg.* 141 (μάκαρες θνητοί) mit Groeneboom (1930) zu Aischyl. *Pers.* 629–632 und Court (1994) 49 Anm. 96.

sonnen zu handeln, wie das im Beschwörungslied zweimal wiederholte Epitheton θεομήστωρ („ein vom Gott Beratener“[28] oder „göttlicher bzw. gottähnlicher Berater“[29]) auf das deutlichste ausdrückt (θεομήστωρ δ' ἐκικλήισκετο Πέρσαις, / θεομήστωρ δ' / ἔσκεν, ἐπεὶ στρατὸν †εὖ ἐποδώκει†, 655 – 657).[30] Denn Dareios wird, wie im Perserdrama mehrmals thematisiert, durch eben diese umsichtige, besonnene und gelungene Herrschaft gekennzeichnet, und auf dieselben Herrscherqualitäten gründet sich auch sein Lob als „gottgleich“ (ἰσόθεος; vgl. ἰσοδαίμων, 634), wie die Nebeneinanderstellung dieser Qualitäten in den Versen 854 – 857 zeigt:

εὖθ' ὁ γεραιός
πανταρκὴς ἀκάκας ἄμαχος βασιλεὺς
ἰσόθεος Δαρεῖος ἆρχε χώρας.

[...] als der greise,
machtvoll in allem, nicht schadend, der unbezwingliche König,
den Göttern gleich, Dareios, Herr war über das Land!

Des Weiteren übertrifft er aufgrund seines Glückes und seines aus vernünftigem Handeln resultierenden Wohlstandes alle anderen Menschen dahingehend, dass er während seiner Herrschaft „wie ein Gott“ lebte, wie sich seine Gattin erinnert (709 – 711):

ὦ βροτῶν πάντων ὑπερσχὼν ὄλβον εὐτυχεῖ πότμωι,
ὡς ἕως τ' ἔλευσσες αὐγὰς ἡλίου ζηλωτὸς ὢν
βίοτον εὐαίωνα Πέρσαις ὡς θεὸς διήγαγες [...]

Der du durch ein glückliches Schicksal alle Sterblichen an Segen
übertrafst, da du, solange du der Sonne Strahlen sahst,
beneidenswert dem Volk, ein seliges Leben wie ein Gott geführt [...][31]

Die Gottähnlichkeit des Dareios strahlt auch auf die Königsfamilie ab: Xerxes wird (noch vor der Nachricht seiner Niederlage) als gottgleich bezeichnet (80), und zwar in Verbindung mit seiner Abstammung vom „goldgeborenen Geschlecht“ (χρυσογόνου γενεᾶς ἰσόθεος φώς, 79 f.), eine Anspielung sowohl auf die göttliche Abstammung der Perser von Danaë und dem in goldenen Regen verwandelten Götterkönig, von dem die

28 Kranz (1933) 87.

29 Garvie (2009) z. St.: „a counsellor equal to the gods“.

30 θεομήστωρ ist eine Anspielung auf das homerische θεόφιν μήστωρ ἀτάλαντος (Hom. *Il.* 7,366; 14,318; 17,47; *Od.* 3,110; 3,409), das zusammen mit der Formel Διὶ μῆτιν ἀτάλαντος (Hom. *Il.* 2,169; 2,407; 2,636; 7,47; 10,137; 11,200; *Od.* 3,89; vgl. *Od.* 6,12) denjenigen bezeichnen kann, der – so die Analyse dieser Stellen von Roloff (1970) 24 – „mit dem Blick für das Rechte und im Rahmen des Rechten sich und anderen stets zu helfen, und das heißt, einen Ausweg aus Ratlosigkeit, einen Weg zum Ziel zu finden weiß“, wie eben hier von Dareios erwartet wird; vgl. auch Sideras (1971) 168 und weiter Roloff (1970) 111 f. zu Aischyl. *Pers.* 655 – 657.

31 Zur (umstrittenen) alternativen Interpretation des Dativs Πέρσαις mit διάγω vgl. Garvie z. St., der mit Broadhead (1960) den Satz übersetzt als „like a god you made life pass happily for the Persians“.

persischen Könige die Herrschaft erhielten (761–764), als auch auf den persischen Reichtum, dem das Attribut „golden" in den *Persern* wiederholt anhaftet.[32] Auch vergleicht der Chor die Königinmutter mit einem göttlichen Glanz (ἥδε θεῶν ἴσον ὀφθαλμοῖς / φάος ὁρμᾶται μήτηρ βασιλέως, 150 f.), und ihre Gottähnlichkeit beruht wie die des Xerxes auch darauf, dass sie an der Ehre, dem Erfolg und dem glücklichen Leben des Dareios Anteil hat.[33]

Die Übermenschlichkeit, die dem Totengeist des Dareios von seiner Gemahlin und den Ältesten zugeschrieben wird und die in der Bezeichnung δαίμων zum Ausdruck kommt, leitet sich also aus den schon im Leben ausgeprägt übermenschlichen Charakteristika des Königs ab und basiert nicht etwa auf einer Gleichstellung mit den Göttern und einer daraus resultierenden göttlichen Macht im engeren Sinne.[34] Vor diesem Hintergrund ist auch die Bezeichnung von Dareios als Περσᾶν Σουσιγενῆ θεόν (vgl. 157, θεοῦ [...] εὐνάτειρα Περσῶν) in den Versen 640–646 zu betrachten:

ἀλλὰ σύ μοι, Γᾶ τε καὶ ἄλλοι χθονίων ἁγεμόνες,
    δαίμονα μεγαυχῆ
ἰόντ' αἰνέσατ' ἐκ δόμων, Περσᾶν Σουσιγενῆ θεόν,
πέμπετε δ' ἄνω,
οἷον οὔπω
Περσὶς αἶ' ἐκάλυψεν.

Aber du, Erde, und ihr anderen Herrscher der Unterirdischen,
    gewährt mir, dass der Daimon, der erlauchte,
komme aus den Häusern: der in Susa entsprosste, der Perser Gott!
Und schickt ihn empor,

32 Aischyl. *Pers.* 3 f. (τῶν ἀφνεῶν καὶ πολυχρύσων / ἑδράνων φύλακες), 9 (πολυχρύσου [codd. : πολυάνδρου West] στρατιᾶς), 45 (πολύχρυσοι Σάρδεις ἐπόχους), 52 f. (Βαβυλὼν δ' / ἡ πολύχρυσος), 159 (λιποῦσ' ἱκάνω χρυσεοστόλμους δόμους). – Zu Danaë: Garvie (2009) zu Aischyl. *Pers.* 73–80.

33 Vgl. Roloff (1970) 116: „Atossa schließlich hat als Gemahlin des Dareios und Mutter des Xerxes zwar nicht an der Macht, wohl aber an der Würde des Königtums Anteil und erscheint schon allein deshalb als gottgleich, und zwar eben in dem Glanz ihrer Würde und ihres Ranges". Göttlich ist auch das Heer des Xerxes (ποιμανόριον θεῖον, 75 f.), weil es auch Teil bzw. Ausdruck der Macht und des übermenschlichen Reichtums des Königshauses ist: vgl. Roloff (1970) 160.

34 Anders Roloff (1970) 127, der Aischyl. *Pers.* 628 als eine Gleichstellung von Dareios mit den unterirdischen Göttern interpretiert (zu dieser Stelle siehe unten) und weiter argumentiert, Dareios' „Erhebung zum δαίμων" basiere nicht allein auf der „bloße[n] Tatsache seiner früheren Herrschaft sowie [der] maßvoll-kluge[n] Art dieser Herrschaft", die ihm – ausnahmsweise – „jene besondere Vergöttlichung, und zwar als Anerkennung und Lohn seiner Amtswaltung zu Lebzeiten nach dem Tode eingetragen" habe. Vielmehr sei diese Erhebung „etwas Einmaliges [d. h. „nicht jeder besonnene Herrscher [werde] nach seinem Tode vergöttlicht"], insofern nämlich seine göttliche Macht die Entsprechung zu seiner schon zu Lebzeiten außerordentlichen Macht als Herr des größten aller irdischen Reiche darstellt". Dazu sei auch bemerkt, dass von der Erhaltung eines bestimmten postmortalen Status als Anerkennung und Lohn weder in Aischyl. *Pers.* noch bei Homer (dessen Minos [*Od.* 11,568–571] Roloff 1970, 128 als Vergleich anführt) die Rede ist; zur Interpretation von Aischyl. *Pers.* 628 siehe unten.

einen Mann wie ihn hat noch nie
die persische Erde geborgen!

Θεός ist genauso wie ἰσόθεος als Ausdruck der Übermenschlichkeit des Dareios zu verstehen. Dies wird dadurch deutlich gemacht, dass die Bezeichnung nicht in einem direkt an Dareios gerichteten Anruf verwendet wird, sondern mitten im Gebet an „die Erde und die anderen Herrscher der Chthonioi“ erscheint (640). Denn um einen Gott herbeizurufen, ist die Bitte an (weitere) gleichgestellte Götter um dessen Herbeisendung weder logisch noch üblich.[35] Dass hingegen ein mächtiger Toter als eben solcher erkannt und zugleich als Gott bezeichnet werden kann, zeigt die Geschichte von Protesilaos und dem Perser Artayktes am Ende der Historien des Herodot:[36] Nachdem Artayktes das aus Grab und heiligem Bezirk[37] bestehende Heiligtum des trojanischen Helden geplündert und geschändet hat, warnt der Heros den Täter, indem er ein Wunder wirkt und die Salzfische (τάριχοι), die gerade gebraten werden, wiederbelebt. Artayktes erkennt und deutet das Zeichen (Hdt. 9,120,2):

ἐμοὶ σημαίνει ὁ ἐν Ἐλαιοῦντι Πρωτεσίλεως ὅτι καὶ τεθνεὼς καὶ τάριχος ἐὼν δύναμιν πρὸς θεῶν ἔχει τὸν ἀδικέοντα τίνεσθαι.

Protesilaos von Elaius will mir zu verstehen geben, dass er, obgleich er tot und eine Mumie (τάριχος) ist, dennoch die Macht von den Göttern erhält, dem Frevler das Unrecht zu vergelten.[38]

---

35 Muntz (2011) argumentiert zu Recht, dass das Beschwörungslied die charakteristische Form eines Gebets annehme, betrachtet aber die Bezeichnung von Dareios als θεός als Beweis dafür, dass Dareios mit den hier angerufenen Göttern gleichgestellt werde: „A common rhetorical device used in hymns is to provide companion deities for the main subject of the hymn, and that is what Aeschylus is doing here by placing this after the initial calls upon Darius in the first strophe. The chorus appeals to these underworld deities to assist them in fulfilling the main purpose of their hymn, the invocation of Darius. A similar phenomenon can be seen [...] at *Ch[oeph]*. 124 – 8. Here Electra calls on Hermes to summon other chthonic powers, including the Earth, to hear her prayers“ (Muntz 2011, 264). Die vom persischen Chor angerufenen Götter funktionieren jedoch weder lediglich als „companion deities“ noch ist die Stelle mit dem Gebet der Elektra vergleichbar, in dem Hermes nicht als Psychopomp, sondern in seiner Rolle als Bote agiert (Ἑρμῆ χθόνιε, κηρύξας ἐμοί / τοὺς γῆς ἔνερθε δαίμονας κλύειν ἐμάς / εὐχάς, πατρῴων δωμάτων ἐπισκόπους, / καὶ Γαῖαν αὐτήν, Aischyl. *Choeph*. 124 – 128). Die Aufgabe der vom Chor der Ältesten angerufenen Götter ist es, die *psyche* des Dareios aus dem Hades zu senden (Aischyl. *Pers*. 629 f.); ich kenne kein Beispiel dafür, dass man „companion deities“ mit der Bitte anruft, den eigentlichen adressierten Gott herbeizuholen. Des Weiteren beschränkt sich die Gattung des Hymnos keineswegs auf Götter (*contra* Muntz 260): Vgl. Furley–Bremer (2001) 9 und die Dissertation von Mantziou (1981).

36 Hdt. 9,116 – 120. Zur weiteren Analyse und Bedeutung der Protesilaos-Geschichte innerhalb der Historien vgl. Boedeker (1998). Weitere (aber spätere) Beispiele von als θεός bezeichneten Kultheroen gibt Wilamowitz-Moellendorff (1951) Bd. 2, 16.

37 τάφος τε καὶ τέμενος περὶ αὐτόν, Hdt. 9,116.

38 Übs. nach Feix (2006).

Daraufhin verspricht Artayktes, hundert Talente als Vergeltung „an den Gott" (θεός), das heißt an Protesilaos, zu zahlen.[39] In dieser Geschichte also ist die Göttlichkeit des Toten – genauer gesagt: seine Bezeichnung als θεός – auf die ihm von den Göttern gegebene Macht (δύναμιν πρὸς θεῶν) zurückzuführen. Herodots Wortwahl verdeutlicht, was sich aufgrund der Wirkungsmacht von Heroen in Erzählungen bei Herodot und anderen oft vermuten lässt, nämlich dass der Heros als „kein den eigentlichen Göttern gleich zu achtendes, sondern eben nur ein gottartiges, den eigentlichen Göttern auf einer geringeren Stufe entsprechendes Wesen" betrachtet wird.[40] Vor

---

39 Hdt. 9,120,3: νῦν ὦν ἄποινά μοι τάδε ἐθέλω ἐπιθεῖναι, ἀντὶ μὲν χρημάτων τῶν ἔλαβον ἐκ τοῦ ἱροῦ ἑκατὸν τάλαντα καταθεῖναι τῶι θεῶι, ἀντὶ δ' ἐμεωυτοῦ καὶ τοῦ παιδὸς ἀποδώσω τάλαντα διηκόσια Ἀθηναίοισι περιγενόμενος.

40 Roloff (1970) 156. Zur Äquivalenz zwischen Kultheroen des 5. Jh. v. Chr. und den (oben diskutierten) Dämonen bei Hesiod vgl. Rohde (1898) Bd. 1, 101: „Die Seelengeister aus dem ersten Geschlecht hatte er [= Hesiod] kurzweg ‚Dämonen' genannt. Aber diese Benennung, die jenen erst aus der Sterblichkeit zur Ewigkeit übergegangenen Wesen mit den ewigen Göttern gemeinsam war, liess den Wesensunterschied beider Classen der Unsterblichen unbezeichnet. Eben darum hat sie die spätere Zeit niemals wieder in der gleichen Art wie hier Hesiod verwendet. Man nannte später solche gewordene Unsterbliche ‚Heroen'. Hesiod, der dies Wort in diesem Sinne noch nicht verwenden konnte, nennt sie mit kühnem Oxymoron: sterbliche Selige, menschliche Götter. Den Göttern ähnlich sind sie in ihrem neuen Dasein als ewige Geister; sterblich war ihre Natur, da ja doch ihr Leib sterben musste, und hierin liegt der Unterschied dieser Geister von den ewigen Göttern." – Dass Dareios im Perserdrama vor dem Hintergrund des griechischen Heroenkultes verstanden werden kann, ist nur selten in der Forschungsliteratur postuliert worden. Eine gewisse Ähnlichkeit mit einem Heros findet gelegentlich beiläufige Erwähnung, z. B. Broadhead (1960) xxvii: „[Dareios] raises [the drama] nearer the level of those tragedies in which heroes or deities appear on the stage: for Darius is heroic in stature, indeed is regarded as almost a god [...]" und Rose (1950) 278 f.: „[the] tone is unmistakeable [...] one of reverence and worship, addressed to a being so superior [...] as to be very nearly a god [...] to Aeschylus and the best contemporary opinion, that was the proper way to speak to a hero worthy of the name, however much the prayers and adjurations of real life may have fallen short of the poetical glories of the great plays." Roloff (1970) 127 verwirft die Möglichkeit, dass in den Versen 620 f. und 641 f. δαίμων „jenen Stand gottartiger Macht, den die Heroen der Vorzeit als Tote innehaben, und zu dem [...] auch Menschen nach ihrem Tode aufsteigen können" bezeichnet. Stattdessen handle es sich, so Roloff, „bei dem δαίμων Dareios um etwas anderes als um eine derartige Erhebung zum Heros im Sinne eines unterirdischen Wesens mit gottartiger Macht. Denn diese Macht des ‚unterirdischen' Heros ist an den Ort seines Grabes gebunden [...]; zum anderen ist sie inhaltlich dadurch bestimmt, daß sie segensreich oder unheilvoll ins Oberirdische hineinwirkt. Die Macht des Dareios hingegen besteht nach seiner eigenen Bekundung darin, daß er gemeinsam mit den κατὰ χθονὸς θεοί (689) im Unterirdischen Herrschaft ausübt (691), womit seine Macht sowohl einen umfänglicheren Wirkungsbereich als auch eine andere Richtung ihres Wirkens zu erkennen gibt." (Zu einer anderen Interpretation des Grabes und der Verse 689–691 siehe unten.) Deichgräber (1941) 195/325 diskutiert nur kurz „Dareios de[n] Heros als eine griechische Gestalt", und zwar folgendermaßen: „Wenn er der *makaritas* heißt und unter den Toten herrscht, so denken wir daran, daß Achill ebenfalls unter den Toten der seligste ist und dort als der Herrscher waltet (Od. 11,483 ff.; an Hesiod erinnert es, daß er nach dem Tode der übelabwendende Daimon ist (Erga 122). Daß aber ein Toter ans Tageslicht kommt, prophezeit und das Geschehene deutet, erinnert eher an die Auffassung vom Toten in breiten Schichten einer im Kultischen schlicht denkenden mutterländischen Bevölkerung. Dareios hat sein Grab, ist Heilbringer und sagt die Zukunft voraus." Die vorliegende Interpretation stimmt also im Wesentlichen mit der von Deichgräber überein,

diesem Hintergrund, nämlich dem des griechischen Heroenkonzepts, lässt sich auch Dareios verstehen. Wenn in der Forschung debattiert wird, ob in der aischyleischen Darstellung der Perserkönig nach oder sogar vor dem Tode göttliche Verehrung erhält,[41] wird dabei die fließende Grenze zwischen Machtkonzeptionen der unsterblichen Götter und der „besonderen" Toten, denen eine gewisse Wirkungsmöglichkeit in der Welt der Lebenden zugeschrieben wurde und die im Kult verehrt wurden, außer Acht gelassen.[42] Wird Dareios aber vor diesem Hintergrund betrachtet, ist die Betonung mal seiner Sterblichkeit, mal seiner Übermenschlichkeit kein willkürlicher Widerspruch des Dichters. Stattdessen lässt sich die Verflechtung von Sterblichkeit und besonderer postmortaler Macht als Charakteristikum eines übermenschlichen, besonders verehrten Toten erklären: Dareios ist weniger als ein Gott, doch kein normaler Toter. Durch diese Charakterisierung wird dem Toten eine noch größere Autorität verliehen, als er sie im Leben besaß, ohne dass er seine Sterblichkeit „verliert", wie in den Deutungen, die für die Schilderung einer Vergöttlichung des Großkönigs argumentieren. Doch diese Sterblichkeit ist für das Drama thematisch wichtig, denn, wie sich herausstellen wird, nur die Einsicht in diese sterbliche Natur (beziehungsweise die Anerkennung der Grenzen zwischen dem Sterblichen und dem Göttlichen) im Leben kann zur Übermenschlichkeit nach dem Tode führen.[43]

Im Zusammenhang mit dem postmortalen Status des Königs steht eine weitere Bezeichnung, die Anrufung Σουσιγενῆ, die in der ersten Antistrophe eine Verbindung zwischen dem mächtigen Toten und dem Ort, an dem er angefleht wird, anspricht. Der Beiname Σουσιγενῆ deutet auf Dareios' dauerhaften Wohnsitz im Leben, die Haupt-

versucht aber, diese Zusammenhänge ausführlicher zu analysieren und ihrer Funktion und Bedeutung in den *Persern* nachzugehen.

41 Eine Darstellung, die auch nicht auf der Wirklichkeit basiert: Gow (1928) 134 f.; Hall (1989) 91: „The popular view that the Persians worshipped their kings [as gods] rests [...] almost entirely on the evidence of the *Persae* and is incorrect. Darius undoubtedly used propaganda to imply that his sovereignty was divinely *sanctioned*, by suggesting an analogy between his own kingship, aided by his six noble conspirators, and the divine order of Ahuramazda and his six great Aməša Spəntas. But nowhere in the Persian texts is there any evidence that the Persian kings were regarded as divine or worshipped as such."

42 Vgl. Ekroth (1999) 156 f. zur komplexen Mischung von Sterblichkeit und Unsterblichkeit des Heros („complex combination of immortality and mortality in a hero") am Beispiel der von Pausanias erwähnten Kultheroen. Die Heroen, so Ekroth, bildeten keine einheitliche, undifferenzierte Gruppe, sondern gehörten verschiedenen Kategorien an, die sich voneinander nicht klar abgrenzten. Eher ließen sich die Heroen in eine flexible Skala aufnehmen, „in which the top is occupied by the gods and the bottom by the ordinary dead. The heroes as a group are naturally placed in the middle, but the individual heroes end up on different levels, depending on whether they resemble the gods more than the mortals or vice versa. Their location on this scale depends essentially on the degree of immortality or mortality in each hero, which is connected with the ritual practices, the hero's life, the manner of death, any effects he may have had on the environment after his death, the cult place and its connection, if any, with the grave."

43 Siehe unten S. 33 f.

stadt des Perserreiches und auch den Schauplatz der Handlung.[44] Hier liegt er auch begraben, wie der Verweis in Vers 646 auf die persische Erde, die ihn birgt, betont. In diesem Detail – nämlich dem Beschwörungsort – weicht die in den *Persern* inszenierte Nekromantie ab von dem homerischen Vorbild und den darauf anspielenden Szenen des fünften Jahrhunderts in Aischylos' *Psychagogoi* und den *Vögeln* des Aristophanes.[45] Dort nämlich wird ein nekromantisches Ritual an das stygische Gewässer am Unterweltseingang verlegt, wie auch die bei Herodot beschriebene Beschwörung des Periander nicht am Grab, sondern am Totenorakel am Acheron vollzogen wird.[46] Bei Homer fehlen bekanntlich der Heroenkult und das Konzept eines lokal gebundenen Kultheros; bei Herodot geht es auch nicht um die Hilfe eines mächtigen Ahnen oder Heros, sondern um die Befragung der verstorbenen Frau des Tyrannen. Dagegen findet der Beschwörungsversuch in den *Choephoren* am Grab des verstorbenen Agamemnon statt, dessen königlicher Status im Leben und nach dem Tode dem des Dareios ähnelt und dessen Grab nicht einfach als Grab betrachtet, sondern zum verehrten Altar umgedeutet wird.[47] Im Fall des Dareios wurzeln die als übermenschlich und doch nicht direkt als göttlich dargestellte Macht des toten Königs und ihre Lokalisierung am Grab in der Vorstellungswelt von Heroen der Kulttradition, aber diese Macht wird dem dramatischen Zweck untergeordnet, Dareios und Xerxes beziehungsweise ihre jeweiligen erfolgreichen und katastrophalen militärischen Entscheidungen einander entgegenzusetzen. Denn die Tatsache, dass Dareios in Persien bestattet ist, steht in starkem Gegensatz zu den vielen gefallenen Soldaten des Xerxes, deren Abwesenheit von der Heimaterde leitmotivisch das Drama durchzieht;[48] an zwei Stellen im Katalog der im Krieg getöteten persischen Fürsten (302–330) wird dies versinnbildlicht durch die Metapher des Todes als Aufenthalt in der Fremde: Der tapfere, edle (ἄριστος) Feldherr Tenagon „wandert über die Insel des Aias" (νῆσον Αἴαντος πολεῖ, 307) und Magos und Artabes „sterben dort, Metöke[n] eines rauen Landes" (σκληρᾶς μέτοικος γῆς ἐκεῖ κατέφθιτο, 319).[49] Dareios hingegen, dessen ei-

44 Vgl. Aischyl. *Pers.* 535; 730; 761 (τόδ' ἄστυ Σούσων). – *Pace* Italie (1953) z. St. erinnert Σουσιγενῆ nicht besonders an Götterepitheta; Sterbliche erhalten in der Tragödie lokalisierende -γενης-Komposita nicht weniger oft als Götter: Vgl. u. a. Aischyl. *Suppl.* 30 (ἑσμὸν ὑβριστὴν Αἰγυπτογενῆ) und 1053 (γάμον Αἰγυπτογενῆ), *Pers.* 12 (ἰσχὺς Ἀσιατογενής), 36 (Πηγασταγὼν Αἰγυπτογενής).

45 Aischyl. fr. 273a1 f. Radt (ἐπὶ ποιοφύτων / ἴστω σηκῶν φοβερᾶς λίμνας); Aristoph. *Av.* 1553 f. (λίμνη). Zur stygischen λίμνη vgl. Henrichs (1989).

46 Hdt. 5,92γ.

47 Status nach dem Tode: Aischyl. *Choeph.* 354–362. – Grab als Altar: Aischyl. *Choeph.* 106 f. (Chor: αἰδουμένη σοι βωμὸν ὣς τύμβον πατρὸς / λέξω, κελεύεις γάρ, τὸν ἐκ φρενὸς λόγον); vgl. Aischyl. *Choeph.* 488 (Elektra: πάντων δὲ πρῶτον τόνδε πρεσβεύσω τάφον). Zu βωμός als Bezeichnung für den Altar im Heroenkult vgl. Bremmer (2006) 19.

48 Siehe unten zu οἴχομαι in Verbindung mit diesem Motiv.

49 Zur Metapher des Toten als Metöke (d. h. als jemand, der seinen Wohnort gewechselt hat) vgl. Eur. *Heraclid.* 1033 (μέτοικος αἰεὶ κείσομαι κατὰ χθονός, Eurystheus); Eur. *Hipp.* 837 (τὸ κατὰ γᾶς θέλω, τὸ κατὰ γᾶς κνέφας / μετοικεῖν σκότωι θανών, ὦ τλάμων, Theseus); Plat. *Phaid.* 117c (ἀλλ' εὔχεσθαί γέ που τοῖς θεοῖς ἔξεστί τε καὶ χρή, τὴν μετοίκησιν τὴν ἐνθένδε ἐκεῖσε εὐτυχῆ γενέσθαι).

gene Feldzüge vom Dichter beinahe völlig ausgeblendet werden, bleibt in Susa. Auch wenn seine Feldzüge Erwähnung finden, werden sie dadurch gekennzeichnet, dass das ganze Heer nach einem Erfolg im Feld wohlbehalten wieder zurückkehrte (νόστοι δ’ ἐκ πολέμων ἀπόνους ἀπαθεῖς / <αὖθις ἐς> εὖ πράσσοντας ἆγον {ἐς} οἴκους, 861 f.) – und dass jeder Feldzug geschickt vom Regierungssitz aus gesteuert wurde, ohne dass Dareios je die Heimat verlassen muss: ὅσας δ’ εἷλε πόλεις πόρον οὐ διαβὰς Ἅλυος ποταμοῖο, / οὐδ’ ἀφ’ ἑστίας συθείς (865 – 867).[50] So befindet sich – laut der dramatischen Fiktion – in Susa auch der Grabhügel des Großkönigs.

Das Grabmal des Dareios bildet im mittleren Drittel des Dramas den dramatischen sowie szenischen Fokus. Ob es in der Inszenierung in der Orchestra oder auf der Bühne[51] stand, bleibt dahingestellt.[52] Vielmehr ist die visuelle Prominenz des Grabes wichtig, auf dessen hoher Kuppe der Totengeist in seiner königlichen Tracht erscheinen soll (ἔλθ’ ἐπ’ ἄκρον κόρυμβον ὄχθου, 659), so die Bitte des Chores, der sich die Epiphanie dabei antizipatorisch und bildhaft vorstellt (659 – 662). Noch vor der Erscheinung macht das Grabmal die Nähe des Dareios im Gegensatz zur thematisierten Abwesenheit seines Sohnes mitsamt dem persischen Heer augenfällig, erinnert aber zugleich an Dareios’ Entfernung durch den Tod. Der Glaube, dass der Tote in Form seiner sterblichen Überreste nah sei und zugleich fern in der Unterwelt verweile, aus der er zur Mithilfe herbeigerufen werden muss, ist eine Widersprüchlichkeit des griechischen Toten- und Heroenkultes:[53] Die Macht des (bestatteten) Toten ist im Unterschied zur Macht der Götter an einen bestimmten Ort, seinen Begräbnisort, gebunden;[54] diese Unterscheidung ist vor allem für die Machtdefinition eines Kultheros von Bedeutung, denn der Besitz seiner Gebeine verheißt die wirksame Gegenwart des Heros für die Gemeinschaft.[55] Die Verehrung des Heros an diesem Ort erstrebt seine segnende und schützende Funktion,[56] doch bleibt die weniger erfreuliche Seite seines Wirkens zugleich immer möglich: Als kurzes Beispiel aus dem Drama sei auf

---

50 In diesen Versen blendet der Dichter z. B. den Skythenfeldzug (Hdt. 4,1 – 4 und 59 – 144) aus, den Dareios persönlich geführt hatte (Hdt. 4,83) und der die Überkreuzung des Halys, des Flusses zwischen Medien und Lydien, voraussetzt. Zur bewussten Ausblendung solcher historischen Fakten vgl. Saïd (1981); Vogt (1972) 135, 140.

51 Es bleibt umstritten, ob eine erhöhte Bühne zur Zeit der Aufführung der *Perser* bereits vorhanden war: Vgl. Wiles (1997) 63 – 87 (mit weiterführender Literatur).

52 Vgl. Schiller (1869) 7 („Das Grabmal selbst ist nicht in der Orchestra anzunehmen, in welche Atossa zur Darbringung der Todtenspende herabstiege"); Wilamowitz (1886) 608 hingegen nimmt das Grab in der Mitte der Orchestra an. Die Mitte bildet nämlich „the strongest position in the theatre", so Wiles (1997) 71 f., 78 f., der in der jüngeren Forschung neben u. a. Garvie (2009) xlix–l und Rehm (2002) 41 Wilamowitz folgt. Dagegen hält Taplin (1977) 117 es für wahrscheinlicher, dass sich das Grab am Rand der Orchestra befindet, und diskutiert auch weitere Inszenierungsmöglichkeiten.

53 Zu dieser Widersprüchlichkeit: Felton (2007) 88, Garland (2001) 119.

54 Burkert (2011) 314.

55 Vgl. v. a. Pfister (1909). Die Implikation, Dareios könnte eine Schutzfunktion für das Land ausüben, unterstreicht nochmals den Kontrast zu seinem Sohn, der seinem Lande schadet: vgl. Aischyl. *Pers.* 931 f. (Xerxes zum Chor): μέλεος γένναι γᾶι τε πατρῴιαι / κακὸν ἄρ’ ἐγενόμαν.

56 Burkert (2011) 314 f.; Nilsson (1967) Bd. 1, 715 – 719; Rohde (1898) Bd. 1, 159 – 163.

die ca. 425 v. Chr. aufgeführte *Hekabe* verwiesen, wo der Totengeist Achills (φάντασμα, 94; 390) auch auf seiner hohen Grabkuppe erscheint (ἦλθ' ὑπὲρ ἄκρας τύμβου κορυφᾶς, 93), aber aus eigenem Antrieb, um das Opfer der Polyxene an seinem Grab (522; 524) zu verlangen, was den zentralen Konflikt der Handlung auslöst.[57] Diesen Vorstellungen entsprechend betont der Chor der persischen Ältesten in seinem Aufruf (647 f.)

ἦ φίλος ἀνήρ, {ἦ} φίλος ὄχθος·
φίλα γὰρ κέκευθεν ἤθη.

Ja! Lieb ist der Mann, lieb der Hügel,
denn lieb die Gesinnung, die er birgt!

die Gegenwärtigkeit des Dareios durch die enge Verbindung zwischen dem Grab (ὄχθος, „Grabhügel")[58] und dem dort Bestatteten (ἀνήρ). Das dreifach wiederholte Adjektiv φίλος hebt zudem die personale Beziehung des Chores zum verstorbenen König hervor, insofern als φίλος etwas oder jemanden beschreiben kann, was oder der dem Sprecher „lieb und teuer" ist und zu ihm beziehungsweise zu seinem Familien- oder Sozialkreis gehört.[59] Dabei beruft sich der Chor fast apotropäisch auf diese φιλία – der im Grab verborgene Tote war der Königinmutter und den Älteren im Leben φίλος und soll auch in der Ausübung seiner schließlich ambivalenten chthonischen Macht aus dem Grab heraus seinen φίλοι weiterhin helfen.[60]

Die Erscheinung (681–842). Wissen, Macht und die Begegnung mit der Vergangenheit

Das vom Chor vollzogene Ritual erzielt die gewünschte Wirkung. Der „von *philoi* viel beweinte" (πολύκλαυτε φίλοισι, 674) Dareios erscheint, beruft sich in seinen ersten Worten auf die alte Verbundenheit der Ältesten (ὦ πιστὰ πιστῶν ἥλικές θ' ἥβης ἐμῆς / Πέρσαι γεραιοί, 681 f.) und bestätigt in den folgenden Versen nicht nur, dass die Kommunikationsaufnahme gelungen sei (683), sondern auch, dass er die Trankopfer gnädig entgegengenommen habe (χοὰς δὲ πρευμενὴς ἐδεξάμην, 685; vgl. 609 f.). Trotz der Tatsache, dass „die unterirdischen Götter im Ergreifen tüchtiger als im Lassen sind" (χοἰ κατὰ χθονὸς θεοί / λαβεῖν ἀμείνους εἰσὶν ἢ μεθιέναι, 689 f.), kann Dareios wegen seines Ansehens unter den Unterweltsgöttern die Oberwelt – wenn auch nur

57 Siehe Kapitel VII (Euripides, *Hekabe*).
58 Vgl. Aischyl. *Choeph.* 4 (Orest am Grabhügel des Agamemnon: τύμβου δ' ἐπ' ὄχθωι τῶιδε κηρύσσω πατρὶ / κλυεῖν [West : κλύειν codd.], ἀκοῦσαι).
59 Zu φιλία und φίλος vgl. Blundell (1991) 39–49.
60 Am Ende des Liedes betont der Chor nochmal diese φιλία: ὦ πολύκλαυτε φίλοισι θανών, Aischyl. *Pers.* 674.

kurz[61] – besuchen: ὅμως δ' ἐκείνοις ἐνδυναστεύσας ἐγώ / ἥκω (691 f.). Ἐνδυναστεύειν verweist auf seine Autorität, die im Vergleich zur Macht der anderen Herrscher beziehungsweise der Unterweltsgötter nicht unbedingt groß ist,[62] sowie auf die Quelle dieser Autorität, nämlich seinen Rang als δυνάστης im Leben (vgl. den Anruf des Chors am Ende der Beschwörung: δυνάστα, δυνάστα, 675).[63]

Die Autorität, die Dareios auch in der Unterwelt besitzt, lässt sich genauso wie die ihm vom Chor zugeschriebene gottähnliche Macht auf seine Eigenschaften als König im Leben zurückführen. Die Vorstellung der Iteration, das heißt davon, dass der Tote seine irdische Tätigkeit in der Unterwelt fortsetzt, geht eine enge Verbindung mit dem schon diskutierten Gedanken ein, dass besondere Menschen zu entsprechend besonderen Toten würden.[64] Der Gedanke begegnet bereits in der homerischen *Nekyia:* Richter sprechen weiter Urteile, Herrscher regieren, Seher prophezeien weiter – schließlich wird Teiresias nicht wegen seines speziellen Wissens als *Toter* befragt, sondern wegen seiner prophetischen Gabe, über die er noch im Tode verfügt.[65] Wie bei Homer die Todesart des Schattenbildes manchmal an seinem Aussehen abgelesen

61 τάχυνε δ', ὡς ἄμεμπτος ὦ χρόνου, Aischyl. *Pers.* 692 und vgl. Garvie (2009) z. St.: „Darius' impatience reflects the limits of his powers; his period of leave is short".

62 Broadhead (1960) z. St. führt als Beispiel Hdt. 6,35,1 an: Ἐν δὲ τῇσι Ἀθήνῃσι τηνικαῦτα εἶχε μὲν τὸ πᾶν κράτος Πεισίστρατος, ἀτὰρ ἐδυνάστευέ γε καὶ Μιλτιάδης ὁ Κυψέλου.

63 Dass der Schatten des Dareios in der Oberwelt seine ehemalige Autorität behält, zeigt die Reaktion des Chors auf Dareios' Rede, wobei der Chor vor dem Angesicht seines heraufbeschworenen Königs wegen einer „alten Scheu" oder „Furcht" (ἀρχαίῳ περὶ τάρβει, 697; vgl. δέος παλαιόν, 703), die mit seiner Ehrfurcht vor Dareios verbunden ist, kaum zu sprechen vermag. Zur Verbindung zwischen der Angst und der Ehrfurcht (σέβας, αἰδώς) des Chors, vgl. Garvie (2009) z. St. mit Cairns (1992) 206 f.; vgl. weiter Föllinger (2003) 267, die den in diesen Versen nochmals thematisierten Kontrast zwischen dem Alten und dem Neuen kommentiert: Durch den Kontrast zwischen dem „Alter der Ehrfurcht" und der „Neuheit des Leids" (νεοχμὸν [...] κακόν, 696) „wird noch einmal die positive Bewertung des Alten gegenüber dem Neuen herausgestrichen".

64 Der Begriff Iteration wurde von Nilsson geprägt: Nilsson (1967) Bd. 1, 454 f., 674–678.

65 Beispielsweise herrscht Achill, der über die Myrmidonen geherrscht hatte (vgl. *Od.* 4,5–9, ἄνασσεν) und schon zu Lebzeiten μάκαρ war (Hom. *Od.* 11,483), weil er „wie die Götter" (ἶσα θεοῖσιν, Hom. *Od.* 11,484; vgl. ἰσόθεος, Aischyl. *Pers.* 80; 856) verehrt wurde, in der Unterwelt weiter (νῦν αὖτε μέγα κρατέεις νεκύεσσιν, Hom. *Od.* 11,485; vgl. Hom. *Od.* 11,491). Vgl. auch Orion, der wie im Leben seine Zeit mit der Jagd verbringt (Hom. *Od.* 11,572–575), und Minos, der sein Amt als Richter weiter ausübt unter den Toten (Hom. *Od.* 11,568–571) – er „richtet unter den Schatten [...] und keineswegs über die Taten der Verschiedenen im Leben, um Lohn und Strafe im zweiten Leben zu verteilen; er setzt einfach die Tätigkeit fort, wegen der er im Leben berühmt war" (Nilsson (1967) Bd. 1, 454) und vgl. Nilsson (1967) Bd. 1, 454 f. 674–678. In der Tragödie vgl. v. a. den postmortalen Status Agamemnons, der als Herrscher den chthonischen Göttern untergeordnet ist: κατὰ χθονὸς ἐμπρέπων, / σεμνότιμος ἀνάκτωρ / πρόπολός τε τῶν μεγίστων / χθονίων ἐκεῖ τυράννων (Aischyl. *Choeph.* 356–359; πρόπολος wird v. a. im Kontext von Tempeldienern verwendet; vgl. vielleicht Hes. *theog.* 990 f., wo Phaethon von Aphrodite zum Dämon und Tempelaufseher gemacht wird: ζαθέοις ἐνὶ νηοῖς / νηοπόλον). Vgl. auch den Herrscher und Seher Amphiaraos in Soph. *El.* 839–41, der ὑπὸ γαίας [...] πάμψυχος ἀνάσσει und bei Pindar (*P.* 8,38–54) von der Unterwelt aus weiter prophezeit; mit πάμψυχος ist das erhaltene Bewusstsein von Teiresias zu vergleichen (*Od.* 10,493–495).

werden kann,[66] so bleiben auch seine Lebenserfahrungen und sein im Leben erworbenes Wissen erhalten, weswegen auch diejenigen, die als Lebende über keine prophetische Gabe verfügten, als Verstorbene befragt werden. Zum Beispiel kann in der Literatur – denn auf eigentliche Totenorakel, geschweige denn Beschwörungen, in und vor dem fünften Jahrhundert v. Chr. besitzen wir nur spärliche Hinweise, deren Stellenwert äußerst umstritten ist[67] – die verstorbene Ehefrau Perianders Auskunft darüber geben, wo ihr Mann das Geld ablegt hat – ein Geheimnis, an dem sie schon zu Lebzeiten teilhatte.[68] Eine fragmentarisch überlieferte Totenbefragung aus einer verlorenen euripideischen Tragödie legt nahe, dass (in der Literatur) eher generelle Fragen an die Toten gestellt werden (Eur. fr. 912,9 – 13 Kannicht):

> πέμψον δ' ἐς φῶς ψυχὰς ἐνέρων
> τοῖς βουλομένοις ἄθλους προμαθεῖν
> πόθεν ἔβλαστον, τίς ῥίζα κακῶν,
> τίνι δεῖ μακάρων ἐκθυσαμένους
> εὑρεῖν μόχθων ἀνάπαυλαν.

> Schicke ans Licht die Seelen der Toten,
> dass diejenigen, die wollen, im Voraus wissen,
> woher Konflikte hervorgesprossen sind, welche Wurzel das Übel hat,
> wem unter den Seligen man opfern soll,
> um eine Befreiung von Mühen [bzw. Leiden] zu finden.[69]

Ohne Kontext muss jede Analyse der Stelle vorsichtig bleiben, doch hier geht es offensichtlich um das frühzeitige Erkennen von ἄθλοι, die bereits entstanden sind (vgl. den Aorist ἔβλαστον) und deren Ursache den Toten bekannt ist, eventuell weil die Toten das Entstehen der Probleme erlebt hatten und daher wissen, welche „Wurzel" das nicht näher spezifizierte (und vielleicht generelle) Übel hat. Ihr Wissen ist nicht zwangsläufig als prophetisch zu deuten, sondern könnte auf Lebenserfahrungen beziehungsweise ihrem Wissen von der Vergangenheit basieren.

Aus einem ähnlichen Grund wie im euripideischen Fragment hat die Königinmutter den Geist des Dareios beschwören lassen, nämlich weil er ein Heilmittel kennen soll (εἰ γάρ <u>τι κακῶν ἄκος</u> οἶδε πλέον, / μόνος ἂν θνητῶν πέρας εἴποι, 631 f.). Denn die Lebenden (genauer: die Ältesten, die den Chor bilden) haben sich durch die unzulängliche Traumdeutung als untauglich für die Rolle eines Interpreten erwiesen (in den Worten der Königinmutter: ὑμεῖς δὲ φαύλως αὔτ' ἄγαν ἐκρίνατε, 520). Dagegen ist Dareios wegen seiner gepriesenen Besonnenheit, die seine im Beschwörungslied angehäuften positiven Beinamen – darunter nicht zuletzt θεομήστωρ – vorführten, für

66 Hom. *Od.* 11,40 f. (πολλοὶ δ' οὐτάμενοι χαλκήρεσιν ἐγχείῃσιν, / ἄνδρες ἀρηΐφατοι, βεβροτωμένα τεύχε' ἔχοντες) und vgl. Gladigow (1974) 290 – 292.
67 Vgl. Haase (2002); Johnston (1999) 84 f.; Johnston (2008) 97 f.; Ogden (2009/2010) bes. 53 – 65; Rohde (1898) Bd. 1, 213, Anm. 1 und Bd. 2, 87, Anm. 2.
68 Hdt. 5,92γ.
69 Übs. vom Verfasser.

diese Aufgabe ideal. Erwartet wird nicht, dass Dareios im Besitz eines prophetischen oder gar übermenschlichen Wissens sei – der Chor hat im Gegenteil vor, Dareios von den aktuellen Ereignissen in Kenntnis zu setzen (ὅπως καινά τε κλύῃς νέα τ' ἄχη· / δέσποτα δέσποτ' ὦ φάνηθι, 665 – 668). Dass Dareios' Totengeist ausdrücklich nach dem Unglück fragt (682; 693), muss keinen Widerspruch zwischen einem den Toten generell zugeschriebenen Wissen und dem speziellen Status des toten Dareios nahelegen. Vielmehr passt es zum literarischen Bild der Toten: Vor allem bei Homer haben die in der Unterwelt verweilenden Toten Interesse daran, Neuigkeiten aus der Welt der Lebenden zu erfahren. Ferner ermöglicht dies dem Dichter, eine neue Erzählperspektive zu eröffnen oder eine sonst unerwähnte Geschichte einzuführen.[70] Auf ähnliche Weise kann eine herbeigerufene Gottheit den Adoranten mit einer Frage nach dem Grund der Anrufung einladen, ein Problem im Detail darzustellen, wobei das göttliche „Unwissen" als dichterisches Mittel dafür dient, eine literarische Handlung weiterzuführen.[71]

Dareios ist dennoch in der Lage, einige Aufschlüsse über die Zukunft zu geben. Sein Wissen weist allerdings nicht auf eine prophetische Gabe hin,[72] sondern wird von ihm selbst auf ein zu Lebzeiten erhaltenes Orakel zurückgeführt (739 – 741; 800 – 802). Die dramatischen Vorteile der Wiedergabe eines Orakelspruchs sind klar. Einerseits kann durch das göttliche Wissen die aus göttlichem Wirken und menschlichem Handeln bestehende Kausalität der Katastrophe deutlicher gemacht werden.[73] Andererseits kann der Dichter eine Perspektive aus der Vergangenheit durch denjenigen vermitteln, der das Orakel wiedergibt: Die „alte Welt gibt nun ihr Urteil über die Gegenwart".[74] Gleichzeitig kann der Dichter einen Blick in die Zukunft eröffnen – Konsequenzen des eben genannten Zusammenspiels zwischen göttlichem Wirken und menschlichem Handeln mit eingeschlossen (818 – 831) –, ohne das Geschehen oder den Zeitraum der eigentlichen Handlung auf Kosten der dramatischen Geschlossenheit erweitern zu müssen.

Wie das prophetische Wissen des Dareios einem Orakel entstammt, das er im Leben als König vernommen hatte, so basiert auch seine Fähigkeit, vernünftigen Rat zu erteilen, auf seinem Leben und Charakter. Nicht nur die durch das Epitheton θεομήστωρ ausgedrückten Qualitäten, sondern auch seine Charakterisierung als lebenslang in Susa sesshafter König, was sein Status als mächtiger, nach der Art eines Kultheros lokal gebundener Toter pointiert und anschaulich hervorhebt, liegen sei-

70 Vgl. Hom. *Od.* 11,492 – 503 (Achill fragt nach seinem Sohn) und Hom. *Od.* 24,98 – 204 (Agamemnon und die anderen Totenseelen fragen die von Odysseus getöteten Freier nach deren Tod).

71 Z. B. Sapph. fr. 1,15 – 18 PLF (Aphrodite zu Sappho); Hom. *Il.* 1,362 f. (Thetis zu Achill).

72 *Pace* Court (1994) 51 f., auch wenn Dareios manchmal „über eine sehr genaue Kenntnis der Zukunft verfügt" im Kontrast dazu, dass „Orakel meistens sehr allgemein gehalten sind" (Court 1996, 52 mit Broadhead 1970, 186).

73 Vgl. die deutliche Aussage des Dareios in Aischyl. *Pers.* 742; zu dem Orakel und der Theologie des Aischylos vgl. Bees (2009) 65 – 72.

74 Deichgräber (1941) 156/183.

nem Rat zugrunde: Die Perser sollten keine Feldzüge mehr gegen Griechenland unternehmen (790–792), „denn jenen wird die Erde selbst zum Kampfgenossen" (αὐτὴ γὰρ ἡ γῆ ξύμμαχος κείνοις πέλει, 792). Dies ist auch die Basis seiner erfolgreichen Politik, die von der Zurückhaltung innerhalb der Grenzen seines eigenen Landes (nämlich γῆ Ἀσίας, vgl. 249) gekennzeichnet gewesen war.

Die Politik des Dareios ist bei Aischylos also, unberührt von der historischen Realität, maßvoll und klug – und für die Verleihung postmortaler Autorität an Dareios ist sie entscheidend. Indem die Übermenschlichkeit des Dareios nicht die Folge seiner Macht allein ist, sondern aus dem richtigen Gebrauch dieser Macht resultiert, wird die Gültigkeit der früheren Bezeichnung des Xerxes als χρυσογόνου γενεᾶς ἰσόθεος φώς („gottgleicher Mann goldgeborenen Geschlechts", 80) in Frage gestellt. Vor dem Bericht der Niederlage bei Salamis wurde vom Chor die Möglichkeit geäußert, Xerxes könnte das gleiche Ansehen wie sein Vater erlangen – unter der Bedingung seines erfolgreichen Feldzuges (θεοῦ μὲν εὐνάτειρα Περσῶν, θεοῦ δὲ καὶ μήτηρ ἔφυς – / εἴ τι μὴ δαίμων παλαιὸς νῦν μεθέστηκε στρατῶι, 157 f., „eines Perser-Gottes Gattin, eines Gottes Mutter auch – wenn sich nicht der alte Daimon jetzt von dem Heer gewandt hat", so der Chor zur Königinmutter). Dareios deutet aber treffend die Grenzüberschreitung, durch die sein Sohn das vom Orakel vorhergesagte, göttlich geplante Unheil schneller zur Erfüllung bringt (742): Jung und übermütig (νέωι θράσει, 744) überbrückt Xerxes den Hellespont, jenen heiligen (ἱρός, 745) Fluss des Gottes (ῥόος θεοῦ, 746), „mit Fesseln, als sei der Fluss ein Sklave" (δοῦλον ὣς δεσμώμασιν, 745) und „er, ein Sterblicher, vermeinte – nicht in Wohlberatenheit! – / aller Götter und des Meergotts Herr zu werden" (θνητὸς ὢν θεῶν τε πάντων ὤιετ', οὐκ εὐβουλίαι, / καὶ Ποσειδῶνος κρατήσειν, 749 f.). In seinem Bestreben, sich über die Götter zu setzen, verkennt Xerxes seine sterbliche Natur (θνητὸς ὤν) und verliert dabei jeden Anspruch auf die einzige Form der Übermenschlichkeit, die im Perserdrama für Sterbliche möglich wäre und welche seinem verstorbenen Vater zugeschrieben wurde.

Zur Verschärfung des Kontrastes zwischen Vater und Sohn wird also die väterliche, königliche, prophetische, in der Vergangenheit verankerte und jetzt auch übermenschliche Autorität des Vaters hervorgehoben. Sein Totengeist legt nicht nur seine Verbindung zur Vergangenheit explizit dar in der von ihm skizzierten Genealogie des Königshauses (759–779), die mit der Herrschaft des jungen Xerxes und dessen Nichtbeachtung väterlicher Mahnungen und Befehle endet (Ξέρξης δ' ἐμὸς παῖς νέος ἐὼν νέα φρονεῖ, / κοὐ μνημονεύει τὰς ἐμὰς ἐπιστολάς, 782 f.). Zugleich führt auch Dareios als Figur diese Vergangenheit vor Augen, indem er als alter und guter, ja idealisierter Herrscher[75] auftritt – vielleicht in der prächtigen Tracht eines Großkönigs, wie es sich der Chor im Beschwörungslied vorstellt (κροκόβαπτον ποδὸς εὔμαριν ἀείρων, / βασιλείου τιήρας / φάλαρον πιφαύσκων, 660–662, „den safrangefärbten am

75 Wie der Chor gleich nach dem Abtritt des Dareios zusammenfasst: ὢ πόποι, ἦ μεγάλας ἀγαθᾶς τε πολισσονόμου βιοτᾶς ἐπεκύρσαμεν, / εὖθ' ὁ γηραιὸς / πανταρκὴς ἀκάκας ἄμαχος βασιλεύς / ἰσόθεος Δαρεῖος ἆρχε χώρας, 852–857.

Fuß, den Schuh / erhebe und lass der Königs-Tiara Spitze funkeln!“). Sein Auftritt macht dabei den Bruch seines Sohnes mit der Vergangenheit umso augenscheinlicher, als dieser nach dem darauffolgenden Chorlied ohne Gefolge und im zerrissenen Gewand (835 f., 1030) zurückkehrt und die Ältesten gleich zur Klage auffordert (941–1077).

Durch sein Erscheinen auf der Bühne verkörpert also Dareios' Totengeist – wenn überhaupt von der Körperlichkeit eines Totengeistes die Rede sein kann – die Vergangenheit, stellt aber mit seinem durch das Orakel erworbenen prophetischen Wissen auch eine Verbindung zur Zukunft her. Indem ein Totengeist aus einer vergangenen Zeit in die Gegenwart tritt, besitzt er in der Literatur immer das Potential, verschiedene Zeiten miteinander zu verbinden:[76] In der homerischen *Nekyia* erhält Odysseus von den Toten (vor allem von seiner Mutter und dem Seher Teiresias) Auskunft sowohl über die Vorgänge auf Ithaka in seiner Abwesenheit als auch über seine künftige Weiterfahrt; in mindestens zwei Komödien des ausgehenden fünften Jahrhunderts, den *Fröschen* des Aristophanes und den *Demoi* des Eupolis,[77] wurden jeweils verstorbene Dramatiker und Politiker wieder in die Oberwelt zurückgeholt, damit sie ihre dichterische Begabung beziehungsweise politische Erfahrung der Verbesserung der Gegenwart und dadurch auch der Zukunft zuteil werden ließen.[78] Der Wunsch nach Rat und Hilfe von diesen Vergangenheitsfiguren hängt in den zwei Komödien sowie in den *Persern* zusammen mit einer kulturell tief verwurzelten Neigung, die Menschen früherer Zeiten im Unterschied zu den jetzigen in ein vorteilhafteres Licht zu setzen. Der Topos lässt sich bereits bei Homer erkennen, bei dem die vortrojanischen Helden ihren Nachfolgern und jene wiederum der Generation des Erzählers generell überlegen sein sollen, und findet deutlichen Niederschlag im hesiodschen Mythos der Zeitalter wie auch in Äußerungen beispielsweise des platonischen Sokrates, dem die Aussage in den Mund gelegt wird, die verstorbenen Menschen seien besser als „die hiesigen“ (τῶν ἐνθάδε).[79] In diesen größeren Kontext ist auch der Totengeist des persischen Königs einzuordnen: Dareios gehört einer früheren, idealisierten Zeit an, die im Kontrast zur Gegenwart eine Art vergangenes goldenes Zeitalter für die Perser des Dramas darstellt.[80]

Als der Totengeist dann wieder ins Dunkel der Unterwelt entschwindet (ἐγὼ δ' ἄπειμι γῆς ὑπὸ ζόφον κάτω, 839), erinnert er in seinen Abschiedsworten an die Ver-

---

76 Vgl. Baertschi (2007) 1; Bardel (2005) 83, 112.

77 Zur Datierung der *Demoi* siehe Storey 2003, 112 – 114.

78 Ob die *Cheirones* von Kratinos, in denen der Totengeist des Solon vorkam (fr. 246 PCG), eine ähnliche Thematik hatten, lässt sich den Fragmenten nicht entnehmen.

79 Plat. *Phaid.* 63b8. – Bei Homer ist die frühere Generation nicht immer überlegen: Vgl. Latacz – Nünlist – Stoevesandt (2000) zu Hom. *Il.* 1,272. – Die hesiodsche Darstellung des Mythos ist freilich differenziert und ihre Struktur nicht streng linear: West 1978 z. St.

80 Vgl. Rosenbloom (2006) 110, der Dareios' Herrschaft mit dem goldenen, Xerxes' mit dem silbernen Zeitalter („a time of *hybris* and failure to honour the gods [...], when men do not live past youth“) im hesiodschen Zeitaltermythos analogisiert.

gänglichkeit des Lebens und des darin erworbenen Reichtums (840–842).[81] Diese Aussage erinnert wiederum an seine frühere lapidare Bemerkung, der Weg aus dem Totenreich sei nicht leicht (688), und verweist ebenfalls leitmotivisch auf die Unumkehrbarkeit des Todes. Das Motiv war schon im ersten Vers der *Perser* angeklungen, als die persischen Krieger, die gegen die Griechen gezogen waren, als Πέρσαι οἱ οἰχόμενοι (1) bezeichnet wurden:[82] Das doppeldeutige Partizip kann sowohl „fortgegangen" als auch „dahingegangen", also verstorben, heißen,[83] aber mit der Ankunft des Boten verlagert sich der Akzent eindeutig auf die zweite Bedeutung. Die „Blüte des persischen Landes" ist nicht nur fort,[84] sie ist „gefallen und dahin",[85] das ganze Heer und der ὄλβος der Perser sind zerstört.[86] Ebenfalls lässt sich das in der Schlussszene zweimal wiederholte βεβᾶσι(ν) (1002 f.), das sich auf die Kriegsgefallenen bezieht, mit εἰς Ἅιδου ergänzen. Mit dem Tod der vielen jungen Krieger, die Xerxes in den Hades „gestopft" hatte (γᾶ δ' αἰάζει τὰν ἐγγάιαν / ἥβαν Ξέρξαι κταμέναν, Ἅιδου / σάκτορι Περσᾶν, 922–924), zieht der Nebel des Todes, der bei Homer die Augen des Sterbenden umhüllt, nicht mehr nur über den einzelnen Gefallenen, sondern breitet sich allumfassend aus (Στυγία γάρ τις ἐπ' ἀχλὺς πεπόταται· / νεολάια γὰρ ἤδη κατὰ πᾶσ' ὄλωλεν, 667 f.).[87] Dabei mischt sich die Trauer um die jüngst Verstorbenen in diejenige um den schon zu Grabe getragenen Großkönig. Denn auch in die Beschwörung wird die Klagethematik mit eingebunden, indem für die „heraufbeschwörenden" oder „seelenführenden" Anrufe (ψυχαγωγοῖς ὀρθιάζοντες γόοις, 687) an Dareios das terminologische Repertoire der Trauerklage genutzt wird.[88] Ferner wird bald die im abschließenden Klagelied am anschaulichsten ausgedrückte Sehnsucht nach den Verstorbenen (ποθοῦμεν, 992) zugleich die Sehnsucht nach einer ebenso unwiederbringlichen, mittlerweile auch idealisierten Vergangenheit darstellen, die der Chor im Stasimon nach der Beschwörung, gleich vor der Rückkehr des Xerxes, besingt und in

81 Vgl. die Worte des Achill: Hom. *Od.* 11,488–491.

82 Vgl. Aischyl. *Pers.* 12 f. (πᾶσα γὰρ ἰσχὺς Ἀσιατογενὴς / οἴχωκε).

83 Zur Doppeldeutigkeit von οἴχεσθαι in Aischyl. *Pers.* vgl. Deichgräber (1941) 168/298; Föllinger (2003) 280; Garvie (2009) zu Aischyl. *Pers.* 1; Petrounias (1976) 22 („das οἴχονται-gegen-νόστος-Motiv").

84 In den Worten des Chors: τοιόνδ' ἄνθος Περσίδος αἴας / οἴχεται ἀνδρῶν, 60 f.

85 τὸ Περσῶν δ' ἄνθος οἴχεται πεσόν, Aischyl. *Pers.* 252; vgl. Aischyl. *Pers.* 546 und 915–917.

86 στρατὸς [...] πᾶς ὄλωλε, Aischyl. *Pers.* 255; κατέφθαρται πολύς / ὄλβος, Aischyl. *Pers.* 251 f.

87 Nebel des Todes: z. B. die Wendung κατὰ δ' ὀφθαλμῶν κέχυτ' ἀχλύς: Hom. Il, 5,696; 16,344; 20,421; *Od.* 22,8; vgl. (u. a.) *Il.* 6,11; vgl. auch *Il.* 5,47 στυγερὸς δ' ἄρα μιν σκότος εἷλε und die etymologische Verbindung zwischen Στύξ bzw. dem Adjektiv Στυγίος und στυγερός. Zur Charakterisierung bzw. Perhorreszierung der Styx vgl. Henrichs (1989).

88 Vgl. Aischyl. *Pers.* 683 (στένει, κέκοπται, καὶ χαράσσεται πέδον, wobei das letzte Element beim Anruf an chthonische Gottheiten charakteristisch zu sein scheint: Hom. *Il.* 9,568 f.; Hom. *h.* 3,333); 686 (ὑμεῖς δὲ θρηνεῖτ' ἐγγὺς ἑστῶτες τάφου); 687 f. (ψυχαγωγοῖς ὀρθιάζοντες γόοις / οἰκτρῶς καλεῖσθέ μ'); 697 (σοῖς γόοις πεπεισμένος); 705 (der Schatten des Dareios zu seiner Gattin: κλαυμάτων λήξασα τῶνδε καὶ γόων σαφές τί μοι). Zu γόος und θρῆνος siehe Alexiou (2002) 102 f., v. a. Anm. 6 zu möglichen Unterschieden zwischen γόος und θρῆνος in der Tragödie.

Kontrast zur gegenwärtigen Katastrophe stellt (852–906).[89] Diese ersehnte Vergangenheit versinnbildlicht der König, unter dessen Herrschaft das persische Reich geblüht hatte: Dareios.

Fazit. Heros aus einer vergangenen Zeit

Als Charakter ist also der Geist des Dareios genauso wichtig wie die noch lebenden Charaktere im Perserdrama. Er bildet zum einen die Folie, vor der sein Sohn und dessen Taten als Kontrast wirken. Auch wenn Dareios seinem Sohn im gesamten Drama nie direkt gegenübersteht, wird sein Grabmal in der Nekromantie zum Ort der Verehrung, der nachher stumm an den vergangenen Erfolg, die Besonnenheit und den Ruhm des Vaters erinnert. Zum anderen ist Dareios als Toter per Definition eine Vergangenheitsfigur und daher besonders geeignet, die vergangene Zeit und alles, was sie für die Perser evoziert (wie Reichtum und besonnene Herrschaft), zu repräsentieren. Insbesondere diesen Aspekt macht sich der Dichter zunutze und entwickelt ihn weiter, um mittels des Totengeists beziehungsweise der Totenerscheinung eine zeitliche Tiefendimension im Drama zu eröffnen: Dareios verbindet die vordramatische Vergangenheit von der Gründung des Geschlechts bis zur eigenen Herrschaft mit dem zukünftigen – aber in der Vergangenheit wurzelnden – Schicksal des Perserreichs.

Von den anderen Figuren wird Dareios durch seinen existentiellen Zustand und den damit verbundenen Vergangenheitsbezug abgehoben. Dieser Zustand – seine Übermenschlichkeit – entstammt seiner Autorität, seinem Status und seinen Taten zu Lebzeiten und verstärkt wiederum gerade diese im Leben gewonnene Autorität durch ihre Fortsetzung nach dem Tode. Der Zugang zu dieser Autoritätsfigur und ihrem Erfahrungswissen ist Zweck der Beschwörung. Kein Gott, kein anderer Toter hat eine gleich starke Verbindung zur Blütezeit des Perserreichs, noch hat ein anderer das Reich in dieser Zeit durch Besonnenheit und gelungene Herrschaftskunst im gleichen Maße gestaltet. Dieselben Mittel, die im Leben zum Aufstieg des Reichs beigetragen haben, sollen nun der nächsten Generation aus einer Krise helfen, indem sie den Lebenden von Dareios vermittelt werden: Er hat für die Lebenden eine beratende und, insofern er auch eine Orakelauskunft weitergibt, eine informative Funktion. Das von dem Toten erhoffte Heilmittel besteht aus Rat und Wissen.

Dass Dareios ein Sterblicher war und nach dem Tod doch übermenschlich ist, soll kein Interesse des Tragikers daran verraten, den Persern Gottkönigtum beziehungsweise die göttliche Verehrung ihrer Könige zu Lebzeiten oder nach dem Tode zu unterstellen. Auch hier gilt die Beobachtung, es gehe in dem Drama nicht um „griechisch maskierte Perser [...], sondern eher umgekehrt [um] persisch maskierte Griechen".[90]

---

89 Idealisierte Vergangenheit: Zur idealisierten Darstellung des historischen Dareios vgl. Föllinger (2003) 266 und Saïd (1981).
90 Deichgräber (1941) 196/326.

Die Übermenschlichkeit des toten Dareios ist im Kontext griechischer Heroenvorstellungen zu verstehen, wie sie Beschreibungen ähnlicher übermenschlicher Mächte und das dafür verwendete Vokabular in archaischen und klassischen Texten bezeugen. Der postmortale Status des Dareios, selbst seine einmalige Bezeichnung als θεός, dient nicht dazu, die Figur und die dargestellten Perser dem Publikum zu entfremden, im Gegenteil: Dadurch bringt Aischylos dem Publikum die fremden Charaktere näher, indem er sie in den griechischen Kulturraum „übersetzt".[91] Auf die vieldebattierte Frage nach der Sympathielenkung in den *Persern*, nämlich inwiefern die dargestellten πάθη des persischen Gegners und dessen Trauer Mitleid hervorrufen oder aber griechische Überlegenheit zeigen sollen, kann diese Erkenntnis freilich keine entscheidende Antwort bieten.[92] Vielmehr müsste sie im Rahmen einer Analyse der Darstellung von Fremden und Griechen in den *Persern* neu gewichtet werden; sie bestätigt zunächst nur die Komplexität des Bildes des Anderen und des Eigenen in jener Tragödie. Das Heroentum des Dareios spiegelt letzten Endes die (nicht nur) antike Tendenz wider, das Fremde in bekannte und verständliche Muster zu überführen oder von einer Deckungsgleichheit eigener Vorstellungen mit denen einer anderen Kultur auszugehen: Noch im folgenden Jahrhundert spricht Xenophon in seiner *Kyropädie* von Lokalheroen in Assyrien, Medien und auch Persien als Bewohnern (οἰκήτορες) und Beschützern (κηδεμόνες) des Landes, die der Perserkönig Kyros beim Überqueren der jeweiligen territorialen Grenze neben Zeus, der Erde und den anderen Göttern um Gunst und Wohlwollen anfleht.[93] Wie in den *Persern* sind die hier beschriebenen Vorstellungen und religiösen Praktiken im Wesentlichen griechisch.[94]

---

91 Vgl. Eitrem (1922) 14, der seine zutreffende Beobachtung nicht weiter ausgeführt hat, dass im Zentrum der Beschwörungsszene „the belief in the power of heroes, their faculty to protect and to help the surviving in the highest danger" stehe; „this belief ha[d] grown especially strong in Attica after the Persian wars [...]: they really were πατέρες to their πόλις – the danger of Persia is to the dead Dareios, thinking as a true Athenian, the danger of his own πόλις (v. 682)." – Die Erkenntnis, dass es sich bei Dareios' Übermenschlichkeit um eine der griechischen Kultur eigene Vorstellung handelt, stimmt mit dem Befund von Geisser (2002) 49–56 überein, dass die Vorstellungen von einem als „Urheber der Katastrophe" aufgefassten, nicht näher bestimmten θεός oder einer als δαίμων bezeichneten Unheilsmacht in den *Persern* geläufigen griechischen Vorstellungen entsprechen, so dass es „nicht notwendig [ist], für die Interpretation von Aischylos' *Persern* auf persisches Gedankengut zu rekurrieren" (Geisser 2002, 52). Aus dieser Übereinstimmung und aus den sonstigen Vorstellungen von Göttern in den *Persern* ergibt sich ein Gesamtbild des dort dargestellten Kosmos als eines eindeutig griechischen, der keine spezifisch persischen Züge besitzt: Vgl. hierzu weiter Vogt (1972); anders Kaufmann-Bühler (1954) 107–112.

92 Zur Interpretation des Fremden in den *Persern* siehe den Forschungsüberblick bei Gödde (2000b) 31–37.

93 Xen. *Kyr.* 2,1,1 (Persien; προσευξάμενοι θεοῖς καὶ ἥρωσι τοῖς Περσίδα γῆν κατέχουσιν ἵλεως καὶ εὐμενεῖς πέμπειν σφᾶς); 3,3,21 (Medien; συμπαρεκάλει δὲ καὶ ἥρωας γῆς Μηδίας οἰκήτορας καὶ κηδεμόνας.); 3,3,22 (Assyrien; ἥρωας Ἀσσυρίας οἰκήτορας ηὑμενίζετο).

94 Vgl. Mueller-Goldingen (1995) 237: „Bei der Beschreibung der Opfer [...] orientiert sich Xenophon an griechischen Bräuchen. Er spricht von Brandopfern in τεμένη für Zeus und Helios, ferner von Schlachtopfern für Ge und die Heroen Assyriens. Die persische Religion kennt das Brandopfer nicht.

An den soeben erwähnten Stellen lässt Xenophon einen Aspekt des Heros hervortreten, der auch für das Verständnis des in der poetischen Fiktion nach dem Modell der Heroen entworfenen Dareios bedeutsam ist: Ortsgebundenheit. Diese bildete in der Wirklichkeit kein unbedingtes Merkmal des Heroenkults (wie lokal gebunden ein Heros war, variierte von Heros zu Heros),[95] doch die Regionalität beziehungsweise Bedeutung bestimmter Heroen als Mächte mit einem lokalen Wirkungsgebiet lässt sich ebenfalls nachweisen.[96] Aischylos hebt dieses Charakteristikum hervor, um Dareios noch fester an das persische Land zu binden und ihn zum Inbegriff der Stabilität zu machen. Als solcher steht er in krassem Gegensatz zum weitziehenden Xerxes, der nicht bloß geographische Grenzen, sondern auch die Grenzen zwischen Menschen und Göttern zu überschreiten versucht. Seine Transgression führt nicht zur Übermenschlichkeit, sondern zu einer Krise, in der man Zuflucht zur Totenbeschwörung sucht, um die Gegenwart mittels der Einsicht aus der Vergangenheit zu deuten.

Was das Opfer für Ge betrifft, so mag Xenophon der griechischen Vorstellung von Ge als Allmutter verhaftet sein, möglicherweise übersetzt er jedoch die persische Verehrung des Elementes Erde ins Griechische." – Religiöse Praktiken: Selbst die Totenbefragung, obwohl sicherlich keine alltägliche Begebenheit, galt im 5. Jh. v.Chr. nicht als „barbarischer" Brauch, sondern (auch) als griechische Praxis, wie Crane (1988) 93–96 (zum „Nekuomanteion") zu Recht beobachtet: Vgl. Hdt. 5,92γ; Hom. *Od.* 11; Plut. *Kimon* 6.

95 Hall (1999); vgl. Ekroth (1999) 156 f.

96 Vgl. die zahlreichen Beispiele bei Kearns (1989).

III Fern und nah, segnend und schadend. Agamemnon als mächtiger Toter in den *Choephoren* des Aischylos

Einführung. Die Toten der *Orestie*[1]

Mord ist der direkte[2] Anlass für die Verfluchung des Atridenhauses, und ab diesem Punkt in der Vorgeschichte der Handlung spielen die Toten eine zunehmend bedeutende Rolle in der *Orestie*. Im *Agamemnon* handeln die Toten selber zwar nicht, jedoch stehen sowohl die Schlachtung der Kinder des Thyestes als auch die Opferung der Iphigenie ominös im Hintergrund, bevor sie als Motive für die Ermordung Agamemnons zusammenfallen: Iphigenies Tod wird schon in der Parodos thematisiert[3] und später von Klytaimestra als Hauptmotiv genannt;[4] Aigisth rechtfertigt seine Beteiligung am Königsmord als Rache für das Thyest-Mahl;[5] auf den Zusammenhang zwischen Aigisths Motivation und dem Schicksal seiner Geschwister hat Kassandra, der die Totengeister der grausam ermordeten Thyesteskinder erscheinen,[6] schon vorher hingedeutet.[7] Der – erwünschte und zugleich befürchtete – Einfluss der Toten beziehungsweise des Toten gewinnt in den *Choephoren* an Bedeutung, in denen das Grabmal des Agamemnon nicht nur stets sichtbar bleibt, sondern auch zum motivischen Zentrum der ersten Hälfte der dramatischen Handlung wird. Klytaimestra sendet ihre Tochter Elektra zum Grab mit besänftigenden Trankopfern, und am Grab versuchen Orest und Elektra Kontakt mit dem Toten aufzunehmen, denn beide Parteien haben Interesse daran, den Zorn des grollenden Geistes abzuwehren und sich seine Macht gewogen zu machen. Welchen Schaden übelgesinnte Tote anrichten können, deutet die ausführliche Liste von Krankheiten an, die zürnende Unterweltsmächte als Strafe aus der Erde heraus senden könnten (τὰ [...] ἐκ γῆς δυσφρόνων μηνίματα, *Choeph.* 278), sowie die Verwirrung des Orest durch die (nur ihm sichtbaren)

1 Der griechische Text wird im Folgenden nach der Edition von West (1990a) zitiert. Die Übersetzungen der *Choephoren* orientieren sich an den Übertragungen von Sier (1988), Staiger (1958) und Werner (2011) und sind zum Teil modifiziert worden.

2 Anlass des Mordes war der Ehebruch des Thyestes (Aischyl. *Ag.* 1191–1193). Zu Kausalitäts- und Handlungszusammenhängen in der *Orestie* siehe Käppel (1998).

3 Aischyl. *Ag.* 184–247.

4 Aischyl. *Ag.* 1415–1418; 1432; 1524–1526 und vgl. Klytaimestras ironische Vorstellung, dass ihre Tochter Iphigenie den frisch ermordeten Agamemnon am Ufer des Acheron freudig willkommen heißen werde (1555–1558).

5 Aischyl. *Ag.* 1577–1611.

6 Aischyl. *Ag.* 1214–1222; vgl. 1096 f.

7 Aischyl. *Ag.* 1223–1226. Zum Verhältnis der Toten zu den in der Trilogie thematisierten Unheilsmächten wie ἀλάστωρ, ἄτη usw. siehe die Monographie von Geisser (2002).

https://doi.org/10.1515/9783110612691-004

Erinyen seiner Mutter am Ende der *Choephoren.*[8] Am anschaulichsten aber agiert einer der Toten der *Orestie* im Schlussstück: Die aus der Unterwelt heraufgestiegene Klytaimestra tritt zornig auf, um als Traumbild die – jetzt völlig sichtbaren – schlafenden Erinyen aufzuwecken und sie auf den Muttermörder Orest zu hetzen. Die chthonischen Mächte, insbesondere die Toten, nehmen also im Verlauf der Trilogie eine immer sichtbarere Gestalt an, und ihr Wirken wird unzweideutiger;[9] die Konkretisierung entspricht dem in der Forschung vielfach beobachteten Übergang von sprachlichen Motiven und Metaphern in die dramatische Realität, der sich in der *Orestie* vollzieht.[10]

Choephoren

Basiert die Präsenz der Toten und der chthonischen Gottheiten (vor allem der Erinyen) im *Agamemnon* auf rein sprachlicher Evokation[11] ohne direkten Anruf oder sonstigen expliziten Kontakt, so steht im Vordergrund der *Choephoren* der Versuch, durch Gebete und Trankopfer mit dem Ermordeten und anderen Unterweltsgewalten in Kontakt zu treten. Die Grundsituation ist dabei die gleiche wie in den *Persern:* Zur Bewältigung einer Krise sucht man mittels eines Rituals Kontakt zu einer verstorbenen (väterlichen und königlichen) Autoritätsfigur, die Hilfe bringen soll. Doch innerhalb dieses situativen Rahmens ist in den *Choephoren* die Akzentsetzung eine ganz andere als in den *Persern.* Dies ergibt sich vornehmlich aus den Todesumständen Agamemnons, die seinen Charakter als Toter prägen und sein Verhältnis zu den Lebenden bestimmen. Agamemnon hat, wie grundsätzlich alle Toten und in besonderem Maße Dareios, eine starke Vergangenheitsbezogenheit, doch er evoziert als Vergangenheitsfigur nicht wie Dareios eine idealisierte Zeit. Der Vergangenheit kommt in der *Orestie* ein anderer Stellenwert zu, sie wird hauptsächlich mit Gewalttaten und Geschlechterfluch verbunden, so dass der Ermordete vielmehr die in der Vergangenheit wurzelnde Gewalt ins Gedächtnis ruft – und durch sein Verlangen nach Vergeltung diese Gewalt fortsetzt und auf diese Weise die Vergangenheit in die Gegenwart hineinholt. Aus erlittener Gewalt entsteht Groll, aus dem Groll des Toten wiederum eine Gefahr für die Lebenden: Dieses Bild des Toten herrscht in den *Choephoren* vor.

---

8 Krankheiten: Aischyl. *Choeph.* 278–290. Ein ähnliches Beispiel aus der Perspektive der Komödie bietet der Katalog von Krankheiten in Aristoph. fr. 322 PCG (*Heroen*); vgl. hierzu Henrichs (1991) 192f.

9 D. h. die anderen Figuren sowie der Zuschauer oder Leser müssen sich nicht mehr allein auf die Aussagen der Charaktere verlassen (wie z. B. wenn Klytaimestra behauptet, der ἀλάστωρ oder Fluchgeist des Atridenhauses wirke durch sie: Aischyl. *Ag.* 1497–1504), sobald der bzw. die Tote höchstpersönlich erscheint und die Erinyen als Chor die Handlung vorantreiben.

10 Zu dieser Realisierung bzw. Materialisierung vgl. v. a. Lebeck (1971) und Petrounias (1976) 127–300, bes. 173 und 184.

11 Erinyen: Aischyl. *Ag.* 55–59; 461–467; 644f.; 744–749; 990f.; 1119f.; 1186–1190; 1432f.; 1580; vgl. 1468–1480 und 1497–1504 (der Dämon des Hauses und der Geschlechterfluch); Hades: Aischyl. *Ag.* 1385–1387; Unterweltsgötter (θεῶν [...] ὑπάτων), erwähnt im Kontext eines Opfers an die Gesamtheit der Götter: Aischyl. *Ag.* 88–91.

Gegenstand der folgenden Untersuchung sind die Bedeutung, die Agamemnon als Toter jeweils für Orest, Elektra und Klytaimestra hat, und die dramatische Funktion, die ihm und der Kontaktaufnahme mit ihm zukommt. Dabei soll den Fragen nachgegangen werden, welche Macht dem Toten von den anderen Figuren zugeschrieben wird, welche eigentliche Wirkung er in dem Drama aus dem Grabe heraus hat und wie sich diese manifestiert. Zudem ist entscheidend, wie sich der postmortale Status des Königs zu seinem ehemaligen Rang, zur Art seines Todes und zu der ihm bezeigten Verachtung und Verehrung verhält. Denn neben seiner ambivalenten Macht hat auch sein Status einen gestaltenden Einfluss auf die Dynamik zwischen ihm und den Lebenden. Diese differenzierte Beziehung zwischen dem Toten und den Lebenden, die Aischylos insbesondere in dem Kontaktversuch hervorhebt, geht wie im Leben von beiden Seiten aus, stellt jedoch keineswegs eine bloße Fortsetzung des Verhältnisses des ehemaligen Königs zu Klytaimestra und ihren gemeinsamen Kindern dar. Auf die durch den Tod veränderte Wechselbeziehung zwischen Agamemnon und seiner Familie und das daraus resultierende neue Machtverhältnis konzentriert sich das vorliegende Kapitel.

Das Grab und die Gegenwärtigkeit des Toten

Der Leichnam Agamemnons, neben der toten Kassandra auf einem Ekkyklema herausgerollt, bildet in der Schlussszene des vorangehenden Dramas das optische und zugleich thematische Zentrum, als Klytaimestra über den toten Körpern anstelle einer Totenrede ihre Triumphrede hält. Im Übergang zum nächsten Stück wird dieses Tableau ersetzt: Am Anfang der *Choephoren* stehen zwei Figuren, Orest und Pylades, vor dem Palast, jedoch bleibt der tote Agamemnon nach wie vor im szenischen Mittelpunkt und stellt eine thematische Klammer zwischen dem ersten Stück und der Eröffnungsszene des zweiten her. Zwar ist Agamemnons Leichnam nicht mehr zu sehen, aber sein Grabmal, wie das des Dareios in den *Persern*, beherrscht die Szene.[12] Auch hier fungiert das Grab als Kontaktpunkt mit dem Verstorbenen, wie am Anfang ausdrücklich proklamiert (so Orest: τύμβου δ' ἐπ' ὄχθωι τῶιδε κηρύσσω πατρί / κλυεῖν, ἀκοῦσαι, 4 f., „am Grabhügel hier ruf' ich dem Vater zu, / mein Wort zu hören").[13] So eng ist die Gegenwärtigkeit des Toten mit dem Grab verknüpft und der Tote mit seiner Ruhestätte identifiziert, dass in den häufigen Appellen der Protagonisten Agamemnon sowie sein Grab angeredet werden: Der Chor fleht die „hehre Erde und den hehren Hang des Hügels" (ὦ πότνια Χθὼν καὶ πότνι' ἀκτὴ / χώματος, 722 f.) um Erhörung und Mithilfe an;[14] ebenso verbindet Orests Bitte an „diese Erde und das Grab meines Va-

12 Siehe oben Kapitel II (Aischylos, *Perser*).
13 Übs. Werner (2011).
14 Übs. nach Staiger (1958).

ters“ (εὔχομαι Γῆι τῆιδε καὶ πατρὸς τάφωι, 540) das Grab mit der Macht des Verstorbenen.[15]

Obwohl die Kommunikation mit dem Toten vordergründig einseitig bleibt – anders als der persische Monarch Dareios erscheint der heraufbeschworene Schatten des Agamemnon nicht –, bezieht sie den Toten in den Dialog der (lebenden) Charaktere und somit auch in die Handlung ein, indem die Lebenden den Toten als ein wirkungsfähiges und anwesendes Gegenüber anreden. Aus dieser Konstellation heraus entsteht nicht lediglich auf sprachlicher Ebene, sondern auch in der Inszenierung ein Bild, das fast drei Viertel des Dramas dominiert und auch danach weiter wirkt:[16] Auf der einen Seite stehen die Lebenden, auf der anderen das von ihnen angeredete Grabmal und, so stellte man sich vor, der Tote, den das Grab birgt und der zugleich ἐκεῖ ist, also „dort“, wie der jenseitige Aufenthaltsort üblicherweise in der Literatur des fünften Jahrhunderts bezeichnet wird.[17] Diese Konfiguration ist keine Erfindung des Dramatikers, sondern gehört zur zeitgenössischen Grabikonographie, was die häufigen auf attisch-weißgrundigen Lekythen dargestellten Grabszenen bezeugen. Die Lekythen, die von ca. 560 v. Chr. bis zum Ende des fünften Jahrhunderts als Beigaben auf oder in das Grab gelegt wurden, schildern oft einen Besuch am Grab.[18] In solchen Szenen stehen oft zwei oder mehrere Figuren einander gegenüber, kommunikativ verbunden, aber räumlich beziehungsweise kompositionell getrennt durch eine Grabstele, die im Zentrum aufragt. Auf einer Seite steht der Hinterbliebene (beziehungsweise die Hinterbliebenen); auf der anderen steht oder sitzt der Verstorbene, zuweilen durch ein kleines, über ihm schwebendes Flügelwesen, die Abbildung der Totenseele (das sogenannte εἴδωλον), gekennzeichnet.[19] Seltener sitzt der Tote vor der Stele,[20] so dass sich „sein Körper teilweise mit dem Grabmonument überschneidet, [wodurch] der Bezug des Toten zu seiner Grabstele“ besonders deutlich wird.[21] Die Verbindung zwischen dem Toten und seinem Grabmal wurde auch dadurch untermauert, dass die Grabstele mit Tänien und Kränzen geschmückt[22] und eventuell auch

---

15 Übs. vom Verfasser.

16 Aischyl. *Choeph.* 926 (dazu siehe weiter unten).

17 Der Gegensatz zwischen „hier“ im Diesseits und „dort“ im Jenseits kommt besonders klar zum Ausdruck in (unter anderem) Eur. *Med.* 1073 (εὐδαιμονοῖτον, ἀλλ᾽ ἐκεῖ· τὰ δ᾽ ἐνθάδε / πατὴρ ἀφεῖλετ᾽), Soph. *Ant.* 75–77 (ἐπεὶ πλείων χρόνος / ὃν δεῖ μ᾽ ἀρέσκειν τοῖς κάτω τῶν ἐνθάδε. / ἐκεῖ γὰρ αἰεὶ κείσομαι, „Die Zeit ist länger / die ich den Unteren gefallen muss als denen hier. / Denn dort werd' ich immer liegen“, Übs. nach Schadewaldt 1964) und Aristoph. *Ran.* 82, wo Dionysos die Gutmütigkeit von Sophokles in der Ober- und Unterwelt – also vor und nach dem Tode – beschreibt: ὁ δ᾽ εὔκολος μὲν <u>ἐνθάδ᾽</u>, εὔκολος δ᾽ <u>ἐκεῖ</u>.

18 Lekythen als Beigaben: Oakley (2004) 9; Peifer (1989) 158.

19 Vgl. Peifer (1989) Katalog-Nr. 77 (450–440 v. Chr.; New York, N. Schimmel Collection); zu den Grabszenen im Allgemeinen: Peifer (1989) 158–192, bes. 159–173 mit Katalog-Nr. 77–97; zur Identifikation des Toten in den Darstellungen: Peifer (1989) 174.

20 Vgl. Berlin, Antikensammlung Inv. F 2459 (ca. 425–400 v. Chr.) mit Peifer (1989) 169, Katalog-Nr. 96.

21 Peifer (1989) 174.

22 Tänien und Kränze schmücken Grabstelen in Bild- und Textquellen und mutmaßlich auch in der kultischen Wirklichkeit: Blech (1982) 81–108 (mit einer vollständigen Quellensammlung).

gewaschen und geölt wurde wie der Tote selbst vor der Aufbahrung (πρόθεσις).[23] Aber auch wenn der Tote vor dem Grabmal sitzt, findet kein Blickkontakt zwischen dem Toten und den Lebenden statt, sondern wird durch die Körperhaltung des Toten verhindert:[24] In dieser und ähnlichen Szenen nehmen die Lebenden Kontakt mit dem Toten auf und behandeln ihn als einen noch wichtigen Teil des Familienkreises, jedoch reagiert der Tote nicht wie ein Lebender und er bleibt, obwohl am Grab präsent und erreichbar, in einer eigenen Welt, den Lebenden nah und fern zugleich.

Eine vergleichbare Figurenkonstellation von Angehörigen und Verstorbenem wie in der Bildkunst war also 458 v. Chr. im Theater zu sehen, noch bevor die auftretenden Charaktere ihre ersten Worte sprachen. Die Identifikation des Toten mit seinem Bestattungsort wird bald in Szene gesetzt; das ins Drama übertragene statische Bild vom Kontakt am Grab mit dem Verstorbenen bildet ein erkennbares Tableau, das die Atmosphäre des Dramas sofort bestimmt und das mit den ersten Worten und Gesten belebt wird.[25]

---

23 „Dem Grabmonument gelten alle Verrichtungen, die dem Toten persönlich zugedacht sind, d. h. die Bekränzung, Waschung und Salbung. Dennoch ist es wichtig, den Toten an seinem Grab zu zeigen, ist er doch der eigentliche Empfänger der Totengaben und der erklärende Bezugspunkt für die anderen im Bild agierenden Figuren", so Peifer (1989) 174. Zur Pflege des Grabmonuments: Burkert (2011) 116 mit Plut. *Aristeides* 21 (Waschung und Salbung der Grabstele); Garland (2001) 115–117, 119. Zur Vorbereitung auf die Aufbahrung: Garland (2001) 24; Burkert (2011) 293. Zur Bekränzung der Toten: Blech (1982) 82–87 (v. a. 82 mit Hinweis auf Aristoph. *Eccl.* 537 f.).

24 Vgl. den gebeugten, halbverhüllten Kopf des Toten in der oben erwähnten Darstellung (Berlin, Antikensammlung Inv. F 2459, ca. 425–400 v. Chr., Peifer (1989) 169, Katalog-Nr. 96); links hinter ihm strecke, so die Beschreibung von Peifer (1989) 169, „der Besucher [...] die Hand nach dem Kopf des Toten aus, als wolle er ihn trostspendend berühren. Der Gestus gilt aber vielmehr der Stele, durch deren Berührung gleichermaßen ein Kontakt zum Toten hergestellt werden kann. Der Besucher rechts deutet mit einer Hand in Richtung der Wachtel[, die auf den Knien des Toten sitzt]. Toter und Lebende scheinen wie im alltäglichen Umgang miteinander vereint, nichts Trennendes ist zu bemerken. Der Verstorbene wird im fiktiven Zusammensein mit seinen Familienangehörigen gezeigt, was belegen soll, dass der Familienzusammenhalt auch über den Tod hinaus besteht. Nur das Eidolon, das von links auf die Stele zufliegt, gemahnt [daran], daß im Bild zwei Sphären aufeinandertreffen." Doch in diesem Familienbild dient der mangelnde Blickkontakt als trennendes Element; vgl. Peifer (1989) 174 zum „weltabgewandten Blick" der dargestellten Toten.

25 Zur Bedeutung für die dramatische Atmosphäre vgl. Lesky (1943) 33: „[D]er Anruf Ἑρμῆ χθόνιε [...] führt uns zu dem mächtigen Toten, dem sein Recht durch die Tat des Sohnes werden muß. In unvergleichlicher Weise ist durch den starken Akzent des Eingangsverses all das heraufbeschworen, was den Grundton des Dramas bestimmen wird"; Sier (1988) 77: „[D]ie ersten Worte [...] versetzten den Hörer in eine Stimmung und Atmosphäre, die das Drama im ganzen prägen wird"; Geisser (2002) 332: „Das Stück setzt ein am Grab Agamemnons mit einem Anruf des eben heimgekehrten Orest an den chthonischen Hermes; damit ist gleich von Anfang an die totenweltliche Stimmung geschaffen."

Die Heimkehr des Orest und die Macht des Vaters

> Ἑρμῆ χθόνιε, πατρῷι' ἐποπτεύων κράτη,
> σωτὴρ γενοῦ μοι ξύμμαχός τ' αἰτουμένωι·
> ἥκω γὰρ ἐς γῆν τήνδε καὶ κατέρχομαι.
>
> O chthonischer Hermes, über des Vaters Macht wachend,
> werde mir Retter und Mitkämpfer, der ich zu dir flehe!
> Denn ich bin in dieses Land gekommen und kehre heim.[26]

In der von Orest gehaltenen Prologrede der *Choephoren* fließen, wie in den anderen überlieferten aischyleischen Dramen auch, mehrere Motive zusammen, die sich durch das gesamte Drama ziehen.[27] Bereits in den ersten Versen erscheinen in verdichteter Form drei Themen, die auch für die folgende Interpretation besonderes Gewicht erhalten: Erstens der Kontakt mit den Unterweltsmächten, die hier vom chthonischen Hermes (Ἑρμῆ χθόνιε, 1) vertreten werden, der zwischen den Lebenden und den Chthonioi – den Toten sowie den in der Unterwelt hausenden Gottheiten – vermittelt;[28] zweitens die Hilfe, die von Hermes und, wie das Drama im Folgenden entwickelt, auch von den anderen Chthonioi, vor allem dem Toten selber, erbeten wird; und schließlich die in der Formulierung πατρῷι' [...] κράτη (1) evozierte Macht des ermordeten Vaters.

Das letzte Element der soeben genannten Konfiguration, nämlich die Macht des Vaters (womit Agamemnon gemeint ist),[29] wirkt im Gebet als Bindeglied zwischen dem Beter, dem Toten und der angerufenen Gottheit. Zum einen bringt die Formulierung πατρῷι' ἐποπτεύων κράτη diesen Zusammenhang zum Ausdruck, indem sie auf die Verbindung zwischen Hermes und dem toten Vater des Orest hinweist: Hermes

---

26 Aischyl. *Choeph.* 1–3. Übs. nach Werner (2011).

27 Zu dieser Tendenz bei Aischylos vgl. Garvie (1970) 79 und Sommerstein (1996) 242; zur Bedeutung der ersten Verse für das Stück vgl. Garvie (1970) 79, der sich auf die Signifikanz von Hermes konzentriert: „One suspects [...] that the opening two lines of the *Choephori* may be equally important, and indeed it is obvious that the appeal to chthonic Hermes in some sense looks ahead to the great kommos with its appeal to the underworld powers."

28 Zur bedeutenden Rolle des chthonischen Hermes in den *Choephoren* vgl. Garvie (1970) und Geisser (2002) 333 f.; vgl. die Überlegungen von Herter (1976) 217 f. zu Hermes als „Erd- oder Todesgott" (194), Mittler (vgl. Aischyl. *Choeph.* 124 ff.) und Psychopomp im Kontext des Gesamtcharakters des Gottes.

29 Dass Agamemnon und nicht Zeus hier gemeint ist, hat Garvie (1970) 81 gezeigt: Erstens beziehe sich κράτος in der Trilogie fast immer auf die königliche Macht und Autorität (z. B. Aischyl. *Ag.* 109; 258; 619; 943; 1616; 1632; 1664; 1673; *Choeph.* 480; 490; vgl. *Eum.* 973); zweitens bezeichnen regelmäßig ἐποπτεύειν und sinnverwandte Wörter, wie ein Gott oder eine gottähnliche Macht („god [...] or a quasi-divine power like that of λιμός at *Ag.* 1642") über das menschliche Handeln wacht. Vgl. Lesky (1943) 11 f. und Geisser (2002) 333. Für eine mögliche Erklärung des Witzes in den *Fröschen* des Aristophanes (Aristoph. *Ran.* 1141–1146), in dem πατρῷι' [...] κράτη nicht die Macht Agamemnons, sondern die des Göttervaters bzw. Vaters von Hermes bezeichnet, siehe Garvie (1986) zu Aischyl. *Choeph.* 1; vgl. Thomson (1966) zu Aischyl. *Choeph.* 1.

ist nicht nur Psychopomp,[30] sondern auch Bote, sowohl für die Götter als auch zwischen Ober- und Unterwelt.[31] In seiner Funktion als chthonischer Gott „wacht" (ἐποπτεύων, 1) Hermes schützend über die Macht des Agamemnon im Hades.[32] Zum anderen weist πατρῷι' [...] κράτη auch auf den Grund hin, warum Orest den Gott als σωτήρ und ξύμμαχος (2) anfleht. Denn trotz der sehr lückenhaften Folgeverse ist klar, dass es in den weiteren fünf bis vierzig fehlenden Versen um die Ermordung Agamemnons geht.[33] Damit gibt Orest den Grund für seine Rückkehr (den er möglicherweise durch das γάρ in Vers 3 signalisiert) an und macht – wenn nicht explizit, so doch implizit – Andeutungen über die Rache für seinen Vater.[34] Da seine Rache den Mord an dem usurpierenden Herrscherpaar Klytaimestra und Aigisth bedeutet und damit auch die Übernahme der Königsherrschaft, die Orest als Erbe zusteht, sind die πατρῷι' [...] κράτη, über die Hermes Chthonios wacht, nicht nur die κράτη beziehungsweise die Macht des toten Königs in der Unterwelt. Die Wendung bezieht sich auch auf die ehemalige Königsmacht des Agamemnon auf Erden, um die Orest seinen toten Vater in Vers 480 bittet (αἰτουμένωι μοι δὸς <u>κράτος τῶν σῶν δόμων</u>) und die er mit Hilfe des zu diesem Zweck angerufenen Hermes[35] zurückzugewinnen hat.[36]

---

30 Und zwar in beide Richtungen, denn er leitet die Seelen auch wieder ans Licht: Vgl. die fragmentarische Beschwörung in Aischyl. fr. 273a7 f.

31 Vgl. *Choeph.* 165 (κῆρυξ μέγιστε τῶν ἄνω τε καὶ κάτω) am Anfang des Appells an Hermes in V. 124 ff. [*sic*].

32 Garvie (1970) 81. Abgesehen von der Frage, ob σεμνότιμος ἀνάκτωρ / πρόπολός τε τῶν μεγίστων / χθονίων ἐκεῖ τυράννων (Aischyl. *Choeph.* 357–359) als wahre Schilderung des königlichen Fortlebens des Agamemnon im Hades oder bloß als Wunsch des Chors zu deuten ist (und deshalb dem „echten" Status des Agamemnon in der Unterwelt nicht entspricht; siehe folgende Diskussion), ist die Macht des Toten in der Unterwelt, ob königlich oder nicht, unbestreitbar – sonst hätten die Bitten um seine Hilfe (z. B. Aischyl. *Choeph.* 130–151 und siehe folgende Diskussion) sowie die von Klytaimestra veranlassten besänftigenden Trankopfer keinen Zweck.

33 Zur Rekonstruktion der fehlenden Verse siehe Garvie (1986) z. St., Griffith (1987) und West (1990b) 232f.

34 Vgl. West (1990b) 232f. mit dem Scholion zu Aristoph. *Ran.* 1127: Σωτὴρ γενοῦ μοι: Ἐπὶ τοῦ παρόντος ἀγῶνος, ὃν ἀγωνίζομαι, <u>θέλων τιμωρῆσαι τῶι πατρί</u>.

35 Hermes als Empfänger des Gebets: Vgl. Aischyl. *Choeph.* 583 f. und Garvie (1986) z. St. sowie zu Aischyl. *Choeph.* 727 f. und 812f. Wenn Portus' δωμάτων statt des in der Handschrift M überlieferten δ' ὀμμάτων in V. 124 richtig ist (Ἑρμῆ χθόνιε, κηρύξας ἐμοί / τοὺς γῆς ἔνερθε δαίμονας κλυεῖν [West : κλύειν codd.] ἐμάς / εὐχάς, πατρώιων δωμάτων ἐπισκόπους), dann sind wie Hermes auch einige Chthonioi (hier die in der Unterwelt wohnenden, aber sonst nicht näher bestimmten Dämonen) daran beteiligt, über die von Agamemnon hinterlassene Herrschaft zu „wachen" und dem Rächer zu helfen; vielleicht bezieht sich auch ἀρωγοὶ κατὰ γῆς (Aischyl. *Choeph.* 376) auf dieselben Chthonioi. Bei Euripides ist nicht wie bei Aischylos die Rede von ἀρωγοὶ κατὰ γῆς (Aischyl. *Choeph.* 376) oder πατρώιων δωμάτων ἐπίσκοποι (Aischyl. *Choeph.* 126); stattdessen bitten Orest und Elektra ihren toten Vater darum, dessen ganzes Heer der vor Troja gefallenen Soldaten aus der Unterwelt mitzubringen (Eur. *El.* 780–783): {<Ορ.>} νῦν πάντα νεκρὸν ἐλθὲ σύμμαχον λαβών / {<Ηλ.>} οἵπερ γε σὺν σοὶ Φρύγας ἀνήλωσαν δορί / {<Πρ.>} χὤσοι στυγοῦσιν ἀνοσίους μιάστορας. Zu vergleichen mit der allgemeinen Vorstellung, dass mehrere nicht spezifizierte Chthonioi das menschliche Geschehen beobachten und darauf reagieren, sind die Menschen des goldenen Zeitalters, die nach deren Tode zu φύλακες θνητῶν

Die irdische, königliche Macht, die Agamemnon einst innehatte, und die Macht, die er nun als Toter besitzt, gehen also eine enge Verbindung ein: Ohne die letztere, die sich positiv als Mitwirkung an der Rache manifestieren soll, so die Hoffnung von Orest und Elektra im ersten Epeisodion (84–584), erlangt Orest die erste nicht.[37] Diese Verbindung wird durch eine weitere Verwendung des Wortes κράτος (diesmal im Singular) sprachlich verstärkt. Als nach dem Kommos Elektra und Orest ihren Vater mit beschwörenden Worten anrufen, bitten sie auch Gaia beziehungsweise Erde und Persephone, Agamemnon emporzusenden (489 f.):[38]

{ΟΡ.} ὦ Γαῖ', ἄνες μοι πατέρ' ἐποπτεῦσαι μάχην.
{ΕΛ.} ὦ Φερσέφασσα, δὸς δέ γ' εὔμορφον κράτος.

[Or.] O Erde, sende mir den Vater als Wächter über den Kampf!
[El.] O Persephone, schenke [uns] wohlgestaltete Kraft!

Die genaue Deutung von εὔμορφον κράτος, hier provisorisch als „wohlgestaltete Kraft" übersetzt, ist umstritten: Es könnte als „schöner Sieg"[39] verstanden werden oder aber sich auf den Toten beziehen, der mit Macht (κράτος) oder als mächtiges Wesen und „in Heroenglanz"[40] erscheinen soll. Persephone um einen schönen Sieg zu bitten, wäre allerdings ungewöhnlich, denn die Göttin hat wenig mit Streit und Sieg zu tun, sondern ist mit ihrem Gatten in seiner Rolle als ἀναπομπός sowie dem chthonischen Hermes und (wie hier) Gaia zuständig für die zeitweilige Entlassung der Toten, die in ihrer Obhut stehen, aus der Unterwelt.[41] Persephone kann also κράτος im Sinne

ἀνθρώπων werden (Hes. *erg.* 121–126), sowie die „undifferenzierte Masse anonymer Heroen" (Henrichs 1991, 192), die den Chor in den aristophanischen *Heroen* bildet und den Menschen Gutes und Böses stiftet.

36 *Pace* Garvie (1986) z. St. und Geisser (2002) 333, die κράτη nur auf „die Macht, die von dem Toten in der Unterwelt ausgeht", und „nicht [auf] die Königsherrschaft Agamemnons in Argos" beziehen wollen. Thomson (1966) 125 hingegen will κράτη nur auf die Königsmacht in Argos beziehen.

37 Zu κράτη bzw. κράτος als die Macht eines chthonischen Wesens vgl. Aischyl. *Choeph.* 405 f., wo entweder die „Herrscher der Unteren" (νερτέρων τυραννίδες / ἴδετε πολυκρατεῖς, Ἀραί <τε> φθιτῶν, nach der Emendation von Sier 1988; Übs. Sier ebd.) oder die Flüche selbst (νερτέρων τυραννίδες· / ἴδετε πολυκρατεῖς Ἀραί †φθειμένων† nach West 1990a; νερτέρων· / ἴδετε πολυκρατεῖς φθιμένων Ἀραί nach Garvie 1986 und Page 1972) mächtig sind.

38 Übs. nach Staiger (1958). Auf den Beschwörungsversuch im Kommos wird im Folgenden noch einzugehen sein.

39 Vgl. Garvie (1986) z. St.; Käppel (1998) 212 Anm. 30: „Die enge Parallelität der stichomythischen Verse 489 ff. legt [...] eine Korrespondenz zum vorhergehenden Vers nahe: Dann würde sich aus der Korrespondenz μάχην – κράτος her die Bitte um den ‚Sieg' als Sinn von 490 ergeben und εὔμορφον würde als Eigenschaft des Sieges den Sieger charakterisieren (Enallage): ‚Gib (uns) den Sieg, (so daß wir) in schöner Gestalt (als Sieger erstrahlen)'."

40 Wilamowitz (1896), der die Stelle übersetzt als: „Verklär' ihn, Totenkön'gin, in Heroenglanz"; vgl. weiter Wilamowitz (1896) z. St. und Lesky (1943) 54 Anm. 1; Garvie (1986) z. St. schlägt vor: „grant us his power in all the beauty of his form".

41 Hades als ἀναπομπός: Aischyl. *Pers.* 649. – Zur Rolle der Gaia: Vgl. die Beschwörungsszene in Aischyl. *Pers.* 629 f. (Erde, Hermes, Hades) und 640–645 (Erde und andere chthonische Herrscher). –

eines „Sieges“ – der hier zur Königsherrschaft des Orest beziehungsweise zum κράτος τῶν [...] δόμων (480) führen soll – nur insofern geben, als sie den Geschwistern Hilfe in Form des κράτος des toten Agamemnon sendet.[42] Durch diese Hilfe sollen die Geschwister dann die legitime – und vielleicht daher εὔμορφος, im Kontrast zur illegitimen und missbrauchten Macht der Usurpatoren – Macht des Königs zurückgewinnen. So schließen die drei denkbaren Bedeutungen von εὔμορφον κράτος in Vers 490 (Sieg, der Tote „in Heroenglanz“, die Macht des Toten) einander nicht aus, sondern erweisen sich als komplementär. Die Polyvalenz von κράτος unterstreicht die Kontinuität zwischen der diesseitigen (beziehungsweise ehemaligen) und jenseitigen (beziehungsweise jetzigen) Macht des Königs und dadurch auch die Verbindung zwischen Agamemnon und seiner Familie – vor allem seinem Sohn, aber auch Elektra und Klytaimestra, deren Schicksal das Hervorsenden des εὔμορφον κράτος zur oberen Welt betrifft.

Klytaimestra und der Tote

Die Macht des Toten – wie die der anderen Chthonioi auch – besteht darin, in die Welt der Lebenden hineinwirken zu können, und schon am Anfang lässt sich die Präsenz des Toten in der Oberwelt spüren. Seine Präsenz wird nicht nur durch sein Grabmal evoziert; auch die Trankopfer, die Klytaimestra infolge eines Alptraumes ans Grab schicken lässt, zeigen, dass der Tote im Palast doch noch einen gewissen Einfluss hat.

Die Libationen führen zusammen mit dem Alptraum die Beziehung der Mörderin zum Toten vor. Das Verhältnis zwischen Klytaimestra und dem Ermordeten ist nicht lediglich eine Fortsetzung des alten, sondern nimmt nach dem Mord eine neue Gestalt an. Am Anfang – das heißt unmittelbar nach Agamemnons Tod – steht ein nicht nur

---

Persephone ist nicht nur für die Entlassung Toter aus der Unterwelt zuständig (z. B. Hom. *Od.* 10,533 f. = 11,46 f.; vgl. Hom. *Od.* 11,213 f.; [Ps.-]Eur. *Rhes.* 965), sondern auch für die Entlassung anderer Unterweltswesen: Vgl. Hom. *Od.* 11,634 f. (Gorgonenhaupt). Zusammen mit anderen Unterweltsgottheiten wird Persephone auch an der Erfüllung von Flüchen beteiligt (vgl. Hom. *Il.* 9,456 f. und 9,569); Elektra in Soph. *El.* 110 – 118 bittet u. a. Persephone, ihren Bruder als Rächer für Agamemnon zu senden.

42 Insofern als die Emporsendung der „Macht“ des Agamemnon von Persephone mit der Entlassung seines Totengeistes aus der Unterwelt verbunden ist, denkt man beim Adjektiv εὔμορφος eher an die körperliche Schönheit des Machthabers als an eine Ästhetik oder Schönheit der Macht an sich. Erschiene aber der Ermordete, der ja seine Todeswunden mit sich ins Jenseits trägt (siehe unten zum μασχαλισμός und zur Behandlung des Leichnams Agamemnons), wäre εὔμορφος kaum das passende Wort: Das Erscheinungsbild ließe sich wohl vielmehr als δύσμορφος beschreiben. Indem Elektra also die Macht des Agamemnon als εὔμορφος beschreibt, gestattet sie auch dem Ermordeten eine im Tode bleibende Wohlgestalt oder Schönheit (εὐμορφία) und blendet dadurch seine Todesumstände aus oder beschönigt sie sogar, um dem Toten gleichsam einen schönen bzw. heroischen Tod zuzuschreiben (vgl. Aischyl. *Ag.* 454, wo die vor Troja Gefallenen als εὔμορφοι beschrieben werden) und ihm Ehre zukommen zu lassen. Zum Bemühen von Elektra und Orest (v. a. in dieser Szene), die Ehre ihres Vaters wiederherzustellen, siehe weiter unten.

ehrloser, sondern ausdrücklich auch entehrender Umgang mit dem Leichnam,[43] der den König auch im Tod kränkt, wie der Chor in seiner Bezeichnung der Behandlung des Leichnams als „ehrlose (beziehungsweise entehrende) Leiden des Vaters" (κλύει<ς> πατρωίους δύ<α>ς ἀτίμους, 444) andeutet. Denn Klytaimestra verweigert dem Toten die normalen Todesriten, Begräbnis- und Trauerrituale[44] und nimmt zudem am toten Körper eine Verstümmelung vor, den sogenannten μασχαλισμός (ἐμασχαλίσθη, 439).[45] Unabhängig von der Frage, ob diese Praxis wirklich im fünften Jahrhundert ausgeübt wurde, ist unter dem Begriff μασχαλισμός wahrscheinlich das Abschneiden der Extremitäten zu verstehen, die dem Toten dann mit einer Schnur um den Hals gehängt wurden.[46] Durch diese Verstümmelung strebe Klytaimestra an, so der Chor, den Tod des Agamemnon für Orest unerträglich zu machen (μόρον[47] κτίσαι μωμένα / ἄφερτον αἰῶνι σῷ, 441 f.).[48] Neben der hier explizit genannten Motivation könnte jedoch eine weitere, implizite mitspielen, die den späteren Scholiasten plausibel schien:[49] Deren Erklärungen des μασχαλισμός zufolge bestehe die gezielte Wirkung des Brauchs darin, die Kraft des gegen den Mörder erbosten Totengeists zu

---

43 Vgl. Aischyl. *Choeph.* 434 f. und 444, wo die fehlenden Trauerriten und die Behandlung des Leichnams mit Wörtern des Wortfeldes ἀτιμοῦν, ἄτιμος beschrieben werden (ἀτίμως, 434; ἀτίμωσις, 435; ἄτιμος, 444).

44 Aischyl. *Choeph.* 430 – 433; vgl. Aischyl. *Ag.* 1551 – 1554. Zu den (fehlenden) Totenriten und der Machtdynamik in der *Orestie* vgl. Hame (2004).

45 Vgl. Soph. *El.* 445.

46 Vgl. Sier (1988) zu Aischyl. *Choeph.* 439 und Rohde (1898) Bd. 1, 322 – 326, die die einschlägigen lexikalischen und Scholienquellen diskutieren; die Praxis soll μασχαλισμός heißen, weil der Mörder dann „die Schnur unter den Achseln (μασχάλα) durch[zieht] [...] er wird dann die Enden der Schnur auf der Brust sich kreuzen lassen und sie, nachdem er sie unter den Achseln durchgezogen hat, auf dem Rücken zusammenknüpfen", Rohde (1898) Bd. 1, 322. – Lexikographische Quellen: E. Gen. zu ἀπάργματα, Hesych. zu μασχαλίσματα, Phot. zu μασχαλίσματα (= Ar. Byz. fr. 78 Nauck = 412 Slater), Schol. zu Soph. *El.* 445, *Suda* zu μασχαλίσματα.

47 Vgl. Garvie (1986) z. St.: „μόρος in Aeschylus, who uses it nearly 50 times, always connotes 'death' or 'the fated end'".

48 Vgl. Aischyl. *Choeph.* 350 f.: Wäre Agamemnon in Troja gestorben und dort ehrenhaft bestattet worden, wäre das Leben seiner Kinder jetzt nicht unerträglich, sondern ἐπίστρεπτος (ἐπίστρεπτον αἰῶ, 350, d. h. ein Leben, das den Blick der anderen auf sich zieht) und sein Grab für das Atridenhaus erträglich (τάφον [...] δώμασιν εὐφόρητον, 344 f.; εὐφόρητον steht möglicherweise in Apposition zum ganzen Satz – „es", nämlich das Schicksal und die Bestattung von Agamemnon, wäre dann erträglich).

49 Die früheste Erklärung stammt aus dem 3. Jh. v. Chr.: Ar. Byz. fr. 78 Nauck = 412 Slater (bei Phot. zu μασχαλίσματα); siehe Rohde (1898) Bd. 1, 322 – 326, der den μασχαλισμός allerdings als kathartisches Opfer versteht, und zuletzt Aigner (2012), die in ähnlicher Weise den μασχαλισμός als „altes Sühneritual" interpretiert, das „zwei Aspekte enthält: einerseits die Verhinderung der Wiederkehr des Toten, andererseits das Sühneopfer an die Götter der Unterwelt" (118). – Vgl. weiter Meuli (1937) 304 f., der – ohne den μασχαλισμός überhaupt zu erwähnen – Beispiele ähnlicher Praktiken in anderen Kulturen anführt, die durch Gewalt oder List dazu gedient haben sollen, die „unheimliche Macht" des Toten abzuwehren. – Vgl. auch Soph. *El.* 444 – 446, wo der schändliche μασχαλισμός mit einer abwehrenden bzw. kathartischen Geste gekoppelt wird, nämlich dem Abwischen der Blutflecken an dem Kopf des Totenkörpers (zur Deutung dieser Geste siehe Finglass 2007 z. St.).

schwächen und dadurch den Ermordeten an der Rache zu hindern,[50] denn nach geläufiger Vorstellung trägt der Tote seine Wunden ins Jenseits mit.[51] Auch wenn die von Scholiasten vorgelegten Deutungen früherer Praktiken vorsichtig zu behandeln sind, sollte die genannte Absicht als Möglichkeit betrachtet werden. Der in der Forschung gegen diese Interpretationsmöglichkeit vorgebrachte Einwand, eine solche Absicht sei „mit der 324f. vorausgesetzten Brandbestattung [...] unvereinbar“,[52] entspricht eher moderner Logik als den Vorstellungen des fünften Jahrhunderts v. Chr., in denen der Brandbestattung nirgendwo eine Auswirkung auf das imaginierte Erscheinungsbild des Toten im Jenseits zugeschrieben wird. Erst Lukian stellt – um bestimmter satirischer und philosophischer Zwecke willen – die Toten als Schädel und Gerippe oder verwesende Leichen in der Unterwelt dar.[53]

Wenn aber der an Agamemnon vollzogene μασχαλισμός nicht nur als Geste der Verachtung und Demütigung, sondern auch zur Schwächung des Toten dienen soll, zeitigt er die angestrebte Wirkung offenbar nicht. Seine Erwähnung dient sogar als weiteres Mittel, den Rächer zur Tat anzutreiben[54] und der Ermordete bildet „als gewaltig wirkende Macht förmlich ein Kraftzentrum des Stücks“.[55] Das schließt allerdings nicht aus, dass Aischylos die Verstümmelung *nicht* auch als apotropäische Vorsichtsmaßnahme gegen die Rache des Toten gemeint hat.[56] Im Gegenteil: Die schändliche Behandlung des Leichnams ist nicht nur Ausdruck der Grausamkeit der Mörderin, sondern entspricht in einzigartiger Weise dem sich wandelnden Verhältnis der Klytaimestra zu Agamemnon. Zum einen stellt der μασχαλισμός den Versuch Klytaimestras dar, auch nach dem Tod ihres Gatten die Kontrolle fortzusetzen, die sie bei der Ermordung über ihn beziehungsweise seinen Körper ausgeübt hatte, indem sie ihn vor den tödlichen Axtschlägen erst durch das Überwerfen des Netzes bewe-

---

50 ἵνα [...] ἀσθενὴς γένοιτο πρὸς τὸ ἀντιτίσασθαι τὸν φονέα, *Suda* s. v. μασχαλισθῆναι; Ar. Byz. 78: οἱ γὰρ φονεύσαντες ἐξ ἐπιβουλῆς τινας <u>ὑπὲρ τοῦ (τὴν) μῆνιν ἐκκλίνειν</u> ἀκρωτηριάσαντες μόρια τούτου καὶ ὁρμαθίσαντες ἐξεκρέμασαν τοῦ τραχήλου διὰ τῶν μασχαλῶν διείραντες, καὶ μασχαλίσματα προσηγόρευσαν. Vgl. auch Johnston (1999) 158f.

51 Der *locus classicus* ist Hom. *Od.* 11,40 – 43 (vgl. Rohde 1898, Bd. 1, 325; Gladigow 1975, 291), aber vgl. auch Aischyl. *Ag.* 1217 – 1222 (Kassandra sieht die Totengeister der ermordeten Kinder) und Aischyl. *Eum.* 103 (der Totengeist der Klytaimestra zeigt den Erinyen ihre Wunden).

52 Sier (1988) zu Aischyl. *Choeph.* 439; Sier betrachtet den μασχαλισμός ausschließlich als Mittel der „Charakterisierung [der Grausamkeit] der Mörderin“.

53 Schädel und Gerippe: z. B. Lukian. *cont.* 22,20f.; *dial. mort.* 17 (Dialog zwischen Menipp und Hermes); verwesende Leichen: Lukian. *nek.* 15.

54 Aischyl. *Choeph.* 439 – 443 und vgl. die Reaktion von Orest in den darauffolgenden Versen (434 – 438); vgl. Lesky (1943) 97: „Die Verstümmelung des toten Vaters soll Orestes mit aller Wucht der gräßlichen Vorstellung treffen.“

55 Lesky (1943) 97.

56 *Pace* Garvie (1986) zu Aischyl. *Choeph.* 439, mit Lesky (1943) 97: „[T]hat the purpose was to disable the victim and so render him incapable of taking vengeance [...] cannot have been on Aischylos’ mind, since it is assumed that Agamemnon is in no way prevented from taking vengeance upon the murderers.“

gungsunfähig und wehrlos gemacht hatte.[57] Nach dem Tode soll Agamemnon ebenso machtlos wie im Augenblick seines Todes bleiben. Dadurch mag die Verstümmelung aber zum anderen auch eine bereits mit dem Mord einsetzende Angst vor dem Ermordeten verraten, die in Klytaimestras Mordeuphorie am Ende des *Agamemnon* zwar nicht zu erkennen ist, die jedoch in den *Choephoren* das Verhältnis zwischen Klytaimestra und Agamemnon prägt.

Diese Angst flammt auf, als Klytaimestra mitten in der Nacht (vgl. ἀωρόνυκτον ἀμβόαμα, 35) durch einen Alptraum aus dem Schlaf (535–537) gerissen wird (32–41):

> τορὸς γὰρ {Φοῖβος} ὀρθόθριξ δόμων
> ὀνειρόμαντις, ἐξ ὕπνου κότον πνέων,
> ἀωρόνυκτον ἀμβόαμα
> μυχόθεν ἔλακε περὶ φόβωι,
> γυναικείοισιν ἐν δώμασιν βαρὺς πίτνων,
> κριταὶ <δὲ> τῶνδ' ὀνειράτων
> θεόθεν ἔλακον ὑπέγγυοι
> μέμφεσθαι τοὺς γᾶς νέρθεν περιθύμως
> τοῖς κτανοῦσί τ' ἐγκοτεῖν.

> Durchdringend, haarsträubend schrie es im Haus,
> Traum und Seher, aus dem Schlaf Groll atmend,
> in tiefer Nacht
> vom Innersten des Palastes her schrie es auf vor Entsetzen,
> schwer einbrechend
> in die Frauengemächer.
> Und die Deuter dieses Traums
> riefen die Götter an als Bürgen und verkündeten laut,
> Klage erhöben die unter der Erde in gewaltigem Zorn
> und hegten Groll wider die Mörder.[58]

Im Traum habe Klytaimestra – wie erst später dargelegt wird (527–533) – eine Schlange geboren und dieser die Brust gereicht, worauf sie von dem abscheulichen Tier (ὑπὸ στύγους, 535; vgl. δάκος, 530) gebissen worden sei. Als chthonisches Wesen, ein „Kind der Erde", das unterirdisch wohnt, aber auch in der Oberwelt aktiv ist, hat die Schlange eine besondere Verbindung zu den Chthonioi.[59] Sie ist in Vasendarstellungen des fünften Jahrhunderts häufig in der Nähe eines Grabes oder Grabhügels zu beobachten,[60] und in der früheren Behandlung des *Orestie*-Mythos durch Stesi-

---

57 Vgl. Aischyl. *Ag.* 1380–1382 (ὡς μήτε φεύγειν μήτ' ἀμύνασθαι μόρον, 1381); durch das Netz werden dem König Hände und Füße gefesselt (*Choeph.* 980–982; vgl. *Choeph.* 997–1004 und *Eum.* 634 f.).

58 Übs. Sier (1988).

59 Als „Kind der Erde" wird die Schlange im Rahmen einer Orakeldeutung bei Herodot genannt: Hdt. 1,78,3 (λέγοντες ὄφιν εἶναι γῆς παῖδα).

60 Zu „Schlangen als Verkörperungen von χθόνιοι aller Art, Göttern der Erdtiefe, Heroen und einfachen Toten" vgl. Rohde (1898) Bd. 1, 196 und 244 mit Anm. 4; Bock (1936), der die Schlange allerdings einem „dorisch-lakonischen" Heroenglauben zuordnet; Burkert (2011) 316 Anm. 41 mit Hinweis auf Theophr. *char.* 16,4 („der Abergläubische errichtet, wo ihm eine „heilige" Schlange erschien, ein He-

choros soll eine Schlange mit blutigem Kopf als Sinnbild für den toten Agamemnon gedient haben.[61] Bei Aischylos hingegen lässt sich die Schlange, die wie ein Kind in Windeln gewickelt ist (529), nicht als Agamemnon, sondern als Orest deuten, der schließlich für seinen Vater Rache nimmt (540–550; 928 f.). Doch die starken chthonischen Assoziationen der Schlange sind nicht zu übersehen und spiegeln den Ursprung des Traumes wider.[62] Denn schon vor der Erfüllung des deutlichen (τορός, 32)[63] und prophetischen Traumes (ὀνειρόμαντις, 33) sind dessen generelle Bedeutung und chthonischer Ursprung klar: Die Chthonioi,[64] so die Interpretation der Traumdeuter (κριταὶ <δὲ> τῶνδ' ὀνειράτων, 38), „erheben Klage in gewaltigem Zorn und hegen Groll wider die Mörder“ (μέμφεσθαι τοὺς γᾶς νέρθεν περιθύμως / τοῖς κτανοῦσί τ' ἐγκοτεῖν, 40 f.).[65]

Der im Alptraum angekündigte Zorn und Groll des Ermordeten wirkt umso bedrohlicher und der Ermordete selbst umso präsenter dadurch, dass der Traum in der ersten Erzählung (32–43) eine tendenzielle Personifikation erfährt.[66] Träume werden

---

roon“); Grabow (1998) 147–170, die Grabschlangen in Vasendarstellungen als Grabwächter und -schützer (156) deutet, die in anderen Kontexten (z. B. auf der – verschollenen – attisch-schwarzfigurigen Tyrrhenischen Amphora, Berlin Staatl. Mus. Inv. F 4841, ca. 560–550 v. Chr., Abb. K 103 bei Grabow) auch als der „personifizierte, rächende Dämon der Seele der Ermordeten“ bzw. eine Erinys gedeutet werden (158 f.; 167); Kearns (1989) 16 f., 111; Küster (1913); Peifer (1989) 159. In späteren Quellen (z. B. Plut. *Kleomenes* 39, Ail. *nat.* 1,51) erscheint die Vorstellung, dass sich das Rückenmark eines Toten in eine Schlange verwandle: Burkert (2011) 298. Zu Schlangen in der Ikonographie vgl. v. a. Küster (1913); Grabow (1998).

61 Stesich. 217 PMG (= Plut. *mor.* 555d): τᾶι δὲ δράκων ἐδόκησε μολεῖν κάρα βεβροτωμένος ἄκρον, ἐκ δ' ἄρα τοῦ βασιλεὺς Πλεισθενίδας ἐφάνη. Zur Deutung des Fragments vgl. Bowra (1961) 117; Garvie (1986) xix–xxi; Mueller-Goldingen (2000) 10 f. Von den zwei Büchern der *Orestie* des Stesichoros blieben nur Fragmente: Stesich. 210–219 PMG.

62 Auf die Signifikanz dieser Verbindung wird später einzugehen sein (siehe „Die Wirkung des Toten?“ auf S. 67–73).

63 Dass τορός hier sowohl auf die Deutlichkeit des Traumes als auch die durchdringend lauten Schreie der Klytaimestra hinweise, verteidigt Garvie (1986) z. St.; Sier (1988) z. St. schließt aufgrund der (benötigten?) Auslegung des Traums durch Traumdeuter die erste Bedeutung aus.

64 Der Plural bezieht sich auf Agamemnon sowie die anderen Unterweltsmächte: Garvie (1986) z. St. und Sier (1988) z. St., der die allgemeine Beteiligung von nicht näher spezifizierten Unterweltsmächten an der Rache vergleicht (z. B. Aischyl. *Choeph.* 286 f.: ἐνέρτεροι; Antiph. 1,31: θεοὶ οἱ κάτω).

65 Übs. nach Sier (1988). Darüber hinaus mag das Wort νυκτίπλαγκτα in der zweiten Erzählung des Traumes (Aischyl. *Choeph.* 524: ἔκ τ' ὀνειράτων / καὶ νυκτιπλάγκτων δειμάτων πεπαλμένη) auch mit den Chthonioi verbunden sein und an die Toten als „Nachtwandler“ (νυκτιπόλοι, Aischyl. fr. 273a,8 Radt) und deren nächtliche Angriffe (Eur. *Ion* 1048: Εἰνοδία θύγατερ Δάματρος, ἃ τῶν νυκτιπόλων ἐφόδων ἀνάσσεις) erinnern: Henrichs (1991) 187–192.

66 Der Traum erfährt eine Personifikation, wenn man der plausiblen Konjektur von Blass folgt und das überlieferte Φοῖβος in Aischyl. *Choeph.* 32 auslässt: Siehe Sier (1988) und Garvie (1986) z. St. Läse man mit Heath φόβος statt Φοῖβος, dann stünden ὀνειρόμαντις (mit der Bedeutung „Deuter des Traums“ statt „prophetischer Traum“) und φόβος in Apposition, und φόβος wäre in den folgenden Versen personifiziert. Da in diesem Emendationsvorschlag Angst und Angsterreger (der Traum) verschmolzen würden, änderte sich wenig an der folgenden Analyse.

zwar schon bei Homer und Hesiod personifiziert,[67] bei Aischylos aber erscheint der Traum nicht als ein Vertrauter, der lediglich ruhig über dem Kopf des Schlafenden steht und ihn anredet (wie etwa der trügerische Traum im zweiten Gesang der *Ilias*[68]). Das ändert jedoch nichts an der Präsenz des Alptraums, im Gegenteil: Er atmet, grollt und greift wütend an. „Groll atmend“ (ἐξ ὕπνου κότον πνέων, 33), stürzt er sich schwer auf die Frauengemächer (γυναικείοισιν ἐν δώμασιν βαρὺς πίτνων, 37) der schlafenden Klytaimestra. Das aischyleische Lieblingswort κότος, das mit besonderer Häufigkeit in der *Orestie* vorkommt,[69] charakterisiert ab dieser Stelle vornehmlich den Groll der chthonischen Rachegöttinnen, der Erinyen, aber auch den der Dike, die in ähnlicher Weise „verderblichen Groll unter den Feinden“ atmet (ὀλέθριον πνέουσ' ἐν ἐχθροῖς κότον, *Choeph.* 952).[70] Dem κότος legt Aischylos insgesamt viermal im überlieferten Corpus die Eigenschaft der Schwere beziehungsweise der Heftigkeit bei,[71] die in Vers 37 allerdings nicht dem κότος anhaftet, sondern auf den Traum selbst (ὀνειρόμαντις, 33) übertragen wird. In Analogie zu den anderen vier Stellen, vor allem zu *Ag.* 456, wo die Rede des Volkes „schwer mit Groll“ sei (βαρεῖα [...] ἀστῶν φάτις ξὺν κότωι), lässt sich schließen, dass die „Schwere“ des einbrechenden (πίτνων, 37) Traumes auf den Groll zurückzuführen ist. Der Traum ist also im übertragenen Sinne „schwer“ wegen des Grolls, gewinnt aber durch das Adjektiv βαρύς, das schließlich auch Assoziationen von schwerem Gewicht, Gewalt und körperlicher Kraft hervorruft, eine gewisse Materialität.[72] Mit dieser Schwere und Materialität wird auch der Tote präsent, dessen Groll der Traum ja lebhaft vermittelt.[73]

Wie der Traum grollt und angreift, so „schreit“ er auch aus dem inneren Palast auf – vor Erschrecken (ἀωρόνυκτον ἀμβόαμα / μυχόθεν ἔλακε περὶ φόβωι, 34 f.), denn es handelt sich um den durch ihn ausgelösten Angstschrei der Klytaimestra. So verleiht sie – in der Poetik des Textes, in dem sich ἀμβόαμα [...] ἔλακε grammatisch auf

67 Z. B. Hes. *theog.* 212; Hom. *Il.* 2,6–36. Vgl. auch Aischyl. *Ag.* 12–14: εὖτ' ἂν δὲ νυκτίπλαγκτον ἔνδροσόν τ' ἔχω / εὐνὴν ὀνείροις οὐκ ἐπισκοπουμένην / ἐμήν (über das Bett des Wächters „wachen“ keine Träume).

68 Hom. *Il.* 2,18 f. So stehen auch andere übernatürliche Wesen – z. B. der Totengeist des Patroklos (Hom. *Il.* 23,68; 24,682) und Athene (Hom. *Od.* 4,803; 6,21; 20,32) –, die zu dem Träumenden kommen, um ihm etwas mitzuteilen.

69 Aischyl. *Ag.* 476; 635; 1211 und vgl. 571; 863; 874; *Choeph.* 33; 592; 952; 1052 und vgl. 392; 924; 1054; *Eum.* 220; 426; 501; 800; 840; 873; 885; 900 und vgl. 780 und 810. Zum häufigen Gebrauch des Wortes bei Aischylos siehe Garvie (1986) zu Aischyl. *Choeph.* 32–36; Sideras (1971) 32; Sier (1988) zu Aischyl. *Choeph.* 39–41.

70 Übs. Sier (1988).

71 Aischyl. *Suppl.* 347 (βαρύς γε μέντοι Ζηνὸς ἱκεσίου κότος); *Ag.* 456 (βαρεῖα [...] ἀστῶν φάτις ξὺν κότωι); *Eum.* 800 (ὑμεῖς δὲ <μή>τε τῆιδε γῆι βαρὺν κότον / σκήψητε), 780 und 810 (βαρύκοτος).

72 Zu vergleichen ist eventuell der „Alpdruck“ bzw. der „Alb“ oder „Toggeli“, der nach (u. a.) alpenländischem Volksglauben auf der Brust des Schlafenden sitzt und ihn schwer drückt; eine entsprechende Vorstellung aus der griechischen Antike ist dem Verfasser aber nicht bekannt.

73 Aischylos lässt allerdings die genaue Verbindung des Traums zum Toten undefiniert: Obwohl in der *Choephoren*-Forschung gern behauptet wird, Agamemnon habe den Traum gesandt, lässt der Text diese Behauptung nicht zu.

den Traum, dem Sinne nach aber auf die noch ungenannte Träumerin bezieht – dem bereits aktiven Traum eine Stimme. Dabei wird die Angst, die in Vers 33 mit ὀρθόθριξ (33) angedeutet und im weiteren Verlauf immer wieder betont wird,[74] in die enge Verflechtung von Traum und Groll in den Versen 32–37 miteinbezogen; in einer späteren Szene wird die direkte Relation dieser Angst zum κότος des Traums beziehungsweise des Toten durch eine Metapher verdeutlicht: Gleich nach dem Muttermord spürt Orest, wie sich seine Angst im Herzen anschickt, „zu singen und nach der Melodie des Grolls zu tanzen" (πρὸς δὲ καρδίαι Φόβος / ᾄδειν ἑτοῖμος, ἣ δ' ὑπορχεῖσθαι Κότωι, 1024 f.). „[W]ie der Sänger und Tänzer unter dem Klang des Instruments", kommentiert Sier, „so wird die Angst des Mörders aktiv unter dem Groll der Ermordeten, deren ἔγκοτοι κύνες ihn bald jagen werden".[75] So „singt" und „tanzt" zum Takt des κότος auch Klytaimestras Angst, insofern als sie die Mörderin veranlasst, ihr Entsetzen zu vokalisieren und dementsprechend zu handeln.[76]

Weil sie die Botschaft des Traums erkennt und reagieren muss, trägt Klytaimestra Elektra und dem aus Sklavinnen bestehenden Chor auf, dem Toten Trankopfer darzubringen:[77] Die mit Hinweis auf ihre beschwichtigende und abwehrende Funktion als νερτέροις μειλίγματα („Besänftigungsopfer für die da unten", 15) und ἀπότροπον κακῶν („Abwehr gegen Übel", 42) bezeichneten Libationen (χοαί, 15) sollen, so die Hoffnung Klytaimestras, als „Heilmittel gegen das [im Traum vorausgesehene] Leid" wirken (ἄκος τομαῖον ἐλπίσασα πημάτων, 539).[78] Wie bei jedem Opfer beziehungsweise Trankopfer setzt auch Klytaimestras Abwehropfer eine Wechselseitigkeit zwischen dem Empfänger und dem Bittenden oder Opfernden voraus.[79] Doch in Ermangelung einer bereits bestehenden Basis für eine positive Wechselbeziehung gestaltet sich die Reziprozität zwischen den Lebenden und den Toten nicht so einfach: Als Frau des Verstorbenen wäre es Klytaimestras Pflicht gewesen, Agamemnon selbst zu beklagen; dadurch, dass sie aber zugleich seine Mörderin ist, würde das pflichtgemäße Erfüllen der Riten bitterer Hohn.[80] Durch den Mord – und die Behandlung des Leichnams danach – wird jede mögliche Basis für χάρις (die Wechselseitigkeit von Geben und Nehmen sowie die damit verbundene Freude oder Anmut, Dankbarkeit und Gunst) zerstört, weswegen auch der Chor schon vor der Umdeutung der Trankopfer deren Wirksamkeit bezweifelt: τί γὰρ λύτρον πεσόντος αἵματος πέδοι; („Denn

---

74 Aischyl. *Choeph.* 523–525: ἔκ τ' ὀνειράτων / καὶ νυκτιπλάγκτων δειμάτων πεπαλμένη; 535: ἡ δ' ἐξ ὕπνου κέκλαγεν ἐπτοημένη; 547: ἡ δ' ἀμφὶ τάρβει τῶιδ' ἐπώιμωξεν πάθει, 548: δεῖ τοί νιν, ὡς ἔθρεψεν ἔκπαγλον τέρας, 929: ἦ κάρτα μάντις οὑξ ὀνειράτων φόβος.

75 Sier (1988) zu Aischyl. *Choeph.* 33, der weiter bemerkt: „κότος und φόβος verbinden sich nach der Rache auch bei Orest".

76 Vokalisierung von Angst: Vgl. Aischyl. *Choeph.* 535 (ἡ δ' ἐξ ὕπνου κέκλαγεν ἐπτοημένη) und 547 (ἡ δ' ἀμφὶ τάρβει τῶιδ' ἐπώμωξεν πάθει).

77 Chor als Kriegssklavinnen/Dienerinnen des Hauses: Aischyl. *Choeph.* 75–77; 84. – Chor mit Elektra beauftragt: Aischyl. *Choeph.* 23 f.

78 Übs. vom Verfasser.

79 Dazu (z. B.) Seaford (1994a).

80 Hame (2004) 519.

welche Sühne gibt es für zum Boden vergossenes Blut?", 48; vgl. 66–70). Statt der Geste eines funktionierenden Tauschverhältnisses sind die Trankopfer eine χάρις ἀχάριτος (44), eine leere χάρις[81] ohne Dankbarkeit oder Anreiz zur Erwiderung und daher ein vergeblicher Versuch seitens Klytaimestras, den Toten zu beschwichtigen.

Elektra und die Libationen

Weil sich Klytaimestra auf kein bereits bestehendes (positives) reziprokes Verhältnis mit ihrem ermordeten Gatten berufen kann, gerät Elektra bei der Darbringung der Trankopfer in eine Aporie, wie sie das Ritual vollziehen und mit welchen Worten sie ihren toten Vater dabei anreden solle (87–99). Eine Möglichkeit wäre, die Libationen als Gaben „von der lieben Frau, meiner Mutter, an ihren lieben Mann" (πότερα λέγουσα παρὰ φίλης φίλωι φέρειν / γυναικὸς ἀνδρί, τῆς ἐμῆς μητρὸς πάρα; 89 f.)[82] zu bezeichnen – die Wiederholung und die Nebeneinanderstellung des Adjektivs φίλος (Polyptoton) hebt die scheinbare, für Elektra ganz unakzeptable Reziprozität zwischen Klytaimestra und Agamemnon hervor, was die Unangemessenheit dieser Option unterstreicht. Dazu könnte sie, wie üblich (ὡς νόμος βροτοῖς, 93), die Bitte an den Toten hinzufügen, es denjenigen, die die Trankopfer haben darbringen lassen, entsprechend zu vergelten.[83] Auch diese Option lehnt Elektra ab. Als Alternative überlegt sie, das Ritual mit abgewandtem Blick und schweigend zu vollziehen und daraufhin das Libationsgefäß wie bei einem Reinigungsopfer hinter sich zu werfen (96–99).[84] Diese Verhaltensweise verweist auf die Gefährlichkeit des erbosten Toten: „Die ‚guten' Toten, von denen man sich Hilfe und Segen versprach, redete man unbedenklich an. Wenn immer jedoch die Gefährlichkeit und Unzugänglichkeit der Unterirdischen den Ausschlag gab, wandte man sich schweigend ab, wobei die Distanzierung oft durch zusätzliche apotropäische Riten verstärkt wurde." [85] Diese Alternative wäre freilich ebenso entehrend für den Toten wie die Art und Weise seines Todes (ἀτίμως, ὥσπερ [...] ἀπώλετο / πατήρ, 96 f.); Elektra zeigt sich aber im bewussten Gegensatz zu ihrer Mutter beflissen, sich den Göttern und dem Toten gegenüber angemessen zu verhalten (εὐσέβεια).[86]

---

81 So wäre auch eine von Klytaimestra ausgeführte Totenklage eine leere χάρις gewesen: ἦ σὺ τόδ' ἔρξαι τλήσηι, κτείνασ' / ἄνδρα τὸν αὑτῆς ἀποκωκῦσαι / ψυχῆι τ' ἄχαριν χάριν ἀντ' ἔργων / μεγάλων ἀδίκως ἐπικρᾶναι; (Chor; Aischyl. *Ag.* 1543–1546).

82 Übs. vom Verfasser.

83 Aischyl. *Choeph.* 94 f.: εὖ τ' ἀντιδοῦναι τοῖσι πέμπουσιν τάδε / στέφη, δόσιν τε τῶν καλῶν [καλῶν: West mit Elmsley; Handschrift M und die Scholien überliefern κακῶν] ἐπαξίαν;

84 Zu dieser Praxis: Hoessly (2001) 109 f. – Zum Stellenwert des Schweigens: Gödde (2000), 128 f.

85 So Henrichs (1991) 168 f. in seiner Untersuchung zur grundsätzlichen Ambivalenz der Toten in deren Fähigkeit zu schaden und zu segnen.

86 Aischyl. *Choeph.* 140 f.: αὐτῆι τέ μοι δὸς σωφρονεστέραν πολὺ / μητρὸς γενέσθαι χεῖρά τ' εὐσεβεστέραν. Vgl. Henrichs (1991) 168: „Mit Hilfe des Chores trifft Elektra schließlich eine Entscheidung. Sie entscheidet sich nicht etwa für Schweigen und Distanz, sondern für die Kommunikation in Form

Als Elektra abwägt, in welcher Weise sie angemessen mit dem Toten umzugehen hat und sich in diesem Dilemma an den Chor wendet, erweist sich Klytaimestras Umgang mit ihrem toten Gatten in weiterer Hinsicht als problematisch. Indem sie Elektra mit dem Bittgang (προστροπή, 21; 85) beauftragt, verliert Klytaimestra jeden Einfluss auf die genaue Gestaltung und den Vollzug des Rituals. Da ein Ritual nicht nur aus der Darbringung der Gabe – hier der Trankopfer – besteht, sondern notwendigerweise auch von einem Gebet begleitet wird,[87] in dem der Geber seine Absicht oder sein Anliegen, ob Dank oder Bitte, kommuniziert, erhält Elektra, ohne dass Klytaimestra es beabsichtigt hat, die Möglichkeit, den Zweck des Rituals durch die begleitenden Worte neu zu definieren. Wer die Worte bestimmt, bestimmt den Inhalt des Gebets und dadurch grundsätzlich den Kontakt mit der (hier chthonischen) angerufenen Macht. Dessen zeigt sich der Chor in seiner Antwort (106–123) auf Elektras Bitte um Rat bewusst. Seinem Rat zufolge soll Elektra beim Trankopfer ein Gebet für sich, den gleichgesinnten Chor (112f.), Orest (115) und die Feinde des Aigisth (111) sprechen und um einen göttlichen oder menschlichen Rächer bitten (119–123). Dadurch deuten der Chor und Elektra die Trankopfer nicht nur um, sondern annullieren auch die von Klytaimestra beabsichtigte Kontaktaufnahme mit Agamemnon, entkräften ihren Abwehrversuch und verkehren ihn letztlich ins Gegenteil.[88]

Es geht in dem Ratschlag des Chores und dem Gebet, wie kurz danach im Kommos, auch darum, die dem Toten von Klytaimestra verweigerte Ehre oder τιμή wiederherzustellen. Das hat Elektra durch die Zurückweisung der zwei von ihr erwogenen rituellen Möglichkeiten bereits gezeigt;[89] der Chor drückt diese Absicht später in Vers 511 besonders deutlich aus, indem er die lange Anrede an Agamemnon, nämlich den Kommos und die darauf folgende Beschwörung (τόνδ' [...] λόγον, 510), als τίμημα τύμβου τῆς ἀνοιμώκτου τύχης („zur Ehre des Grabes, das unbeweint ließ das Geschick“)[90] bezeichnet, aber schon in seiner Antwort an Elektra kündigt der Chor den Gedanken an und zeigt sich gleichgestimmt[91] mit der Ratsuchenden (106f.):

αἰδουμένη σοι βωμὸν ὣς τύμβον πατρός
λέξω, κελεύεις γάρ, τὸν ἐκ φρενὸς λόγον.

---

der Anrede an den Toten, die zum Rachegebet (146 τὴν κακὴν ἀράν) wird und damit das Thema des großen Kommos (306–478) vorwegnimmt.“

87 Zum Verhältnis zwischen Gebet und Gabe: Scheer (2001) 43f.; Scheer (2001) 45f. betont auch, dass im Normalfall – und im Unterschied zum Christentum – Gebete „deutlich hörbar“ formuliert wurden: „Die griechische Antike betet laut“.

88 Vgl. Geisser (2002) 335; Gödde (2000) 128f.; Käppel (1998) 200.

89 Vgl. ihre Bezeichnung des Todes ihres Vaters als ἀτίμως (96f.) sowie den Niederschlag dieses Wortes im gleichen Kontext: Aischyl. *Choeph.* 407f.; 430–446; vgl. 200; 479; 483–485; 494 und vgl. Cairns (1993) 180f. zu τιμή als „an important ground for the pursuit of vengeance and retribution“ in der *Orestie*; MacLeod (1982) 142–144 zu dem Mord an Agamemnon und dessen τιμή.

90 Übs. nach Werner (2011).

91 Die Reaktion der Elektra in Aischyl. *Choeph.* 108 bestätigt die Gleichgestimmtheit: λέγοις ἄν, ὥσπερ ᾐδέσω τάφον πατρός.

Verehrend des Vaters Grab, als wäre es ein Altar,
sag' ich dir – befiehlst du es doch – was mir von Herzen kommt.[92]

Die Antwort zeichnet sich durch den vom Chor erwiesenen Respekt vor dem Grabmal (αἰδουμένη [...] τύμβος, vgl. Vers 108, ἠιδέσω τάφον) aus, dem das Verb αἰδεῖσθαι und der Vergleich des Grabes mit einem Altar (βωμὸν ὥς) nachdrücklich Ausdruck verleihen. Αἰδώς (αἰδεῖσθαι), die wie das verwandte Konzept σέβας (σέβεσθαι/σέβειν) Anerkennung für die Autorität und das Ansehen (τιμή) eines Menschen oder eines Gottes ausdrückt,[93] kann zusammen mit der damit verbundenen τιμή wiederum einem rituellen Verfahren (zum Beispiel dem Eid)[94] oder einem rituell bedeutungsvollen Gegenstand – wie etwa einem Altar[95] – gelten.[96] In solchen Fällen würde die Verletzung des Verfahrens oder Gegenstandes einen Verstoß gegen dessen Sakralität und dadurch eine Missachtung der τιμή der Beteiligten oder der Gottheit bedeuten;[97] aus demselben Grunde rät der Chor Elektra von rituell unangemessenen Verhaltensweisen am Grab ab. Denn die αἰδώς des Chores vor dem τύμβος gilt auch dem darin geborgenen König,[98] wie gleich nach dem Gebet deutlich wird, als der Chor Agamemnon als σέβας (das heißt: Gegenstand der Verehrung, Majestät) anredet (κλύε δέ μοι, σέβας, κλύ' ὦ δέσποτ', „höre mich, Majestät, höre, O Herr!", 156 f.).[99]

---

92 Übs. nach Werner (2011).

93 Cairns (1993) 207 und *passim.*

94 Cairns (1993) 209 zu Aischyl. *Eum.* 483 f.; 680; 710 und mit Hinweis auf Soph. *Oid. T.* 647.

95 Vgl. Cairns (1993) 189–193 zu Aischyl. *Suppl.* 345: αἰδοῦ σὺ πρύμναν πόλεος ὧδ' ἐστεμμένη<ν>.

96 Zur Übertragung von αἰδώς und τιμή auf (vor allem rituelle) Gegenstände: Cairns (1993) 209 f. mit Anm. 129 (τιμή).

97 Cairns (1993) 189 in Bezug auf Hikesie, und vgl. 209: „Thus in supplication both *aidôs* and *sebas* can indicate the response (a) to the altar in which is invested the *timê* of the gods, (b) to the suppliants themselves, and (c) to the god who guarantees the ritual." Die folgende Analyse relativiert Cairns (1993) 209 Anm. 118, der αἰδώς in Aischyl. *Choeph.* 106–108 betrachtet als „responding to the power of an altar in a more general way, when the chorus-leader explains that she feels *aidôs* for Agamemnon's tomb as she would for an altar. The tomb embodies the *timê* of the deceased, now a reverent object of ancestor worship, while the altar partakes of that of the gods."

98 Zur Identifizierung des Toten mit dem Grab siehe oben S. 42–44.

99 Übs. vom Verfasser. Lesky (1943) 15 vergleicht die durch die Anrede σέβας ausgedrückte Verehrung mit der Götterverehrung: „Der Chor spricht den Toten (v. 156) mit σέβας an, wie man das Wort sonst von Göttern braucht (*Ag.* 515. *Suppl.* 776. *Prom.* 1061)", aber vielmehr ist *sebas* als Anerkennung der legitimen Autorität des Angeredeten, ob Gott oder Mensch zu verstehen: Cairns (1993) 207: „*sebas* and *aidôs* overlap as responses to those of greater power and *timê.* [...] *Sebas* [...] is not simply fear of the powerful, but encompasses admiration of authority which one regards as legitimate; it responds to the value of a powerful person, not simply to the fact of his power. The power of the gods, at least in the eyes of ordinary mortals, is analytically legitimate, and both *aideomai* and *sebein* etc. are found of reverence for the gods. This, however, does not make *sebas*, which is much more common in such contexts than *aidôs*, an exclusively religious concept; it is only possible to regard *aidôs* and *sebas* as 'religious awe', directed fundamentally towards the sacred and the numinous, if we assume that they respond to the same qualities when used of humans, and this is plainly not the case. The link, in both

Der Respekt grenzt an Verehrung, wenn der Chor das Grab mit einem Altar (βωμός) vergleicht, denn βωμοί sind den olympischen Göttern, aber auch Heroen vorbehalten.[100] Es handelt sich um einen Ausnahmefall, wenn Simonides das Grab (τάφος) der bei den Thermopylen Gefallenen als βωμός bezeichnet und das Grab zum Altar umdeutet.[101] Indem er nämlich die Ehre der Toten mit derjenigen der Heroen gleichsetzt, spiegelt er die heroische oder heroenkultähnliche Gefallenenverehrung zur Zeit der Perserkriege wider.[102] Während der ruhmvolle Tod der bei den Thermopylen Gefallenen ihre besondere Verehrung und die Gleichsetzung ihres Grabes mit einem Altar erklärt, handelt es sich bei Agamemnon hingegen um einen alles andere als ruhmvollen Tod, und der βωμός-Vergleich drückt nicht etwa die Ehre aus, die er durch den Tod gewonnen hat, sondern dient vielmehr dazu, die Ehre wiederherzustellen, die er dadurch verloren hat. Da ein βωμός aber, wenn er nicht den Göttern gewidmet ist, zum Heroenkult gehört, legt der Vergleich nahe, dass der Tote den Status eines Heros erlangt oder, wie auch die Heroen, die ja besonders wirkungsmächtige Tote sind, mächtiger ist als der gewöhnliche, im τύμβος oder τάφος bestattete Verstorbene. Der Vergleich dient somit zur Aufwertung des Status des Verstorbenen.

Rat und Überlegungen münden in das vom Trankopfer begleitete (130; 149) Gebet der Elektra (165,[103] 124–151), das eine leichte strukturelle und – soweit es sich erkennen lässt – auch inhaltliche Parallelität zu dem von Orest aufweist. Beide Gebete beginnen mit einem Anruf an Ἑρμῆ χθόνιε (Verse 1 und 124), bevor der Tote um Erhörung gebeten wird, und in beiden werden „Wächter" über die väterliche Macht angerufen (Orest ruft Hermes an als πατρῷι' ἐποπτεύων κράτη, Vers 1; Elektra die chthonischen δαίμονες, die als πατρῴων δωμάτων ἐπίσκοποι agieren, Vers 126).[104] Vor allem aber führen die Gebete an Agamemnon die individuelle Beziehung jedes der Geschwister zu seinem Vater vor, und zwar zum ersten Mal in der Trilogie: Da im vorangehenden Stück keines der Geschwister – anders als Klytaimestra – an der

cases, between the divine and human spheres is *timê*." – Zum Verhältnis zwischen αἰδώς und σέβας bei Aischylos: Cairns (1993) 206–214.

100 Zum βωμός als Altar für Heroen (und nicht nur für Götter): Bremmer (2006) 19 zu Pind. *paian*. 13 (= fr. 52n Maehler); vgl. Eur. *Hel.* 800 (Grab des als Heros verehrten Proteus wird als βωμός bezeichnet; vgl. auch Eur. *Hel.* 64 und 547); zu ἐσχάρα und βωμός: Ekroth (2002) 15, 25–31 (βωμός und Heroen), 41–59; van Straten (1995) 165–167.

101 Sim. 531,3 PMG: βωμὸς δ' ὁ τάφος, πρὸ γόων δὲ μνᾶστις, ὁ δ' οἶκτος ἔπαινος.

102 Vor allem weist die Verehrung der in Plataiai und Marathon Gefallenen Ähnlichkeiten mit dem Heroenkult auf; zur Debatte, ob im 5. Jh. v. Chr. Kriegsgefallene heroisiert wurden: Loraux (1981) 39–41 und Boedeker (2001) dafür; dagegen Bremmer (2006) 21–26 mit Hinweis u. a. auf Thuk. 3,58,4; für einen Überblick dazu mit weiteren Literaturangaben siehe Currie (2005) 112–114; zur Heroisierung bzw. zu heroenkultähnlichen Ehren für verstorbene Zeitgenossen im 5. Jh. v. Chr. und nachher siehe Jones (2010), v. a. 22–37. Zur Bestattung und Ehrung der in den Perserkriegen Gefallenen vgl. Guggisberg (2008) und Whitley (1994).

103 Vers 165 steht nach der Emendation von Hermann zwischen V. 123 und V. 124.

104 Vgl. Garvie (1986) zu Aischyl. *Choeph.* 84–151.

dramatischen Handlung beteiligt war oder wie Iphigenie eine bedeutende Rolle für die Handlung spielte, entsteht in den *Choephoren* die dramatische Notwendigkeit, Beziehungen zwischen jedem der Protagonisten und den anderen Figuren (Klytaimestra, aber auch Aigisth) sowie Agamemnon aufzubauen, damit die „neuen" Charaktere effektiv in die bereits bestehende Figurenkonstellation und dabei auch in die Handlung einbezogen werden. Ohne den Toten erscheinen zu lassen, kann der Dichter die Beziehung der Kinder zu Agamemnon durch den Dialog zwischen den Geschwistern zeigen. Für diesen Zweck aber noch geeigneter ist das Gebet als Kommunikationsform, weil es einen Hörer – hier den Toten –, der den im Gebet geäußerten Bitten nachgehen kann, voraussetzt und dabei den Angerufenen als akustisch erreichbar und (wenn nicht körperlich, dann mindestens auf sprachlicher Ebene) anwesend präsentiert. Später wird im Kommos dieser dialogische Effekt durch die Kompositionsform des Wechselgesangs noch verstärkt, worin sich die Worte des Chors zum Teil als Reaktionen auf die an Agamemnon gerichteten Anrufe verstehen lassen: Der Chor zeigt seine Verbundenheit mit dem Toten und antwortet fast stellvertretend, zum Beispiel als er bestätigt, der Tote habe noch Bewusstsein (φρόνημα, 324 f.), den Wunsch der Geschwister lobt, Agamemnon wäre noch am Leben (372 f.), und den Wunsch des Toten vermittelt, den Verlauf des Racheplans (452–454)[105] zu erfahren.[106] Dabei entsteht der Eindruck einer gelungenen Kommunikation, und obwohl die Stimme des Toten stumm bleibt, ist Agamemnon doch in den Worten des Chores präsent, indem seine Interessen darin vertreten werden.

Durch die direkte Anrede der Geschwister an den Toten durch die Geschwister wird auch der Kontrast der jeweils unterschiedlichen Bindung an den Verstorbenen hervorgehoben. Klytaimestra hat, wie bereits thematisiert, keinen direkten Kontakt zu dem Toten; hingegen ist die Verbindung, die Elektra hier und wohl auch Orest in den verlorenen Anfangsversen mit ihrem ermordeten Vater zu knupfen versuchen, als gegenseitig nützlich gedacht, das heißt von χάρις gekennzeichnet. So verbindet Orest sein Gebet mit der Niederlegung einer Haarlocke am Grab (7; 168 f.; 172–180), die als χάρις πατρός gilt (180), während Elektra den Akzent in ihrer Anrede auf Reziprozität und gemeinsame Interessen legt, um die emotionale Anteilnahme und somit Mithilfe ihres Vaters zu gewinnen: Sie bittet ihn um Mitleid für die missliche Lage seiner Kinder (130–137), die wie das Los Agamemnons auf die gemeinsamen Feinde, nämlich

---

105 Aischyl. *Choeph.* 453 f.: τὰ μὲν γὰρ οὕτως ἔχει, / τὰ δ' αὐτὸς ὀργᾶι [M, Scholien, West; Portus ὄργα] μαθεῖν und vgl. Garvie (1986) z. St.

106 Frappierend ist in diesem Zusammenhang auch die Anrede τέκνον (Aischyl. *Choeph.* 324), die der Chor gleich nach Orests Anruf an seinen Vater (Aischyl. *Choeph.* 315, ὦ πάτερ) verwendet. Die Anredeform betont die fast stellvertretende Rolle des Chores an dieser Stelle. Der Chor redet die Geschwister aber auch an zwei anderen Stellen als τέκνα bzw. τέκνον an (265 und 523); zwar lässt an den Stellen die Anrede eine ähnliche Interpretation wie in Vers 324 nicht zu, doch dass τέκνον auch keine verblasste Anredeform für ein jüngeres Gegenüber ist, sondern in den *Choephoren* seine Kraft behält, zeigt die Tatsache, dass sonst nur Klytaimestra diese Anredeform verwendet – und zwar wiederholt, um das Mitleid ihres Sohnes zu erregen und ihn vom beabsichtigten Mord abzubringen (Aischyl. *Choeph.* 896; 910; 912; 920; 922).

Klytaimestra und den Usurpator Aigisth, zurückzuführen ist (132–138), und stellt die Rückkehr Orests (131; 138) und die Rache an den Mördern (140–145) als eine Lösung für Vater und Kinder dar, deren Schicksale hier und noch deutlicher in dem Kommos und der Beschwörung aufeinander bezogen und miteinander verschränkt werden.

Totenklage und Beschwörung

Nachdem sie dafür gebetet hat, dass Agamemnon seinen Feinden als Rächer erscheine (τοῖς [...] ἐναντίοις / [...] φανῆναι σοῦ πάτερ τιμάορον / καὶ τοὺς κτανόντας ἀντικατθανεῖν δίκηι, 142–144), und das Trankopfer abgeschlossen hat (164), entdeckt und identifiziert Elektra die Fußspuren und das am Grab hinterlassene Haaropfer ihres Bruders (166–211), der kurz darauf aus seinem Versteck hervortritt (212–245), als wäre ihre Bitte um seine Rückkehr schon von Agamemnon erhört worden. Auch Orest empfindet seine Erscheinung als Erfüllung des Gebets (εὔχου τὰ λοιπά, τοῖς θεοῖς τελεσφόρους / εὐχὰς ἐπαγγέλλουσα, τυγχάνειν καλῶς, 212 f.; vgl. 216). Die dramatische Wirksamkeit seiner Erscheinung ist nicht zu leugnen: Orests Handeln – wenngleich hier lediglich das Hervortreten im richtigen Augenblick – und das erbetene Wirken seines Vaters aus dem Grab heraus werden einander angenähert, was im restlichen Drama weiter entwickelt wird. Den Eindruck, der Tote habe einen Einfluss auf den Fortgang der Handlung, verstärkt auch die Wiedererkennung selbst, zu der ja die Rückkehr des Orest um seines Vaters willen einerseits und die Entsendung der Elektra andererseits, veranlasst durch den Zorn des Toten beziehungsweise die Ankündigung davon im Traum, führen.[107] Klytaimestra, „indem sie den Toten zu beschwichtigen hofft, liefert sich seinem Zorne aus."[108] Denn das „zufällige" Zusammentreffen der Geschwister ermöglicht es ihnen, in dem Kommos und dem darauffolgenden Beschwörungsversuch ihre jeweiligen Einzelgebete zusammenzuführen und gemeinsam an den Rachegeist ihres Vaters zu richten.[109]

---

107 Vgl. Reinhardt (1949) 125, der allerdings den Einfluss des Toten auf das Geschehen noch stärker bewertet, indem er die Macht des Toten zum Akteur macht: „[D]ie Macht des Toten [...] ist es, die den Orest zum Grab hinzieht, und die durch den Traum, den sie gleichzeitig gesandt hat, es so fügt, daß der Heimgekehrte von der einen Seite, der Chor und Elektra von der anderen Seite, hergesandt mit Sühnegaben für den Toten, einander begegnen." Doch obwohl der Traum deutlich auf den Groll des Toten verweist, bleibt der eigentliche Sender des Traums – ob die Erde, ein Gott oder sogar der Tote selbst, wie Reinhardt u. a. postulieren – unbekannt. Lennig (1969) 61 relativiert die Interpretation von Reinhardt und betont eher die „Mitwirkung der Träumerin"; der Traum, so Reinhardt, deute zwar auf die Zukunft voraus und veranlasse sie zugleich, aber „[e]rst die Verflechtung von transzendenter [d. h. übernatürlicher] und menschlicher Wirkung führt das Unheil herauf."

108 Reinhardt (1949) 125; vgl. Käppel (1997) 206 f. Die obige Analyse der Wiedererkennungsszene legt im Vergleich zu den Analysen von Reinhardt und Käppel den Akzent auf die (mögliche) dramatische Wirkung der Szene, d. h. ihre unmittelbare Wirkung auf die Zuschauer.

109 Darüber hinaus, so Föllinger (2003) 90, unterstreiche die Tatsache, dass „die Haarlocke Orests genauso aussieht, als ob sie von Elektra stamme, und seine Fußabdrücke genauso groß sind", nicht

Der Kommos (306 – 478) besteht hauptsächlich aus bittenden Anrufen an und Klage um den Toten durch das Geschwisterpaar in Abwechslung mit dem Chor, der ermutigend und bekräftigend, oft auch lenkend und leitend, die Worte der Geschwister kommentiert und ergänzt.[110] Die Erinnerung an den Mord und Klytaimestras Verbrechen sowie Anrufe an weitere Unterweltsmächte und Orests Racheentschluss werden mit eingewoben, bevor der Kommos in eine Beschwörung übergeht, die im Unterschied zum Kommos gesprochen, nicht gesungen wird (479 – 509). Die Frage nach der Funktion des Kommos in den *Choephoren* wird in der Forschung schon seit langem kontrovers diskutiert, ohne dass man sich auf eine Deutung geeinigt hat.[111] Die folgende Analyse konzentriert sich hingegen auf den Kommos und die Beschwörung unter dem Gesichtspunkt der Kommunikation mit dem Toten. Dabei geht sie der Frage nach, wie Orest und Elektra mit dem Toten umgehen, um die Erfüllung ihrer Bitte zu erlangen, und ob der Text eine Erhörung der Bitte um Beistand und Mithilfe überhaupt nahelegt, obwohl der König die ihn Anrufenden mit seiner Erscheinung nicht beglückt. In diesem Zusammenhang werden zunächst die threnodischen Elemente des Kommos mit Blick auf die Natur der zwischen Vater und Kindern bestehenden Reziprozität in Betracht bezogen.

Ehre und Furcht sind es, die den Umgang mit dem Toten zunächst kennzeichnen, als der Kommos nach den einleitenden Anapästen des Chores (306 – 314) mit Orests Anruf an seinen Vater als ὦ πάτερ αἰνόπατερ (315) einsetzt. Die Bedeutung von αἰνόπατερ ist umstritten und changiert zwischen furchterregend und ehrfordernd. Da αἰνο- entweder auf die vom oder durch das Subjekt des zweiten Bestandteils des Kompositums (hier: πατήρ) verursachten Leiden oder doch die von ihm erfahrenen Leiden verweist, impliziert die Anrede dreierlei: den Vater als Leidenden, dem Trauer

nur „die durch Blutsverwandtschaft erzeugte Gemeinsamkeit“, sondern weise darin auch „voraus auf die Identität von Orests und Elektras Wollen, die der Kommos zeigt.“

110 Zur Bezeichnung dieses Wechselgesangs als Kommos in Anlehnung an die aristotelische Definition (κομμὸς δὲ θρῆνος κοινὸς χοροῦ καὶ ἀπὸ σκηνῆς, Aristot. *poet.* 1452b24 f.) vgl. Kannicht (1957) 116 – 120; Sier (1988) 68 – 70. Die Bezeichnung, die eine threnetische Funktion des Amoibaions voraussetzt, wird für diesen Teil der *Choephoren* gelegentlich als problematisch gesehen, wenn die Funktion des Amoibaions zwischen dem Geschwisterpaar und dem Chor *nicht* als hauptsächlich threnetisch verstanden wird. Das Problem verschwindet jedoch, wenn man den Begriff des θρῆνος weniger eng fasst: Wie Sier (1988) 69 bemerkt, besitze die „Klage“ in dieser Szene „als dramatisches Gestaltungsmittel nicht geringe Variabilität [...]. Der θρῆνος ist die poetische Form, in die die verschiedenen Inhalte gegossen sind und die den Charakter des Amoibaions bestimmt“.

111 Vgl. Sier (1988) 70: „Ein Einverständnis über den ‚Sinn‘ des Amoibaions ist [...] bis heute nicht erreicht und auf der Grundlage der [...] Alternativen vielleicht gar nicht erreichbar.“ Die „Alternativen“ sind – grob skizziert – die Deutungen von Schadewaldt (1932), der für die Entschlossenheit Orests schon vor dem Kommos argumentiert und die Hauptfunktion des Kommos als die Vermittlung der Leiden der Geschwister durch die threnodischen Elemente des Kommos deutet, und von Lesky (1943), demzufolge Orest sich erst in Reaktion auf den Kommos zur Tat entschließt. Aufgrund der zahlreichen bereits vorhandenen Forschungsüberblicke sei hier verwiesen auf v. a. Lesky (1943), bes. 4 – 10; Garvie (1986) zu Aischyl. *Choeph.* 306 – 478; Conacher (1987) 108 – 113; Sier (1988) 70 – 77 und 68 f. Anm. 2 mit Bibliographie; Court (1994) 219 – 248, bes. 219 – 224; Käppel (1998) 204 – 215.

und Mitleid gelten, wie es auch die scholastische Glosse δεινὰ παθών erklärt;[112] den Toten als „αἰνῶς Vater, weil es seinen Kindern schrecklich ergeht", also „Vater von Unglücklichen";[113] und den Toten als αἰνὸς πατήρ, „schrecklicher Vater".[114] Insofern als Agamemnons Tod, das heißt seine eigenen Leiden, zu den Leiden der Kinder geführt hat, sind die weiteren zwei Nuancen des Kompositums (nämlich „Vater von Unglücklichen" und „schrecklicher Vater") nicht voneinander zu trennen: Sie sind ebenso aufeinander bezogen wie die Schicksale der Kinder und das des Vater, wie im Kommos ständig thematisiert wird. Die dritte Deutung (αἰνὸς πατήρ) lässt sich jedoch nicht ausschließen: αἰνόπατερ in diesem Sinne verweist auf die „erschreckende Majestät" des toten Königs,[115] der auch als αἰνός bezeichnet werden kann aufgrund seiner auch schädigenden Macht, die vorher Klytaimestra von sich abzuwehren versucht hatte und auf die der Chor in der folgenden Strophe hinweist, indem er den Toten (ὁ θνῄσκων, 327) als ὁ βλάπτων (328) bezeichnet. Eben diese Kraft will Orest für sich gewinnen. Αἰνόπατερ, prominent an den Beginn der Strophe gestellt, erweist sich also als die treffende Anrede, um Kontakt mit dem Toten aufzunehmen: Sie hebt die Verbundenheit zwischen ihm und den Lebenden hervor und ist zugleich Anerkennung der Macht, die zum Vorteil der Anrufenden und zum Schaden der gemeinsamen Feinde eingesetzt werden soll.[116]

Mit dieser Anrede will Orest den richtigen Ton treffen. Dass der richtige Umgang mit dem Toten wieder ein Anliegen der Geschwister ist – schließlich müssen sie den

---

112 V. a. verficht Garvie (1986) z. St. diese Interpretation; er vergleicht die Bedeutung von αἰνο- hier mit der von δυσ-Komposita (z. B. Hom. *Od.* 23,97: μῆτερ ἐμή, δύσμητερ und Hom. *Il.* 3,39 = 13,769 Δύσπαρι. Sier (1988) z. St. findet dagegen den Vergleich nicht überzeugend und weist die Interpretation des Scholiasten zurück („denn αἰνο- = ‚unglücklich' ist kaum zu rechtfertigen"). Vgl. aber die (allerdings leider nicht datierte) von ihm erwähnte Inschrift IG XIV 1858 (GVI 583.3 = IGUR III 1275) aus Rom, in der die Eltern eines vorzeitig gestorbenen Sohnes als αἰνοτόκος bezeichnet werden (Μηνόφιλον τάφος οὗτος ἔχει πολυπενθέα παῖδα / ὃν [...] αἰνοτόκων <γ>ονέων Φθόνος ἥρπασε); Sier interpretiert αἰνοτόκοι als Eltern *von* Unglücklichen, jedoch scheint auch hier die Bedeutung von „unglücklichen Eltern" mitzuschwingen.

113 Diese Interpretation bevorzugt Sier (1988) z. St., der Hom. *Il.* 1,414 (Thetis zu Achill: ὤ μοι τέκνον ἐμόν, τί νύ σ' ἔτρεφον αἰνὰ τεκοῦσα;) als mögliches Vorbild zitiert und auch Hom. *Od.* 23,97 (Telemachos zu Penelope: μῆτερ ἐμή, δύσμητερ, ἀπηνέα θυμὸν ἔχουσα) – dieselbe Stelle, die Garvie (siehe vorangehende Anm.) als Beweis für die erste Bedeutung anführt – vergleicht. Ähnlich Tucker (1901) und Lloyd-Jones (1979); dagegen Garvie (1986) z. St.

114 So Groeneboom (1949) und Verrall (1983); Garvie (1986) z. St. vergleicht *Ag.* 359 (αἰνολαμπής), Eur. *Hec.* 945 (αἰνόπαρις) und Alkm. 77 PMG (Δύσπαρις Αἰνόπαρις κακὸν Ἑλλάδι βωτιανείραι).

115 Sier (1988) z. St. Vgl. auch die homerische Adresse αἰνότατε Κρονίδη an den Göttervater (Hera zu Zeus, meist – aber nicht immer – in Situationen, in denen Zeus dank seiner Macht und Herrschaft seinen Willen gegen den Wunsch von Hera u. a. durchsetzen kann: Hom. *Il.* 1,552; 4,25; 8,462; 14,330; 16,440; 18,361) und σύ γ' αἰνοτάτη (Zeus bzw. Iris zu Athena, Hom. *Il.* 8,423, wo allerdings eine charakterliche Parallelität zu ihrem Vater impliziert wird, mit dem sie fast in eine Auseinandersetzung gerät).

116 Vgl. die Totenbeschwörung in den *Persern*, in der die Wiederholung von φίλος (647 f., 674) die personale Beziehung zum Verstorbenen hervorhebt und auch eine fast apotropäische Funktion erfüllt.

Toten an seinem fernen Ort nicht nur erreichen,[117] sondern ihn auch wohlgesinnt stimmen –, bestätigt das Ende der ersten Strophe, in dem Orest fragt, mit welchen Worten und welchem Handeln ihm der Kontakt gelingen könne: τί σοι / φάμενος ἢ τί ῥέξας / τύχοιμ' ἂν ἕκαθεν οὐρίσας, / ἔνθά σ' ἔχουσιν εὐναί; (315 – 319).[118] Seine eigene Frage selbst beantwortend, entscheidet sich Orest in der zweiten Hälfte der Strophe für die ruhmvolle Totenklage (γόος εὐκλεής, 321) als angemessene Kommunikationsform. Denn der γόος soll das κλέος des Verstorbenen verkünden und bereitet dadurch dem Toten Freude beziehungsweise χάριτες (χάριτες [...] κέκληνται, 320 f.), deren Erwähnung wiederum an die von Orest und Elektra gepflegte χάρις erinnert.

Die Rolle der χάρις in dem als Klage gestalteten Wechselgesang hat als Erster Schadewaldt angedeutet in seiner Bemerkung, der Kommos bestehe aus „de[m] Aufruf des toten Vaters zur Hilfeleistung im Rahmen der ihm früher vorenthaltenen Totenklage".[119] Der Kommos nimmt also die Stelle der von Klytaimestra verbotenen Trauerzeremonien ein,[120] die als Basis für χάρις zwischen den Lebenden und den Toten dienen sollten, und trägt wie auch die Grabspenden von Elektra zur Wiederherstellung der τιμή des Toten bei; die Bedeutung und Funktion der Totenklage lässt sich am pointiertesten in der homerischen Formulierung „Ehrengabe der Toten" (γέρας [...] θανόντων) greifen.[121] Denn durch die Totenspende und -klage sowie in den restlichen Phasen der Trauerrituale werden „der soziale Wert und das Prestige einer Person anerkannt",[122] wie im Kommos das Adjektiv εὐκλεής (321) unterstreicht. Während aber ein (zum Beispiel) epischer γόος diese Anerkennung auch im Lob des Gefallenen und seines heroischen Todes äußert, wird solches Lob durch den dezidiert nicht heroischen Tod des Agamemnon nicht ausgeschlossen. Stattdessen muss in den *Choephoren* die Ausführung der Klage an sich Anerkennung vermitteln, denn in dem eigentlichen Inhalt des Kommos lässt sich das κλέος des Agamemnon nur ansatzweise preisen, wie etwa durch die Anerkennung des königlichen Ranges des Ermordeten (360 – 362), weswegen er auch ein Recht auf einen entsprechend angesehenen Status in der Unterwelt habe (355 – 360).[123]

---

117 Vgl. Aischyl. *Pers.* 633 – 639.

118 Vgl. Schadewaldt (1932) 316.

119 Schadewaldt (1932) 347, der diese Beobachtung allerdings nicht weiter entwickelt. Zur Bezeichnung dieses Wechselgesanges als „Kommos": Sier (1988) 68 f.

120 So auch Zeitlin (1965) 505, die die Bedeutung des Kommos für die Wiederherstellung der rituellen Ordnung in der Trilogie analysiert.

121 Hom. *Il.* 23,9; *Od.* 24,190; *Od.* 24,296; dazu Wagner-Hasel (2000) 206.

122 Descharmes (2013) 138.

123 Ob er einen Ehrensitz unter den Toten innehat, weil er zu Lebzeiten König war, oder aber nur dann besäße, wenn er als König einen ehrenvollen Tod im Krieg gefunden hätte, bleibt dahingestellt: Weder die Syntax noch die in anderen Texten vorkommenden Vorstellungen von einem besonderen unterweltlichen Status des Verstorbenen lassen Rückschlüsse auf das Verhältnis zwischen diesseitigen und jenseitigen Ehren an dieser Stelle zu. Auch besteht kein klarer Zusammenhang zwischen Agamemnons Status in der Unterwelt und den ihm versprochenen Ehren in der Oberwelt in Aischyl. *Choeph.* 483 – 488: Wenn Agamemnon im Hades einen herausragenden Rang hat, dann verdient er die Wiederher-

Als Ausdruck nicht nur der persönlichen Trauer der Klagenden um den Verstorbenen, sondern auch der familiären und gemeinschaftlichen Trauer, ob in der *polis* des fünften Jahrhunderts oder dem epischen *demos*, kann die solidaritätsstiftende Totenklage starke Affekte unter den Zuhörern auslösen.[124] In den *Choephoren* besteht jedoch die Zuhörerschaft aus einem außergewöhnlich kleinen Kreis, nämlich den Dienerinnen des Hauses, Orest und Elektra, die die Klage gemeinsam ausführen, – und, neben den Unterweltsgöttern und Zeus, dem adressierten Verstorbenen.[125] Dabei ist nicht das Entscheidende, dass der Tote überhaupt angesprochen wird – auch im Epos redet man im Rahmen der Klage den Verstorbenen an oder ruft seinen Namen –, sondern dass die direkte Anrede mit Bitten und einem deutlichen Versuch, die Aufmerksamkeit und emotionelle Teilnahme des Angeredeten zu gewinnen, verbunden ist, so dass der Übergang zur Beschwörung bereits hier angedeutet wird.[126] Der Tote behält also in der dramatischen Funktion seine Zentralität als Objekt der Klage, wird aber auch zu deren primärer Zuhörerschaft: Auch wenn das Klagelied immer noch die Solidarität der Klagenden ausdrückt und auch die schon bestehende Entschlossenheit

---

stellung seiner Ehre in der Oberwelt und die ihm versprochenen Grabehren umso mehr; wenn er jedoch keinen hat, sind die versprochenen Grabehren und die Wiederherstellung seiner Ehre auch wichtig, können ihn aber angesichts seines „unheroischen" Todes nicht zu diesem Status erheben. Vielmehr geht es hier (Aischyl. *Choeph.* 345–374) darum, durch den Wunsch nach Agamemnons ruhmvollem Tod vor Troja einen Kontrast zu den wirklichen Todesumständen herzustellen.

124 Vgl. Wagner-Hasel (2000) 210 f.; Descharmes (2013) 135. Grundsätzlich zur solidaritätsstiftenden Funktion der Totenzeremonien und zu deren möglichen Konsequenzen innerhalb der Gemeinschaft: Seaford (1994) 74–105; vgl. Foley (2009) 19–56; Descharmes (2013) 131–152 konzentriert sich auf die Verbindung zwischen Trauerhandlungen und Rache in der Tragödie.

125 Anrufe an Unterweltsgötter: Moirai: Aischyl. *Choeph.* 306; Gaia und die τιμαὶ χθονίων: Aischyl. *Choeph.* 399; chthonische Herrscher und Ἀραί: Aischyl. *Choeph.* 405 f.; chthonische Gottheiten im Allgemeinen: Aischyl. *Choeph.* 475–478. – Anrufe an Zeus: Aischyl. *Choeph.* 382–385 (der chthonische Zeus); 394–396; 409. Vgl. Käppel (1997) 210 zu dieser Konstellation: „Die drei Adressaten bilden eine geschlossene Gruppe: Zeus tritt als Instanz der Vergeltung [...] in Wechselwirkung mit dem Geist des Ermordeten. [...] Wenn Orestes im Anschluß die Herrscher der Unteren [...] und die Flüche der Verderblichen [...] anruft, so steht dahinter offensichtlich die Vorstellung, daß die Vergeltung aus der Unterwelt heraus erfolgt. Der Geist des toten Agamemnon wird somit als Teil der Mächte der Unterwelt (Ch. 399. 403. 405 f. 476–478) zur Instanz, die aus dem Jenseits ins Diesseits zur Rache hineinwirken kann."

126 Anrede und Namensnennung in Klage: Z. B. Hom. *Il.* 19,287; 22,477; 23,17–23; 24,725; 24,748; 24,762. Beispiele nach Petersmann (1973) 12; vgl. Reiner (1938) 11–15. – Zum Verhältnis zwischen Totenklage und Beschwörung siehe Burkert (1962) 44, der in einem provokanten Artikel über den γόης eine doppelte Funktion des γόος herausarbeitet. (An dieser Stelle sei daran erinnert, dass die Totenklage in den *Choephoren* nicht nur als θρῆνος [Aischyl. *Choeph.* 335], sondern auch als γόος bezeichnet wird: Aischyl. *Choeph.* 329–331; 449; 502. Diese Tatsache spricht gegen eine scharfe Unterscheidung – zumindest im 5. Jh. v. Chr. – zwischen den zwei Klageformen, die z. B. von Johnston 1999, 100 f. und 116 vertreten wird.) Der γόος, so Burkert, „stellt eine Brücke zwischen den Lebenden und den Toten her", mittels derer man den Toten entweder bei der Bestattung ehrt und zur Ruhe leitet („die Normalfunktion des γόος") oder aber den Toten aus der Unterwelt heraufbeschwört („de[r] Sonderfall der Nekyomantie" bzw. Nekromantie). Vgl. Aischyl. *Pers.* 687 und 697, in denen Dareios durch ψυχαγωγοὶ γόοι herbeigerufen wird.

des Orest zur Rache stärkt,[127] ist es Agamemnon, auf den diese Totenklage vor allem wirken soll und an dessen Emotionen sie appelliert.[128]

Im Besonderen zielen die Appelle an den Toten auf zwei emotionale Reaktionen, Mitleid und Zorn. Zunächst liegt der Akzent auf dem Mitleid: So fordert Elektra ihren Vater mit dem im Gebet formelhaften κλῦθι (332)[129] dazu auf, πολυδάκρυτα πένθη („tränenreiche Leiden", 333)[130] zu hören und sich den θρῆνος-singenden Kindern zuzuwenden (334 f.), die sein Grab als Flüchtlinge und Bittflehende „aufgenommen" habe (336).[131] Nicht zufällig verwendet der Chor für den gesamten Kommos den Terminus οἶκτος (411), dessen Bedeutungsfeld zur Zeit des Aischylos sowohl das Wehklagen und die Lamentation (das heißt das Rufen von οἴ als Ausdruck von Trauer, Mitleid oder Schmerz)[132] als auch den damit verbundenen Affekt des Mitleids umfasste, auf den der οἶκτος zielt, um den Zuhörer zu tatkräftiger Hilfe zu bewegen.[133]

Etwa in der Mitte des Kommos geht jedoch die Stimmung in Hass und Zorn gegen die Mörder über, wie der Chor ankündigt: πάροιθ' – ἐκ δὲ πρώιρας / δριμὺς ἄηται κραδίας / θυμός – ἔγκοτον στύγος („von vorn um die Bugwand, / schneidend weht meiner Seele / Wutsturm – grollerfüllter Hass!", 391–393).[134] Diese Affekte sind vordergründig dem Chor zugeordnet, aber das Adjektiv ἔγκοτος ruft den κότος-atmenden Alptraum (33) in Erinnerung und führt den Groll des Toten mit dem Zorn der Lebenden zusammen. Der Stimmung entsprechend äußern jetzt Elektra und der Chor ihre Hoffnung auf Rache und Vergeltung (394–405), worauf Orest die Unterweltsmächte wieder anruft (405–409)[135] und Elektra – die Frage ihres Bruders am Anfang des Kommos aufnehmend[136] – nach dem richtigen Wort fragt (418, τί δ' ἂν φάντες

127 „[D]ie Entschlossenheit des Orest zur Tat ist in den *Choephoren* keine Variable", so Schadewaldt (1932) 350 f.

128 Vgl. Käppel (1997) 208–210: „[D]er pragmatische Bezug des gesamten Kommos [ist] der Ruf nach Hilfe" (210); ähnlich Lloyd-Jones (1979) in seiner Einführung zu den *Choephoren.*

129 Zu „hör!" in Gebetsformeln: Scheer (2001) 34–36.

130 Übs. vom Verfasser.

131 δίπαις τοί σ' ἐπιτύμβιος / θρῆνος ἀναστενάζει· / τάφος δ' ἱκέτας δέδεκται φυγάδας θ' ὁμοίως, Aischyl. *Choeph.* 334–336. Zum (Heroen-)Grab als Ort des Schutzes vgl. Gödde (2000a) 97 (zu den *Choephoren*); Eur. *Hel.* 959–999; Soph. *Ai.* 1168–1184 mit Henrichs (1993) und Gödde (2000a) 79 mit Anm. 219. – Vgl. Orests Wendung an die Unterweltsmächte im Allgemeinen, mit deren Kraft die des Agamemnon auch jetzt eng verknüpft ist, und seine Bitte, die Hilflosigkeit der Kinder anzuschauen (ἴδεσθ' Ἀτρειδᾶν τὰ λοίπ' ἀμηχάνως / ἔχοντα καὶ δωμάτων / ἄτιμα, Aischyl. *Choeph.* 408–410).

132 Stanford (1983) 23.

133 Vgl. Lada (1996) 97: „[P]ity in the Greek perspective is quite frequently interwoven with prosaical action [...] This is all the more evident in tragedy, where the victim's plea for *eleos* and *oiktos* is always a request for *practical* help, such as the securing of a refuge, the granting of salvation, and so on, instead of unavailing tears."

134 Übs. nach Werner (2011).

135 Die letzten Verse der fünften Gegenstrophe (410–417) sind leider zu korrupt, als dass man den Gesamtsinn wiederherstellen könnte.

136 „[W]egen der Entsprechung mit Orests Frage am Kommosbeginn" gilt Schadewaldt (1932) 343 diese Frage als gattungsspezifisch, d. h. „typisch" für eine Totenklage. Doch die Frage nach dem

τύχοιμεν;). Wie Orest am Anfang hat Elektra die Antwort schon bereit: die durch Klytaimestra verursachten Leiden (ἄχεα) der Geschwister (419; vgl. 445–449), gegen die sich Elektras Wut (θυμός, 422) richtet. In Analogie zur Reaktion der Elektra auf ihre Leiden, muss die erwartete Reaktion Agamemnons auf die darauf folgende Erzählung seiner ἄτιμα (429–450) eine ähnliche sein; Zweck der Erinnerung an seine Leiden ist nicht nur, den Sohn anzuspornen (vgl. 433–438; ausdrücklich: 450–452), sondern auch den sich bereits im Traum manifestierenden Zorn des Ermordeten gegen die Mörder weiter anzufachen. Die Erinnerung ist es, die „den im γόος erzeugten Rachedaimon ‚auf die Bahn'" bringt (γόος ἔνδικος ματεύει / τὸ πᾶν ἀμφιλαφὴς ταραχθείς, 330 f.)[137] und ihn auch in der Beschwörung „wecken" soll (ἆρ' ἐξεγείρηι τοῖσδ' ὀνείδεσιν, πάτερ; 495).[138] Durch die Erregung von Zorn und Mitleid wird also am Grab, dem Erinnerungsort des Toten, die „Klage [in] Rache"[139] verwandelt.

Der Kommos kulminiert in der Bitte an Agamemnon, er möge seinen Kindern beistehen (456; 460), und der Chor leitet mit der ersten expliziten Bitte um Erscheinung (εἰς φάος μολών, 459) den von Orest und Elektra anschließend ausgeführten Beschwörungsversuch ein (479–509). Dass der Chor als Erster ausdrücklich den Toten auffordert, aus der Unterwelt ans Licht zu kommen, spiegelt seine frühere Bezeichnung als προστροπῆς [...] πομποί („Geleiter des Bittganges", 85 f., hier in Bezug auf die Trankopfer) durch Elektra wider: Wie der Totengeleiter (ψυχοπομπός) Hermes in seiner Rolle als Bote (κῆρυξ, 124; 165) zwischen Unter- und Oberwelt hilft auch der Chor dabei, den (wenngleich einseitig bleibenden) Kommunikationsweg zwischen den Lebenden und dem Toten zu öffnen. Elektra und Orest übernehmen dann die Beschwörung, in der die Themen des Kommos in komprimierter Form wiederholt[140] werden: Der Tote solle sich nochmal an die Schmach und die Leiden seiner Ermordung erinnern (491–494, mit der zweifach wiederholten Aufforderung „erinnere dich!", μέμνησο, 491 f.), sein Mitleid solle durch den γόος (502, vgl. ἄκουσον [...] βοῆς, 500) und den Anblick der „Nestlinge" an seinem Grabe (νεοσσοὺς τούσδ' ἐφημένους τάφωι, 501) erregt werden und, damit er weiter als Toter Ehren genieße, müsse er Elektra (486–488) und Orest (483–485) für die Wiederherstellung ihres Status in Argos – und das bedeutet auch bei der Rachetat – Unterstützung senden (497–499).[141]

---

richtigen Wort beschränkt sich nicht auf die Gattung der Totenklage: Ähnliche Fragen finden sich in verschiedenen Gattungen und drücken vielmehr das Interesse des Sprechers am Gelingen der Kommunikation aus: Vgl. bspw. Hom. *h.* 3,19 = 207 (Πῶς τάρ σ' ὑμνήσω πάντως εὔυμνον ἐόντα;) oder Eur. *Iph. A* 977 f. (πῶς ἄν σ' ἐπαινέσαιμι μὴ λίαν λόγοις / μηδ' ἐνδεὴς τοῦδ' ἀπολέσαιμι τὴν χάριν; Klytaimestra zu Achill).

137 Schadewaldt (1932) 344.

138 Schadewaldt (1932) 344. Zum „Wecken" des Toten vgl. Mace (2004) bes. 43 Anm. 19, der eine Verbindung zwischen dem Wachwerden und der Rache in der *Orestie* nachzeichnet.

139 Reinhardt (1949) 114.

140 Vgl. Court (1994) 225.

141 Zur „gegenseitigen Abhängigkeit Agamemnons und seiner Kinder" (unter dem Aspekt der intergenerationellen Verhältnisse) siehe Föllinger (2003) 86–95: „Orestes und Elektra [rächen] Agamemnon keineswegs nur um seiner selbst willen, sondern mit der Wiedergutmachung seines ehrlosen

Orest[142] bringt das durch gegenseitige χάρις und τιμή geprägte Verhältnis der Kinder zum Toten auf den Punkt: ἄκου'· ὑπὲρ σοῦ τοι <τ>άδ' ἔστ' ὀδύρματα, / αὐτὸς δὲ σώιζηι τόνδε τιμήσας λόγον („Erhör' uns: Deinethalb tönt unser Jammerruf: / Selbst rettest du dich, indem du dieses unser Wort ehrst", 508 f.).[143] Anders als im Kommos aber ist es jetzt ausdrücklich das Ziel, nicht den lediglich geistigen Beistand des Vaters, sondern auch seinen (materiellen) Totengeist selbst herbeizurufen:[144] Er möge aufwachen (ἐξεγείρηι, 495) und seinen Kopf aufrecht halten (ἆρ' ὀρθὸν αἴρεις φίλτατον τὸ σὸν κάρα; 496); Gaia und Persephone möchten ihn emporsenden (ἄνες, 489 f.).

Die Wirkung des Toten?

Doch trotz aller Anrufungen und der Andeutung des Chores, der Tote könnte als Schadensmacht erscheinen (ὀτοτύζεται δ' ὁ θνήισκων, / ἀναφαίνεται δ' ὁ βλάπτων, „Der Verstorbene wird beklagt, / der Schadende erscheint", 327 f.),[145] bleibt Agamemnon im Totenreich. Dafür verzeichnet die Aischylos-Forschung unterschiedliche Erklärungen: Wilamowitz schreibt dem Kommos und der Beschwörung überhaupt keinen Einfluss auf die Handlung zu,[146] Schadewaldt betrachtet die Hauptwirkung beider Teile als die Vergegenwärtigung der Leiden für den Hörer[147] (obwohl er auch darauf hinweist, dass der „Weg zur Tat [...] über den Beistand des Toten" führe),[148] und

---

Todes [wollen sie] auch ihre eigene Ehre wiederherstellen [...]. Der Kampf der Geschwister für die Ehre des Vaters gilt gleichzeitig der Wiederherstellung der eigenen Ehre und damit der ihnen zustehenden sozialen Position" (91).

142 Bzw. Elektra: Die Rekonstruktion des Sprecherwechsels ist unsicher.

143 Übs. nach Werner (2011).

144 *Pace* Court (1994) 242, die die Beschwörung lediglich als eine Wiederholung des Kommos betrachtet: Der Dichter, so Court, habe die „musikalische Wirkung der lyrischen Partie [...] so hoch eingeschätzt [...], daß er das Verständnis der wichtigsten inhaltlichen Punkte beim Zuschauer durch deren Wiederholung in Iamben sichern zu müssen glaubte". – Zur Deutung der Anrufe als Beschwörung vgl. Mace (2004) 43; Schadewaldt (1932) 313 mit Anm. 3 und *passim*; vgl. Henrichs (1991) 190 mit Anm. 61. Dagegen Rose (1950) 267: „The nearest approach to this [d. h. eine Beschwörung] is the naive appeal of the Chorus that Agamemnon should come ἐς φάος to hear them better. The ghost, that is, is invoked in an analogous manner to the gods concerned; as they are asked to send punishment on the wrong-doers, so he is implored to help his children."

145 Übs. vom Verfasser. Sier (1988) z. St. bietet einen Überblick der unterschiedlichen Deutungen der Verse. ὁ βλάπτων ist nicht eindeutig und könnte ebenso gut auf den Rächer (d. h. Orest) verweisen (so beispielsweise die Interpretation von Blass 1906 z. St.) wie auf den Totengeist, vielleicht eine absichtliche Ambivalenz.

146 „Man könnte ihn aus dem Drama um der Handlung willen herausnehmen", so Wilamowitz (1896) 191.

147 Schadewaldt (1932) 345–354; z. B. 354: „Hier vernimmt der Hörer nicht nur von jenen Schicksalen: er erlebt sie, wie sie in ihrer lastenden Schwere sind. Und in diesem Erleben begreift er den treibenden Zwang, der aus den Umständen selber wirkt und von den Göttern befohlen, von den Menschen gewollt und gemußt, zur Lösung drängt, die doch nicht Erlösung, sondern neue Verstrickung ist."

148 Schadewaldt (1932) 352.

in ähnlicher Weise deutet in der jüngeren Forschung Föllinger die Anrufungen als nicht wörtlich aufzufassen; es gehe eher „um diese Gewärtigung der Generationenverbindung" durch die Darstellung des „auf Reziprozität gründende[n] Verhältnis[ses] von Vater und Kindern".[149] Käppel dagegen sieht eine Wirkung des toten Agamemnon auf der Handlungsebene – diese Interpretation funktioniert allerdings einzig auf der Handlungsebene, denn textuelle Hinweise in den *Choephoren* legen den Schluss nicht nahe[150] – durch Klytaimestra, die durch ihr unerwartetes Erscheinen (668 ff.) den Plan des Orest durchkreuze und damit zu dem Handlungsimpuls werde, der zu ihrem eigenen Tod führe.[151] Lebeck, Garvie und Sier argumentieren, Orest agiere lediglich als Beauftragter seines Vaters[152] beziehungsweise dass Agamemnons „Wollen und Vermögen in die Gestalt des Sohnes übergeht"; nach der Beschwörung „handeln beide zusammen, der Tote ‚lebt' in seinem Sohn (vgl. 504), und der Rächer ist ‚zur Tat aufgerichtet' (512) durch die Vereinigung mit dem Vater."[153]

In den oben genannten Forschungspositionen geht es also um die Frage, ob die Beschwörung trotz der ausbleibenden Erscheinung eine Wirkung habe, das heißt, ob der Beschworene den erbetenen Beistand letzten Endes leistet. Dabei bleibt aber die Frage offen, warum der Totengeist im dunklen Hades verharrt, wenn auf sein Erscheinen inbrünstig und „mit gigantischem poetischem Aufwand"[154] gehofft und die Wirkungsfähigkeit des zürnenden Ermordeten mehrfach mit Nachdruck betont wird. Einen Totengeist im Theater als „leibhaftigen" Charakter auftreten zu lassen, stellte offenbar kein Hindernis dar – schließlich wird nicht nur im Folgestück die tote Klytaimestra gegen die Erinyen wüten. Auch in den *Persern* wird der König erfolgreich

---

149 Föllinger (2003) 90; vgl. 87 zur Bedeutung des Kommos: „Meines Erachtens ist die Bedeutung des Kommos nicht in einer rein formalen Funktion zu suchen, sondern sie liegt in der zentralen Aussage, die sie über das Verhältnis von Eltern- und Kindgeneration macht, wodurch Orests – und Elektras – Entschluß zur Rache für den Vater vertieft wird."

150 Anders als im *Agamemnon*, wo Klytaimestra „als ‚Agentin' des Fluches im Hause der Atriden bei der Ermordung Agamemnons aufgetreten (*Ag.* 1497 ff. 1508)" ist: Käppel (1998) 231.

151 Käppel (1998) 224–232; vgl. 228: „der Plan, den Orestes aus eigener Kraft und nach seiner eigenen Einschätzung der Situation schmiedet, [trägt] der wirklichen Lage nicht im geringsten Rechnung. [...] Wäre alles nach Orests Plan verlaufen, wäre die Aktion spätestens an der Leibwache des Aigisthos gescheitert. Doch es kommt anders. Ausgerechnet Klytaimestra durchkreuzt den geplanten Racheverlauf und setzt damit eine Entwicklung in Gang, die den Erfolg der Rache und letzten Endes ihren eigenen Untergang erst ermöglicht", indem (so Käppel 1998, 225) Orest dann Aigisth als Ersten töten kann, so dass Klytaimestra schutzlos ist (Aischyl. *Ag.* 1434–1437). Nach Käppel (*contra* Garvie, Lebeck und Sier) sei Orest also „nicht ein Agent des Rachegeists" (232).

152 Garvie (1986) xxxiii: „Orestes is merely the agent of his father"; vgl. Lebeck (1971) 114: „As an invocation hymn the commos has a double purpose: to awaken the wrath of the dead king and, simultaneously, that of his living avenger. The two are really one: the μῆνις of Agamemnon becomes incarnate in his son, its human agent.".

153 Sier (1988) 82.

154 Käppel (1998) 213.

herbeibeschworen. Der persische König liefert einen Vergleichspunkt:[155] Sein Totengeist, Inbegriff einer idealisierten Vergangenheit, bildet einen starken Gegenpol zu seinem Sohn. Ebenfalls könnte Agamemnon – als ehemals mächtiger König verehrt (360–363) und mächtiger Toter dargestellt – seinen Sohn an Majestät überragen und in seiner nun übernatürlichen Kraft noch wirkungsfähiger als Orest in die Szene treten. Dabei würde Orest in den Hintergrund gedrängt; seine Entscheidungen, sein Handeln und letztendlich auch seine Verantwortung für den Racheakt wären ihrer Kraft und ihrer dramatischen Bedeutung beraubt. Dadurch, dass der Tote zwar nicht erscheint, aber seine Wirkungskraft ständig zitiert wird, behält er eine starke dramatische Präsenz und sorgt für eine stärkere Kontinuität der Handlung, ohne dass sein Sohn seine zentrale Stellung einbüßen muss. Während Aischylos in den *Persern* daran interessiert ist, in der Figur des Dareios eine positiv bewertete Vergangenheit über die gegenwärtige Generation hervorragen zu lassen, liegt in der *Orestie* die Hoffnung des Familiengeschlechts in der Überwindung seiner vorwiegend negativ konnotierten Vergangenheit beziehungsweise des Geschlechterfluches. Dass die Totenerscheinung ausbleibt, hat zur Folge, dass die Vergangenheit gleichsam im Grab unsichtbar bleibt und die jüngste Generation (Orest) im Fokus steht, wodurch der Bezug zur Zukunft den zur Vergangenheit überwiegt.

Andererseits würde eine nach der Beschwörung nirgends spürbare Wirkung des Agamemnon auffällig inkonsequent wirken – seine Gegenwärtigkeit ist ja schon vor dem Kommos fest etabliert, und nicht nur Trauer um ihn, sondern auch sein „unsichtbarer Zorn“ (οὐχ ὁρωμένη μῆνις, 293 f.) ist für seinen Sohn einer der bestimmenden Faktoren in dessen Motivation (299–304). Verschwände die Präsenz des Toten nach dem Kommos, in dem seine Wirksamkeit thematisiert wird,[156] könnte sein Zorn als Motiv für Orests problematische Tat auch in Frage gestellt werden. So bleibt der Tote letztendlich als aktive Kraft in der Szene – oder wird immer wieder als solche in Verbindung mit Orest gleichsam herbeigerufen. Der Kommos hebt diese Verbindung hervor, legitimiert und verstärkt sie, und soll zusammen mit der Beschwörung die Macht des Toten – mit oder ohne Erscheinung – aus der Unterwelt heraufrufen. Für

---

155 Rose (1950) zieht eine ganz andere Folgerung aus dem Vergleich zwischen der Beschwörungsszene in den *Choephoren* und der in den *Persern* und schließt daraus, dass es in den *Choephoren* nicht um eine (körperliche) Beschwörung gehe (267): „The children of Agemamnon want their father to hear them and give them whatever help he can; but what would they want of his disembodied phantom, which can tell them nothing about his death that they do not know already, or his temporary reincarnation in a body which they know to have been deliberately mutilated by the murderers?“ (263).

156 Vgl. φρόνημα τοῦ θανόντος οὐ δαμάζει πυρὸς μαλερὰ γνάθος, φαίνει δ' ὕστερον ὀργάς, „das Bewusstsein des Verstorbenen wird nicht überwältigt vom gierigen Maul des Feuers: Später offenbart er seinen Groll“, 324–326; Übs. Sier (1988). Dass Agamemnon aber auch „aus dunklem Gemüt“ (ἐξ ἀμαυρᾶς φρενός, Aischyl. *Choeph.* 157 f.; Übs. Staiger 1958) hören sollte und zudem auch einen Rächer benötigt, negiert nicht die ihm vom Chor zugeschriebene Kraft: Vgl. Garvie (1986) z. St. („the paradox that allows the dead Agamemnon to retain his majesty, yet be faint and weak in his φρήν, is deliberate. [...] Agamemnon is still a mighty power, but it will be difficult to stir him into action“) und Henrichs (1991) 188 und 190 zur Ambivalenz der Chthonioi als schwach und stark.

die Charaktere gilt sein Beistand danach als Tatsache – ja, wenn Orest in den *Eumeniden* vor Gericht steht, beruft er sich sogar ein zweites Mal auf die Hilfe seines Vaters aus dem Grab; seine Zuversicht an der Stelle wäre unangebracht und schwer begründbar, hätte sich das frühere Beschwörungsverfahren als unnütz erwiesen.[157] Der Effekt der Beschwörung ist jedoch subtiler als etwa Besessenheit. An keiner Stelle in den *Choephoren* wird ausdrücklich gesagt, Orest sei infolge der Beschwörung vom Rachegeist seines Vaters „besessen" oder „nur" sein Beauftragter; auch zeigen unter anderem Orests Auflistung von Motiven (299 – 304) und sein Dilemma kurz vor der Tat (τί δράσω; μητέρ' αἰδεσθῶ κτανεῖν; 899), dass es sich beim Muttermord nicht um „Besessenheit" oder die blinde Ausführung einer Pflicht dem Vater oder den Göttern gegenüber, sondern um eine bewusste Entscheidung handelt. Die Deutungen von Garvie, Sier und Lebeck bezeugen aber das Geschick, mit dem Aischylos nahelegt, dass beide (Vater und Sohn) gemeinsam in die Durchsetzung der Rache involviert sind, und damit das reziproke Verhältnis, dessen Bedeutung Föllinger in ihrer Interpretation hervorhebt, weiter entwickelt.

Impliziert wird das Mitwirken des Vaters vor allem in dem Motiv des paradoxen Zustandes des Orest als „lebend und tot zugleich" (ζῶν καὶ τεθνηκώς, 1043). Mit dieser prägnanten Formulierung bezeichnet sich Orest zwar erst nach dem Muttermord; aus welchen Gründen genau er sich so beschreibt, geht aus der lückenhaften Textstelle nicht hervor. Klar ist nur, dass sich der hier bezeichnete Zustand durch den Mord einstellt. Das Motiv selbst jedoch, das durch seine Selbstbeschreibung ausgedrückt wird, begegnet schon vor dem Muttermord in einem anderen Zusammenhang. Es kommt erstmals in den Schlussversen der Beschwörung des Toten vor, und zwar nicht auf Orest, sondern auf seinen Vater bezogen: Agamemnon möge, so der Wunsch seines Sohnes, durch seine Hilfe das Geschlecht des Pelops nicht aussterben lassen (504), denn nur so „bist du nicht gestorben, obwohl du tot bist" (οὐ τέθνηκας οὐδέ περ θανών, 505). In seinen Kindern lebt der Vater fort – schließlich sind die Angehörigen zuständig für die weitere Ehrung eines Verstorbenen an seinem Grabe (vgl. 483 – 488), dem Ort, an den auch das ewige κλέος eines Helden, das ihm eine Art Unsterblichkeit gewährt, traditionell gebunden ist.[158] Der Gedanke, der Tote lebe in dem Sohn weiter,

---

157 Aischyl. *Eum.* 598: ἀρωγὰς δ' ἐκ τάφου πέμπει πατήρ.

158 Besonders frappierende Beispiele für die Verbindung zwischen κλέος und (einer Art) Unsterblichkeit finden sich in der Elegie, z. B. Sim. *epig.* 7,251 *Anth. Pal.:* Ἄσβεστον κλέος οἵδε φίληι περὶ πατρίδι θέντες / κυάνεον θανάτου ἀμφεβάλοντο νέφος· / οὐδὲ τεθνᾶσι θανόντες, ἐπεί σφ' ἀρετὴ καθύπερθε / κυδαίνουσ' ἀνάγει δώματος ἐξ Ἀίδεω. Vgl. Tyrt. fr. 12,29 – 34 IEG: καὶ τύμβος καὶ παῖδες ἐν ἀνθρώποις ἀρίσημοι / καὶ παίδων παῖδες καὶ γένος ἐξοπίσω· / οὐδέ ποτε κλέος ἐσθλὸν ἀπόλλυται οὐδ' ὄνομ' αὐτοῦ, / ἀλλ' ὑπὸ γῆς περ ἐὼν γίνεται ἀθάνατος, / ὅντιν' ἀριστεύοντα μένοντά τε μαρνάμενόν τε / γῆς πέρι καὶ παίδων θοῦρος Ἄρης ὀλέσηι. Die Vorstellungen, dass man durch Ruhm Anteil an der Unsterblichkeit hat und dass man nach dem Tod in seinen Kindern weiterlebt, kommen besonders klar zum Ausdruck und finden weitere Diskussion bei Plat. *leg.* 721b–c; vgl. Plat. *rep.* 363c–d (zur Belohnung können die Verstorbenen, die gerecht gelebt haben, nicht nur an einem ewigen Symposium im Jenseits teilnehmen, sondern die Kinder seiner Kinder und sein Familiengeschlecht überhaupt werden nie aussterben). Zum Zusammenhang der letzteren Vorstellung für den Geschlechterfluch vgl. Pötscher

findet kurz darauf seinen Niederschlag in der Trauminterpretation des Orest, in der er sich mit der Schlange identifiziert (542–550). Bildliche Darstellung zeigen eine enge Verbindung zwischen dem chthonischen Tier und dem Toten auf, das in der Ikonographie vielleicht als Grabschützer oder sogar als Inkarnation des Verstorbenen selbst (wie auch in der verlorenen *Orestie* des Stesichoros) zu deuten ist: Indem Orest im Traumbild seine Metamorphose zur Schlange versteht (ἐκδρακοντωθεὶς δ' ἐγώ / κτείνω νιν, ὡς τοὔνειρον ἐννέπει τόδε, 549f.), stellt er sich auch als chthonisches Wesen dar, dessen Identität nicht deutlich von der des Toten zu trennen ist.[159] Als er dann Klytaimestra zum ersten Mal im Drama begegnet und, sich als Fremden ausgebend, ihr von seinem eigenen Tod berichtet (674–690), ist er in besonderer Weise „lebend und tot zugleich" und verstärkt durch seinen „Tod" die Verbindung zu seinem Vater. Denn durch seinen fingierten Tod überbrückt er metaphorisch die Distanz zwischen sich und dem Toten, indem er – statt (wie in der Beschwörung) zu versuchen, den Toten in die Welt der Lebenden zurückzubringen, – sich selbst im Totenreich verortet.

Orests falsche Nachricht verschafft ihm Zugang zum Haus, das durch die Herrschaft der Klytaimestra zu einem hadesähnlichen Ort geworden ist. Dominiert das Grab als Schauplatz in den *Choephoren*, überragte im *Agamemnon* das Haus beziehungsweise der Palast die Szene. Es ist die dunkle Domäne der Klytaimestra, die selbst die Charakteristika eines Unterweltswesens annimmt: Sie ist eine „Hades-Mutter" (Ἅιδου μήτηρ, *Ag*. 1235) und eine Gorgo (Γοργὼ λυγρά, *Choeph*. 835; vgl. 1047). Wie Kerberos ist sie ein Wachhund (δωμάτων κύων, 607) vor den Pforten des Hades (Ἅιδου πύλας δὲ τάσδ' ἐγὼ προσεννέπω, wie Kassandra das Haus nennt, *Ag*. 1291), und wie der Hadeshund schmeichelt sie den Eintretenden, lässt sie aber nie wieder hinaus:[160] Kassandra und Agamemnon treten in den Palast noch lebend ein, sind aber danach nur als Leichen zu sehen. Das Haus riecht nach Mord, nach dem Grab (φόνον δόμοι πνέουσιν αἱματοσταγῆ, *Ag*. 1309; ὅμοιος ἀτμὸς [*sic*] ὥσπερ ἐκ τάφου πρέπει, *Ag*. 1311)

(1965) 212f.: „[D]ie Vorstellung des Fortlebens im *génos* [...] ermöglichte denn auch die Ausbildung der sogenannten Schuldmythen, wie sie uns in denen des Labdakidenhauses oder Atridenhauses begegnen. Wenn ein Fluch über Generationen hin schwerstes Leid und tiefstes Elend bringen kann, ohne daß eine wenn auch weitherzige Beurteilung der Götter daran Anstoß nimmt, versteht sich dies aus der Auffassung von der Einheit des Geschlechts, in dem die Nachkommen als eine, wie wohl nicht identische, so doch adäquate Wiederholung und mitverantwortliche Parusie der Toten gelten."

159 Vgl. Liapis (2006) 211, der in seiner Argumentation noch weiter geht, indem er behauptet, „everything up to *Cho*. 539 leads one to assume that the serpent in Clytaemestra's dream can only be Agamemnon. So, when at *Cho*. 540–550 Orestes explains that it is himself [...] who is symbolized by the snake, this must surely have had on the audience the effect of a *coup de theâtre*. [...] There would be little point in this [...] unless Aeschylus were making a point of his Orestes being, in the *Choephori*, an agent of underworld forces."

160 Zum Kerberos: Hes. *theog*. 769–773: ἑστᾶσιν, δεινὸς δὲ κύων προπάροιθε φυλάσσει, / νηλειής, τέχνην δὲ κακὴν ἔχει· ἐς μὲν ἰόντας / σαίνει ὁμῶς οὐρῇ τε καὶ οὔασιν ἀμφοτέροισιν, / ἐξελθεῖν δ' οὐκ αὖτις ἐᾶι πάλιν, ἀλλὰ δοκεύων / ἐσθίει, ὅν κε λάβῃσι πυλέων ἔκτοσθεν ἰόντα. – Wenn man der Emendation von West folgt, dann beißt „der Wachhund" Klytaimestra auch: οὐκ οἶδεν οἷα γλῶσσα μισητῆς κυνός, / λε<ί>ξασα κἀγκλίνασα φαιδρὸν οὖς, δάκνει, Aischyl. *Ag*. 1228f.

und ist sonnenlos wie der Hades (ἀνάλιοι[161] βροτοστυγεῖς / δνόφοι καλύπτουσι δόμους, *Choeph.* 51 f.). Also heißt Klytaimestra die vermeintlichen Fremden, Orest und Pylades, herzlich willkommen (668 – 674) – natürlich, denn die Reisenden wollen in einem Haus übernachten, das πάνδοκος ist (661 f.), in dem alle willkommen sind. Und kein Haus nimmt Gäste so gern auf wie das Haus des Hades, ebenfalls πάνδοκος,[162] dessen Wirt ja als Wirt der Vielen für seine Gastfreundlichkeit berühmt ist (πολυδέκτης,[163] πολυδέγμων,[164] πολύξενος/πολύξεινος[165]).[166]

Orest aber soll den Palast mit der Hilfe des Hermes (812 – 818; vgl. 726 – 729) betreten. Überlebt er dank des Psychopomps seine κατάβασις, wird er als Herrscher das Feuer und Licht des Herdes wieder anzünden (863 – 865). Das Haus wird nicht mehr als das dunkle Haus des Hades beschrieben, sondern wie eine Person, die – vorausgesetzt, dass Orest Erfolg hat – von der mit Tod und Hades konnotierten Düsternis gleichsam befreit wird und mit frohen Augen das helle Lebenslicht erblicken kann (ἐλευθερίας / λαμπρὸν ἰδεῖν <φῶς> φιλίοις / ὄμμασι<ν ἐκ> δνοφερᾶς καλύπτρας, 810 f., im Kontrast zum oben zitierten Vers 51 f.; vgl. 961 – 964). Orest soll nicht nur Beistand von Hermes, sondern auch von seinem Vater erhalten, an dessen Grab sich der Chor nochmals richtet (πότνι' ἀκτὴ / χώματος, 721 f.) und der dringend um Beistand gebeten wird (νῦν ἐπάκουσον, νῦν ἐπάρηξον, 725).

Dass die Bitte erhört wird, legt der Schrei des Dieners nahe, der die Leiche des Aigisth entdeckt: Die Toten töten den Lebenden (τὸν ζῶντα καίνειν τοὺς τεθνηκότας λέγω, 886). Zwar kann der Plural generalisierend fungieren, doch gibt es zwei Tote in der Familie – Agamemnon und (angeblich) Orest, und die Implikation des Plurals ist unüberhörbar.[167] Erneut wird Orest als lebend und tot zugleich bezeichnet, wieder wird das Mitwirken seines Vaters impliziert. In der gleich darauf folgenden Konfrontation zwischen Orest und seiner Mutter begegnet das Motiv nochmal (926 – 929), als Klytaimestra vergebens um ihr Leben fleht:

{Κλ.} ἔοικα θρηνεῖν ζῶσα πρὸς τύμβον μάτην.
{Ορ.} πατρὸς γὰρ αἶσα τόνδε σουρίζει μόρον.

---

161 Vgl. Aischyl. *Sept.* 856 – 861: δι' Ἀχέροντ' ἀμείβεται, / [...] τὰν ἀνάλιον / πανδόκον εἰς ἀφανῆ τε χέρσον; Eur. *Alc.* 851 f.: εἶμι τῶν κάτω / Κόρης ἄνακτός τ' εἰς ἀνηλίους δόμους; Eur. *Herc.* 607 f.: χρόνωι δ' ἀνελθὼν ἐξ ἀνηλίων μυχῶν / Ἅιδου Κόρης <τ'> ἔνερθεν [...].
162 Vgl. Aischyl. *Sept.* 856 – 860, δι' Ἀχέροντ' ἀμείβεται, / [...] πανδόκον [H *λ* : πάνδοκον cett.].
163 Z. B. Hom. *h.* 2,9.
164 Z. B. Hom. *h.* 2,17; 32; 404; 430.
165 Z. B. Aischyl. *Suppl.* 156 – 159: τὸν γάιον, / τὸν πολυξενώτατον, / Ζῆνα τῶν κεκμηκότων / ἱξόμεσθα. Vgl. Wüst (1952).
166 Die Charakterisierung des Palastes als eine Art „Haus des Hades" entspricht möglicherweise einer „performance tradition accustomed to using the *skênê* to symbolize the House of Hades", die Wiles (1997) 165 – 167, allerdings nur mit Verweis auf die *Orestie* und Sophokles' *Ödipus auf Kolonos* („we must see the topological referent of the *skênê* door as not only the grove of the Semnai, but also the [...] cave-mouth in the nearby Hill of Demeter that was taken to be an entry to the underworld"), für die attische Tragödie postuliert und Bakola (2014) 8 – 13 anhand weiterer Beispiele ausführt.
167 Vgl. Garvie (1986) z. St.

{Κλ.} οἴ 'γώ, τεκοῦσα τόνδ' ὄφιν ἐθρεψάμην.
ἦ κάρτα μάντις οὑξ ὀνειράτων φόβος.

[Kl.] Ich klage, so scheint es, lebend am Grab umsonst.
[Or.] Ein solch Geschick bereitet dir des Vaters Tod.
[Kl.] Wehe mir, diese ist die Schlange, die ich gebar und nährte.
Ja, ein Seher war die Angst, die aus den Träumen kam.[168]

Zwischen den Lebenden und den Toten besteht keine klare Grenze mehr. Im Bild des τύμβος werden Orest, der vor Klytaimestra steht, sowie Agamemnon, der in seinem τύμβος als durchgehend präsent geschildert worden ist, zusammengeführt. Dessen Mitwirken bedeutet für Klytaimestra ihren Tod, wie die Antwort des Orest (927) bestätigt und ihre Deutung des Angsttraums unterstreicht.

Mit dem Muttermord schließt sich der Handlungskreis der *Choephoren*. Das von Klytaimestra hervorgerufene Bild des τύμβος (926) sowie ihre Erinnerung an den ὀνειρόμαντις (929; vgl. 33) verknüpfen ihr Schicksal mit den Geschehnissen am Anfang des Stückes, dem Traum, den Libationen und der Begegnung der Kinder am Grabmal, und evozieren dabei die Handlungen und Konsequenzen, die zu diesem Augenblick geführt haben. Die Klage (θρηνεῖν) der Klytaimestra am „Grab" ist genauso unwirksam wie ihre Libationen, die im Kontrast zu den Grabgaben, Gebeten und γόος beziehungsweise θρῆνος (335) der Kinder keine echte Totenehrung, sondern eine χάρις ἀχάριτος (44) darstellen und eine zerstörte Beziehung zum Toten bezeugen. Da ohne χάρις jeder Appell zum Scheitern verurteilt ist, können weder ihre Trankopfer noch ihre (Toten-)Klage ihr Gegenüber erreichen und beschwichtigen, so dass ihre Klage zu einem θρῆνος auf Klytaimestra selbst wird. Hingegen ist die Beziehung beider Kinder zum Vater durch χάρις gekennzeichnet und völlig darauf gerichtet, ihm die Totenehren mit ritueller Korrektheit zu erweisen, damit sie wiederum seine chthonische Macht für sich gewinnen und die ihnen ebenfalls von Klytaimestra vorenthaltenen Ehren erlangen können. Der Tote ist ständig präsent, ob im Grabmal oder in den Traumbildern, und obwohl sein Wirken nicht von seiner leibhaftigen Erscheinung begleitet wird oder sich in einer „Besessenheit" seines Sohnes manifestiert, weisen immer wieder die Sprachbilder Elektras und des Chores, die Selbstcharakterisierungen Orests und schließlich die von Klytaimestra gebrauchte Metaphorik auf eine Allianz zwischen Orest und Agamemnon, ihre Verbundenheit und ihr gemeinsames Wirken.

Fazit. Das unsichtbare Kraftzentrum

Agamemnon bildet das Kraftzentrum der *Choephoren*.[169] Sein ausbrechender Groll, sein Anspruch auf Ehrungen und sein Verlangen nach Rache treiben von Anfang bis

168 Übs. nach Staiger (1958).
169 Lesky (1943) 97, zitiert oben S. 50.

Ende das Handeln der Charaktere und dadurch die Handlung des Dramas voran. Mit ihm will beinahe jede andere Figur – Klytaimestra, Orest erst alleine, dann zusammen mit Elektra unter Anleitung des Chores – in Kontakt treten, denn Macht hat der König auch noch im Tode und vermag seine Interessen durchzusetzen, wie unter anderem das wiedergegebene Orakel des Apoll klar macht: Soll Orest die Rache an der Mörderin nicht vollstrecken, hat er mit dem Zorn der Chthonioi beziehungsweise seines ungerächten Vaters in Form von Krankheitserscheinungen, Alpträumen, Wahnsinn und Angriffen der Erinyen zu rechnen.[170] Für Orest wie für Klytaimestra ist der Zorn des Toten eine Gefahr.

Durch konkurrierende Rituale versuchen jeweils die Mörderin und das Geschwisterpaar, die übernatürliche Macht des Ermordeten zu ihren eigenen Gunsten zu beeinflussen und dessen ehemalige königliche Macht illegitim zu behalten (Klytaimestra) oder rechtmäßig zurückzuerobern (Orest). Klytaimestra vollzieht zunächst eine ritualisierte Leichenschändung, den μασχαλισμός, die als Demonstration ihrer Macht über den Körper des toten Königs möglicherweise auch zu seiner Depotenzierung dienen soll. Zugleich verbietet sie die üblichen Toten- und Trauerrituale, durch die dem Toten Ehre und Anerkennung erwiesen werden und die die Grundlage für eine positive Beziehung mit dem Toten sind. Als Alpträume den Zorn des Ermordeten ankündigen, versucht Klytaimestra mittels eines Trankopfers, diesen zu besänftigen – und macht dabei den folgenschweren Fehler, Elektra und die Dienstmädchen die Libation darbringen zu lassen. Die Kontrolle über die Gestaltung und den Zweck des Rituals gibt sie somit aus den Händen. Das Trankopfer wird dahingehend umgestaltet, dass es weder das Übel von Klytaimestra abwenden noch den Zorn des Toten stillen kann, sondern diesen im Gegenteil weiter gegen die Mörderin anfachen soll. Verstärkt soll der Zorn des Ermordeten noch durch die Totenklage werden, die die Funktion der verbotenen Trauerzeremonien erfüllt und Agamemnons Ehre wiederherstellt, und schließlich durch die Beschwörung. Im Gegensatz zu Klytaimestra pflegen die Kinder eine reziproke Beziehung zum Toten, die ihnen und ihm zugute kommen soll. Jeglicher rituelle Kontakt mit dem Verstorbenen seitens Klytaimestras bezweckt dessen Schwächung oder die Entkräftung seines Zorns; dagegen beabsichtigen Orest und Elektra, den Toten zu stärken und seinen Zorn zu schüren.

Jede Aussage der Charaktere spricht dafür, dass es den Geschwistern gelingt, die ambivalente Macht des Königs für sich zu gewinnen, und dass die Rache letztendlich unter Mitwirkung des Toten ausgeführt wird. Beim Zusammenwirken von Vater und Sohn handelt es sich nicht um eine Besessenheit Orests, denn verschiedene Motive bringen Orest zu seinem Entschluss,[171] und seiner Verantwortung für den Mord wird er nicht enthoben. Der Beistand und die starke Präsenz des Toten werden jedoch im gesamten Drama niemals gezeigt: Der Tote spricht nicht und erscheint nicht; mit seiner Erscheinung wären der Höhepunkt des Dramas, die Zentralität und das Di-

170 Aischyl. *Choeph.* 276 – 295.
171 Aischyl. *Choeph.* 299 – 304.

lemma des Sohnes wesentlich anders gelagert. Agamemnons Gegenwärtigkeit und Mitwirken werden stattdessen gänzlich durch das geschickte Aneinanderreihen der Ereignisse, die wiederholte Kontaktaufnahme zu ihm am Grab und vor allem durch die Aussagen und Interpretationen der Figuren, die allesamt an sein Wirken glauben, erzeugt. Aischylos lenkt dabei sein Publikum, lässt ihm aber letztendlich eine gewisse interpretative Freiheit: Es kann die Überzeugung der Charaktere teilen oder aber sich dagegen sträuben und in dem Geschehen nur menschliches Handeln ohne übernatürlichen Einfluss sehen; in den *Eumeniden* besteht diese Möglichkeit nicht. Für die Figuren aber bleibt in den *Choephoren* der Tote wirksam und real.

IV Kontrapunkt: Der Tote als Nichts. Agamemnon und der vernichtende Tod in der *Elektra* des Sophokles

Einführung. Aischylos und Sophokles[1]

„Das Bewusstsein des Verstorbenen wird vom gierigen Maul des Feuers nicht überwältigt, und später offenbart er seinen Groll" (φρόνημα τοῦ θανόντος οὐ δαμάζει πυρὸς μαλερὰ γνάθος, φαίνει δ' ὕστερον ὀργάς, Aischyl. *Choeph.* 324–326):[2] Verliert in der aischyleischen *Orestie* König Agamemnon Leben und Herrschaft, so behält er nach der Vorstellung der Protagonisten dennoch vom Jenseits aus einen gewissen Einfluss auf das diesseitige Geschehen.[3] Gefürchtet ist dort der Groll, erwünscht der Beistand des ermordeten Königs und der chthonischen Gottheiten, in deren Gesellschaft er sich nun befindet.[4] Die Protagonisten der *Choephoren* versuchen wiederholt, mit Agamemnon Kontakt aufzunehmen und die ersehnte Reziprozität (χάρις) zwischen Lebenden und Toten zu verwirklichen, indem sie danach streben, die dem König verweigerte Ehre durch ein Ritual wiederherzustellen. Als Gegenleistung erhoffen sie sich seinen geistigen und materiellen Beistand bei der Rache an seiner Mörderin, ihrer Mutter; mithilfe der chthonischen Macht des Agamemnon soll Orest also die einstige irdische, das heißt politische Macht seines Vaters für sich erringen. Obgleich die leibhaftige Erscheinung des Totengeistes am Ende ausbleibt, werden seine Macht und Wirksamkeit auf der sprachlichen Ebene des Dramas nachdrücklich betont und spielen keine geringe Rolle als Handlungsmotivation. Auf der Handlungsebene vollzieht sein Sohn die Rache, jedoch wird der Tote in Verbindung mit dem Rächer immer wieder als aktive, gegenwärtige Kraft evoziert. Bedrohlich und förderlich, stark und schwach, eignet dem zürnenden Ermordeten in den *Choephoren* eine ständige und dramatisch zentrale Präsenz. Diese Darstellung des toten Agamemnon bildet einen Grundstein der aischyleischen Bearbeitung des Orestes-Mythos.

Signifikant anders gestaltet Sophokles denselben mythischen Stoff in seiner *Elektra*, die zu einem unbekannten Zeitpunkt nach der *Orestie* (458 v. Chr.) und wahrscheinlich vor dem *Philoktet* (409 v. Chr.) aufgeführt wurde.[5] In den Hintergrund

1 Im Folgenden wird der griechische Text nach der Ausgabe von Finglass (2007) zitiert; die Übersetzungen der *Elektra* orientieren sich an der Übertragung von Schadewaldt (1964) und sind zum Teil modifiziert worden.

2 Übersetzung nach Sier (1988).

3 Siehe Kapitel III (Aischylos, *Choephoren*).

4 Zur Zusammenarbeit der chthonischen Mächte und des toten Agamemnon vgl. Aischyl. *Choeph.* 278–296.

5 Zur umstrittenen Datierung: Finglass (2007) 1–4, der mit Winnington-Ingram (1980) 182 das treffende Urteil von H. Lloyd-Jones zitiert: „[A]fter a hundred and fifty years of doctoral dissertations,

https://doi.org/10.1515/9783110612691-005

treten Orest, die Muttermordproblematik[6] und das reziproke Verhältnis der jeweiligen Figuren zum toten Agamemnon zugunsten von Elektra und ihrer intensiven Trauer.[7] Die (nicht selbstverständliche) Beibehaltung bestimmter „Stationen" im Handlungsverlauf und die Umgestaltung verwandter Motive[8] sowie sprachliche Reminiszenzen an die *Orestie* deuten aber auf einen bewussten Umgang mit der früheren dramatischen Fassung hin, so dass sich die *Elektra* als Auseinandersetzung mit der Dramatik und den Ideen des Aischylos auffassen lässt.[9] Da in der *Elektra* auch das Bild des Todes und die Vorstellungen von den Toten eine grundsätzlich andere Akzentuierung als bei Aischylos erhalten, wird im Folgenden der Frage nach dem Verhältnis der *Elektra* zu den *Choephoren* hinsichtlich der Rolle und Macht, der dramatischen Funktion und Bedeutung der Toten nachgegangen. Die Rolle der Protagonistin und die Komplexität der Handlung stehen dabei nicht im Vordergrund. Die vorliegende Behandlung der *Elektra*, die in einer Arbeit über handlungsmächtige (beziehungsweise als handlungsmächtig empfundene) Unterweltsmächte nicht selbstverständlich zu erwarten ist, dient in erster Linie zur Veranschaulichung der komplementären Darstellungsmöglichkeiten der Toten, die durch den Vergleich von Aischylos und Sophokles sichtbar werden.

Ein einheitliches Bild von den Toten und vom Jenseits sucht man in der griechischen Literatur vergebens, jedoch bilden die ambivalenten Eigenschaften der Toten[10] an sich selten einen echten Widerspruch. In einem tragischen Werk hebt der Dramatiker gerne bestimmte Aspekte und Vorstellungen hervor und gestaltet sie seinen

---

people who confidently claim to *know* the date of Sophokles' *Electra* and *Trachiniae* are living in a private world". Lloyd-Jones (1964) 372 = (1990a) 275.

6 Für einen Überblick über die verschiedenen Interpretationen des Muttermordes bei Sophokles siehe Lloyd (2005) 99–115.

7 Zur unterschiedlichen Gestaltung der *Choephoren*, der sophokleischen und der euripideischen *Elektra* siehe v. a. Wilamowitz (1883) und von Fritz (1962). Zum Verhältnis der sophokleischen Bearbeitung zu ihren tragischen und epischen Vorgängern: Finglass (2007) 4–8.

8 Handlungsstationen: Vgl. Vöhler (2005) 20 f.: „Die *Choephoren* wie auch die beiden *Elektren* beginnen mit der Rückkehr Orests und enden im Doppelmord an Klytaimestra und Aigisth, wobei als feste Stationen das Opfer Orests am Grab des Vaters, die Wiederbegegnungen mit Elektra, die Verständigung über den Plan und der Entschluß zum Mord hinzukommen. [...] Die Unterschiede gehen aus Änderungen im Detail, in der Charakterzeichnung, der Motivation, der Intrige und der Reihung der Handlungselemente hervor. Vor dem Hintergrund des konstanten Handlungsgefüges gewinnen diese Divergenzen eine besondere Eindringlichkeit: Eben weil der Kern feststeht, werden die jeweils vorgenommenen Abweichungen besonders gut sichtbar." – Zur „Aufnahme und Umgestaltung von einigen sehr speziellen Motiven [wie etwa] die Weisung des delphischen Apoll, [...] die am Grab des Agamemnon niedergelegte Locke Orests [und] der Traum" siehe Flashar (2000) 127–138.

9 Vgl. Winnington-Ingram (1980) 218 zur Rolle der Erinyen in der *Elektra*: „[Sophocles] insists [...] upon placing himself in a relationship to Aeschylus and thus himself raises the question: Did he accept or reject or modify the standpoint of the earlier dramatist?"

10 Ambivalenz: Z. B., dass sie in einigen Hinsichten stark, in anderen schwach sind, dass sie schaden sowie segnen können oder dass sie sich mal fern im Hades, mal nah im oder am Grab als Totengeist aufhalten.

dramatischen Bedürfnissen gemäß, wie die Kapitel zu Aischylos gezeigt haben, so dass sich ein in der inneren Logik des jeweiligen Dramas einheitliches Bild der Toten und des Jenseits ergibt. In der *Elektra* aber changiert das Bild besonders stark zwischen zwei Polen. Wird in einer Szene die Wiederauferstehung der Toten für absurd erklärt (137–139; 940 f.), wird sie in einer anderen Szene von der Protagonistin für möglich gehalten (1317–1319; vgl. 1418–1420); wird an einer Stelle nahegelegt, dass *philoi* keine Hilfe mehr leisten können, nachdem sie dem Leben entrissen worden sind (948–950), wird an einer anderen Stelle um die Hilfe eines Toten gebeten (454). Es handelt sich bei diesem Changieren aber nicht nur um die bekannte Charakterisierung der Toten als schwach und stark. Sophokles fügt eine weitere Möglichkeit hinzu, die in den früheren Dramen des Aischylos nicht zu finden ist: Dass der Tote „ein Nichts" sein könnte, das heißt nicht nur völlig machtlos ist, sondern auch seine Existenz an einem jenseitigen Ort nicht fortsetzt. Diese Vorstellung in einen Mythos einzuarbeiten, in dem es vornehmlich um Rache für die Verstorbenen geht – und zwar für Verstorbene, die in bisherigen Bearbeitungen an Vergeltung interessiert sind –, ist innovativ, aber auch erklärungsbedürftig. Zu überlegen ist, wie diese Vorstellung in die Logik des Dramas passt und wie sie sich – wenn überhaupt – mit den positiv konnotierten Auffassungen vereinbaren lässt.

Die Präsenz des Toten

Der Beginn der *Elektra* führt den Zuschauer in eine Welt, die im Gegensatz zur dramatischen Realität der *Choephoren* nicht besonders stark von der Präsenz der Toten geprägt ist.[11] Vielmehr wird Agamemnon von der Welt der Handelnden entfernt. Durch diese Entfernung werden weder seine Macht als Toter noch ein Dasein *post mortem* zwangsläufig verneint, aber sie verdeutlicht die vergleichsweise geringe Rolle, die der Tote für den Verlauf der Handlung einnimmt, und lässt mehr Raum für Vorstellungen von einem entmachteten Toten, wie ein kurzer Vergleich mit der aischyleischen Bearbeitung veranschaulicht:

Eine unterweltliche Atmosphäre mit der Gegenwärtigkeit des Toten evoziert Aischylos gleich in der Anfangsszene seiner *Choephoren* durch Bild und Wort, indem er auf bekannte ikonographische Muster von Trauernden am (szenisch zentralen) Grab zurückgreift und mit dem Anruf an Agamemnon und den chthonischen Hermes die kommunikative Erreichbarkeit der Unterwelt impliziert. Hingegen wird die Atmo-

11 *Pace* Segal (1966) 485, der in einem wichtigen und aufschlussreichen Artikel zur Verschränkung bzw. Verwechslung von Leben und Tod (vgl. „confusion of life and death", 518; „inversion of life and death", 524) in der sophokleischen *Elektra* u. a. behauptet: „The dead not only become 'alive' in the choral song at the end of the play (1417 ff.), but in the appeals of Electra they are made and felt to be vividly present throughout the action"; vgl. 524: „It is to exact justice […] that the dead come alive. But it is not simply that the dead are reborn, that 'death' becomes 'life'; rather, the dead walk the earth in all their terrifying power."

sphäre von Trauer und Tod, die sich in der *Elektra* einstellt, erst von der Protagonistin erzeugt, als ihre Klagen aus dem Palast nach draußen dringen (77–79); in dem eröffnenden Dialog zwischen dem heimgekehrten Orest und seinem Pädagogen (1–76) ist diese Stimmung kaum zu spüren. Selbst die Hinweise in der Rede des alten Erziehers auf das „vernichtungsreiche" (oder „zerstörte", πολύφθορον, 10) Pelopidenhaus und den Mord an Agamemnon (11), eingebettet in die Exposition der Handlungsvorgeschichte und der Topographie (1–14), nützen in erster Linie der zeitlichen und räumlichen Orientierung und nicht der Schaffung einer düsteren Atmosphäre.[12] Dabei dient die geographische Orientierung sowohl Orest, der zum ersten Mal seit seiner Kindheit seinen Familiensitz erblickt (vgl. 11–14), als auch dem Publikum. Denn man erfährt nicht nur, dass der Schauplatz der Handlung wieder (wie bei Homer, aber anders als bei Aischylos)[13] Mykene ist, sondern es wird auch klar, dass das Grab (wieder anders als bei Aischylos) nicht vor dem Palast steht: Unter vielen vom Pädagogen genannten topographischen Merkmalen fehlt das Grab des Agamemnon ganz und gar. Stattdessen befindet sich das Grab, wie dessen Erwähnung von Orest in den Versen 51–53 deutlich macht, an einem vom Palast entfernten hinterszenischen Ort. Dieser Ort ist vom Schauplatz aus nicht sichtbar. Neben der räumlichen Distanz zum Grab und somit zum Toten wird auch die zeitliche Distanz hervorgehoben: Zwischen der Ermordung des Königs und der Rückkehr seines Rächers liegen Jahre, wie der Pädagoge bemerkt und durch das wiederholte ποτέ (Verse 1 und 11) unterstreicht.[14] Der ausgedehnte temporale Abstand zwischen dem Mord und der Handlungszeit wird im weiteren Verlauf des Dramas die Dauer und dadurch das Übermaß von Elektras Trauer unterstreichen,[15] aber im unmittelbaren Kontext trägt er vornehmlich zur Distanzierung des Toten von der Welt der Lebenden bei. Der Tote ist zeitlich und räumlich fern.

Dieser Distanz entsprechend büßt der Tote seine – in den *Choephoren* besonders prominente – Präsenz auch auf der sprachlichen Ebene ein. Da das Grab den ritualbeziehungsweise kultgemäß adäquaten Ort für die Kontaktaufnahme mit dem Verstorbenen darstellt, finden die jeweiligen Trankopfer und begleitenden Gebete von Orest und seiner zweiten Schwester Chrysothemis im Off statt. Von diesen Ritualen wird nur berichtet;[16] dabei werden, so die Worte Reinhardts, „Totenopfer und Totenbeschwörung, statt wie in der *Orestie* mit magischer Gewalt die Bühne gegenwärtig zu erfüllen, [...] zum Dialog, zur Bitte, zum Befehl, zum hindringenden Wort" – sie

---

12 Die Erzeugung einer düsteren Stimmung bei Sonnenaufgang und morgendlichem Vogelgesang (Soph. *El.* 16–19) wäre ohnehin eine dichterische Herausforderung.

13 Bei Stesichoros (216 PMGF) und Aischylos (vgl. *Ag.* 24) ist der Schauplatz Argos; Finglass (2007) zu 1–85.

14 In V. 1 bildet ποτέ auch einen Kontrast zu νῦν: [Ὦ τοῦ στρατηγήσαντος ἐν Τροίαι ποτὲ] / Ἀγαμέμνονος παῖ, νῦν ἐκεῖν' ἔξεστί σοι / παρόντι λεύσσειν, ὧν πρόθυμος ἦσθ' ἀεί. Zur möglichen Interpolation des ersten Verses siehe aber Finglass (2007) z. St.

15 Zu Elektras Verhältnis zur Vergangenheit: Segal (1966) 505–509.

16 Soph. *El.* 51–53, vgl. 84 f. sowie 891–906, vgl. 326–466.

bleiben bloße Erwähnungen und werden nicht performativ umgesetzt.[17] Zudem richtet Orest sein Gebet um Erfolg nach seiner Ankunft nicht an seinen verstorbenen Vater, wie in der aischyleischen Darstellung des Toten zu erwarten wäre,[18] sondern an die väterliche Erde (πατρώια γῆ), das väterliche Haus (πατρῷιον δῶμα) und die einheimischen Götter (θεοί τ' ἐγχώριοι, 67–72). Nur einmal wird der Vater selbst von einem der Geschwister direkt angeredet – nicht jedoch im Gebet an ein wirkungsfähiges Gegenüber, sondern mitten im ersten Klagelied der Elektra, fast beiläufig, als Elektra von Agamemnons Ermordung erzählt.[19] Der tote Agamemnon wird also, von einer Ausnahme abgesehen,[20] nicht als Adressat oder Kommunikationspartner in den Dialog der Lebenden einbezogen; er wird vielmehr aus der (inszenierten) Kommunikation ausgegrenzt und zum passiven Gegenstand des Dialogs und der Klage reduziert.

Nur im Alptraum der Klytaimestra bleibt Agamemnon anwesend. Wie in den *Choephoren* löst der Traum Angst aus (φόβος, 427; vgl. 636 δειμάτων ἃ νῦν ἔχω), die Klytaimestra veranlasst, Elektra mit einem Trankopfer zum Grab des ermordeten Königs zu senden. Doch die „haarsträubende Angst", die die aischyleische Klytaimestra erfährt (vgl. Aischyl. *Choeph.* 32–41, bes. 32f. τορὸς γὰρ {Φοῖβος} ὀρθόθριξ δόμων / ὀνειρόμαντις, ἐξ ὕπνου κότον πνέων), hat dieser Traum nicht hervorgerufen (Chor, 417–427):

> λόγος τις αὐτήν ἐστιν εἰσιδεῖν πατρὸς
> τοῦ σοῦ τε κἀμοῦ δευτέραν ὁμιλίαν
> ἐλθόντος ἐς φῶς· εἶτα τόνδ' ἐφέστιον
> πῆξαι λαβόντα σκῆπτρον οὑφόρει ποτὲ
> αὐτός, τανῦν δ' Αἴγισθος· ἔκ τε τοῦδ' ἄνω
> βλαστεῖν βρύοντα θαλλόν, ὧι κατάσκιον
> πᾶσαν γενέσθαι τὴν Μυκηναίων χθόνα.
> τοιαῦτά του παρόντος, ἡνίχ' Ἡλίωι
> δείκνυσι τοὔναρ, ἔκλυον ἐξηγουμένου.
> πλείω δὲ τούτων οὐ κάτοιδα, πλὴν ὅτι
> πέμπει μ' ἐκείνη τοῦδε τοῦ φόβου χάριν.
>
> Die Rede geht, dass sie gesehen, wie der Vater,
> der Deine wie der meine, zu erneuter
> Vereinigung sei an das Licht gekommen.
> Und dann hab' er den Herrscherstab genommen
> und an dem Herde aufgepflanzt, den er

17 Reinhardt (1947) 156.
18 Vgl. Aischyl. *Choeph.* 306–509.
19 Soph. *El.* 100–102, κοὐδεὶς τούτων οἶκτος ἀπ' ἄλλης / ἢ 'μοῦ φέρεται, σοῦ, πάτερ, οὕτως / ἀικῶς οἰκτρῶς τε θανόντος. Die Bitte, die Chrysothemis im Auftrag ihrer Schwester an Agamemnon richten soll (453–458, weiter dazu unten), ist die einzige andere Anrede an ihn in der *Elektra*, bleibt aber aus den oben erwähnten Gründen außerhalb der inszenierten Handlung. Vgl. die kurze Bitte des Chores an χθονία [...] Φάμα (1066), die Klage möge den verstorbenen König erreichen (1066–1070).
20 Die Ausnahme bilden das Trankopfer und die Bitte, die Chrysothemis an Agamemnon richten soll: Soph. *El.* 453–463 (siehe weiter unten).

einst selbst getragen, aber nun Aigisth.
Und aus dem Stabe sei emporgesprossen
ein kräftiges Reis, durch das das ganze Land
der Mykenäer sei beschattet worden.
so etwa hab' ich einen, der dabei war,
als sie den Traum dem Helios dargelegt,
erzählen hören. Mehr jedoch als das
weiß ich nicht sicher, außer dass sie mich
entsendet dieses Schreckgesichtes wegen.

Dieser Traum lässt sich, anders als der in den *Choephoren*, nicht dahingehend deuten, dass Agamemnon und die anderen Chthonioi „Klage in gewaltigem Zorn erheben und Groll wider die Mörder hegen".[21] Der Traum lässt sogar eine positive wie negative Interpretation zu: Klytaimestra bezeichnet ihn als „doppeldeutig" (φάσματα / διссῶν ὀνείρων, 645) und bittet Apoll um seine Erfüllung, falls der Traum „zum Guten erschienen ist" (εἰ μὲν πέφηνεν ἐσθλά, δὸς τελεσφόρα, / εἰ δ' ἐχθρά, τοῖς ἐχθροῖσιν ἔμπαλιν μέθες, 646 f.). Wie eine positive Interpretation lauten könnte, wird allerdings nicht weiter erläutert, da keine der Figuren den Traum auslegt.[22] Aus dem Trauminhalt geht aber hervor, dass Klytaimestras Angst nicht den chthonischen Unheilsmächten, sondern dem möglicherweise angedrohten Verlust der Herrschaft gilt. Denn im Zentrum des Traums steht das Herrschaftssymbol, das Zepter, das Agamemnon vom Usurpator zurücknimmt (420 f.) und auf den Herd pflanzt, so dass ein Zweig aus dem Zepter hervorsprießt, ein Hinweis auf den „Spross" des Agamemnon, Orest.[23]

Die politische Macht will Klytaimestra aber auf jeden Fall behalten, wie sie in ihrem durch den Traum veranlassten Gebet an Apoll hervorhebt (647–654): Er möge

21 μέμφεσθαι τοὺς γᾶς νέρθεν περιθύμως / τοῖς κτανοῦσί τ' ἐγκοτεῖν, Aischyl. *Choeph.* 40 f., Übs. nach Sier (1988). Klytaimestras Trankopfer wird entsprechend nicht als ein „Besänftigungsopfer für die da unten" (νερτέροις μειλίγματα, Aischyl. *Choeph.* 15) oder „Heilmittel gegen das [im Traum vorausgesehene] Leid" (ἄκος τομαῖον [...] πημάτων, Aischyl. *Choeph.* 539) bezeichnet, sondern als ein – neben ihrer regelmäßigen Feier des Mordes (Soph. *El.* 277–281) – weiteres Beispiel von Klytaimestras Respektlosigkeit interpretiert (vgl. τλημονεστάτη γυνή, Soph. *El.* 439; vgl. MacLeod 2001, 127–132 zur Thematisierung von Klytaimestras Hybris). Und da sich die sophokleische Klytaimestra (im Kontrast zur aischyleischen Klytaimestra) erheblich weniger Sorgen um übelgesinnte Chthonioi oder den Groll ihres ermordeten Ehemanns macht, ist dem von ihr vollzogenen μασχαλισμός und dem anschließenden Abwischen der Blutflecken an Agamemnons Kopf (Soph. *El.* 444–446) wohl nicht derselbe Stellenwert wie in den *Choephoren* zuzuordnen. Jedoch wird eine gewisse Vorsicht Klytaimestras dem Toten gegenüber nicht ausgeschlossen: Die zweite Geste sei „zur Reinigung" (κἀπὶ λουτροῖσιν κάρα / κηλῖδας ἐξέμαξεν, 445 f.), was sowohl auf eine apotropäische Absicht (so die Scholien z. St.; siehe auch Finglass 2007 z. St.) als auch eine bloß hygienische Absicht hindeuten könnte. Die zweite Deutung, die Klytaimestra als einzig an ihrer äußerlichen Sauberkeit interessiert charakterisiert, würde den Umstand, dass das Blut am Leichnam abgewischt wird, als Zeichen ihrer Kaltblütigkeit auffassen müssen.

22 Zur ausbleibenden Interpretation des Traums vgl. Bowman (1997).

23 Spross: Vgl. Soph. *El.* 590, wo Elektra sich und ihren Bruder als ἐξ εὐσεβῶν βλαστόντας bezeichnet (trotz des Plurals εὐσεβῶν ist offenbar nur Agamemnon gemeint). – Zum Traum: Lennig (1969) 124–129 und v. a. Bowman (1997) 143 und 149, der die politische Bedeutung des Traums betont.

diejenigen, die sie „aus dem Reichtum auszustoßen gedenken", nicht dulden und Klytaimestra „immer so / lebend in einem unversehrten Leben über / die Häuser der Atriden und dies Zepter walten" lassen (καὶ μή με πλούτου τοῦ παρόντος εἴ τινες / δόλοισι βουλεύουσιν ἐκβαλεῖν, ἐφῇς, / ἀλλ' ὧδέ μ' αἰεὶ ζῶσαν ἀβλαβεῖ βίωι / δόμους Ἀτρειδῶν σκῆπτρά τ' ἀμφέπειν τάδε, 648 – 651). Folglich hat Klytaimestra eher vor den „Sprösslingen" (βλαστόντες, 590) des Agamemnon Angst (φόβος, 783), das heißt vor Orest und Elektra (πρὸς τῆσδ' ἐκείνου θ', 784), die diese Bedrohung verkörpern. Vor allem der rechtmäßige Erbe der Herrschaft, Orest, der „Furchtbares zu vollenden gedroht" hat (δείν' ἐπηπείλει τελεῖν, 779) und sein Reich (samt Reichtum: 72; 1290 f.) zurückerobern will, bereitet ihr viele schlaflose Nächte (780 – 782), „als würde [sie] sterben" (χρόνος διῆγέ μ' αἰὲν ὡς θανουμένην, 782).

Aber auch Elektra raubt ihr die Lebenskraft, weil die Tochter, so Klytaimestra, „immer mein unvermischtes Lebensblut aussaugte" (τοὐμὸν ἐκπίνουσ' ἀεὶ / ψυχῆς ἄκρατον αἷμα, 785 f.). Damit überträgt Klytaimestra auf Elektra eine Eigenschaft, die insbesondere Aischylos in seiner früheren Bearbeitung des Mythos in Verbindung mit den Erinyen hervorgehoben und mit ähnlichen Worten beschrieben hat: Bei Aischylos soll die Erinys „als dritten Trank [das] unvermischte Blut" des Usurpators Aigisth trinken (Orest: Ἐρινὺς [...] / <u>ἄκρατον αἷμα πίεται</u> τρίτην πόσιν, Aischyl. *Choeph.* 577 f.).[24] Klytaimestra bedient sich also nicht, wie man angesichts der unaufhörlichen Klagen Elektras erwarten könnte, des Bildes einer trauernden Figur, sondern sieht in Elektra ein bedrohliches Wesen; dabei nimmt sie genau diese Klagen deutlich wahr und fühlt sich dadurch gekränkt: Sie und Aigisth beabsichtigen sogar, Elektra in einem fernen gruftartigen Verlies lebendig einzusperren, wenn diese von der Totenklage nicht ablässt (379 – 384). Denn ihre Klage stellt ein fortwährendes Gedenken an den Verstorbenen dar und kommt, indem sie dem Ermordeten Ehre erweist und somit den Mördern jegliche Berechtigung ihrer Tat abstreitet, einer Anklage an die Täter gleicht.[25] Mit der Klage drückt Elektra nicht nur Trauer aus, sondern verbindet sie immer wieder mit Forderungen nach Rache und Wiedergutmachung.[26] Dieser Aspekt der Klage – die Forderungen nach Rache – ist es, der ins Bild einer bluttrinkenden, erinyenhaften Elektra eingeht: Mit dem Bild charakterisiert Klytaimestra ihre Tochter als aktive Rächerin.[27] Daneben wird durch Elektras Charakterisierung als erinyenhaftes – und das heißt: unterweltliches – Wesen einerseits ihre Nähe zur Welt der

---

24 Vgl. Aischyl. *Ag.* 1188; *Eum.* 183; 265 – 268. Eitrem (1915) 425 hat gesehen, dass sich Sophokles des Bildes der bluttrinkenden Erinyen auch im *Aias* bedient: In Soph. *Ai.* 843 f. weist das Verb γεύεσθαι wohl auf den Blutdurst der Erinyen hin, als Aias vor seinem Selbstmord die Göttinnen bittet, ihn gegenüber den Atriden und dem ganzen Heer zu rächen: ἴτ', ὦ ταχεῖαι ποίνιμοί τ' Ἐρινύες, / <u>γεύεσθε</u>, μὴ φείδεσθε πανδήμου στρατοῦ.

25 Zur Verbindung zwischen Klage und Anklage vgl. Schulze (1966).

26 Z. B. Soph. *El.* 86 – 120; 201 – 212 und *passim*.

27 Wenn man die sehr wahrscheinliche Anspielung auf die Erinyen noch stärker gewichtet, dann erkennt Klytaimestra mit dem Bild implizit an, dass Elektras Anspruch auf Vergeltung legitim ist: Die Erinyen bestrafen ja nicht ohne Anlass.

Toten unterstrichen, andererseits Klytaimestras Angst vor den Lebenden ausgedrückt.[28] Die eigentlichen Erinyen erscheinen in der *Elektra* bekanntlich nicht und werden in dem Drama auch nicht thematisiert,[29] genauso wie der Zorn des ermordeten Königs ausbleibt. Anders als in der *Orestie* motivieren der Groll der Verstorbenen und die Verfolgung der Erinyen die Figuren nicht zum Handeln.[30] Die Lebenden beunruhigen Klytaimestra viel mehr als die Toten; die Rolle der Unterweltsmächte wird minimalisiert.

Bei Elektra löst der Traum eine starke Reaktion aus. Zuvor noch hat sie ein Gebet an die chthonischen Mächte (Hades, Persephone, den chthonischen Hermes und die Erinyen) – aber nicht an ihren Vater – gerichtet, in dem sie um Rache und die Rückkehr ihres Bruders gebeten hat (110 – 118). Jetzt fordert sie Chrysothemis auf, sich mit der gleichen Bitte (455 f.) nicht an die chthonischen Gottheiten, sondern an Agamemnon zu wenden. Darüber hinaus soll Chrysothemis beten, dass Agamemnon „aus der Erde / uns selber gnädig als ein Helfer komme / gegen die Feinde“ (αἰτοῦ δὲ προσπίτνουσα[31] γῆθεν εὐμενῆ / ἡμῖν ἀρωγὸν αὐτὸν εἰς ἐχθροὺς μολεῖν, 453 f.). Der Gedanke, der Tote könnte Abhilfe schaffen, ist nur deshalb frappierend, weil Elektra mit dieser Aussage plötzlich von ihrer bisher vertretenen Ansicht abrückt. Zuvor hat es geheißen, der Tote sei „Erde und ein Nichts“ (ὁ μὲν θανὼν γᾶ τε καὶ οὐδὲν ὢν / κείσεται τάλας, 245 f.); jetzt konzipiert Elektra den Toten als einen potentiellen Mithelfer. Der Grund für ihre Meinungsänderung ist der Traum, dessen Sendung sie dem Verstorbenen unter Vorbehalt (τι, 459) zuschreibt:[32] οἶμαι μὲν οὖν, οἶμαί τι κἀκείνωι μέλον / πέμψαι τάδ' αὐτῆι δυσπρόσοπτ' ὀνείρατα („Glaube ich doch – ja, ich glaube, irgendwie / war jenem auch daran gelegen, ihr / zu senden diese bösen Traumgesichter“, 459 f.). Die Wiederholung οἶμαι [...] οἶμαι unterstreicht Elektras Aufregung[33] und Verwirrung über den Traum, der sie zu einer hoffnungsvolleren Ansicht verleitet.

Vergleichbar mit Elektras Aufregung über den Traum ist ihre Reaktion später im Drama, als sie den – lebenden – Orest wiedererkennt. Nach dem Bericht über seinen angeblichen Tod und Erhalt der Urne, die seine Asche enthalten soll, stürzt Elektra in noch tiefere Trauer und äußert nihilistische Vorstellungen vom Tode, die dann nach der unerwarteten Wiederbegegnung zum Gegenpol schwingen: Da das Unmögliche (vgl. ἄσκοπα, 1315) geschehen und Orest wieder zum Leben zurückgekehrt ist (1314 f.), würde Elektra es nicht als Omen oder Wunder (τέρας), sondern als Realität betrach-

28 Auf Elektras Nähe zu den Toten wird im Folgenden zurückzukommen sein.

29 *Pace* Winnington-Ingram (1980) 217 – 247; siehe Bowman (1997) 146 – 148 und Finglass (2007) zu 785 und 1442 – 1504.

30 Vgl. Aischyl. *Choeph.* 278 – 296 und 924 f.

31 Das Sich-zu-Boden-Werfen gehört mit dem Schlagen des Bodens zu den rituellen Gesten, die in literarischen Darstellungen von Anrufungen der Toten bzw. Chthonioi begegnen: Aischyl. *Pers.* 683 (Beschwörung), Eur. *Tro.* 1304 f. (Anrufung der Toten und Totenklage); vgl. Hom. *h.* 3,333; Hom. *Il.* 9,568 – 572 (Anrufung der Erinyen).

32 Wie in den *Choephoren* wird der Sender des Traums nie ausdrücklich identifiziert.

33 Zu Wiederholungsfiguren als Ausdruck von Aufregung: Finglass (2007) zu Soph. *El.* 459 und 495 f. mit weiteren Beispielen.

ten, träte auch Agamemnon lebend vor sie hin (1315 – 1317). Während dem Auditorium diese Worte noch in den Ohren klingen, fragt Elektra nach der Identität des alten Mannes, der Orest begleitet (1346 f.). Darauf folgt die zweite Wiedererkennung der Szene, und Elektra grüßt den alten Erzieher des Orest als „Vater" (χαῖρ', ὦ πάτερ· πατέρα γὰρ εἰσορᾶν δοκῶ, 1361). Einen älteren Mann als „Vater" anzureden, ist freilich nicht unüblich,[34] sondern wirkt an dieser Stelle besonders passend: Mit der Anrede erkennt Elektra die väterliche Rolle des Erziehers an, der ihren Bruder nach Agamemnons Ermordung gerettet (1348 – 1352) und zum Rächer erzogen hatte (11 – 14). Zudem fällt die Anrede auf in einem Drama, in dem das Wort „Vater" mehr als sechzig Mal zu hören ist und sich immer auf Elektras Vater bezieht; will Elektra den Erzieher quasi als einen wiedergekehrten Agamemnon bezeichnen?[35] Der Erzieher hat schließlich die Rückkehr des Orest ermöglicht, um die Elektra ihren eigentlichen Vater gebeten hatte (110 – 118), und somit das Gebet „erfüllt". Die Anrede verwirklicht einerseits – zumindest für Elektra, und wenn auch nur sprachlich – eine Art Wiederkehr des Vaters und lässt sich als Ausdruck der extremen Freude der Elektra verstehen.[36] Paradoxerweise deutet die Anrede aber auch auf die Wirkungsunfähigkeit des Toten in diesem Drama: Ein Lebender hat die Rolle des Verstorbenen übernommen, und der Pädagoge handelt (anders als Orest in den *Choephoren*) nicht in Allianz mit dem Toten oder den Chthonioi.

Die Vorstellung einer Rückkehr vom Tode ist von einer zeitweiligen Erscheinung des Totengeists (wie etwa im Rahmen einer Beschwörung oder sogar *motu proprio*) zu unterscheiden. Sie ist fast so radikal wie die Ansicht, der Verstorbene habe überhaupt kein weiteres Dasein nach dem Tode. Zusammen bilden die Vorstellungen entgegengesetzte Extreme, die in dem Drama als konzeptuelle Gegenpole fungieren und den Tief- und Höhepunkt der situationsbedingten Gemütsbewegungen der Protagonisten markieren; sie diktieren nicht die dramatische Realität des Stücks – kein Zuschauer hätte ja den tot geglaubten Orest als Wiederauferstandenen verstanden –, sondern sind Ausdruck der inneren Welt der Elektra. In dieser Hinsicht tragen die Toten- und Todesvorstellungen der *Elektra* vielmehr zur Charakterisierung der Protagonistin als zu der des Toten bei.

---

34 Finglass (2007) z. St. mit Hinweis auf Dickey (1996) 78 – 80.

35 Vgl. Horsley (1980) 299 f., der argumentiert: „The [Paidagogos] has become Agamemnon *redivivus*. [...] The apostrophe to the *pater* in the first part of v. 1361 makes it material to understand πατέρα later in the verse as 'my father', not simply 'a father', as many take it"; vgl. Finglass (2007) z. St. Wenn der Paidagogos wirklich Agamemnon – und nicht nur die Vaterstelle – vertreten würde, dann wären die Bezüge deutlicher.

36 Anders Kells (1973) zu 1313 ff., der Elektras zunehmende Aufregung nach der Wiedererkennung ihres Bruders und des Erziehers als „Besessenheit" durch die Erinyen und den Beginn eines Wahnsinns deutet.

Todesbilder – Jenseitsbilder

Den Tiefpunkt der Hoffnungslosigkeit erreicht Elektra, als sie die Urne mit den vermeintlichen Überresten ihres totgeglaubten Bruders in die Hände nimmt (1119–1122).[37] Am Anfang und Ende ihrer Klage über der Urne (1126–1170) steht die extreme Vorstellung von dem Toten als einem „Nichts“ (1129; 1166), die eine Reihe von anderen negativ konnotierten Todesbildern einrahmt. Diese Bilder und Vorstellungen, die sich in der Klage verdichten, überwiegen auch im restlichen Drama und wirken komplementär zu der „Verbannung“ des toten Agamemnon aus der Szene. Dabei wird der Tod als zerstörend, unentrinnbar und endgültig charakterisiert, der Tote dementsprechend als fern und machtlos. Das Bild steht im starken Kontrast zur aischyleischen Darstellung des Todes, in der die Möglichkeit einer zeitweiligen Aufhebung der Grenze zwischen Diesseits und Jenseits hervorgehoben wird.

Drei Metaphern verbildlichen die vorherrschende Vorstellung vom Tod und von den Toten in der *Elektra*. Die ersten zwei, nur von Elektra verwendet, sind die des Fortgerissenwerdens beziehungsweise Entreißens und die des Reisens. So bezeichnet Elektra kurz nach dem Bericht von Orests Tod ihren Bruder als φροῦδος <u>ἀναρπασθείς</u> („fort, hinweggerafft“, 847).[38] Da der vermeintliche Tod des Orest auch die Hoffnung seiner Schwester auf einen Rächer zerstört, kann das gleiche Bild von der Gewaltsamkeit des Todes auch in einem aktiven Sinn auf den Toten selbst übertragen werden: Orest sei, so Elektra in ihrer Klage über der Urne, „gleich einem Sturm gegangen, alles mit sich reißend“ (πάντα γὰρ συναρπάσας / θύελλ’ ὅπως βέβηκας, 1150 f.). Das Bild ist mit der sehr geläufigen Metapher des Todes als Reise oder als Fortsein verwandt, die zum Beispiel in den folgenden Versen eingesetzt und ebenfalls mit der Gewalt des Todes beziehungsweise des Toten verknüpft wird (1162–1164):

> ὦ δεινοτάτας, οἴμοι μοι,
> πεμφθεὶς κελεύθους, φίλταθ’, ὥς μ’ ἀπώλεσας,
> ἀπώλεσας δῆτ’, ὦ κασίγνητον κάρα.
>
> O du, der du die furchtbarsten – o mir, mir! –
> Pfade gesandt wurdest! Liebster!
> Wie hast du mich vernichtet –
> vernichtet, ja! o brüderliches Haupt!

Die δεινόταται κέλευθοι erinnern an die εὐρώεντα κέλευθα („die modrigen Pfade“, Hom. *Od.* 24,11), die hinunter in den Hades führen, und evozieren zusammen mit dem

37 Zur Zerstörung aller Hoffnung durch Orests Tod: Soph. *El.* 809–812 und 1126–1128.

38 Todesbericht: Soph. *El.* 680–764. Ähnlich (aber weniger gewaltgeladen) heißt es in ihrer Klage über der Urne, dass die mit Orests Tod verschwundene Hoffnung auf Rache vom „unglückseligen Dämon hinweggenommen“ worden ist (ἀλλὰ ταῦθ’ ὁ δυστυχὴς / δαίμων ὁ σός τε κἀμὸς <u>ἐξαφείλετο</u>, 1156 f.). Für ἐξαφαιρεῖν vom Tod bzw. Töten vgl. Hom. *Od.* 22,443 f. θεινέμεναι ξίφεσιν τανυήκεσιν, εἰς ὅ κε πασέων / ψυχὰς ἐξαφέλησθε, „erschlagt [die Mägde] mit scharfem Schwert und beraubt sie / ihrer Leben, Übs. nach Voß 1793).

Bild des Entreißens die gewachsene Distanz zwischen den Hinterbliebenen und den Abgeschiedenen. Anders als die Reisemetapher jedoch akzentuieren das Sturmgleichnis und die Metapher des Hinwegraffens, wie plötzlich und mit welcher Gewalt und Endgültigkeit der Tote – in diesem Fall Orest – den Lebenden entrissen worden ist.[39]

Die dritte Metapher zur Charakterisierung des Todes, das Bild eines Hadesmahls, wird von Klytaimestra verwendet, als sie im Streit mit ihrer Tochter versucht, die Ermordung Agamemnons zu rechtfertigen (525–551). Der Mord, so verteidigt sich Klytaimestra, sei Vergeltung für die Opferung ihrer Tochter Iphigenie (531–547) gewesen; schließlich habe Agamemnon für seinen Bruder Menelaos Krieg geführt – hätte er nicht eher die Kinder von Menelaos und Helena opfern sollen, damit die Flotte von Aulis auslaufen konnte (539–541)? Oder „hatte Hades eine größere Lust nach meinen Kindern gefasst, sie zu verschmausen, als nach den Kindern jener?“ (ἢ τῶν ἐμῶν Ἅιδης τιν’ ἵμερον τέκνων / ἢ τῶν ἐκείνης ἔσχε δαίσασθαι πλέον; 542f.). Das Bild ruft die Schlachtung der Thyesteskinder in Erinnerung, die zum Geschlechterfluch des Atridenhauses geführt hatte,[40] vor allem aber weist Klytaimestra mit ihrer rhetorischen Frage auf die Perversion des Menschenopfers hin: Dieses Opfer wird nur für den Todesgott ein „Mahl“; auf die Tötung folgt, anders als im Normalfall beim Tieropfer, kein festliches Opfermahl.[41] Dabei greift sie auf ein topisches Bild von Todesdämonen und anderen Unterweltswesen zurück: Auf ähnliche Weise wollen die Erinyen bei Aischylos den Orest zu ihrem „Opfer“ machen und ihn lebendig verzehren (καὶ ζῶν με δαίσεις οὐδὲ πρὸς βωμῶι σφαγείς, Aischyl. *Eum.* 305); Pausanias kannte ein Bild der Unterwelt von Polygnot (5. Jh. v. Chr.) in Delphi, auf dem ein gewisser Dämon Euronymos das Fleisch von Leichen fraß und die Knochen übrig ließ.[42] Ob auch Kerberos die Knochen übrig ließ, verrät Hesiod nicht: In der *Theogonie* verschlingt der Wachhund jeden, der den Ausweg sucht, ein Bild der Endgültigkeit des Todes.[43] Aber auch Hunde in der Oberwelt sowie andere Tiere wie etwa Vögel und Fische repräsentieren die Grausamkeit des Hadesmahls, insofern die Gelegenheit, dass sie einen Leichnam überhaupt fressen können dafür steht, dass Totenriten fehlen beziehungsweise ver-

---

39 Zum Bild der Entrückung: Rohde (1898) Bd. 1, 68–79, bes. 70–73 zur Entführung durch die „Sturmwinde“ bzw. Harpyien.

40 Das Thyestesmahl wird allerdings nicht von Sophokles thematisiert. Vgl. Finglass (2007) zu Soph. *El.* 542f.

41 Die Verquickung von Tod bzw. Mord und Mahl stellt eine Pervertierung des normalen Banketts dar und weist dabei auf eine besondere Grausamkeit hin, die auch Klytaimestra kennzeichnet: Anders als bei Aischylos erschlägt die sophokleische Klytaimestra ihren heimgekehrten Ehemann nicht im Bad, sondern beim Mahl (bei Homer vollzieht Aigisth den Mord ebenfalls beim Gastmahl: Hom. *Od.* 4,528–537), und feiert monatlich seinen Todestag (Soph. *El.* 277–281).

42 Paus. 10.28.7. Zu dieser Vorstellung siehe v. a. Dieterich (1963) 46–54; vgl. Eur. *Ion* 1496f. und Seaford (1988) zu Eur. *Cycl.* 397.

43 Dieterich (1963) 49; Hes. *theog.* 772f.: ἐξελθεῖν δ’ οὐκ αὖτις ἐᾶι πάλιν, ἀλλὰ δοκεύων / ἐσθίει, ὅν κε λάβηισι πυλέων ἔκτοσθεν ἰόντα und vgl. Hes. *theog.* 310f., δεύτερον αὖτις ἔτικτεν […] / Κέρβερον ὠμηστήν.

weigert werden – was wiederum eine Entwürdigung des Toten bedeutet.[44] Nur Tiere verzehren Leichen; Menschen – zumindest die Griechen – verspeisen die Toten unter gar keinen Umständen.[45] Die Darstellung des Hades als eines Todesdämones, der, wie sonst nur Tiere, den Toten frisst, zeigt demnach den Tod als entmenscht und bestialisch, brutal und zerstörerisch.

In den beschriebenen Todesbildern ist der Tote fern, weggerafft oder verschlungen, und der Tod wird als gewaltsam und destruktiv dargestellt. Der von Klytaimestra imaginierte Hades vernichtet sein Opfer, so dass nichts von ihm übrig bleibt; nach der Vorstellung Elektras weist der Tod die zerstörende Kraft einer Naturgewalt auf. Die Bilder unterstützen das herrschende Motiv des Toten als eines „Nichts", wie ihn Elektra bezeichnet: Im Tod sei sowohl Agamemnon „Erde und ein Nichts" (ὁ [...] θανὼν γᾶ τε καὶ οὐδὲν ὢν / κείσεται τάλας, 244 f.) als auch Orest, dessen angebliche Asche Elektra mit den Worten empfängt (1126 – 1129; vgl. 1165 – 1167):

> ὦ φιλτάτου μνημεῖον ἀνθρώπων ἐμοὶ
> ψυχῆς Ὀρέστου λοιπόν, ὥς <σ'> ἀπ' ἐλπίδων
> ὑφ' ὧνπερ ἐξέπεμπον εἰσεδεξάμην.
> νῦν μὲν γὰρ οὐδὲν ὄντα βαστάζω χεροῖν [...]
>
> O Andenken an den Liebsten mir der Menschen,
> übrig allein von der ψυχή des Orest!
> Wie fern den Hoffnungen, mit denen ich
> dich ausgesandt, empfang ich dich zurück.
> Denn jetzt halt ich dich als ein Nichts in Händen [...]

Durch den Tod erhält der Verstorbene keine Macht im Jenseits, wie sie dem Toten in den *Choephoren* zugeschrieben wird, sondern er wird zu einem „Nichts". Die Bezeichnung des Selbst oder eines anderen als ein „Nichts" begegnet mehrmals in der griechischen Tragödie und kann einen unterschiedlichen Stellenwert in verschiedenen Kontexten annehmen: Wenn sich etwa die greise Hekabe in Euripides' gleichnamiger Tragödie als ein „Nichts" bezeichnet, verweist sie auf ihre altersbedingte Schwachheit, vor allem aber auf den Abstieg von früherer Größe und Macht.[46] Das

---

44 Zur Leichenschändung und zur Verfütterung des Leichnams an die Hunde: Descharmes (2013) 178 – 182; Segal (1971); Vernant (1982).

45 Hdt. 3,38 erzählt bekanntlich, um die Relativität und Bedeutung von Sitten zu illustrieren, dass der König Dareios einmal die Hellenen fragte, „um welchen Preis sie ihre verstorbenen Väter verbrennen möchten. Sie schrien laut auf und baten ihn inständig, solch gottlose Worte zu lassen." (Übs. Feix 2006; Δαρεῖος ἐπὶ τῆς ἑωυτοῦ ἀρχῆς καλέσας Ἑλλήνων τοὺς παρεόντας εἴρετο ἐπὶ κόσωι ἂν χρήματι βουλοίατο τοὺς πατέρας ἀποθνήισκοντας κατασιτέεσθαι· οἱ δὲ ἐπ' οὐδενὶ ἔφασαν ἔρδειν ἂν τοῦτο. Δαρεῖος δὲ μετὰ ταῦτα καλέσας Ἰνδῶν τοὺς καλεομένους Καλλατίας, οἳ τοὺς γονέας κατεσθίουσι, εἴρετο, παρεόντων τῶν Ἑλλήνων καὶ δι' ἑρμηνέος μανθανόντων τὰ λεγόμενα, ἐπὶ τίνι χρήματι δεξαίατ' ἂν τελευτῶντας τοὺς πατέρας κατακαίειν πυρί· οἱ δὲ ἀμβώσαντες μέγα εὐφημέειν μιν ἐκέλευον).

46 Eur. *Hec.* 843 f. Eine Liste einschlägiger Stellen in der Tragödie findet sich bei Schauer (2002) 234 f., der οὐδέν εἰμι und οὐκέτι εἰμί gleichsetzt; das Motiv kann wie in der *Hekabe*-Stelle „in drastischer Form

„Nichtsein" der Toten bezieht sich ebenfalls auf Machtlosigkeit, die jeweils unterschiedlich konnotiert wird – in Euripides' *Alkestis* meint die Sterbende, die Trauer ihres Gatten werde durch die Zeit gelindert, da der (beziehungsweise die) Verstorbene ein „Nichts" sei, das heißt, nicht mehr präsent ist und dadurch in Vergessenheit gerät; in diesem Kontext gilt der Tote als ein „Nichts" für die Lebenden.[47] Die Wendung hat aber eine andere Valenz, wenn sie sich mit der Vorstellung verknüpft, man habe keine αἴσθησις mehr nach dem Tod.[48] Ähnlich verhält es sich in der *Elektra*, wie die oben zitierte Textstelle nahelegt:

Orest sei zu Asche und zu einem „nutzlosen Schatten" geworden, den der „unglückselige Dämon" der Geschwister anstelle der „liebsten Gestalt" zurückgebracht habe (δαίμων ὁ σός τε κἀμὸς [...] / ὅς σ' ὧδέ μοι προὔπεμψεν ἀντὶ φιλτάτης / μορφῆς σποδόν τε καὶ σκιὰν ἀνωφελῆ, 1157–1159). Er ist auf den ersten Blick den immateriellen Totenseelen (ψυχαί) der homerischen Unterwelt ähnlich, die „wie ein Schatten oder ein Traum" den Händen des Odysseus entweichen (τρὶς μὲν ἐφωρμήθην, ἑλέειν τέ με θυμὸς ἀνώγει, / τρὶς δέ μοι ἐκ χειρῶν σκιῇ εἴκελον ἢ καὶ ὀνείρωι / ἔπτατ', Hom. *Od.* 11,206–208).[49] Doch bei Homer ist es immerhin möglich, den Toten zu begegnen, sowohl auf Erden als auch im Hades. Eine Existenz jenseits des Todes, auch wenn sie nur ein Schattendasein ist, wird bei Homer nicht in Frage gestellt; ja, die Totengeister sehen trotz ihrer Immaterialität genauso aus wie am Lebensende: So erscheint dem Achill der Totengeist des Patroklos als genaues Abbild des Verstorbenen. Seine Größe und Stimme, seine schönen Augen und sogar sein Gewand sind sofort erkennbar;[50] die ψυχή „gleicht zum Erstaunen ihm [d. h. Patroklos] selber" (ἔϊκτο δὲ θέσκελον αὐτῶι, Hom. *Il.* 23,107) – nur fehlen seine φρένες als Sitz der Lebenskraft (Hom. *Il.* 23,104, φρένες οὐκ ἔνι πάμπαν). Dagegen betrachtet Elektra den Toten als nichts mehr denn seine Überreste: Der Tod transformiert. Der Tote sei zu Erde (244) und Asche (1158) verwandelt – alles, was von Orests ψυχή übrig bleibt, sei die Asche (1127, oben zitiert). Dem Toten fehlt wie bei Homer jede Substanz und Materialität, ihm fehlt aber anders als den homerischen Totenschatten (σκιαί, Hom. *Od.* 10,495) auch seine Gestalt (μορφή, 1158), und er scheint im Begriff zu sein, seine Daseinsform nach dem Tode gänzlich zu verlieren.

Die Ansicht der Elektra, dass der Tote ein „Nichts" sei, nähert sich einer Vorstellung, die weder in den homerischen Epen noch in den überlieferten Werken und Fragmenten des Aischylos zu finden ist, sondern spätestens im letzten Viertel des

---

[...] den Verlust des Selbstwertgefühls" ausdrücken (Schauer 2002, 234) oder aber das Gegenüber abwerten (z. B. Soph. *Ai.* 1229–1235, Agamemnon zu Teuker).

47 Eur. *Alc.* 381.

48 Z. B. Eur. *Tro.* 632–642.

49 Vgl. auch Hom. *Il.* 23,99–101, wo der Totengeist des Patroklos den Händen des Achill wie Rauch entweicht und verschwindet: ὠρέξατο χερσὶ φίλῃσιν / οὐδ' ἔλαβε· ψυχὴ δὲ κατὰ χθονὸς ἠΰτε καπνὸς ᾤιχετο τετριγυῖα.

50 Hom. *Il.* 23,65: ἦλθε δ' ἐπὶ ψυχὴ Πατροκλῆος δειλοῖο / πάντ' αὐτῶι μέγεθός τε καὶ ὄμματα κάλ' ἐϊκυῖα / καὶ φωνήν, καὶ τοῖα περὶ χροῒ εἵματα ἕστο.

fünften Jahrhunderts vereinzelt auftaucht und mit der Vorstellung einer postmortalen Weiterexistenz konkurriert.[51] Dieser Vorstellung zufolge überdauert die ψυχή den physischen Tod nicht. Wenn sie den Körper verließe, zerstiebe (διασκεδάννυσθαι) die ψυχή wie Rauch oder werde durch den Wind auseinandergeweht (διαφυσᾶσθαι).[52] Neben ernsthaften Auseinandersetzungen mit dieser Vorstellung macht der platonische Sokrates sie auch zum Gegenstand des Spottes und wirft seinen Gesprächspartnern im *Phaidon* die kindliche Angst vor, dass die Seele beim Verlassen des Körpers der Zerstreuung und daher Zerstörung umso mehr ausgeliefert sei, wenn man nicht bei Windstille, sondern bei heftigem Wind sterbe (ὅμως δέ μοι δοκεῖς σύ τε καὶ Σιμμίας [...] δεδιέναι τὸ τῶν παίδων, μὴ ὡς ἀληθῶς ὁ ἄνεμος αὐτὴν ἐκβαίνουσαν ἐκ τοῦ σώματος διαφυσᾶι καὶ διασκεδάννυσιν, ἄλλως τε καὶ ὅταν τύχηι τις μὴ ἐν νηνεμίαι ἀλλ᾽ ἐν μεγάλωι τινὶ πνεύματι ἀποθνήισκων, *Phaid.* 77d). Gemäß dieser Vorstellung existiere infolge ihrer Auflösung die Seele gar nicht mehr, so dass das Sterben sei, als wäre man nie geboren,[53] und der Tod einem traumlosen Schlaf ähnle, in dem man keine αἴσθησις mehr habe,[54] also nichts wahrnehme oder empfinde.[55] Vor dieser Folie kommt den verschiedenen, „pessimistischen" Todesbildern der *Elektra* eine noch stärkere Kohärenz zu. Vor allem die Beschreibung des Toten als einem Sturmwind gleich, die Immaterialität des Toten und dessen Nichtsein erweisen sich als noch

---

51 Plat. *apol.* 40c: δυοῖν γὰρ θάτερόν ἐστιν τὸ τεθνάναι· ἢ γὰρ οἷον μηδὲν εἶναι μηδὲ αἴσθησιν μηδεμίαν μηδενὸς ἔχειν τὸν τεθνεῶτα, ἢ κατὰ τὰ λεγόμενα μεταβολή τις τυγχάνει οὖσα καὶ μετοίκησις τῆι ψυχῆι τοῦ τόπου τοῦ ἐνθένδε εἰς ἄλλον τόπον. Vgl. Garland ^{2}(2001) 74–76. Bei Platon wird die Vorstellung vom Tod als einem Nichts als *communis opinio* eingestuft (Plat. *Phaid.* 77b und 80d10–80e) und als kindischer Aberglaube (Plat. *Phaid.* 77d). Demokrit soll sie auch vertreten haben, aber seine Deutung muss im Kontext seiner Atomlehre betrachtet werden und ist entweder als eine auf dieser Lehre beruhende Deutung des „Volksglaubens" oder als eine allein aus der Atomlehre entstehende Vorstellung zu verstehen. Zur Vorstellung bei Demokrit: Stob. 1,49,43 (ἡ ψυχὴ [...] ἐν [...] τῶι ἐκβαίνειν διαφορεῖται καὶ διασκεδάννυται, ὥσπερ Δημόκριτος καὶ Ἐπίκουρος ἀποφαίνονται) mit [Ps.-]Plut. *mor.* 899c; Rohde (1898) Bd. 2, 190 Anm. 2; Bd. 2, 332 mit Anm. 3; vgl. Bd. 2, 264; zum Zusammenhang zwischen der Vorstellung des Demokrit und dessen Atomlehre vgl. Menkhaus (2003) 47–50.

52 Plat. *Phaid.* 69e–70a: Ὦ Σώκρατες, τὰ μὲν ἄλλα ἔμοιγε δοκεῖ καλῶς λέγεσθαι, τὰ δὲ περὶ τῆς ψυχῆς πολλὴν ἀπιστίαν παρέχει τοῖς ἀνθρώποις μή, ἐπειδὰν ἀπαλλαγῆι τοῦ σώματος, οὐδαμοῦ ἔτι ἦι, ἀλλ᾽ ἐκείνηι τῆι ἡμέραι διαφθείρηταί τε καὶ ἀπολλύηται ἧι ἂν ὁ ἄνθρωπος ἀποθνήισκηι, εὐθὺς ἀπαλλαττομένη τοῦ σώματος, καὶ ἐκβαίνουσα ὥσπερ πνεῦμα ἢ καπνὸς διασκεδασθεῖσα οἴχηται διαπτομένη καὶ οὐδὲν ἔτι οὐδαμοῦ ἦι. – Plat. *Phaid.* 77b εἰ μέντοι καὶ ἐπειδὰν ἀποθάνωμεν ἔτι ἔσται, οὐδὲ αὐτῶι μοι δοκεῖ, ἔφη, ὦ Σώκρατες, ἀποδεδεῖχθαι, ἀλλ᾽ ἔτι ἐνέστηκεν ὃ νυνδὴ Κέβης ἔλεγε, τὸ τῶν πολλῶν, ὅπως μὴ ἅμα ἀποθνήισκοντος τοῦ ἀνθρώπου διασκεδάννυται ἡ ψυχὴ καὶ αὐτῆι τοῦ εἶναι τοῦτο τέλος ἦι. – Plat. *Phaid.* 80d: Ἡ δὲ ψυχὴ ἄρα, τὸ ἀιδές, τὸ εἰς τοιοῦτον τόπον ἕτερον οἰχόμενον γενναῖον καὶ καθαρὸν καὶ ἀιδῆ, εἰς Ἅιδου ὡς ἀληθῶς, παρὰ τὸν ἀγαθὸν καὶ φρόνιμον θεόν, οἷ, ἂν θεὸς θέληι, αὐτίκα καὶ τῆι ἐμῆι ψυχῆι ἰτέον, αὕτη δὲ δὴ ἡμῖν ἡ τοιαύτη καὶ οὕτω πεφυκυῖα ἀπαλλαττομένη τοῦ σώματος εὐθὺς διαπεφύσηται καὶ ἀπόλωλεν, ὥς φασιν οἱ πολλοὶ ἄνθρωποι;

53 So Andromache: τὸ μὴ γενέσθαι τῶι θανεῖν ἴσον λέγω, Eur. *Tro.* 636 (415 v. Chr. aufgeführt); vgl. Eur. *Tro.* 641 f. und [Ps.-]Plat. *Ax.* 365d.

54 Plat. *apol.* 40c–d.

55 Weitere Stellen, in denen dem Toten jede αἴσθησις abgesprochen wird, finden sich bei Dover (1975) 243 f.

enger miteinander verbunden: Wer aus dem Leben wie ein Sturmwind geht (θύελλ' ὅπως βέβηκας, 1151), der geht wie die Seele aus dem Körper, die der Wind dann zerstreut. Konkurrierend mit dem Glauben an ein weiteres Dasein im Hades (wie bei Homer) beziehungsweise an die Untersterblichkeit der vom Leib getrennten Seele (wie im *Phaidon*), bedeutet die Zerstreuung des Lebenshauchs das Ende der Existenz schlechthin und schließt jede Fortsetzung aus.

Solchen Vorstellungen entsprechend könnten, so die Meinung Elektras, die Toten weder leiden noch Hilfe leisten,[56] und am Ende ihrer Rede über der Urne wünscht sie sich, auch zu einem „Nichts" zu werden (1165–1170):

τοιγὰρ σὺ δέξαι μ' ἐς τὸ σὸν τόδε στέγος,
τὴν μηδὲν ἐς τὸ μηδέν, ὡς σὺν σοὶ κάτω
ναίω τὸ λοιπόν. καὶ γὰρ ἡνίκ' ἦσθ' ἄνω,
ξὺν σοὶ μετεῖχον τῶν ἴσων· καὶ νῦν ποθῶ
τοῦ σοῦ θανοῦσα μὴ ἀπολείπεσθαι τάφου.
τοὺς γὰρ θανόντας οὐχ ὁρῶ λυπουμένους.

So nimm du mich denn auf in diese deine
Behausung, mich, dies Nichts, in dies dein Nichts,
auf dass ich drunten mit dir wohne künftig!
Denn auch solang du hier oben warst,
hab ich alles stets mit dir geteilt.
So sehn' ich mich auch jetzt, dass ich, gestorben,
von dir nicht abgeschieden sei im Grab.
Denn die Gestorbenen, sehe ich, sind ohne Leid.

Während sie in Vers 1166 den Gedanken des „Nichts-Seins" wieder aufnimmt und somit das Bild des „Zunichtewerdens" oder „Nichtseins" nach dem Tod evoziert, entfernt sie sich gleich von letzterer Vorstellung in der Fortsetzung ihres Todeswunsches mit der Formulierung, sie wolle „drunten" mit Orest wohnen. Die plötzlich einbrechende Vorstellung, man existiere doch weiter im Hades, könnte auf eine vom Dichter beabsichtigte Inkonsequenz in der Haltung der von Trauer und Verzweiflung überwältigten Elektra zurückgeführt werden. Sie dient aber vornehmlich dazu, durch den geläufigen und hier nur durch die Stichwörter κάτω und ἄνω ausgedrückten Kontrast zwischen Ober- und Unterwelt die Distanz zwischen dem Toten und der Lebenden hervorzuheben, die einst eine familiäre Nähe zueinander hatten (vgl. ξὺν σοὶ μετεῖχον τῶν ἴσων, 1168), und dabei Elektras Isolierung infolge des Todes ihres Bruders zu akzentuieren. Im nächsten Vers wird dann κάτω doch nicht als Hades, sondern als die Grabstätte (τάφος, 1169) genauer bestimmt.[57] Darauf negiert Elektra wieder die Idee einer Weiterexistenz mit der Begründung ihres Todeswunsches,

---

56 Die Toten können nicht helfen: Vgl. Soph. *El.* 948–950 (Elektra zu Chrysothemis): παρουσίαν μὲν οἶσθα καὶ σύ που φίλων / ὡς οὔτις ἡμῖν ἔστιν, ἀλλ' Ἅιδης λαβὼν / ἀπεστέρηκε καὶ μόνα λελείμμεθον und 1197 f.: {ΟΡ.} οὐδ' οὑπαρήξων οὐθ' ὁ κωλύσων πάρα; / {ΗΛ.} οὐ δῆθ'· ὃς ἦν γάρ μοι σὺ προὔθηκας σποδόν.

57 Die Grenze zwischen der Unterwelt und dem Grab kann aber freilich sehr fließend sein.

nämlich dass die Verstorbenen ohne Leid seien. Vom Leid befreit sind in Jenseitsvorstellungen seit Homer die meisten Toten ja ausdrücklich nicht: Der Totengeist des Patroklos zum Beispiel verbringt die ganze Nacht seines Besuchs weinend und klagend neben Achill (παννυχίη γάρ μοι Πατροκλῆος δειλοῖο / ψυχὴ ἐφεστήκει γοόωσά τε μυρομένη τε / καί μοι ἕκαστ' ἐπέτελλεν, Hom. *Il.* 23,105 – 107). Ebenso wenig sind in der *Elektra*-Stelle Anklänge an ein leidloses Dasein auf den Inseln der Seligen oder infolge göttlicher Entrückung zu suchen – Vorstellungen, die in der Tragödie äußerst selten vorkommen.[58] Die Abwesenheit von Leid an dieser Stelle passt eher zum Bild einer Nicht-Existenz, in der man ohne jede αἴσθησις ist.[59]

In der *Elektra* hingegen bleibt die Erfahrung des Leidens den Lebenden vorbehalten: Im Zentrum steht das Leid der Elektra, nicht die Leiden des toten Königs. Ihn (wie im Kommos der *Choephoren*) am Grab anzuflehen, in einer Totenklage an seine Leiden zu erinnern und ihm von der Misere seiner Kinder zu erzählen, um dadurch seinen Zorn und sein Mitleid zu erwecken, hätte in der Welt der *Elektra* keinen Zweck. Denn nicht nur werden die Empfindungsfähigkeit des Toten sowie die Möglichkeit eines reziproken Verhältnisses zwischen Lebenden und Toten (355 f.) in Zweifel gezogen. Auch vermag die Klage nicht, einen „Rachedaimon ‚auf die Bahn'" zu bringen:[60] Im Gegensatz zur Wirksamkeit und Kraft, die die Charaktere in den *Choephoren* der am Grab des Agamemnon gesungen Totenklage beimessen (vgl. πατέρων δὲ καὶ τεκόντων / γόος ἔνδικος ματεύει, / τὸ πᾶν ἀμφιλαφὴς ταραχθείς, Aischyl. *Choeph.* 329 – 331), wird in der *Elektra* der Totenklage eine Wirkung im Hades abgesprochen (137 – 139):

> ἀλλ' οὔτοι τόν γ' ἐξ Ἀίδα
> παγκοίνου λίμνας πατέρ' ἀν-
> στάσεις οὔτε γόοισιν, οὔτ' †λιταῖσιν†·
>
> Doch nicht wirst du den Vater
> aus des Hades alle empfangendem See
> wiederauferstehen lassen
> mit Totenklagen noch [Gebeten]!

58 Entrückung auf die Insel der Seligen: Eur. *Bacch.* 1338 (Kadmos); Eur. *Hel.* 1676 – 1679 (Menelaos); vgl. Eur. *Andr.* 1259 – 1262 (Achill); [Ps.-]Eur. *Rhes.* 962 – 973. Peleus wird am Ende der *Andromache* zu einem Gott erhoben und verbringt seine weitere Existenz mit Thetis im „Haus des Nereus", unsterblich und von allen menschlichen Leiden befreit (Eur. *Andr.* 1253 – 1256).

59 Vgl. Warmbold (1871) 25, der (im Kontext euripideischer Jenseitsvorstellungen) auch die Abwesenheit von Leid in Verbindung mit nihilistischen Todesvorstellungen bringt: „Vom Aufgeben der selbstbewußten Fortdauer der Seele nach dem Tode bedurfte es nur eines Schrittes weiter, um die Unsterblichkeit der Seele überhaupt zu leugnen. Ja, es konnte unter gewissen Umständen dem Griechen ein tröstlicher Gedanke sein, daß mit dem Tode Alles aus sei. Freuden hatte der Todte im Jenseits nicht zu erwarten, denn *Iph. T.* 1084: οἱ θανόντες χαρμάτων τητώμεθα, und der Gedanke, daß Noth und Sorge auch dort den Menschen nicht verlassen, mochte für Viele peinlich sein, die in diesem Leben von Unglück heimgesucht waren."

60 Schadewaldt (1932) 344 zum Kommos in den *Choephoren*.

Die Wiederauferstehung des Toten wird darüber hinaus an anderer Stelle von Elektra als unmöglich und absurd bezeichnet (940 f.),[61] aber in der angeführten Textstelle legt der Chor auch nahe, dass selbst eine Totenbeschwörung eine Unmöglichkeit sei. Denn der Terminus γόος, der neben θρῆνος eine Totenklage bezeichnet, kann anders als θρῆνος semantisch auf den Bereich der Totenbeschwörung angewandt werden. Neben der oben zitierten Stelle aus den *Choephoren* (329–331) wird dem γόος auch in der Beschwörungsszene der *Perser* eine besondere Kraft beigemessen, den Toten vorübergehend ans Licht zu bringen. Dort sind in den Worten des Heraufbeschworenen selbst die γόοι als ψυχαγωγοί („heraufbeschwörend" oder „seelenführend", Aischyl. *Pers.* 687) beschrieben; durch diese würde der Totengeist dazu bewegt, die Unterwelt zu verlassen (κάτωθεν ἦλθον σοῖς γόοις πεπεισμένος, Aischyl. *Pers.* 697).[62] Indem der Chor der *Elektra* die Macht des γόος negiert, den Toten aus dem Hades heraufzurufen, negiert er auch implizit die Macht des γόος, Kontakt mit dem Toten überhaupt herzustellen, und schließt dabei die Möglichkeit einer Beschwörung aus.

Betet man in der *Elektra* zu den Unterweltsmächten, dann bittet man sie nicht darum, an die Beistandsbereitschaft eines Toten zu appellieren, sondern ausschließlich darum, einen lebenden Rächer zu senden (110–118); dieser soll die Rolle eines „Helfers der Toten" (ἐνέρων [...] ἀρωγὸς 1391 f.) einnehmen. Auch als der Chor gegenüber Elektra ein tröstendes Gegenbild zur Konzeption eines vernichtenden Todes entwirft, indem er den König und Seher Amphiaraos als Herrscher „mit vollem Bewusstsein" (καὶ νῦν ὑπὸ γαίας [...] πάμψυχος ἀνάσσει, 840 f.) schildert, kommentiert Elektra dessen Los nicht.[63] Denn im Vordergrund stehen die Ähnlichkeiten zwischen dem Schicksal des Amphiaraos und dem des Agamemnon: Amphiaraos starb durch die List einer Frau und wurde von seinem Sohn Alkmaion gerächt. Für Elektra geht es vielmehr darum, dass der rächende Sohn dem Toten erscheint (ἐφάνη γὰρ μελέτωρ / ἀμφὶ τὸν ἐν πένθει,[64] 845 f.), nicht der Totengeist dem Rächer.

Es entsteht also auf der sprachlichen sowie der Handlungsebene das Gesamtbild eines Toten ohne jede Macht, in die Welt der Lebenden hineinzuwirken – sofern im Stück eine Art von Dasein nach dem Tod überhaupt für möglich gehalten wird. Verstorbene verfügen über keine besondere Kraft, und Könige bilden keine Ausnahme. In die Realität dieses Dramas passen keine Heroenvorstellungen; das Grab des Agamemnon könnte hier nicht mit einem Altar verglichen werden, an dem die Geschwister

---

61 Die Behauptung, die Toten können nicht wiederauferstehen, ist gängig: z. B. Aischyl. *Ag.* 569; 1021; 1361.

62 Vgl. Burkert (1962), bes. 43–55, mit Johnston (1999) 100–127 zum (allerdings spekulativen) Zusammenhang zwischen dem γόος und dem γόης, zu dessen Aufgabenbereichen auch die Heraufbeschwörung der Toten zählte (Plat. *leg.* 909b).

63 Zum Terminus πάμψυχος, der den Toten als stark charakterisiert: Henrichs (1991) 188 f. mit Anm. 60.

64 Durch die Beschreibung des Amphiaraos als „in Trauer" (ἐν πένθει) wird dem Toten nicht zwangsläufig Empfindungsfähigkeit zugeschrieben, vielmehr gleicht Elektra, wie Finglass (2007) z. St. richtig bemerkt, seine Situation der ihren an. Für die Wendung ἐν πένθει vgl. 289 f. (ὦ δύσθεον μίσημα, σοὶ μόνῃ πατὴρ / τέθνηκεν; ἄλλος δ' οὔτις ἐν πένθει βροτῶν;).

Schutz von dem Toten erbitten können,[65] und infolgedessen erfährt der Tote eine gewisse Entheroisierung. Schließlich ist der Tod nichts Außergewöhnliches – der stygische Sumpf sei πάγκοινος (138, oben zitiert), so der Chor, der Elektra, als Reaktion auf ihre Klage über der Urne und ihren Wunsch, dem Leben und dem Leiden zu entfliehen, an die Sterblichkeit des Menschen erinnert (θνητοῦ πέφυκας πατρός, Ἠλέκτρα, φρόνει· / θνητὸς δ᾽ Ὀρέστης· ὥστε μὴ λίαν στένε· / πᾶσιν γὰρ ἡμῖν τοῦτ᾽ ὀφείλεται παθεῖν, 1171–1173; vgl. 860). Das darin aufgegriffene Motiv der „Unausweichlichkeit und [...] Gemeinsamkeit des Todesverhängnisses"[66] reicht bis zu Homer zurück, wo es einerseits trösten, aber andererseits „als Ansporn, sich über die Grenzen der Sterblichkeit hinwegzusetzen und durch die Tat Unsterblichkeit zu gewinnen" fungieren kann.[67] In der *Elektra* soll das Motiv nur zum Trost dienen: Der Chor will Elektras Trauer lindern und mäßigen. Als Ansporn hingegen wird das Motiv nicht verwendet; die Möglichkeit der Überwindung des Todes durch Unsterblichkeit oder unsterblichen Ruhm wird ausgeschlossen. Vornehmlich als machtlos, unerreichbar und abwesend vorgestellt, lässt der Tote die Hinterbliebenen mit deren Leiden zurück. Damit trägt das Bild des machtlosen Toten zur Zentralisierung der Leiden und zur Isolierung der Hauptfigur bei.

Elektra und der Tote

Elektras Isolierung, durch die in dem Drama überwiegende Vorstellung des Todes als Absturz in die Machtlosigkeit intensiviert, hängt grundsätzlich mit ihrem Verhältnis zu den Toten zusammen. Als Trauernde gehört sie, wie Seaford zeigt, sowohl der Welt der Lebenden als auch der Welt der Toten an, ist jedoch weder in die eine noch in die andere vollends integriert.[68] Doch Elektras Trauer unterscheidet sich vom normalen Trauerritual in Ausmaß und Dauer, was – so Seaford weiter in Anlehnung an anthropologische Ritualtheorien[69] – die Reintegration der Trauernden in die soziale Gruppe (das heißt die Welt der Lebenden) verhindert. Elektra bleibt also wegen ihrer Trauer in einer Zwischenzone, in der sie als Lebende eine besondere Nähe zu den Toten hat.

---

65 Aischyl. *Choeph.* 106 und 331–336.

66 Wankel (1983) 134, der diesen Topos in der antiken Literatur analysiert. Das Motiv kommt bezeichnenderweise in den aischyleischen *Choephoren* nie vor.

67 Trost: Wankel (1983) 134, der Hom. *Il.* 6,486–489 als Beispiel anführt; Ansporn: Wankel (1983) 134 mit Hom. *Il.* 12,322–328 z. B. (Sarpedon zu Glaukos): ὦ πέπον εἰ μὲν γὰρ πόλεμον περὶ τόνδε φυγόντε / αἰεὶ δὴ μέλλοιμεν ἀγήρω τ᾽ ἀθανάτω τε / ἔσσεσθ᾽, οὔτέ κεν αὐτὸς ἐνὶ πρώτοισι μαχοίμην / οὔτέ κε σὲ στέλλοιμι μάχην ἐς κυδιάνειραν· / νῦν δ᾽ ἔμπης γὰρ κῆρες ἐφεστᾶσιν θανάτοιο / μυρίαι, ἃς οὐκ ἔστι φυγεῖν βροτὸν οὐδ᾽ ὑπαλύξαι, / ἴομεν ἠέ τωι εὖχος ὀρέξομεν ἠέ τις ἡμῖν.

68 Seaford (1985) 319: „Elektra seems to belong both to the world of the dead and (but as an outsider) to the world of the living. This is the paradox of mourning, sharpened here by the isolation of the mourner."

69 Seaford (1985) 315; Seaford bezieht sich vor allem auf van Gennep (1909) und Hertz (1909).

Dass Trauernde – im Normalfall nur zeitweilig – in außergewöhnlicher Nähe zu den Toten stehen, wird durch verschiedene Trauergesten im Alltag wie in Kunst und Literatur unterstrichen. Spätestens ab dem vierten Jahrhundert v. Chr. wurden auch in der Antike die Gesten des Trauerrituals wie das Abschneiden der Haare (man vergleiche unter anderem auch das Tragen von Kleidern in den Farben des Totengewandes, das Zerreißen der Kleider, das Sich-Beschmutzen, das Zerkratzen des Gesichts und das Sich-Schlagen) ausdrücklich als Indiz einer Angleichung an den Toten verstanden.[70] Aber Elektra befindet sich jahrelang in diesem Zustand, und die Angleichung ist dementsprechend größer, ihr Körper sogar „zerstört" (σῶμ' [...] ἐφθαρμένον, 1181). Doch für Elektra geht es nicht nur um die Nähe zu den Toten, sondern auch um deren Vertretung vor den Lebenden. Betrachtet Elektra die Verstorbenen als abwesend und schwach, dann können sie auch nicht in Kontakt mit den Lebenden treten; darauf verweist Klytaimestra im Streit mit Elektra, indem sie andeutet, die geopferte Iphigenie nähme wohl auch gerne an der Debatte um die Rechtfertigung des Mordes an Agamemnon teil, hätte sie nur eine Stimme (φαίη δ' ἂν ἡ θανοῦσά γ', εἰ φωνὴν λάβοι, 548). Darauf erklärt sich Elektra bereit, für die Toten zu sprechen (ἀλλ' ἢν ἐφῇς μοι, τοῦ τεθνηκότος θ' ὕπερ / λέξαιμ' ἂν ὀρθῶς τῆς κασιγνήτης θ' ὁμοῦ, 554 f.). Bewusst übernimmt sie also die Stimme ihres Vaters und ihrer Schwester, zudem wird ihr aber auch eine andere Art der Vertretung für die Toten zugewiesen.[71] Elektra versteht ihre Klage nämlich als Mittel, Agamemnon zu ehren und zugleich dessen Mörder zu kränken (λυπῶ δὲ τούτους, ὥστε τῶι τεθνηκότι / τιμὰς προσάπτειν, εἴ τις ἔστ' ἐκεῖ χάρις, 355 f.).[72] Dabei lässt sich ihre Totenklage nicht nur als Ausdruck der Trauer um den Toten, sondern auch als Ausdruck des Hasses gegen Klytaimestra und Aigisth verstehen: Elektra hegt „überschmerzlichen Groll" (so der Chor: τὸν ὑπεραλγῆ χόλον νέμουσα, 176), „frönt" ihrem Zorn (Chor: θυμῶι ματαίωι [...] χαρίζεσθαι, 331) und „atmet" Zorn (Chor: ὁρῶ μένος πνέουσαν, 610). Wie Elektras Stimme die der Verstorbenen ersetzt, so nährt sie auch einen aus dem Mord an ihrem Vater erwachsenen Zorn. Als machtloser Toter vermag er schließlich nicht wie sein aischyleisches Pendant zornig seinen heftigen Groll wider die Mörder zu zeigen,[73] auch kann er keine Erinyen als ἔγκοτοι κύνες auf die Mörder hetzen.[74] Nicht ein „Groll

70 Aristot. fr. 101 Rose (bei Athen. 675a: ὁμοπαθείαι [...] τοῦ κεκμηκότος κολοβοῦμεν ἡμᾶς αὐτοὺς τῆι τε κουρᾶι τῶν τριχῶν καὶ τῆι τῶν στεφάνων ἀφαιρέσει) mit Seaford (1985) 315 f. und Seaford (1994a) 86 f.; vgl. Gödde (2000b) 44 f. Blech (1982) 363 f. versteht die Gesten ferner als Ausdruck der durch den Kontakt mit dem Tod verursachten Verunreinigung.

71 Zur Signifikanz der Stimme und deren Verbindung zu den Toten und dem Tod in der *Elektra:* Gödde (2011) 196 – 198.

72 Seaford (1985) 320: „It is true that she attributes to her lamentation the orthodox purpose of honouring the dead; but in this case the honour derives from the λύπη caused to other members of the family."

73 μέμφεσθαι τοὺς γᾶς νέρθεν περιθύμως / τοῖς κτανοῦσί τ' ἐγκοτεῖν, Aischyl. *Choeph.* 40 f.; vgl. Aischyl. *Choeph.* 324 – 326 und siehe Kapitel III (Aischylos, *Choephoren*).

74 ἔγκοτοι κύνες: So Klytaimestra, Aischyl. *Choeph.* 924 mit Aischyl. *Eum.* 94 – 142; vgl. Aischyl. *Choeph.* 283 f. (Erinyen des Vaters).

atmender“ Alptraum (Aischyl. *Choeph.* 33, ἐξ ὕπνου κότον πνέων) droht Klytaimestra, sondern die „Groll atmende“ Elektra (μένος πνέουσα, 610). Mit der Entmachtung des Toten werden der Groll und die Drohungen der Chthonioi zum Zorn und zur erinyenhaften Charakterisierung ihrer Vertreterin, nämlich Elektras, als eines blutsaugenden Unterweltswesens (785 f. und siehe oben) transformiert. Zwar treten die Chthonioi in den Hintergrund, doch Sophokles überträgt die den Chthonioi bei Aischylos zugeschriebenen Affekte und Wirkungen auf die Welt der Lebenden und dort insbesondere auf die Protagonistin.

Fazit. Die Entmachtung des Toten und die Macht des Todes

Sophokles hat die *Elektra* vor der Folie der *Choephoren* gestaltet und den mythischen Stoff in verschiedener Hinsicht neu gewichtet, so auch in Bezug auf die bei Aischylos prominente Rolle des ermordeten Königs und der Chthonioi. Im Zentrum der Szene steht nicht das Grab als Ort der Kommunikation mit dem Toten, und weder für die Mörderin noch für den Rächer kommt der Zorn unterirdischer Mächte als Handlungsimpuls ins Spiel. Denn löst der Traum Angst aus, gilt die Angst hauptsächlich dem Verlust der politischen Macht, und unter den Handlungsmotiven des Rächers ist die Verfolgung durch Unterweltsmächte nicht zu finden.[75] Die Toten sind nur durch die Lebenden präsent: Erst im Augenblick der Rache ruft der Chor „die Toten leben!“ (ζῶσιν οἱ γᾶς ὑπαὶ κείμενοι, 1418), denn erst in diesem Moment hat ein „Toter“, genauer: der nur vermeintlich tote Orest, eine wirkungsvolle Präsenz. So werden Orest und Pylades gleich darauf, als sie nach dem Mord aus dem Palast treten, angekündigt mit den Worten: „Da sind sie!“ (Chor: καὶ μὴν πάρεισιν οἵδε, 1422). Die Stimme und den Groll des Verstorbenen übernimmt Elektra, die sich als Trauernde in einem liminalen Raum zwischen Leben und Tod befindet und deshalb den Toten etwas näher steht. Viel mehr als der Tote selbst wird Elektra ins Zentrum des Dramas gerückt, isoliert von den anderen Lebenden durch ihre Loyalität und Nähe zu den Toten. Ihre Trauer und Einsamkeit werden durch die Vorstellung eines machtlosen oder sogar existenzlosen Toten potenziert: Wird man nach dem Tode zu einem Nichts, kann keine χάρις zwischen den Lebenden und Toten bestehen (vgl. wieder 355 f.: λυπῶ δὲ τούτους, ὥστε τῶι τεθνηκότι / τιμὰς προσάπτειν, εἴ τις ἔστ' ἐκεῖ χάρις), und Trauer und Klage erweisen sich als nutzlos. Jedoch wird auch ein Gegenbild zum schwachen Toten entworfen: die Möglichkeit seiner Wiederkehr. Die Vorstellung ist genauso extrem wie die eines Nichtseins und zeigt sich als ebenso situationsbedingt. Zusammen bilden diese zwei radikalen Ansichten die Pole, zwischen denen sich die übrigen Vorstellungen vom Tod und dem Toten in der *Elektra* situieren, und zugleich markieren sie jeweils den Tiefpunkt und den Gipfel der Gefühlswelt und des Schicksals der Protagonistin.

---

75 Verfolgung durch die Erinyen als eines der Handlungsmotive des Orest: Aischyl. *Choeph.* 278; 283.

In der sophokleischen Bearbeitung des Mythos wird der Tote entmachtet und die Macht des Todes verstärkt. Dabei bedient sich der Dichter verschiedener Todesbilder, von denen einige auf den ersten Blick eine Ähnlichkeit zu homerischen Jenseitsvorstellungen aufweisen, in denen sich jedoch bei näherer Betrachtung auch radikale Vorstellungen vom Tod als endgültigem Schluss niederschlagen.[76] Das Nebeneinander solcher Bilder mit weniger nihilistischen Vorstellungen dient im Rahmen des Dramas der Darstellung affektiver Dispositionen der Protagonistin, erinnert aber zugleich auch an die unterschiedlichen Darstellungsmöglichkeiten des Todes und des Toten, deren sich der Dichter zu bedienen vermag. Denn bei der Darstellung des Toten genauso wie bei der Gesamtgestaltung der variablen mythologischen Tradition handelt es sich um eine dichterische Entscheidung. Aus dieser Entscheidung sind der eigene Glaube und die Weltanschauung des Sophokles nicht zu erschließen, noch dokumentiert sie eine größere Aufgeklärtheit des Dichters gegenüber Aischylos.[77] Schließlich kann Sophokles auch Totengeister (wie Achill in der fragmentarisch überlieferten *Polyxene*) auftreten oder den Verstorbenen zum bedeutenden Segenspender werden lassen (vgl. *Ödipus auf Kolonos*), ein Totenorakel (νεκυομαντεῖον) am Tyrrhenischen See zeigen oder die Einweihung in die Mysterien als entscheidend für das Los im Jenseits präsentieren.[78] In der *Elektra* aber gibt er dem Chthonischen und dem Unheimlichen wenig Raum; fern von der Realität des Dramas bleibt das in den *Choephoren* vorherrschende Bild: φρόνημα τοῦ θανόντος οὐ δαμάζει πυρὸς μαλερὰ γνάθος, φαίνει δ' ὕστερον ὀργάς: „das Bewusstsein des Verstorbenen wird nicht überwältigt vom gierigen Maul des Feuers: Später offenbart er seinen Groll" (Aischyl. *Choeph.* 324–326).[79] Stattdessen inszeniert Sophokles eine Welt, in die kein zürnender Toter hineinwirkt, und in der die radikale Vorstellung möglich ist, dass das gierige Maul des Feuers oder des Hades den Toten doch besiegen könnte.

---

76 *Contra* Rohde (1898) Bd. 2, 240 f., der die Jenseits- und Todesbilder bei Sophokles als wesentlich homerisch betrachtet: „Wo dennoch ein Seitenblick auf das unbekannte Land jenseits des Grabes fällt, da zeigen sich der Phantasie kaum andere Bilder, als einst den Gedanken homerischer Sänger. Der Abgeschiedenen wartet der Hades, das unerfreuliche, öde Todtenland, in dem die Seele kraftlos, schattengleich, wenig mehr als ein Nichts, dahin dämmert, freudlos, aber auch leidlos, in einem Zustande der Empfindungslosigkeit, den der im Leben Geplagte oft als ersehnten Hafen der Ruhe herbeiwünscht."

77 Zur Aufgeklärtheit des Sophokles vgl. Bröcker (1971).

78 Totengeist: Soph. fr. 523 Radt (= 480 Nauck). – Totenorakel: Soph. fr. 748 Radt = Paus. 1,127; vgl. Philips (1953) 57. – Einweihung in die Mysterien: Soph. fr. 837 Radt (= 753 Nauck).

79 Übersetzung nach Sier (1988).

V „Um meines Lebens willen habe ich doch gesprochen!“ Zur Rhetorik und Lebendigkeit der toten Klytaimestra in den *Eumeniden* des Aischylos

Einführung[1]

Das Racheverlangen und der Zorn des ermordeten Königs bilden in den *Choephoren* eine treibende Kraft für die Handlung. Sie gehören mit der angedrohten Verfolgung durch die väterlichen Erinyen zur mehrfachen Motivation des Orest, und darüber hinaus ist es der im Angsttraum angekündigte Groll des Toten, der die Mörderin Klytaimestra veranlasst, Trankopfer an dessen Grab darbringen zu lassen, was zur gegenseitigen Wiedererkennung der Geschwister und deren Entwicklung eines konkreten Racheplans führt.[2] Dies stößt die Handlung des mittleren Dramas unmittelbar an.[3]

Doch die angedeutete Präsenz des Ermordeten, so wichtig sie als Handlungsimpuls ist, wird in den *Choephoren* nie zur physischen Realität. Vom sich im Alptraum offenbarenden Groll wird nur berichtet, der Tote erscheint trotz aller inbrünstigen Anrufe an seinem Grab nicht und selbst die mütterlichen Erinyen, die nach dem Mord an Klytaimestra zur Jagd auf Orest ansetzen, bleiben allein dem Verfolgten sichtbar. Umso größer war wohl der dramatische Effekt, als im Folgedrama nicht nur ein wütender Totengeist, sondern auch mehrere Götter – Apoll, Athene und eine Schar Erinyen – als sichtbare, sprechende (beziehungsweise singende) und handelnde Figuren auftraten. Göttliche und übernatürliche Mächte, die in den vorherigen Dramen der Trilogie als motivierende Faktoren, mitwirkende Agenten oder Legitimationsinstanzen lediglich auf der Textebene thematisiert werden, verfügen nun über eine eigene Stimme. Ihre Wirkung und Mitwirkung lösen sich von der Subjektivität des Berichts oder des Erlebnisses und gewinnen durch ihr Auftreten als Charaktere an (dramatischer) Realität und, im Fall der Gottheiten, an Autorität.[4]

---

1 Der griechische Text wird im Folgenden nach der Ausgabe von West (1990a) zitiert. Die deutschen Übersetzungen orientieren sich, soweit nicht anders vermerkt, an der Übertragung von Werner (2011) und sind zum Teil stark modifiziert worden.

2 Motivation: Aischyl. *Choeph.* 299–304; vgl. 278 (Zorn der Chthonioi im Allgemeinen) und 283 (Erinyen des Vaters).

3 Vgl. Käppel (1998) 199–204 zur Bedeutung des Traums und der Opferanweisungen der Klytaimestra für die „kausale Vorgeschichte ihrer eigenen Ermordung“ (204).

4 Subjektivität: Vgl. Klytaimestras Disput mit dem Chor über die Verantwortung für die Ermordung des Agamemnon, Aischyl. *Ag.* 1431–1433 (Mitwirkung der Ate und der Erinyen), 1496–1512 (Wirkung oder Mitwirkung des Dämons des Atridenhauses), 1552f. (Verantwortung der Klytaimestra).

https://doi.org/10.1515/9783110612691-006

Mit dieser Materialisierung nimmt der Zorn der Chthonioi bühnenwirksame Gestalt an und bringt als rachsüchtiger Totengeist die Handlung des dritten Dramas in Gang, die die Erinyen dann weiter vorantreiben.[5] Diese sichtbar gewordenen Unterweltsfiguren – Klytaimestras Geist und die Erinyen – stehen im Mittelpunkt der Analysen, die wegen der Vielschichtigkeit des Materials in zwei Kapiteln erfolgen. Während die Erinyen und ihr Bezug zur göttlichen Gerechtigkeit Gegenstand des nächsten Kapitels (IV) sind, gilt der Fokus des vorliegenden Kapitels Klytaimestra und ihrer Verbindung zu den Erinyen.

Nach Vorbemerkungen zu den göttlich-menschlichen Verhältnissen beziehungsweise Figurenkonstellationen der *Eumeniden*, die für das Verständnis des weiteren Handlungsverlaufs erforderlich sind, richtet sich das Hauptaugenmerk des Kapitels auf das Ende der Prologszene, in der Klytaimestra den träumenden Erinyen erscheint (94–139), und auf die Parodos (140–178). Wie im vorangehenden Kapitel wird den Fragen nach der dramatischen Funktion, der Macht und dem jenseitigen Status der Toten nachgegangen: Wie und warum entsteht Kontakt mit der Toten beziehungsweise warum wird der Totengeist in Szene gesetzt? Welche Implikationen lassen sich daraus ableiten, dass der Totengeist chthonischen Göttinnen – und nicht etwa dem Mörder selbst – im Traum erscheint? Weisen diese Umstände auf eine begrenzte Fähigkeit der Toten hin, direkt auf die Lebenden einzuwirken, oder hat der Totengeist eine Wirkmächtigkeit, die auf andere Art und Weise zur Geltung kommt? Das Zusammenspiel zwischen Klytaimestras Schwäche und Stärke als Totengeist, der Bezug ihrer Macht (beziehungsweise Machtlosigkeit) und ihres Status als Tote zu ihren Taten im Leben einerseits und zu ihrem Anliegen im Diesseits andererseits stehen dabei im Zentrum des Kapitels.[6] Es geht im Folgenden letztendlich darum, wie sich Götter und Menschen, Oberwelt und Unterwelt und nicht zuletzt das Leben und die postmortale Weiterexistenz zueinander verhalten.

Vorbemerkungen. Persönliche Bündnisse zwischen Menschen und Göttern

Wie im vorangegangenen Drama ansatzweise angedeutet, stehen Klytaimestra und Orest jeweils in besonderer Verbindung zu bestimmten Gottheiten: Klytaimestra zu den Erinyen, vor denen sie ihren Mörder warnt, und Orest zu Apoll, insofern er den Muttermord im Einklang mit dem Orakel des Gottes begeht, sowie mit Hermes, dessen

5 Zur Fortsetzung des „Handlungsprinzip[s] der ersten beiden Stücke" durch die Erinyen vgl. Käppel (1998) 251–271.

6 Mit diesen Aspekten eng verbunden sind ferner die Funktion und Macht der Erinyen, die Klytaimestra vertreten, sowie das Verhältnis des Racheanspruchs der Toten zur göttlichen Gerechtigkeit und Vollstreckung. Diese Themen werden in Kapitel VI ausführlicher behandelt.

Mithilfe er erhofft.[7] Die jeweiligen Beziehungen zu Apoll und den Erinyen setzen sich in der Eingangsszene der *Eumeniden* fort und bestimmen das Tableau, das im Prolog beschrieben wird. Darin schildert die Priesterin zu Delphi, wie Orest als Schutzflehender am Nabelstein im Heiligtum des Apoll sitzt und die schwarzgekleideten Erinyen vor ihm schlummern.[8] Indem die Pythia die Kleidung der furcht- und ekelerregenden Göttinnen wegen der mit Tod und Trauer konnotierten Farbe als weder in Göttertempeln noch in Menschenhäusern angemessen bezeichnet, deutet sie auf die unverbrüchliche Verbindung der Erinyen mit dem Totenreich und deren Ausgrenzung aus der göttlichen und menschlichen Gesellschaft hin.[9] Dabei werden die Erinyen – zum ersten Mal in der *Orestie* – in Opposition zum Gott der Reinheit (καθάρσιος, 63) gebracht. Die Antithese weist auf die Übertragung des menschlichen Konflikts auf die Ebene der Götter, der den weiteren Verlauf des dritten Stücks bestimmt und im Freispruch des Orest und der kultischen Domestizierung der Erinyen gipfelt.

In der Eingangsszene wird das Verhältnis des Orest und der Klytaimestra zu den Olympiern beziehungsweise den Erinyen samt der Polarisierung ebendieser Götter dramatisiert. Dies geschieht zum einen durch Apolls Erscheinen kurz nach der Prologrede, als ihn Orest um Hilfe anfleht.[10] Apoll bekennt sich zu seiner Mitverantwortung für den Mord (und damit auch implizit für dessen Konsequenzen für Orest),[11] erteilt Orest Anweisungen und verspricht ihm Schutz vor den Verfolgerinnen. Dabei unterstreicht er seine Verbindung mit Orest gegen dessen Feinde (ἐχθροῖσι τοῖς σοῖς οὐ γενήσομαι πέπων, 66), und durch seine Charakterisierung der abscheulichen (κατάπτυστοι, 68) Erinyen als sowohl von Menschen als auch von den Göttern des Olymp verhasst (μισήματ' ἀνδρῶν καὶ θεῶν Ὀλυμπίων, 73) dehnt der Gott die zwischen sich und den Erinyen bestehende Opposition auf die anderen Olympier aus, so dass – nach seiner Darstellung – Olympier und Menschen in gemeinsamer Feindschaft gegen die Erinyen vereint sind. Dass Apoll dann seinen Schützling unter dem Geleit des Hermes als Bittflehenden zur Stadt der Athene (Παλλάδος ποτὶ πτόλιν, 79) sendet,[12] setzt das Wohlwollen der beiden Götter gegenüber Orest voraus; durch die Hervorhebung der Blutsverwandtschaft väterlicherseits zwischen sich und Hermes macht

---

7 Warnung vor den Erinyen: Aischyl. *Choeph.* 924; zur speziellen Verbindung der Klytaimestra zu den Erinyen vgl. Pucci (1992) 528–530. – Orakel des Apoll: Aischyl. *Choeph.* 269–305. – Mithilfe des Hermes: Aischyl. *Choeph.* 1f.; vgl. 811–818.

8 Aischyl. *Eum.* 40–47.

9 Furcht- und ekelerregend: Aischyl. *Eum.* 34–38; 48–63. – Zur Konnotationen der Farbe: z. B. Aischyl. *Choeph.* 10–12; Eur. *Alc.* 819. – Unangemessenheit der Farbe: Aischyl. *Eum.* 55f. – Ausgrenzung: Aischyl. *Eum.* 57–59; 69–73; 185–197.

10 Orests Anruf: Aischyl. *Eum.* 85–87; Rede des Apoll: 64–84; 88–93 (die Verse 85–87 wurden von Burges zwischen die Verse 63 und 64 transponiert; siehe Sommerstein 1989 z. St.).

11 Aischyl. *Eum.* 84.

12 Aischyl. *Eum.* 78–80; 89–93. Ob Hermes, den Apoll direkt anredet, wie die anderen Gottheiten Apoll, Athene und die Erinyen auch als dramatische Person präsent war, bleibt dahingestellt: Vgl. Taplin (1977) 364f; Sommerstein (1989) zu V. 89–93.

Apoll deutlich, dass der Geleitergott auf seiner und somit auch Orests Seite steht.[13] Hermes wird dabei eindeutig mit den von Apoll vertretenen Olympiern assoziiert, während seine vermittelnde Funktion zwischen der Oberwelt und den Unterweltsmächten ausgeblendet wird.[14] Somit entwirft Apoll in seiner Rede die entscheidenden menschlichen und göttlichen Freund- und Feindschaften des Dramas, die durch seine physische Präsenz – und möglicherweise auch die des Hermes – auch bildlich in Szene gesetzt werden.

Die Allianzen von Menschen und Göttern konkretisieren sich weiter in der darauf folgenden Szene, als sich die Personenkonstellation des Dramas auf überraschende Weise um eine neue, doch bekannte Figur erweitert, nämlich den Totengeist der Klytaimestra.[15] Im Traum erscheinend, wirft der Totengeist den tiefschlafenden Erinyen die Vernachlässigung von deren Racheaufgabe vor, klagt über die für sich daraus resultierende Schmach und treibt die Göttinnen durch rügende Worte zum Handeln. Diese Interaktion deutet auf eine andere Dynamik zwischen Klytaimestra und den Erinyen als zwischen Apoll und Orest hin:[16] Während Orest zu Apoll betet und ausführliche Anweisungen von ihm erhält, ruft Klytaimestra die Göttinnen nicht an, damit sie ihr erscheinen und ihre Bitte erhören, sondern sie erscheint den Göttinnen, die ihren Anweisungen folgen sollen. Klytaimestras Umgang mit den Erinyen ist vielmehr ein aktives Eingreifen als ein Gebet und charakterisiert die Tote als genauso aktiv und initiativ wie einst im Leben; auch wenn Klytaimestra erst nach zwanzig Versen ihren Namen preisgibt (116), steht die Identität der Sprecherin nie in Frage. Trotz der kontrastierenden Umgangsweisen der Mutter und des Sohns mit ihren jeweiligen göttlichen Vertretern ist die Parallelität zwischen den zwei Gott-Mensch-Verhältnissen klar und wird durch die Anlage der beiden Szenen als Diptychon (Orest–Apoll, Klytaimestra–Erinyen) herausgehoben. Durch das Erscheinen der Klytaimestra wie auch durch die Bühnenepiphanie des Apoll wird die Verbindung zwi-

---

13 Aischyl. *Eum.* 89. Zur engen Verbindung zwischen Apoll und Hermes an dieser Stelle vgl. Neitzel (1991) 71. – Apolls Betonung der Blutsverwandtschaft väterlicherseits nimmt auch sein Argument in der Gerichtsszene (Aischyl. *Eum.* 658–666) vorweg.

14 Zur vermittelnden Funktion vgl. Aischyl. *Choeph.* 1 f. (Hermes Chthonios) und Kapitel III (Aischylos, *Choephoren*).

15 Klytaimestra ist die einzige Figur in der *Orestie*, die in allen drei Tragödien der Trilogie erscheint, und darüber hinaus der einzige Charakter, den wir von Dramen, Fragmenten und Testimonien kennen, der innerhalb derselben Inszenierung als lebend und tot auftritt (vergleichbar ist nur die euripideische Alkestis, die jedoch nicht als Tote wiederkehrt, sondern als lebender Mensch: Siehe Kapitel VIII). Fasst man das Unheimliche nach der freudschen Definition (1919) als Angst auf, die durch die Wiederkehr des Verdrängten bzw. des uns schon Vertrauten und Bekannten ausgelöst wird, dann könnte man Klytaimestras Totengeist als den „unheimlichsten" der antiken Totengeister betrachten, da sie nicht nur den anderen Figuren, sondern auch den Zuschauern bekannt ist – und weil ihre Wiederkehr keineswegs erwartet wird.

16 Vgl. Sommerstein (1989) zu Aischyl. *Eum.* 94–139: „[T]he two scenes contrast sharply. Orestes is the killer, Clytaemestra the victim; Apollo is a power of light, the Erinyes of darkness; and whereas Orestes had to say very little and was answered with a simple assurance, here Clytaemestra does all the talking and the Erinyes make no answer at all."

schen Gott und Menschen szenisch vergegenwärtigt. Die komplementären Szenen zeigen die Übertragung des Konflikts über die Menschen hinaus auf die göttliche Sphäre. Diese Übertragung wird in der Konfrontation zwischen den erwachten Göttinnen und Apoll noch klarer, als nach dem Entschwinden des Totengeists die Götter sich allein im Heiligtum begegnen.[17]

Klytaimestras Totengeist (94 – 139)

Kompositionelle Symmetrie, die Aufstellung einer neuen Personenkonstellation und der Überraschungseffekt, den der Totengeist sicherlich zeitigte, bilden jedoch nicht den primären dramaturgischen Zweck der Totenerscheinung. Die Tote hat einen viel direkteren Einfluss auf die Handlung: Sie macht deutlich, dass ihre Geschichte nicht mit dem Tode zu Ende gekommen ist, sondern belebt diese wieder, indem sie die Erinyen aufweckt. Klytaimestras Position im Handlungsgefüge wird von den Erinyen abgelöst, und ihre Interessen gehen in die der Göttinnen über, bis ihre Geschichte endlich durch die ihrer Agentinnen verdrängt wird.[18] Wie Klytaimestra Kontakt mit den Erinyen aufnimmt und ihre Geschichte auf sie überträgt, illuminiert neben ihrem ungewöhnlichen Verhältnis zu den Göttinnen auch ihre Signifikanz als Totengeist. In dieser Übertragung, die in der Sprechpartie vollzogen wird, liegt die Wirkung und Macht der Toten.

Klytaimestra nimmt als Totengeist eine ambivalente Stellung zwischen Macht und Ohnmacht ein. Diese Ambivalenz entsteht in erster Linie aus einem Spannungsverhältnis zwischen Klytaimestras Erscheinungsform als Traumgestalt einerseits, die letztendlich durch Abhängigkeit von den schlafenden Gottheiten bedingt und mit einer gewissen, wenn auch nur geringfügigen Schwäche konnotiert ist, und dem starken Auftritt der Toten andererseits, der das übliche Verhältnis von Gott und Mensch im Traum verkehrt und durch wirkungsvolle Rhetorik gekennzeichnet ist, mittels derer Klytaimestra die gefährlichen „Jagdhunde" auf Orest hetzt.[19] Die stärkere Seite der Klytaimestra ist für ihre Darstellung und für die Handlung letztendlich entscheidend. Dementsprechend nimmt diese Stärke und vor allem die in der

---

17 Zur Konstruktion der drei Szenen vgl. Taplin (1977) 368 f. mit Käppel (1998) 250 f. Anm. 111: „Der gesamte Delphi-Teil des Dramas ist darauf angelegt, nach dem Prolog der Seherin (*Eum.* 1 – 63) das folgende Stück in drei Szenen in dem Sinne zu exponieren, daß die beiden aufeinandertreffenden ‚Parteien' zunächst jeweils separat präsentiert werden [...]. Schließlich treffen mit Apollon und den Erinyen jene Parteien aufeinander, die auch später den Streit um Orestes vor dem Gericht in Athen ausfechten werden [...]".

18 Spätestens nach dem Gerichtsprozess spielen der Muttermord und Klytaimestra keine zentrale Rolle mehr. Die knappe Niederlage der Erinyen vor Gericht wird nicht als persönliche Niederlage der Klytaimestra aufgefasst, sondern als schwerer Schlag gegen die durch die Erinyen vertretene Form der Gerechtigkeit. Zur Verbindung der Erinyen zur göttlichen Gerechtigkeit siehe Kapitel VI.

19 Erinyen als Jagdhunde: Vgl. (u. a.) Aischyl. *Choeph.* 924 und 1054; Aischyl. *Eum.* 111 f.; 131 f.; 139; 231; 246 f.; 424.

Sprechpartie zur Geltung kommende Wortgewalt der Toten in der folgenden Analyse den meisten Platz ein.

Die Traumerscheinung

Nachdem die Pythia die Szene verlassen hat, besteht das Tableau aus dem bittflehenden Orest und dem Erinyenchor, der ihn umringt. Unerwartet tritt nun eine dritte Figur auf, die sich nur an die Göttinnen wendet mit dem Vorwurf: εὕδοιτ' ἄν, ὠή· καὶ καθευδουσῶν τί δεῖ; („Schlaft ihr nur weiter! He! Was bedarf ich Schlafender?", 94).[20] Die ironische Aufforderung der toten Klytaimestra (εὕδοιτ' ἄν) erinnert an die formelhafte Anrede „du schläfst" (εὕδεις), mit der homerischen Traumgestalten ihre Botschaft einleiten, und signalisierte dem Zuschauer durch diese Parallelität, dass der aufgetretene Totengeist zugleich als Traumerscheinung zu verstehen war.[21]

Explizit weist Klytaimestra in Vers 116 auf ihre Erscheinungsform: ὄναρ [...] ὑμᾶς νῦν Κλυταιμήστρα καλῶ („ich, Klytaimestra, rufe euch nun im Traum an!"). Das Wort ὄναρ kann adverbial („im Traum") oder als Substantiv in Apposition zum Subjekt („als Traum") aufgefasst werden, ohne dass eine Interpretation die andere ausschließt. Denn wie die oben erwähnten homerischen Traumszenen zeigen, in denen ein Gott, ein gottgesandter (personifizierter) Traum oder ein Toter den Schlafenden anspricht, muss, wer mit dem Träumenden in Kontakt treten will, ihn zwangsläufig im Traum

20 Die Details der Inszenierung sind umstritten: Wann die Erinyen erschienen und wie der Totengeist auftrat – ob er durch die Eisodos bzw. Parodos eintrat, aus einer Art Falltür hervorstieg (vor hellenistischer Zeit gibt es keine Belege für die bei Poll. 4,132 erwähnte „charonische Treppe": Wiles 1997, 176), auf dem Ekkyklema stand oder aber auf dem Dach der Skene erschien –, lässt sich anhand des Textes nicht feststellen. Auszuschließen ist jedenfalls die These von Flickinger (1939) 357–359, dass der Totengeist gar nicht erscheint, sondern nur als Stimme präsent war: Für eine körperlose Stimme, die um die 40 Verse spricht und zudem die Aufmerksamkeit der Zuhörer auf ihr Äußeres lenkt (Aischyl. *Eum.* 103), sind keine Parallelen vorhanden; vgl. Sommerstein (1989) zu Aischyl. *Eum.* 94–139. Zu den verschiedenen Möglichkeiten der Totenerscheinung vgl. Bakola (2014) 29–33 und Hickmann (1938) 32 (Totengeist kommt durch die Tür der Skene); Taplin (1977) 365–367; West (1979) 135 (Totengeist tritt hinter einem am östlichen Orchestrarand stehenden Felsstück hervor); Brown (1982) 27; Sommerstein (1989) zu Aischyl. *Eum.* 94–139; Mastronarde (1990) 277 Anm. 90 (Erscheinung auf dem Dach).

21 Vgl. Hom. *Il.* 2,23 (= 2,60); 23,69; *Od.* 4,804. Nur einmal eröffnet eine Figur – der Gott Hermes – eine Rede mit εὕδεις, um den Schlafenden (Priamos) aufzuwecken und ihm (im Wachzustand) etwas mitzuteilen, ohne gleich nachher zu verschwinden; stattdessen führt der leibhaftige Gott den aufgeweckten Priamos aus dem Lager der Griechen: *Il.* 24,683. Vgl. *Od.* 23,5 (Athene fordert Penelope auf aufzuwachen). Zu diesen Szenen vgl. Otto (1958) 18 f. – Eventuell war bereits durch die Inszenierung zu erkennen, dass die tote Klytaimestra zugleich als Traumerscheinung zu verstehen war: Ein Tableau, in dem eine Figur neben oder über anderen, schlafenden Figuren steht und sie anredet, entspricht der traditionellen epischen Darstellung und hätte sich kaum anders denn als Traumszene interpretieren lassen. Denn Träume werden in der Regel so vorgestellt: Der Traum bzw. Gott oder Totengeist, der dem Schlafenden erscheint, steht über dem Kopf des Träumers und spricht ihn an: Hom. *Il.* 2,18 f.; 23,68 und 24,682; *Od.* 4,803; 6,21; vgl. *Od.* 20,32. Vgl. (z. B.) Hdt. 1,34 (αὐτίκα δέ οἱ εὕδοντι ἐπέστη ὄνειρος) und Dodds (1954) 105 [= (1970) 58].

anreden und wird folglich als Traum beziehungsweise Traumfigur wahrgenommen.[22] Dieser „Außentraum“ kommt im Kontrast zum „Innentraum“ – der sich nur vor dem inneren Auge des Träumers abspielt und oft allegorischen Inhalts ist – in Menschengestalt von außen her, um dem Träumer (wahre oder falsche) Auskunft zu geben und ihn dabei oft auch zum Handeln zu bewegen.[23] Genau dieses Phänomen wird von Aischylos verlebendigt und ins Dramatische übersetzt. Klytaimestra erscheint einem Kollektiv von Träumern als „Außentraum“.[24] Es handelt sich also nicht um ein subjektives und ausschließlich inneres Traumerlebnis, das nach außen projiziert wird, damit auch der Zuschauer an ihm teilhat. Klytaimestras Totenschatten existiert, wie auch ihre homerischen Vorläufer, im Traum der Schlafenden und zugleich in der Welt außerhalb des Traumerlebnisses.

Auf die Folgen dieser Erscheinungsform und deren Unterschied zu einer Totenerscheinung, die im Wachzustand erlebt wird (vgl. Dareios’ Erscheinen vor den Älteren und der Königinmutter), wird zurückzukommen sein.[25] Zunächst ist aber Klytaimestras Auftritt an sich auszuwerten. Denn dass sie überhaupt erscheint, ist nicht selbstverständlich; im Normalfall bleiben die Toten unter der Erde, und man hat diese Toten von den aktiveren zu unterscheiden:

Allgemein gilt, dass den Toten die Vitalität fehlt, sich zu bewegen: Sie sind die „Müden“, die „Ermatteten“ (οἱ καμόντες bzw. κεκμηκότες),[26] die, durch ewigen Schlaf bezwungen,[27] im Hades liegen[28] und die ihr letztes Ruhebett beziehungsweise die Erde festhält (κατέχειν).[29] Durch den Tod wird der Mensch zum schattenhaften Abbild seines früheren Selbst, er wird durch Substanzlosigkeit und mangelnde körperliche

22 Zwischen Traum (bzw. Traumerlebnis) und Traumfigur besteht keine klare Grenze. Dodds (1970) 57 [= (1954) 104] bemerkt, „das Wort *óneiros* bezeichnet bei Homer fast stets eine Traumfigur, nicht das Traumerlebnis“, aber für den Träumenden wird das Traumerlebnis durch die Traumfigur (bzw. deren Erscheinung und Rede) konstituiert.

23 Zum Außentraum und Innentraum: Hundt (1925) 44–80 (Außenträume bei Homer) mit 81–95 (Innenträume bei Homer); Kessels (1978) 3f. Vgl. Messer (1918) 3–8 und 10–12 zur „Externalität“ homerischer Träume. – Zur Funktion (homerischer) Träume, „den Schlafenden zum Handeln zu bringen“ vgl. Latacz (1984) 25; eine Ausnahme dazu bildet der Traumbesuch der Athene, die die träumende Penelope nicht zum Handeln bringen, sondern eher trösten will (Hom. *Od.* 4,795–841).

24 Lennig (1969) 77 identifiziert Klytaimestra als Außentraum, um zu erklären, wie mehrere Erinyen gleichzeitig den gleichen Traum haben konnten.

25 Siehe unten S. 106 f.

26 καμόντες: z. B. Aischyl. *Suppl.* 231; Hom. *Il.* 3,278; *Il.* 23,72; *Od.* 11,476; *Od.* 24,14; κεκμηκότες: z. B. Eur. *Tro.* 96; Plat. *leg.* 718a; Thuk. 3,59 usw.

27 Ewiger Schlaf: z. B. Aischyl. *Ag.* 1451 (ἀτέλευτος ὕπνος); zu diesem Motiv siehe weiter Wöhrle (1995) 24–35.

28 Ruhen/liegen: z. B. Soph. *El.* 463; vgl. Soph. *El.* 436 (Grab als εὐνή, „Bett“) usw.

29 Ruhebett: z. B. Aischyl. *Choeph.* 319 (ἔνθα σ’ ἔχουσιν εὐναί); Erde: z. B. Hom. *Il.* 3,243 (τοὺς δ’ ἤδη κάτεχεν φυσίζοος αἶα); *Il.* 16,629 (γαῖα καθέξει) usw. Im *Aias* soll dagegen der verstorbene Aias sein Grab „halten“ bzw. „besetzen“ (Soph. *Ai.* 1167), statt von seinem Grab „gehalten zu werden“. Diese Umkehrung des üblichen Verhältnisses „is a signal [...] of the special power of the cultic hero, which resides with him in his tomb“: Henrichs (1993) 171.

Kraft charakterisiert.[30] In einem Fragment aus den aischyleischen *Psychagogoi* heißen die Toten, die in der Unterwelt verweilen und gerade ein Blutopfer erhalten, sogar ἄψυχοι, „ohne Lebenskraft" oder „leblos"; das Adjektiv akzentuiert umso mehr die Schwäche der Toten, indem es denselben Wortstamm wie ψυχή, der übliche Begriff für die immaterielle, aber dennoch den Tod überdauernde und identitätstragende Totenseele, aufweist, diesen aber durch das *alpha privativum* negiert.[31]

Fünf Verse später im selben Fragment bezeichnet der Chor die Toten, die nun die Unterwelt vorübergehend verlassen und in die Oberwelt emporsteigen sollen, jedoch als „den Schwarm der Nachtwandler" (νυκτιπ<ό>λων / ἑσμός, fr. 273a7 f. Radt).[32] Diese Bezeichnung kommt einer Akzentverschiebung gleich. Die Toten sind jetzt „keineswegs ‚leblos', sondern höchst beweglich" und „treiben ihr nächtliches Spiel [...] auch unter den Lebenden, in deren Welt sie ‚losgelassen' werden".[33] Diesen Toten werden besonders Alpträume, aber auch andere, nicht näher bezeichnete nächtliche Angriffe zugeschrieben, und sie können bisweilen zur direkten physischen Gewalt schreiten.[34] Doch in den *Psychagogoi* wird offenbar nicht inszeniert, wie bestimmte Tote *motu*

---

30 Abbild: Vgl. Hom. *Od.* 11,219 – 222; für eine radikal andere Vorstellung siehe Kapitel IV (Sophokles, *Elektra*). – Will ein Dichter die Toten als schwach charakterisieren, so kann er eben diese Körper- und Substanzlosigkeit in den Vordergrund rücken. Auf solche Weise hat Aischylos in seinem nicht erhaltenen Drama *Sisyphos Petrokylistes* (*Sisyphos der Steinwälzer*) die schwache Seite der Toten anschaulich zum Ausdruck gebracht: Die Toten seien ohne körperliche Kraft und trocken (Aischyl. fr. 229 Radt: καὶ θανόντων, οἷσιν οὐκ ἔνεστ' ἰκμάς); kein Blut fließe in ihren Adern (Aischyl. fr. 230 Radt: σοὶ δ' οὐκ ἔνεστι κῖκυς οὐδ' αἱμόρρυτοι / φλέβες. Das Wort κῖκυς kommt sonst nur an zwei Stellen vor, nämlich Hom. *Od.* 11,393 f., auch in Bezug auf die Kraftlosigkeit der Toten, und Hom. *h.* 5,237 f. in Bezug auf den immer älter und schwächer werdenden Tithonos, und bezeichnet an beiden Stellen ausdrücklich die körperliche Kraft, wie die hinzugefügte Formel ἐνὶ γναμπτοῖσι μέλεσσιν zeigt).

31 Dabei wird den Toten nicht nur die Lebenskraft abgesprochen, sondern es scheint auch die existentielle Form der Toten schlechthin – die ψυχή – gefährdet zu sein. Auch wenn die Bezeichnung ψυχή in den zwölf überlieferten Versen des von ψυχαγωγοί gesungenen Chorliedes nicht vorkommt, ist es fast ein Oxymoron, die Toten bzw. ψυχαί als ἄψυχοι zu bezeichnen. Mit dem gleichen Oxymoron hat Aristophanes in den *Fröschen* gespielt: Aristoph. *Ran.* 1330 – 1334: τίνα μοι δύστανον ὄνει-/ρον πέμπεις ἐξ ἀφανοῦς Ἀίδα / προμολῶν, ψυχὰν / ἄψυχον ἔχοντα [...]; – Zur Bezeichnung ἄψυχος siehe weiter Henrichs (1991) 188 f. mit Anm. 60; Henrichs (1991) 188 f. und Lloyd-Jones (1981) 21 argumentieren, dass ἄψυχος und πάμψυχος (von Henrichs als „im Vollbesitz seiner Lebensgeister" übersetzt, Soph. *El.* 841; vgl. Hom. *Od.* 10,492 – 496) als polares Begriffsspaar zu fassen seien.

32 Übs. Henrichs (1991) 188.

33 Henrichs (1991) 190 f., der diese Stelle als Beispiel für die Ambivalenz der Chthonioi als zugleich schwach und stark diskutiert.

34 Alpträume: z. B. Aischyl. *Choeph.* 288; Aristoph. *Ran.* 1330 – 1337; Trag. Adesp. 375 Kannicht-Snell; vgl. Henrichs (1991) 191 Anm. 65. – Andere nächtliche Angriffe: z. B. Eur. *Ion* 1048 f. (Εἰνοδία θύγατερ Δάματρος, ἃ τῶν / νυκτιπόλων ἐφόδων ἀνάσσεις); vgl. Eur. *Hel.* 570 (οὐ νυκτίφαντον πρόπολον Ἐνοδίας μ' ὁρᾷς) und siehe Henrichs (1991) 190 f. zu diesen Stellen in Verbindung mit den „Nachtwandlern" in den *Psychagogoi*. – Es gibt auch die Vorstellung, dass Tote (einschließlich Heroen) am hellen Tag erscheinen könnten: z. B. (in der Tragödie) Dareios in Aischyl. *Pers.*; [Ps.-]Aischyl. *Prom.* 566 – 575 (Argos); Eur. *Hec.* 37 – 44 (Achill). – Physische Gewalt der Toten, v. a. der Heroen: Vgl. Aristoph. *Anagyros* (Testimonium bei Phot. [b,z] α 1432 = *Suda* α 1842; PCG III, 2 s. v. ἀνάγυρος); Aristoph. *Av.* 1492 f. mit Liapis (2006); vgl. die soeben erwähnten „nächtlichen Angriffe".

proprio auf Erden agieren. Vielmehr wird ihre Beschwörung inszeniert: Wie Agamemnon in den *Choephoren* und Dareios in den *Persern* geht es auch hier um Tote, denen die Lebenden eine Wirkmächtigkeit zuschreiben und die sie durch aufwendige Riten und göttliche Hilfe aus der Unterwelt herbeirufen.

Den heraufbeschworenen Toten gegenüber repräsentiert Klytaimestra hinsichtlich ihrer Beweglichkeit beziehungsweise Stärke noch eine Steigerung. Denn nicht nur ist Klytaimestra wie diese höchst beweglich, sondern ihre Bewegung geschieht darüber hinaus aus eigenem Antrieb: Anders als Dareios oder die Totenschar in den *Psychagogoi* erscheint sie ohne Beschwörungsritual noch auf Wunsch der Lebenden; ihr eigener Wille treibt sie an.

Das Erscheinen auf eigene Initiative weist dabei auf einen hinreichend starken Grund hin, die Grenze zur Oberwelt eigenständig zu überschreiten, und somit auch auf die Ernsthaftigkeit der Situation. Ja, dass sich sowohl die Tote als auch die Erinyen, die ebenfalls als Unterweltsbewohner gelten und in der *Orestie* nur infolge von Mord und Flüchen auf Erden wirken, gleichzeitig in der Oberwelt aufhalten, stellt eine markante Störung der normalen Ordnung dar.[35] Ähnlich wie die Lebenden in den *Choephoren* und den *Persern* Kontakt mit den Toten nur dann aufnehmen, wenn menschliches Wissen und Können nicht mehr zur Problembewältigung ausreichen, so kann das Erscheinen von Totengeistern *motu proprio* signalisieren, dass sie Hilfe im Reich der Lebenden benötigen. Das frühste literarische Beispiel dafür, das auch für das Verständnis der Klytaimestra-Szene aufschlussreich ist, ist die Erscheinung des verstorbenen Patroklos in der *Ilias:* Patroklos verlangt von Achill eine rituelle Handlung, nämlich die Bestattung, die seine vollständige Trennung von der Gemeinschaft der Lebenden und seine Eingliederung in die neue Gemeinschaft der Toten ausdrücklich ermöglichen soll.[36] (Dass es Klytaimestra ebenfalls um ihre Integrierung in die Unterweltsgemeinschaft geht, wird in der Analyse der Sprechpartie unten ausführlicher diskutiert.) Bleibt diese Handlung aus, so kann ein Anspruch auf göttlichen Zorn entstehen: Wie der Totengeist des Patroklos seinem schlafenden Gegenüber erklärt,

---

35 Eine Totenerscheinung ist insofern eine Störung der normalen Ordnung, als die Wiederkehr eines Totengeists eine Grenzüberschreitung darstellt; sie bildet ein Pendant zur Reise eines noch lebenden Menschen oder Heroen in die Unterwelt. Obwohl die Erinyen „ihre Wirksamkeit vorzugsweise auf der Erde entfalten" (Heubeck 1986, 164), werden sie seit Homer und Hesiod als Unterweltsbewohner geschildert und in den *Eumeniden* nachdrücklich als zur Unterwelt gehörig beschrieben (z. B. Aischyl. *Eum.* 71–73; 115; 417; vgl. 268; 421–423). Ihre Erscheinung im Diesseits indiziert insofern eine Störung der normalen Ordnung, als sie „als Hüter und Bewahrer göttlich-menschlicher Lebensordnungen" wirken und „in ihrer Eigenschaft als Helfer meist die Aufgabe zu übernehmen haben, verletzte Grenzen wiederherzustellen und begangene Untat wiederherzustellen" (Heubeck 1986, 164 f.); die Erinyen verlassen also ihren Wohnsitz im Hades nur als Reaktion auf eine Ordnungsstörung.

36 Patroklos: Hom. *Il.* 23,59–108. Ablösung von der Gemeinschaft der Lebenden: Hom. *Il.* 23,75 f.; Integrierung in die Gemeinschaft der Toten: Hom. *Il.* 23,71–74.

wird der Tote, sollten ihm die angemessenen Ehren nicht erwiesen werden, zu einem θεῶν μήνιμα.[37]

Anders als etwa dem toten Patroklos geht es Klytaimestra nicht um ihre Bestattung, sondern um eine andere Handlung, die mit ihrer Ehre direkt zusammenhängt: die Vergeltung ihrer Ermordung.[38] Da sie aber keinen Blutsverwandten unter den Lebenden hat, der für sie Rache üben könnte, wird sie gleich nach dem Tod zu einem μήνιμα der Erinyen, denen die Bestrafung des Mörders nun obliegt. Dementsprechend erscheint sie nicht etwa einem Lebenden, sondern den Erinyen, als sie einschlafen und diese Pflicht vernachlässigen; Klytaimestra muss den Prozess erneut in Gang setzen. Der Prozess, den Aischylos in der Erscheinung und Rede des Totengeists zusammen mit der darauf folgenden Reaktion der Erinyen darstellt, ist die Verwandlung in ein θεῶν μήνιμα – Klytaimestra will ausdrücklich, dass die Götter ihretwegen μῆνις empfinden –, und die eben genannte homerische Stelle liefert das Vorbild dafür.[39] Doch bei Homer wird lediglich die Vorstufe dieses Prozesses, nämlich die Erscheinung des unruhigen Toten und dessen Aufforderung, gezeigt, und Patroklos hat letztendlich keinen Anlass, zum θεῶν μήνιμα zu werden, da er die verlangten Totenehren erhält.[40] Was bei Homer nur in Form einer Warnung ausgesprochen wird, führt Aischylos in der Figur der Klytaimestra aus, indem er sie tatsächlich zum μήνιμα der Erinyen werden lässt.[41] Dass dieser Vorgang nicht (mehr) von alleine läuft, sondern von Klytaimestra aktiv erneuert werden muss, zeigt ferner, dass es bei Klytaimestra um eine bewusste Inanspruchnahme geht. Klytaimestra erhebt, wie in ihrer Rede noch deutlicher wird, Anspruch auf den Status eines μήνιμα θεῶν mit dem Zweck, sich und ihre vergangenen Handlungen dadurch zu legitimieren. Diese Legitimierung kann kein Mensch verleihen.

Der Anspruch auf Legitimation durch göttliche Vergeltung einerseits und der Mangel an Blutsverwandten andererseits bilden die Gründe für Klytaimestras Kontakt mit den Göttinnen. Das Außergewöhnliche und Innovative an der Kontaktaufnahme jedoch liegt nicht in dem Grund, aus dem der Kontakt entsteht, sondern in der Art und Weise: Die Tote erscheint träumenden Gottheiten. Dabei wird das konventionelle Verhältnis von Mensch und Gott im Traum (beziehungsweise in epiphanischen Ereignissen überhaupt) in frappierender Weise verkehrt. Denn üblicherweise sind es die

---

37 Hom. *Il.* 22,358 (Patroklos); die gleiche Situation ergibt sich in Hom. *Od.* 11,51–83, als Elpenor unerwartet erscheint. Auch er warnt vor göttlichem Zorn (θεῶν μήνιμα, Hom. *Od.* 11,73), sollte ihn Odysseus nicht bestatten. Vgl. Polydor in Eur. *Hec.* 1–58 (siehe unten Kapitel VII).

38 Zur Rolle der Ehre bzw. des Ansehens Klytaimestras siehe den folgenden Abschnitt („Wirkung durch Wortgewalt"), S. 109–122.

39 Μῆνις: Vgl. Klytaimestras Worte in V. 101 (οὐδεὶς ὑπέρ μου δαιμόνων μηνίεται) und siehe die folgende Diskussion.

40 Ebenso verhält es sich mit Elpenor (Hom. *Od.* 11,51–83).

41 Das Ende der Zornhandlung wird in den *Eumeniden* allerdings nicht erreicht, indem die Tote gerächt wird, sondern indem ihre Erinyen im Prozess besänftigt werden: Der Zorn der Erinyen wegen Klytaimestra wird dann beigelegt und die Tote, deren weiteres Schicksal im Jenseits kein Interesse des Dichters mehr ist, verliert damit ihre Agenten.

Götter, die über den Bereich der Träume walten. Sie können, ob als Gottheit erkennbar oder in menschlicher Gestalt, im Traum oder ferner bei Tageslicht den Sterblichen erscheinen. Auch können die Verstorbenen – vor allem die Heroen – einen Einfluss auf die Traumwelt der Lebenden ausüben oder ihnen auch außerhalb des Traums zu Tag oder Nacht erscheinen. Lebende Menschen können zwar versuchen, Träume als Kommunikationsmittel mit übernatürlichen Mächten einzusetzen (man denke etwa an Traummantik und Tempelschlaf) oder durch Gebet beziehungsweise Beschwörung Götter und Tote von ihrem fernen Aufenthaltsort herbeizurufen, doch wie in spontanen Erscheinungen, ob im Traum oder nicht, spielt auch hier der Erscheinende die maßgebliche Rolle; der Mensch bleibt der Rezipient. In der Schlafszene in den *Eumeniden* hingegen befinden sich die Gottheiten, die nicht fern im Hades oder auf dem Olymp, sondern bereits menschennah auf Erden sind, in der Rolle des Empfängers, die sonst den Menschen vorbehalten ist. Obwohl die Erinyen als Unsterbliche einen höheren „Rang“ als die Verstorbene innehaben beziehungsweise sie an Macht übertreffen (weswegen sie von ihr ja aufgesucht werden), entsprechen die kommunikativen Verhältnisse dieser Hierarchie nicht. Indem die Göttinnen zu den Rezipienten der Toten- beziehungsweise Traumerscheinung werden, wird ihre vorübergehende Schwäche zusätzlich betont. Dadurch gewinnt Klytaimestras Auftritt an Stärke und Lebendigkeit: Im Kontrast zu den durch den Schlaf außer Kraft gesetzten Erinyen wirkt die Tote noch aktiver; sie ruht nicht, sondern ist nachdrücklich wach und beweglich. Dies dürfte in der Inszenierung augenfällig gewesen sein.

Nur in einer Hinsicht erscheint die tote Klytaimestra als schwach. Ohne göttliche Vergeltung, die die Ungerechtigkeit ihrer Ermordung belegen und als Antwort auf die ständigen Schuldanklagen gegen sie in der Unterwelt dienen soll, bleibt sie aus der Gesellschaft der anderen Toten ausgegrenzt.[42] Für diese Vergeltung ist sie auf Göttinnen angewiesen, die sich gerade in einem schwachen Zustand – dem Schlaf – befinden. Der Schlaf der Erinyen bedingt den Traum als Kommunikationsweg zu ihnen und führt dabei zu einer Komplikation: Die Erinyen haben gleichzeitig einen weiteren Traum. Als sie auf die barsche Anrede der Klytaimestra nur mit Gestöhne und auf ihre weiteren hetzenden Worte mit dumpfem, jagdhundeartigem Gebell und der gegenseitigen Aufforderung zur Verfolgung eines Wildes (λαβέ λαβέ λαβέ λαβέ λαβέ φράζου, 130) reagieren, wirft Klytaimestra ihnen vor, dass sie ihre Beute nur im Traum jagen (ὄναρ διώκεις θῆρα, 131).[43] Der genaue Zusammenhang des zweiten Traums mit dem ersten bleibt undeutlich: Entweder haben sie zwei verschiedene Träume – einen von Klytaimestra, deren Ermahnungen sich in die Bilder des zweiten Traumes ver-

42 Ständige Anklagen gegen Klytaimestra: Vgl. Aischyl. *Eum.* 97 (ὄνειδος ἐν φθιτοῖσιν οὐκ ἐκλείπεται) und 99 (ἔχω μεγίστην αἰτίαν κείνων ὕπο). – Klytaimestras Ausgrenzung: Aischyl. *Eum.* 95–102.

43 Zum Jagdruf der Erinyen vgl. Müller (1833) 80. – Erinyen ermüdet: Aischyl. *Eum.* 126 f. – Anrede der Klytaimestra: Aischyl. *Eum.* 94–116. – Weitere hetzende Worte: Aischyl. *Eum.* 121 f., 124 f., 127 f. – Gebell: Aischyl. *Eum.* 118 (μύζοιτ' ἄν), 124 (ὤζεις) und 131 (κλαγγαίνεις) mit Thomson (1966) Bd. 2, 195 zu V. 117 und Sommerstein (1989) zu V. 129.

wandeln[44] – oder sie träumen nur von der fortgesetzten Jagd, hören aber dennoch die Rede der zornigen Toten.[45] Festzuhalten ist, dass Klytaimestra von den Schlafenden im oder als Traum wahrgenommen wird und dass ihre Rede die beabsichtigte Wirkung hat, die Erinyen aufzuwecken und wieder auf die Fährte zu setzen.[46] Jedoch gelingt dies Klytaimestra nur schwer, wie durch ihre wiederholten und beharrlichen Forderungen sowie eine ausbleibende direkte (verbale) Antwort der angesprochenen Erinyen verdeutlicht wird. Denn aus der Perspektive der Träumerinnen befindet sich Klytaimestra auf derselben Realitätsebene wie der Innentraum, so dass sie trotz ihrer gleichzeitigen Präsenz außerhalb des Traums mit einer imaginären Vision in Konkurrenz um die Aufmerksamkeit der Erinyen treten muss. Vollkommene Kontrolle über die Traumwelt hat Klytaimestra nicht, vielmehr ist sie aufgrund ihrer Abhängigkeit von den Erinyen den Regeln dieser Welt kurz unterworfen.[47]

Abgesehen von genannter Einschränkung ihrer Macht, wird die Verstorbene in ihrem Auftritt keineswegs als schwach, sondern als beweglich und die Initiative ergreifend charakterisiert. Dass Klytaimestra selbst den Mörder nicht verfolgt, sondern die Erinyen damit beauftragt, deutet auf keine grundsätzliche Schwäche des Totengeists hin. Vielmehr zeigt dies, dass die Erinyen – sobald sie wieder aufwachen – als Gottheiten etwas leisten können, was kein Toter oder Lebender zu tun vermag, nämlich bestimmte menschliche Handlungen zu legitimieren. Es bestünde ferner durchaus die dichterische Möglichkeit, Klytaimestra selbst agieren zu lassen. Jedoch hätte sich die Verfolgung des Muttermords durch die Tote insofern auf die Dramenhandlung negativ ausgewirkt, als ein zweites Aufeinandertreffen zwischen Orest und seiner Mutter antiklimaktisch gewesen wäre. Dahingegen kann der Dichter durch die erweiterte Personenkonstellation diese Wiederholung vermeiden und neue Spannungen aufbauen; die Erweiterung des Personals um die göttlichen Gestalten führt darüber hinaus zur Bedeutungssteigerung des Konflikts, der nun auch zum Streitpunkt der Götter wird. Aischylos teilt Klytaimestra eine zentrale Rolle in dieser Ent-

44 Lennig (1969) 79, der in V. 130 einen Übergang vom ersten (Außen-)Traum zum zweiten (Innen-)Traum sieht.

45 Brown (1983) 31.

46 Wahrgenommen von den Erinyen: Aischyl. *Eum.* 142; 155–159. – Beabsichtigte Wirkung: Aischyl. *Eum.* 140 ff.

47 Klytaimestras Status als Außentraum bedeutet eine Einschränkung ihrer Macht nur insofern, als sie in Konkurrenz mit einem anderen Traum treten muss. Die inhärente Immaterialität der Träume, die sie zu einem besonders geeigneten dichterischen Mittel dafür macht, die schwächere Seite der Toten zum Ausdruck zu bringen (z. B. Hom. *Od.* 11,207 f. und 222), fehlt in der Erscheinungsszene der *Eumeniden* gänzlich. Pace Goldhill (1984) 213–215, der schreibt: „the ghost of Clytemnestra [...] appears [in contrast to Apollo] as a dream, in a dream [...] [,] as the insubstantial vision, δόξα (of dreams, Aga. 275, 421) that characterised Orestes' madness (Cho. 1051)"; ja, bezeichnenderweise verwendet Aischylos den Begriff δόξα für Klytaimestras Erscheinung nicht, der, wie Goldhill zu Recht bemerkt, sich auf die flüchtige und irreale Natur von Träumen und Erscheinungen beziehen kann. Es soll nochmals betont werden, dass Aischylos den Totengeist der rein subjektiven Welt der Träumer enthebt, indem er ihn als Bühnenfigur auftreten lässt.

wicklung zu, indem er ihr Verhältnis zu den Erinyen dramatisch ausführt und sie die Rachegöttinnen aktiv in den Konflikt mit einbeziehen lässt, statt deren Mitwirkung nur im Voraus anzudeuten.[48] Die Macht der verstorbenen Klytaimestra liegt hauptsächlich darin, dass sie die Erinyen erfolgreich für sich mobilisiert – wenngleich gegen anfänglichen Widerstand (den Schlaf der Erinyen) und ohne das langfristige Ziel, die Rache an Orest, zu erreichen. Wie sie die Göttinnen mobilisiert, steht im Zentrum des folgenden Abschnitts.

Wirkung durch Wortgewalt. Leid und Rhetorik

Klytaimestra entfaltet ihre Wirksamkeit als Tote vornehmlich über die Sprache. Dass sie überhaupt auf ihre rhetorischen Fähigkeiten zurückgreift, entspricht wie die herrische Art und Weise, in der sie Kontakt zu den Erinyen aufnimmt, ihrem *modus operandi* zu Lebzeiten. Als Lebende hatte Klytaimestra durch die bewusste Manipulation von Sprache Macht über andere ausgeübt, wie vom Anfang bis zum Ende des *Agamemnon* dramatisiert wird und am deutlichsten in Klytaimestras „Sieg" über den heimgekehrten Heerführer im Redestreit zu beobachten ist.[49] Ihre rhetorische Stärke als Totengeist ist nicht als rein dichterisches Mittel zu deuten, das nur Kontinuität zwischen den *Eumeniden* und den ersten zwei Dramen stiften soll, sondern wurzelt in der Vorstellung einer ganz anderen Kontinuität: die zwischen der diesseitigen und jenseitigen Identität. Anschaulichster Ausdruck dieser Vorstellung ist die „Iteration", nämlich, dass der Tote im Jenseits diejenigen Tätigkeiten fortsetzt, welche für seine Identität im Diesseits konstitutiv waren.[50] Für Klytaimestras Identität war aber neben ihrer Wortgewalt auch die Ausübung körperlicher Gewalt entscheidend, und auch diese prägt noch ihren Umgang mit anderen. Denn auch jetzt verlässt sich Klytaimestra auf verbale Gewalt, die aber zugleich eine körperliche Wirkung zeitigen soll: Durch schmerzauslösende Worte regt sie die Göttinnen dazu an, stellvertretend Orest nicht bloß psychisch, sondern auch physisch zu schaden.[51]

---

48 Aischyl. *Choeph.* 924.

49 Bewusste Manipulation von Sprache: Aischyl. *Ag.* 1372 f. (πολλῶν πάροιθεν καιρίως εἰρημένων / τἀναντί' εἰπεῖν οὐκ ἐπαισχυνθήσομαι). – „Sieg" im Redestreit: Aischyl. *Ag.* 855 – 974, v. a. 940 – 943, wo der Streit als eine μάχη beschrieben wird. – Zur Rhetorik der Klytaimestra und ihrem Umgang mit der Sprache im Allgemeinen vgl. Betensky (1978); Buxton (1982) 106 – 108; Foley (2001) 201 – 234; Gerolemou (2011) 107 – 118; McClure (1996) und McClure (1999) 73 – 99; Rechenauer (2001) 80 – 84; Thalmann (1985b) 225 – 230; Winnington-Ingram (1983) 90 – 93.

50 Zur Iteration: Nilsson (1967) Bd. 1, 454 f., 674 – 678, der den Begriff geprägt hat; siehe oben Kapitel II (Aischylos, *Perser*), S. 31.

51 Verbale Gewalt: Klytaimestras Vorwürfe bereiten den Erinyen auch körperliche Schmerzen: Aischyl. *Eum.* 135 f., 155 – 161 und siehe die Diskussion zu V. 155 – 161 am Ende dieses Abschnitts. – Psychischer und physischer Schaden: Vgl. Aischyl. *Eum.* 137 – 139 (nur körperliche Schmerzen explizit erwähnt); 328 – 332 und 341 – 346 (beides).

Klytaimestras Rede besteht aus zwei Teilen (94–116 und 131–139), die durch die unartikulierte Reaktion (Gestöhne und Gebell) der schlafenden Göttinnen und weitere Vorwürfe seitens Klytaimestras verbunden sind (117–130). Im ersten Teil stellt die ermordete Mörderin ihre Situation im Jenseits pathetisch dar und erinnert die Rachegöttinnen an ihre Pflicht; der kurze zweite Redeteil enthält einen ausführlicheren Befehl an die Erinyen, aufzuwachen und ihrer Aufgabe mit Eifer nachzugehen. Obwohl die Rede eine Götteranrufung ist, hat sie (wie oben bereits angedeutet) kaum die Gestalt eines üblichen Gebets.[52] Charakteristische Gebetselemente (wie etwa der Appell an die Reziprozität) gestaltet die Sprecherin eher als Vorwürfe, und sie präsentiert ihre Hilfsbedürftigkeit stark argumentativ; Argumentation und Tadel münden dann in ausdrückliche Befehle, und das Leiden der Toten wird zu dem der Zuhörerschaft gemacht. Thematisiert und argumentativ eingesetzt werden dabei Klytaimestras schlechter Ruf unter den anderen Toten, ihr Anspruch auf Rache beziehungsweise göttlichen Zorn, ihre besondere Verbindung zu den Erinyen und die Dringlichkeit ihrer Lage.

Nach der vorwurfsvollen eröffnenden Anrede an die Erinyen („schlaft ihr nur weiter!“, 94) schildert Klytaimestra mit leicht anakoluthischer Syntax, die ihre Aufregung ausdrücken soll,[53] ihr jenseitiges Los (95–102) ganz aus ihrer Perspektive:

ἐγὼ δ’ ὑφ’ ὑμῶν ὧδ’ ἀπητιμασμένη
ἄλλοισιν ἐν νεκροῖσιν, ὧν μὲν ἔκτανον
ὄνειδος ἐν φθιτοῖσιν οὐκ ἐκλείπεται,
αἰσχρῶς δ’ ἀλῶμαι, προυννέπω δ’ ὑμῖν ὅτι
ἔχω μεγίστην αἰτίαν κείνων ὕπο,
παθοῦσα δ’ οὕτω δεινὰ πρὸς τῶν φιλτάτων
οὐδεὶς ὑπέρ μου δαιμόνων μηνίεται
κατασφαγείσης πρὸς χερῶν μητροκτόνων.

Doch ich, durch eure Schuld derart entehrt
unter den anderen Toten – wegen derer, die ich getötet,
hört der Tadel bei den Abgeschiedenen nicht auf,
und schmachvoll irre ich umher; ich sage euch offen:
Die größte Anklage wird gegen mich von jenen erhoben,
und obgleich ich so Schreckliches von meinen Nächsten litt,
entbrennt keiner der Götter meinetwegen in Zorn,
die ich hingeschlachtet wurde von Muttermörders Hand.

In dieser Art *narratio* thematisiert Klytaimestra in erster Linie ihr Leiden im Jenseits, ohne es aber kausal mit ihren eigenen Taten in Verbindung zu bringen. Schuld an ihrem Ehrverlust (ἀπητιμασμένη) in der Unterwelt, der sich einerseits (μέν) im unablässigen Tadel der anderen Toten (ὄνειδος ἐν φθιτοῖσιν) wegen derjenigen, die sie

---

52 Zu Gebeten im Allgemeinen: Scheer (2001).

53 Anakoluth und Aufregung: Sommerstein (1989) zu V. 95–98; vgl. Groeneboom (1952) zu Aischyl. *Eum.* 778–787 [*sic*]: „de woede spreekt niet in welafgeronde zinnen“.

getötet hat, und andererseits (δέ) in ihrem schmachvollen Umherirren (αἰσχρῶς [...] ἀλῶμαι) manifestiert,[54] seien vielmehr die Erinyen (ὑφ ὑμῶν, kontrastierend neben das für die unschuldige Sprecherin stehende ἐγώ gestellt). Doch die nur beiläufige Erwähnung ihrer Mordtat in Vers 96 (ὧν [...] ἔκτανον) im Zusammenhang mit den Vorwürfen (ὄνειδος) weist darauf hin, dass ihr Mord an Agamemnon und Kassandra nicht ohne Folgen im Jenseits bleibt: Anders als später in den *Eumeniden* ist aber hier nicht davon die Rede, dass der Unterweltsgott die Verstorbenen zur Rechenschaft zieht,[55] sondern dass die anderen Toten (oder einige von ihnen – der Text spezifiziert nicht) der Mörderin die Integration in die Unterweltsgesellschaft verweigern.[56] Die Ermordete drängt jedoch die angedeuteten Gründe für die Vorwürfe der anderen Toten sowie für den Ausschluss aus deren Gesellschaft in den Hintergrund und schwächt sie dann noch weiter ab, indem sie ihre folgende Aussage stärker gewichtet. Dass sie etwas Neues und von Belang sagen will, kündigt sie den Hörern durch das einleitende προυννέπω [...] ὑμῖν an: Die größte Anklage (μεγίστη αἰτία) werde gegen sie erhoben. Mit μεγίστη αἰτία beschreibt sie nicht den vorher erwähnten Tadel, sondern führt ein neues Thema ein, welches sie dann in den parataktisch angeschlossenen Versen (100 – 102) erklärt.[57] Ursache der größten Anklage gegen sie sei, dass keine Gottheit, also auch nicht die Erinyen (die ja schlafen), ihretwegen zürnt (μηνίεται), obwohl sie durch die Hand ihrer engsten[58] Blutsverwandten furchtbar gelitten hat. Mit dieser Strategie der Aufwertung schiebt Klytaimestra die Verantwortung für ihr jetziges Leid ganz auf die (aus ihrer Sicht) nachlässigen Vertreterinnen.

---

54 Zur Korrespondenz des μέν mit dem ersten (und nicht dem zweiten) δέ: West (1990b) 274.

55 Aischyl. *Eum.* 273 – 275 (μέγας [...] Ἅιδης [...] εὔθυνος βροτῶν); vgl. 175 – 178. Vgl. Aischyl. *Suppl.* 228 – 231.

56 Auch in der *Ilias* ist es nicht Hades, der den unbestatteten Patroklos aus dem Totenreich ausgrenzt, sondern es sind die anderen Toten; infolgedessen muss auch der Totengeist des Patroklos umherirren: Hom. *Il.* 23,72 – 74: τῆλέ με εἴργουσι ψυχαὶ εἴδωλα καμόντων, / οὐδέ μέ πω μίσγεσθαι ὑπὲρ ποταμοῖο ἐῶσιν, / ἀλλ᾽ αὔτως ἀλάλημαι ἀν᾽ εὐρυπυλὲς Ἄϊδος δῶ. – Eventuell sind die Verse so zu verstanden, dass Klytaimestra von den Toten als Kollektiv ausgegrenzt wird. Zum Kollektiv der Toten: Seit Homer werden die Toten als zahllos dargestellt (z. B. Hom. *Od.* 11,632 f., ἀλλὰ πρὶν ἐπὶ ἔθνε᾽ ἀγείρετο μυρία νεκρῶν / ἠχῇ θεσπεσίῃ und vgl. Hades' Beinamen „der Wirt der Vielen": πολυδέκτης: Hom. *h.* 2,9; πολυδέγμων: Hom. *h.* 2,17; 32; 404; 430); vgl. Henrichs (1984) 262 Anm. 30. Die Toten bilden ein großes Kollektiv, die manchmal als Schwarm beschrieben wird (Aischyl. fr. 273a9 Radt; Soph. fr. 879 Radt), aus dem besondere Tote – v. a. Heroen – herausragen (vgl. Bakchyl. 5,64 – 70, wo aus der Menge undifferenzierter Toten, die mit herumwirbelnden Blättern verglichen werden, allein das Schattenbild des θαυμαστὸς ἥρως [71] Meleager hervorragt [μετέπρεπεν] und die Aufmerksamkeit des in den Hades hinabgestiegenen Herakles auf sich lenkt).

57 Vgl. West (1990b) 274: „Logical coherence is achieved (though grammatical anacolutha remain) if we take the μέν of 96 as being answered by the δέ in 98, and the αἰτίαν of 99 as being explained in 100 – 102, which are attached in a paratactic construction where we might have expected a ὅτι." So verstanden auch die Scholiasten den Zusammenhang von μεγίστη αἰτία mit den folgenden Versen (Schol. vet. in T: σφαγεῖσα, φησίν, αἰτιῶμαι παρ᾽ ἐκείνων ὡς ὑπὸ τοῦ Ὀρέστου τοῦ ἡμετέρου υἱοῦ ἀνῃρέθην).

58 Durch die Steigerung πρὸς τῶν <u>φιλτάτων</u> hebt Klytaimestra die Monstrosität des Muttermordes noch stärker hervor.

In der Erklärung ihrer μεγίστη αἰτία in den Versen 100 – 102 macht Klytaimestra deutlich, welche Reaktion auf ihr Leid (παθοῦσα […] δεινά) sie von den Erinyen erwartet – und dabei, welche Reaktion sie jetzt bei ihnen hervorzurufen versucht. Ihre explizite Berufung auf göttliche μῆνις (101) einerseits und zwanzig Verse später auf οἶκτος andererseits (ἄγαν ὑπνώσσεις κοὐ κατοικτίζεις πάθος, 121) zeigt, dass ihre Appelle und die Exposition ihres Leidens auf die miteinander verflochtenen Affekte Mitleid und Zorn abzielen. Wie im Kommos der *Choephoren* rührt das Leiden von einem Verlust an τιμή her, der die Anrufende(n) ebenso sehr betrifft wie die jeweilige angerufene chthonische Macht: In den *Choephoren* hängt die Ehre der Geschwister mit der des ermordeten Vaters untrennbar zusammen,[59] während in den *Eumeniden* die Ehre der Erinyen davon abhängt, dass sie ihr Amt[60] gut versehen – und das bedeutet, die Rache an Orest erfolgreich zu vollstrecken.[61] In beiden Szenen unternimmt man es, eine Unterweltsmacht durch das Evozieren von oder die Erinnerung an Leid und Demütigung, Schande und Ehre zu aktiver Hilfe anzuregen.[62] Doch die Parallelität der „Mobilisierungsszenen" bleibt nur generell, und der Vergleich lässt vor allem zwei Unterschiede stärker hervortreten. Erstens wird die Charakterisierung der toten Klytaimestra als – wie im Leben – ungewöhnlich initiativ umso deutlicher: Während der Tote in den *Choephoren* angerufen wird, aber dem Hades nicht entsteigt, bildet Klytaimestra zum unsichtbar und implizit mitwirkenden oder sogar passiven Totengeist ihres Mannes das Gegenbild, indem sie eigenmächtig erscheint und den Kontakt initiiert. Zweitens hat die Identität der Anrufenden und deren jeweiliges Verhältnis zu dem beziehungsweise den Angerufenen notwendigerweise zur Folge, dass sich die Geschwister und Klytaimestra jeweils unterschiedlicher kommunikativer und rhetorischer Strategien bedienen. Orest und Elektra stellen die Kommunikation mit dem Verstorbenen vornehmlich durch Totenklage her und heben die gegenseitige Abhängigkeit des Toten und der Lebenden sowie das Ineinander ihres Leidens hervor. Hingegen ist die Beziehung zwischen Klytaimestra und den Erinyen zwar reziprok, aber nicht durch eine gegenseitige Abhängigkeit geprägt: Während Orest und Elektra dem ermordeten König Agamemnon regelmäßige Totenehren versprechen, die seine jetzige Hilfe im Rahmen eines Tausches einfordern, kann Klytaimestra als Tote den Erinyen kaum zukünftige Opfer versprechen. Vielmehr ist sie auf die Loyalität der

59 Z. B. Aischyl. *Choeph.* 508 f. Vgl. Föllinger (2003) 86 – 95 und siehe Kapitel III (Aischylos, *Choephoren*).
60 Nicht von ungefähr bezeichnet τιμή sowohl Ehre als auch Amt: Vgl. Aischyl. *Eum.* 209, wo diese zwei Bedeutungen kaum auseinander zu halten sind (Apoll: τίς ἥδε τιμή; κόμπασον γέρας καλόν).
61 Vgl. Aischyl. *Eum.* 323 – 327: Die Erinyen klagen Apoll an, dass er sie ἄτιμοι mache (d. h., dass er ihnen Recht und Ehre entziehe), indem er ihnen Orest geraubt hat; vgl. weiter Aischyl. *Eum.* 780 = 810.
62 Erinnerung an Schande: Vgl. Aischyl. *Choeph.* 491 – 494, v. a. 495 (Orest): ἆρ' ἐξεγείρῃι τοῖσδ' ὀνείδεσιν πάτερ; – Zur Parallelität der Szenen vgl. Käppel (1998) 249: „Wie also in den ‚Choephoren' der schlafende Agamemnon von seinen Kindern ‚geweckt' wurde (*Cho.* 494), so ‚erwachen' jetzt Klytaimestras Rachegeister (*Eum.* 94 ff. 140 – 142)"; Thomson (1966) Bd. 2, 195 zu V. 130 – 139: „The vengeance of the dead, of which the Furies are embodiments, was conceived as being stirred up by reproaches, taunts, of the indignities and shames that they had suffered."

Göttinnen angewiesen, ohne dass diese in einem Abhängigkeitsverhältnis zu ihr stehen. Da sie keinen Rekurs auf eine fortwährende Reziprozität hat, versucht sie auf andere Weise, die Loyalität der Erinyen zu stärken, und zeigt sich bemüht, das Schicksal der Göttinnen an das ihre zu binden, damit diese sich mit ihr umso mehr identifizieren. So sollen Klytaimestras Leid und Empörung auch zu denen der Erinyen werden.

Zunächst aber fährt Klytaimestra mit dem ersten Teil ihrer Rede fort (103–116, unten), in dem sie ihre Todeswunden zur Schau stellt und verschiedene Strategien einsetzt, um die unmittelbare Relevanz ihrer Situation für die Erinyen zu vermitteln. Zu diesem Zweck beruft sie sich auf ihre besondere Beziehung zu den Rachegöttinnen, und nach einem ersten gezielten Versuch, ihre Schmach in einen Ehrverlust der Erinyen zu übersetzen (113), steigert sie die Eindringlichkeit ihres Appells durch direkte Anrufe:

ὅρα δὲ πληγὰς τάσδε καρδίαι σέθεν·
εὕδουσα γὰρ φρὴν ὄμμασιν λαμπρύνεται.
{ἐν ἡμέραι δὲ μοῖρ' ἀπρόσκοπος βροτῶν.}[63]
ἦ πολλὰ μὲν δὴ τῶν ἐμῶν ἐλείξατε·
χοάς τ' ἀοίνους, νηφάλια μειλίγματα,
καὶ νυκτίσεμνα δεῖπν' ἐπ' ἐσχάραι πυρός
ἔθυον, ὥραν οὐδενὸς κοινὴν θεῶν·
καὶ πάντα ταῦτα λὰξ ὁρῶ πατούμενα,
ὁ δ' ἐξαλύξας οἴχεται νεβροῦ δίκην,
καὶ ταῦτα κούφως· ἐκ μέσων ἀρκυστάτων
ὤρουσεν, ὑμῖν ἐγκατιλλώψας μέγα.
ἀκούσαθ', ὡς ἔλεξα τῆς ἐμῆς πέρι
ψυχῆς· φρονήσατ' ὦ κατὰ χθονὸς θεαί·
ὄναρ γὰρ ὑμᾶς νῦν Κλυταιμήστρα καλῶ.

Sieh an die Wunden hier mit deines Herzens Auge!
Denn schläft der Geist, tun Augen sich ihm leuchtend auf.
{Am Tage aber bleibt uns klare Schau versagt.}
Gar viele schon habt meiner Gaben ihr geschlürft:
Weinlose Libationen, nüchterne Besänftigung
und nächtig-heilige Mahlzeit opferte ich am Feuer
des Herdes zur Stunde, die kein Gott sonst mit euch teilt.
Und alles dies tritt, sehe ich, euer Fuß in Staub.
Der, euch entschlüpfend, eilt davon dem Hirschkalb gleich,
Ja, leichten Fußes; mitten aus dem Jägernetz
Brach er aus und hohnlachte euch gewaltig noch!
Hört mich! Um meines Lebenshauchs willen habe ich doch gesprochen!
Kommt zur Besinnung, ihr unterirdische Göttinnen!
Denn ich rufe euch jetzt im Traum – Klytaimestra!

63 Zur Interpolation von Vers 105 (und möglicherweise auch Vers 104) siehe West (1990b) 274 f. und Sommerstein (1989) z. St.; der Status dieser Verse hat für die vorliegende Interpretation keine Bedeutung und wird deshalb nicht näher behandelt.

Indem sie ihre Todeswunden zeigt (vgl. das deiktische τάσδε), unterstreicht Klytaimestra gestisch ihre Aussage, sie sei von ihrem Sohn getötet worden (102), und konfrontiert die Erinyen mit der Tatsächlichkeit ihres gewaltsamen Todes.[64] Was in den vorangehenden Versen vornehmlich als Verletzung der Ehre und des Rufs gedeutet wurde, gewinnt dadurch eine unmittelbar anschauliche körperliche Dimension: Die Enthüllung der Wunden soll die Mordtat und das daraus resultierende Leid beweisen und veranschaulichen. Die Wunden erfüllen dabei die rhetorische Funktion eines Zeichens oder σημεῖον;[65] mit der Geste zielt Klytaimestra durch Evidenzkraft und gesteigerte Glaubwürdigkeit letzten Endes auf die Affekte ihrer Adressaten ab, die dadurch dazu gebracht werden sollen, nicht nur zu glauben, sondern auch zu handeln.[66] Dass die Exhibition der Wunden eine emotionale Wirkung auf die Erinyen haben soll, macht Klytaimestra durch ihre Formulierung deutlich. Die Erinyen, deren Augen ja im Schlaf geschlossen sind, sollen die gezeigten Wunden mit ihrem Herzen (καρδία) sehen, das heißt nicht mit dem Organ der visuellen Wahrnehmung, sondern mit demjenigen, das emotionale Eindrücke aufnimmt. Denn neben anderen inneren Organen wird bereits in voraischyleischer Zeit der καρδία das Empfinden verschiedener Emotionen zugeschrieben. Im Unterschied zu bestimmten anderen inneren Organen (z. B. der θυμός oder die φρένες) ist bei Aischylos die καρδία weniger mit Bewusstsein und Verstehen als vielmehr mit Affekten verbunden, unter denen Angst oder Unruhe prominent und manchmal auch Leiden oder Schmerz vertreten sind.[67]

---

64 Aischyl. *Eum.* 103. Dirksen (1965) 12 nimmt an, dass Klytaimestra ihre Todeswunden an der Brust trägt und hier ihre Brust nochmals entblößt. Trotz der dramatischen Wirksamkeit dieser Geste, die die gestörte Beziehung zwischen Mutter und Sohn besonders augenfällig machen und motivisch an die *Choephoren* anknüpfen würde, müssen wir uns die Szene jedoch anders vorstellen: Wenn Klytaimestra auf ihre Wunde weist, dann deutet sie wohl auf ihren Hals. Wie Orest später erklärt, habe er ihr die Kehle durchschnitten (Aischyl. *Eum.* 592).

65 Zum Zeichen (σημεῖον) als Beweismittel in der rhetorischen Praxis des 5. Jh. v. Chr.: Gondos (1996) 74–85. Auch wenn σημεῖον erst im 4. Jh. als eindeutig technischer Begriff begegnet, bezeugt bereits die *Odyssee* eine explizite Beziehung zwischen dem Zeichen und dem πείθειν: Odysseus muss seinem Vater Laertes ein „deutliches Zeichen" geben, um seine eigene Identität zu beweisen und Laertes davon zu überzeugen (εἰ μὲν δὴ Ὀδυσεύς γε, ἐμὸς πάϊς, εἰλήλουθας, / σῆμά τί μοι νῦν εἰπὲ ἀριφραδές, ὄφρα πεποίθω, Hom. *Od.* 24,328 f.); Gondos (1996) 74.

66 Vgl. Gondos (1996) 71: „[I]m Verb *peithein* [sind] zwei Aspekte enthalten: ‚jemanden dazu bringen, etwas zu *tun*' sowie: ‚jemanden dazu bringen, etwas zu *glauben*'."

67 Vgl. Thalmann (1986) 495 zur Funktion der καρδία und deren Unterschied zu θυμός: „[W]hereas both faculties are the seats of often violent emotion untempered by reason, the *thumos* is involved in its onset, and when it has taken hold and become established, its location is the *kardia*." – Grundlegend zu den inneren Organen, die mit Empfindungen, Reflexion, Verstehen usw. verbunden sind: Sullivan (1997); zu καρδία bei Aischylos sowie anderen Dichtern: Sullivan (1997) 25 f. und 108–136. – Zur καρδία und Angst oder Unruhe: z. B. Aischyl. *Ag.* 834; 977; *Choeph.* 102; 167; 1024 f.; *Sept.* 288; 834; *Suppl.* 785; *Pers.* 161; Aufregung: *Ag.* 479–482; Leid und Schmerz: *Ag.* 179 f.; *Suppl.* 70–72; 466; 799 (siehe Sullivan 1997, 115 zu diesen drei Stellen in den *Hiketiden*); wieder *Pers.* 161 (wie an einigen anderen Stellen sind auch hier Schmerz und Leid mit Emotionen wie Angst untrennbar verbunden; zu dieser Stelle vgl. Sullivan 1997, 114); Wut: *Choeph.* 183, vgl. *Eum.* 780–784 (= 810–814). Selbst wenn, wie an einer einzelnen anderen Stelle, Aischylos die καρδία nicht explizit in Verbindung mit Affekten bringt, besteht

Wenn also der Totengeist seinen Zuhörern befiehlt, mit ihrer καρδία seine Todeswunden anzusehen, erhofft er nicht die bloße Wahrnehmung der Wunde und des dadurch entstandenen Leides, sondern zielt auch darauf ab, dass die Erinyen selbst den Schmerz und das Leid empfinden.[68]

Nachdem sie ihre Wunde gezeigt hat, bringt Klytaimestra ein neues Thema in ihre Rede ein, nämlich ihre Beziehung zu den angerufenen Gottheiten (106–110). Sie beruft sich auf das Prinzip der Gegenseitigkeit, indem sie auf die vielen (πολλά, 106) Opfergaben verweist, die sie den Erinyen zu unbestimmten Zeitpunkten in der Vergangenheit dargebracht habe.[69] Sie unterstreicht ihre Erwartung auf Reziprozität seitens der Erinyen, indem sie betont, die Riten seien speziell für die Erinyen vollzogen worden, und die Besonderheit der Guss- und Brandopfer beschreibt, die sich jeweils durch Weinlosigkeit (χοαί ἄοινοι, νηφάλια μειλίγματα) und ihren Vollzug bei Nacht (νυκτίσεμνα δεῖπνα) auszeichnen.[70] Keine andere Gottheit, so Klytaimestra, teile diese

doch ein impliziter Zusammenhang zwischen diesem Sinnesorgan und den Emotionen: Die bittflehenden Danaiden fordern König Pelasgos auf, ihren Appell mit „wohlgesinntem Herz" zu hören (κλῦθί μου / πρόφρονι καρδίαι, *Suppl.* 348 f.); hier geht es wie in den *Choephoren* für die Sprecher in erster Linie darum, das Gegenüber durch Worte – und das bedeutet: durch das Erzeugen gewisser Affekte – zu tatkräftiger Hilfe zu bewegen. Dies gelingt den Danaiden unter anderem durch ihre Drohung, im Heiligtum Selbstmord zu begehen, die bei Pelasgos Schmerz auslöst: Er beschreibt die Rede als eine „Geißel des Herzens" (ἤκουσα μαστικτῆρα καρδίας λόγον, *Suppl.* 466; zur Rhetorik der Danaiden an dieser Stelle siehe Gödde 2000a, 198–200). Die Stelle zeigt beispielhaft, wie sich die (hier verbale) Botschaft erst nach ihrer Wahrnehmung (ἤκουσα) und ihrem Verstehen auf die καρδία auswirkt.

68 *Pace* Sommerstein (1989) zu V. 103, der καρδίαι ὁρᾶν als „in [the] mind's eye" versteht, und *pace* Catenaccio (2011) 226: „The implication [of line 103] seems to be that in sleep the heart has the ability to perceive truth, even against the will of the owner." – Die sichtbaren Wunden der toten Klytaimestra gehören in eine größere Thematik in der *Orestie*, die Petrounias (1976) 255–258 als „Krankheit und Heilung" identifiziert und mit Befleckung in Verbindung bringt. Klytaimestra ist nicht der erste Totengeist in der Trilogie, der seine Todeswunden zeigt: Kassandra beschreibt wie die toten Thyesteskinder, die ihr erscheinen, die eigenen Eingeweide in den Händen halten (Aischyl. *Ag.* 1217–1222). Selbst das Atridenhaus hat eine offene Wunde, die nie heilt, solange der Kreis der Blutrache weitergeht: πρὶν καταλῆξαι τὸ παλαιὸν ἄχος, νέος ἰχώρ (Klytaimestra, Aischyl. *Ag.* 1479 f.; zur Verbindung mit Blutrache vgl. Aischyl. *Ag.* 1507–1512). Die blutigen Totengeister versinnbildlichen eben diese „offene Wunde" des Hauses und das endlose Fortwirken der Blutrache.

69 Festzuhalten ist, dass Klytaimestra den Erinyen mehrmals Opfer darbrachte (durch πολλά sowie das Imperfekt ἔθυον wird eine wiederholte Aktion nahegelegt), und zwar zu Lebzeiten (wie Zeitlin 1965, 477 treffend schreibt, bringen die Toten keine Opfer dar). Diese Opfer sind mit keinem in der Trilogie vollzogenen Opfer in Verbindung zu bringen: Brandopfer von Klytaimestra an alle Götter, einschließlich der chthonischen, finden zu Beginn des *Agamemnon* statt (Aischyl. *Ag.* 88–91), können aber hier nicht gemeint sein, da Klytaimestra betont, ihre Opfer an die Erinyen seien eigens und allein für die Erinyen gewesen (ὥραν οὐδενὸς κοινὴν θεῶν, Aischyl. *Eum.* 109). Die Trankopfer, die auf Klytaimestras Geheiß dem toten Agamemnon gespendet werden sollen (Aischyl. *Choeph.* 84–92), sind ausdrücklich für ihn (Aischyl. *Choeph.* 88–90) und können daher ebenfalls nicht zu den in *Eum.* 106–109 erwähnten Opfern zählen.

70 Die genaue Implikation weinloser Trankopfer, die aber auf jeden Fall eine besondere Art der Libation darstellen, bleibt unbekannt: Siehe Henrichs (1983) 97 und *passim*; weitere Diskussion findet sich bei Graf (1980) und Henrichs (1984). – Die nächtliche Stunde eignet sich für Opfer an die – nach

nächtliche Stunde (ὥραν οὐδενὸς κοινὴν θεῶν). Das Detail deutet auf die in den *Eumeniden* thematisierte Außenseiterstellung der Erinyen unter den Göttern hin, die Klytaimestra hier implizit in Parallele zur eigenen Ausgrenzung von der Gesellschaft der anderen Toten setzt[71] – möglicherweise ist ihr die Absicht zuzuschreiben, die Erinyen mit der Betonung dieser Ähnlichkeit umso mehr an die durch rituelle Handlungen gefestigte Verbindung zu ihr zu erinnern.

Die Erinnerung an dieses Bündnis und an vergangene Darbringungen verquickt Klytaimestra mit dem Vorwurf, die Erinyen vergälten ihre Wohltaten nur mit Undank (110) und ließen Orest entfliehen (111 f.). Wegen dieser Vernachlässigung hat der erboste Totengeist gleich zuvor den Erinyen die Schuld an seiner Schmach im Jenseits gegeben (siehe oben zu V. 95 – 102), doch jetzt setzt er den Akzent anders und deutet die Nachlässigkeit der Rachegöttinnen als Ursache ihrer eigenen Schmach: Orest blicke mit Hohn und Verachtung auf sie (ὑμῖν ἐγκατιλλώψας μέγα).[72] Damit konstruiert Klytaimestra ihren Ehrverlust als denjenigen der Erinyen und verflicht die Ehre der Göttinnen mit der ihren.

Der erste Redeteil gipfelt in einem erneuten aufrüttelnden Appell an die Schläfer und in einer pointierten Darstellung von Klytaimestras Position. Zum ersten Mal in ihrer Rede ruft sie die Göttinnen im Vokativ an (allerdings nicht als Erinyen, sondern mit einer Umschreibung: ὦ κατὰ χθονὸς θεαί). Mit dieser direkten Anrede und zwei

---

der aischyleischen Darstellung – Töchter der Nacht (Aischyl. *Eum.* 320 f., 745; vgl. Sommerstein (1989) 8) und ist auch mit dem Opfer für die Chthonioi in Verbindung zu bringen: Vgl. Rohde (1898) Bd. 1, 149 Anm. 2 zum Heroenopfer (vgl. Pind. *I.* 3/4,79 – 86). – Dass Klytaimestra den Erinyen überhaupt Opfer dargebracht hat, zeigt laut Scullion (2005) 27 „the predilection of this perverse woman for perverse cultic acts", denn im Kontrast zu den Eumeniden bzw. Semnai Theai ist ein Kult der Erinyen im 5. Jh. v. Chr. (außer der Erinyen von Laios und Ödipus, Hdt. 4,149) nicht bekannt: Brown (1984); vgl. Braun (1998) 185 Anm. 719 (mit weiterführender Literatur), „[v]ielmehr wird hier die Umpolung der Erinyen zu Semnai Theai bereits antizipiert"; Geisser (2002) 384 f.; Gödde (2011) 104 Anm. 36. Henrichs (1994) 44 betont, dass die Erinyen, anders als die Eumeniden und Semnai Theai, „received no cult honors"; „[a]nticipating the transposition of the wrathful spirits of vengeance into the kindly figures of cult in the second half of the play, Aischylos ascribes the Athenian rites of the Semnai Theai to the Erinyes. Far from offering evidence for a cult of the Erinyes, this passage [Aischyl. *Eum.* 107 – 109] provides the earliest extant description of the Athenian cult of the Semnai". Ob die Erinyen früher einen Kult hatten, bleibt dahingestellt: Eine mykenische Linear-B Tafel aus Knossos (KN Fp I, 8) listet zusammen mit verschiedenen Gottheiten eine e-ri-nu auf, oft als Erinys (Singular) interpretiert, die „gegenüber den anderen Göttern [auf der Tafel] eine relativ geringe Ration Öl bekommt": Heubeck (1986) 144 f; ausführlicher zu dieser Frage siehe Zerhoch (2015) 266 – 327.

71 Außenseiterstatus der Erinyen: Vgl. Aischyl. *Eum.* 190 – 197 und 644 (Apoll), 384 – 389 (Selbstbeschreibung der Erinyen). – Parallelität zwischen der Ausgrenzung der toten Klytaimestra und der der Erinyen: Bernek (2004) 91 („Die ausgegrenzte Mörderin sucht zugleich als Ermordete Hilfe bei einer outgroup innerhalb der göttlichen Ordnung"); zum Ausgegrenztsein als „das zentrale Leitmotiv" der *Eumeniden* siehe Bernek (2004) 72 – 128.

72 Zu ἐγκατιλλώπτειν siehe Sommerstein (1989) z. St.: ἰλλός bezeichnet „a variety of distortions of the eyes"; dem Präfix kommt eine ähnliche Bedeutung zu in den Komposita ἐγγελᾶν („verlachen") und ἐγχάσκειν (d. h., eine Grimasse machen, um Hohn auszudrücken). Scholien zu dem Vers glossieren das *hapax legomenon* ἐγκατιλλώπτειν mit χλευάζειν und ἐγγελᾶν.

Imperativen (ἀκούσατε, φρονήσατε) sucht sie, die Aufmerksamkeit der Erinyen zu erregen und auf die Zusammenfassung ihrer Rede, die von den Imperativen umrahmt wird, zu lenken: ἔλεξα τῆς ἐμῆς πέρι / ψυχῆς (114 f.). Auf diese Weise beschreibt Klytaimestra den Kern ihres Appells und setzt das Schlüsselwort prominent an den Anfang des Verses: Es gehe um ihre ψυχή – ein Terminus, der allerdings mehrere Interpretationen zulässt.

Die ψυχή ist der Lebenshauch, der den Körper belebt und sich mit dem Tode vom Körper löst, und der Terminus bezeichnet sowohl die identitätstragende Totenseele als auch das individuelle Leben eines Menschen. Das Wort erhält je nach Kontext auch andere Bedeutungsnuancen, aber die Identität des Menschen oder seine Lebenskraft schwingt stets mit.[73] Die aus moderner Sicht fast polaren Übersetzungsmöglichkeiten „Leben" und „Totenseele" lassen sich anhand zweier Beispiele bei Aischylos kurz veranschaulichen: Den Tod anderer Menschen herbeizuführen, heißt (unter anderem), deren ψυχή – hier unserem Begriff „Leben" entsprechend – zu „zerstören" (ὀλέσαι);[74] nach dem Tod kann man die ψυχή eines Toten, also sein fortexistierendes Lebensprinzip oder die Totenseele, aus dem Hades heraufbeschwören und mit ihr ins Gespräch treten.[75] Im Kontext der Erscheinung der Klytaimestra muss sich der Begriff der zweiten Bedeutung annähern und sich auf die „Person" der Toten (die den Tod überdauernde Identität) und ihr Schicksal beziehen. Streng genommen kann der Terminus ψυχή hier nicht das Leben bedeuten, das dem Tod ausgeliefert ist und das man retten oder riskieren kann.[76]

Mit ἔλεξα τῆς ἐμῆς πέρι / ψυχῆς beschreibt Klytaimestra ihre Situation jedoch fast so, als lebte sie noch und als sei ihr Leben tatsächlich in Gefahr. Denn περί τινος λέγειν kann zwar bedeuten, „über etwas reden", doch der Gegenstand, über den geredet wird, steht häufig nicht nur zur Diskussion, sondern auch auf dem Spiel. Diese Assoziation der Präposition περί findet sich häufig in der Wendung περὶ τῆς ψυχῆς (mit verschiedenen Verben), die vornehmlich dann begegnet, wenn das eigene Leben

73 Beispiele anderer Nuancen bei Aischyl.: *Ag.* 1545; *Sept.* 1034; *Pers.* 27 f.; 442; 841. Vgl. Bremmer (2012) 498–504; vgl. Schlesier (1998) v. a. 37 f. zu den Bedeutungsnuancen des Worts bei Euripides: „Der Terminus bezeichnet [...] nirgends einen ‚inneren Teil' des Menschen, sondern verweist auf ‚die ganze Person'."

74 Vgl. Aischyl. *Ag.* 1457 f. (μία [...] πολλὰς ψυχὰς ὀλέσασ' ὑπὸ Τροίαι) und Aischyl. *Ag.* 1466–1468 (ὡς ἀνδρολέτειρ', ὡς μία πολλῶν / ἀνδρῶν ψυχὰς Δαναῶν ὀλέσασ' / ἀξύστατον ἄλγος ἔπραξεν); an beiden Textstellen wird Helena vom Chor beschrieben. Das Medium von ὀλέσαι bedeutet häufig „sterben" (vgl. οἱ ὀλωλότες, „die Toten", z. B. Aischyl. *Ag.* 346), auch das Aktiv mit ψυχήν oder einem ähnlichen Wort kann „sterben" bezeichnen: z. B. Hom. *Il.* 13,762 f. ἀλλ' οἳ μὲν δὴ νηυσὶν ἔπι πρυμνῇσιν Ἀχαιῶν / χερσὶν ὑπ' Ἀργείων κέατο ψυχὰς ὀλέσαντες und (mit anderen Begriffen, die die Lebenskraft des Sterbenden bezeichnen): Hom. *Il.* 8,383 f. καὶ λίην οὗτός γε μένος θυμόν τ' ὀλέσειε / χερσὶν ὑπ' Ἀργείων φθίμενος ἐν πατρίδι γαίηι und q. v. LSJ.

75 Beschwörung: Aischyl. *Pers.* 630: πέμψατ' ἔνερθεν ψυχὴν ἐς φῶς.

76 Retten: z. B. Aischyl. *Ag.* 963–965 (Klytaimestra in Bezug auf den heimkehrenden Agamemnon): πολλῶν πατησμὸν δ' εἱμάτων ἂν ηὐξάμην, / [...] / ψυχῆς κόμιστρα τῆσδε μηχανωμένη; Eur. *Alc.* 341: σὺ δ' ἀντιδοῦσα τῆς ἐμῆς τὰ φίλτατα / ψυχῆς ἔσωσας.

in Gefahr ist – mit anderen Worten: Wenn es ausdrücklich um Leben und Tod geht. Die Wendung ist seit Homer in Poesie und Prosa belegt. Um sich und seinen Gefährten das Leben zu retten, muss sich Odysseus bei Homer eine List ausdenken, „denn [es geht] um das Leben" (ὥς τε περὶ ψυχῆς);[77] als Hektor von Achill um die Mauern von Troja gejagt wird, steht kein Preis auf dem Spiel, sondern Hektors Leben.[78] Wer auf der Flucht ist, rennt ebenfalls um sein Leben (τρέχων περὶ τῆς ψυχῆς, Hdt. 9,37,8), das aufs Spiel gesetzt wurde (περὶ τῆς ψυχῆς κινδυνεύειν, Thuk. 8,50,5; Lys. *or.* 22,20,8); man kämpft mit Waffen oder vor Gericht mit Argumenten um sein Leben (in beiden Fällen: ἀγὼν περὶ ψυχῆς;[79] vgl. περὶ τῆς ψυχῆς λέγειν).[80] Nur in spezifischen philosophischen Kontexten erhält περὶ ψυχῆς eine andere Bedeutung, etwa wenn in einem platonischen Dialog gefragt wird: τί οὖν περὶ ψυχῆς λέγομεν; („Was sagen wir also über die Seele?").[81] Die übliche Bedeutung dieser Wendung – und die einzige, die in den überlieferten Tragödien vorkommt, – entspricht also der Übersetzung „um des Lebens willen".[82]

Wenn also Klytaimestra unerwartet wieder auftritt und sagt: ἔλεξα τῆς ἐμῆς πέρι ψυχῆς, bedient sie sich einer Formulierung, die ansonsten den Lebenden vorbehalten ist und im Mund einer Toten zunächst für Irritation gesorgt haben muss. Mittels dieser Formulierung stellt sich der Totengeist als außergewöhnlich lebendig dar: Ihrer Selbstcharakterisierung zufolge ist die tote Klytaimestra alles andere als ἄψυχος wie etwa die „schwachen" Toten in dem bereits diskutierten *Psychagogoi*-Fragment. Erfolge jedoch die verlangte Rache nicht, könnte sie – so die Implikation ihrer Formulierung – ἄψυχος werden. Denn das Wohlergehen der Ermordeten im Hades hängt nach ihrer Selbstdarstellung von der diesseitigen Rache ab, wie Klytaimestra am Anfang ihrer Rede angedeutet hat, und das Vergessen oder Vernachlässigen der Vergeltung würde gleichsam einen zweiten Tod bedeuten.

---

77 Hom. *Od.* 9,421–423: εἴ τιν' ἑταίροισιν θανάτου λύσιν ἠδ' ἐμοὶ αὐτῶι / εὑροίμην· πάντας δὲ δόλους καὶ μῆτιν ὕφαινον, / ὥς τε περὶ ψυχῆς· μέγα γὰρ κακὸν ἐγγύθεν ἦεν.

78 Hom. *Il.* 22,158: πρόσθε μὲν ἐσθλὸς ἔφευγε, δίωκε δέ μιν μέγ' ἀμείνων / καρπαλίμως, ἐπεὶ οὐχ ἱερήϊον οὐδὲ βοείην / ἀρνύσθην, ἅ τε ποσσὶν ἀέθλια γίγνεται ἀνδρῶν, / ἀλλὰ περὶ ψυχῆς θέον Ἕκτορος ἱπποδάμοιο. Vgl. Aristoph. *Vesp.* 375 f. (τὸν περὶ ψυχῆς δρόμον δραμεῖν) und Plat. *Tht.* 172e (περὶ ψυχῆς ὁ δρόμος); an beiden Stellen ist aber δρόμος eher als ein ἀγών und nicht als eine Flucht zu verstehen.

79 Z. B. Hom. *Od.* 22,245 (περί τε ψυχέων ἐμάχοντο); Soph. *El.* 1492 (Orest zu Aigisth: λόγων γὰρ οὐ / νῦν ἐστιν ἀγών, ἀλλὰ σῆς ψυχῆς πέρι); vgl. Soph. *Oid. T.* 93 f. τῶνδε γὰρ πλέον φέρω / τὸ πένθος ἢ καὶ τῆς ἐμῆς ψυχῆς πέρι und die Glosse der Scholien (περὶ τούτων πλέον ἀγωνίζομαι ἢ περὶ τῆς ἐμαυτοῦ ψυχῆς); Plat. *leg.* 830d (διαμαχούμενον περὶ ψυχῆς καὶ παίδων καὶ χρημάτων καὶ ὅλης τῆς πόλεως). – Gerichtsprozess/auf Tod und Leben angeklagt sein: Isokr. *or.* 15,21 (καὶ παρ' ἑτέροις μέν, ἐπειδὰν περὶ ψυχῆς ἀνθρώπου δικάζωσιν, μέρος τι τῶν ψήφων ὑποβάλλεσθαι τοῖς φεύγουσιν, παρ' ὑμῖν δὲ [...]); vgl. Eur. *Tro.* 899 f. (γνῶμαι τίνες / Ἕλλησι καὶ σοὶ τῆς ἐμῆς ψυχῆς πέρι;).

80 Eur. *Hel.* 945 f. (τοὺς δὲ Μενέλεω ποθῶ / λόγους ἀκοῦσαι τίνας ἐρεῖ ψυχῆς πέρι); Eur. *Heraclid.* 983–985 (γύναι, σάφ' ἴσθι μή με θωπεύσοντά σε / μηδ' ἄλλο μηδὲν τῆς ἐμῆς ψυχῆς πέρι / λέξονθ' ὅθεν χρὴ δειλίαν ὀφλεῖν τινα).

81 Plat. *Phaid.* 79b.

82 Andere Tragödienstellen: Soph. *El.* 1493, *Oid. T.* 94; Eur. *Hel.* 947, *Heraclid.* 985, *Or.* 848, *Phoen.* 1330, *Tro.* 900.

Die These, dass es sich hier um eine bewusst rhetorische Strategie der Sprecherin handelt, sich als „lebendig" darzustellen, wird durch die Umsetzung einer ähnlichen Strategie fast sechzig Jahre später und außerhalb des Theaters unterstützt. Dies zeigt ein kurzer Seitenblick auf einen Gerichtsprozess des ausgehenden fünften Jahrhunderts: Durch Mörderhand zu sterben und nicht gerächt zu werden bedeutet, zu einem zweiten Tod verurteilt zu werden. So schildert jedenfalls Lysias die Lage der von den Dreißig Tyrannen umgebrachten Athener, unter denen sich sein Bruder Polemarchos befand. Die Ermordeten beobachten, so Lysias, vom Jenseits aus den Gerichtsprozess gegen Eratosthenes, eine der Hauptfiguren der Schreckensherrschaft, mit Interesse (Lys. *or.* 12,99 – 100):[83]

> ὅμως δὲ τῆς ἐμῆς προθυμίας <οὐδὲν> ἐλλέλειπται [...] ὑπὲρ τῶν τεθνεώτων, οἷς ὑμεῖς, ἐπειδὴ ζῶσιν ἐπαμῦναι οὐκ ἐδύνασθε, ἀποθανοῦσι βοηθήσατε. οἶμαι δ' αὐτοὺς ἡμῶν τε ἀκροᾶσθαι καὶ ὑμᾶς εἴσεσθαι τὴν ψῆφον φέροντας, ἡγουμένους, ὅσοι μὲν ἂν τούτων ἀποψηφίσησθε, αὐτῶν θάνατον κατεψηφισμένους ἔσεσθαι, ὅσοι δ' ἂν παρὰ τούτων δίκην λάβωσιν, ὑπὲρ αὐτῶν τιμωρίας πεποιημένους.

> Dennoch fehlt es mir nicht an gutem Willen [...] bezüglich der Verstorbenen, denen ihr, da ihr ihnen in ihrem Leben nicht beistehen konntet, in ihrem Tod nun helfen müsst. Ich glaube, dass sie uns hören können und sie euch erkennen werden, wenn ihr euren Stimmstein abgebt, und dass ihrer Meinung nach diejenigen von euch, die die Angeklagten freisprechen, somit gegen sie [d. h. die Toten] das Todesurteil sprechen, wogegen diejenigen, die den Angeklagten Strafe auferlegen, Vergeltung für sie [d. h. die Toten] üben.

Das Interesse der Verstorbenen an dem Ausgang der Gerichtsverhandlung und zugleich ihre implizierte Hilflosigkeit, ihn zu beeinflussen oder selber Rache zu nehmen, hebt Lysias geschickt hervor, um die Richter von der Notwendigkeit ihrer Hilfe – das heißt von der Verurteilung des Eratosthenes – zu überzeugen. Wie in anderen erhaltenen Gerichts- und Trauerreden aus dem fünften Jahrhundert wird dem Verstorbenen keine aktive Beteiligung am diesseitigen Geschehen eingeräumt; es geht in der Rede darum, die Lebenden – hier mit Hilfe der Vorstellung eines zweiten Todes – zum Handeln zu bewegen. Obwohl im Kontrast zur Bühnenfigur der Klytaimestra die von Lysias vertretenen Mordopfer weder für sich reden noch als anderweitig aktiv oder ruhelos dargestellt werden – solche Darstellungen sind eher in der Welt der Dichter als in Gerichtsreden zu finden –, wird den Toten auf ähnliche Weise eine Lebendigkeit zugesprochen. Diese wird gefährdet, wenn die Strafe des Täters auszufallen droht: Das „Leben" der Toten dient bei Lysias und in Klytaimestras Rede der Dringlichkeitssteigerung und macht die Toten umso präsenter, nicht nur indem es sie verlebendigt, sondern auch indem das Schicksal der Toten in der Unterwelt noch von den Hinterbliebenen im Diesseits beeinflusst und bestimmt werden kann.

Auf Klytaimestras Rede um ihre ψυχή antworten die Schläfer nur mit den Lauten von Jagdhunden und veranlassen so eine Reihe weiterer Vorwürfe von Klytaimestra (117 – 130). Durch Mühsal und Schlaf sei die Kraft (μένος) der Rachegöttinnen ge-

---

83 Übs. vom Verfasser.

schwächt,[84] so dass sie auf das Leid (πάθος) der Ermordeten nicht achteten und die Jagd auf den Muttermörder nicht fortsetzten.[85] Von den Vorwürfen wechselt Klytaimestra dann zu Befehlen und schließt nun ihre Rede wie folgt (133–139):

ἀνίστω, μή σε νικάτω πόνος,
μηδ' ἀγνοήσηις πῆμα μαλθαχθεῖσ' ὕπνωι.
ἄλγησον ἧπαρ ἐνδίκοις ὀνείδεσιν·
τοῖς σώφροσιν γὰρ ἀντίκεντρα γίγνεται·
σὺ δ' αἱματηρὸν πνεῦμ' ἐπουρίσασα τῶι,
ἀτμῶι κατισχ<ν>αίνουσα, νηδύος πυρί,
ἕπου, μάραινε δευτέροις διώγμασιν.

Steh auf! Nicht bezwinge dich der Mühsal Not,
noch verkenne, erschlafft vom Schlaf, das Leid!
Empfinde Schmerz in deiner Leber wegen meiner gerechten Vorwürfe!
Denn für Besonnene sind sie Stacheln.
Du, ihm blutigheissen Hauch im Sturm nachschnaubend,
im Brodem ihn ausdörrend, in der Gedärme Glut:
Verfolg, zur Strecke bring in zweiter Hetzjagd ihn!

Klytaimestra greift hier das Begriffspaar Mühsal und Schlaf wieder auf, diesmal um die Erinyen zu mahnen, das Leid (hier πῆμα) anzuerkennen (μηδ' ἀγνοήσηις). Ob mit πῆμα Klytaimestras Leid gemeint ist, das die Erinyen nicht vergessen sollen, oder aber ein durch die Flucht des Orest verursachtes Leid der Erinyen, dessen sie im Schlaf noch nicht gewahr sind und das sie jetzt von Klytaimestra erfahren, bleibt dahingestellt.[86] In beiden Fällen ist das πῆμα eng mit dem Entkommen des verfolgten Mörders verknüpft und gilt somit als eine Leidensursache für die Ermordete wie auch für die Rachegöttinnen, wie sie beim Aufwachen tatsächlich erkennen werden.[87] Auf wessen Leid das Wort πῆμα vornehmlich verweisen soll, ist daher unwichtig, da beide Parteien davon betroffen sind – mit dem Wort verbindet Klytaimestra ihr Leiden und das der Erinyen. Genau dies ist der Zweck der Klytaimestra, nämlich ihr Leiden als zugleich das der Erinyen aufzuzeigen, indem sie es vorführt und es als mit der Ehre der Erinyen verbunden präsentiert.[88] Klytaimestras Bestreben, ihr Leid den Erinyen spürbar zu

---

84 Aischyl. *Eum.* 127 f.: Ὕπνος Πόνος τε, κύριοι ξυνωμόται, / δεινῆς δρακαίνης ἐξεκήραναν μένος.
85 Aischyl. *Eum.* 121 f. ἄγαν ὑπνώσσεις, κοὐ κατοικτίζεις πάθος· / φονεὺς δ' Ὀρέστης τῆσδε μητρὸς οἴχεται. – Zum Verhältnis von Rache zu Schlaf und Wachsein in der *Orestie* siehe Mace (2002) und (2004); in Bezug auf diese Stelle: (2004) 52.
86 Vgl. Sommerstein (1989) z. St.
87 Leid der Erinyen nach Orests Flucht: Aischyl. *Eum.* 143–148.
88 Vgl. Gruber (2009) 434 zu V. 133–135: „Auch wenn die Leber als affiziertes Organ genannt ist, wie schon in v. 103 die καρδία des Chores förmlich von der Todeswunde Klytaimestras affiziert werden soll, ist das Leid weniger als körperlicher Schmerz aufgrund der mühevollen Verfolgung Orests zu interpretieren, sondern vielmehr Ausdruck des empfundenen Ungleichgewichts wegen der ausstehenden Bestrafung des Täters. Damit wird das Pathos Klytaimestras überführt in dasjenige des Chores, das sich im weiteren Verlauf zunehmend aus der ἀτιμία speist, die den Erinnyen wegen des Entzugs ihrer angestammten Straffunktion widerfährt."

machen, wird in den nächsten zwei Versen besonders deutlich (135 f.): Klytaimestras Vorwürfe (ὀνείδη) sollen den Erinyen Schmerz bereiten und wie ein Stachel auf sie wirken, das heißt, sie zum Agieren anspornen. Schließlich seien sie (laut Klytaimestra) verantwortlich für Klytaimestras Schmach und Leid im Jenseits, einschließlich der unaufhörlichen Anklage (ebenfalls ὄνειδος, 97) gegen die Ermordete wegen ihrer Taten.

Klytaimestras Worte erreichen ihre erhoffte Wirkung. Gleich nach dem Ende ihrer Rede – und vermutlich auch nach dem Entschwinden ihres Totenschattens – wachen die Erinyen eine nach der anderen auf und wollen die Wahrheit des Traums prüfen (ἰδώμεθ' εἴ τι τοῦδε φροιμίου ματᾶι, „Lasst uns erkennen, ob etwas in diesem Vorspruch trog", 142).[89] Die Choreutinnen, die als Erste aufwachen und die anderen wachrütteln, übernehmen in ihren ersten Worten (140 – 142) das Metrum und zum Teil auch die Befehle des Totengeists (ἔγειρ' ἔγειρε καὶ σὺ τήνδ', ἐγὼ δέ σέ. / εὕδεις; ἀνίστω, 140; vgl. Klytaimestras εὕδοιτ' ἄν, 95 und τί δρᾶις; ἀνίστω, 133).[90] Hat Klytaimestra die abgebrochene Verfolgung und ausbleibende Strafe des Orest Leid bereitet, so übernehmen die Erinyen auch dieses Motiv, als sie feststellen, Orest sei ihnen entflohen (147), und thematisieren ihr heftiges Leid in der ersten Strophe der Parodos (144 – 146): <u>ἐπάθομεν</u>, φίλαι – / ἦ <u>πολλὰ δὴ πονοῦσα</u>[91] καὶ μάτην ἐγώ – / <u>ἐπάθομεν πάθος δυσαχές</u>, ὦ πόποι, / <u>ἄφερτον κακόν</u> („Wir haben gelitten, meine Lieben – / so vieles schon erlitt ich, und vergeblich war's! / wir litten solch ein Leid, oh weh, / ein untragbar Weh!").[92] Zu diesem Leid, das dem Verlust ihrer Beute entstammt, kommt ein durch die Rede erzieltes Leid hinzu. Denn Klytaimestras Vorwürfe wegen des Entflohenen haben ihr Ziel getroffen, wie der Chor in der zweiten Strophe berichtet (155 – 161):

ἐμοὶ δ' ὄνειδος ἐξ ὀνειράτων μολὸν
ἔτυψεν δίκαν διφρηλάτου
μεσολαβεῖ κέντρωι,
ὑπὸ φρένας, ὑπὸ λοβόν·
πάρεστι μαστίκτορος
δαΐου δαμίου
βαρύ τι περίβαρυ κρύος ἔχειν.

Ein Vorwurf, der mir aus meinen Träumen kam,
traf mir einem Rosselenker gleich
mit scharfzielender Geißel
ins Gemüt hinein, in die Leber!
So ist von einem brutalen

89 Übs. nach Staiger (1958).
90 Auch das von Klytaimestra verwendete Bild des Tretens (καὶ πάντα ταῦτα λὰξ ὁρῶ πατούμενα, 110) wird von den Erinyen aufgenommen: κἀπολακτίσασ' ὕπνον, 141; vgl. Petrounias (1976) 278 – 280.
91 πονοῦσα ist die Emendation von West (1991); alle Handschriften überliefern παθοῦσα.
92 Vgl. Gruber (2009) 435: „Das Leid des Chores [...] ist zunächst als Spiegelung und Fortsetzung Klytaimestras gestaltet und wandelt sich im Folgenden in Aggression gegen den Dieb Apollon und seinen Schützling."

geißelnden Henker
ein drückender, erdrückender Schauder mein Teil.

Die Verse bezeugen die unmittelbare Wirkung von Klytaimestras Rede. Von einer Traumerscheinung oder dem Totengeist sagen die Erinyen nichts, aber die tadelnden Worte (ὄνειδος) haben sie vernommen. Sie empfinden die Worte im Inneren (ὑπὸ φρένας, ὑπὸ λοβόν), wie Klytaimestra es beabsichtigt hatte, als sie die Erinyen aufforderte, die Todeswunden mit dem Herzen anzusehen (103) und Schmerz in der Leber (ἧπαρ, 136) zu spüren. Die Verortung des Schmerzes in den Sinnesorganen, die sich einerseits im Inneren befinden und einen Teil des Körpers bilden, die aber andererseits wie καρδία mit emotionaler Empfindung assoziiert sind, zeigt, dass hier zwischen körperlichem und psychischem Schmerz nicht differenziert wird. Dies entspricht der im fünften Jahrhundert üblichen Vorstellung körperlichen und seelischen Schmerzes als untrennbar verbundener Elemente.[93] Doch im Vergleich zu den vorangehenden und eher vagen Klagen der Erinyen über ihr Leid (144–146, ἐπάθομεν πάθος κτλ.), die die Intensität ihres Pathos zum Ausdruck bringen, nimmt in der zweiten Strophe das Leid der Erinyen eine eindeutig körperliche Dimension an. Die Worte fügen den Erinyen tiefen Schmerz zu (vgl. περίβαρυ [...] κρύος), dessen Heftigkeit im neuen Bild der Geißel eines „Henkers" oder „Folterknechts" hervorgehoben wird (160 f; vgl. ἄλγησον in Klytaimestras Rede, 135). Das Gleichnis des Wagenlenkers, der seine Pferde mit einem Stachelstab (κέντρον) antreibt, vermittelt wiederum die Wirksamkeit des Schmerzes (und damit auch der Rede), die Erinyen anzustacheln (vgl. ἀντίκεντρα in Klytaimestras Rede, 136). Dadurch, dass der körperliche Aspekt des durch die Vorwürfe verursachten Leids an dieser Stelle nachdrücklich betont wird, lässt Aischylos der Figur des Totengeists einen gewissen Einfluss auf die physische Welt zukommen, obwohl der Totengeist von den Erinyen als immaterielle Traumfigur oder sogar nur als eine Stimme im Traum wahrgenommen wird. Auf Klytaimestras mahnende oder tadelnde, befehlende und leiderregende Worte hin nehmen die Rachegöttinnen die Jagd erneut auf.[94]

Fazit. Die Mobilisierung der Erinyen

Die Rede des Totengeists ist freilich kurz, dennoch stellt sie, wie gezeigt, nicht lediglich den Versuch dar, die Rachegöttinnen aufzuwecken. Vielmehr zielt die Ermordete durch verschiedene rednerische Strategien darauf ab, ihre postmortale Situation in aller Dringlichkeit zu schildern und bei ihren Vertreterinnen eine Reihe von Affekten auszulösen, um sie wieder gegen Orest aufzuhetzen. Auf deren Zorn (μῆνις) erhebt Klytaimestra Anspruch, den sie mit dem Vorzeigen ihrer Wunde und damit dem

93 Budelmann (2006) 127–133; vgl. van der Eijk (2013) 311; Padel (1992) *passim*.
94 Aischyl. *Eum.* 175–177.

Verweis auf die Faktizität ihres gewaltsamen Todes zu legitimieren versucht. Weil es den – gerade im Schlaf versunkenen und inaktiven – Erinyen noch nicht gelungen ist, die Rache an dem Muttermörder zu vollstrecken, erleidet Klytaimestra einen unerträglichen Ehrverlust (ἀτιμία) unter den Toten, die sie mit Vorwürfen (ὄνειδος) überhäufen und aus der Unterweltsgesellschaft ausschließen. Durch das Eingreifen ins Diesseits erhofft sie ein besseres Jenseits in Form der Aufbesserung ihres Ansehens und der Eingliederung in die Gemeinschaft der Toten. Dass bei ihrer Behandlung im Hades der von ihr begangene Mord an Agamemnon eine Rolle spielt, deutet Klytaimestra kurz an, dann verschleiert sie diese Tatsache rhetorisch durch die Aufwertung sowohl ihrer Rolle als Opfer als auch der Verantwortlichkeit der Erinyen für diesen Ehrverlust und für das daraus entstehende Leid (πάθος). Ihr Leid, ihren Ehrverlust und die gegen sie gerichteten Vorwürfe wandelt Klytaimestra in der restlichen Rede in Vorwürfe gegen die Erinyen sowie in Hohn und Verachtung des Mörders ihnen gegenüber um und löst dadurch heftigen Schmerz bei den Göttinnen aus. Klytaimestras Leidenserfahrungen und ihre Wut werden dabei zu den Erfahrungen und zur Wut derjenigen, die die Tote nicht allein in der (versuchten) Rachevollstreckung, sondern auch vor Gericht vertreten. Es sei zudem daran erinnert, dass die Erinyen sich selbst ausdrücklich als Flüche (ἀραί, 417) bezeichnen. Sie zu befehlen und mobilisieren, heißt also, immaterielle Wörter materiell werden zu lassen und verbale Gewalt in physisch spürbare Gewalt zu verwandeln.[95]

Klytaimestras Stärke als Tote liegt also zum großen Teil in der gleichen Redemacht, die sie als Lebende charakterisiert hatte. Keine Bitte, sondern ein Drohgebet setzt sie ein, und weiß, mittels psychisch-physisch wirksamer Rhetorik ihr Leid auf die Göttinnen zu übertragen, um durch ihre Mobilisierung in den Bereich der Lebenden hineinzuwirken. Dass sie durch die Erinyen und nicht eigenständig wirken will, deutet auf den Stellenwert göttlichen Zorns beziehungsweise göttlicher Vergeltung als legitimierend hin und nicht etwa auf eine grundsätzliche Unfähigkeit der Toten, die Lebenden auf andere Art und Weise zu plagen. Zugleich erübrigt sich durch Klytaimestras „Entscheidung" die dramatische Notwendigkeit einer wiederholten Konfrontationsszene mit Orest und ermöglicht den Übergang von Klytaimestras Geschichte zu der ihrer göttlichen Vertreter, der Erinyen.

95 Indem Klytaimestra am Ende ihrer Rede den Erinyen befiehlt, Orest zu verfolgen, verflucht sie ihn (zum zweiten Mal: vgl. Aischyl. *Choeph.* 924). Dass sie den Erinyen ausdrückliche Befehle erteilt, statt sie im Gebet zu bitten, hängt wohl mit deren Charakterisierung in den *Eumeniden* als Flüche bzw. Fluchgeister zusammen und entspricht einer in Fluchtafeln belegten Praxis. Überlieferte Fluchtafeln (innerhalb und außerhalb Attikas, vom 6. Jh. v.Chr. an) legen nahe, dass man die im Kontext eines Fluches angerufenen unterweltlichen Gewalten anders als im üblichen Gebet anredete: „[D]ie namentlich genannten übermenschlichen Adressaten, die in manchen *defixiones* enthalten sind, [sind] durchweg Mächte der Unterwelt, seien es Geister Verstorbener, Heroen oder Götter, die aber selten, wenn überhaupt, durch Gebete *demütig angefleht* werden, sondern denen meist einfach aufgetragen oder gar befohlen wird, ihre Aufgabe zu erledigen", Versnel (2009) 13 f. (von ihm hervorgehoben). Ausführlich zur Rolle der Erinyen als Fluchmächte in den *Eumeniden* siehe die grundlegende Monographie von Zerhoch (2015).

Die Verstorbene zeigt eine schwächere Seite nur insofern, als sie für diesen Legitimierungsakt auf Göttinnen angewiesen ist. In jeder anderen Hinsicht erweist sie sich als unheimlich lebendig: in ihrer Beweglichkeit, in ihrer Vigilanz neben den schlafenden Gottheiten und in der aktiven Kontaktaufnahme im Traum. Darüber hinaus inszeniert sie sich in ihrer Rede als außergewöhnlich vital, fast als Lebende, wenn sie περὶ ψυχῆς spricht, als würde die weitere Vernachlässigung ihrer Forderung die – eigentlich schon entwichene – Lebenskraft gefährden; unterließen die Göttinnen die Hatz auf den Mörder, dann stürbe sie, so implizieren ihre Worte, gleichsam ein zweites Mal, indem sie und das ihr zugefügte Leid vergessen werden. Als später in Athen Orest mitsamt der Atreus-Geschichte aus der Szene und Handlung tritt, geben die Erinyen tatsächlich ihre Vertretung der ermordeten Mutter auf: Die Ehre der Erinyen und ihre Beziehung zu Athen, nicht zum Geschlecht des Atreus, stehen von da an im Zentrum. Für die Figuren und die Handlung gilt Klytaimestras Geschichte nach dem Gerichtsprozess als abgeschlossen. Damit gerät die Tote – im Rahmen des Dramas – vollkommen in Vergessenheit und ist, anders als nach ihrer Ermordung in den *Choephoren*, für die dramatische Realität endgültig dahingeschieden.

VI Göttliche Gerechtigkeit im Diesseits und Jenseits. Die Erinyen, der Zeus der Unterwelt und Orest in den *Eumeniden* des Aischylos

Einführung[1]

Den Chthonioi – den in der Unterwelt angesiedelten Göttern und Dämonen, den Heroen sowie den anderen Toten – wohnt eine grundsätzlich ambivalente Macht inne: Aus der Unterwelt können sie den Menschen Gutes oder Böses hinaufschicken, sie wirken ins Diesseits „bald zum Verderben, bald zum Segen der Lebenden", sie helfen oder sie schaden.[2] Die Polarität von hauptsächlich in der Unterwelt wohnenden Mächten ist als verwandt mit dem ambivalenten Wirken bestimmter nicht-chthonischer Götter zu verstehen, doch das Phänomen tritt bei den Chthonioi in besonders ausgeprägter Form auf, bei denen sich diese Macht nicht auf unsterbliche Unterweltsgötter wie etwa Hades beziehungsweise Pluton beschränkt, sondern auch verstorbenen Menschen zuteil wird.[3] Die ambivalente Wirkung der Chthonioi manifestiert sich bisweilen auch in einer sittlichkeitsbewahrenden und gerechtigkeitsstiftenden Funktion auf Erden. Dies gilt besonders in demjenigen Drama, in dem die doppelseitige Macht der Chthonioi am frappantesten zum Ausdruck kommt und für den Ausgang der Handlung zentral ist: In den *Eumeniden* werden die charakteristische chthonische Ambivalenz und die Ausübung von Gerechtigkeit untrennbar miteinander verknüpft in der Figur der Erinyen.

Aischylos hebt in seiner Darstellung der Erinyen ihre Verbindung zur Gerechtigkeit (in Form der absoluten Vergeltung) sowie zum Tod und Jenseits hervor. Diese Aspekte der Erinyen finden sich bereits bei Homer, wo die Gebete der Lebenden die Göttinnen im Erebos erreichen und wo die Erinyen τίσις (Vergeltung) unter der Erde ausüben, aber auch auf Erden aktiv sind.[4] Obwohl sie auch – allein oder mit Zeus und

---

1 Der griechische Text entspricht im Folgenden der Edition von West (1990a). Die deutschen Übersetzungen orientieren sich, soweit nicht anders vermerkt, an der Übertragung von Staiger (2011) und sind zum Teil stark modifiziert worden.

2 Zitat: Meuli (1937) 306. Grundlegend zur Ambivalenz bzw. Polarität der Chthonioi siehe Henrichs (1991) mit weiterführender Literatur auf S. 164 Anm. 8.

3 Vgl. Henrichs (1991) 162: „[Die Doppelwertigkeit der chthonischen Götter, der Toten und der kultisch verehrten Heroen] gehört in einen umfassenderen Zusammenhang, nämlich Polaritäten und polare Begriffspaare in der griechischen Götterauffassung [...] Auch unter den olympischen Göttern gibt es solche, deren Wirkungsbereich sich zwischen extremen Gegensätzen erstreckt [...] z. B. [...] Apollon, Artemis und Dionysos" und weiter Herter (1950) 136 – 138 zur „von Uranfang her" angelegten Ambivalenz der griechischen Götter.

4 Eine Erinys hört ἐξ Ἐρέβεσφιν den von Althaia ausgesprochenen Fluch: Hom. *Il.* 9,570 f. (vgl. 565 – 572); vgl. Hom. *Il.* 9,453 – 457; Erinyen bestrafen Meineidige unter der Erde (Ἐρινύες, αἵ θ' <u>ὑπὸ γαῖαν</u> / ἀνθρώπους τίνυνται, ὅτις κ' ἐπίορκον ὀμόσσῃ): Hom. *Il.* 19,258 f. (vgl. Hom. *Il.* 3,276 – 280: Tote, die zu Lebzeiten Eidbruch begangen haben, werden in der Unterwelt bestraft – die einzige Stelle in der *Ilias*, an der von einer postmortalen Strafe für ein im Leben begangenes Unrecht eindeutig die Rede ist); zu

https://doi.org/10.1515/9783110612691-007

Moira – den Menschen Ate bringen, ist es ihre Hauptaufgabe bei Homer, die „göttlich-menschlichen Lebensordnungen" zu bewahren, „verletzte Grenzen wieder herzustellen und begangene Untat wieder gutzumachen".[5] Dabei vollstrecken sie Flüche, vor allem in Vertretung derer, die innerhalb einer Familie dem Verfluchten gegenüber einen höheren Rang besitzen und sich in ihrer Ehre oder ihrem Recht verletzt fühlen, aber sie vollstrecken auch die Rechte von Bettlern, die wie Gäste und Fremde auch einen Anspruch auf göttlichen Schutz haben, und bestrafen Meineidige (bei Hesiod umsorgen sie sogar den neugeborenen Horkos, den personifizierten Eid).[6] Die Erinyen bewegen sich also in Bereichen, die sich mit den traditionellen Rechtsbereichen der sogenannten „ungeschriebenen Gesetze" der archaischen und klassischen Zeit überschneiden: Ehre gegenüber Eltern, Gästen oder Fremden und den Göttern – hier gilt es zu bedenken, dass der Eidbruch ein Vergehen gegen die Götter darstellt, bei

den Interpretationsmöglichkeiten dieser Stelle vgl. Geisser (2002) 245 Anm. 153; Zerhoch (2015) 180 mit Anm. 356. Erinyen auf Erden tätig: Hom. *Il.* 19,87; Hom. *Il.* 19,418; Hom. *Od.* 15,233 f. und siehe auch Heubeck (1986) 164, der argumentiert, „daß die Erinyen ihre Wirksamkeit vorzugsweise auf der Erde entfalten; das gilt nicht nur für das besonders bezeichnende ἐρητύειν des Pferdes Xanthos [d. h., als die Erinyen die Stimme des den Tod des Achill prophezeienden Pferdes Xanthos hemmen], sondern auch für die anderen Situationen, in denen sie tätig werden. Auch die Formulierung, daß sie den Älteren zur Seite zu stehen pflegen [Hom. *Il.* 15,204], lokalisiert sie deutlich im menschlich-irdischen Bereich." *Pace* Heubeck schließt aber die Wirksamkeit der Erinyen auf Erden eine Identität als chthonische Gottheiten nicht aus; bei Homer sind die Erinyen neben Persephone und Hades in der Unterwelt zu erreichen (Hom. *Il.* 9,565 – 572), aber ihr Tätigkeitsbereich umfasst die Unter- und Oberwelt. Kritisch zu einer „grundsätzlich oder ausschließlich" chthonischen Identität der Erinyen siehe Zerhoch (2015) 2 und 179 f., der die Identität der Erinyen als Fluchmächte als ausschlaggebend betrachtet: „Die Anrufung der *Erinyes* als Vertreter der Unterwelt läßt sich mit den spezifischen Eigenschaften von Flüchen erklären: Flüche zielen fast immer auf Tod und Verderben und rufen durch die Vorstellung, dass ihre Erfüllung eine unabänderliche Notwendigkeit darstellt, einen Schrecken hervor, welcher dem Schrecken ähnelt, der von den Todesgöttern ausgeht. Die Unterwelt erscheint somit gleichsam als der ‚natürliche' Aufenthaltsort der als handelnde Personen vorgestellten Flüche."

5 Ate: Hom. *Il.* 19,87; Hom. *Od.* 15,234; die genaue Relation von Ate und den Erinyen an diesen zwei Stellen bleibt unklar. In der *Orestie* führen die Erinyen die Ate auch herbei (*Choeph.* 400 – 404 und siehe Geisser 2002, 347 – 249 zu dieser Stelle) und verbinden „die Ate der früheren mit der jetzigen Generation": Föllinger (2003) 101 f. – Zitate: Heubeck (1986) 165. Das Eintreten der Erinyen in Hom. *Il.* 19,418, um der Redefähigkeit des Pferdes Xanthos, das den Tod seines Herrn Achill voraussagt, ein Ende zu setzen, ist auch ein Ausdruck ihrer Funktion als Hüter der Ordnung, d. h. von δίκη: Heubeck (1986) 154; Hirzel (1907) 221 Anm. 1; Lloyd-Jones (1990c) 204. Kritisch gegenüber dieser Interpretation: Johnston (1992), die ähnlich wie Harrison (1922) 216 die Wirkung der Erinyen nicht in der Hemmung der Stimme des prophezeienden Pferdes, sondern in der Prophezeiung selbst sieht: Die Erinyen (die Harrison allerdings als die Moiren versteht) „close [Xanthos'] mouth, not because he transgresses their law, but because he has uttered it to the full", Harrison (1922) 216.

6 Flüche: Hom. *Il.* 9,453 – 457; 9,564 – 572; *Od.* 2,134 – 136; vgl. Hes. *theog.* 472; Recht des höherrangigen (hier älteren) Familienmitgliedes: Hom. *Il.* 15,204 (οἶσθ' ὡς πρεσβυτέροισιν Ἐρινύες αἰὲν ἕπονται). Zu den Erinyen als Fluchmächten siehe die Monographie von Zerhoch (2015). – Auch Bettler haben Erinyen: Hom. *Od.* 17,475; Bettler stehen unter dem Schutz des Zeus: z. B. Hom. *Od.* 6,207 f.; 14,57 f. – Erinyen strafen Eidbruch: Hom. *Il.* 19,259 f.; Erinyen umsorgen den Eid: Hes. *erg.* 803 f.

denen man geschworen hatte.[7] Diese „Gesetze" bilden den Kern des ab Homer immer wieder begegnenden Gerechtigkeitskonzeptes und werden bei Aischylos ausdrücklich von der Göttin Dike überwacht.[8] In den *Eumeniden* konstituieren diese Gesetze der Dike ebenfalls das Fundament der von den Erinyen vertretenen Gerechtigkeit.[9] Nicht nur verstärkt Aischylos die Verbindung der Erinyen zur Dike und deren Satzungen und arbeitet ihre Identität als Unterwelts- und Todesgottheiten mit Nachdruck heraus, sondern er verflicht auch die beiden bereits im Epos angelegten Aspekte miteinander. Daraus entstehen die besondere Wirksamkeit der Erinyen, ihre Schrecklichkeit und Unerbittlichkeit, aber auch der besondere Gewinn, den sie am Schluss der *Orestie* entfalten sollen.

Diese Konstellation von Tod, Jenseits und Vergeltung beziehungsweise Gerechtigkeit steht im Zentrum folgender Analyse. Darin soll die Macht, die die (aischyleischen) Erinyen über das Leben und den Tod des Menschen ausüben, näher bestimmt und die Bedeutung dieser Macht für das Drama untersucht werden. Unter diesem Aspekt wird zunächst die Totenerscheinung am Anfang des Dramas kurz wieder aufgegriffen, und die Signifikanz der „Gewinnung" der Erinyen einerseits für Klytaimestra, andererseits für die Göttinnen hinsichtlich ihrer früheren Rolle in der Trilogie diskutiert. Inwiefern die Erinyen in den *Eumeniden* als Todesgottheiten – das heißt als Göttinnen, deren Funktion in der kosmischen Ordnung mit dem Todeslos der Menschen verbunden ist – charakterisiert werden, wird dann in Bezug auf ihr Äußeres und ihre besondere Relation zum Menschenblut eruiert. Betrachtet werden soll ihr *modus operandi* als schicksalsbestimmende Gottheiten und zugleich strafende In-

7 Zu den sogenannten „drei Geboten" oder „ungeschriebenen Gesetzen", δίκη und den Erinyen: Dieterich (1893) 163f.; Kaufmann-Bühler (1907) 22f.; Thomson (1966) zu Aischyl. *Eum.* 269–271 mit einschlägigen Quellen. Zum Zusammenhang zwischen den Erinyen als Vollstreckerinnen des Fluches einerseits, als Hüterinnen des Eides (der ja eine Art Selbstverfluchung war) andererseits siehe Konstantinidou (2014); zum Eidbruch als Vergehen gegen die Götter siehe Bayliss in Sommerstein – Bayliss (2013) 160–174; Konstantinidou (2014). Zur Eidestreue als „Fundament der Gerechtigkeit" vgl. Foß (1997) 46f., der den Stellenwert der Eidestreue in Pindars zweiter Olympischer Ode und bei Hesiod diskutiert; anders Rohde (1898) Bd. 1, 65, der in Bezug auf die Bestrafung von Meineid durch die Erinyen (Hom. *Il.* 19,259f) argumentiert, „an dem Meineidigen wird nicht etwa eine besonders anstößige sittliche Verfehlung bestraft [...], sondern er, und nicht irgend ein anderer Frevler, verfällt den unterirdischen Quälgeistern einfach darum, weil er im Schwur, um seinen Abscheu vor Trug aufs Fürchterlichste zu bekräftigen, sich das Grässlichste, die Peinigung im Reiche des Hades, aus dem kein Entrinnen ist, selber angewünscht hat, wenn er falsch schwöre. [...] Glaube an die bindende Zauberkraft solcher Verwünschungen, nicht absonderliche sittliche Hochhaltung der Wahrheit, [...] gab dem Eid seine Furchtbarkeit."

8 Aischyl. *Suppl.* 698–710, bes. 708f.: Die – unter Menschen „ungeschriebenen" – Gesetze stehen „in den Satzungen der höchstgeehrten Dike geschrieben" (ἐν θεσμίοις / Δίκας γέγραπται μεγιστοτίμου). Zur Stellung von Dike und zur Wichtigkeit der „drei Gebote" für den Gerechtigkeitsbegriff des Aischylos vgl. Kaufmann-Bühler (1954) 22–37.

9 Aischyl. *Eum.* 267–275 und 538–548.

stanzen unter den Lebenden und den Toten[10] und der Zusammenhang zwischen beiden Funktionen: In welchem Verhältnis stehen in den *Eumeniden* Gerechtigkeit und Jenseits? Zur Beantwortung dieser Frage wird die Diskussion erweitert auf die gerichtsähnliche Situation im Hades, die die Erinyen schildern. Zum Schluss wird die Bedeutung dieser Auffassung der Erinyen – als todbringender und strafender Unterweltsmächte – für die Interpretation ihrer Umstimmung durch Athene, ihrer Segenswünsche und ihrer Einbeziehung in der Stadt betrachtet. Während am Anfang der *Eumeniden* ein Individuum die Erinyen für sich durch Rhetorik und mit Hinweis auf vergangene Opfergaben gewinnt, wird am Ende dieses Bündnis gelöst: Durch göttliche Überzeugungskraft (Peitho/πειθώ) und die Versprechung von Kultverehrung werden die Erinyen für die athenische Gemeinschaft gewonnen. Die Frage, ob die Macht der Erinyen vom Anfang bis zum Ende ohne Änderung bleibt oder aber die Erinyen eine Entmachtung nach Orests Freispruch, eine Entwicklung oder – wie in der Forschung immer wieder behauptet – gar eine Verwandlung erfahren, rundet das Kapitel ab.

Vertreter der Mutter. Rache und Gerechtigkeit

Ein kurzer Überblick über die Rolle der Erinyen in den ersten zwei Dramen der Trilogie verdeutlicht zum einem, was Klytaimestras Totengeist neben der bloßen Vollstreckung der Rache zu gewinnen hat, und zeigt zum anderen, welchen Einfluss er auf das Selbstverständnis der Erinyen ausübt. Erst in den *Eumeniden* kommt es zu einem Interessenkonflikt zwischen den Erinyen und einer anderen Gottheit; bis zu diesem Zeitpunkt arbeiten die Erinyen mit verschiedenen Göttern und Menschen zusammen und beteiligen sich an der Rache beziehungsweise Bestrafung von Vergehen unterschiedlicher Art. Götter wie etwa Apoll, Pan oder Zeus können eine Erinys gegen Tiere und Menschen senden, welche eine Grenzüberschreitung in jeweils der Natur oder der menschlichen Gesellschaft begangen haben (ἤ τις Ἀπόλλων / ἢ Πὰν ἢ Ζεὺς […] / πέμπει <u>παραβᾶσιν</u>[11] Ἐρινύν, *Ag.* 55–59). Der eben zitierten Stelle zufolge ist es die Funktion der Erinyen, im Auftrag eines anderen Gottes Transgressionen zu strafen: Dazu zählen im *Agamemnon* sowohl der Mord als auch der Bruch der Ehe und des Gastrechts. Zeus Xenios soll, so der Chor der Älteren, den Trojanern eine Erinys gesandt haben, nachdem Alexandros Helena entführt und so das Gastrecht verletzt hatte; in der Vision der Kassandra singt die bluttrinkende Erinyenschar, die nicht vom Atridenhaus wegzuschicken ist (κῶμος […] δύσπεμπτος ἔξω, *Ag.* 1189 f.), von der „Verblendung, die alles begann“ (ὕμνον […] πρώταρχον ἄτην, *Ag.* 1191 f.) und zur

10 Andere Aspekte ihres Wesens, darunter ihre Verbindung zum Fluch, werden nur am Rande behandelt. Es sei hier nochmals betont, dass das Hauptaugenmerk des vorliegenden Kapitels der spezifisch aischyleischen Darstellung der Erinyen gilt. Eine umfassende Untersuchung der Erinyen in der griechischen Literatur und im Kult bietet Zerhoch (2015).

11 Vgl. Hes. *theog.* 220, wo es von den Moiren und den Keren heißt: αἵ τ' ἀνδρῶν τε θεῶν τε <u>παραιβασίας ἐφέπουσιν</u>.

Heimsuchung der Rachegöttinnen geführt hat, nämlich vom Ehebruch des Thyestes mit seiner Schwägerin.[12] In vollem Einklang mit Zeus bestrafen die Erinyen denjenigen, der ohne Recht glücklich ist (τυχηρὸς [...] ἄνευ δίκας, *Ag.* 464), das heißt, der durch Unrecht zum Wohlergehen gelangt: Die Erinyen sind Hüterinnen der Dike.[13] Die Rachegottheiten wirken auch mit menschlichen Agenten oder durch sie: Klytaimestra verübt nach eigener Behauptung den Mord an Agamemnon unter Zusammenarbeit mit Ate und einer Erinys oder will ihn durch Identifizierung mit diesen Mächten und mit dem Alastor des Atridenhauses legitimieren;[14] später wird Orest von der „berühmten, tiefsinnenden" Erinys (so der Chor) in den Palast eingeführt, um Rache für seinen Vater zu nehmen.[15] Die Erinyen stehen also stets für die Vollstreckung einer ausgleichenden, göttlich verhängten – und daher als gerecht konzipierten – Strafe, unabhängig davon, ob die Erinyen selbst diese ausführen oder lediglich von menschlichen Agenten als legitimierende Instanzen für deren Rachehandlung herangeführt werden.[16]

Im Gegensatz zur bisherigen Unvoreingenommenheit der Erinyen steht ihre Parteilichkeit für die mütterliche Seite in den *Eumeniden.* Damit einher geht eine Spezialisierung auf nur eines der früheren Tätigkeitsgebiete. Während zuvor die Erinyen anlässlich unterschiedlicher Verstöße gegen Dike den Gerechtigkeitsanspruch verschiedener göttlicher und menschlicher Parteien repräsentiert hatten, beschreiben die Erinyen des letzten Dramas ihr Los oder ihr Amt und ihre Ehre (τιμή, γέρας, 209; λάχος 334) ausdrücklich als die tödliche Bestrafung derjenigen, die Mord an einem Blutsverwandten begangen haben: Die Verwandtschaft durch Blut ist für die Erinyen der ausschlaggebende Faktor.[17] Die Bestrafung von Ehebruch und Mord an Nichtverwandten liegt nicht mehr in ihrem Zuständigkeitsbereich (das letztere schließen die Erinyen sogar explizit aus).[18] Sie erkennen Verstöße gegen das Gastrecht zwar als frevelhaft und – wie Verwandtenmord und die Missachtung der Götter – in der Unterwelt bestrafbar, bezeichnen sich jedoch nirgendwo als dafür zuständig.[19] Sie ver-

---

12 Zeus Xenios und die Erinys: Aischyl. *Ag.* 744–749. Erinyenschar und Ehebruch: Aischyl. *Ag.* 1184–1193; vgl. Geisser (2002) 111 und 300 zur Signifikanz von πρώταρχος ἄτη.

13 Der Kontext ist folgender: τῶν πολυκτόνων γὰρ οὐκ / ἄσκοποι θεοί, κελαι- / ναὶ δ' Ἐρινύες χρόνωι / τυχηρὸν ὄντ' ἄνευ δίκας / παλιντυχεῖ τριβᾶι βίου / τιθεῖσ' ἀμαυρόν, ἐν δ' ἀίσ- / τοις τελέθοντος οὔτις ἀλκά. / τὸ δ' ὑπερκόπως κλύειν εὖ / βαρύ· βάλλεται γὰρ ὄσσοις / Διόθεν κεραυνός, Aischyl. *Ag.* 461–470.

14 Klytaimestra und die Erinys: *Ag.* 1433; vgl. 1580. Alastor: Aischyl. *Ag.* 1497–1504.

15 Orest und die Erinys: Aischyl. *Choeph.* 649–652: τέκνον δ' ἐπεισφέρει δόμοις / αἱμάτων παλαιτέρων / τίνει<ν> μύσος χρόνωι κλυτὰ / βυσσόφρων Ἐρινύς. Vgl. Aischyl. *Choeph.* 578.

16 Auf ähnliche Weise kann man Dike als Mithelferin bei seiner Tat nennen, wie es Aigisth nach dem Mord an Agamemnon tut: Aischyl. *Ag.* 1607; 1610.

17 Erinyen und Mord an Blutsverwandten: Aischyl. *Eum.* 210–212; vgl. 333–340; 354–359; 605; vgl. 496–498. Zur starken Einseitigkeit der Erinyen in den *Eumeniden* und zum Widerspruch zu ihrem Bild in den ersten zwei Dramen vgl. Braun (1998) 191–195.

18 Aischyl. *Eum.* 604 f.

19 Verstöße gegen Gastrecht: Aischyl. *Eum.* 269–272.

stehen also ihre Funktion als in ein größeres Konzept göttlicher Gerechtigkeit eingebunden,[20] ja als unverzichtbare Komponente davon, ohne die das Gefüge der Gerechtigkeit unter Menschen zerreißen und die Gesellschaft ins Chaos stürzen würde, aber sie blenden ihre frühere Zuständigkeit für andere Arten von Verbrechen aus.[21] Der Verwandtenmord wird für die Erinyen zum Inbegriff der Missachtung aller göttlich-menschlichen Ordnung überhaupt.

Der Übergang zu dieser Einseitigkeit der Erinyen wird durch Klytaimestras Hetzrede signalisiert, deren Einfluss auf die schlafenden Göttinnen als eine Motivation für die plötzliche und ausgeprägte Verengung ihres Aufgabengebiets verstanden werden kann. Zwar fällt Orest bereits gleich nach dem Muttermord am Ende der *Choephoren* der Verfolgung der Erinyen anheim, doch erst mit der Totenerscheinung zu Beginn der *Eumeniden* wird das Verhältnis der toten Klytaimestra zu den Göttinnen präzisiert und personalisiert, wie im vorangehenden Kapitel gezeigt. Die Erinyen, deren Ahndung des Mordes bereits vor dessen Vollzug angekündigt wird,[22] wurden von Klytaimestra vor ihrem Tode weder ausdrücklich herbeigerufen noch zum Handeln getrieben: Die Erscheinung der Erinyen nach dem Mord geschieht fast mechanisch, und genauso wäre auch die Verfolgung durch die väterlichen Erinyen erfolgt, hätte Orest die Gattenmörderin verschont.[23] Als aber die von der Jagd auf Orest ermüdeten Erinyen in Schlaf versinken, ist es nicht Intention des kurzzeitig zurückgekehrten Totengeists, sie lediglich zu ermahnen und aufzuwecken. Vielmehr zielt die tote Klytaimestra in ihrem Appell darauf ab, bei den Erinyen Mitleid und Zorn (die von Klytaimestra erwartete μῆνις) sowie Verantwortungs- und Loyalitätsgefühle hervorzurufen, um die Göttinnen völlig für sich zu gewinnen. Wie die stetige Verflechtung der eigenen Ehre mit derjenigen der Erinyen und die Betonung der Besonderheit vergangener Darbringungen

---

20 Vgl. Geisser (2002) 379–381. Geisser zeigt, dass die Einseitigkeit der Erinyen und ihre Funktionsbeschränkung vor allem in den Auseinandersetzungen mit Apoll am Anfang und im Gerichtsprozess am Ende hervorgehoben werden: Indem die Erinyen „Achtung vor Göttern, Gastfreunden und Eltern" erwähnen, so argumentiert Geisser, „demonstrieren [die Erinyen] [...] ein Verständnis für δίκη, das über die unmittelbar relevante Verfolgung des Muttermords hinausgeht (269 ff.; vgl. 538–49)"; vgl. Lesky (1931) 210 f. Auch böten, so Geisser weiter, die „unbestimmten Formulierungen [im Bindelied], obwohl im Kontext auf den Muttermörder Orest bezogen, Raum für eine weitere Auffassung ihres Wirkens (vgl. v. a. 381 ff.)". Zwar ordnen die Erinyen in Aischyl. *Eum.* 269 ff. und 538–549 ihre Aufgabe in ein größeres Konzept der göttlichen Gerechtigkeit ein, doch die „unbestimmten Formulierungen" im Bindelied lassen keine konkrete Aussage zu weiteren Funktionen der Göttinnen in diesem Drama zu.

21 Erinyen schildern ihre Funktion als unverzichtbare Komponente der Gerechtigkeit und der sozialen Ordnung: Aischyl. *Eum.* 490–565.

22 Aischyl. *Choeph.* 924 f.; vgl. *Choeph.* 912.

23 Orests „Wahl" zwischen den väterlichen und mütterlichen Erinyen: Aischyl. *Choeph.* 924 f.; Orakel des Apoll warnt Orest vor den väterlichen Erinyen, falls er die Rache nicht vollzieht: Aischyl. *Choeph.* 283 f.

bezeugen, ist Klytaimestra daran gelegen, dass sich die Erinyen mit ihr und ihrem Racheanspruch identifizieren – was ihr auch gelingt.[24]

Was Klytaimestra von den Erinyen braucht und fordert, kann ihr kein Mensch geben. Schließlich hat sie – im Kontrast zum ermordeten Agamemnon – keinen Blutsverwandten, der ihr Rachebedürfnis befriedigen und ihre τιμή wiederherstellen könnte.[25] Rache durch die Erinyen hätte aber eine weitere Implikation: Legitimation. Mit der Mobilisierung der Erinyen kann sich Klytaimestra nicht mehr beklagen, keine Gottheit zürne wegen des ihr zugefügten Unrechts,[26] sondern sie wird von den Göttinnen vertreten, die für göttliche Strafe und Gerechtigkeit stehen und immer wieder von menschlichen Agenten als legitimierende Instanzen rächender Gewalt genannt werden. Jetzt wirken die Erinyen ohne jeglichen menschlichen Agenten unmittelbar in die Welt der Lebenden hinein. Dabei verleiht ihr Beistand dem Gerechtigkeitsanspruch der ermordeten Klytaimestra ein Gewicht, das über die bloße Nennung der Erinyen als Mithelfer beim Racheakt hinaus geht.

Die Erinyen sind Rachegöttinnen nicht in dem Sinne, dass sie der Gerechtigkeit entgegenstehen, sondern dass sie als Bewahrer der Gerechtigkeit und Agenten göttlicher Strafe den Racheanspruch eines – lebenden oder toten – Menschen vertreten können, wenn das menschliche Rechtsempfinden mit dem göttlichen übereinstimmt. Hier muss nachdrücklich betont werden, dass im fünften Jahrhundert weder eine terminologische noch konzeptuelle Trennung zwischen Rache und Recht oder Strafe vorhanden ist.[27] „Gleiches mit Gleichem zu vergelten, heißt gerecht zu handeln",[28] so dass Rache „für den Akteur ein Mittel [ist], *dike* zu erreichen".[29] Dabei kann es zu entgegengesetzten Ansprüchen auf Gerechtigkeit kommen, woraus – insbesondere in der Tragödie – häufig Konflikte entstehen: Einen solchen Konflikt zwischen Rechtsansprüchen formuliert zum Beispiel Orest in Bezug auf den geplanten Muttermord in den *Choephoren* prägnant als Kampf von Gewalt gegen Gewalt und Dike gegen Dike (*Choeph.* 461): ἄρης ἄρει ξυμβαλεῖ, δίκαι δίκα.[30] In der *Orestie* sollen durch ihr Ein-

---

24 Ausführlicher dazu siehe Kapitel V. Streng genommen muss bereits seit dem Muttermord der Ansatz einer Interessensidentität zwischen den Erinyen und Klytaimestra bestehen, die Aischylos aber erst am Anfang der *Eumeniden* ausführlich dramatisiert und präzisiert.

25 Zur Bedeutung der Restauration der τίμη Klytaimestras siehe Kapitel V.

26 Keine Gottheit zürnt: Aischyl. *Eum.* 101 und siehe die Diskussion zur fehlenden μῆνις in Kapitel V.

27 Zur Terminologie: Burkert (1994) 15 – 18. Die Untrennbarkeit von Rache und Gerechtigkeit ist in der Forschung gut herausgearbeitet worden, z. B. von Descharmes (2013) 36 – 44 und *passim* anhand literarischer Beispiele (mit weiterführender Bibliographie zum Verhältnis zwischen Rache, Gerechtigkeit und Recht auf S. 36 – 44 und in dem gründlichen Forschungsüberblick auf S. 15 – 23). Besonders klar wird das Ineinandergreifen von Rache und Recht anhand historischer Beispiele von Gehrke (1987) beschrieben.

28 Gehrke (1987) 129.

29 Descharmes (2013) 41.

30 Vgl. Kaufmann-Bühler (1954) 10: „Es ist durchaus nicht so, als ob Dike durchgehend über dem Geschehen stünde; sie ist vielmehr in alles Geschehen zutiefst verflochten. Recht steht gegen Recht, und alle glauben, im Rechte zu sein, Danaiden und Ägypter, Eteokles und Polyneikes, Agamemnon,

greifen die Erinyen die Ausgeglichenheit im jeweiligen Konflikt wiederherstellen und somit für die Erhaltung göttlich-menschlicher Gerechtigkeit sorgen.[31]

Die Macht des Totenschattens besteht darin, diese Rachedämonen für sich zu mobilisieren. Sobald Klytaimestra verschwindet, ist ihr weiteres Schicksal in der Unterwelt nicht mehr von dramatischem Interesse und bleibt auch nach dem Schluss der Trilogie eine offene Frage. Ihre Rolle in dem Drama wird gänzlich von den Gottheiten, die die Tote nun vertreten, abgelöst.

Äußere Erscheinung und Charakterisierung der Erinyen als Todesdämonen

Die Erinyen haben eine nicht unbeachtliche Macht als Gerechtigkeitsinstanzen, doch einer verweigert sich, ihr Recht und ihre Gerechtigkeit anzuerkennen: Apoll versucht bei jeder Gelegenheit, die Autorität der Göttinnen zu unterminieren, unter anderem indem er nicht ihre Verbindung zu Dike, sondern die Art und Weise ihrer Gerechtigkeit hervorhebt, die Apoll zufolge schon an ihrem Äußeren abzulesen sei. Als er und die Erinyen kurz nach dem Entschwinden des Totengeistes im Delphischen Heiligtum aufeinander treffen, weist er die Göttinnen aus seinem Tempel und liefert dabei eine verunglimpfende Beschreibung der von ihnen ausgeübten Gerechtigkeit.[32] Demnach gehören sie nicht in ein Heiligtum, sondern dorthin, wo allerlei grausame Strafen vollzogen werden – Enthauptung, Blendung, Kastration, Verstümmelung, Steinigung, Pfählung. An den sechs von Apoll genannten Formen der Bestrafung fällt auf, dass die Hälfte eine (meist als barbarisch klassifizierte) Todesstrafe darstellt: Enthauptung, Pfählung und Steinigung.[33] Dabei sind außer Verstümmelung auch die anderen erwähnten Strafen thematisch mit dem Tode verbunden: Wessen Augen ausgestochen werden, der lebt in einer todesähnlichen Dunkelheit (vgl. die Bezeichnung der Toten als „die Blinden“, ἀλαοί, 321; δύσομματοι, 387),[34] und auch wird dem Leben bezie-

---

Klytaimestra und Orest. Die Entscheidung fällt zunächst schwer, wo und wie hier eigentlich diese alles umfassende, kosmische Dike wirkt.“

31 Ausgeglichenheit: Vgl. Descharmes (2013) 36–63 zur Reziprozität der Dike und deren Verhältnis zum Prinzip, dass man Freunden helfen und Feinden schaden soll: „*Dike* wird in den Tragödien wie ein abstrakter Gegenstand dargestellt, der zwischen zwei Konfliktparteien ausgetauscht wird. Der Inhalt dieser Gabe ist Gerechtigkeit oder Recht“, Descharmes (2013) 36. – Zu Dike in der *Orestie* siehe insbesondere Gagarin (1976) 57–86 und Kaufmann-Bühler (1954) 59–107 und *passim*.

32 Aischyl. *Eum.* 179–231.

33 Aischyl. *Eum.* 185–197. Zur Bewertung der aufgezählten Strafarten von den Athenern im 5. Jh. v. Chr. als grausam und „barbarisch“ (nicht-griechisch) vgl. Sommerstein (1989) z. St. Nur Steinigung bildet aber als griechische Praxis eine Ausnahme: Zur Steinigung als Strafe siehe Hirzel (1909) und Schmitz (2004) 394–399.

34 Zur Äquivalenz von Licht, Sehen und Leben vgl. (u. a.) Aischyl. *Ag.* 676 f.; *Pers.* 299; Eur. *Suppl.* 78 und die homerische Wendung „so lang [jemand] lebt und das Licht der Sonne noch schaut“ (z. B. Hom. *Il.* 1,88; *Od.* 14,44; *Od.* 16,439); zur komplementären Äquivalenz von Dunkel, Blindheit und Tod vgl.

hungsweise seiner Fortsetzung in weiteren Generationen durch die Strafe der Kastration ein Ende gesetzt. Solcher Art seien die „Urteile und Schlachtungen" (δίκαι σφαγαί τε, 187), die laut Apoll zur Funktion der Erinyen gehören. Ihr Erscheinungsbild weise eindeutig auf die Natur ihres Wesens hin (πᾶς δ' ὑφηγεῖται τρόπος / μορφῆς, 192f.), die sich durch ihren Blutdurst auszeichne – die Grube eines blutigen Löwen ziemte ihnen besser (193). Ihre Verbindung mit Blutvergießen führe nur zur Unreinheit (μύσος, 195) und zur Verhasstheit bei den anderen Göttern (197); ihre Bestrafung sei übermäßig hart für den Fall Orests, während die Erinyen in Mordfällen an Nicht-Verwandten zu mild seien (220–223).[35]

Vom Aussehen der Erinyen hat bereits in der Eröffnungsszene die Pythia zu Delphi auf eine unheilbringende Wirkung geschlossen.[36] Die Priesterin kann, nachdem sie die ekelerregenden (εἰς τὸ πᾶν βδελύκτροποι, 52) und nicht identifizierbaren Göttinnen im Tempel erblickt hat, vor Entsetzen nur auf allen Vieren wieder hervorkriechen und berichtet von einer Szene, die „furchtbar zu erzählen und furchtbar anzuschauen" sei (ἦ δεινὰ λέξαι, δεινὰ δ' ὀφθαλμοῖς δρακεῖν, 34).[37] Der Anblick der Erinyen löst Angst nicht deshalb aus, weil er grässlich ist; vielmehr werden ihre Grässlichkeit und die Reaktion darauf durch die Konnotationen ihrer Attribute erzeugt.[38] Ihr Aussehen verweist, wie die Rede des Apoll und sein Katalog von Strafen andeuten, insbesondere auf einen engen Bezug zum Tode, vor allem in Zusammenhang mit einer Strafe, die dazu führt.

Aischylos gestaltet die Erinyen nicht nur als Strafe oder Ausgleich suchende, sondern auch als todbringende Unterweltsgottheiten. Ihre Bindung zum Tod und zur Unterwelt, die ihnen gleichsam ins Gesicht geschrieben ist, bildet im späteren Verlauf des Dramas die Voraussetzung für die positive Wirkung der Erinyen in Athen; gerade die Sichtbarkeit ihrer Machtbereiche (Vergeltung, Tod, Unterwelt) in ihrer äußeren Erscheinung trägt zur Wirksamkeit der Göttinnen als Gerechtigkeitsinstanzen bei. Aischylos funktionalisiert also das Äußere der Erinyen, um ihre Wirkung sowie die von ihnen vertretenen Konzepte visuell fassbar zu machen. Wie er die Bezüge zwischen Aussehen und Kompetenzbereichen herstellt, wird durch die Worte der Pythia klar. Die Assoziationen, die dieses Bild hervorruft, entstehen durch die Abgrenzung der Erinyen von sowie ihre Amalgamierung mit anderen Wesen, wie ein näherer Blick auf die Beschreibung der Pythia verdeutlichen kann.

(u. a.) Aischyl. *Sept.* 403 und die formelhafte homerische Beschreibung sterbender Krieger: „und Dunkel umhüllte seine Augen" (δὲ σκότος ὄσσε κάλυψε, Hom. *Il.* 4,461; 4,503; 4,526; 6,11; 13,575; 14,519; 14,578; 16,316; 16,325; 20,393; 20,471; 21,181).

35 Auf die unterschiedlichen Auffassungen von Schuld und Strafe oder Sühne, die zum Konflikt zwischen Apoll und den Erinyen führt, wird noch zurückzukommen sein.

36 Aischyl. *Eum.* 57–59.

37 Die Pythia kriecht aus dem Tempel hervor: Aischyl. *Eum.* 34–39; die Pythia kann die Erinyen nicht identifizieren: Aischyl. *Eum.* 46–59.

38 Vgl. Aischyl. *Eum.* 389–393: Die Erinyen fragen rhetorisch, wer ohne Angst und Ehrfurcht sein kann, nachdem er von der strafenden Funktion der Göttinnen unter Toten und Lebenden und ihrer Unerbittlichkeit (381–388) gehört hat.

Die aischyleischen Erinyen zeichnen sich unter anderem durch die Plastizität aus, mit der der Dramatiker sie darstellt. Ihre Vorgänger in der Epik erhalten lediglich das Attribut ἠεροφοῖτις („im Nebel wandelnd"), und in der Ikonographie vor dem sechsten Jahrhundert v.Chr. kann keine Figur mit Sicherheit als Erinys gedeutet werden.[39] Doch trotz ihrer Plastizität bei Aischylos – und gerade wegen ihrer Verbindung zum Jenseits – entziehen sich die aischyleischen Erinyen einer exakten Klassifizierung. Nachdem die Pythia die schlafenden Göttinnen im Heiligtum gesehen hat, kann sie sich einer Beschreibung der fremden Wesen nur durch Vergleiche annähern (45–59): Sie identifiziert sie zunächst als Frauen, negiert alsbald diese Einordnung und bezeichnet sie eher als Gorgonen, findet aber doch, dass ihre Gestalt weniger gorgonenhaft sei. Die Pythia denkt nun an bildliche Darstellungen derjenigen, die „Phineus das Mahl rauben" (Φινέως γεγραμμένας / δεῖπνον φερούσας, 50 f.), das heißt die Harpyien, fügt aber hinzu, dass die Schlafenden schwarz und ohne Flügel seien, auch triefe ihnen eine „abscheuliche Flüssigkeit" aus den Augen (λείβουσι δυσφιλῆ λίβα, 54).[40]

Der Beschreibungsversuch der Pythia, insbesondere die Vergleiche mit Harpyien und Gorgonen, bringen das Monströse und das Fremde an den Erinyen zum Ausdruck: Die kaum beschreibbaren Besucher gehören einer anderen Welt an, die jedoch vorerst nur anhand der Vergleiche impliziert wird. Die Ähnlichkeit der Erinyen zu Gorgonen mag zum einen darin bestehen, dass die Erinyen mit Schlangen umwunden sind,[41] zum anderen in dem furchteinflößenden Anblick beziehungsweise Blick der beiden Göttergruppen.[42] In welcher Hinsicht die Harpyien den Erinyen gleichen, ist weniger offensichtlich; wie die Erinyen und oft die Gorgonen werden die Sturmgöttinnen als Gruppe bedrohlicher weiblicher Kreaturen aufgefasst.[43] Doch die Harpyien und die

---

39 Zum Adjektiv ἠεροφοῖτις (Hom. *Il.* 9,571; 19,87): Brown (1983) 14 Anm. 7, Geisser (2002) 244 Anm. 150, Heubeck (1986) 160 f., Sommerstein (1989) 8 Anm. 27.

40 Zur Signifikanz der Farbe und der Flüssigkeit siehe unten.

41 Schlangenumwunden: Aischyl. *Choeph.* 1048–1050; vgl. *Eum.* 128, wo Klytaimestra die Erinyen als δεινὴ δράκαινα bezeichnet. Die Schlangen der Erinyen rufen auch die Passagen ins Gedächtnis, in denen Klytaimestra als Schlange beschrieben wird (Aischyl. *Ag.* 1233; *Choeph.* 247; 994 und 1047 – direkt vor Orests Vision der schlangenumwundenen Erinyen in V. 1048–1050), so dass eine deskriptive Parallele zwischen Klytaimestra und ihren Vertreterinnen entsteht. Zu Schlangen in der *Orestie* vgl. Dumortier (1935) 88–100; Heath (2005) 235–238; Petrounias (1976) 162–167; Whallon (1958).

42 Blick der Gorgo bzw. der Gorgonen: Hom. *Il.* 5,738–742 (Aigis), 11,36 f., vgl. 8,348 f.; der versteinernde Blick der Gorgo kommt in der überlieferten Literatur erst bei Pind. *P.* 10,44–48 vor. Zum Blick der Gorgonen in Zusammenhang mit den Erinyen siehe Rakoczy (1996) 92 Anm. 243.

43 Zu den Gorgonen als Gruppe vgl. Hes. *scut.* 220–237, wo sie Perseus verfolgen; als drei Schwestern, die jenseits des Okeanos „am Rand der Nacht" wohnen, werden die Gorgonen bei Hes. *theog.* 274–276 dargestellt. Harpyien als Gruppe: z. B. Hes. *theog.* 265–269; Hom. *Od.* 1,241 (= 14,371) und 20,77 f.; leider ist das aischyleische Drama *Phineus* (472 v.Chr.) nicht erhalten, in dem die Harpyien zumindest beschrieben wurden (vgl. Aischyl. fr. 258 Radt; Ibyk. 292 PMG). – Die Identität der Erinyen als gemeinsam agierende Gruppe (bzw. als Chor) wird in den *Eumeniden* thematisiert und durch verschiedene Begriffe zur Sprache gebracht: Aischyl. *Eum.* στάσις, 36 und 311; κόσμος, 55; φῦλον, 57; ὁμιλία, 57 und 406; ποίμνη, 197 (vgl. πεποίμανται, 249); χορός, 308; ἔθνος, 365; vgl. *Ag.* 1184 (χορός) und 1189 (κῶμος).

Gorgonen haben als weitere und wichtigere Gemeinsamkeit ihre Assoziation mit dem Tode. Der Blick der Gorgo flößt dem Betrachter nicht nur Furcht ein, sondern droht ihm mit dem λίθινος θάνατος; Odysseus beendet seinen Hadesbesuch aus Angst davor, dass Persephone ihm das Gorgonenhaupt – und damit den Tod – aus der Unterwelt heraufschicken könnte, und in der Komödie gehören die Gorgonen zur Schar gefährlicher Schreckgespenster, die den Hades bevölkern.[44] Die Harpyien hingegen sind nicht in der Unterwelt angesiedelt, sondern raffen als Sturmwinde ihr Opfer hin, so dass es aus der Welt der Menschen verschwindet – ein Bild des Todes.[45] Obwohl die Pythia die Besucher nicht beim Namen zu nennen vermag, identifiziert sie diese anhand ihres Aussehens als Todesdämonen.

Wie die Pythia kann auch Apoll Erscheinung und Wesen der Erinyen nur schwer in Worte fassen. Er beschreibt sie paradox als greise Jungfrauen und alte Kinder (κόραι, / γραῖαι παλαιαὶ παῖδες, 68 f.), mit denen weder Gott noch Mensch noch Tier Umgang pflegt (αἷς οὐ μείγνυται / θεῶν τις οὐδ' ἄνθρωπος οὐδὲ θήρ ποτε, 69 f.); auch Athene kann das γένος der Erinyen nicht ohne weiteres erkennen.[46] Die Unbeschreibbarkeit der Erinyen deutet auf ihre Fremdheit und ihre Nicht-Zugehörigkeit zur Welt der Menschen sowie der anderen Götter hin. Dass sich „weder Gott noch Mensch noch Tier" unter sie mischt, liegt an der Abtrennung ihres Verwaltungsbereiches von dem der anderen Gottheiten, die wiederum eng mit der geographischen Absonderung der Erinyen einher geht.[47] Seit Homer und Hesiod als Unterweltsbewohner geschildert, werden die Erinyen auch in den *Eumeniden* nachdrücklich als zur Unterwelt gehörig beschrieben.[48] Wohnsitz, Funktion und – darüber hinaus – die Unbeliebtheit der Göttinnen gehen eine Verbindung ein, die der gängigen Charakterisierung der Unterwelt und ihrer Bewohner, vor allem Hades und Thanatos (als der Tod selbst oder als Gottheit personifiziert), entspricht. Die soziale Außenseiterstellung und geographische Entfernung der Erinyen ist der Vorstellung des Gottes Hades und seines Reiches

---

44 Versteinerung: Pind. *P.* 10,44 – 48. Odysseus: Hom. *Od.* 11,633 – 635 (ἐμὲ δὲ χλωρὸν δέος ᾕρει, / μή μοι Γοργείην κεφαλὴν δεινοῖο πελώρου / ἐξ Ἄϊδος πέμψειεν ἀγαυὴ Περσεφόνεια); Komödie: Arist. *Ran.* 475 – 477.

45 Harpyien: Hom. *Od.* 1,241 (= 14,371, νῦν δέ μιν ἀκλειῶς Ἅρπυιαι ἀνηρέψαντο) und siehe Dieterich (1963) 56 Anm. 1: „Die Götter haben [Odysseus] ἄιστον [*Od.* 1,235] gemacht, d. h. eben in den Ἅιδης geschafft. [Er ist] gestorben, aber ohne daß jemand weiß wo und wie, ohne daß ihm jemand noch hat Liebe und Ehre erwiesen können." Als Penelope sich ein Ende ihres Leidens (und Lebens) wünscht, wünscht sie unter anderem, wie die Töchter des Pandareos von den Harpyien hinweggerafft zu werden: „So mögen mich die [Götter, die] Olympische Häuser bewohnen, unsichtbar machen" (ὣς ἔμ' ἀϊστώσειαν Ὀλύμπια δώματ' ἔχοντες, *Od.* 20,78). An dieser Stelle werden auch die Harpyien und die Erinyen in Verbindung gebracht: Die Harpyien sollen die Töchter des Pandareos an die „verhassten Erinyen" zum Dienst gegeben haben (Hom. *Od.* 20,77, ἔδοσαν στυγερῇσιν Ἐρινύσιν ἀμφιπολεύειν). Zum Bild der Entrückung im Allgemeinen: Radermacher (1903) 111 – 121 und Rohde (1898) Bd. 1, 68 – 79.

46 Athene und die Erinyen: Aischyl. *Eum.* 410 – 418, v. a. 410 – 412: ὑμᾶς δ' ὁμοίας οὐδενὶ σπαρτῶν γένει, / οὔτ' ἐν θεαῖσι πρὸς θεῶν ὁρωμέναις / οὔτ' οὖν βροτείοις ἐμφερεῖς μορφώμασιν. Vgl. Prins (1991) 177 – 180 zur Unbeschreibbarkeit der Erinyen.

47 Abtrennung und Absonderung: Aischyl. *Eum.* 69 – 73; 179 – 197; 360 – 366; 384 – 388.

48 Erinyen als Unterweltsbewohner: Aischyl. *Eum.* 71 – 73; 115; 417; vgl. 268; 421 – 423.

als am Rand der Welt befindlich, weit von Göttern und Menschen entfernt, am nächsten verwandt;[49] verhasst ist der Tod, abscheulich und unrein sind die Götter und Orte, die mit ihm in Berührung kommen.[50]

Ein weiterer Aspekt ihres Aussehens macht die Nähe der Erinyen zum Totenreich sinnfällig, nämlich die Farbe ihrer Kleidung.[51] Der Anblick des ganz schwarz gekleideten Chores hat wohl einen starken Eindruck beim Zuschauer hervorgerufen, der dem Leser nur durch die Reaktion der Pythia vermittelt wird: Es ziemt sich nicht, so die Pythia, solches Gewand (κόσμος) vor Götterbildern oder in Menschenhäusern zu tragen.[52] Die Farbe passt aber zu den Töchtern der „dunklen Nacht", die im „sonnenlosen Dunkel" der Unterwelt wohnen, und ist die Farbe der Trauer- und Todesrituale – ja, des Todes und der Unterwelt schlechthin.[53] Dunkel umhüllt die Augen des Sterbenden, und dementsprechend wird Schwärze zum Attribut der Gottheiten, die den Menschen ins unterirdische Dunkel bringen: Bei Homer und Hesiod sind es nicht die Erinyen, sondern die todbringenden Keren, die als schwarz dargestellt werden.[54] Schwarz konnotiert ist aber auch vergossenes Blut, das für das Wesen der aischyleischen Erinyen konstitutiv ist.[55]

---

49 Der Eingang in die Unterwelt befindet sich schon bei Hesiod und Homer am Rand der Welt: Hes. *theog.* 729–731; Hom. *Od.* 11,12–19; vgl. Eur. *Hec.* 2, ἵν' Ἅιδης χωρὶς ᾤκισται θεῶν.

50 Tod und Geburt als Auslöser der Befleckung: Parker (1983) 32–73. Zur Unbeliebtheit des Todes bzw. der mit dem Tode verbundenen Götter vgl. Hes. *theog.* 766 (Thanatos als ἐχθρὸς [...] καὶ ἀθανάτοισι θεοῖσιν); Eur. *Alc.* 61 f. (Thanatos: ἐπίστασαι δὲ τοὺς ἐμοὺς τρόπους. / Apoll: ἐχθρούς γε θνητοῖς καὶ θεοῖς στυγουμένους). Zu diesen Gottheiten gehört auch die „verhasste" Styx (vgl. Hes. *theog.* 775, στυγερὴ θεὸς ἀθανάτοισι und siehe Henrichs 1989, *passim*), die als Fluss den Übergang des Menschen vom Leben zum Tode versinnbildlicht und auch die Götter in einen todesähnlichen Zustand versetzen kann: Nach Hes. *theog.* 793–806 verbringen Götter, die beim Wasser der Styx falsch schwören, ein Jahr in Ohnmacht und werden danach eine Zeit lang aus der Gesellschaft der anderen Götter ausgegrenzt. Die Unbeliebtheit dieser Gottheiten hängt zusammen mit ihrer Verbindung zum Tode und dessen Unentrinnbarkeit, die sich in der Charakterisierung der Götter Hades und Thanatos als im Ritual unzugängliche Götter niederschlägt (vgl. Aischyl. fr. 161 Radt). Zur negativen Beschreibung und Abnormität der Unterwelt siehe Henrichs (1989) 25–27 mit zahlreichen Quellen.

51 Aischyl. *Eum.* 52; 55 f.; 370.

52 Aischyl. *Eum.* 55 f. (καὶ κόσμος οὔτε πρὸς θεῶν ἀγάλματα / φέρειν δίκαιος οὔτ' ἐς ἀνθρώπων στέγας).

53 Töchter der Nacht: Vgl. Aischyl. *Eum.* 745, wo die Erinyen rufen: ὦ Νὺξ μέλαινα μῆτερ. – Dunkel der Unterwelt: Vgl. Aischyl. *Eum.* 395 f., wo die Erinyen auf sich verweisen als ὑπὸ χθόνα τάξιν ἔχουσα / καὶ δυσάλιον κνέφας. – Schwarz mit Tod und Trauer assoziiert: z. B. Aischyl. *Choeph.* 10–12 (Trauerkleider); Eur. *Alc.* 216; 438; 819; 843 f.; 924; θάνατος μέλας: Hes. *erg.* 154 f., Hom. *Il.* 2,834; 11,332; 16,687; *Od.* 12,92; 17,326; vgl. Soph. *Oid. T.* 29 f. (μέλας [...] Ἅιδης). Vgl. Merthen (2008) 30–32 zum schwarzen Gewand im Trauerritual (mit weiteren Beispielen).

54 Ker/Keren als schwarz (μέλαινα/μέλαιναι): Hes. *theog.* 211 (vgl. Hes. *scut.* 249: κῆρες κυάνεαι); Hom. *Il.* 3,454; *Od.* 17,500; Mimn. fr. 2,5 IEG; Tyrt. fr. 11,5 IEG.

55 μέλαν αἷμα: z. B. Aischyl. *Ag.* 1020 und *Eum.* 980; Hom. *h.* 4,122; *Il.* 4,149; 7,263; 10,299; 10,470; 11,813; 13,655; 15,715; 16,529; 18,583; 20,470; 21,119; 23,697; 23,807; *Od.* 3,455. – Blut und die Erinyen: Siehe den folgenden Abschnitt („Blut, Leben und Tod"), S. 139–144.

Neben den Harpyien und den Gorgonen hätte die Pythia auch eine dritte Gruppe weiblicher Gottheiten zum Vergleich heranziehen können: Die Keren, wenn sie nicht als unpersönlicher Aspekt, sondern als handelnde Gottheit gedacht werden, verfolgen (an einer Stelle) wie die Erinyen Übertretungen von Menschen und Göttern, bringen aber am häufigsten in der Ein- oder Mehrzahl dem Menschen den Tod – vor allem den gewaltsamen Tod auf dem Schlachtfeld.[56] Die Keren werden in den *Eumeniden* zwar nie ausdrücklich erwähnt, doch ihre Darstellung bei Homer und Hesiod muss einen starken Einfluss auf die aischyleische Gestaltung der Erinyen ausgeübt haben. Zum einen bezeichnen sich die Erinyen nachdrücklich als Töchter der Nacht: Aischylos übernimmt hier weder die hesiodsche Genealogie der Erinyen, in der die Göttinnen aus den auf die Erde gefallenen Blutstropfen des kastrierten Uranos entstehen, noch die vom Vorsokratiker Epimenides angegebene Genealogie der Erinyen als Töchter des Kronos.[57] Stattdessen bedient er sich einer anderen Herleitung, die mit der hesiodschen Genealogie der Keren, Töchter der Nacht, übereinstimmt.[58] Wie die hesiodschen Keren sind auch die aischyleischen Erinyen vaterlos – auf jeden Fall ist nie von ihrem Vater die Rede, während ihre mütterliche Abstammung betont wird; ferner sind beide Schwestern der Moiren.[59] Frappierender ist aber die sichtbare Verbindung beider Figuren zum Blut. Diese Eigenschaft, die das Erinyenbild in den *Eumeniden* durchdringt, gehört nicht zu den voraischyleischen Erinyen, sondern ganz eindeutig zu den

56 Verfolgung von Übertretungen: Hes. *theog.* 220 (αἵ τ' ἀνδρῶν τε θεῶν τε παραιβασίας ἐφέπουσιν). Zur Darstellung der Keren bei Homer: Erbse (1986) 280–283 mit allen einschlägigen Textstellen; im Allgemeinen: Dietrich (1965) 240–248; Malten (1924); Nilsson (1967) Bd. 1, 222–225; Pötscher (1960) 99–106. Zum Verhältnis der Erinys bzw. Erinyen zu der Ker bzw. den Keren: Vgl. Aischyl. *Sept.* 1054 und [Ps.-]Aischyl. *Prom.* 515, wo die Göttinnen eng miteinander verbunden sind; zu den aischyleischen Erinyen und den Keren: Geisser (2002) 219–221; Sommerstein (1989) 8; vgl. Harrison (1922) 163–258, die die Keren mit den Erinyen gleichsetzt.

57 Erinyen als Töchter des Kronos: Epimenides fr. 19 DK (= Scholion zu Soph. *Oid. K.* 42; vgl. Schol. zu Lykophr. 406): Ἐπιμενίδης Κρόνου φησὶ τὰς Εὐμενίδας· ἐκ τοῦ καλλίκομος γένετο χρυσῆ Ἀφροδίτη / Μοῖραι τ' ἀθάνατοι καὶ Ἐρινύες αἰολόδωροι.

58 Töchter der Nacht: Aischyl. *Eum.* 321 f.; 416; 745; 792 (= 822); 844 (= 877); vgl. 1034 (Athene bezeichnet sie als solche). – Genealogie der Erinyen: Hes. *theog.* 180–187.

59 Vaterlose Keren: Hes. *theog.* 213; Moiren: Hes. *theog.* 217; Aischyl. *Eum.* 961 f. (Μοῖραι ματροκασιγνῆται). Aischylos bedient sich zum dramatischen Zweck einer anderen Genealogie der Erinyen: Die Erinyen des letzten Dramas sind ganz und gar die Vertreter der Klytaimestra, und die Parteilichkeit der Göttinnen für die ermordete Mutter kommt auch in der Thematisierung der eigenen Abstammung zum Ausdruck: Mehrmals wenden sich die Erinyen an ihre Mutter, die Göttin Nacht, oder verweisen auf diese Genealogie (wie in ihrer Antwort an Athene), ohne jemals einen Vater zu erwähnen. Sie weisen in den *Eumeniden* also eine starke Identifizierung mit der mütterlichen Seite auf, die sich in ihrer Selbstidentifizierung als Rächerinnen ausschließlich von Blutsverwandtenmord – und in diesem Kontext heißt das, die Racheansprüche der Mutter gegen die des Vaters zu vertreten – niederschlägt. Zu weiteren dramatischen Gründen für die aischyleische Genealogie der Erinyen vgl. Föllinger (2003) 106; Müller (1833) 183 f.

Keren.[60] Ein mit Menschenblut gefärbtes Gewand um die Schultern tragend, schreiten sie – so sind sie auf dem Schild des Achill abgebildet – in die Schlacht, kämpfen um und entreißen einander die Leichname gefallener Menschen.[61] Sie treten im hesiodschen *Schild* auf als raubtierähnliche Figuren, brüllend oder zähneknirschend, mit Krallen und furchtbarem Blick (δεινωποί und δεινὸν δερκομένη), die ihre Gier nach Blut nur kurz stillen können (πᾶσαι δ' ἄρ' ἵεντο / αἷμα μέλαν πιέειν, Hes. *scut.* 211 f.).[62] Ihr ausgesprochener Blutdurst findet erst in den aischyleischen Erinyen seinesgleichen. Bereits in der Vision der Kassandra werden die Erinyen als ein κῶμος vorgestellt, der nicht durch das Trinken von Wein, sondern von Menschenblut in einen rauschähnlichen Zustand versetzt wird, der durch Kühnheit charakterisiert ist (πεπωκώς [...] ὡς θρασύνεσθαι πλέον, *Ag.* 1188).[63] Die Erinyen bezeichnen sich selbst als Mänaden – doch nicht durch die Gabe des Weingotts sind sie in Raserei versetzt worden; vielmehr beschreiben sie die berauschende Wirkung des getrunkenen Blutes.[64] Von Blut betrunken würden sie auch den „schwarzen, aus Menschen gesogenen Schaum" herausspeien, falls Apoll – wie angedroht – die Göttinnen mit einem Pfeil träfe und sie durch den Schmerz zum Erbrechen brächte: Menschenblut ist ihre Nahrung.[65] Indem Aischylos den Habitus und die Herkunft der Erinyen an das im hesiodschen Korpus tradierte Bild der Keren anlehnt, integriert er in ihre Gestalt das Bild eines schrecklichen und brutalen Todes. Durch die Evozierung des Bildes der Ker oder Keren, die schließlich als Abstraktum auch das Todeslos der Menschen darstellen können, werden die Erinyen als ebenfalls unentrinnbar charakterisiert: Der von ihnen verhängten Todesstrafe ist nicht zu entfliehen.

---

60 Zur im Scholion zu Hom. *Il.* 19,87 angegebenen Textvariante εἰαροπῶτις (vom Scholiasten als „bluttrinkend" gedeutet) statt des im Text stehenden ἠεροφοῖτις siehe Geisser (2002) 244 Anm. 150; Ludwich (1889); kritisch: Brown (1983) 14 Anm. 7 und Heubeck (1986) 160 f.

61 Hom. *Il.* 18,535–540; vgl. Hes. *scut.* 154–160.

62 Brüllend und böse blickend: Hes. *scut.* 160; die detaillierteste Beschreibung findet sich in Hes. *scut.* 248–257.

63 Bluttrinkende Erinyenschar: Aischyl. *Ag.* 1188–1190 (καὶ μὴν πεπωκώς γ', ὡς θρασύνεσθαι πλέον, / βρότειον αἷμα κῶμος ἐν δόμοις μένει, / δύσπεμπτος ἔξω, ξυγγόνων Ἐρινύων).

64 Mänaden: Aischyl. *Eum.* 500; zum Zusammenhang zwischen Blut und einem rauschähnlichen Effekt vgl. Aischyl. *Eum.* 860; zum Zusammenhang zwischen Blut und μανία vgl. Aischyl. *Ag.* 1425–1430; Padel (1992) 172–179; Petrounias (1976) 194.

65 Aischyl. *Eum.* 183 f. (ἀνῇς ὑπ' ἄλγους μέλανα πλευμόνων ἀφρόν, / ἐμοῦσα θρόμβους οὓς ἀφείλκυσας φόνου). Das Adjektiv ἀφρός, das hier das Blut beschreibt, kann wie μέλας auch den Wein beschreiben (z. B. Antiphanes fr. 234 PCG und Timotheus 780 PMG): Vgl. Zimmermann (2008) 127 Anm. 67. – Menschenblut als Nahrung der Erinyen: Vgl. Aischyl. *Eum.* 264–266; 302–305 und siehe folgende Diskussion.

Blut, Leben und Tod

Die Erinyen haben, wie bereits angedeutet, eine besondere Relation zum Blut. Die Göttinnen entstehen und bestehen aus Blut, und ihr Wesen ist so durchdrungen damit, dass aus ihren Augen diese „verhasste Flüssigkeit" tropft.[66] Als Stoff des Lebens ist Blut die Substanz, die die Lebenden von den „trockenen" Toten unterscheidet und somit zum Inbegriff der Sterblichkeit schlechthin wird:[67] Einmal im Tod vergossen, kann gemäß göttlichem Walten das Blut eines Menschen nie wieder heraufgerufen werden.[68] Das Verhältnis der Erinyen zum Blut deutet auf ihre Macht über dieses Lebensprinzip und dabei auch über das Todeslos des Menschen hin und weist die Erinyen eindeutig als jenseitige Todesmächte aus. Es schwingen noch weitere Konnotationen mit, wie etwa Fruchtbarkeit, Blutsverwandtschaft, Mord und Vergeltung,[69] Opferritual, Reinheit und Befleckung, die allerdings nicht alle hier vertieft werden können. Mittels des Blutmotivs stellt Aischylos einen Bezug zwischen den Unterweltsgöttinnen und den gerade genannten Bereichen des Menschenlebens her, aber in erster Linie bindet er die Erinyen umso enger an Tod und Jenseits. Dadurch wird die Stellung der Erinyen einerseits in Abgrenzung von den anderen Göttern, andererseits den Lebenden und den Toten gegenüber artikuliert.

Das Vergießen menschlichen Blutes wird in der *Orestie* von zwei Metaphern begleitet, welche das Verhältnis der Erinyen zum Blut verdeutlichen können: die der Fruchtbarkeit und die des Opfers. Als fließendes, lebenserhaltendes Prinzip lässt sich Blut einerseits mit dem lebensfördernden Regen vergleichen, andererseits mit dem Wein, mit dem es in bestimmten Ritualen sogar austauschbar war, gleichsetzen.[70] Beide Bilder fallen im *Agamemnon* zusammen, als Klytaimestra triumphierend ihre Mordtat ausmalt: Den dritten und letzten Schlag, den sie Agamemnon zufügt, deutet Klytaimestra als „Dankgabe" oder „gelobte Gabe" (εὐκταία χάρις, *Ag.* 1387) für den „Hades unter der Erde" um, eine Anspielung auf die beim Fest dem Zeus geltende dritte Weinspende.[71] Der auf den Schlag hin hervorschießende Blutstrahl spritzt auf

66 Aischyl. *Choeph.* 1058 (κἀξ ὀμμάτων στάζουσι νᾶμα δυσφιλές); *Eum.* 54 (ἐκ δ' ὀμμάτων λείβουσι δυσφιλῆ λίβα). Das in der Handschrift M überlieferte αἷμα (*Choeph.* 1058), das Burges zu νᾶμα emendiert hatte, würde die Identifizierung dieser „abscheulichen Flüssigkeit" als Blut bestätigen. Vgl. Aischyl. *Ag.* 1428, wo nach dem Mord an Agamemnon Blutflecken in den Augen der Mörderin Klytaimestra erscheinen (λίπος ἐπ' ὀμμάτων αἵματος εὖ πρέπει).

67 Den Toten fehlen Blut und körperliche Kraft: Aischyl. fr. 230 Radt (σοὶ δ' οὐκ ἔνεστι κῖκυς οὐδ' αἱμόρρυτοι / φλέβες); wegen des mangelnden Lebenssaftes werden sie als trocken vorgestellt, z. B. Aischyl. fr. 229 Radt (καὶ θανόντων, οἷσιν οὐκ ἔνεστ' ἰκμάς); vgl. Corn. *nat. deor.* 35,11. Zum Blut als Prinzip des menschlichen Lebens vgl. Eitrem (1915) 416 f.

68 Aischyl. *Ag.* 1017–1021; *Eum.* 647; 261 f. Vgl. Thiel (1993) 281 f.

69 Zum Bluttrinken als Bild der Rache bzw. der Vergeltung vgl. Thgn. 341–350.

70 Zur Parallelität zwischen Blut und Tau oder Regen: Aischyl. *Ag.* 1388–1392; 1533–1536; vgl. Hom. *Il.* 11,53–55; 16,459–461. Zur Parallelität zwischen Blut und Wein: Kircher (1910) 74–90.

71 Aischyl. *Ag.* 1385–1387 (καὶ πεπτωκότι / τρίτην ἐπενδίδωμι, τοῦ κατὰ χθονός / Ἅιδου, νεκρῶν σωτῆρος, εὐκταίαν χάριν); West (1990) folgt dem Emendationsvorschlag von Enger (Διὸς statt des ἄιδου

die Mörderin, die sich über den „blutigen Tau" freut wie „die Saat beim Gebären [d. h. Keimen] der Knospen über den vom Zeus gesandten Glanz [d. h. glänzenden Regen]".[72] Blut wird in diesem Bild zum Regen, der vom Himmel zur Erde fällt und dem Lande Fruchtbarkeit spendet. Indem das Keimen der Knospen durch die metaphorische Wendung κάλυκος ἐν λοχεύμασιν ausgedrückt wird – λόχευμα („das Geborene") bezieht sich, wie etymologisch verwandte Begriffe, normalerweise auf die Geburt bei Menschen und Tieren –, erfährt das Bild des Blutes eine Erweiterung und Verstärkung. Dadurch kommt das Blut sowohl mit der agrarischen als auch der generativen Fruchtbarkeit in Verbindung – doch der Blutregen erweist sich als in einem anderen als positiven Sinne fruchtbar. Wie der Chor der Älteren kurz nach Klytaimestras Rede vermutet, folgt auf den Blutsturm nicht das Gedeihen des Landes, sondern Moira und Dike bereiten nur weiteres Unheil vor.[73] Denn wenn das zu Boden fallende Blut „von der ernährenden Erde getrunken" wird, befruchtet es nicht die Erde, sondern verdichtet sich unlöslich.[74] Nahrung und Leben kann die Erde dabei nicht hervorbringen; stattdessen ernährt das vergossene Blut die „bluttriefende Schar" (αἱμοσταγὲς [...] ἔθνος, *Eum.* 365) der „blutatmenden" Erinyen, die aus dem „unheiligen Dunkel des Tartaros unter der Erde" hervorkommen und der Blutspur bis zum Täter folgen.[75] Wessen Hände hingegen vom Blut unbefleckt sind, den lassen die Erinyen in Ruhe.[76] Das Blut eines ermordeten Verwandten aber ruft die Erinyen herbei und treibt sie an, den durch Blut befleckten Mörder bei lebendigem Leib zu verzehren und in die Unterwelt herabzuholen:[77] Aus der Erdtiefe kommt anstelle des Lebens der Tod.

Komplementär zur Fruchtbarkeitsmetaphorik und prominenter in der Trilogie ist die Opfermetaphorik.[78] In dieser Metaphorik ersetzt Menschenblut die Spende aus Wein oder Tierblut, der eine bedeutende Rolle im Ritual – und das bedeutet: in der Kommunikation zwischen Menschen und Göttern sowie zwischen Lebenden und

---

in HS GT oder ἄδου in HS F). Zur Übersetzung von εὐκταία χάρις siehe Fraenkel (1974) zu Aischyl. *Ag.* 1387; zur Signifikanz dieser Verse für die Figur des Zeus in der *Orestie* siehe Scullion (2005).

72 Übs. des Verfassers. Aischyl. *Ag.* 1388 – 1392: οὕτω τὸν αὑτοῦ θυμὸν ὁρμαίνει †πεσών†, / κἀκφυσιῶν ὀξεῖαν αἵματος σφαγὴν / βάλλει μ' ἐρεμνῆι ψακάδι φοινίας δρόσου, / χαίρουσαν οὐδὲν ἧσσον ἢ διοσδότωι / γάνει σπορητὸς κάλυκος ἐν λοχεύμασιν. – Zum fruchtbarkeitsspendenden, von Zeus gesandten Regen vgl. Hom. *Od.* 9,109 – 111.

73 Aischyl. *Ag.* 1533 – 1536: δέδοικα δ' ὄμβρου κτύπον δομοσφαλῆ / τὸν αἱματηρόν· ψακὰς δὲ λήγει, / Δικᾶι ἐπ' ἄλλο πρᾶγμα θηγ<άν>ει βλάβας / πρὸς ἄλλαις θηγάναισ<ι> Μοῖρα.

74 Aischyl. *Choeph.* 66 f. (τὰ δ' αἵματ' ἐκποθέν<θ>' ὑπὸ Χθονὸς τροφοῦ, / τίτας φόνος πέπηγεν οὐ διαρρύδαν).

75 Atem: Aischyl. *Eum.* 137; vgl. 183 f. Blutspur: Aischyl. *Eum.* 246 f.; vgl. 230 f. und 254. Tartaros: Aischyl. *Eum.* 71 f. (κακόν / σκότον νέμονται Τάρταρόν θ' ὑπὸ χθονός).

76 Aischyl. *Eum.* 313 – 320.

77 Blut ruft die Erinyen herbei: Aischyl. *Choeph.* 283 f. (ἄλλας τ' ἐφώνει προσβολὰς Ἐρινύων / ἐκ τῶν πατρώιων αἱμάτων τελουμένας); vgl. *Choeph.* 400 – 404. – Blut treibt sie an: *Eum.* 230 f. (ἐγὼ δ', ἄγει γὰρ αἷμα μητρῷιον, δίκας / μέτειμι τόνδε φῶτα κἀκκυνηγέσω). – Mörder durch Blut befleckt und gekennzeichnet: Aischyl. *Eum.* 313 – 320.

78 Zur Opfermetaphorik in der *Orestie* siehe v. a. Lebeck (1971); Pucci (1992); Zeitlin (1965).

Toten – zukommt.[79] In den *Choephoren* stilisiert Orest den ihm bevorstehenden Mord an Klytaimestra als eine dritte Spende unvermischten Blutes an die Erinyen:[80] Das Vergießen von Menschenblut funktioniert einerseits wie ein beschwichtigendes Trankopfer, das die Erinyen des ermordeten Agamemnon an der Verfolgung Orests hindert, denn durch den Muttermord erfüllt Orest seine Rachepflicht gegenüber seinem Vater und entgeht dabei dessen aus dem Grabe heraus wirkendem Zorn.[81] Andererseits gehört die Spende zur rituellen Kommunikation mit den Göttern, so dass die Bezeichnung des Bluts als Trankopfer auch eine Kontaktaufnahme mit den Rachegöttinnen impliziert: Das in die Erde fließende Menschenblut ruft die Erinyen des Mordopfers herbei, sei es, dass sie dann in Verbindung mit einem Verwandten wie Orest wirken,[82] oder dass sie – wenn kein Blutsverwandter der Rachepflicht nachgehen kann – sich dem Mörder manifestieren als Rächer der Blutschuld.[83] Mit dem Blutopfer an die Erinyen pflegt man zwar ein reziprokes Verhältnis zu den Göttinnen, doch die Reziprozität wird nicht durch Götterehrung und Göttergaben gekennzeichnet, sondern besteht aus dem Austausch von Tat und Gegentat, Rache und Gegenrache zwischen Menschen unter Mitwirkung der Göttinnen. Durch den gerechten Ausgleich stellt man die Göttinnen zufrieden, stört aber gleichzeitig die Balance erneut und zieht durch das „Trankopfer" des neu vergossenen Blutes die göttliche Strafe auf sich. Den Kreis gerechtfertigter Gewalt vermag kein Mensch zu durchbrechen, sondern nur ein Gott kann die ultimative Strafe vollziehen: Mit der Bestrafung des Orest, des letzten männlichen Erben seines Hauses, würden die Erinyen den Gewaltzyklus innerhalb des Atridengeschlechtes beenden.

Das Blutvergießen bestimmt das Verhältnis zwischen dem Täter und den Erinyen einerseits, zwischen den Erinyen und dem (beziehungsweise der) Ermordeten andererseits. Aus dem Blut des Mordopfers entstehen die Angriffe der Erinyen auf den Mörder (προσβολαὶ Ἐρινύων / ἐκ τῶν πατρῴων αἱμάτων Ἐρινύων τελούμεναι);[84] die Göttinnen handeln nicht im Interesse des „Opfernden", sondern vertreten den „Geopferten". Denn das Blut, das sie ernährt, versetzt sie auch in eine zerstörerische Raserei, die im „Opfertod" des Mörders gipfeln soll.[85] Dabei erfährt der Mörder – völlig im Sinne der *lex talionis* – einen Statuswechsel vom Opfernden zum Opfer, wie die

79 Zur Rolle des Blutes im Kult: Eitrem (1915) 426 – 460; vgl. Kircher (1910) 74 – 90.

80 Dritte Spende: Aischyl. *Choeph.* 577 f. (φόνου δ' Ἐρινὺς οὐχ ὑπεσπανισμένη / ἄκρατον αἷμα πίεται τρίτην πόσιν).

81 Erinyen des Vaters: Aischyl. *Choeph.* 283 f. und siehe Kapitel III (Aischylos, *Choephoren*).

82 Orest wird von der „berühmten, tiefsinnenden" Erinys (so der Chor) in den Palast eingeführt, um Rache für seinen Vater zu nehmen: Aischyl. *Choeph.* 648 – 652: τέκνον δ' ἐπεισφέρει δόμοις / αἱμάτων παλαιτέρων / τίνει<ν> μύσος χρόνωι κλυτὰ / βυσσόφρων Ἐρινύς. Vgl. Aischyl. *Choeph.* 578.

83 Erinyen als Rächer: Aischyl. *Eum.* 318 – 320 (μάρτυρες ὀρθαὶ τοῖσι θανοῦσιν / παραγιγνόμεναι πράκτορες αἵματος / αὐτῶι τελέως ἐφάνημεν).

84 Aischyl. *Choeph.* 283 f.

85 Raserei: Siehe obige Diskussion zu den Keren auf S. 136 – 138.

Erinyen im Bindelied „um das Opfer" (ἐπὶ δὲ τῶι τεθυμένωι, 328 = 341) beschreiben (302–305):[86]

> ἀναίματον βόσκημα δαιμόνων σκιά<ν>.
> οὐδ' ἀντιφωνεῖς, ἀλλ' ἀποπτύεις λόγους,
> ἐμοὶ τραφείς τε καὶ καθιερωμένος;
> καὶ ζῶν με δαίσεις οὐδὲ πρὸς βωμῶι σφαγείς·
>
> [...] blutlos, Nahrung für Dämonen, ein Schatten.
> erwiderst du mir nichts, verachtest du mein Wort,
> der du für mich doch aufernährt bist und geweiht,
> lebendig schon, nicht erst geschlachtet am Altar,
> mein Bissen?

Aischylos verschränkt hier das Bild des Opfers mit dem eines Hadesmahls. Die Erinyen beabsichtigen, dem noch lebenden Opfer das Blut auszusaugen, bis es durch den Verlust des Lebenssafts verdorrt und zum „blutlosen Schatten" geworden ist;[87] der Mörder ist ihre Speise (vgl. δαίσεις) und Nahrung (βόσκημα). Das pervertierte Mahl wurzelt wohl in einer Vorstellung des Todes als zerstörender Kraft, die in Form der Verwesung oder eines Tieres, des Feuers bei Einäscherung[88] oder der Erde bei Beisetzung den Leichnam „verzehrt" oder „verschlingt", und nimmt vor allem bei Hesiod Gestalt an in der Figur des Kerberos: Vom Hadeswächter wird jeder, der dem Hades zu entfliehen strebt, verschlungen.[89] Doch dem Bild der menschenfressenden Erinyen noch näher ist die Vorstellung einer Todesmacht, die nicht den Weg zurück ins Leben versperrt, sondern dem Menschen den Tod bringt. So lässt sich bezeichnenderweise die Ker verstehen, zum Beispiel wenn der Totengeist des Patroklos von seinem Geschick redet: „Mich hat die Ker, die verhasste, verschlungen, die mir schon bei Geburt bestimmt war" (ἀλλ' ἐμὲ μὲν κὴρ / ἀμφέχανε στυγερή, ἥ περ λάχε γεινόμενόν περ, Hom. *Il.* 23,78 f.).[90] An Patroklos' Darstellung ist auch auffällig, dass die Ker, wie von einer todbringenden Gottheit zu erwarten ist, zwischen dem Abstraktum (dem Tode) und der Personifikation als Todesdämon, das an die bluttrinkenden Keren auf dem Schlachtfeld erinnert, changiert; die Ker steht hier eindeutig für das Todesverhängnis.[91] Während die aischyleischen Erinyen eine facettenreichere Identität als die

---

86 Vgl. Aischyl. *Eum.* 326 f., wo die Erinyen Orest als ματρῷιον ἅγνισμα κύριον φόνου beschreiben.

87 Aussaugen des Blutes: Aischyl. *Eum.* 264–266 (siehe unten); Verdorren des Opfers: Aischyl. *Eum.* 137–139; 333 = 346 (ὕμνος [...] δέσμιος [...] αὑονὰ βροτοῖς).

88 Zum „gierigen Maul des Feuers" bei der Leichenverbrennung vgl. Aischyl. *Choeph.* 324–326.

89 Hes. *theog.* 772 f.: ἐξελθεῖν δ' οὐκ αὖτις ἐᾶι πάλιν, ἀλλὰ δοκεύων / ἐσθίει, ὅν κε λάβησι πυλέων ἔκτοσθεν ἰόντα und vgl. Hes. *theog.* 310 f., δεύτερον αὖτις ἔτικτεν [...] / Κέρβερον ὠμηστήν. Vgl. Eur. *Ion* 1496 f. und Seaford (1984) zu Eur. *Cycl.* 397; Soph. *El.* 542 f.; Paus. 10,28,7. Siehe weiter Dieterich (1963) 46–54 und Kapitel IV (Sophokles, *Elektra*) in der vorliegenden Arbeit.

90 Übs. nach Voß (1793).

91 Ker/Keren als Todesgeschick: Weitere Beispiele bei Erbse (1986) 281. Im Unterschied zur homerischen Darstellung werden die Keren bei Hesiod auch als strafende Gottheiten aufgefasst: Hes. *theog.* 217–222.

homerischeren Keren aufzeigen und keineswegs bloß als Göttinnen des Todesgeschicks zu deuten sind, hebt Aischylos durch ihre Darstellung als Menschenfresser diesen Aspekt ihrer Identität stark hervor. Wie die Menschen bei Hesiod „für ihre Ker aufernährt“ (κηριτρεφεῖς) werden,[92] das heißt dem Tode preisgegeben, so ist Orest für die Erinyen „aufernährt“ (τραφείς) und daher diesem bestimmten Todesschicksal „geweiht“ (καθιερωμένος). Orest ist dem frühzeitigen Tod geweiht, wie die Erinyen mit wiederholtem Verweis auf die Lebendigkeit ihres Opfers betonen: Ihre Absicht ist es, ihn bei lebendigem Leib zu verzehren (ζῶν με δαίσεις [...] οὐδὲ [...] σφαγείς, „lebendig schon, nicht erst geschlachtet“; vgl. 264; 267). Den Erinyen zum Opfer zu fallen, bedeutet in den *Eumeniden* unter anderem, [93] zur Strafe dem vorzeitigen Tode ausgeliefert zu werden.

Das Verhältnis der Erinyen zu den Menschen wird dabei im Bild des Opfers poetisch umgesetzt und über das Blut definiert. Das Blutvergießen, das in der *Orestie* den Mord versinnbildlicht, charakterisiert – in Form des Opfers und des Bluttrinkens – auch den von den Erinyen herbeigeführten Tod: Die Erinyen holen den Mörder nicht einfach in den Hades herab, sondern bestehen auf das Blutvergießen bei der Strafe, die an die Stelle eines weiteren (blutigen) Mordes tritt und das frühere Blutvergießen auszugleichen hat.[94] Die Macht der Erinyen über das Menschenblut bringt ihren Einfluss über das menschliche Leben zum Ausdruck, und die Göttinnen selbst beschreiben sich als eine Art Schicksalsmacht, wenn sie am Anfang des Bindelieds von ihrer Verteilung des jeweiligen Schicksalsanteils an die Menschen reden (δεδόκηκεν [*sc.* ἡμῖν] / λέξαι [...] λάχη τὰ κατ' ἀνθρώπους / ὡς ἐπινωμᾶι στάσις ἁμά, „wir haben beschlossen [...], die Lose zu nennen, die unsere Schar den Menschen zuteilt“, 310 f.).[95] Das λάχος des Menschen ist in erster Linie seine Sterblichkeit, verweist aber auch auf seinen Lebensanteil – sein Schicksal – im Allgemeinen. In dieser Funktion verschwistern sich die Erinyen mit den Moiren, die für den Lebensanteil des Menschen generell zuständig sind – und die Moiren sind es auch, die den Erinyen ihr Amt (λάχος, 333) zugeteilt haben.[96] Doch von den Moiren, die über die menschliche Sterblichkeit Macht haben und unter Umständen dazu verführt werden können, das Todesverhängnis aufzuheben, grenzen sich die Erinyen durch ihre zugleich punitive Funktion

---

92 Hes. *erg.* 418. Zur Bedeutung des Adjektivs: West (1978) z. St.; Erbse (1986) 280 f.

93 In den zwei anderen Dramen der Trilogie, v. a. im *Agamemnon*, wird der Wirkungsbereich der Erinyen weiter gefasst; erst in den *Eumeniden* fokussieren sie sich auf die Verfolgung von Verwandtenmördern.

94 Blutvergießen als Ausgleich: Vgl. Aischyl. *Eum.* 264–266: ἀλλ' ἀντιδοῦναι δεῖ σ' ἀπὸ ζῶντος ῥοφεῖν / ἐρυθρὸν ἐκ μελέων πελανόν, ἀπὸ δὲ σοῦ / βοσκὰν φεροίμαν πώματος δυσπότου.

95 Vgl. Aischyl. *Eum.* 930 f., wo Athene die Funktion der in die Polis einbezogenen Erinyen beschreibt: πάντα γὰρ αὗται τὰ κατ' ἀνθρώπους / ἔλαχον διέπειν.

96 Macht der Moiren über das Todeslos der Menschen: Aischyl. *Eum.* 723 f. Moiren teilen den Erinyen deren λάχος zu: Aischyl. *Eum.* 333–335; vgl. 392. Die konzeptionelle Ähnlichkeit der Erinyen zu den Moiren wird auch durch ihre Verwandtschaft ausgedrückt: Aischyl. *Eum.* 961 f. (Μοῖραι ματροκασιγνῆται).

ab.[97] Sie verhängen in den *Eumeniden* ein Todeslos, das sich als Vollstreckung der Gerechtigkeit versteht und, wie gezeigt, durch Blut bestimmt ist. Nicht nur die Faktizität des vergossenen Blutes ist wichtig, sondern auch die Identität des Opfers, dessen Mord die Erinyen bezeugen und rächen (μάρτυρες ὀρθαὶ τοῖσι θανοῦσιν, 318; πράκτορες αἵματος, 319): Die Strafe betrifft nur den Blutbefleckten, der Mord an einem Blutsverwandten begangen hat.[98] Darin besteht das Los, das Amt und die Ehre der Erinyen (τιμή, γέρας, 209; λάχος 334).[99]

Der Zeus der Unterwelt. Jenseits und Gerechtigkeit

Das vorliegende Kapitel hat sich bisher dem Wirken der Erinyen ins diesseitige Geschehen gewidmet. Doch ihr Einfluss endet nicht mit der Vollstreckung des Todesurteils. Die Erinyen weisen im Bindelied darauf hin, dass sie auch nach der Entführung oder Vertreibung des Opfers in die Unterwelt ihrem Amt im Hades nachgehen und die Strafe fortsetzen:[100] Die Göttin Nacht habe sie schließlich als „Strafe für die Blinden und die Sehenden", das heißt die Toten und die Lebenden, geboren (μᾶτερ ἅ μ' ἔτικτες [...] ἀλαοῖσι καὶ δεδορκόσιν ποινάν, 321–324; vgl. 385–388). Durch seinen Tod würden die Erinyen Orest aus dem Einflussbereich der „jüngeren Götter" entfernen, und die jenseitige Fortsetzung der Strafe erfolgte dann unter Mitwirken einer anderen Unterweltsgewalt. Denn sobald der Verfolgte im Reiche des Hades ankommt, unterliegt er der Gerichtsbarkeit jenes Gottes. Hades hat trotz der etlichen grollenden Toten der *Orestie* keine starke Präsenz in der Trilogie, doch die Erinyen schreiben ihm eine in der göttlichen Gerechtigkeit nicht unwesentliche Rolle zu, die im aischyleischen Gesamtwerk Parallelen hat. Die Aussagekraft der freilich kurzen Passage über die Rolle des Hades – und der Erinyen – in der göttlichen Ordnung und dabei das Verhältnis zwischen Gerechtigkeit und Jenseits im von Aischylos dargestellten Kosmos legt eine Analyse dieser Stelle nahe.

Hades erscheint als Figur in einem Unterweltsbild, das die Erinyen ihrem Opfer kurz vor dem Bindelied ausmalen.[101] Nach der Auseinandersetzung mit Apoll im

97 Moiren und menschliche Sterblichkeit: Aischyl. *Eum.* 723 f.; vgl. 172.

98 Blutbefleckung: Aischyl. *Eum.* 313–320.

99 Erinyen und Mord an Blutsverwandten: Aischyl. *Eum.* 210–212; vgl. 333–340; 354–359; 605. Nur in den *Eumeniden* wird die Funktion der Erinyen verengt auf die Bestrafung derjenigen, die Mord an einem Blutsverwandten begangen haben: Siehe den Abschnitt „Vertreter der Mutter. Rache und Gerechtigkeit" oben auf S. 128–132.

100 Aischyl. *Eum.* 385–388: διόμεναι λάχη / θεῶν διχοστατοῦντ' ἀνηλίωι λάπαι, / †δυσοδοπαίπαλα† δερκομένοισι / καὶ δυσομμάτοις ὁμῶς. Vgl. Aischyl. *Eum.* 951 f., wo Athene auf die Macht der Erinyen unter der Erde bzw. unter den Unterirdischen verweist: μέγα γὰρ δύναται πότνι' Ἐρινὺς / παρά τ' ἀθανάτοις τοῖς θ' ὑπὸ γαῖαν.

101 Dies ist die einzige Stelle in den *Eumeniden*, an der Hades vorkommt. Zum anderen „Rächer" (μιάστωρ) in der Unterwelt, von dem in Aischyl. *Eum.* 175–178 die Rede ist (vgl. Aischyl. *Suppl.* 646–651), siehe Geisser (2002) 140–146, die diesen μίαστωρ überzeugend als „eine mit der Unterwelt as-

Delphischen Heiligtum haben die Erinyen die Verfolgung erneut aufgenommen und sind der Blutspur nach Athen gefolgt. Dort bedrängen sie Orest im Tempel der Athene, wo er unter Beteuerung seiner rituellen Reinheit den Schutz und das Urteil (τέλος δίκης, 243) der Göttin sucht, und kündigen ihm ihr Vorhaben an (258–275):

ὅδ' †αὖτε γοῦν† ἀλκὰν ἔχων
περὶ βρέτει πλεχθεὶς θεᾶς ἀμβρότου
ὑπόδικος θέλει γενέσθαι χρεῶν.
τὸ δ' οὐ πάρεστιν· αἷμα μητρῷον χαμαί
δυσαγκόμιστον, παπαῖ·
τὸ διερὸν πέδοι χύμενον οἴχεται.
ἀλλ' ἀντιδοῦναι δεῖ σ' ἀπὸ ζῶντος ῥοφεῖν
ἐρυθρὸν ἐκ μελέων πελανόν, ἀπὸ δὲ σοῦ
βοσκὰν φεροίμαν πώματος δυσπότου·
καὶ ζῶντά σ' ἰσχνάνασ' ἀπάξομαι κάτω,
ἀντίποιν' ὡς τίνῃς ματροφόνου δύας.
ὄψῃ δὲ κεἴ τις ἄλλος ἤλιτεν βροτῶν
ἢ θεὸν ἢ ξένον
    τιν' ἀσεβῶν ἢ τοκέας φίλους,
ἔχονθ' ἕκαστον τῆς δίκης ἐπάξια.
μέγας γὰρ Ἅιδης ἐστὶν εὔθυνος βροτῶν
ἔνερθε χθονός,
δελτογράφῳ δὲ πάντ' ἐπωπᾷ φρενί.

Hier ist er, und Schutz ist ihm gewährt.
Der unsterblichen Göttin Bildnis umschlingt
sein Arm. So will er sich einem Gericht stellen.
Nie wird es geschehen. Der Mutter Blut
im Boden, unwiederbringlich, ach!
Das niederströmte, es ist dahin.
Du musst es erstatten. Den roten Saft
dem Lebenden schlürfen wir aus dem Leib.
Aus dir möge ich gewinnen die Nahrung eines eklen Trankes!
Dich noch lebend werde ich auszehren und hinabziehen,
auf dass du vergeltest mit Qualen den Muttermord.
Dort siehst du andere Sterbliche noch,
die, sei es an einem Gott oder Gastfreund, sei's
    an lieben Eltern gefrevelt.
Und Recht wird jedem, so wie ihm gebührt.
Denn der mächtige Hades ist Richter der Sterblichen
unter der Erde
und wacht über alles und schreibt es auf die Tafeln seines Geistes.[102]

soziierte, nicht mit einem bestimmten Gott zu identifizierende Rachemacht, die den Muttermord ahndet" (141) deutet.

102 Wörtlicher: „wacht über alles mit seinem *deltographos phrēn*".

Die Erinyen legen hier zum einzigen Mal den vollen Strafablauf dar, den sie initiieren: Der Verwandtenmörder wird durch das Aussaugen seines Blutes körperlich geschwächt und in die Unterwelt hinabgeführt (ζῶντά σ' ἰσχνάνα σ' ἀπάξομαι κάτω, 267), wo er von Hades zur Rechenschaft (εὔθυνα, durch die Bezeichnung von Hades als εὔθυνος in Vers 273 impliziert) gezogen und wie andere Frevler wider Eltern, Götter und Gäste auch zu einer nicht spezifizierten, gerechten beziehungsweise ausgleichenden Strafe (τῆς δίκης ἐπάξια, 272) im Jenseits verurteilt wird.[103] Das Strafverfahren durch die Erinyen im Diesseits erscheint dabei als Anfang eines Dies- und Jenseits umspannenden Vorganges und wird in einen größeren Zusammenhang göttlicher Gerechtigkeit eingeordnet, die im Jenseits von Hades garantiert wird. Dieser Vorgang und damit die Wirkungsweise der Erinyen lässt sich anhand zweier weiterer Stellen näher bestimmen, auf die jetzt eingegangen sei, bevor die Rolle des Hades behandelt wird.

Die Vorgehensweise der Erinyen gewinnt die groben Konturen eines göttlich-rechtlichen Prozesses, wie ein Blick auf das kurz nach der oben zitierten Textstelle aufgeführte Bindelied zeigt. Es erwartet nicht nur Hades als eine Art Richter in der Unterwelt, sondern die Erinyen, die ihren festen Platz in diesem Vorgang als ihr λάχος (wie oben diskutiert) oder Amt verstehen, beschreiben an einer Stelle auch ihre eigene Funktion mit juristisch konnotierten Termini. Als sie ihre Pflichten im Bindelied umreißen, heißt es über ihre Bestrafung von Verwandtenmördern, dass sie durch ihre Mühen oder Gebete (die Textüberlieferung ist unsicher) den anderen Göttern einen Gefallen tun: Auf diese Weise „gewähren [die Erinyen] den Göttern eine Entlastung [bestimmter öffentlicher Dienstleistungen],[104] so dass [die Götter] nicht zum Vorverfahren gehen [müssen]“ (θεῶν [...] ἀτέλειαν ἐμαῖσι λιταῖς[105] ἐπικραίνειν / μηδ' είς ἄγκρισιν ἐλθεῖν, 361–364). Der Begriff ἀνάκρισις („Vorverfahren“) ist ein juristischer *terminus technicus*, der üblicherweise die von Magistraten ausgeführte gerichtliche Voruntersuchung beider Parteien vor dem Prozessanfang bezeichnet. Bei der Anakrisis wurde das von jeder Partei präsentierte Beweismaterial von der Behörde gesammelt und die Formulierung und Rechtmäßigkeit der Klage geprüft.[106] Unter den Göttern sind es laut diesem Vers die Erinyen, die in bestimmten Mordfällen als Kläger (hier stellvertretend für Klytaimestra) oder aber als Magistrate (stellvertretend für die anderen Götter) zu einer Art Vorverfahren gehen und den Strafablauf in Gang setzen.

Nach der „Anakrisis“ der Erinyen soll der Angeklagte vor Hades zum Hauptverfahren geführt werden. Die Erinyen bereiten sich im Bindelied vor, Orest von der

---

103 Frevel wider Eltern, Götter und Gäste: Zu den sogenannten „ungeschriebenen Gesetzen“ siehe oben S. 126f. Auch das Verbum ἀπάγειν ist juristisch konnotiert und kann sich auf das Anklagen vor Gericht oder das Verhaften beziehen.

104 „Die Ateleia bedeutete ihrem Begriff nach die Befreiung von Leistungen, zunächst von Abgaben, aber auch von persönlichen Diensten, die von der Gemeinde gefordert wurden“, Busolt (1979) 300.

105 ἐμαῖσι λιταῖς codd. : ἐμαῖς μελέταις H. Voss.

106 Thalheim (1894), 2050f.

oberen in die untere Welt zu ziehen.[107] Der Chor fordert sich zum Tanz auf und beginnt ein Lied, um Orest und seine φρένες zu „fesseln“ (ὕμνον [...] τόνδε δέσμιον σέθεν, 306; ὕμνος [...] δέσμιος φρενῶν, 331 f.). Das Lied soll beim Opfer Wahnsinn hervorrufen (τόδε μέλος, παρακοπά, παραφορά, φρενοδαλὴς ὕμνος, 329 – 331 = 342 – 344) und es „austrocknen“ (ὕμνος [...] αὑονὰ βροτοῖς, 333 = 346), das heißt, es körperlich schwächen und in einen blutlosen, todesähnlichen Zustand versetzen. Die Parallelen zwischen dem Bindelied und den ab dem sechsten Jahrhundert v. Chr. auf attischen (und außerattischen) Bleitäfelchen überlieferten καταδέσεις beziehungsweise κατάδεσμοι, mittels welcher der Verfasser die körperlichen und geistigen Fähigkeiten eines Feindes zu binden ([κατα]δεῖν) strebt, sind in der Forschung bereits konstatiert worden und werden von der Selbstbezeichnung der Erinyen als ἀραί an einer späteren Stelle verstärkt.[108] Doch die „Fesselung“ des Opfers und seiner φρένες ist doppelt codiert:[109] Das Binden gehört einerseits zur Terminologie des Fluchens, andererseits zur Praxis des athenischen Strafverfahrens, in dem Fesseln (δεσμά) und Gefängnis (δεσμωτήριον), das Binden (δεῖν) und das Ins-Gefängnis-Werfen synonym gebraucht wurden.[110] In Fesseln geschlagen wurden in Athen Schuldner, bis sie bezahlt hatten, und sowohl Verbrecher verschiedener Art vor dem Vollzug der über sie verhängten Strafe als auch Angeklagte vor ihrem Gerichtsverfahren.[111] Die semantische Überlappung der Metaphorik der Fluchtafeln und der Praxis des Fesselns im Jahrhundert nach Aischylos ist im Kontext interpersoneller Gewalt untersucht worden, mit einem Ergebnis, das auch mit der vorliegenden Passage übereinstimmt. Der Urheber des Fluches soll nämlich nicht nur gegebenenfalls an einen echten, bevorstehenden Gerichtstermin im Diesseits gedacht haben, sondern das Opfer sollte auch „metaphorisch gefesselt werden, um sich vor dem angerufenen Gott in der Unterwelt „gericht-

---

107 Bindelied: Aischyl. *Eum.* 299 – 396.

108 Bindelied als Fluch: Faraone (1985) sieht Parallelen insbesondere mit Gerichtsflüchen: Die Erinyen wollen, wie in einem Gerichtsfluch, die Sprach- und Denkfähigkeiten ihres Gegners schwächen, bevor der – von Athene jedoch noch nicht organisierte – Prozess stattfindet („They attempt to bind the wits of their opponent to prevent him from mounting a strong defence“, 152); Henrichs (1994/5) 60 – 65 analysiert das Bindelied (und den damit verbundenen Tanz) als rituellen Akt; Prins (1991) argumentiert, dass die Erinyen einen Fluch verkörpern und ausführen („in the binding song, the audience sees a curse both enacted and embodied“, 188); Thomson (1966) zu Aischyl. *Eum.* 304 bietet Vergleichsmaterial. – Selbstbezeichnung als Flüche: Als Athene nach der Identität der fremden Göttinnen fragt, identifizieren sie sich als „die ewigen Kinder der Nacht, und in unsren Häusern unter der Erde heißen wir Flüche“ (ἡμεῖς [...] ἔσμεν Νυκτὸς αἰανῆ τέκνα, / Ἀραὶ δ᾽ ἐν οἴκοις γῆς ὑπαὶ κεκλήμεθα, 416 f.).

109 Die überlappende Semantik der Fluchtafeln und des Ins-Gefängnis-Werfens hat als Erster Riess (2012) beobachtet und als parallele kulturelle Praxis diskutiert: Riess (2012) 164 – 234 mit Synopse bei Riess (2011) 697 – 700. Er konzentriert sich auf Belege aus dem 4. Jh. v. Chr. und behandelt diese Szene der *Eumeniden* nicht, erwähnt sie aber als Beleg für die Existenz von Richtern in der Unterwelt: Riess (2012) 215 Anm. 248.

110 Zur Synonymie des Bindens und des Ins-Gefängnis-Bringens siehe Schreckenberg (1964) 43 und besonders Hunter (1997) 308.

111 Hunter (1997) 307 f. und *passim* mit Quellen.

lich" zu verantworten".[112] Das von den Erinyen angedrohte Binden lässt sich, im Zusammenhang mit dem Verweis auf die Anakrisis und den auf Orest wartenden Richter im Jenseits betrachtet, ebenfalls nicht nur als Versuch verstehen, Orests Abwehrfähigkeiten vor seinem (nur noch erhofften) Prozeß in Athen zu unterbinden. Der Erinyenchor will ihn auch vor ein anderes Gericht ziehen. Doch es erscheint am Ende der Chorpartie Athene, und das unterbrochene Lied kann seine Wirkung letztlich nicht entfalten: Orest bleibt vom Wahnsinn unberührt, und zur zuvor angedrohten Blutsaugerei kommen die Erinyen nicht.

Bei der Metaphorik des Bindens und der Anakrisis handelt es sich nicht um eine eins-zu-eins Übereinstimmung eines (diesseitigen) Gerichtsverfahrens und des Verfahrens der Erinyen. Vielmehr wird ein vergleichbarer Vorgang lediglich evoziert als Pendant zur Hoffnung des Orest auf einen – nicht näher bestimmten – Gerichtsprozess in Athen,[113] den die Erinyen als unmöglich abweisen (ὑπόδικος θέλει γενέσθαι χρεῶν. / τὸ δ' οὐ πάρεστιν, 260 f.). Durch diese Evozierung korrigieren sie Orests Erwartung: Er wird zur Rechenschaft gezogen, aber nicht unter dem Schutz des Apoll, sondern erst nach seinem baldigen Tode. Diese „Korrektur" steht in einem komplementären Verhältnis zur Weigerung der Göttinnen, die Reinigung des Orest anzuerkennen: Orest will sich mehreren Reinigungsriten unterzogen haben, einschließlich der von Apoll verrichteten Reinigung durch Ferkelblut in Delphi, und neben dieser Entsühnung seine Befleckung auch durch lange Wanderungen beseitigt haben.[114] Doch aus Sicht der Erinyen, die ja seiner blutigen Fährte gefolgt sind, verberge der Mörder seine blutigen Hände nur.[115] Dass die Reinigung allein Orest von seinen Leiden nicht zu befreien vermöge, sondern auch Richter und „besänftigende Worte" vonnöten seien, hat Apoll bereits in Delphi vorhergesagt.[116] Der erhoffte Gerichtsprozess – von

112 Riess (2012) 214 f. (englisch) = Riess (2011) 698 (Zusammenfassung auf deutsch): „Die Verben des Bindens und Überstellens weckten bestimmte Assoziationen. Jemand sollte gebunden, metaphorisch in Ketten gelegt werden. Warteten die verfluchten Opfer auf einen Gerichtstermin? Ja, in einem zweifachen Sinn. Erstens waren ja die meisten Flüche Gerichtsflüche, wurden also deponiert, bevor richtige Prozesse stattfanden. Zweitens, selbst wenn sich die *depositio* nicht auf einen realen Gerichtsgang bezog, wie bei den Geschäftsflüchen, sollte das Opfer metaphorisch gefesselt werden, um sich vor dem angerufenen Gott in der Unterwelt ‚gerichtlich' zu verantworten."

113 Zu diesem Zeitpunkt ist Athene ja noch nicht erschienen: Weder haben sich die Erinyen auf ihre Schlichtung eingelassen noch hat Athene einen Gerichtshof einberufen. Gegen das von Athene begründete Gericht an sich werden die Erinyen keine Einwände haben.

114 Mehrere Reinigungen: Aischyl. *Eum.* 442–452; Reinigung in Delphi: 280–287 und 577 f.; Wanderungen: 237–239. Vgl. Aischyl. *Choeph.* 1039 f. und 1059 f. Zur Reinigung und Reinheit des Orest: Brown (1982) 30–32; Burkert (1999); Dyer (1969); Gödde (2000) 94–112, v. a. 99–102; Hoessly (2001) 121–131; Käppel (1998) 246–249; Parker (1983) 386–388; Sidwell (1996); Taplin (1977) 381–383.

115 Blutspur: Aischyl. *Eum.* 244–254; blutige Hände: Aischyl. *Eum.* 316 f.

116 Aischyl. *Eum.* 81–83 (κἀκεῖ δικαστὰς τῶνδε καὶ θελκτηρίους / μύθους ἔχοντες μηχανὰς εὑρήσομεν, / ὥστ' ἐς τὸ πᾶν σε τῶνδ' ἀπαλλάξαι πόνων); vgl. Hoessly (2002) 128 zu V. 468 f.: „Aus Orestes' Worten wird noch einmal deutlich, dass die Reinigung für Aischylos in diesem Stück nur eine unabdingbare Voraussetzung für die Sühne des Mörders ist, ihn aber nicht endgültig von seiner Schuld befreit."

der Gründung des Areopags durch Athene ist an dieser Stelle wohlgemerkt noch keine Rede – sowie die Reinigungsriten stellen für die Erinyen nur einen weiteren Versuch Apolls dar, sich in ihren Zuständigkeitsbereich einzumischen,[117] so dass sie nun ihr Recht (und ihre τιμή) zu bewahren suchen, indem sie die Gültigkeit der Reinigung in Frage stellen und Orest eine εὔθυνα im Hades ankündigen.

Was für ein Gott erwartet Orest in der Unterwelt? Die Eigenschaften, die Aischylos dem Hades beilegt, sind nicht selbstverständlich: Die oben zitierte Androhung der Erinyen kulminiert in einer Beschreibung des „mächtigen" Hades (μέγας) als der εὔθυνος unter der Erde, der alles überwacht (πάντ' ἐπωπᾶι) und sich genau merkt, als schriebe er es auf ein Täfelchen (δελτογράφωι φρενί).

Hades bildet diesen Versen zufolge die oberste Gerechtigkeitsinstanz in der Unterwelt. Der Erhalt des Rechts nach dem Tod ist auf ihn zurückzuführen: Jedem Frevler wird das Verdiente (τῆς δίκης ἐπάξια, 272) zugeteilt, weil (γάρ, 273) Hades das Amt eines εὔθυνος innehat. Der Begriff εὔθυνος entstammt der Rechtsterminologie des demokratischen Athen, in dem jeder Beamte (einschließlich der Strategoi) verpflichtet war, unmittelbar nach dem Ende seiner Amtsperiode Rechenschaft über die Verwaltung von Geldern während seiner Amtszeit abzulegen.[118] Der genaue Ablauf der εὔθυνα im fünften Jahrhundert ist nicht überliefert, aber der Ablauf im vierten Jahrhundert bietet einen Ausgangspunkt: Der Beamte legt seine Rechenschaft vor den zehn dafür zuständigen Richtern, den Logisten, ab, die sie überprüfen. Nach der Rechenschaftsablegung hat jeder Bürger die Möglichkeit, sich bei einem der zehn εὔθυνοι (einer je Phyle) über den jeweiligen Beamten zu beschweren, indem er das Unrecht und die vorgeschlagene Strafe auf ein Täfelchen (πινάκιον λελευκωμένον) schreibt und es dem εὔθυνος überreicht.[119] Wenn jener entscheidet, die Klage sei gültig, stellt er den Angeklagten bei der zuständigen Behörde vor Gericht.[120] Doch Inschriften belegen, dass im fünften Jahrhundert die εὔθυνοι über eine größere Macht verfügen und selber die endgültige Strafe – in den Inschriften sind Geldstrafen bezeugt – auferlegen können.[121] Der εὔθυνος hat also zur Zeit des Aischylos eine be-

---

117 Vgl. Aischyl. *Eum.* 715 (Erinyen zu Apoll): αἱματηρὰ πράγματ' οὐ λαχὼν σέβεις. Sich mit αἱματηρὰ πράγματα zu beschäftigen, ist nicht Apolls λάχος, sondern das der Erinyen.

118 Zur Rolle des εὔθυνος im Allgemeinen: Piérart (1971); einen klaren Überblick der εὔθυνα liefert Fröhlich (2013) 261 f.

119 [Ps.-]Aristot. *Ath. pol.* 48,4 f.

120 Für private Klagen waren die Richter des jeweiligen Demos zuständig, für Klagen, die die Öffentlichkeit betreffen, waren die θεσμοθέται in Athen zuständig. [Ps.-]Aristot. *Ath. pol.* 48,4 f.

121 MacDowell (1978) 171 f. (eine Liste der einschlägigen Inschriften steht auf S. 270 f. Anm. 394): „In the fifth century the authority of the euthynoi may well have been greater. Inscriptions show that at that period there were thirty logistai, who were concerned with calculating sums payable to the treasuries of Athena and the other gods, including the quote from the tribute paid by the cities of the Athenian Empire; but there is also one passage showing that the euthynoi then held sessions in the rooms called *logisteria*. Perhaps the euthynoi had responsibility for the whole of the *euthyna* of officials, with assistance from the logistai, and it was not until the beginning of the fourth century that the financial part of it was taken over entirely by the logistai, whose other functions had by then been diminished by

sondere Macht: Als Einzelner ist er bevollmächtigt, in gewissen Fällen die Berechtigung der Vorwürfe abzuwägen und Recht über den Angeklagten zu sprechen. Neben dieser Macht ist der Zeitpunkt des Verfahrens für das Bild des Hades als εὔθυνος entscheidend: Das Ende des Lebens wird hier der Niederlegung des Amtes implizit gleichgesetzt, nach der die genaue Prüfung der Amtsführung erfolgt. So wie der Beamte eine Rechenschaftspflicht gegenüber der Polis hat, hat das Individuum nach seinem Leben die Rechenschaft für seine Taten abzulegen.

Die Vorstellung eines richtenden Hades kennt außerhalb des aischyleischen Korpus keine Parallelen in der antiken griechischen Literatur, noch beruht sie auf einer beweisbaren voraischyleischen Tradition von Totenrichtern.[122] Im Hades wird seit Homer und Hesiod bestraft, aber die Vorstellung eines Unterweltsrichters ist vor Aischylos nur zweimal überliefert.[123] Im elften Gesang der *Odyssee* übt Minos, der im Leben für seine Gerechtigkeit berühmt war, sein richterliches Amt weiterhin unter den Toten aus, die ihn um einen Rechtsspruch bitten.[124] Nichts an dieser Stelle weist darauf hin, dass Minos über die zu Lebzeiten begangenen Taten der Totenseelen richtet; sein Richteramt versteht sich vielmehr als Fortsetzung seiner irdischen Tätigkeit.[125] Ein Totenrichter, der unter der Erde über die im Reich des Zeus begangenen

---

the ending of the Athenian Empire. There are also several surviving decrees of the fifth century (and only one of the fourth century) in which the amount of a fine to be imposed by a euthynos and his peredroi [...] is stated; this suggests, though it does not prove, that in some cases the verdicts of euthynoi may at that time have been final. Certainly it would be in accord with the general trend of development of Athenian legal institutions if powers possessed by individual euthynoi in the fifth century were transferred to juries in the fourth."

122 Die einzige voraischyleische Stelle, an der ein Totenrichter vorkommt, ist Pind. *O.* 1,58 f. – Zum Unterweltsgericht in der antiken griechisch-römischen Literatur siehe Ruhl (1903), der einen chronologisch organisierten und kommentierten Überblick der wichtigsten Stellen bietet. Da sich Ruhl auf das Totengericht und nicht auf die Totenrichter konzentriert, bezieht er die hier diskutierten aischyleischen Stellen in seine Untersuchung nicht ein.

123 Strafe im Hades: Hom. *Il.* 3,278 f. (Agamemnon schwört bei Zeus, Helios, den Flüssen, der Erde und den zwei – gemeint sind wohl Hades und Persephone: Richardson 1974, 272 zu Hom. *h.* 2,365 – 369 –, die unter der Erde Meineidige bestrafen: οἳ ὑπένερθε καμόντας / ἀνθρώπους τίνυσθον ὅτις κ' ἐπίορκον ὀμόσσῃ); Hom. *Il.* 19,259 f. (die Erinyen bestrafen die Meineidigen unter der Erde: Ἐρινύες, αἵ θ' ὑπὸ γαῖαν / ἀνθρώπους τίνυνται, ὅτις κ' ἐπίορκον ὀμόσσῃ). Vergleichbar ist die Vorstellung des Hades bzw. des tiefsten Tartaros als Gefängnis: Hom. *Il.* 8,10 – 17 (Zeus droht, jeden Olympier, der sich wieder in den Kampf um Troja einmischt, zur Bestrafung in den Tartaros zu werfen); Hes. *theog.* 713 – 723 (Zeus lässt die Titanen, die gegen ihn rebelliert haben, fesseln und in den Tartaros einsperren). Vgl. weiter Hom. *h.* 2,364 – 369, wo von der Bestrafung oder Vergeltung der Ungerechten die Rede ist (τῶν δ' ἀδικησάντων τίσις ἔσσεται ἤματα πάντα / οἵ κεν μὴ θυσίαισι τεὸν μένος ἱλάσκωνται / εὐαγέως ἔρδοντες ἐναίσιμα δῶρα τελοῦντες, 367 – 369; weswegen die ἄδικοι bestraft werden, bleibt dahingestellt: Richardson (1974) zu Hom. *h.* 2,365 – 269).

124 Hom. *Od.* 11,568 – 571: ἔνθ' ἦ τοι Μίνωα ἴδον, Διὸς ἀγλαὸν υἱόν, / χρύσεον σκῆπτρον ἔχοντα θεμιστεύοντα νέκυσσιν, / ἥμενον· οἱ δέ μιν ἀμφὶ δίκας εἴροντο ἄνακτα, / ἥμενοι ἑσταότες τε, κατ' εὐρυπυλὲς Ἄϊδος δῶ.

125 Ruhl (1903) 34; Hirzel (1907) 35 f. mit Anm. 5; Nilsson (1967) Bd. 1, 454 und 677; Rohde (1898) Bd. 1, 60. *Pace* Kensky (2010) 69 – 73, die für ein von Minos gehaltenes Totengericht argumentiert auf Basis (1)

Frevel urteilt, begegnet zuerst 476 v.Chr. bei Pindar, der allerdings den Namen des Richtenden nicht verrät (τὰ δ' ἐν τᾷδε Διὸς ἀρχᾷ / ἀλιτρὰ κατὰ γᾶς δικάζει τις, Pind. *O.* 1,58 f.). Nach Aischylos taucht Hades nur einmal auf als derjenige Gott, der ein Gericht (κρίσις) in der Unterwelt hält, in einem Komödienfragment aus dem vierten Jahrhundert v.Chr.;[126] ab Platon teilen sich Minos, Rhadamanthys und Aiakos das unterweltliche Richteramt.[127] Einzig bei Aischylos also richtet der Herrscher der Unterwelt über die im Leben begangen Vergehen der Toten, so dass die Gründe für die eigenartige Charakterisierung des Hades in den Göttervorstellungen des Dichters gesucht werden müssen.

Die Richterfunktion des Unterweltsherrschers kommt an einer vergleichbaren Stelle in Aischylos' *Hiketiden* noch deutlicher als in den *Eumeniden* hervor. Auf der Flucht vor ihren Vettern, den Aigyptiaden, lassen sich die Danaiden unter der Regie ihres Vaters an dem Altar der zwölf argivischen Stadtgötter nieder, den Schutz des heimischen Königs Pelasgos erhoffend. Danaos kommentiert in diesem Moment die Verfolgung durch die Aigyptiaden und bezeichnet deren Anspruch auf Ehe als un-

späterer Quellen (Platon, Lukian und Vergil), (2) der Nähe der Minos-Stelle zu den Darstellungen der „Unterweltsbüßer" Tityos, Tantalos und Sisyphos, (3) des mit der gerechten Autorität des Zeus assoziierten Zepters und (4) der Verortung des Gerichts an den Pforten des Hades, die nahelege, Minos urteile nicht über „trivial disputes", sondern „pass[es] down the sentences of Zeus, sentences like those being endured by the three paradigmatic examples of *Odyssey* 11 [Tityos, Tantalos und Sisyphos]" (Kensky 2010, 73). Aber (1) spätere Quellen, insbesondere Platon, folgen anderen literarischen oder philosophischen Zwecken (zum Stellenwert des Jenseitsgerichts bei Platon: Alt 1982 und Alt 1983; Foß 1997, 69 – 80); vgl. Graf (1974) 121 – 126, der das Verhältnis der homerischen Darstellung zu den späteren Darstellungen des Minos zusammenfasst: „[D]er ‚leichte Schritt', welcher Minos vom bevorzugten Toten zum unterweltlichen Richter machte, ist [...] nachvollziehbar"; Jenseitsrichter sind auch im Grabinschriften des 2. und 3. Jh. v. Chr. zu finden: Peres (2003) 60 – 63); (2) die Unterweltsbüßer gehören in einen Katalog berühmter Toter, die Odysseus im Hades sieht; unmittelbar auf Minos folgt Orion, der nicht als Unterweltsbüßer dargestellt wird (Kensky spricht zwar von einer jenseitigen Bestrafung des Orion, aber erklärt nicht, worauf diese Interpretation basiert), so dass Minos' Gericht nicht mit den Unterweltsstrafen auf Basis unmittelbarer Nähe assoziiert werden kann; (3) das Zepter mag die Autorität des Minos mit der Gerechtigkeit des Zeus verbinden, aber dieselbe Autorität hatte Minos als König und Richter auch zu Lebzeiten und sie hängt nicht mit der Art des Gerichts oder dem Gegenstand des Urteils zusammen (zur Verbindung zwischen Autorität, Gerechtigkeit und dem Zepter: Hirzel 1907, 71 – 82); (4) die Verortung des Gerichts an den Pforten des Hades („[t]he depiction of Minos judging at the gates", Kensky 2010, 73) basiert auf einer sehr freien Interpretation des Texts, wo nur steht, das Gericht findet „im weittorigen Haus des Hades" (Hom. *Od.* 11,571) statt; außerdem bleibt unklar, warum in der Unterwelt ausschließlich ein Totengericht von Belang sein könnte und andere Dispute zwangsläufig belanglos wären.

126 Das Fragment wird dem Komiker Philemon oder Diphilos zugeschrieben (Diphilos fr. 136 PCG = Philemon fr. 246 Kock). Darin heißt es (V. 10 – 13), dass der „allherrschende Gott, dessen Name Furcht erregt, und den ich nicht nennen möchte," Urteile im Hades fällt: ἔστι κἀν Ἅιδου κρίσις / ἥνπερ ποιήσει θεὸς ὁ πάντων δεσπότης, / οὗ τοὔνομα φοβερόν, οὐδ' ἂν ὀνομάσαιμ' ἐγώ.

127 Rhadamanthys, Minos und Aiakos: Rohde (1898) Bd. 1, 310 – 312 mit einschlägigen Quellen.

rechtmäßig, die von ihnen gewünschte Ehe als ein μίασμα,[128] das eine unabwendbare Strafe nach sich ziehe (*Suppl.* 228 – 231):[129]

> οὐδὲ μὴ 'ν Ἅιδου θανὼν
> φύγηι ματαίων αἰτίας πράξας τάδε.
> κἀκεῖ δικάζει τά<μ>πλακήμαθ', ὡς λόγος,
> Ζεὺς ἄλλος ἐν καμοῦσιν ὑστάτας δίκας.

> Selbst im Hades nicht
> mag der Täter dem Vorwurf eitlen Freveltums entgehen.
> Denn dort, so heißt es, hält über Verbrechen
> ein anderer Zeus unter den Toten ein letztes Gericht.

Die inhaltliche Parallelität dieser Passage mit der *Eumeniden*-Stelle (269 – 275) springt ins Auge: Strafe nach dem Tode sei unumgänglich (*Suppl.* 228 f. = *Eum.* 269 – 272); Hades, hier ein „anderer Zeus" genannt (auf den Namen ist noch zurückzukommen), richtet (δικάζει, *Suppl.* 229 = εὔθυνος, *Eum.* 273) in der Unterwelt (κἀκεῖ und vgl. ἐν καμοῦσιν, *Suppl.* 230 f. = ἔνερθε χθονός, *Eum.* 274) über die im Leben begangenen Vergehen der Verstorbenen und verhängt eine letzte Strafe (δίκαι).[130] Mit ὕσταται δίκαι artikuliert Danaos das gleiche Konzept, das die Erinyen mit εὔθυνος und der Praxis eines Zur-Rechenschaft-Ziehens ausdrücken, die erst lange nach dem Vergehen anhand einer schriftlichen Aufzeichnung stattfindet; die Strafe ist ὕστατος, weil sie im spätestmöglichen Moment stattfindet und keine andere nach ihr kommt.

Im Unterschied aber zu den chthonischen Unterweltsgöttinnen in den *Eumeniden* schildert Danaos hier eine Art göttliches Gericht, von dessen Existenz er nicht aus erster Hand weiß (ὡς λόγος, *Suppl.* 230, im Kontrast zur Sicherheit der Erinyen, dass Orest die beschriebene Situation sehen wird: ὄψηι, *Eum.* 269). Er bedient sich des Bildes nicht, um den noch abwesenden Verfolgern zu drohen, sondern vielmehr um den Anspruch seiner Töchter auf Schutz zu untermauern, indem er die von den Aigyptiaden angestrebte Ehe als einen im Jenseits strafwürdigen Frevel und die eigene Position dabei als göttlich sanktioniert präsentiert. Auch wenn das Asylverfahren im Diesseits scheiterte und die Bitten der Danaiden an Pelasgos und die Olympischen Götter ungehört verhallten, würde die strenge Gerechtigkeit des Unterweltsgottes bestehen bleiben. Nicht nur würde Hades das Recht der Danaiden deren Vettern gegenüber anerkennen und über die Aigyptiaden die auf Erden ausbleibende Strafe verhängen, sondern er würde auch das Recht der Danaiden auf Asyl anerkennen.

---

128 Aischyl. *Suppl.* 222 – 228.

129 Übs. nach Kraus (1965).

130 Das Verb δικάζειν verbindet sich hier mit zwei Akkusativen, von denen der erste (τἀμπλακήμαθ') den Gegenstand bezeichnet, über den der Richter urteilt (vgl. Pind. *O.* 2,58 f.: τὰ δ' ἐν τᾷδε Διὸς ἀρχᾷ / ἀλιτρὰ κατὰ γᾶς δικάζει τις), während der zweite die dem Verurteilten vom Richter auferlegte Strafe bezeichnet (vgl. Hdt. 6,139: ἡ δὲ Πυθίη σφέας ἐκέλευε Ἀθηναίοισι δίκας διδόναι ταύτας τὰς ἂν αὐτοὶ Ἀθηναῖοι δικάσωσι).

Denn die Bittflehenden können sich auf die berühmte Gastfreundlichkeit des „Zeus der Toten" verlassen (*Suppl.* 156–161):[131]

τὸν γάιον, τὸν πολυξενώτατον
Ζῆνα τῶν κεκμηκότων
ἱξόμεσθα σὺν κλάδοις
ἀρτάναις θανοῦσαι,
μὴ τυχοῦσαι θεῶν Ὀλυμπίων.

Zum chthonischen, zum gastfreundlichsten
Zeus der Toten
werden wir kommen mit unsren Zweigen,
in Schlingen sterbend,
wenn uns die Olympischen Götter nicht hören.

Sowohl die Danaiden in dieser Selbstmorddrohung als auch Danaos in seiner Vorstellung von Unterweltsstrafen fassen Hades, den „chthonischen Zeus", als den zuverlässig gerecht richtenden und handelnden Gott auf, als Garanten und Inbegriff der Gerechtigkeit. Der Ort Hades wird für die Schutzflehenden zum Gegenbild der Oberwelt, in dem die zu Lebzeiten erhoffte, aber nicht erfahrene Gerechtigkeit realisiert wird. Es fehlen die Kontinuität und Reziprozität zwischen Dies- und Jenseits, die die *Orestie* prägen. In den *Choephoren* soll der angestrebte Kontakt mit dem Verstorbenen zu einer Allianz zwischen dem lebenden Rächer und dem rachebedürftigen Toten führen, die das Hineinwirken der jenseitigen Gerechtigkeit ins Diesseits ermöglicht: Orest bittet seinen Vater, ihm beizustehen und Dike als Verbündete heraufzusenden (Δίκην ἴαλλε σύμμαχον φίλοις, *Choeph.* 497);[132] für die Entlassung des Agamemnon aus der Unterwelt zuständig und dabei an der Heraufsendung dieser Gerechtigkeit beteiligt sind auch andere Unterweltsmächte, einschließlich Gaia, Persephone und der Flüche (gemeint sind wohl die Erinyen).[133] Im restlichen Drama und insbesondere in den *Eumeniden* wird diese Kontinuität zum großen Teil durch die Erinyen sowie die Verweise auf deren Beistand von menschlichen Akteuren hergestellt.[134] Die in der Unterwelt angesiedelten Göttinnen stehen für und bringen mit sich ins Diesseits die ansonsten nur im Jenseits zu findende Gerechtigkeit – beziehungsweise erscheinen

131 Übs. nach Kraus (1965). – Zum Topos der Gastfreundlichkeit des Hades siehe Kapitel III (Aischylos, *Choephoren*), S. 72.

132 Beistand des Agamemnon: z. B. Aischyl. *Choeph.* 456–460; 498 und siehe Kapitel III (Aischylos, *Choephoren*). Zur Verortung der Dike in der Unterwelt vgl. Soph. *Ant.* 451 (Dike wohnt mit den Unterweltsgöttern: ἡ ξύνοικος τῶν κάτω θεῶν Δίκη) und Soph. fr. 770 Radt = 703 Nauck (unter den Göttern verficht nur Hades die einfache Gerechtigkeit: ὃς οὔτε τοὐπιεικὲς οὔτε τὴν χάριν / ᾔδει, μόνον δ' ἔστεργε τὴν ἁπλῶς δίκην).

133 Flüche: Aischyl. *Choeph.* 406; Erinyen als Flüche: Aischyl. *Eum.* 417. – Gaia und Persephone: Aischyl. *Choeph.* 489 f.

134 Verweise auf das Mitwirken der Erinyen: Siehe oben S. 128–132.

zeitweilig in der Oberwelt, um den Verbrecher umso schneller seinem Schicksal in der Unterwelt zuzuführen.

Aus den zwei Vergleichsstellen aus den *Hiketiden* ergibt sich ein Bild des Unterweltsgottes, das mit dem der *Orestie* übereinstimmt und dieses zugleich ergänzt.[135] An beiden *Hiketiden*-Stellen wird der Unterweltsherrscher weder Hades noch Aidoneus noch euphemistisch Pluton genannt,[136] sondern Zeus; durch präzisierende Adjektive (γάιος, πολυξενώτατος, *Suppl.* 156 f.) und seine Herrschaft über die Toten (Ζῆνα τῶν κεκμηκότων, *Suppl.* 158; Ζεὺς ἄλλος ἐν καμοῦσιν, *Suppl.* 231) wird Hades dann von ebendiesem unterschieden. Durch die Benennung als Zeus rückt Aischylos die Figur des Hades näher an die des Göttervaters heran, von dem er Hades aber gleichzeitig abgrenzt: Hades ist ausdrücklich ein „anderer Zeus" (Ζεὺς ἄλλος, *Suppl.* 231). Wie die anderen soeben vorgestellten Beinamen andeuten, unterscheiden sich bei Aischylos die Götterbrüder hauptsächlich durch ihre geographische Entfernung voneinander: Hades richtet „dort" (ἐκεῖ, *Suppl.* 230), das heißt ἔνερθε χθονός (*Eum.* 274),[137] ist als chthonisch bezeichnet (γάιος, *Suppl.* 156), und die Aufnahme in sein Reich stellt eine Alternative zum (vergeblich) bei den Olympischen Gottheiten ersuchten Schutz dar (oben, *Suppl.* 161). Zeus dagegen hält sich von den Erinyen fern wegen ihrer Assoziation mit Blut (und zudem mit Befleckung und Unreinheit, die von ihrer Zuständigkeit für Verwandtenmord herrühren), was seine Distanz auch von der Unterwelt und dem dort herrschenden Gott impliziert.[138] Die Bezeichnung des Hades als Zeus ist allerdings nicht bloß eine poetische Umschreibung, wie die *Eumeniden*-Stelle (273–275) zeigt. Hades wird hier zwar nicht Zeus, sondern μέγας Ἅιδης genannt, doch in seiner Rolle als εὔθυνος, der alles sieht und sich merkt, weist er Ähnlichkeiten mit dem aischyleischen Zeus auf, die über den Namen hinausgehen und für die Frage nach dem Verhältnis der Unterwelt zur göttlichen Gerechtigkeit von Bedeutung sind.

Den bereits diskutierten Terminus εὔθυνος wendet Aischylos im erhaltenen Korpus nur auf eine einzige andere Figur an: Zeus. In den *Persern* deutet der heraufbe-

---

135 In den *Sieben gegen Theben* wird der Gott Hades nicht erwähnt; in den *Persern* wird er unter dem Namen Aidoneus und in Verbindung mit anderen Unterweltsmächten gebeten, den Totengeist des Dareios aus der Unterwelt heraufzusenden (Aischyl. *Pers.* 650 f.), nicht der Vollstreckung der Gerechtigkeit wegen, sondern um der Auskunft willen. Im *Psychagogoi*-Fragment des Aischylos spielt Hades eine ähnliche Rolle wie in den *Persern:* Unter Anleitung des Chores soll Odysseus Erde (χθών), den chthonischen Hermes und den „chthonischen Zeus" darum bitten, die Seelen der Toten aus dem Hades zu entlassen (Χθόνα δ' ὠγυγίαν ἐπικεκλόμενος / χθόνιόν θ' Ἑρμῆν πομπὸν φθιμένων / [αἰ]τοῦ χθόνιον Δία νυκτιπόλων / ἑσμὸν ἀνεῖναι ποταμοῦ στομάτων, Aischyl. fr. 273a7–10 Radt). Dass die Göttervorstellungen des Aischylos (darunter auch sein Hadesbild), die in den Fragmenten und den uns überlieferten Dramen generell miteinander übereinstimmen, auch in seinen restlichen Dramen stimmig waren, ist wahrscheinlich, aber wegen der verhältnismäßig spärlichen Überlieferung seines Gesamtwerkes nicht nachweisbar.

136 Zu den euphemistischen Assoziationen des Namen Pluton, der hauptsächlich in der Komödie vorkommt: Henrichs (1991) 193–201.

137 Zu ἐκεῖ als häufige Umschreibung für „im Hades" siehe LSJ q. v.

138 Aischyl. *Eum.* 365 f. (Ζεὺς αἱμοσταγὲς ἀξιόμισον ἔθνος τόδε λέσχας / ἇς ἀπηξιώσατο).

schworene Geist des Dareios die aktuellen und zukünftigen Niederlagen seines Sohnes Xerxes und das Leiden von dessen Heer als eine von Zeus herbeigeführte Vergeltung (ἄποινα, *Pers.* 808; ἄτη, *Pers.* 822; ἀπιτίμια, *Pers.* 823) für Xerxes' Überheblichkeit (ὕβρις, *Pers.* 808; 821) und die frevelhafte Zerstörung griechischer Heiligtümer.[139] Denn Zeus stehe, so Dareios, „als Zuchtmeister über den gar zu hochmütigen Sinnesarten, ein strenger εὔθυνος" (Ζεύς τοι κολαστὴς τῶν ὑπερκόμπων ἄγαν / φρονημάτων ἔπεστιν, εὔθυνος βαρύς, *Pers.* 827 f.).[140] An dieser Stelle liegt der Akzent auf der Härte der vom εὔθυνος auferlegten Strafe (vgl. βαρύς; κολαστής wäre auch für den εὔθυνος Hades eine passende Bezeichnung). Die Strafe erfolgt im Unterschied zur von Hades eingeforderten Rechenschaft nicht erst nach dem Tode, sondern noch zu Lebzeiten nach der Kriegsführung des Xerxes, aber wie in den *Eumeniden* zieht der Gott den Menschen zur Rechenschaft, der im Leben sonst keine Rechenschaft für seine Handlung ablegen müsste: Orest, weil es keinen Lebenden gibt, der die Blutrache an ihm vollziehen könnte; Xerxes, weil er anders als im demokratischen Athen für seine Amtsführung beziehungsweise Kriegsführung nicht rechenschaftspflichtig ist. Auch wenn der Feldzug scheitert, so die Königinmutter, behält Xerxes seine gottgegebene Herrschaft und schuldet der Polis keine Rechenschaft (οὐχ ὑπεύθυνος πόλῃ, *Pers.* 213).[141] Zeus und Hades üben in den *Persern* und *Eumeniden* die gleiche Funktion im Dies- und Jenseits aus.

Nicht zufällig begegnet die Vorstellung eines δελτογράφος φρήν beziehungsweise eines göttlich geführten Verzeichnisses menschlicher Vergehen außerhalb der *Eumeniden*-Stelle auch nur im Zusammenhang mit Zeus.[142] Das Aufzeichnen von Anklagen oder Verbrechen spielt, wie die obige Diskussion zur historischen Praxis der εὔθυνα gezeigt hat, eine gewisse, doch nicht näher bestimmbare Rolle im athenischen Rechtssystem,[143] und dient im Kontext des göttlichen Überwachens als Bild des genauen Gedächtnisses der Götter, die menschliche Verbrechen schriftlich oder wie schriftlich festhalten. Auf Basis der Aufzeichnung können, wie ein Fragment eines nicht identifizierten Dramas des Aischylos nahelegt, die Götter frevelhafte Handlungen der Menschen beurteilen und bestrafen.[144] Im Fragment erzählt die Göttin Dike,

139 Deutung des Dareios: Aischyl. *Pers.* 800–842; Zerstörung von Heiligtümern: Aischyl. *Pers.* 807–817. Zum Verhältnis zwischen Hybris und Ate in den Dramen des Aischylos siehe v. a. Helm (2004).

140 Übs. nach Schadewaldt (1964).

141 Garvie (2009) zu Aischyl. *Pers.* 827 f. Herrschaft von Zeus: Aischyl. *Pers.* 762–764.

142 Zur Vorstellung eines „Sündenregisters" nach dem 5. Jh. v. Chr. und v. a. im Christentum siehe Dieterich (1963) 126 f. Anm. 1; Röhser (1987) 48–55; Solmsen (1944). Dieterich und Solmsen kannten aber nicht das erst 1952 von Lobel u. a. in *The Oxyrhynchus Papyri, Part 20* veröffentlichte Papyrusfragment aus dem aischyleischen „Dike-Drama", fr. 281a Radt (P. Oxy. 2256).

143 Inwiefern sich Richter schriftlicher Notizen bedienten, bleibt eine offene Frage: Solmsen (1944) 28.

144 *Pace* Solmsen (1944), der argumentiert, dass das genaue Gedächtnis den göttlichen vom menschlichen Richter unterscheide und dass die Praxis des Aufzeichnens „the less dignified alternative" (S. 30) darstelle. Das Bild der Tafel, ob einer geistigen (Aischyl. *Eum.* 275) oder einer materialen (Aischyl. fr. 281a21 f.; Eur. fr. 506 Kannicht = 501 Nauck), betont durch die Evozierung des Schreibens

Tochter des Zeus,[145] von der ihr von Zeus erwiesenen Ehre, wie sie neben Zeus thront und von ihm zu denjenigen Menschen gesandt wird, denen er wohlgesonnen ist, um sie zu belohnen.[146] Die Vergehen (ἀμπλακήματα, derselbe Begriff wie in *Suppl.* 230) der Ungerechten werden aber „auf der Tafel des Zeus" (ἐν δέλτωι Διός) aufgezeichnet, die später entweder von Dike oder Zeus aufgeklappt wird (πίνακ' ἀναπτύσσει[ς]),[147] wohl um den Missetätern wie zuvor den Gerechten das Verdiente zuzuteilen, wie von der Göttin der Gerechtigkeit zu erwarten ist.[148] Wieder korrespondieren die den Göttern Hades und Zeus zugeschriebenen Funktionen miteinander: Mit seinem δελτογράφος φρήν merkt sich in der Unterwelt Hades ungerechte Taten, auf einem δέλτος des auf dem Olymp thronenden Zeus werden ungerechte Taten ebenfalls dokumentiert.[149]

Dabei lässt sich auch eine funktionale Parallelität zwischen der im Fragment dargestellten Dike und den Erinyen der *Eumeniden* ausmachen. Dike vertritt die Gerechtigkeit ihres Vaters auf Erden, während er selbst fern bleibt;[150] Hades bleibt in der

---

als mnemonischen Hilfsmittels die Genauigkeit, mit der die Götter Vergehen vermerken, und die Zuverlässigkeit ihres Gedächtnisses. Auf ähnliche Weise wird in Aischyl. *Suppl.* 707–709 die Festigkeit einer göttlichen Satzung durch das Bild des Schreibens ausgedrückt: τὸ τ' αὖ τεκόντων σέβας, / τρίτον τόδ' ἐν θεσμίοις / Δίκας γέγραπται μεγιστοτίμου.

145 Tochter des Zeus: Aischyl. *Choeph.* 949; *Sept.* 662; *Suppl.* 145.

146 P. Oxy. 2256, fr. 9a = Aischyl. fr. 530 Mette = Aischyl. fr. 281a Radt, V. 8–12 (zitiert nach der Textausgabe von Radt): ἐκ τοῦ δέ τοί με Ζεὺς ἐτίμ[ησεν / ὀτιὴ παθων ημ[..].[/ ἵζω Διὸς θρόνοισιν [...] ἰσμένη· / πέμπει δέ μ' αὐτὸς οἷσιν εὐμεν[/ Ζ[ε]ύς [...]. – Belohnung: V. 17, το]ῖς μὲν δ[ι]καίοις ἔνδικον τειν..ο[. Mette (1963) ergänzt den Vers wie folgt: το]ῖς μὲν δ[ι]καίοις ἔνδικον τείνω βίο[ν, so dass die Belohnung in einer Verlängerung des gerechten Lebens besteht. Die Belohnung für gerechte Handlung wird bei Aischylos seltener thematisiert als das Gegenteil; vgl. Nilsson (1967) Bd. 1, 752: „Die Hybris ist [in der *Orestie*] Kind der Unfrommheit, was für die religiöse Anschauung des Aischylos bezeichnend ist, nur von der gesunden Gesinnung kommt das Glück; hier findet sich also ein seltener Hinweis auf den Lohn der Gerechten"; zum aus gerechtem Handeln entstehenden Glück vgl. Helm (2004) 35–38.

147 Aischyl. fr. 281a21–23 Radt: {<ΔΙ.>} γράφουσα] τά<μ>πλακήματ' ἐν δέλτωι Διό[ς / {<ΧΟ.>}].ωι δὲ πίνακ' ἀναπτύσσει[ς] κακ[/ {<ΔΙ.>}]ηι σφιν ἡμέρα τὸ κύριον.

148 Euripides (fr. 506 Kannicht = 501 Nauck) hat in einem verlorenen Drama (*Melanippe*) die Idee eines „Sündenregisters" aufgenommen und auf den Kopf gestellt: Der Sprecher schreibt seinem Gegenüber den Glauben zu, ein gewisser Gott schreibe jedes von Menschen begangene Unrecht auf die Tafeln des Zeus (ἐν Διὸς δέλτου πτυχαῖς, V. 2), und dass Zeus dann anhand dieser Liste die Menschen richte. Dagegen argumentiert der Sprecher, dass diese Liste so lange wäre, dass der Himmel nicht ausreichen würde, wenn Zeus alle Vergehen der Menschen aufschriebe; so viele wären die ungerechten Taten der Menschen, dass Zeus alle Missetäter unmöglich bestrafen könnte: δοκεῖτε πηδᾶν τἀδικήματ' εἰς θεούς / πτεροῖσι, κἄπειτ' ἐν Διὸς δέλτου πτυχαῖς / γράφειν τιν' αὐτά, Ζῆνα δ' εἰσορῶντά νιν / θνητοῖς δικάζειν; οὐδ' ὁ πᾶς ἂν οὐρανός / Διὸς γράφοντος τὰς βροτῶν ἁμαρτίας / ἐξαρκέσειεν οὐδ' ἐκεῖνος ἂν σκοπῶν / πέμπειν ἑκάστωι ζημίαν· ἀλλ' ἡ Δίκη / ἐνταῦθά πού 'στιν ἐγγύς, εἰ βούλεσθ' ὁρᾶν.

149 Die ersten Verse des Fragments aus dem Dike-Drama legen nahe, dass Zeus und Dike hier als auf dem Olymp wohnend gedacht sind: Die Erwähnung von Zeus' erfolgreichem Machtkampf gegen seinen Vater, in dem auch Dike eine Rolle gespielt haben soll (Aischyl. fr. 281a1–8 Radt), weist eindeutig auf den auf dem Olymp thronenden Göttervater hin.

150 Zeus „ist kein Gott der Nähe wie Dionysos. Seine Überlegenheit schafft Distanz": Henrichs (2002). Zum „Fernsein" des Zeus bei Homer, Hesiod und den Tragikern vgl. Nilsson (1957): Zeus ist der „Urheber und Hüter des Rechts", der aber generell fern von den Menschen bleibt und andere Gottheiten

Unterwelt,[151] während die Erinyen auf Erden Vergehen ahnden. Ähnlich wie Dike die ausgleichende göttliche Gerechtigkeit verkörpert, deren Garant Zeus ist, vertreten die Erinyen nicht nur (unter anderen) die Toten, sondern sie gleichen auch in ihrem Wesen dem Unterweltsgott selbst, in dessen Reich sie ja hausen: Wie Hades (und somit auch Zeus) sind sie im Besitz eines langen Gedächtnisses (μνήμονες, *Eum.* 383) und, obgleich nicht „unerbittlich" (ἀμείλιχος) wie sonst Hades und Thanatos, doch sehr schwer zu besänftigen (δυσπαρήγοροι βροτοῖς, *Eum.* 384; δυσάρεστοι δαίμονες, *Eum.* 928).[152] Diese Parallelität weist nicht auf eine Symmetrie zwischen Dike und den Erinyen hin, sondern auf ihre gemeinsame Interessensphäre und die Verflechtung ihrer Funktionen. Eine Missachtung des Zeus gilt zugleich als Missachtung der Dike – und umgekehrt – (*Choeph.* 639 – 645), und mit der Zeit (χρόνωι, *Choeph.* 651) bestrafen die Schicksalsgöttin Aisa und die Erinys dieses Vergehen (*Choeph.* 646 – 652), oder die grollende (πνέουσ' [...] κότον) Dike verrät ihre Wesensähnlichkeit mit den Erinyen und lenkt selber des Rächers Schwert (*Choeph.* 946 – 952). Abwechselnd vertreten die Erinyen (die personifizierte oder abstrakte) Dike oder streben gemeinsam mit der Göttin dieselbe ausgleichende Gerechtigkeit an.[153] Dike, die Gerechtigkeit, verbindet die Erinyen mit der Rechtsordnung des Zeus; sie bildet „das Bindeglied [...] zwischen der Macht des höchsten Gottes und dem Wirken der Unterweltsdämonen".[154]

---

oder „Mittelwesen" beauftragt, über die Gerechtigkeit der Menschen zu wachen (z. B. die „dreitausend unsterblichen Wächtern des Zeus, die auf der Erde wandelnd, die Rechtssprüche und bösen Taten der Menschen überwachen", Hes. *erg.* 251 – 254), und die ihm von ungerechten Taten berichten (vgl. Hes. *erg.* 256 – 261) oder selber tatkräftig eingreifen (wie Dike im soeben diskutierten Dike-Fragment). – Zur engen Zusammenarbeit des Zeus und der Dike bei Aischylos vgl. z. B. Aischyl. *Choeph.* 631 – 645; 946 – 952 (wo laut Chor sogar ihr Name ihre nahe Verwandtschaft zu Zeus wiederspiegeln soll: Διὸς κόρα – Δίκαν δέ νιν / προσαγορεύομεν / βροτοὶ τυχόντες καλῶς); hierzu siehe v. a. Descharmes (2013) 38 f.; die gründliche Diskussion bei Kaufmann-Bühler (1951) *passim*; Lloyd-Jones (1983) 79 – 103; Nilsson (1967) Bd. 1, 753 f.

151 Nur einmal soll Hades überhaupt seinen Wohnsitz unter der Erde verlassen haben, nämlich als er Persephone entführte: Hom. *h.* 2,16 – 20.

152 Unerbittlichkeit des Hades: z. B. Hom. *Il.* 9,158 f. (Ἀΐδης τοι ἀμείλιχος ἠδ' ἀδάμαστος, / τοὔνεκα καί τε βροτοῖσι θεῶν ἔχθιστος ἁπάντων); Unerbittlichkeit des Thanatos: z. B. Aischyl. fr. 161 Radt (*Niobe*); Hes. *theog.* 766. Zu ἀμείλιχος vgl. Henrichs (1989) 10: „Nur ganz wenige der Chthonioi galten als „unerbittlich", vor allem Hades selbst", wohingegen „die meisten unterirdischen Mächte [...] durch Gebet und Opfer „besänftigt" werden [konnten]. So ließen sich die Erinyen durch Athenes Peitho erweichen und zeigten als Eumeniden ihre „wohlgesinnten" Seiten."

153 Erinyen vertreten Dike: Neben den am Anfang dieses Kapitels angeführten Textstellen vgl. das Chorlied der Erinyen vor dem Prozessbeginn: Aischyl. *Eum.* 490 – 565.

154 Kaufmann-Bühler (1954) 26; vgl. ders. 23: „Es mag auf den ersten Blick verwunderlich erscheinen, daß sich die Erinyen als Hüterinnen der heiligen Dike [...] [*Eum.* 509 ff., 538 ff.] bezeichnen, sie, die aus jeder Gemeinschaft mit den Göttern ausgeschlossen sind. Jedoch wird sich zeigen, daß trotz der ursprünglichen Zugehörigkeit dieser Dämonen als Kinder der Nacht zu dem den Olympiern entgegengesetzten Bereich auch sie an der von Zeus gelenkten und beherrschten Ordnung teilhaben, wenn auch in einer ihrem Charakter entsprechenden Form"; vgl. Rosenmeyer (1982) 282. Wie Kaufmann-Bühler (1954) 27 und *passim* zeigt, handle es sich in dem Streit der Erinyen mit Apoll (der sich ja auch auf Zeus beruft: z. B. Aischyl. *Eum.* 614 – 621; 715 f.; 719 f.) nicht um zwei verschiedene göttliche Ordnungen, „die

Bei den Parallelitäten zwischen den Götterbrüdern handelt es sich ebenfalls weder um eine Symmetrie zwischen den unteren und oberen Reichen noch um eine scharfe Gegensätzlichkeit zwischen einem Olympischen Zeus und einem chthonischen Hades. Vielmehr nähert sich Hades in Namen und Funktion als göttliche Rechtsinstanz dem „Zeus der Unterwelt", der obersten göttlichen Instanz der Gerechtigkeit an. Durch diese Nuance, nämlich, dass Aischylos die gerechtigkeitsgarantierende Rolle des Gottes akzentuiert, unterscheidet er „seinen" Zeus der Unterwelt von den Hadesdarstellungen sowie den chthonischen Erscheinungsformen des Zeus bei anderen Autoren; das genaue Verhältnis des aischyleischen Zeus der Unterwelt zu denjenigen Zeus-Kulten, in denen Zeus auch chthonisch konnotierte Züge oder Titel hat, bleibt offen.[155] Dabei wird der aischyleische Hades dem Zeus nicht untergeordnet noch zu seinem bloßen Vertreter gemacht, sondern er steht neben anderen, durch Beinamen beziehungsweise Kulttitel markierten Manifestationen des Zeus und wird somit ins aischyleische Zeuskonzept gefasst.[156] Zeus wird zur absoluten, übergrei-

---

sich erst am Ende der Tragödie versöhnen", wie immer noch in der Forschungsliteratur behauptet wird, wie z. B. in der jüngsten Monographie zur aischyleischen Theologie, Bees (2009) 36: „Aischylos' *Orestie* [...] endet [damit], dass die Erinyen in das System des Zeus eingegliedert werden, das durch das Wirken der Dike symbolisiert ist. Sie werden von Gegnern zu Helfern des Zeus." Vielmehr, wie Müller (1833) 182–184 argumentiert, handle es sich um einen vorübergehenden Streit „jener alten Ordnungen mit den die gegenwärtige Welt beherrschenden Gewalten [...], eine Krise [...], die nur eine höhere Entwicklung [der göttlichen Ordnung] vorbereite[t]; die Welt der Olympischen Götter ist [für Aischylos] in völliger Einheit mit jenen Urgewalten, und gleichsam nur eine weitere Ausbildung derselben".

155 Zeus Chthonios begegnet auch bei Hes. *erg.* 465; Hom. *Il.* 9,457; Soph. *Oid. K.* 1606. – Zu den Kulttiteln: Chthonios und andere Kulttitel wie „*Meilíchios* (‚rituell Besänftigter' [...]), *Euménēs* (‚Wohlgesinnter' [...]) und *Elástēros* (‚Vertreiber'), dem ein Altar auf Paros gewidmet war (SEG 48,1136 [...]), ordnen den Himmelsgott Z[eus] paradoxerweise dem chthonischen Bereich zu. [...] In der Doppelnatur des Z[eus] als Gott des Himmels und der Erdentiefe manifestiert sich die für den griech[ischen] Polytheismus typische Neigung zur Polarisierung, möglicherweise auch die Einbindung einer erdbezogenen Religion in den Z[eus]-Kult": Henrichs (2002). – Zum Verhältnis zu den oben genannten Kulttiteln: Müller (1833) 186–189 hat den Zeus der *Orestie* mit Zeus Soter identifiziert, der von Aischylos „als ein dritter und über beide Welten herrschender gefaßt" wird (Müller 1833, 188). Diese These hat Scullion (2005) erweitert; er argumentiert, dass Zeus Soter ein Doppelwesen gewesen sei, „not untypically of the *Hausgötter* Zeuses, and that Aischylos both connects him with proper order in the home and makes him a symbol of coherence between Olympian and chthonian in the divine world" (23). Dennoch stehe Zeus Soter, so Scullion weiter, den Erinyen polar entgegen; erst am Ende der *Orestie* „[do w]e move from a polar tension between Zeus Soter and the Erinyes [...] to a comprehensive unity represented by the conjunction of all-seeing Zeus and Moira, who transcend households and household gods, polis and earth, Olympian and chthonian, and who hold all of these in balance" (33). Im Unterschied zu Scullions Interpretation wird im vorliegenden Kapitel argumentiert, dass die Erinyen auch noch vor der Schlussszene der *Eumeniden* zur obere und chthonische Bereiche umspannenden Macht des Zeus gehören.

156 Vgl. Schadewaldt (1932) 333 zum „unteren Zeus" bei Aischylos: „Hier mag Aischylos, eben weil ihm auch unter Erden Dike höchstes Prinzip war, den überkommenen unbestimmten Ζεὺς χθόνιος als direkten Doppelgänger des Himmelgottes gefasst haben. Der höchste Repräsentant der Dike ist nach Aischylos' Glauben Zeus, der eben von der Idee des ewig Ausgleich schaffenden Rechts her zu neuer Absolutheit gesteigert wird."

fenden göttlichen Instanz, die als πανόπτας mit strafendem oder wohlwollendem Blick alles aus der Ferne überwacht – wie auch der richtende Hades, der von der Unterwelt aus alles sieht (πάντ' ἐπωπᾶι, *Eum.* 275).[157] Zeus bestraft die Ungerechten mit einem Blitzschlag vom Himmel oder aber sendet ihnen „die spätstrafende Ate [Strafe, Verblendung]" aus der Unterwelt nach,[158] wie Orest hofft, als er und Elektra im *Choephoren*-Kommos Zeus um Beistand bei der Rache anflehen: Ζεῦ Ζεῦ, κάτωθεν ἀμπέμπων / ὑστερόποινον ἄταν („Zeus, Zeus, die spätstrafende Ate von unten heraufschickend!", *Choeph.* 382 f.). Kurz darauf fordert Elektra Gerechtigkeit von Gaia, den Unterweltsmächten und dem „beidseitig blühenden" Zeus (ἀμφιθαλὴς Ζεύς, *Choeph.* 394 f.),[159] ein Epitheton, das möglicherweise auf die Allmacht des Gottes im Allgemeinen verweist oder aber seine Macht in Unter- und Oberwelt ausdrücken soll.[160] Einen Beinamen, der Zeus eindeutig mit dem Unterweltsgott verbindet, trägt der Gott im Kommos nicht, doch seine Macht dehnt sich hier wie auch im Bild des Hades als εὔθυνος βροτῶν auf das Jenseits aus.[161]

Die eigenartige, aber konnotationsreiche Beschreibung des Hades, von der dieser Abschnitt ausgegangen ist, lässt sich in den größeren Zusammenhang des aischyleischen Zeusbildes einordnen. Die Rolle des Hades als oberste Rechtsinstanz, die den Verstorbenen zur Rechenschaft zieht, entspricht der Rolle des Zeus als Vater der Dike, als Schützer und Vollstrecker der ausgleichenden Gerechtigkeit, dessen Macht ebenso wie die der Dike die Reiche der Lebenden und der Toten umfasst und miteinander verbindet. Vor diesen Gott wollen die Erinyen Orest ziehen; durch ihre Ausführung der ausgleichenden Vergeltung auf Erden und indem sie sich an anderen Stellen als auch in der Unterwelt strafend tätig charakterisieren, bestätigen sie ihre Eingebundenheit in die göttliche Ordnung und die göttliche Gerechtigkeit, über der Zeus als Garant steht.

---

157 πανόπτας: Aischyl. *Eum.* 1045; *Suppl.* 139. Wohlwollender Blick: Vgl. Aischyl. *Ag.* 950 f. Strafender Blick des Zeus: Aischyl. *Ag.* 468 – 470 (τὸ δ' ὑπερκόπως κλύειν εὖ / βαρύ· βάλλεται γὰρ ὄσσοις / Διόθεν κεραυνός); zu dieser Stelle siehe West (1990b) 189; zum mal wohlwollenden, mal strafenden göttlichen Blick bei Aischylos siehe die grundlegende Studie zum bösen Blick von Rakoczy (1996) 73 – 96.

158 Blitzschlag: Aischyl. *Ag.* 468 – 470 (siehe oben Anm. 157); Ate: Aischyl. *Choeph.* 382 – 385.

159 Aischyl. *Choeph.* 394 – 399: καὶ πότ' ἂν ἀμφιθαλὴς / Ζεὺς ἐπὶ χεῖρα βάλοι, / φεῦ φεῦ, κάρανα δαΐξας; / πιστὰ γένοιτο χώραι· / δίκαν δ' ἐξ ἀδίκων ἀπαιτῶ· / κλῦτε δὲ Γᾶ χθονίων τε τιμαί.

160 Blass (1906) z. St. („man kann ja an den Zeus beider Reiche, der Oberwelt und der Unterwelt, denken [...], indessen auch an die allumfassende Macht"); Garvie (1986) z. St. bringt den Einwand vor, dass „this does not explain the application of the epithet to other gods"; Sier (1988) z. St. versteht „beidseitig blühend" als Verweis auf Fruchtbarkeit, v. a. innerhalb einer Ehe (ein ἀμφιθαλὴς παῖς ist z. B. „ein Kind aus vollgültiger Ehe"): „El[ektra] ruft [Zeus] [...] als Schutzgott der mit Kindern gesegneten, sanktionierten Ehe an, die von den Mördern gebrochen und zerstört wurde". Zum Epitheton macht Scullion (2005) 28 folgende treffende Bemerkung: „In the present context [of the kommos] this is either a Zeus who is both Olympian and chthonian, and interested in the proper functioning of the household, or the Olympian Zeus appearing very unexpectedly in the midst of a conjuration of the dead."

161 Vgl. Müller (1833) 147: „Über dem Ganzen waltet Zeus: Beides ein Himmlischer und Chthonischer Gott".

Heilbringende Furcht. Die Erinyen in Athen

Vor den von den Erinyen in beiden Welten angedrohten Strafen hat Orest jedoch letzten Endes nichts zu fürchten.[162] Auf das Hilfegesuch des Orest hin erscheint die Göttin Athene, die in einer Art Vorverhör nach der Identität der streitenden Parteien fragt und die Ansprüche beider anerkennt:[163] Einerseits sei der Angeklagte rein und als Bittflehender nicht leicht abzuweisen (474), andererseits kommt den Erinyen eine kaum abweisbare Funktion oder Prärogativ zu (αὗται δ' ἔχουσι μοῖραν οὐκ εὐπέμπελον, 476; hier ist μοῖρα synonym mit λάχος), und die Göttinnen könnten in dem infolge einer Niederlage entstehenden Zorn dem athenischen Land beträchtlichen Schaden zufügen.[164] Angesichts des Dilemmas übergibt Athene die ihr von beiden Parteien anvertraute Entscheidungsmacht an ein aus den besten Athenischen Bürgern (ἀστῶν [...] τὰ βέλτατα, 487) bestehendes Geschworenengericht, das sie anlässlich des Falls gründet.[165] Für das Gerechtigkeitsprinzip des Gerichts, des Areopags, ist genauso wie für die Erinyen τὸ δείνον wichtig, das Einflößen von Furcht und Respekt (φόβος und σέβας, 690 f.), die den Menschen zum besonnenen (τὸ σωφρονεῖν, 521) und dadurch zum gerechten Verhalten fordern.[166] Nachdem die Streitparteien ihre Argu-

---

162 Dass Orest nach seinem Freispruch ein anderes als das von den Erinyen ausgemalte Dasein nach dem Tod erwarten kann, impliziert Aischylos durch die Verkündigung des Heroenkultes, den Orest nach dem Tod erhalten soll: Aischyl. *Eum.* 763–777 und siehe weiter unten.

163 Athene erscheint: Aischyl. *Eum.* 397–404; Athene befragt Orest und die Erinyen: Aischyl. *Eum.* 406–469.

164 Schaden: Aischyl. *Eum.* 477–479.

165 Erinyen und Orest vertrauen Athene die Entscheidungsmacht an: Aischyl. *Eum.* 433–435 (Erinyen); 468 (Orest). – Athene erkennt das Dilemma: Aischyl. *Eum.* 470–473 (τὸ πρᾶγμα μεῖζον ἤ τις οἴεται τόδε / βροτοῖς δικάζειν· οὐδὲ μὴν ἐμοὶ θέμις / φόνου διαιρεῖν ὀξυμηνίτου<ς> δίκας) und gründet das Geschworenengericht: Aischyl. *Eum.* 482–489; 681–710.

166 Zum Verhältnis zwischen Besonnenheit und Gerechtigkeit bei Aischylos siehe Helm (2004). – Die Eigenschaften bzw. Werte des neu gestifteten Areopag werden mit den entsprechenden Gerechtigkeitsprinzipien der Erinyen sprachlich parallelisiert: Aischyl. *Eum.* 517–531 (die Erinyen) und *Eum.* 696–706 (Athene beschreibt den Areopag). Zu den Parallelitäten vgl. Braun (1998) 189 f.: „Indem Athene den Gedanken von der Notwendigkeit und vom Segen des δεινόν (517–25) nahezu wörtlich aufgreift (698 f.), um mit ihm die Notwendigkeit des Areopags, der ja ebenso δεινόν wie die Erinyen ist, zu rechtfertigen, bestätigt sie gleichzeitig die Richtigkeit der Worte der Erinyen und macht indirekt deutlich, warum sie diese später unbedingt für ihre Stadt gewinnen will. Sie braucht sie als δεινόν, als Hüterinnen der δίκη, und als solche entfalten sie großen Segen in der Stadt." Mit dem Gedanken, „daß das δεινόν notwendig und segensreich für die Menschen sei, [...] wird sowohl die Existenz der Erinyen als auch die des Areopags [...] gerechtfertigt." Bacon (2001) 59 beschreibt das Verhältnis des Areopags zu den Erinyen als eine Erweiterung ihrer Funktion: „the court neither supersedes nor bypasses them, but affirms the utility of fear and reaffirms and extends their functions." Zum Stellenwert der Furcht bzw. des δεινόν vgl. Hose (2010) 429 f. und Visvardi (2015) 98–120; letztere sieht einen Unterschied zwischen der durch die Erinyen und der durch den Areopag evozierten Furcht (111): „Though both the Erinyes and the judges evoke fear of punishment, with the new court the focus shifts to a fear of judgment. A process that involves scrutiny of motives replaces the immediate punishment of derangement [e. g. in the Binding Song]. The Areopagus is a deliberative body (βουλευτήριον) that inspires fear

mente im Prozess vorgetragen haben, geben die Areopagiten ihre Stimmen ab; Athene fügt ihren Stimmstein für Orest hinzu und erzielt dadurch entweder die Stimmengleichheit, die zum Freispruch führen soll (741), oder eine knappe Mehrheit für Orest.[167] Dass die Juroren des Areopags entweder mit einer knappen Mehrheit gegen Orest oder mit Stimmgleichheit abgestimmt haben, bestätigt nochmals, dass der Konflikt aus zwei gleich (oder fast gleich) zu gewichtenden Gerechtigkeitsansprüchen besteht.[168] Der Gerichtsprozess endet mit dem Freispruch Orests und der gefährlichen Entrüstung der Erinyen über ihre vermeintliche Entehrung.

Dem viel debattierten Problemkomplex um den Prozess gilt hier nicht das Hauptaugenmerk, sondern vielmehr der Bedeutung des restlichen Drittels des Dramas (754–1054) für die Erinyen sowie der Bedeutung von deren Charakterisierung für das Ende der *Eumeniden*. Aischylos charakterisiert die Erinyen als Jenseitsdämonen, die die Absolutheit sowohl des Todes als auch der göttlichen Gerechtigkeit in sich vereinen und ihre Macht in zwei Welten ausüben. Was wird aber aus ihrer Macht und ihrem λάχος nach dem Freispruch Orests? Im Folgenden soll den Fragen nachgegangen werden, inwieweit sich die Erinyen ändern und welche Bedeutung Aischylos chthonischer Macht für die Polis Athen in der Schlussszene überhaupt beilegt.

Der Freispruch des Orest führt zum ersten zweier für die Polis gewinnbringender Bündnisse, die in der Schlussszene geschlossen werden. Unmittelbar nach der Freisprechung schwört Orest der Athene zum Dank die ewig währende Bündnistreue seines Landes Argos.[169] Über die Einhaltung des Gelübdes soll Orest selbst als Garant wachen – doch nicht nur im Leben als König. Orest betont nachdrücklich die Gültigkeit seines Eides für alle Zeit und garantiert Eidestreue über seinen Tod hinaus (767–774):

αὐτοὶ γὰρ ἡμεῖς ὄντες ἐν τάφοις τότε
τοῖς τἀμὰ παρβαίνουσι νῦν ὁρκώματα
ἀμηχάνοισι φάρξομεν δυσπραξίαις

precisely through the deliberative process on which it is founded [...] fear is presented as having a more rational grounding".

167 Zum Stellenwert des *calculus Minervae* vgl. Manuwald (2000) 84: „Das Problem ‚Orest' können die Menschen wirklich nicht allein bewältigen, weil Orest auch auf göttlichen Auftrag hin gehandelt hat und insofern eine Lösung nur mit göttlicher Mithilfe gefunden werden kann."

168 Einen kurzen und ausgewogenen Überblick über die Debatte um die Stimmengleichheit geben Käppel (1998) 265–268 und Gödde (2012) 179 f. (beide mit weiterführender Literatur).

169 Aischyl. *Eum.* 754–777; Schwur: ὁρκωμοτήσας, 764; ὁρκώματα, 768. Bereits bei seiner Ankunft in Athen hatte Orest Athene ein Bündnis mit Argos versprochen, sollte sie ihm helfen: Aischyl. *Eum.* 287–291; vgl. die Aussage des Apoll, er habe Orest nach Athen geschickt, damit eine feste Allianz zwischen Athen und Argos entstehe: Aischyl. *Eum.* 667–673. Aischylos spielt hier auf das tatsächliche Bündnis zwischen Argos und Athen an, das 461 v. Chr. (vier Jahre vor der Ausführung der *Orestie*) geschlossen wurde: Vgl. Braun (1998) 102–104; Fletcher (2012) 66–69 zu Orests Eid als einer von vielen in der *Orestie*; Konstantinidou (2014) 14 f. Anm. 35; MacLeod (1982) 126 f.; Marr (1993); Podlecki (1966) 88–94 mit Forschungsüberblick; Quincey (1964); zur politischen Dimension der Allianzen in der *Orestie* generell siehe Griffiths (1995).

ὁδούς, ἀθύμους καὶ παρόρνιθας πόρους
τιθέντες, ὡς αὐτοῖσι μεταμέληι πόνος·
ὀρθουμένων δὲ καὶ πόλιν τὴν Παλλάδος
τιμῶσιν αἰεὶ τήνδε συμμάχωι δορί
αὐτοῖσιν ἡμεῖς ἐσμεν εὐμενέστεροι.

Wir selber, ob wir dann bereits im Grabe sind,
wir werden denjenigen, die übertreten meinen Eid,
mit Übeln, gegen die kein Mittel hilft, den Weg versperren,
indem wir die Pfade leer des Mutes und voll ungünstiger Zeichen
machen, dass die Mühe sie gereut.
Doch wenn sie halten, was ich schwur, und ehren sie
die Stadt der Pallas immer mit verbündetem Speer,
so sind wir ihnen wohlgesinnt.

Orest deutet hier seine postmortale Erhebung zum Heros an.[170] Aus dem Grab heraus (ἐν τάφοις) werde er Nachkommen, die gegen seinen Eid und den Frieden mit Athen verstoßen, durch ungünstige Vorzeichen entmutigen, um sie vom Feldzug abzuhalten, und ihnen den Weg schwer und voller Leiden (vgl. πόνος) machen.[171] Wenn sich die Argiver jedoch an Orests Eid halten, werde er sich ihnen wohlgesinnt (εὐμενέστεροι) zeigen.[172] Er erlangt die für einen Heros charakteristisch ambivalente Macht zu

170 Heroenkult des Orest: Orest hatte ein Heroon in Tegea (Paus. 8,54,4) und eines in Sparta (Hdt. 1,67 f.; Paus. 3,11,10); vgl. Lesky (1939) 1008. Ein Heiligtum des Orest in der Nähe von Argos ist aber nicht belegt. Wie Sommerstein (1989) zu Aischyl. *Eum.* 767 bemerkt, die Macht eines Heros sei ja generell ans Grab gebunden, so dass Aischylos hier entweder tatsächlich an ein (uns sonst unbekanntes) Heroon des Orest in Argos denke, oder aber er eines frei erfunden habe, damit Orest seine Hilfe versprechen könne. Zu Orest als Heros siehe Liapis (2006), der anhand weiterer Quellen postuliert, Orest sei im Volksglauben („Athenian popular religion and folklore") als böses Gespenst bekannt; Aischylos habe ihn als wohlwollenden Heros neu konzipiert (Liapis spricht beispielsweise von Aischylos' „extensive revisionism in the *Eumenides*", 216).

171 Das Adjektiv πάρορνις beschränkt sich ebenso wie ὄρνις und verwandte Komposita nicht zwangsläufig auf Vogelzeichen, sondern verweist auf jegliche Art unheildrohendes Omen, worunter auch Alpträume vorzustellen sind, die Heroen (unter anderen) aus der Unterwelt heraufzusenden vermögen. Zu ὄρνις und verwandten Komposita: Siehe LSJ s. v. ὄρνις. Sommerstein (1989) z. St. vergleicht das Vogelzeichen in Aulis (Aischyl. *Ag.* 104 – 159, „an omen propitious for the expedition but disastrous for Agamemnon"); Quincey (1964) 201 f. sieht in V. 769 f. keine Anspielung auf ein historisches Ereignis, das die Allianz zwischen Athen und Argos betraf, sondern eine Anspielung auf zwei von Kleomenes gegen Athen geführte Feldzüge, von denen Herodot berichtet (Hdt. 5,72,2 – 4 und 5,75). – Alpträume: Als *locus classicus* vgl. Hippokr. *morb. sacr.* 1,93: Ὁκόσα δὲ δείματα νυκτὸς παρίσταται καὶ φόβοι καὶ παράνοιαι καὶ ἀναπηδήσιες ἐκ τῆς κλίνης καὶ φόβητρα καὶ φεύξιες ἔξω, Ἑκάτης φασὶν εἶναι ἐπιβολὰς καὶ ἡρώων ἐφόδους.

172 Wohlgesinnt: Zu εὐμενής als charakteristischem Ausdruck für die positive Seite chthonischer Gewalten vgl. Henrichs (1991) 163: Das Adjektiv war „geradezu stehendes Epithet für die Chthonioi, die man sich am liebsten im günstigen Licht vorstellte"; z. B. Soph. *El.* 453 f. (der tote Agamemnon), Soph. *Oid. K.* 486 f. (die Erinyen bzw. Semnai Theai), Eur. *Hel.* 569 (in Bezug auf Totengeister oder Erscheinungen, φάσματα, mit denen Hekate die Lebenden heimsucht).

schaden und helfen, mittels derer er als Gegenleistung für einen zu Lebzeiten erhaltenen Gefallen dem Geber Sicherheit (σωτήριον, 777) und Abwehr garantiert.[173]

Indem Orest seine postume Macht zum Dank für Athene und ihre Polis einsetzt, gebraucht er diese Macht auch zur Belohnung oder Bestrafung seiner Nachkommen und seines Volkes für jeweils Eidestreue oder Eidbruch (768; 773f.) und verbindet dadurch seinen Status als mächtiger Toter mit der Ausübung einer gerechtigkeitsstiftenden Funktion innerhalb seiner Gemeinschaft.[174] Auch wenn diese Macht nicht über die Einhaltung des Eides hinausgeht (der Text lässt diese Frage offen), behält Orest im Tode Teil seiner souveränen Autorität und beeinflusst dauerhaft die politisch-militärischen Angelegenheiten seines Landes. Insofern er im Interesse der Gerechtigkeit auch nach seinem Tode in das Diesseits hineinwirken wird, ähnelt seine Macht der des ermordeten Agamemnon sowie der der toten Klytaimestra, die Recht und Rache verlangen. Von beiden unterscheidet sich der zukünftige Heros Orest jedoch dadurch, dass es ihm nicht um eine einmalige ausgleichstiftende Handlung geht: Orest wird im Kontrast seine Funktion als Kontrollinstanz „für alle Zeit" ausüben. Seine Rolle lässt sich somit in eine breiter angelegte Heroenvorstellung einordnen, die in einem Fragment aus den aristophanischen *Heroen* am deutlichsten zum Ausdruck kommt: Dort fordert ein Heroenchor Ehre (σέβας), „weil wir die Verwalter von Bösem und Gutem (ταμίαι / τῶν κακῶν καὶ τῶν ἀγαθῶν) sind, und, wenn wir die Ungerechten (τοὺς ἀδίκους) beobachten [...], wir diesen [folgende] Krankheiten bescheren [...]" – es folgt eine Liste von Krankheiten, auf die wohl eine komplementäre Liste von „guten Dingen" folgte.[175] Die aristophanischen Heroen verstehen sich also als Schützer der Gerechtigkeit, die den Lebenden das Verdiente, sei es Strafe oder Lohn, zuteilen. Die

---

173 Σωτήριον: Aischyl. *Eum.* 775 – 777, καὶ χαῖρε, καὶ σὺ καὶ πολισσοῦχος λεώς· / πάλαισμ' ἄφυκτον τοῖς ἐναντίοις ἔχοις, / σωτήριόν τε καὶ δορὸς νικηφόρον. Für die Schlüsselbegriffe σωτηρία und πόνος (*Eum.* 771), die die Reziprozität sowie die ambivalente Macht des Heros ausdrücken, vgl. Soph. *Oid. K.* 457 – 460: ἐὰν γὰρ ὑμεῖς, ὦ ξένοι, θέλητέ μου / σὺν ταῖσδε ταῖς σεμναῖσι δημούχοις θεαῖς / ἀλκὴν ποεῖσθαι, τῇδε μὲν πόλει μέγαν / σωτῆρ' ἀρεῖσθε, τοῖς δ' ἐμοῖς ἐχθροῖς πόνους. – Zur Macht der Heroen: Vgl. Aristoph. fr. 322 PCG (*Heroen*) und Henrichs (1991) 192f.; Soph. *Oid. K.* 576 – 628; 1522 – 1535; Eur. *Heraclid.* 1026 – 1044.

174 Zur Verbindung zwischen der Eidestreue und Dike vgl. (z. B.) Hes. *erg.* 282–285: Der Eidbruch ist ein Verstoß gegen Dike, der zum Verderben des künftigen Geschlechts des Schwörers führt, wohingegen die Einhaltung des Eides zum Gedeihen seines Familiengeschlechts führt. Weitere Quellen und ausführlichere Diskussion zu Eiden und Dike bietet Konstantinidou (2014).

175 Übs. nach Gelzer (1969) 124. Zur Interpretation des Fragments: Gelzer (1969); Henrichs (1991) 192f.; Merkelbach (1964). Das ganze Fragment lautet (Aristoph. fr. 322 PCG): πρὸς ταῦτ' οὖν, ὦνδρες, φυλακὴν / ἔχετε τούς θ' ἥρως σέβεθ', ὡς / ἡμεῖς ἐσμεν οἱ ταμίαι / τῶν κακῶν καὶ τῶν ἀγαθῶν, / κἀναθροῦντες τοὺς ἀδίκους / καὶ κλέπτας καὶ λωποδύτας / τούτοις μὲν νόσους δίδομεν· / σπληνιᾶν βήττειν ὑδερᾶν / κορυζᾶν ψωρᾶν ποδαγρᾶν / μαίνεσθαι λειχῆνας ἔχειν / βουβῶνας ῥῖγος πυρετόν. / [...] κλέπτα[ις] δίδομεν [...]. In der Übersetzung von Merkelbach (1964): „Darum, ihr Männer, nehmt euch in Acht und verehrt uns Heroen, denn wir sind die Geber des Bösen und des Guten; wir strafen die Bösewichte, Räuber und Diebe. Den Dieben geben wir Milzsucht, Husten, Wassersucht, Schnupfen, Jucken, Gicht, Wahnsinn, Ausschlag, Drüsenschwellungen, Frost, Fieber [...], den Räubern aber geben wir [...]."

Vorstellung der Heroen als Geber des Guten und Bösen, obwohl in der Komödie mit gattungsspezifischen Motiven verknüpft,[176] wurzelt aber keineswegs in der komischen Gattung, sondern schlägt sich auch etwa bei Hesiod nieder, in dessen *Erga* die verstorbenen Menschen des Goldenen Zeitalters zwar nicht als Heroen, aber als unsichtbare Dämonen auf Erden umherwandern, um als Segensspender und Hüter der irdischen Gerechtigkeit die Lebenden zu überwachen.[177] Orest stellt in den *Eumeniden* seine zukünftige Macht als weniger umfassend vor als die, welche Aristophanes seinen Heroen oder Hesiod den Verstorbenen aus dem Goldenen Zeitalter zuweisen, aber wie sie wird auch Orest den Lebenden Gutes und Böses als Lohn und Strafe zuteilen, wenn auch nur unter den Argivern (aber mit Vorteil für Athen) und in einem spezifischen Bereich.

Orests Eid und zukünftiger Status als dessen Garant bedeuten für Athene und ihre Polis eine dauerhafte außenpolitische Verstärkung durch eine chthonische Macht. Nach seinem Versprechen verlässt Orest die Szene; seine Rolle in der Trilogie ist jetzt abgeschlossen.[178] Im verbleibenden Viertel des Dramas dreht sich die Handlung um das Verhältnis der Erinyen zu Athen, die die Entlassung Orests als Angriff auf die gerechte Ordnung und auf ihre Ehre betrachten und ihren Zorn gegen das athenische Land richten, indem sie es mit der Unfruchtbarkeit des Bodens und der Menschen heimzusuchen drohen.[179] Doch die Göttin entschärft diese Situation auf solche Weise, dass sie für Athen eine zweite chthonische Macht gewinnt, die komplementär zur Allianz mit Orest der Polis eine dauerhafte innenpolitische Verstärkung bietet.[180]

Die Beschwichtigung der Erinyen gelingt Athene kraft ihrer Redemacht (πειθώ: 885f., 970–972), oder konkreter: durch ihre Beteuerung, dass der unentschiedene Ausgang des Prozesses den Erinyen weder eine echte Niederlage noch einen Ehren-

---

176 Gattungsspezifische Motive: Siehe die Kontextualisierung von Gelzer (1969).

177 Hes. *erg.* 121–126: αὐτὰρ ἐπεὶ δὴ τοῦτο γένος κατὰ γαῖα κάλυψεν, / τοὶ μὲν δαίμονές εἰσι Διὸς μεγάλου διὰ βουλάς / ἐσθλοί, ἐπιχθόνιοι, φύλακες θνητῶν ἀνθρώπων, / {οἵ ῥα φυλάσσουσίν τε δίκας καὶ σχέτλια ἔργα / ἠέρα ἑσσάμενοι, πάντηι φοιτῶντες ἐπ' αἶαν,} / πλουτοδόται· καὶ τοῦτο γέρας βασιλήιον ἔσχον. Gelzer (1969) 126 f. vergleicht diese Passage mit dem aristophanischen Fragment und kommentiert nebenbei auch die Ähnlichkeit der Verstorbenen des Goldenen Geschlechts mit den Titanen: „Die Titanen in dieser Funktion als Rechtshelfer erscheinen als Eideszeugen" in Hom. *Il.* 14,273 f. (ἵνα νῶϊν ἅπαντες / μάρτυροι ὦσ' οἳ ἔνερθε θεοὶ Κρόνον ἀμφὶς ἐόντες) und Hom. *Il.* 14,278 f., wo Hera bei den Titanen schwört (θεοὺς δ' ὀνόμηνεν ἅπαντας / τοὺς ὑποταρταρίους οἳ Τιτῆνες καλέονται). Faraone (2009) 392 argumentiert, Hera konzipiere die Titanen hier als mächtige Ahnen, die über die Einhaltung von Eiden wachen und die, in einer gewissen Anpassung an die Vorstellung *menschlicher* Ahnen („much the same as the angry dead ancestors of humans"), Übeltäter bestrafen. Inwiefern sich diese Funktion der Titanen mit der der Erinyen als Bestrafer des Meineides (Hom. *Il.* 19,259 f.; vgl. Hes. *erg.* 803 f.) überschneidet, lässt sich anhand dieser Stellen nicht feststellen; auf jeden Fall konstatiert die Stelle die Beteiligung der Unterweltsmächte an der Vollstreckung der Gerechtigkeit im Fall des Meineides (vgl. die Erinyen, den Fluss Styx, Pind. *O.* 2,65–67 mit Foß (1997) 44–49 und in den *Eumeniden* den zukünftigen Heros Orest).

178 Orest verabschiedet sich: Aischyl. *Eum.* 775–777.

179 Drohungen der Erinyen: Aischyl. *Eum.* 778–792; 808–823; 837–847; 870–880.

180 Athene hebt die Dauerhaftigkeit der „Allianz" mit den Erinyen hervor: Aischyl. *Eum.* 890; 898; 975.

verlust beschere (795 f., 824), und dadurch, dass sie den Göttinnen eine feste Wohnstätte und Kultehren in Athen verspricht.[181] Athene verbindet die Bitte, das Land zu segnen statt zu verfluchen, wiederholt mit dem Angebot der Kultverehrung und präsentiert dieses Angebot als eine Möglichkeit für die Erinyen, ihr Gesicht zu wahren: Die Alternative wäre, so Athene, die Erinyen aus dem Lande zu verbannen (die Hauptsache ist schließlich, dass sie dem Land keinen Schaden zufügen), was für sie zielloses Wandern und einen tatsächlichen Ehrenverlust bedeuten würde (ἄτιμος ἔρρειν τοῦδ' ἀπόξενος πέδου, 884). Es geht nicht nur um die Abwendung des Grolls der Erinyen, sondern um deren Einbeziehung in die Polis.

Mit der Annahme von Athenes Angebot und der Umwandlung der Fluchdrohungen in Segenswünsche beginnen die Erinyen ihren Übergang in einen neuen Status. Eine Prozession finalisiert diesen Übergang, die die Göttinnen unter dem Kultnamen σεμναὶ θεαί zu ihrem Kultort begleitet.[182] Aischylos setzt dabei die Erinyen den in der kultischen Realität verehrten Semnai Theai gleich, die am Nordostfuß des Areopag ein Heiligtum hatten, bei denen Zeugen vor den Areopagiten schworen und denen zu verschiedenen Anlässen, darunter auch zum Dank nach einem Freispruch durch die Areopagiten, Opfer dargebracht wurden.[183] Ob diese Ätiologie der Semnai Theai, die Aischylos mit der Ätiologie der Entstehung des Blutgerichts und des Bündnisses mit Argos verbindet, schon vor der *Orestie* existierte (doch uns nicht überliefert ist) oder ob die Korrelation zwischen den Erinyen und den Kultgöttinnen, die bereits in der ambivalenten chthonischen Natur beider Gruppen von Gottheiten angelegt war, auf die Erfindungskraft des Dichters zurückzuführen ist, bleibt offen.[184] Anhand der grundsätzlichen Doppelwertigkeit der Chthonioi kann nicht von einer Verwandlung der Erinyen von strafenden in segnende Göttinnen die Rede sein; auch weiterhin behalten sie ja ihre Macht zu strafen und zu schaden, nur liegt der Akzent jetzt auf ihrer positiven Seite: Genauer lässt sich die Änderung als eine „Umpolung" beschreiben.[185] Die Änderung betrifft ihren kultischen Status und nicht ihr λάχος, die ihnen zugeteilte, gerechtigkeitsschützende Funktion in der göttlichen Ordnung.

Gerade in den von Aischylos hervorgehobenen Eigenschaften der Erinyen als schreckliche und schicksalsbringende Unterweltsgottheiten, die streng eine ausgleichende Gerechtigkeit verfechten, besteht der Gewinn für Athen. Diese Qualitäten werden nicht aufgegeben, sondern lediglich in förderlichere Bahnen gelenkt durch die versprochene kultische Verehrung. Erinyen und Athener treten in eine reziproke Be-

---

181 Wohnsitz und besondere Ehren in Athen: Aischyl. *Eum.* 804–807; 833–836; 854–857; 892–901.
182 Zum Kultnamen Semnai Theai und zum Verhältnis der Erinyen zu den Semnai Theai sowie den Eumeniden: Braun (1998) 168–191; Brown (1984) 267–276; Geisser (2002) 381–390; Gödde (2011) 139 f.; Henrichs (1991) 162–169; Henrichs (1994) 46–54; Lloyd-Jones (1990); Reinhardt (1949) 154–162.
183 Eid vor dem Areopag: Demosth. *or.* 23,67 f.; Deinarch. 1,47; Opfer: Paus. 1,28,6. Weitere Diskussion findet sich bei Braun (1998) 168–170; Geisser (2002) 384 f.; Rohde (1898) Bd. 1, 268–270; Zerhoch (2015) 275–307.
184 Braun (1998) 168–186; Henrichs (1991) 166 f.
185 Umpolung: So Henrichs (1991) 175.

ziehung, in der die durch Kultverehrung ausgedrückte εὐσέβεια der Bürger (vgl. 1017–1020) die Göttinnen wohlwollend stimmt, die dann für das Gedeihen des individuellen Hauses (895–897; 964) sowie der Gemeinschaft (922–926; 938–947; 956–967; 976–987) durch Fruchtbarkeit und innenpolitischen Frieden (976–987) sorgen. Nach wie vor bringen Frevel den Mann, dessen Vorfahren Frevel begangen haben (ἀπλακήματα, 934) und der sich übermäßig brüstet (μέγα φωνῶν, 936) – das heißt, die δυσσεβία seiner Vorfahren geerbt hat und sich hybristisch verhält[186] – vor die Erinyen: τὰ [...] ἐκ προτέρων ἀπλακήματά νιν / πρὸς τάσδ' ἀπάγει· / σιγῶν <δ'> ὄλεθρος / καὶ μέγα φωνοῦντ' / ἐχθραῖς ὀργαῖς ἀμαθύνει (934–936, in den Worten Athenes). Das Verbum ἀπάγειν, ein rechtlich konnotierter Terminus, mit dem man das Vor-Gericht-Stellen und Anklagen oder gar das Verhaften bezeichnet,[187] ruft die frühere Beschreibung des Eingreifens der Erinyen als einen gerichtsähnlichen Prozess in Erinnerung und bestätigt, dass diese Funktion von den Erinyen noch ausgeübt wird.[188] Auch der Zorn (hier als ὀργαί bezeichnet), der die Drohungen und Angriffe der Erinyen charakterisiert (vgl. 848 in Bezug auf den Wutanfall der Erinyen nach dem Prozess), bleibt laut dieser Stelle ein fester Bestandteil ihres Wesens. Durch diesen Zorn wird der frevelhafte Mensch völlig vernichtet (vgl. ἀμαθύνει), eine göttlich verhängte Strafe, die in allen drei *Orestie*-Tragödien auf die Verletzung der Gerechtigkeit folgt und der Wirkungsweise der Erinyen entspricht.[189] Dass die Strafe erst eine spätere Generation erfasst, deutet eine durch Generationen hindurch wirkende Macht der Erinyen an: Ihre Macht als Flüche (ἀραί, 417) bleibt also unberührt, und hartnäckig werden sie immer noch Familiengeschlechter wie das Atridenhaus (vgl. *Ag.* 1186–1193) heimsuchen.[190] Des Weiteren deutet die Passage darauf hin, dass den Erinyen Ehre (σέβας) zu erweisen nicht nur bedeutet, sie kultisch zu verehren, sondern auch sich gerecht zu verhalten.[191] Nur so genießen der Bürger und die Stadt den Segen der Göttinnen. Indem die Erinyen schwer zu besänftigende (δυσάρεστοι, 928) Strafinstanzen bleiben und damit nicht nur durch ihr Äußeres, sondern auch durch ihre Macht den Menschen Furcht und Schrecken einflößen, kommt ihnen auch eine präventive Funktion zu – sie

---

186 Zur Vererbung von δυσσεβία vgl. Aischyl. *Ag.* 726 f., 749–772 und siehe Helm (2004).

187 LSJ s. v. ἀπάγειν und ἀπαγωγή; vgl. Sommerstein (1989) zu Aischyl. *Eum.* 934–937.

188 Siehe oben S. 145–148.

189 Vernichtung des Ungerechten durch die Erinyen: Aischyl *Ag.* 461–470, *Eum.* 368–398, vgl. 548–565; vgl. *Choeph.* 58–65 und *Choeph.* 639–652.

190 Vgl. Aischyl. *Eum.* 953–955: περί τ' ἀνθρώπων φανέρ' ὡς τελέως / διαπράσσουσιν, τοῖς μὲν ἀοιδάς, / τοῖς δ' αὖ <δα>κρύων / βίον ἀμβλωπὸν παρέχουσαι (Athene: „Auch im Geschick der Menschen walten sie sichtlich; den einen bescheren sie Lieder, den anderen ein in Tränen verkümmerndes Leben.").

191 Vgl. Braun (1998) 186 und 188 f.: „Die Erinyen sehen ihre positive Wirkung also darin, daß sie aufgrund ihrer Strafgewalt, die sie zu einem δεινόν macht, den Menschen Furcht einflößen und so zur *Sophrosyne* und zur Gerechtigkeit anhalten"; vgl. Kaufmann-Bühler (1954) 102: „[I]hr Wesen bleibt auch insofern wieder gleich, als den Prüfstein für die Art ihres Eingreifens das Verhalten des Menschen ihnen gegenüber bildet". Ähnlich Solmsen (1949) 211.

dienen zur Abschreckung von den Taten, die sie bestrafen.[192] Genau diesen Vorteil hat Athene im Sinn, als sie in deren „furchtbaren Antlitzen großen Gewinn für die Bürger sieht" (ἐκ τῶν φοβερῶν τῶνδε προσώπων / μέγα κέρδος ὁρῶ τοῖσδε πολίταις, 990 f.).[193]

Der Segen der Erinyen, den sie der ihnen im Kult und durch gerechtes Verhalten erwiesenen Achtung zum Lohn spenden, gilt hauptsächlich der Fruchtbarkeit des Landes, einschließlich Pflanzen, Menschen und Tiere. Ihre Macht über diesen Bereich entstammt ihrer Identität als chthonische – und das heißt: unter der Erde wohnende und mit dem Tode verbundene – Wesen. Den vorzeitigen Tod, den sie strafhalber herbeizuführen vermögen, wenden die wohlwollenden Göttinnen von den Athenern ab (ἀνδροκμῆτας [...] ἀώρους ἀπεννέπω τύχας, 956 f.). Speziell sollen sie auf Bitte der Athene die Gewalt, die zur endlosen Vergeltungskette innerhalb der Gemeinschaft führt,[194] zur militärischen Verstärkung Athens nach außen wenden.[195] Ausdrücklich wünschen die Erinyen, dass „der Staub das schwarze Blut der Bürger nicht trinkt" (μηδὲ πιοῦσα κόνις μέλαν αἷμα πολιτᾶν, 980), implizit also, dass sie nicht durch vergossenes Menschenblut herbeigerufen werden wie im Atridenstreit. Vielmehr sollen sie das Schädliche tief unter der Erde zurückhalten und das Vorteilhafte heraufschicken,[196] damit die Erde Reichtum, Getreide und alles Lebensfördernde hervorbringt.[197]

Voraussetzung dafür, dass die Erinyen die genannten Gaben auf die Erde senden können, ist ihre Bindung ans Jenseits, ihre Ansiedlung und Macht in der Unterwelt,[198] und auch ihre Verbindung zu Athen, die durch ihre physische Präsenz in der Polis noch verstärkt wird. Ihre unterirdische Wohnstätte in Athen bindet sie in die Stadt ein und macht sie kultisch zugänglich, hält sie aber zugleich in der Unterwelt;[199] darin gleichen sie den Toten, die in der Vorstellung der Hinterbliebenen präsent am Grab und fern im Hades sind.[200] Durch ihre Integrierung wird ihre Justiz, die letztlich auch Zeus – der Oberwelt und der Unterwelt – untersteht, zum festen Bestandteil der Po-

---

192 Vgl. Aischyl. *Eum.* 517–525; 535–537; dass Athene den Nutzen in dieser Schrecklichkeit sieht, zeigt auch Aischyl. *Eum.* 699 (τίς γὰρ δεδοικὼς μηδὲν ἔνδικος βροτῶν;).

193 Aischyl. *Eum.* 990–995: ἐκ τῶν φοβερῶν τῶνδε προσώπων / μέγα κέρδος ὁρῶ τοῖσδε πολίταις· / τάσδε γὰρ εὔφρονας εὔφρονες αἰεὶ / μέγα τιμῶντες καὶ γῆν καὶ πόλιν / ὀρθοδίκαιον πρέψετε πάντως διάγοντες.

194 Bürgerkrieg und Vergeltungskette: Aischyl. *Eum.* 976–987.

195 Militärische Verstärkung: Aischyl. *Eum.* 859–865; 913–915; 986; 1009.

196 Aischyl. *Eum.* 1007–1009 (Athene): κατὰ γῆς σύμεναι / τὸ μὲν ἀτηρὸν χωρὶς κατέχειν, / τὸ δὲ κερδαλέον / πέμπειν πόλεως ἐπὶ νίκῃ.

197 Reichtum: Aischyl. *Eum.* 946–948: Die Athener werden ein γόνος [...] πλουτόχθων, das heißt, das Land soll ihnen dank der Erinyen Reichtum hervorbringen; Früchte der Erde: Aischyl. *Eum.* 907; Leben: Aischyl. *Eum.* 924–926.

198 Macht in der Unterwelt: Vgl. Athenes Worte, Aischyl. *Eum.* 951 f.: μέγα γὰρ δύναται πότνι' Ἐρινὺς / παρά τ' ἀθανάτοις τοῖς θ' ὑπὸ γαῖαν.

199 Unterirdischer Wohnsitz in Athen: Aischyl. *Eum.* 1023; 1036 f.; Wohnsitz aber eindeutig in der Stadt: Aischyl. *Eum.* 854–856; 1025 f.

200 Zu dieser Vorstellung vgl. Kapitel III (Aischylos, *Choephoren*).

lisordnung,[201] und ihre Anwesenheit in der Stadt fördert und bestärkt die Gerechtigkeit der Bürger. Gleichzeitig bestätigt ihre Präsenz den gerechten Charakter der Athener, den die Stadtgöttin pflegen will (vgl. 910–912; 992–995), insofern als die Ansässigkeit der Rechtshüterinnen in der Stadt ein konzeptuelles Gegenbild zur Vorstellung einer Gottheit darstellt, die aus verletztem Gerechtigkeitsgefühl die Menschen und ihren irdischen Wohnsitz verlässt. Gedacht sei hier an die hesiodsche Geschichte von Aidos, der Göttin der Ehrfurcht beziehungsweise des Respekts gegen Götter und Menschen, und Nemesis, die den Menschen das Verdiente zuteilt (vgl. νέμειν, „zuteilen"), das heißt, für gerechte Vergeltung zuständig ist. Als sich im letzten hesiodschen Zeitalter der sittliche Verfall unter anderem an Meineid, Gewalttaten, Missachtung der Eltern, Ungerechtigkeit und mangelndem Respekt den Göttern gegenüber bemerkbar macht, ziehen sich Aidos und Nemesis auf den Olymp zurück.[202] Darin, dass die Erde von den zwei Göttinnen, die ihr Engagement für Recht und Vergeltung mit den aischyleischen Erinyen gemeinsam haben, verlassen wird, spiegelt das ungerechte Verhalten der Menschen wider, aber es bedeutet auch die Entziehung göttlichen Schutzes. Dadurch, dass die Erinyen in Athen wohnen, wird die Polis als eine gerechte Stadt ausgewiesen und die Verstetigung dieser Gerechtigkeit unterstützt.[203]

Der Einfluss der Erinyen auf das Wohlergehen des Landes bezieht seine Kraft aus zwei Quellen, der Identität als Chthonioi einerseits und der Rolle als Hüterinnen der Dike andererseits. Das Zusammenspiel beider Aspekte war bereits in Orests Verheißung seines künftigen Wirkens zu beobachten, doch sie werden in der Figur der Göttinnen außergewöhnlich eng miteinander verknüpft. Doppelseitige Macht charakterisiert besonders das Wirken der Chthonioi und kann zum Verderben oder Gedeihen eines Landes eingesetzt werden.[204] Auf das Wohlergehen eines Landes und

---

201 Vgl. Kaufmann-Bühler (1954) 102–107.

202 Hes. *erg.* 180–201. Im dritten vorchristlichen Jahrhundert übernimmt Aratos diese Idee in seinen *Phainomena* und überträgt sie auf die Göttin Dike, die im Goldenen Zeitalter herrsche, sich im Silbernen zurückzuziehen beginne, aber noch auf Erden weile, dann wegen des sittlichen Verfalls im Ehernen Zeitalter die Menschen endlich verlasse und in den Himmel flüchte (Arat. 96–136). Dort sei sie als das Sternbild Jungfrau zu sehen; bezeichnenderweise hält die Jungfrau eine Getreideähre in der Hand (97), wodurch der Zusammenhang zwischen Gerechtigkeit und Fruchtbarkeit versinnbildlicht wird.

203 Insofern als die Ansiedlung der Erinyen in Athen ein Gegenbild zum Verlassen der Erde von Aidos und Nemesis im Ehernen Zeitalter darstellt, wird das Heraufziehen eines dem Ehernen möglichst unähnlichen Zeitalters impliziert; auch in den reichen Gaben der Erde, die die Erinyen versprechen, hat man Anspielungen auf das Goldene Zeitalter gesehen. Vgl. Chiasson (1999) 148 f., der argumentiert, Aischylos erhebe durch diese Anspielung seine athenischen Mitbürger „above human status to a status reminiscent of the golden and heroic races described by Hesiod" und dass „Aeschylus' apocalyptic Athens serves as a rebuttal to Hesiod's pan-Hellenic myth of increasing human alienation from the divine over time" (139); vgl. Goldhill (1984) 273.

204 Z. B. Hippokr. *vict.* 4,92, der den Toten (zwar nicht Göttern, doch letztendlich auch chthonischen Mächten) Macht über Nahrung, Wachstum und Saat zuschreibt; Hom. *h.* 2, in dem Demeter über die Fruchtbarkeit und Unfruchtbarkeit der Erde die entscheidende Macht hat; dazu Henrichs (1991) 167.

insbesondere seine Fruchtbarkeit hat aber auch nach der homerischen und hesiodschen Vorstellung die Gerechtigkeit des Herrschers eine entscheidende Auswirkung: Wenn der König gerecht herrscht, blühen Land und Leben; ist aber der Herrscher ungerecht, sendet Zeus dem ganzen Land samt Menschen und Tieren Krankheit, Unfruchtbarkeit und Verderben.[205] Wo die politische Macht, wie am Ende der *Eumeniden*, in den Händen des Volkes liegt, trägt die Gemeinschaft Verantwortung für die gerechte Ordnung der Stadt und erfährt die entsprechenden Konsequenzen ihrer Gerechtigkeit oder Ungerechtigkeit. Aischylos ersetzt das direkte Einmischen des Zeus durch das der Erinyen, so dass sie eine ähnliche Rolle einnehmen wie die unsterblichen Wächter oder die Göttin Dike, die bei Hesiod über Taten des Rechts und Unrechts wachen und Zeus davon berichten.[206] Dass die Erinyen im Unterschied zu diesen Wesen selbst Segen oder Schaden in Form von Fruchtbarkeit oder Unfruchtbarkeit stiften, ist zum einen Ausdruck der ihnen von Aischylos zugeschriebenen Macht im Kosmos überhaupt, aber insbesondere ihrer Macht als chthonische Gottheiten. [207] Denn als solche haben sie einen besonderen Einfluss auf alles, was unter der Erde verborgen ist und daraus hervorkommt.

Fazit. Gerechtigkeit und Jenseits

Die Erinyen behalten die Funktion und die Macht, die ihnen im *Agamemnon* und in den *Choephoren* zugeschrieben wurden und die sie in den *Eumeniden* als ihr λάχος deuten. In Reaktion auf ihre aktuelle Aufgabe hatten sie ihre Funktion auf einen Einzelaspekt, die Blutrache, zugespitzt, der am Ende weder durch den Areopag noch von Athene abgeschafft wird. Vielmehr soll der Trieb zum Blutvergießen, der durch

---

Vgl. Nilsson (1967) Bd. 1, 456–481, v. a. 469–472 zu Demeter und zu Hades/Pluton sowie deren gemeinsamem Sohn Plutos („Reichtum", der in Form des Metalls auch aus der Erde kommt).

205 Hes. *erg.* 225–247 mit Diskussion bei Braun (1998) 186f. und Kaufmann-Bühler (1954) 32–34; Hom. *Od.* 19,107–114.

206 Hes. *erg.* 252–262.

207 Die Macht der Erinyen, ihre Segenswünsche zu verwirklichen, unterscheidet sie nicht nur von den hesiodschen Wächtern und der hesiodschen Dike, sondern auch von den Danaiden, in deren Mund Aischylos in den *Hiketiden* (625–709) ebenfalls Segenswünsche legt. Während die Danaiden ihre Segenswünsche für die sie aufnehmende Gemeinschaft als Bitten oder Gebete (εὐχαί, Aischyl. *Suppl.* 710) an die Götter formulieren, lassen die Erinyen selber ihre Segenswünsche in Erfüllung gehen. Vgl. Braun (1998) 162f. „Ihre Wünsche [sind] nicht nur Wünsche, sondern ihre χάρις, d. h. ihr Geschenk oder ihre Gabe" (Aischyl. *Eum.* 938f.); Athene beschreibt die Segenslieder der Erinyen als – in moderner Terminologie – einen Sprechakt: ἦ τάδ' ἀκούετε, πόλεως φρούριον, / οἷ' ἐπικραίνει; („Hört ihr, ihr Bollwerk der Stadt [d. h. die Areopagiten], was diese [Worte der Erinyen] gewähren?", Aischyl. *Eum.* 950f.). Zu den inhaltlichen Unterschieden zwischen den Segenswünschen der Danaiden und den der Erinyen siehe Grethlein (2002) 213–215; zum hymnischen Aspekt der Segenswünsche siehe Solmsen (1949) 213–216.

erlittenes Unrecht ausgelöst wird und einem Wahn gleicht,[208] zusammen mit anderen durch ungerechtes Verhalten verursachten Übeln durch Ehrfurcht vor den Erinyen ferngehalten beziehungsweise nach außen kanalisiert werden.[209] Sie nehmen also eine präventive Rolle in der Stadt ein, die von ihrer punitiven Funktion abhängig ist und die ohne ihre Schrecklichkeit dieselbe Wirksamkeit nicht hätte. Denn die Schrecklichkeit der Erinyen, die für das Wohlergehen der athenischen Gemeinschaft funktionalisiert wird, beruht auf ihrer Zuständigkeit für Bestrafung durch den Tod; die Monstrosität ihres Äußeren versinnbildlicht zugleich die Furchtbarkeit der von ihnen vollzogenen Strafe sowie der Gewalttaten, die sie herbeirufen können. Wer den Tod bringt, teilt den Menschen ihr Schicksal zu, und so gibt Aischylos den Erinyen Züge, die sonst nur den Schicksalsmächten den Keren innewohnen; dass die Erinyen über ein breiteres Gebiet als nur Tod und Strafe walten, wird auch durch ihre besondere Verbindung zum Blut, dem Stoff des Lebens und des Todes, angedeutet. Die Macht über das Gedeihen des Landes und des Lebens, die erst nach der Versöhnung mit Athene zur Geltung kommt, ist im Wesen der Erinyen angelegt. Dabei soll nicht vergessen werden, dass die Erinyen Strafe und ausgleichende Vergeltung, auch in Form der Rache, nicht aus grundlosem Blutdurst, sondern als Hüter göttlicher Gerechtigkeit ausüben, und dass dieses Amt von Zeus und den Moiren stammt und dass auch menschliche Agenten die Erinyen in Zusammenhang mit Dike als legitimierende Instanzen evozieren.

Gerechtigkeit und Jenseits gehen in den *Eumeniden* eine enge Verbindung ein, sowohl in der Gestalt der Erinyen als auch in der von Hades und Orest. Bereits bei Homer und Hesiod kann die Unterwelt als Ort der Strafe und die tiefste Unterwelt (Tartaros) als Gefängnis dienen; als Ort der Strafe ist sie implizit auch ein Ort der göttlichen Gerechtigkeit oder trägt zur Erhaltung der göttlichen Ordnung bei, indem sie zur Verwahrung von Anfechtern der Macht des Zeus verwendet wird. Doch geht Aischylos noch einen Schritt weiter und führt ein Gericht ein: Er erweitert die Herrschaft des Hades über die Toten um ein richterliches Amt. Darüber hinaus stilisiert er den Unterweltsherrscher zum zweiten Zeus und setzt dabei die Gerechtigkeit der obersten Rechtsinstanz, ja, des Vaters der Dike, im Jenseits ein. Wie Zeus garantiert also auch Hades die absolute Gerechtigkeit: Wer auf Erden den Erinyen entflieht, hat noch mit ihm zu rechnen. Er bleibt aber wie Zeus in der aischyleischen Göttervor-

---

208 Athene beschreibt den Trieb zur blutigen Gewalt als eine Art Wahn: σὺ δ' ἐν τόποισι τοῖς ἐμοῖσι μὴ βάλῃς / μήθ' αἱματηρὰς θηγάνας, σπλάγχνων βλάβας / νέων, ἀοίνοις ἐμμανεῖς θυμώμασιν (Aischyl. *Eum.* 858 – 863). Zum Zusammenhang zwischen Blut und Wahn vgl. oben S. 141.

209 Gegen die Deutung, die Blutrache sei allein durch das Blutgericht völlig abgelöst, siehe auch Braun (1998) 200 – 203; Föllinger (2003) 119 f.; Lloyd-Jones (1983) 94 f.; kritisch: Conacher (1987) 168 f. Angesichts des athenischen Rechtssystems, in dem Ansprüche auf Rache ja anerkannt wurden, ist die Integrierung der Erinyen in die Stadt, ohne dass dabei die Assoziation von Erinys und Blutrache getilgt wird, nicht nur verständlich, sondern sogar zu erwarten. Vgl. Gehrke (1987), der zeigt, wie die Rache „[e]inerseits [...] im Recht gebändigt, andererseits aber immer gerade auch dadurch [...] lebendig" war (147). Dieses Zitat könnte ebenso gut das Verhältnis der Erinyen zum Areopag beschreiben.

stellung den Menschen fern, während die Erinyen seine absolute Gerechtigkeit ins Diesseits transferieren. Unter den richtigen Bedingungen manifestiert sich ihre Gerechtigkeit nicht als Strafe, sondern als Segen, den Gerechten beziehungsweise der gerechten Gemeinschaft zum Lohn. Belohnend und bestrafend wird auch Orest als Heros aus dem Grabe heraus wirken, wenn auch in einem kleineren Radius, indem er durch seine fallweise bedrohliche Macht die Eidestreue gewährt. Durch den Heroenkult, der für Orest in anderen Quellen belegt ist, erhält Orest eine Macht, die über die des Totengeistes seiner Mutter hinausgeht; ihre Macht bestand hauptsächlich in der Mobilisierung der Erinyen, und ihr weiteres Schicksal bleibt unbekannt. Den Vertretern ihres Rechtanspruchs, den Erinyen, sowie dem Gott Hades und dem Heros Orest kommt aber ein noch dauerhafterer Einfluss auf die Welt der Lebenden zu, so dass gesagt werden kann, dass Aischylos die chthonischen Gewalten der *Eumeniden* generell als Garanten der Gerechtigkeit in beiden Welten konzipiert.

VII Krieg ohne Ende. Polymestor, Achill und das dunkle Diesseits in Euripides' *Hekabe*

Einführung[1]

In Euripides' ca. 425 v.Chr. aufgeführter *Hekabe* wird jeder der zwei Handlungsteile, die die Figur der Protagonistin zur Einheit bindet, durch die Forderung eines Totengeists ausgelöst.[2] Der Prologsprecher, der Geist von Hekabes jüngstem Sohn Polydor, skizziert den Hintergrund und zum Teil den Verlauf der kommenden Handlung (1–52): Da er zu jung zum Kämpfen war, wurde Polydor von seinem Vater Priamos mit reichlich Gold zum Thrakischen Gastfreund Polymestor gesandt; nach dem Fall Trojas ermordete Polymestor ihn aber aus Geldgier und warf seinen toten Körper ins Meer. Der tote Polydor bat daraufhin die Unterweltsgötter um Bestattung durch seine Mutter (49 f.) und wartet jetzt als wiedergekehrter Totengeist auf die Erfüllung seiner Bitte. Als seine durch die Wellen an die Küste der Thrakischen Chersones getriebene Leiche gefunden und zu Hekabe gebracht wird, schreitet die ehemalige Königin zur Rache an Polymestor: Dieses Geschehen bildet den zweiten Teil des Dramas und wird vom Totenschatten weder verlangt noch vorhergesehen.[3] Im restlichen Prolog erzählt Polydor aber von einem anderen Totengeist, der den ersten Teil des Dramas in Gang setzt: Der Geist des Achill ist über seinem Grabhügel erschienen, um eine letzte Totenehre von den zum Absegeln bereiten Griechen zu fordern. Er verlangt nämlich die Opferung von Hekabes Tochter Polyxene, deren Schicksal Hekabe zu ihrem großen Leid nicht abzuwenden vermag. Euripides bringt Achill freilich nicht zum Erscheinen, und auch ist Polydor nach dem Prolog nur als Leichnam zu sehen, doch durch ihre Ansprüche auf jeweils Bestattung und Grabopfer üben beide Totengeister entscheidenden Einfluss auf das Geschehen aus.

Euripides funktionalisiert die Totengeister in der *Hekabe* nicht als bloße Mechanismen, zwei disparate Handlungen auszulösen. Er gestaltet die Totenschatten viel-

---

1 Im Folgenden wird der griechische Text nach der Ausgabe von Diggle (1981) zitiert. Die Übersetzungen der *Hekabe* orientieren sich an der Übertragung von Matthiessen (2010) und sind zum Teil modifiziert worden.

2 Zur Datierung der *Hekabe* siehe Matthiessen (2010) 3 f. – Zur Einheit der zweiteiligen Handlung und zur Figur der Hekabe: Matthiessen (2010) 6, 13–16; Mossman (1995) 204–209; Müller (1841) Bd. 2, 160.

3 Indem Polydor die Reaktion der Hekabe auf die kommenden Unglücksfälle nicht ankündigt, wird die Aufmerksamkeit des Publikums auf die Entfaltung der Handlung gelenkt und dadurch Spannung erzeugt: Vgl. Erbse (1984) 49, 291–293; Hose (2008) 85 f. Erbse (1984) 58 kommentiert auch die weiteren Konsequenzen dieser Auslassung für die Einheit und Interpretation des Dramas: „Hekabes Rache durfte freilich [...] im Prolog nicht erwähnt werden. Hätte etwa ein wohlunterrichteter Gott davon gesprochen, dann würde die Tat der Königin nicht mehr als freier Entschluß, noch weniger als Wagnis gelten können, sondern nur als vorbestimmtes Ereignis, dessen Gelingen festläge. Hekabes unerwartete Entschiedenheit ließe sich dann auch kaum noch als Reaktion auf das ihr zugefügte Leid verstehen. Unter solchen Voraussetzungen aber würde die Einheit des ganzen Werkes zerfallen."

https://doi.org/10.1515/9783110612691-008

mehr als strukturierende Elemente, die neben der zentralen Figur der Hekabe die beiden geschlossenen Episoden zur thematischen Einheit verbinden. Dies erfolgt zum einen durch den existentiellen Status des Polydor und des Achill als Totenschatten: Obwohl es in der griechischen Tragödie freilich nicht an Leichen mangelt, bleiben die Toten normalerweise stumme Requisiten, passive Auslöser des Konfliktes, deren Anspruch auf ehrenvolle Behandlung (inklusive Bestattungsriten und gegebenenfalls Rache) allein von den Lebenden vertreten wird. Unter den erhaltenen Tragödien gilt es als eine Besonderheit der *Hekabe*, dass nicht nur einer, sondern zwei Totengeister die Unterwelt verlassen, um ihre Wünsche durchzusetzen. Euripides mildert zwar die „Überaktivität" der Totengeister ab, indem er nur einen die Bühne betreten lässt, doch auch dem verstorbenen Achill kommt unter anderem durch die akustisch und visuell lebhafte Schilderung seiner Epiphanie eine starke dramatische Präsenz zu. Die Handlungsimpulse beider Teile werden also auch durch ihre enge Verbindung zu einer bestimmten Figurenart – nämlich zu aktiven Unterweltsgeistern oder, genauer gesagt, ruhelosen Kriegstoten – miteinander verknüpft. Zum anderen tragen die Totengeister zur dramatischen Einheit bei, indem Euripides sie als Mittel einsetzt, die Atmosphäre des Dramas gleich am Anfang zu bestimmen und aufzubauen. Der Entfaltung dieser Todesthematik, insbesondere aber der dramatischen Funktion und Darstellung der Totengeister, die zu dieser Thematik gehören und sie zum Teil gestalten, widmet sich die folgende Analyse.

Prolog. Der Totengeist des Polydor

Mit dem Dunkel des Hades (σκότος, 1) und einem ermordeten jungen Mann beginnt die *Hekabe*.[4] Ins Unterweltsdunkel wird in der Mitte des Dramas die ebenfalls junge, von Achill als Opfer geforderte Polyxene freiwillig gehen,[5] und mit Dunkel, Kindermord und Tod endet das Stück auch. Mit dem Auftritt des ermordeten Polydor und dessen berühmten ersten Worten ist also der Grundton der Tragödie angegeben (1–3):[6]

> Ἥκω νεκρῶν κευθμῶνα καὶ σκότου πύλας
> λιπών, ἵν' Ἅιδης χωρὶς ᾤκισται θεῶν,
> Πολύδωρος [...]

4 Zum Alter des Polydor: Vgl. Eur. *Hec.* 13–15 und 20 (Polydor war zu jung, um zu kämpfen, als er weggeschickt wurde, und wuchs bei Polymestor auf); Eur. *Hec.* 733 f. (als Agamemnon den Leichnam des Polydor sieht, fragt er nach der Identität des toten Mannes, ἀνήρ). Aus der zweiten Stelle lässt sich schließen, dass Polydor zur Zeit der Handlung kein Kind mehr ist.

5 Polyxene und Todesdunkel: Eur. *Hec.* 209 f.

6 Zum Ruhm des ersten Verses: Der erste Vers wurde in der Antike gerne zitiert (Demosth. *or.* 18,267,4; Strab. 14,5,4; Lukian. *nek.* 1,9) und parodiert (Aristoph. *Gerytades* fr. 156,1 f. PCG = Athen. 12,75). Darüber hinaus weist der Vers eine Ähnlichkeit mit den ersten Versen des verlorenen und nicht sicher zu datierenden Dramas *Polyxene* von Sophokles auf (näher dazu weiter unten), die der Totengeist des Achill sprach (Soph. fr. 523 Radt = 480 Nauck, siehe Anm. 23).

Ich bin gekommen, das Versteck der Toten und des Dunkels Tor verlassend,
wo Hades abseits von den Göttern wohnt,[7]
Polydor [...]

Die ersten Verse weisen den Sprecher als Toten aus, was in der Inszenierung wohl auch an seinem Kostüm und an den sichtbaren Wunden erkennbar war, doch vielmehr deutet die Unterweltsdarstellung den Grund seiner Erscheinung überhaupt an.[8] Denn aus den vielen charakteristischen Merkmalen des Hades greift Euripides zwei heraus, die für die Situation des unbestatteten Polydor besondere Relevanz tragen: der Topos des Hades als unterirdisches Versteck (κευθμών, vgl. κεύθειν, „verdecken, verstecken") und die Pforten. In der Topographie der Unterwelt grenzen seit Hesiod die Pforten einen äußeren Ankunftsort von einem inneren Aufenthaltsort des Hades ab:[9] Sie markieren den Eingang in den Teil des Hades, von dem der Verstorbene nicht zurückkehrt, und damit die endgültige Aufnahme ins Totenreich und den vollzogenen Übergang in den Tod.[10] Der Ausdruck „die Pforten des [Hades]dunkels zu verlassen" beschreibt streng genommen ein Adynaton – es sei denn, dass der Tote wegen fehlender Trauerriten (einschließlich Bestattung) noch nicht endgültig in den Hades eingegangen ist.[11]

Während das topographische Detail auf das Schicksal und Anliegen des Totenschattens hinweist, spielt die Umschreibung der Unterwelt als „Versteck der Toten" auf eine Vorstellung an, deren Ambivalenz Euripides im Prolog weiter entwickelt und sich im weiteren Verlauf der Handlung zunutze macht. Es handelt sich hier um die Doppeldeutigkeit des Begriffs νεκρός. Wie das Synonym νέκυς bezeichnet νεκρός den leblosen Körper, aber auch den Verstorbenen selbst als Individuum, das in der Unterwelt weiter existiert und dort mit seiner ψυχή und seinem Schattenbild (εἴδωλον) identifiziert wird.[12] Dieser Sprachgebrauch korrespondiert mit der Vorstellung, der

---

7 Zur Ferne des Hades und seines Reiches vgl. Kapitel VI (Aischylos, *Eumeniden*), S. 135 f.

8 Wunden am Leichnam des Polydor: Eur. *Hec.* 719 f.

9 Z. B. Hes. *theog.* 773 f. und v. a. Hom. *Il.* 23,71–74; vgl. die Unterweltstopographie in den *Fröschen* des Aristophanes: Dionysos und Xanthos sind bereits in der Unterwelt angekommen, als sie an die Pforten klopfen müssen, um Zutritt zum Bereich der Totenseelen zu erlangen.

10 Nicht λείπειν, sondern περᾶν ist daher das Verb, das man in Verbindung mit den Hadespforten zu finden erwartet: Vgl. Hom. *Il.* 5,646; 23,71.

11 Der Ausdruck ist in den erhaltenen Tragödien einzigartig; kein anderer Totengeist im attischen Drama verwendet dieses Bild, um das Verlassen der Unterwelt zu beschreiben. – Zu der Vorstellung, dass der Tote nur nach der Bestattung seines Leichnams in den Hades eingehen konnte, siehe Sourvinou-Inwood (1995) 309–311, die aber anhand der oben diskutierten Verse aus dem Prolog der *Hekabe* die Verbreitung dieser Vorstellung im 5. Jh. v. Chr. bestreitet. Vgl. Eur. *Suppl.* 62; *Tro.* 1084 f. (ruhelose, unbestattete Tote).

12 Νεκρός/νέρκυς in Bezug auf den Leichnam: z. B. Eur. *Hec.* 671; 760; 777; 1287 f.; in Bezug auf den Verstorbenen als Person: z. B. Eur. *Hec.* 393; 679 (σῶμα [...] νεκροῦ); vgl. Eur. *Hec.* 551. Beide Bedeutungen sind seit Homer üblich; bei Homer sind die auf dem Schlachtfeld liegenden Körper νεκροί, νέκυες oder νέκυες/νεκροὶ κατατεθνηῶτες (z. B. Hom. *Il.* 7,409; 18,540) genauso wie die Toten, mit denen sich Odysseus unterhält (vgl. Hom. *Od.* 11,145; 11,491); letztere werden auch als ψυχαὶ [...] νεκύων

Verstorbene sei zugleich nah in seinem Grab und fern im Hades; sobald die sterblichen Überreste entweder unter der Erde oder in einer Urne „versteckt" sind – in beiden Fällen werden üblicherweise κεύθειν, κρύπτειν und ähnliche Termini verwendet –, wird der Verstorbene als auch im Hades verborgen (κεύθειν) gedacht.[13] Aus dem Kontext wird normalerweise klar, ob gerade von dem Grab oder dem Hades, von leblosen Körpern oder den weiterexistierenden Toten die Rede ist. In der Wendung νεκρῶν κευθμών hingegen wird weder zwischen Gräbern und dem Hades noch zwischen den toten Körpern und den Toten unterschieden, sondern Euripides lässt die Ambiguität beider Begriffe zur Geltung kommen. Der unbestattete Polydor hat den Hades und die anderen immateriellen Totenschatten verlassen, doch die Vorstellung eines konkreten Ortes des „Verstecks" und von toten Körpern schwingt noch mit und evoziert den materiellen Aspekt des Todes beziehungsweise des Toten, der für die Präsenz des Polydor in der dramatischen Handlung ebenso wichtig sein wird.

In der restlichen Prologrede spricht Polydor von sich abwechselnd als leblosem Körper und als höchst beweglichem, vom Leib getrenntem Totengeist. Dass neben der ψυχή auch der Körper noch nach dem Tode, der nach geläufiger antiker Vorstellung das Ausgehen des Lebenshauchs aus dem Leibe voraussetzt, mit dem weiterexistierenden „ich" des Verstorbenen identifiziert wird, wirkt als Aussage des Toten über sich selbst zwar befremdlich, ist aber an sich nicht überraschend und bereits im homerischen Epos zu finden.[14] Der Körper bleibt die Schnittstelle zwischen dem Individuum und den Lebenden, bis nach der Bestattung diese Funktion durch das Grab als Ort der Erinnerung, des Kontakts und im Fall von Heroen auch der Kultverehrung zum

---

κατατεθνηώτων bezeichnet (Hom. *Od.* 11,37; 11,541): Zu νέκυες/νεκροί bei Homer siehe Bickel (1926) 219–222; Nilsson (1967) Bd. 1, 182. – Zu ψυχή und εἴδωλον des Verstorbenen als Identitätsträger vgl. Hom. *Il.* 23,72 (ψυχαὶ εἴδωλα καμόντων); *Il.* 23,104; *Od.* 24,14; *Od.* 11,476 f., wo νεκροί und εἴδωλα in Apposition stehen (πῶς ἔτλης Ἄϊδόσδε κατελθέμεν, ἔνθα τε <u>νεκροὶ</u> / ἀφραδέες ναίουσι, βροτῶν <u>εἴδωλα</u> καμόντων;).

13 Unter der Erde/im Grab verborgen: Von vielen möglichen Beispielen vgl. Hom. *Od.* 3,16; Eur. *Hec.* 324 f. (νύμφαι τ' ἀρίστων νυμφίων τητώμεναι, / ὧν ἥδε κεύθει σώματ' Ἰδαία κόνις); Eur. *Hec.* 726 (τί μέλλεις παῖδα σὴν κρύπτειν τάφωι [...] ;); in einer Urne verborgen: z B. Aischyl. *Choeph.* 687; Soph. *El.* 1120; im Hades verborgen: z. B. Hom. *Il.* 22,243 f. (Achill: [...] είς ὅ κεν αὐτὸς ἐγὼν Ἄϊδι κεύθωμαι); Hom. *Il.* 22,482 f. (νῦν δὲ σὺ μὲν Ἀΐδαο δόμους ὑπὸ κεύθεσι γαίης / ἔρχεαι); Hom. *Od.* 24,204 (ἐσταότ' εἰν Ἀΐδαο δόμοισ', ὑπὸ κεύθεσι γαίης).

14 Der Totengeist des Patroklos identifiziert sich beispielsweise mal mit seinem unbestatteten Leichnam, mal mit seiner noch beweglichen ψυχή, wie am Wechsel des Bezugs des „ich" in seiner Bitte um Bestattung deutlich erkennbar ist: θάπτέ με ὅττι τάχιστα πύλας Ἀΐδαο περήσω („begrabe mich [d. h. als Körper] gleich, dass ich [d. h. als Psyche] durch die Pforten des Hades gehe", Hom. *Il.* 23,71; vgl. 75 f.). Die dieser Ausdrucksweise inhärente Widersprüchlichkeit (wenn die ψυχή den Körper belebt hat, wie kann der leblose Körper noch mit dem einst lebenden Individuum identifiziert werden?) wird allerdings spätestens ab Anfang des vierten Jahrhunderts v.Chr. diskutiert, wie die Sokrates in den Mund gelegte kritische Äußerung darüber im platonischen *Phaidon* bezeugt: Plat. *Phaid.* 115c–116a; zum Zusammenhang dieser Passage mit dem Unsterblichkeitsglauben im Phaidon siehe Karfik (2004) 52–86.

größten Teil ersetzt wird.[15] Euripides bedient sich in seiner Polydordarstellung eben dieser Kontinuität zwischen lebendem und totem Leib, zwischen dem identitätstragenden, belebenden Prinzip (ψυχή) und dem Körper, doch er verstärkt diese Kontinuität auf außergewöhnliche Weise und verleiht dabei dem Toten eine besondere Lebendigkeit als Bühnenfigur. Bereits Polydors Schilderung seiner Ermordung zeichnet sich durch einen fließenden Übergang vom Leben zum Tod aus (26–31):

> κτείνει με χρυσοῦ τὸν ταλαίπωρον χάριν
> ξένος πατρῷιος καὶ κτανὼν ἐς οἶδμ' ἁλὸς
> μεθῆχ', ἵν' αὐτὸς χρυσὸν ἐν δόμοις ἔχηι.
> κεῖμαι δ' ἐπ' ἀκταῖς, ἄλλοτ' ἐν πόντου σάλωι,
> πολλοῖς διαύλοις κυμάτων φορούμενος,
> ἄκλαυτος ἄταφος·

> [...] des Goldes wegen tötet mich Unseligen
> des Vaters Gastfreund, und nach dem Mord wirft er mich in den Schwall des Meers,
> damit er selbst das Gold im Hause hätte.
> Ich liege bald am Ufer, bald in Meereswogen,
> durch viele Brandungswellen hin und her getragen,
> unbeweint, unbestattet.

Polydor, der gerade in den vorangegangenen Versen von seinem Aufenthalt und Aufwachsen bei Polymestor berichtet hat, erzählt von seinem weiteren Schicksal als bruchloser Fortsetzung seines Daseins: Er wird ermordet, dann erlebt er als Toter, wie er ins Meer geworfen und, dort liegend, von den Wellen hin und her gespült wird; er unterscheidet noch nicht zwischen seinem lebenden Selbst und seinem Leichnam, sondern spricht von sich (με) als Objekt des ersten Verbes κτείνει sowie des folgenden Partizips κτάνων und des zweiten Hauptverbes μεθῆκε. Abgesehen vom entscheidenden Verb κτείνειν markiert Polydor die Zäsur zwischen Leben und Tod also nicht. Es fehlt ein Hinweis auf das Unterweltsdunkel, das die Augen der Sterbenden umhüllt, oder auf das Entweichen der ψυχή aus dem Körper, zwei fast unverzichtbare Motive des Sterbens, die seit Homer weit über das fünfte Jahrhundert hinaus die Verwandlung des Menschen durch den Tod und seinen Abschied vom Diesseits kennzeichnen.[16] Erst

15 Sourvinou-Inwood (1995) 57: „[U]ntil burial, the 'I' of the deceased consists of the shade and the corpse; one or the other is identified with 'I', depending on the focus of the articulation. The corpse also functions as the metonymic sign of the whole dead person during the death-ritual. At burial, the corpse is handed over symbolically to the nether world [...]. What remains [...] is the sign marking his grave, which [...] was also the sign of the deceased and the focus of his memory in the world of the living. After burial, the 'I' of the deceased – if we leave aside his survival in memory – is coterminous with his shade in Hades." Vgl. Otto (1958) 31–36. Ferner, obwohl der Tod als Trennung von ψυχή und Körper konzipiert wird, bleiben ψυχή und Äußeres insofern eine Einheit, als die Rolle des Körpers auf das Ebenbild (εἴδωλον) übertragen wird. Zu den körperlichen und charakterlichen Merkmalen, die auch an der ψυχή des Verstorbenen zu erkennen sind, vgl. Jahn (1987) 35–37.

16 Vgl. die häufigen homerischen Beschreibungen vom Tod auf dem Schlachtfeld, wo die Seele den Körper verlässt (z. B. Hom. *Il.* 16,453; Hom. *Od.* 11,222; eine Auflistung und Analyse aller einschlägigen

in den darauf folgenden Versen, also getrennt vom erzählten Ablauf des Todes, erwähnt Polydor fast nebenbei, dass er doch nicht mehr an seinen Körper gebunden ist, sondern vor drei Tagen seinen Körper verlassen habe und jetzt (νῦν)[17] – als Totengeist – seine Mutter besucht (30 – 33):

> νῦν δ' ὑπὲρ μητρὸς φίλης
> Ἑκάβης ἀίσσω, σῶμ' ἐρημώσας ἐμόν,
> τριταῖον ἤδη φέγγος αἰωρούμενος [...]
>
> Doch jetzt verließ ich meinen Körper
> und über meiner lieben Mutter Hekabe schwirre ich umher,
> den dritten Tag schon in den Lüften schwebend [...]

Es verbindet die materielle Wasserleiche und den immateriellen Totengeist neben der Identität des Verstorbenen auch eine unheimliche Beweglichkeit, die zur Darstellung eines in der oberen Welt präsenten und handlungsfähigen Toten beiträgt. Als Leichnam ist Polydor der ständigen Bewegung der Wogen ausgesetzt (vgl. die Passivformen κεῖμαι und φορούμενος), während seine Bewegung als Totengeist selbstbestimmt ist (vgl. die Aktivformen ἀίσσω und ἐρημώσας). Trotz des Unterschiedes zwischen passiver und aktiver Bewegung handelt es sich hier um zwei Komponenten eines einstigen Ganzen, die, wenn nicht mehr eine Einheit, in der poetischen Konstruktion immer noch im Einklang miteinander sind. Durch sein ruheloses Herumflattern (ἀίσσειν) und seine anhaltende Präsenz in der Welt der Lebenden – bereits drei Tage – lässt der Totengeist erkennen, dass er noch nicht in die Unterwelt integriert worden

---

Stellen findet sich bei Jahn 1987, 33 – 35) oder Dunkel die Augen umhüllt (z. B. Hom. *Il.* 4,461; 4,503; 4,526; 6,11 u. a). Vgl. weiter die (literarischen) Beschreibungen des Todeserlebnisses aus der Ich-Perspektive bei Bakchyl. 5,151 – 154; Eur. *Alc.* 252 – 272 (ausführlicher dazu in Kapitel VIII); Eur. *Phoen.* 1453; vgl. ferner die „Nahtoderfahrung" des Er, dessen ψυχή sich zeitweilig vom Körper ablöst und ins Jenseits reist (Plat. *rep.* 614b; Er-Mythos Plat. *rep.* 613e–615d). In der viel späteren Schrift *Über die späte Strafe der Gottheit* erzählt Plutarch von einer ähnlichen Erfahrung eines gewissen Thespesios, dessen Übergang in den Tod ebenfalls durch die Ablösung der Seele bzw. von τὸ φρονοῦν (der Sitz des Verstandes und der Wahrnehmung) vom Körper erfolgt; interessanter ist das begleitende Gefühl, das Plutarch dem Sterbenden zuschreibt: Im Moment seines Todes erschien es Thespesios, als würde er von einem Steuermann ins stürmische Meer geworfen und als käme er danach allmählich zur Oberfläche empor, hole Atem und schaue gleichsam mit einem „Augen der Seele" um sich (οἷον ἄν τις ἐκ πλοίου κολυμβητὴς εἰς βυθὸν ἀπορριφεὶς πάθοι τὸ πρῶτον, οὕτως ὑπὸ τῆς μεταβολῆς ἔσχεν· εἶτα μικρὸν ἐξαρθεὶς ἔδοξεν ἀναπνεῖν ὅλος καὶ περιορᾶν πανταχόθεν, ὥσπερ ἑνὸς ὄμματος ἀνοιχθείσης τῆς ψυχῆς, Plut. *de sera* 563e). Obwohl das Bild stark von philosophischen Strömungen geprägt ist und der Text erst im ersten Jahrhundert nach Christus verfasst wurde, könnte hier sowie in der *Hekabe* auf eine Vorstellung oder ein Bild des Todes als Sturz ins Meer angespielt werden. Radermacher (1903) 73 – 75 sucht diese Vorstellung in anderen Mythen und vergleicht sie mit anderen Todesbildern (wie etwa Entrückung in die Berge); zu „Nahtoderfahrungen" in der Antike siehe weiter Bremmer (1995) 90 – 96.

17 Der zeitliche Verweis signalisiert den Zuschauern, dass ihnen Polydor als Bühnenfigur „erscheint", um den Prolog zu sprechen, während er gleichzeitig seine Mutter besucht – vermutlich im Traum (vgl. Eur. *Hec.* 54; 69 f. und 702 – 707), dessen Inhalt nicht zwangsläufig mit dem ans Theaterpublikum gerichteten Prolog übereinstimmen muss.

ist, sondern sich in einem transitorischen Raum zwischen Leben und rituell anerkanntem Tode befindet. Seine Unrast und liminale Stellung spiegeln sich im Bild des rastlosen Hin- und Hertreibens seines Körpers im ebenfalls liminalen Raum zwischen offenem Meer und festem Land. Über seinen Körper aber hat der Totengeist tatsächlich noch eine gewisse Kontrolle, wenngleich keine unmittelbare (47–50):

> φανήσομαι γάρ, ὡς τάφου τλήμων τύχω,
> δούλης ποδῶν πάροιθεν ἐν κλυδωνίωι.
> τοὺς γὰρ κάτω σθένοντας ἐξῃτησάμην
> τύμβου κυρῆσαι κἀς χέρας μητρὸς πεσεῖν.
>
> [...] Ich werde nämlich, damit ich Armer ein Grab erlange,
> in der Brandung vor den Füßen einer Dienerin erscheinen.
> Von den Machthabern unten habe ich erbeten,
> dass ich ein Grab erhalte und in meiner Mutter Hände falle.

Polydors Anliegen setzt voraus, dass sein Leichnam zum Vorschein kommt, was dann mit Hilfe der Unterweltgötter geschieht (49; 51). Das Meer treibt den Körper zur Brandung; die „Bewegung" des Leichnams ist letztendlich nicht ziellos und entspricht dem Wunsch des Totengeists. Körperlose Totenseele und entseelter Körper werden näher aneinander gebunden in der Aussage des Polydor, er werde der Dienerin „erscheinen" (φανήσομαι). Gemeint ist, wie aus dem Kontext und Handlungsverlauf klar hervorgeht, die Auffindung des am Strand liegenden Leichnams; das Verb beschreibt das plötzliche Sichtbarwerden und erinnert dabei an die ersten Worte des Polydor, er sei aus dem Dunkel der Unterwelt (implizit ans Licht der Oberwelt) gekommen, indem er das Versteck der Totenschatten – und Leichen – verließ. Wie im ersten Vers lässt auch hier Euripides die Grenze zwischen materiellem Körper und immateriellem Geist bewusst verschwimmen: „Ich werde erscheinen" drückt, so konstatiert der darauf folgende Zwecksatz (ὡς [...] τύχω), eine Absicht des Sprechers aus, und ohne die erklärenden Folgeverse wäre die Bedeutung: „Ich erscheine als Totengeist". Diese Bedeutung ist nicht zu überhören, zumal der Totengeist erst zehn Verse vorher die Totenerscheinung des Achill über dessen Grab auf gleiche Weise beschrieben hatte: ὁ Πηλέως [...] παῖς ὑπὲρ τύμβου <u>φανείς</u> (37). Aus φαίνεσθαι werden ferner die zwei Substantive φάσμα und φάντασμα gebildet, mit denen (nicht nur) in der *Hekabe* Totenerscheinungen im Tageslicht und im Traum bezeichnet werden – Achills Totengeist (Ἀχιλλέως φάντασμα, 389 f.) stellt den Achäern seine Forderung; Hekabe hat verschiedene unheilverkündende Träume (δείματα, φάσματα, 70; φάντασμα μελανόπτερον, 704), in deren Bildsequenzen auch Polydor erscheint, so dass sie beim Aufwachen Angst vor seinem φάντασμα hat, wie Polydor zu berichten weiß (περᾶι [...] ἤδ' ὑπὸ σκηνῆς πόδα / Ἀγαμέμνονος, <u>φάντασμα δειμαίνουσ' ἐμόν</u>, 53 f.). Polydor setzt also das „Erscheinen" seines Leichnams mit der Erscheinung seines Totengeists gleich durch die Verwendung der ersten Person von φαίνεσθαι und benutzt das Vokabular, mit dem unter anderem übernatürliche Erscheinungen gerne beschrieben werden –

darunter die kurz zuvor berichtete Epiphanie des Achill.[18] Dabei tritt zum einen Polydors „Erscheinung" am einsamen Meeresstrand vor den Füßen einer Dienerin in Kontrast zur Heroenepiphanie vor dem argivischen Heer (113; vgl. 38), worauf noch einzugehen sein wird. Zum anderen präsentiert Polydor seinen Leichnam als mehr denn nur eine leere Hülle. Polydors Totengeist tritt als autonome, sprechende und bewegliche Figur auf – er hat also die Charakteristika eines Lebenden, außer dass er seinen Körper nicht mehr bewohnt und belebt, und stellt den Verstorbenen als Individuum dar. Jetzt aber verstärkt Polydor die Verbindung seiner Identität mit seinem Leichnam dahingehend, dass der tote Körper an die Stelle des immateriellen Totengeists als Repräsentant des Individuums tritt, das nach dem Tode weiterhin existiert, Anliegen hat und wegen seiner Situation noch in der Welt der Lebenden präsent ist. Durch die Perspektivierung des Polydor und die poetische Verstärkung der gewöhnlichen Kontinuität zwischen Körper und Verstorbenem wird die Präsenz des Totengeists als Bühnenfigur auf seine Leiche ausgedehnt.

Polydor und die Erscheinung des Achill

Euripides verwendet den Prolog in der *Hekabe* einerseits, um Polydor als Charakter vorzuführen und seine Präsenz in der Handlung zu etablieren. Die unmittelbare Funktion des Prologs ist es aber andererseits, den Handlungsrahmen zu entwerfen, indem er die Grundstimmung angibt und den Hintergrund wie zum Teil auch die bevorstehende Handlung exponiert.[19] Zu diesem dramatischen Zweck verbindet Euripides das Wissen des toten Polydor um die Vergangenheit mit einer bescheidenen Kenntnis über das Schicksal (ἡ πεπρωμένη, 43), die sich auf die Erfüllung der Forderungen beider Totengeister, Polydor und Achill, beschränkt und keine Aussage über eine allgemeine prophetische Fähigkeit der Toten zulässt.[20]

Die Figur eines Totengeists, der das bevorstehende Schicksal ankündigt, mag aber nicht allein auf die Funktion des Prologs zurückzuführen sein, sondern sich auch aus dem mythischen Stoff ergeben haben. Denn von der Verzögerung der Heimfahrt nach dem Krieg wird auch in einer Episode des verlorenen zyklischen Epos der *Nostoi* erzählt, in dem ein anderer Totengeist eine Rolle gespielt haben soll: Der Totenschatten des Achill erschien und versuchte, die Achäer an ihrer Ausfahrt zu hindern, indem er

18 Zum Vokabular der Epiphanie siehe Pfister (1924) 277 f., 281. Der Terminus ἐπιφάνεια im Sinne von „das persönliche, sichtbare Erscheinen eines übermenschlichen Wesens einem wachen Menschen gegenüber" ist zuerst in hellenistischer Zeit belegt, aber das gleiche Phänomen wird, wie Pfister zeigt, in früheren Jahrhunderten vornehmlich durch φαίνεσθαι ausgedrückt.

19 Zur Funktion des Prologs bei Euripides siehe v. a. Erbse (1984) *passim* und 289–294 (Zusammenfassung).

20 Zukunftswissen des Polydor: Eur. *Hec.* 41–46; 52. Polydor teilt sein Zukunftswissen mit den göttlichen Prologsprechern der Tragödie, aber im Unterschied zu ihnen hat er nur Kenntnis über das Schicksal und keinen direkten Einfluss auf dessen Verlauf.

ihnen die kommenden Ereignisse vorhersagt.[21] In den Voraussagungen kann es sich nur um die schwierige Heimfahrt und Rückkehr der Achäer gehandelt haben, die im weiteren Verlauf der *Nostoi* behandelt wurden – und die Euripides zum Inhalt der von Polymestor wiedergegebenen Prophezeiung am Dramenschluss macht.[22] Die Rolle des Achill im Epos löst Euripides in seiner Bearbeitung gleichsam durch zwei Bühnenfiguren ab, nämlich Polymestor, dessen Vorhersage sich inhaltlich mit der des Achill in den *Nostoi* deckt, und Polydors Totengeist, der wie der Geist Achill am Anfang der Erzählung der gleichen mythischen Episode erscheint und kommende Ereignisse vorauszusagen weiß. Die Parallelität von dem epischen Totengeist Achill und den dramatischen Totengeistern wäre noch augenfälliger, wenn man von einer Priorität der problematisch zu datierenden sophokleischen Bearbeitung desselben mythischen Stoffes ausgehen könnte. Aus einem Fragment der *Polyxene* im Umfang von drei Versen, mit denen die Eröffnungsverse der *Hekabe* eine unüberhörbare Ähnlichkeit haben, geht hervor, dass der Totengeist des Achill als Prologsprecher aufgetreten ist; der Inhalt des restlichen Prologs bleibt unbekannt.[23] Den Totengeist eines jungen ermordeten Trojaners erscheinen zu lassen, wo man vor dem Hintergrund der *Polyxene* des Sophokles eine Heroenerscheinung hätte erwarten können, hätte bereits aufgrund der ersten Verse einen Kontrast zwischen den zwei Totengeistern impliziert.[24] Den Kontrast hätte wiederum Polydors Voraussagung verstärkt, indem sie sich von der in den *Nostoi* tradierten Prophezeiung des Achill in Bedeutsamkeit und Wirkung un-

---

21 Über die Totenerscheinung in den *Nostoi* berichtet Proklos in der *Chrestomathia* (*chr.* 277–303): τῶν δὲ περὶ τὸν Ἀγαμέμνονα ἀποπλεόντων Ἀχιλλέως εἴδωλον ἐπιφανὲν πειρᾶται διακωλύειν προλέγον τὰ συμβησόμενα. Von einer Forderung nach Polyxenes Opferung ist jedoch weder hier noch in den Zusammenfassungen der anderen zyklischen Epen explizit die Rede: Am Schluss der *Iliupersis* wird sie am Grab des Achill geopfert, aber der Grund dafür wird nicht erwähnt und eine Totenerscheinung kommt nicht vor (Prokl. *chr.* 239–274: ἔπειτα ἐμπρήσαντες τὴν πόλιν Πολυξένην σφαγιάζουσιν ἐπὶ τὸν τοῦ Ἀχιλλέως τάφον). Es könnte allerdings argumentiert werden, dass die Opferung an Achills Grab seine Forderung impliziert, und dass die Forderung wiederum seine Kontaktaufnahme mit den Lebenden – eventuell durch eine Erscheinung – voraussetzt.

22 Polymestor gibt die Prophezeiung „des Thrakischen Sehers Dionysos" (1267) wieder: Eur. *Hec.* 1259–1281.

23 Soph. fr. 523 Radt = 480 Nauck: ἀκτὰς ἀπαίωνάς τε καὶ μελαμβαθεῖς / λιποῦσα λίμνης ἦλθον, ἄρσενας χοὰς / Ἀχέροντος ὀξυπλῆγας ἠχούσας γόους. In der Forschung wird gerne spekuliert, dass im restlichen Prolog Achill Polyxenes Opferung fordert (z. B. Calder 1966), doch dies lässt sich anhand der Fragmente nicht nachweisen, wie Pearson (1917) Bd. 2, 161 richtig gesehen hat; die Opferung hätte auch anders motiviert werden können, und der Totengeist hat eventuell wie in den *Nostoi* die Leiden der Rückkehr vorhergesagt (vgl. Soph. fr. 525 und 526 Radt, die sich jeweils auf den Sturm bei der Heimkehr und den Mord an Agamemnon beziehen könnten). Zum Verhältnis der *Hekabe* zur *Polyxene* des Sophokles siehe Matthiessen (2010) 6 f.; zum Verhältnis der *Hekabe* zur *Polyxene* des Sophokles und anderen Quellen siehe Erbse 1984, 54 f. mit weiterführender Literatur; King (1985), v. a. 48 f.; Matthiessen (2010) 5–7.

24 Vgl. Wilamowitz (1909) 450: „Es ist ein Glücksfall, daß uns in Fr. 480 [Nauck] die Verse selbst erhalten sind, welche Sophokles den Schatten des Achilleus sprechen ließ. Denn wir sehen nun deutlich, daß Euripides den schwarzen Schatten des Polydoros als Gegenstück zu dem Heroenglanze des sophokleischen Achilleus eingeführt hat [...]".

terscheidet – sie dient nicht einmal zur Warnung der Betroffenen und kann anders als die Ankündigung vom Heros Achill die Handlung der Lebenden nicht beeinflussen.

Der im Auftritt des Polydor angelegte Kontrast zwischen dem Prologsprecher und dem Totengeist der epischen Tradition (sowie wohl auch der sophokleischen Version) untermauert auf struktureller Ebene einen in der *Hekabe* selbst herausgearbeiteten Kontrast zwischen den beiden Totengeistern. Auch wenn Achills Totengeist nicht als dramatischer Charakter auftritt, büßt er weder seine Stelle zu Beginn der Episode noch seinen Einfluss auf die Handlung ein, sondern seine Erscheinung wird in die Totenerscheinung des Polydor narrativ eingebettet, wodurch die gleichzeitige Gegenwärtigkeit beider Totengeister am Dramenanfang und deren Gegenüberstellung ermöglicht wird.

Aus dem Prolog und zwei weiteren Stellen ergibt sich ein lebhaftes Bild der Heroenerscheinung, das vor allem den jenseitigen Status des Achill über den des ermordeten Prinzen erhebt.[25] Prominent am Anfang jeder der drei kurzen Schilderungen seiner Erscheinung steht der Ort: Achill erscheint „über seinem Grab“ (ὑπὲρ τύμβου φανείς, 37), genauer, sein Phantasma steigt (aus der Unterwelt) auf dem Gipfel des Grabhügels auf (ἦλθ' <u>ὑπὲρ ἄκρας τύμβου κορυφᾶς</u> / φάντασμ', 93 f.; τύμβου δ' <u>ἐπιβὰς</u> / [...] ἐφάνη, 109 f.).[26] Die Macht und Präsenz des Achill ist an sein Grab gebunden und seine Ehre mit der Verehrung des Grabes gleichgesetzt, wo ihm das Opfer entgegengebracht werden soll.[27] Die Betonung der für einen Heros charakteristischen Gebundenheit an die Grabstätte weist auf den erhobenen Status des toten Kämpfers hin, der in der prachtvollen goldenen Rüstung erscheint (χρυσέοις ἐφάνη σὺν ὅπλοις, 110), welche ihn auf dem Schlachtfeld zu Lebzeiten gekennzeichnet hatte, die aber auch den oft zur Heroenepiphanie gehörigen Glanz transportiert.[28] Dabei steht die feste Gebundenheit des Heros Achill an seinen Ruheort im krassen Gegensatz zur ruhelosen Beweglichkeit des Totengeists des unbestatteten Polydor, dessen toter Körper nicht einmal am festen Lande liegt, sondern wie Polydor in einer Zwischenzone gefangen ist. Während Achill in voller Kriegsrüstung erscheint, trägt der tote Polydor deutlich unkriegerische Bekleidung, nämlich Peploi, denn er war ja nach Thrakien geschickt worden, gerade weil er zu jung war, Waffen oder Rüstung zu tragen (οὔτε γὰρ φέρειν ὅπλα / οὔτ' ἔγχος οἷός τ' ἦ νέωι βραχίονι, 14 f.).[29] Zudem bekunden Schwertwunden

25 Achills Erscheinung: Eur. *Hec.* 37–44 (Polydor); 93–95 (Hekabe); 107–115 (Chor).

26 Ähnlich wird die Totenerscheinung des Dareios dargestellt in Aischyl. *Pers.* 659 f. (ἔλθ' ἐπ' ἄκρον κόρυμβον ὄχθου, / κροκόβαπτον ποδὸς εὔμαριν ἀείρων).

27 Ehre des Achill und Verehrung seines Grabs gleichgesetzt: Vgl. Eur. *Hec.* 41; 114 f.

28 Wie Matthiessen (2010) zu Eur. *Hec.* 110 bemerkt, ist wohl an die von Hephaistos geschmiedete Rüstung zu denken, die Thetis ihrem Sohn schenkt: Hom. *Il.* 18,478–613. – Zum charakteristischen Glanz der Heldenepiphanie siehe Bravo (2004) 66–68, der allerdings spätere griechische Quellen in seine Betrachtung einbezieht; weitere Beispiele finden sich bei Pfister (1924) 315 f. Vgl. von der Mühll (1976) 470 zu Heroenepiphanien im Krieg: „Zur Epiphanie gehört der Wunderglanz und die Wunderstimme, die den Feind schrecken“.

29 Peploi: Eur. *Hec.* 734 f. Entweder trägt Polydor die Peploi (als Peploi kann auch ein männliches Kleidungsstück bezeichnet werden) oder die Dienerin hat seinen Körper mit solchen umhüllt: Gregory

einen gewaltsamen Tod und verunstalten Polydors Körper: Es handelt sich nachdrücklich nicht um die „schöne Leiche“ eines Heros.[30] Polydor aber, auch wenn er nicht wie Achill göttlicher Abstammung ist, entstammt einem königlichen Geschlecht, und der Kontrast zwischen seinem erbärmlichen Schicksal und der Erhabenheit des „Besten“ der Sieger (vgl. ὁ ἄριστος Δαναῶν πάντων, 134) versinnbildlicht auch den gewaltigen Glücksumschwung der Priamiden, dessen Auswirkung ja im Zentrum der *Hekabe* steht.

Trotz ihrer stark kontrastierenden Darstellungen weisen beide Totengeister zwei grundlegende Ähnlichkeiten auf, die ihrer dramatischen Funktion zugrunde liegen: verfrühter Tod als Folge des Krieges und ihr Anlass zur Erscheinung. Achill, der einem langen, aber ruhmlosen Leben den frühzeitigen Tod und unvergänglichen Ruhm vorgezogen hatte,[31] wird vom Geschoss des Paris getroffen (387 f.), und Polydor wird vom vermeintlichen Gastfreund umgebracht, der das in ihn gesetzte Vertrauen und den Ausgang des Krieges ausnutzt; beide sind kriegsbedingter Gewalt anheimgefallen. Vor diesem Hintergrund müssen sie auch nach Beendigung des Krieges als dessen Mahnmal oder Verkörperung verstanden werden – und durch ihre Anliegen ziehen sie seine Brutalität und das durch ihn verursachte Leid in die Gegenwart hinein. Totengeister sind von der Natur aus immer Vergangenheitsfiguren, und der Dichter hat die freie Wahl, welchen Einfluss sie und die Vergangenheit auf das gegenwärtige Geschehen nehmen; man denke nur an König Dareios in den *Persern*, in dessen Gestalt die besonnene Herrschaft und die Blütezeit des persischen Reiches heraufbeschworen werden als Gegenbild zur Vermessenheit seines kurz zuvor gescheiterten Nachfolgers Xerxes. Anders die Geister der *Hekabe*, die Euripides zum dichterischen Mittel macht, die Grenze zwischen Vergangenheit und Gegenwart nicht zu verschärfen, sondern sie verschwimmen zu lassen.

Im Grunde motiviert Polydor und Achill das gleiche Anliegen. Die Beweggründe beider Totengeister sowie die Umstände ihrer jeweiligen Wiederkehr werden in der Prologrede parallelisiert, indem Polydor in beiden Fällen durch Komposita mit Alpha privativum das Ausbleiben eines erwarteten Vorganges benennt – er selbst will nicht ἄκλαυτος ἄταφος („unbeweint, unbestattet“, 30) bleiben, noch Achill ἀδώρατος

(1999) zu Eur. *Hec.* 679; Segal (1990) 311 f. mit Anm. 11. – Todeswunden des Polydor: Als Hekabe den Leichnam sieht und ihr klar wird, wer der Täter sei, ruft sie: ὦ κατάρατ' ἀνδρῶν, ὡς διεμοιράσω / χρόα, σιδαρέωι τεμὼν φασγάνωι / μέλεα τοῦδε παιδὸς οὐδ' ᾤκτισας, Eur. *Hec.* 716; 718 – 720 [*sic*]. Schlesier (1988) 118 mit Anm. 21 interpretiert διαμοιρᾶν als Hinweis auf einen Ritualmord; dagegen Matthiessen (2010) 48 und z. St., der bemerkt, dass διαμοιρᾶν nicht unbedingt „zerstückeln“ bedeuten müsse, so dass „die Verwendung des Wortes eine solche Interpretation nicht zwingend“ nahelege; als Gegenbeispiel wird Eur. *Hipp.* 1376 zitiert, wo διαμοιρᾶν das Durchstechen mit einer Lanze beschreibt. – Zur Inszenierung des Körpers in der *Hekabe* und ihrer Signifikanz siehe Gödde (2000) 86 – 94; Segal (1990); Zeitlin (1996) 172 – 216.

30 Vgl. Segal (1990) 306: „Achilles' armor also has the impenetrability and permanence of the heroized warrior. In the world of this play, however, the chief characters wear clothing that can be torn and have bodies that will suffer wounds.“

31 Hom. *Il.* 9,410 – 413.

(„unbeschenkt“, 42; vgl. ἀγέραστος, 115). Die Parallelisierung auf morphologischer wird sodann auf lexikalischer Ebene fortgesetzt, als es um die Ansprüche der Totengeister geht: Der Wunsch nach der – aus Sicht des jeweiligen Verstorbenen – gebührenden Totenehre veranlasst beide dazu, jeweils ein Grab und ein Grabopfer zu verlangen, Achill von den Achäern (αἰτεῖ / [...] τύμβωι φίλον πρόσφαγμα, 40 f.), Polydor von den Unterweltsgöttern (ἐξῃτησάμην / τύμβου κυρῆσαι, 49 f.). Beide Totenschatten erheben eine Forderung (αἰτεῖν und ἐξαιτεῖν) und „erscheinen“ plötzlich (φαίνεσθαι, Achill: 37; Polydor: 47), um einen τύμβος oder eine Ehrengabe für den τύμβος zu erlangen, was beiden – so sagt der Prologsprecher voraus – auch gelingen wird (Achill: τεύξεται τοῦδ’, 42; Polydor: τοὐμὸν μὲν οὖν ὅσονπερ ἤθελον τυχεῖν / ἔσται, 51 f.; vgl. 47).

Wie auch Klytaimestra in den *Eumeniden* erscheinen Achill und Polydor aus eigenem Antrieb, um im Diesseits das ihnen Geschuldete zu verlangen, ob Bestattung, Totenehre oder (im Fall der Klytaimestra) Rache. Auf den ersten Blick scheint es sich in jedem Fall um die Wiederherstellung oder Erhaltung von Ordnung zu handeln: Rachebedarf und Gerechtigkeit lassen sich nicht trennen, Bestattung ist bekanntlich das Recht oder das γέρας der Toten, und auf Opfergaben hat ein (Kult)Heros legitimen Anspruch.[32] Ferner kommt in den erhaltenen Tragödien den Verstorbenen, die man heraufzubeschwören versucht, eine ordnungsstiftende Funktion zu: Mit dem Beistand Agamemnons in den *Choephoren* soll unter anderem die politische und soziale Ordnung wiederhergestellt werden; König Dareios wird in einer Krisensituation als Figur moralischer und staatlicher Ordnung zu Rate gezogen. Ja, die einzige Handlung, die in der *Hekabe* den sonst fernbleibenden Göttern mit Sicherheit zugeschrieben werden kann, ist, dass sie Polydor seine Bitte gewähren.[33] Doch von einer weitergehenden dramatischen Funktionalisierung der Figur des Totengeists als Instanz der Gerechtigkeit oder Ordnung kann keineswegs die Rede sein, nicht nur weil die spärliche Überlieferung des dramatischen Textkorpus eine solche Verallgemeinerung nicht erlaubt, sondern auch weil sich dieser Interpretation Achills Totenschatten in den Weg stellt.

Während die Totenriten, die Polydor verlangt, mit wenigen Ausnahmen jedem Verstorbenen zustehen und eine normale rituelle Handlung darstellen, verstößt die Forderung des Achill gegen die rituelle Normalität und führt, wie der Chor berichtet, daher zum sofortigen Streit (111 – 119):

---

32 Bestattungsritual als γέρας der Toten: z. B. Hom. *Od.* 24,189 f.; vgl. Garland (1982) 69 f.; Wagner-Hasel (2000) 206 – 219.

33 Eur. *Hec.* 49 – 52. Zur Rolle der Götter in der *Hekabe* siehe Segal (1989), der zeigt, wie die Aussagen über die Götter mehr über den Charakter des jeweiligen Sprechers verraten als über eine Theologie des Dichters; nur der Totengeist des Polydor „at least raises the possibility of just and merciful gods, in the lower if not in the upper world [...] but to him and his family, while alive, they have seemed indifferent“, Segal (1989) 19 – 21.

[...] ἐφάνη [...]
τὰς ποντοπόρους δ' ἔσχε σχεδίας
λαίφη προτόνοις ἐπερειδομένας,
τάδε θωΰσσων· Ποῖ δή, Δαναοί,
τὸν ἐμὸν τύμβον
στέλλεσθ' ἀγέραστον ἀφέντες;
πολλῆς δ' ἔριδος συνέπαισε κλύδων,
δόξα δ' ἐχώρει δίχ' ἀν' Ἑλλήνων
στρατὸν [...]

[...] er erschien und
hielt die seebefahrenden Schiffe zurück,
deren Segel schon die Taue spannten,
und rief dies: „Wohin fahrt ihr, Danaer,
und mein Grab lasst ihr ohne Ehrengeschenk?"
Zusammen schlugen die Wogen eines großen Streits,
und die Meinung im Heer der Griechen war geteilt [...]

Daraufhin folgt eine detaillierte Beschreibung der Debatte und des Beschlusses der versammelten Achäer, Polyxene am Grab zu opfern (220 f.). Die Entscheidung wird hauptsächlich von Odysseus herbeigeführt (130 – 140), indem er einerseits auf die Versklavung der Polyxene verweist und somit ihrem Leben wenig Wert beimisst (135), und indem er andererseits das Recht der Kriegsgefallenen auf Totenehren in den Mittelpunkt der Debatte rückt (136 – 140; vgl. 315 – 320) – ein Recht, das seiner Argumentation zufolge den Unterweltsgöttern besonders wert sei: Kein im Krieg gefallener Achäer soll vor Persephone seinen (noch lebenden) Mitkämpfern Undankbarkeit vorwerfen können. Auch in seiner späteren Auseinandersetzung mit Hekabe blendet Odysseus die Normwidrigkeit des Opfers aus und verteidigt die Totenehrung im Allgemeinen als griechischen Brauch (325 – 331); sein ständiges Bestreben ist, den normativen Aspekt der Forderung – nämlich, dass das Opfer als ein γέρας (42; 94; vgl. oben ἀγέραστον, 115) gelten soll – hervorzuheben. Doch Hekabe lenkt den Blick auf das verdrängte Problem, indem sie zwischen dem Schlachten (σφαγεῖν) eines Menschen und dem Opfern (θύειν) eines Tieres differenziert mit der Frage, ob es notwendig sei, „Menschen am Grab zu schlachten, wo es sich eher ziemt, Rinder zu opfern" (πότερα τὸ χρή σφ' ἐπήγαγ' <u>ἀνθρωποσφαγεῖν</u> / πρὸς τύμβον, ἔνθα <u>βουθυτεῖν</u> μᾶλλον πρέπει; 260 f.).[34] Die Tötung eines Menschen kann sie nur als Mord (φόνος, 263) verstehen, was sie dazu bringt, dem geforderten Opfer seine Legitimität als Totenehre abzusprechen und das Verlangen stattdessen als gerechten Racheanspruch umzudeuten (ἢ τοὺς κτανόντας <u>ἀνταποκτεῖναι</u> θέλων / ἐς τήνδ' Ἀχιλλεὺς <u>ἐνδίκως τείνει</u> φόνον; 262 f.); das Töten außerhalb des Krieges ist, so wird hier impliziert, für Hekabe nur als Rachehandlung verständlich. Ihre Umdeutung, Odysseus' Verdrängung der Gewaltsamkeit der Handlung und die heftige Debatte unter den Achäern deuten

34 Übs. vom Verfasser.

darauf hin, dass die von Achill geforderte Totenehre alles andere als selbstverständlich ist, selbst für einen Heros.

Der Wunsch nach einem Menschenopfer sowie die Wahl des Opfers werden in der *Hekabe* nie erklärt, sondern höchstens zum Gegenstand der Spekulation gemacht.[35] Wenn in den verlorenen früheren Behandlungen des Mythos der Grund für die Opferung der Polyxene angegeben wurde, hat ihn Euripides aus der *Hekabe* gänzlich ausgelassen und nicht einmal Odysseus in den Mund gelegt zur möglichen Verstärkung von dessen Argumentation. In der Folge wirkt Achills Forderung durchaus willkürlich. Diese Willkür bildet, wie oben bereits angedeutet, eine Abweichung von der Tendenz, die Ansprüche der Toten in der Tragödie als gerechtfertigt oder mindestens klar motiviert darzustellen und einige Tote mit dem Erhalt einer gewissen Ordnung zu assoziieren. Auch die ambivalente Macht der Heroen unterliegt keiner prinzipiellen Arbitrarität, vielmehr machen, wie im Kapitel zu den Erinyen schon angesprochen, die Heroen bisweilen ausdrücklich die Gerechtigkeit zu ihrem Handlungsprinzip; auch sind sie im Krieg loyale Mitkämpfer.[36] Zwar kann ein herumgeisternder Heros auch einen Ahnungslosen mitten in der Nacht verprügeln und ihn seiner Kleider berauben, aber abgesehen von diesem Beispiel aus der Komödie, wo hinter dem rüpelhaften Heros „Orest“ wohl ein lebender Mensch desselben Namens steht, [37] ist die Vorstellung eines willkürlich schadenden Heros oder Totengeists in Texten aus dem fünften Jahrhundert kaum vertreten.[38]

Das Opferverlangen an sich hat weniger mit der Natur der Heroen an sich zu tun als mit dem besonderen Charakter des Achill, der mit der Achillesdarstellung der *Ilias* übereinstimmt. Dem Verstorbenen geht es wie einst im Leben um seine Ehre, eine Ehrengabe und eine Kriegsgefangene, und wieder löst sein Anspruch auf ein γέρας (41; 95) einen gewaltigen Konflikt aus.[39] „Böses ersinnend“ (κακὰ δὲ φρεσὶ μήδετο ἔργα, Hom. *Il.* 23,174), hat der lebende Achill am Scheiterhaufen des gefallenen Patroklos zwölf trojanische Jünglinge, gefangene Adelssöhne, aus Zorn und dem Toten zu Ehren geschlachtet nach ausgiebigen Tieropfern (einschließlich Hunden und Pferden);[40] das

35 Spekulation: Eur. *Hec.* 258–270.

36 Vgl. Kapitel VI (Aischylos, *Eumeniden*), S. 161–163. Heroen als Kriegshelfer: z. B. Hdt. 8,37–39; 8,64; siehe hierzu von der Mühll (1976); Nilsson (1967) Bd. 1, 715–719; Rohde (1898) Bd. 1, 195f.; Speyer (1980) 60–69.

37 Aristoph. *Av.* 1490–1493: Εἰ γὰρ ἐντύχοι τις ἥρωι / τῶν βροτῶν νύκτωρ Ὀρέστῃ, / γυμνὸς ἦν πληγεὶς ὑπ' αὐτοῦ / πάντα τἀπὶ δεξιά. Vgl. Aristoph. *Av.* 712; zu den möglichen Interpretationen dieser Stelle siehe Liapis (2006).

38 Anders verhält es sich in späteren Quellen: Vgl. Rohde (1898) Bd. 1, 246 Anm. 4. In seiner (nicht erhaltenen) Abhandlung über Trunkenheit (περὶ μέθης) soll im ausgehenden 4. Jh. v. Chr. der Aristoteles-Schüler Chamaileon aus Herakleia die willkürliche Gewalt und Streitlustigkeit der umherwandelnden Heroen auf ihre übermäßigen Trinkgewohnheiten zurückgeführt haben: Athen. 11,461c.

39 Zum Verhältnis des euripideischen Achill zum homerischen Achill siehe besonders King (1985).

40 Hom. *Il.* 18,333–337; 23,19–23; 23,163–183. Zum Opfer der Trojanischen Jünglinge siehe Hughes (1991) 49–56, der das Opfer als Rachehandlung deutet: Die Tötung der Gefangenen lässt sich nicht allein „in the context of Achilles' psychological state“ erklären, aber sie ist auch nicht mit den anderen

Totenritual entspricht in seinem Ausmaß und seiner Ungewöhnlichkeit der überdimensionierten Reaktion des Achill auf den Tod des Patroklos und dem Überdimensionierten am Besten der Achäer überhaupt. Diese Charaktereigenschaft wird auf den toten Achill der *Hekabe* übertragen und drückt sich in einem Verlangen aus, das bei Euripides nur in den Opferforderungen von Göttern Parallelen findet. Denn von den fünf Menschenopfern, die in den überlieferten Tragödien des Euripides und einem längeren Fragment desselben zu finden sind, kommen die anderen vier einem Gott zuteil und finden in Kriegssituationen statt (darunter die ebenfalls durch Windstille verzögerte Abfahrt der griechischen Flotte von Aulis).[41] Den Göttern nahe steht der Heros Achill hinsichtlich seiner postmortalen Macht, der in diesem Drama gleichsam an die Stelle der auffällig fehlenden göttlichen Präsenz tritt und den Menschen (für sie) unvorhersehbare Schicksalsschläge zufügt. Ihn gilt es zu beschwichtigen und als Helfer herbeizurufen, der entweder durch Windstille oder durch seine bloße Forderung die Flotte zurückhält, so dass das Heer – wieder – seiner Macht unterworfen ist.[42] Achill wird von Euripides einerseits als eine in seinem Wirken gottähnliche Figur funktionalisiert, andererseits als eine unversehens in die Gegenwart hineinbrechende Vergangenheitsfigur, die eine Situation erzeugt, welche in gewissen Aspekten dem letzten Kriegsjahr ähnelt und dabei die Atmosphäre des vergangenen Krieges wachruft.

Rachehandlungen der *Ilias* vergleichbar, denn „in the case of the twelve Trojans, Achilles promises to kill a specific number [and] captures them alive for the purpose, and on the next day he slaughters them before the pyre during an elaborate ritual ceremony. Surely this is vengeance of a very different order: it is a ritual act, which might be termed 'ritual revenge'."

41 Menschenopfer bei Euripides: Wegen Windstille kann die griechische Flotte von Aulis nicht absegeln, bis Iphigenie geopfert wird (*Iphigenie in Aulis*); eine Tochter des Herakles wird der Persephone geopfert (*Herakliden*); eine Tochter des Erechtheus wird vom Delphischen Orakel gefordert (fr. 370 Kannicht); zum Heil der Stadt wird Menoikeus dem Ares geopfert (*Phoinissen*).

42 Achill hält die Flotte zurück: Eur. *Hec.* 38 (κατέσχ' Ἀχιλλεὺς πᾶν στράτευμ' Ἑλληνικόν); 112 f. (τὰς ποντοπόρους δ' ἔσχε σχεδίας / λαίφη προτόνοις ἐπερειδομένας); vgl. die Bitte an Achill beim Opfer, 538–541 (πρευμενὴς δ' ἡμῖν γενοῦ / λῦσαί τε πρύμνας καὶ χαλινωτήρια / νεῶν δὸς ἡμῖν †πρευμενοῦς† τ' ἀπ' Ἰλίου / νόστου τυχόντας πάντας ἐς πάτραν μολεῖν). Dass Achill die Windstille verursacht hatte, wird deswegen in Zweifel gezogen, weil es in V. 898–901 heißt, die Flotte könne – auch nach dem Opfer – noch nicht segeln, da ein unbestimmter Gott keine Fahrtwinde schicke (οὐ γὰρ ἵησ' οὐρίους πνοὰς θεός, 900); die Winde wehen erst nach dem Mord an Polymestor wieder (1289 f.). Mögliche Interpretationen sind folgende: 1) Es handelt sich um zwei Phasen der Windstille; die erste Windstille wird von Achill gesandt, der sein Grabopfer will, und die zweite wird von den Göttern gesandt, damit Hekabe die Rache vollziehen kann; vgl. Segal (1989) 16 f.; 2) Achill wird in V. 900 als θεός bezeichnet und lässt die Winde – aus welchem Grunde auch immer – nicht sofort nach dem Opfer wehen; 3) Achill hält die Flotte lediglich durch seine Forderung zurück, während die Götter die Windstille verursachen. Einfacher aber ist die von Gärtner (2005) 57 vertretene Interpretation, dass die Windstille „weniger eine theologische Aussage als ein dramaturgisches *mechanema* des Euripides" sei. Einen Überblick über die Debatte gibt Matthiessen (2010) 22 und 46 f. (mit weiterführender Bibliographie). – Beschwichtigung und Beschwörung: Eur. *Hec.* 534–541, besonders 535 f. (Neoptolemos opfert am Grab): δέξαι χοάς μοι τάσδε κηλητηρίους, / νεκρῶν ἀρωγούς („nimm von mir diese Güsse an, die Toten zu besänftigen und herzulocken").

Der zweite Leichnam und die Rache an Polymestor

Welchen Einfluss Achill vom Jenseits aus auf das Ergehen seiner ehemaligen Kampfgenossen und seiner ehemaligen Feinde noch hat, wird in der ersten Dramenhälfte gezeigt und problematisiert. Mit dem Opfertod der Polyxene geht Achills Forderung in Erfüllung, woraufhin er aus der Handlung verschwindet. Doch damit ist das Wirken der Toten ins Diesseits nicht beendet.

Der Übergang von der ersten zur zweiten Hälfte der dramatischen Handlung erfolgt dadurch, dass das Schicksal jedes Toten in das Schicksal des (beziehungsweise der) nächsten übergeht: Die einzelnen Todesschicksale bilden eine Reihe. Hoch am Grabhügel des Achill (ἐπ' ἄκρου χώματος, 524) – genau dort, wo sein Geist erschienen ist (vgl. ἦλθ' ὑπὲρ ἄκρας τύμβου κορυφᾶς, 93) – geht Polyxene in den Tod. Indem sie ihren Tod als Rettung vom Leben in Sklaverei aufwertet, ihre Freiheit durch Todesbereitschaft zurückgewinnt und „heroisch" stirbt, erweckt sie die Bewunderung der Argiver und macht den Grabhügel zum Schauplatz ihres eigenen Ruhms, während der Beschwichtigungszweck und der Adressat des Opfers in den Hintergrund geraten.[43] Von ihrem lebenden Körper, dessen Schönheit Polyxene bewusst inszeniert (557–565), wird die Aufmerksamkeit auf ihren toten Körper gelenkt, um dessen Bestattung sich die argivischen Soldaten zu bemühen beginnen. Ihr Leib und die ihr gebührenden Totenehren stehen kurzzeitig im Mittelpunkt der Handlung, bevor sie in die Totenehren eines anderen übergehen, als nach dem Bericht über Polyxenes Tod Hekabe die Bestattungsriten übernehmen will und Wasser zur Waschung der Toten holen lässt. Vom Meeresstrand kehrt die Dienerin aber nicht mit Wasser, sondern mit einem verhüllten Leichnam zurück, den Hekabe zunächst für den der Polyxene hält.[44] Doch die Dienerin enthüllt den toten Körper mit den Worten: „Ob er [d. h. der Körper] dir als Wunder und unerwartet erscheint?" (εἴ σοι φανεῖται θαῦμα καὶ παρ' ἐλπίδας, 680). Plötzlich „erscheint" der ermordete Polydor wieder den Lebenden, diesmal als Leichnam. Hier kommt sein Auftritt als Prologsprecher zur dramatischen Geltung: Den Zuschauern ist der Leichnam kein unbekanntes Requisit, das allein für die Hauptfigur Bedeutung hat, sondern er ist mit einem Charakter verbunden, der einmal lebhaft, wenn nicht lebendig, auf der Bühne stand und noch Einfluss auf seinen Körper hat, auch wenn er ihn nicht mehr belebt. Der Hekabe mag seine plötzliche Erscheinung unerwartet sein, aber das Publikum weiß aus der Prologrede, dass dies Geschehen von dem Toten herbeigeführt worden ist.

Von den Unterweltsmächten hat Polydor nur die ihm zustehende Totenehre verlangt: In die Hände seiner Mutter zu gelangen und einen Ruheort zu bekommen.[45] Die

43 Polyxenes Tod: Eur. *Hec.* 517–582; ihre Rede: 547–565.

44 Eur. *Hec.* 658–725.

45 Eur. *Hec.* 49 f.: ἐξῃτησάμην / τύμβου κυρῆσαι κἀς χέρας μητρὸς πεσεῖν.

Folgen seiner „Erscheinung" gehen jedoch über das Verlangte hinaus.[46] Hekabe ersinnt einen Racheplan und erwirkt mit Einverständnis von Agamemnon die notwendigen Rahmenbedingungen zu dessen Vollzug. Sie lädt den Thrakerkönig zum Gespräch ein und befragt ihn nach dem Ergehen seines Schutzbefohlenen; Polymestor berichtet, dass Polydor angestrebt (ζητεῖν) habe, heimlich zu Hekabe zu kommen (καὶ δεῦρό γ' ὡς σὲ κρύφιος ἐζήτει μολεῖν, 993). Die Antwort bestätigt die ausgeprägte Kontinuität zwischen Polydors lebendem und totem Selbst – was ihm als Lebendem nicht gelang, gelingt ihm als Totem mit Hilfe der unterirdischen Götter.[47] Mit der heimlichen „Rückkehr" des Polydor schließt sich nun langsam der Handlungskreis, der mit Polydors Verlassen des „Verstecks" der Unterwelt und dem Bericht von seiner ebenfalls heimlichen Entsendung samt Gold nach Thrakien begonnen hatte. Die im Prolog als Mordmotiv angegebene Habgier des Gastfreundes führt diesen jetzt in die von Hekabe vorbereitete Falle, und als sich Polymestor seinem Verderben nähert, nimmt der Ort – Hekabes Zelt – unterweltliche Züge an, die ominös auf die bevorstehende Gefahr verweisen. Die Ähnlichkeit liegt in der Beschreibung des Zelts als Versteck: Hekabe erzählt zunächst von einem in Höhlen (das heißt: unterirdisch) verwahrten Goldschatz (χρυσοῦ παλαιαὶ Πριαμιδῶν κατώρυχες,[48] 1002), dann von weiteren aus Troja geretteten Schätzen, die in ihrem Zelt verborgen liegen (1012–1016; vgl. 1145–1148, Polydor: Ἑκάβη [...] / λόγωι με τοιῶιδ' ἤγαγ', ὡς κεκρυμμένας θήκας φράσουσα Πριαμιδῶν ἐν Ἰλίωι / χρυσοῦ).

Ein Ort des Verstecks muss nicht zwangsläufig gefährlich sein, aber das Versteck schlechthin, wie in den Anfangsversen des Dramas angedeutet, ist der Hades. Unter der Erde beziehungsweise im Hades versteckt liegt sowohl das Reich des Todes als auch der Reichtum – wenn man etwa die Toten und Unterweltsgötter bittet, „das Gute heraufzuschicken" (ἀνιέναι τἀγαθά),[49] ist mit dieser Formulierung alles Gute gemeint, was aus der Erde hervorkommt, vor allem der Getreidereichtum,[50] aber auch Metalle wie Gold[51] – zwei Quellen des Wohlstandes.[52]

46 Das bedeutet jedoch keineswegs, dass die Folgen über das Erwartbare hinausgehen: Zur Kontextualisierung von Hekabes Rache und zur Verbindung zwischen Vergeltung (τιμωρία) und der τιμή des Ermordeten siehe Mossman (1995) 164–203.

47 Matthiessen (2010) z. St.: „Polymestor sagt die Wahrheit, ohne es zu wissen. Polydoros ist wirklich zu Hekabe gekommen, ohne daß er selbst es bemerkte, und zwar sowohl als Geist wie auch als Leichnam. Dies dürfte besonders augenfällig sein, wenn die verhüllte Leiche auf der Bühne liegt."

48 Unterirdische Höhlen: Vgl. [Ps.]-Aischyl. *Prom.* 452; Soph. *Ant.* 774.

49 Z. B. Aristoph. *Ran.* 1462, Plat. *Krat.* 403e5; siehe Henrichs (1991) 199 Anm. 83 mit weiteren Beispielen.

50 Getreide: z. B. Hes. *erg.* 465 f.

51 Metalle: z. B. [Ps.]-Aischyl. *Prom.* 804 f. Vgl. Lukian. *Tim.* 21; Strab. 3,2,9.

52 Zum Zusammenhang zwischen Unterwelt (v. a. dem Gott Hades/Pluton) und Reichtum siehe weiter die Diskussionen von Henrichs (1991) 193–199 und Nilsson (1967) Bd. 1, 471–473; vgl. Dieterich (1913) *passim* zur positiven Vorstellung der Erde als „Allmutter", die alles Gute und Lebensfördernde hervorbringt.

Mit dieser Vorstellung von einem doppeldeutigen Ort des Verderbens und des Gewinns spielt Euripides, als Hekabe den Mörder mit dem Versprechen auf Gold in ihr Zelt lockt. Denn in der Tat ist das Zelt ein Ort des Verstecks, aber nicht von Schätzen: Es verbirgt eine Schar Trojanerinnen (στέγαι κεκεύθασ' αἵδε Τρωιάδων ὄχλον, 880), die sich als todbringende „Bakchantinnen des Hades" (Βάκχαι Ἅιδα, 1076) enttarnen werden.[53] Auf die Gefahr deutet Hekabes bitterironische Aufforderung hin, Polymestor und seine kleinen Söhne, die er auf Hekabes Wunsch mitgebracht hat, sollen prompt ins Zelt gehen, damit „du mit deinen Söhnen bald wieder dorthin gehst, wo du meinen Sohn angesiedelt hast" (ὡς πάντα πράξας ὧν σε δεῖ στείχῃς πάλιν / ξὺν παισὶν οὗπερ τὸν ἐμὸν ᾤκισας γόνον, 1021 f.). Gemeint ist vordergründig Polymestors Rückkehr nach Hause, doch nicht dort, sondern im Hades hat er Polydor „angesiedelt", und sein Betreten des Zelts markiert seinen Eingang ins Totenreich. Das daraufhin folgende kurze Chorlied macht den Zusammenhang klar: Polymestor wird in den „tödlichen Hades" und zum Tod geführt (ψεύσει σ' ὁδοῦ τῆσδ' ἐλπὶς ἥ σ' ἐπήγαγεν / θανάσιμον πρὸς Ἀίδαν, ὦ τάλας, / ἀπολέμωι δὲ χειρὶ λείψεις βίον, 1032–1034; vgl. 1029, ἀμέρσας βίον). Als Polymestor ins Hades-Zelt eintritt, erwartet er Schätze, bekommt jedoch – so gibt der Chor zu verstehen – den Tod.

Der Vergeltungsmord an Polymestor besteht allerdings nicht, wie man vom Chorlied hätte erwarten können, in seinem tatsächlichen Tod. Dennoch verlässt er das Zelt einem Toten gleich: Die Trojanerinnen haben ihn entwaffnet, überwältigt, seine Söhne ermordet und ihm die Augen ausgestochen. Durch den Verlust seines Augenlichtes verabschiedet sich Polymestor von der hellen Welt des Lebens und Sehens und wird in eine mit dem Todesdunkel verbundene sonnenlose Welt versetzt, ohne dem Hades schon ganz zu gehören.[54] In dieser Hinsicht nimmt seine Figur die Stelle eines Totengeists ein, dessen Präsenz am Schluss der Präsenz seines Opfers Polydor am Anfang gegenübersteht und dadurch dem Drama eine Art strukturelles Gleichgewicht verleiht; Polymestor geht jetzt ins Dunkel hinein, aus dem Polydors Totengeist gekommen ist, was auch die ausgleichende Natur des Vergeltungsaktes widerspiegeln mag. Wie Polydor verfügt auch Polymestor über Zukunftswissen und weiß, vom künftigen Leid zu erzählen. Seine Voraussagen überschneiden sich aller Wahrscheinlichkeit nach mit denjenigen, die der Totengeist des Achill in den *Nostoi* ausgesprochen hatte, was ihn möglicherweise noch stärker mit der traditionellen Darstellung eines Totengeistes verbindet und dabei umso mehr zu seiner Charakterisierung als totenähnliche Figur beiträgt. Die Prophezeiungen hatte er vom thrakischen Dionysos-Orakel erhalten, und in einem vor Agamemnon geführten Rechtsstreit mit der Rächerin gibt er sie wütend wieder: Auf der Schifffahrt nach Griechenland werde Hekabe – nach Verwandlung in eine Hündin – ihren Tod im Meer

53 Vgl. das ähnliche Bild von Klytaimestra (Aischyl. *Ag.* 1235), die von Kassandra als eine θυίουσα Ἅιδου μήτηρ beschrieben wird.

54 Zur Äquivalenz von Licht, Sehen und Leben einerseits und Dunkel, Blindheit und Tod andererseits vgl. Eur. *Hec.* 367 f. (Polyxene erklärt ihre Todesbereitschaft: ἀφίημ' ὀμμάτων ἐλευθέρων / φέγγος τόδ', Ἅιδηι προστιθεῖσ' ἐμὸν δέμας) und siehe Kapitel VI (Aischylos, *Eumeniden*), S. 132 Anm. 34.

finden; ihre einzige noch lebende Tochter Kassandra, Geliebte des Agamemnon, werde durch die Mordhand der Klytaimestra sterben, und das gleiche Schicksal erwarte auch Agamemnon.[55] Agamemnon lässt Polymestor den Mund verschließen und befiehlt seinen Soldaten, ihn auf einer einsamen Insel auszusetzen, während sich Hekabe um die Bestattung von Polyxene und Polydor kümmern solle. Die Fahrtwinde wehen wieder (1290), aber es herrscht in der Schlussszene keine fröhliche Aufbruchsstimmung, sondern Polymestor und seine Vorhersagen verbreiten eine Atmosphäre des Todes.

Fazit. Verkörperungen von Leiden und Gewalt

Die Handlung der *Hekabe* wird durch zwei Totengeister bestimmt, deren Anliegen gegenüber den Lebenden entweder direkt – im Fall des Achill – oder indirekt – im Fall des Polydor – zu weiterem Leid führen und weitere unschuldige sowie schuldige Opfer fordern. Es verbindet Polydor und Achill das im Grunde genommen gleiche Verlangen nach den ihnen jeweils zustehenden Totenehren, das sich aber auf unterschiedliche Weise manifestiert. Während die Forderung des ermordeten Polydor eine rituelle Ordnung und Normalität darstellt, zeichnet sich die des Heros durch rituelle Abnormität aus und erinnert in ihrer Wirkung und ihrem Ausmaß an die Ereignisse des letzten Kriegsjahres. Er ist im Krieg, Polydor in Folge des Krieges getötet worden, und beide macht Euripides in der *Hekabe* zum dichterischen Mittel, um die Nachwirkungen des beendeten Kriegs auf die Bühne zu bringen. Diese finden ihren gewaltsamsten Ausdruck in der Opferung der Polyxene, und durch die Verwechslung ihres Leichnams mit dem ihres Bruders sowie durch die gemeinsame Bestattung der Geschwister (894–897; 1287 f.) wird ihr Schicksal mit dem des Polydor gleichgesetzt und die durch den Krieg ausgelöste Gewalt generalisiert. Dabei werden die Schicksale der einzelnen Familienmitglieder einander angeglichen und austauschbar, so dass die Rache an Polymestor „gewissermaßen auch für den Tod der Polyxene und darüber hinaus für alles, was [Hekabe] beim Untergang Trojas erdulden musste" vollzogen wird.[56] Die „Erscheinung" des toten Polydor bildet das Pendant zur Epiphanie des Achill, die dadurch veranlasste Rache an Polymestor das Pendant zur Opferung der Polyxene. Polymestor, selbst fast ein Toter, deutet allerdings im wiedergegebenen Orakelspruch darauf hin, dass der vergangene Krieg zu Hause unerwartete weitere Folgen haben werde. Auch wenn die zwei Totengeister, die das Geschehen der *Hekabe* initiiert haben, wieder fest in der Vergangenheit und der Unterwelt angesiedelt sind, haben Gewalt und Leiden, die sie verkörpern, noch kein Ende gefunden.

---

55 Prophezeiungen: Eur. *Hec.* 1259–1281.
56 Matthiessen (2010) zu 749 f.

VIII Grenzerfahrungen. Begegnungen mit dem Tod und Rückkehr ins Leben in Euripides' *Alkestis*

Einführung[1]

Der Tod – insbesondere ein vorzeitiger und gewaltsamer – prägt die Handlung beinahe jeder vollständig erhaltenen attischen Tragödie. Nur einmal aber tritt der Tod als Bühnenfigur auf, um das ihm zustehende Leben in Besitz zu nehmen und somit die dramatische Handlung des euripideischen Todes- und Wiederkehrdramas *Alkestis* in Gang zu setzen.[2] Vor Einsetzen der Dramenhandlung wurde aus nicht näher erörterten Gründen dem thessalischen König Admet ein früher Tod vorhergesagt, den er durch das Eingreifen des Gottes Apoll unter der Bedingung aufschieben durfte, dass jemand anders an seiner Stelle stürbe.[3] Einzig seine Frau Alkestis war bereit, an seiner Stelle in den Tod zu gehen, und jetzt ist der ihr bestimmte Todestag gekommen. Über das bevorstehende Schicksal streitet sich Apoll vergeblich mit dem Todesgott Thanatos, der am Ende der Eröffnungsszene den Königspalast betritt, um die Sterbende zu holen. Tod und Trauer dominieren von diesem Punkt an die Handlung, und die Todesszene ist ebenso singulär wie die Präsenz des Thanatos: Nicht, weil Alkestis auf offener Bühne stirbt (obwohl auch dies eher ungewöhnlich ist), sondern insofern als die in die Länge gezogene Abschiedsszene das Sterben thematisiert und der Tod zum großen Teil aus der Sicht der Sterbenden geschildert wird.[4] Mit der Ankunft eines unerwarteten Gastes kurz nach der Bestattung erfährt aber das Todesmotiv eine eigenartige Wendung. Als Herakles, gastfreundlich beherbergt und in glückseliger Ahnungslosigkeit zechend, vom Tod der Königin hört, macht er sich auf den Weg zum Grab, überfällt und überwindet Thanatos (wie er später berichtet) und bringt Alkestis zurück

---

1 Im Folgenden wird der griechische Text nach der Ausgabe von Diggle (1981) zitiert; die Übersetzungen der *Alkestis* orientieren sich, wenn nicht anders angegeben, an der Übertragung von Steinmann (1981) und sind zum Teil modifiziert worden.

2 Thanatos ist möglicherweise auch in Aischylos' *Sisyphos der Ausreißer* (Σίσυφος δραπέτης) als agierende Figur erschienen, allerdings nur, wenn der – uns in seinen Einzelheiten unbekannte – Handlungsverlauf der vom Scholiasten zu Hom. *Il.* 6,153 überlieferten Mythenzusammenfassung im Wesentlichen entsprach. Es bleibt ebenfalls dahingestellt, ob er in der *Alkestis* des Phrynichos (aufgeführt 470 v. Chr.) als Person auftritt. Diese Vermutung basiert auf dem einzigen erhaltenen Fragment des Dramas, das kaum eine sichere Deutung zulässt: Darin wird lediglich ein Ringkampf beschrieben bzw. Ringkampfmetaphorik verwendet (σῶμα δ' ἀθαμβὲς γυιοδόνητον / τείρει, Phryn. fr. 2 Snell).

3 Einen Grund für den über Admet verhängten frühen Tod nennt erst Apollodor um 100 n. Chr.: Admet soll bei seiner Hochzeit ein Opfer an Artemis vergessen und so ihren Zorn auf sich geladen haben (Apollod. 1,105 f.).

4 Auf offener Bühne sterben Personen in zwei oder drei weiteren erhaltenen Tragödien: Eur. *Suppl.* (Euadne), Eur. *Hipp.* (Hippolytos) und möglicherweise Soph. *Ai.* (Aias). Zur Erklärung für die nur seltene Darstellung von Tod und Gewalt auf der Bühne werden meist dramaturgische oder religiöse Gründe herangezogen: Kiefer (1909) 104 – 106; Pathmanathan (1965); Zeppezauer (2011) 6 – 13; vgl. die Diskussion zur Inszenierung von Aias' Selbstmord bei Scullion (1994b) 89 – 128, v. a. 95 – 106.

https://doi.org/10.1515/9783110612691-009

zu ihrem Mann. Alkestis nimmt somit eine besondere Stelle unter den Toten – und Lebenden – der antiken griechischen Literatur ein: Sie ist einer der wenigen Menschen, die zum Licht und Leben zurückkehren.[5]

Die *Alkestis* zeichnet sich nicht weniger durch ihre besondere gattungsgeschichtliche Stellung aus. Das Drama, im Jahre 438 v.Chr. am Fest der Städtischen Dionysien aufgeführt, stand nach drei inhaltlich nicht zusammenhängenden Tragödien als viertes und abschließendes Stück anstelle des üblichen Satyrspiels.[6] Aufgrund dessen und wegen des oft als „märchenhaft" bezeichneten Handlungsverlaufs und des „Happy-End" wird das Stück in der Forschung gerne „pro-satyrisch" genannt und schon in einer Hypothesis des zweiten Jahrhunderts v.Chr. als „eher satyrhaft" (σατυρικώτερον) oder „eher komisch" eingestuft.[7] Das Drama ist kein Satyrspiel – es fehlt neben anderen Gattungsmerkmalen der Satyrchor –, lässt aber eine Lektüre als ernsthafte Tragödie mit leicht komischen Elementen zu und wird im Folgenden als solche behandelt.[8]

Bisherige Interpretationen der *Alkestis* sind vornehmlich durch die Gattungsfrage oder eine (freilich berechtigte) Fokussierung auf das Geschehen auf menschlicher

---

5 Zwei andere, die vom Tode zurückgekehrt sind und ihr Leben bis zum (zweiten) Tod fortgesetzt haben, sind Sisyphos (Pherekydes von Athen FGrH 3 fr. 119 = Schol. zu Hom. *Il.* 6,153) und – bei Platon – Er (Plat. *rep.* 614 – 621); vgl. den in der *Alkestis* dreimal genannten Asklepios-Mythos (Eur. *Alc.* 3 – 7; 122 – 129; 969 – 971) und die zweimal erwähnte Geschichte von Orpheus und Eurydike (Eur. *Alc.* 357 – 362; 966 – 969). Das Scheitern des Orpheus (vgl. Apollod. 1,14 f.; Plat. *symp.* 179d–e) wird in der *Alkestis* ausgeblendet.

6 Die drei Tragödien waren, wie in der zweiten Hypothesis der *Alkestis* berichtet, *die Kreterinnen*, *Alkmeon in Psophis* und *Telephos*. Zu den zwar nicht thematischen, doch eventuell motivischen Zusammenhängen siehe Schadewaldt (1952) 63 – 65.

7 Die einschlägige zweite Hypothesis lautet wie folgt: τὸ δὲ δρᾶμά ἐστι σατυρικώτερον ὅτι εἰς χαρὰν καὶ ἡδονὴν καταστρέφει [παρὰ τοῖς τραγικοῖς] <καὶ> ἐκβάλλεται ὡς ἀνοίκεια τῆς τραγικῆς ποιήσεως ὅ τε Ὀρέστης καὶ ἡ Ἄλκηστις, ὡς ἐκ συμφορᾶς μὲν ἀρχόμενα, εἰς εὐδαιμονίαν <δὲ> καὶ χαρὰν λήξαντα, <ἅ> ἐστι μᾶλλον κωμῳδίας ἐχόμενα. – Die beliebte Beschreibung der *Alkestis* als „märchenhaft" beruht hauptsächlich auf der Ähnlichkeit gewisser Motive, wie etwa der Überlistung des Todes, mit kulturübergreifenden Erzählmotiven, die vor allem aus Volksmärchen bekannt sind: Vgl. Lesky (1925). Da es aber nicht das Erkenntnisinteresse des vorliegenden Kapitels ist, das Verhältnis des Alkestis-Mythos zum erst im 19. Jh. n.Chr. entwickelten Begriff des Märchens zu untersuchen, und weil der Begriff zum Verständnis der Darstellung vom Tod und vom Todesgott in der *Alkestis* wenig beitrüge, wird der Begriff im Folgenden nicht verwendet. Zum Märchen und zu Märchenmotiven in der Antike: Heldmann (2000); Reinhardt (2012); Renger (2006).

8 Zu den Gattungsmerkmalen des Satyrspiels: Krumeich – Pechstein – Seidensticker (1999) 12 – 32; vgl. Lämmle (2013) 351 – 443. – Die Einstufung der *Alkestis* als eine „eigentliche Tragödie" mit komischen oder satyrhaften Elementen wird u. a. von den jüngsten Kommentatoren des Dramas vertreten: Parker (2007) xxi–xxiii; Seeck (2008) 35; vgl. Mastronarde (2010) 57 und Lesky (1925) 86, der die *Alkestis* als „ernstgemeintes und ernst aufzufassendes Drama" bezeichnet; zur Gattungsfrage siehe auch Riemer (1989) 1 – 7 und *passim*. Die „tragi-komische Doppelqualität des Stückes" ist ausführlich von Seidensticker (1982) 129 – 152 untersucht worden, der argumentiert (130): „Sinn und ästhetischer Reiz des Stücks [...] liegen gerade darin, daß dieselbe Geschichte zugleich als Komödie und als Tragödie gestaltet ist". Zum Verhältnis zwischen dem Satyrspiel und der Tragödie und zur Ansicht, dass es sich „beim Satyrspiel des fünften Jahrhunderts um eine Art Tragödie" handle, siehe Lämmle (2013) 53 – 83.

Ebene geprägt. Dies hat zu einer gewissen Spaltung in der modernen Interpretation der Todesthematik beigetragen: Während die Ernsthaftigkeit der Todesszene zum Beispiel nie in Frage gestellt wird, wird die Charakterisierung des personifizierten Todes Thanatos hingegen als volkstümlich oder burlesk empfunden und auf märchenhafte oder komische Züge hin untersucht.[9] Die Deutung von Thanatos' Figur als humoristisch muss somit zwar subjektiv bleiben, seine Darstellung aber gehört nicht weniger als das Pathos der Sterbeszene zu der das Ganze überspannenden Thematik. Wenn es sich hier um unterschiedliche Todesbilder und Einstellungen zum Tod handelt, wie verhalten sie sich zueinander und welche Funktion oder Wirkung hat ihre Nebeneinanderstellung? Die unterschiedliche Behandlung oder Färbung der jeweiligen Szenen hat sich aber nicht allein aus dem Stoff ergeben, sondern ist auch auf den Aufbau des Dramas zurückzuführen. Seine Handlung wird durch göttliche Entscheidungen und Machtspiele beeinflusst und von Interaktionen zwischen oder mit Gottheiten gerahmt, doch sie spielt sich vorwiegend unter den Menschen ab, die fast ohne Referenz auf die Gottessphäre agieren.[10] Eine ähnliche Struktur findet sich auch in anderen euripideischen Tragödien, doch hat dieser Aufbau in der Forschung zur *Alkestis* dazu geführt, sich mit dem zentralen Geschehen, in dem familiäre und gastfreundliche Verhältnisse hervorgehoben werden, auseinanderzusetzen und die rahmenden Szenen eher am Rand zu behandeln.[11]

Das vorliegende Kapitel kehrt diese Gewichtung um und behandelt am ausführlichsten die verhältnismäßig kleinen Szenen am Anfang und Ende des Dramas. Dabei

9 Thanatos als „volkstümlich": Heinemann (1913) 41–48 (vgl. 20–23), der das Stück als „ein heiteres Spiel" beschreibt und Thanatos „den alten, populären Thanatos des Volksmärchens" (42) nennt; Lesky (1934) 1253 bezeichnet Thanatos auf ähnliche Weise als „eines der ursprünglichsten Elemente in der Fabel der *Alkestis*"; vgl. Lesky (1925). Zur Charakterisierung des Thanatos vgl. u. a. Dale (1961) zu Eur. *Alc.* 24–26 („an ogreish creature of popular mythology"); Segal (1993) 214 („Thanatos is rather buffoonish"); Seidensticker (1982) 132 spricht in seiner aufschlussreichen Untersuchung komischer Elemente in der Tragödie von einem „burlesken Auftritt"; „die groteske Gestalt, mit langem schwarzen Gewand, großen Flügeln [vielleicht – die Annahme basiert auf Eur. *Alc.* 261; vgl. Seeck (2008) z. St.] und einem Schwert in der Hand, gehört zweifellos eher in das Figurenarsenal des Satyrspiels und der Komödie als in das der Tragödie".

10 Hierzu ausführlich Chromik (1967) 3–30, bes. 22, dessen Befund hier zusammengefasst wird. Seeck (2008) 18 betrachtet die zentrale Dramenhandlung – trotz irrealer Elemente – sogar als „entmythisiert" und spricht in seinem Kommentar von einer klaren Grenze „zwischen Mythos und realem Geschehen bzw. zwischen Prolog und eigentlicher Handlung" in der *Alkestis* einerseits und zwischen der „eigentliche[n] Handlung" und dem „mythischen Ringkampf mit dem Tod und der Wiederkehr der Alkestis" andererseits, „die im Stück nur als unmythisches Wiedersehen mit einer Totgeglaubten erscheint". Darüber hinaus, so Seeck, würden Menschen und Geschehen entmythisiert: Admets Heldentaten, von denen in anderen Quellen berichtet wird, werden verschwiegen, Admet halte seinen Gast für einen im wesentlichen normalen Sterblichen, von keinem Menschen im Stück werde entweder die Anwesenheit der Götter wahrgenommen oder deren Rolle im Lebenstausch erkannt.

11 Zur Struktur: Man vergleiche den gemeinsamen Beschluss der früher verfeindeten Götter Athene und Poseidon an Beginn der *Troerinnen* (Eur. *Tro.* 1–152), die anderen euripideischen Götterprologe (*Bacch.*, *Hipp.*, *Ion*; vgl. den Totengeist am Anfang der *Hekabe*) oder die Schlüsse mit einem *deus ex machina*.

richtet sich das Hauptaugenmerk im Unterschied zu den vorangehenden Kapiteln nicht auf die Macht der Verstorbenen. Dennoch geht es nicht weniger als zuvor um das Wirken der Unterwelt ins Diesseits hinein beziehungsweise um den gegenseitigen Kontakt zwischen Diesseits und Jenseits. Denn in der *Alkestis* herrscht ein ständiges Hin und Her zwischen beiden Bereichen, ein Konflikt zwischen Leben und Tod, der von List, Tausch und Gewalt, Übergang und Überschreitung gezeichnet ist. Der Versuch, mit dem Tode zu verhandeln, und die Darstellung des Thanatos bilden den Diskussionsgegenstand des ersten Abschnitts: Welchen Wert hat das Menschenleben für die unsterblichen Götter, und was bedeutet für sie die menschliche Sterblichkeit? Wie wird der personifizierte Tod dargestellt und welche Handlungsfunktion hat dieser „Priester der Toten"? Die Gestalt des Thanatos gehört, wie oben beschrieben, zu einer umfassenden Todes- und Jenseitsthematik, so dass nicht nur die Schilderung vom Tod als Gott, sondern auch als Ereignis zu betrachten ist: Wie die Menschen den Tod erfahren, wird nicht allein aus der Perspektive der Hinterbliebenen, sondern vielmehr von der Sterbenden selbst geschildert. Nach ihrem Übergang in den Tod wird anschließend ihr Übergang zurück ins Leben und die Auseinandersetzung des Herakles mit Thanatos in den Mittelpunkt gerückt und die Frage gestellt, welcher Status dem Tod, der Toten und der zum Leben Zurückgekehrten in der kosmischen Ordnung zukommt und wie mittels dieser Figuren über den Tod reflektiert wird.

Die Prologszene. Die Götter und der Tod

Das Grundmotiv des Dramas, die menschliche Sterblichkeit, wird gleich zu Beginn in der Prologrede des Apoll angerissen. Apoll lobt die Gastfreundlichkeit des Admet, die der Gott selbst erfuhr, als er Admet dienen musste; dieser ungewöhnliche Dienst wurde von Zeus als Buße verhängt, nachdem Apoll Zeus' Blitzschmiede, die Kyklopen, getötet hatte, um den Blitztod seines Sohnes Asklepios durch Zeus zu rächen.[12] Die Vorgeschichte erklärt zwar die Freundlichkeit des Apoll dem König gegenüber, doch sie dient keineswegs allein der Vermittlung von Hintergrundinformationen. Vielmehr ermöglicht sie eine Perspektivierung aus der Sicht der immerwährenden Götter, deren Verhältnis zur Sterblichkeit wesentlich anders als das der ephemeren Menschen ist und deren Macht mit ihrer eigenen Unsterblichkeit eng zusammenhängt. Dabei wird das Thema des Dramas in einen breiteren Kontext von göttlich-menschlichen Verhältnissen, zwischengöttlichen Machtkonflikten und nicht zuletzt der Destabilisierung existentieller Grenzen eingebettet.

---

12 Eur. *Alc.* 1–9.

Asklepios

Am Anfang der Vorgeschichte steht der Tod des Asklepios durch den von Zeus geschleuderten Blitz.[13] Wichtiger als dieser Gewaltakt ist dessen Auslöser, den Apoll verschweigt: Asklepios hat, wie erst in der Parodos explizit gemacht wird, Tote wieder zum Leben erweckt.[14] Nicht ohne Grund zieht diese menschenfreundliche Tat die Feindschaft des Gottes Zeus nach sich, denn durch die Auferweckung der Verstorbenen hebt Asklepios die Grenze zwischen Leben und Tod auf und droht, das wesentliche Charakteristikum des Menschseins, das neben Macht und Wissen Mensch von Gott unterscheidet, zu negieren.[15] Der Mensch würde dadurch dem Vorrecht der Götter, ewig weiterzuexistieren und den Tod nie zu erfahren, zu nahe treten und sich somit die göttliche, weitgehend auf dem endlosen Dasein basierende Macht aneignen.[16] Asklepios' Vorgehen gefährdet dabei die Hierarchie zwischen Mensch und Gott und stellt einen Verstoß gegen die Ordnung dar. Indem Zeus eingreift, bewahrt er eben diese Ordnung und sichert letztendlich die eigene Macht.

Aus Wut auf Zeus tötet Apoll die Kyklopen, die die tödlichen Donnerkeile des Zeus schmieden (τέκτονες Δίου πυρός, 5). Seine Reaktion versteht sich zum einen als Vergeltung für den Tod seines Sohnes, zum anderen – zumindest symbolisch – als gezielter Versuch, die Macht des Zeus zu beschneiden, indem er die Herstellung von Zeus' kennzeichnender Waffe zu verhindern strebt, mittels derer Zeus seine Herrschaft gegen andere Götter verteidigt und seine Macht über das Leben und den Tod der Menschen demonstriert.[17] Zur Strafe wird Apoll vorübergehend aus der göttlichen Gesellschaft ausgestoßen und durch diese Erniedrigung – mindestens auf metaphorischer Ebene – entmachtet. Die Bestrafung des Apoll ist wie das Vergehen seines Sohnes eine Art Grenzüberschreitung, nur wird nicht der Status der Menschen erhöht, sondern der Gott in seinem Status herabgesetzt: Zeus zwingt (με [...] ἠνάγκασεν, 7) Apoll, einem Menschen zu dienen, „obwohl ich [d. h. Apoll] ein Gott bin" (θεός περ ὤν, 2), als Hirte (ἐβουφόρβουν, 8) wie ein niederer Tagelöhner (θητεύειν, 6). Mit Apolls Betonung seiner Göttlichkeit einerseits, die im Gegensatz zur Sterblichkeit seines Gastgebers steht (θνητῶι παρ' ἀνδρί, 7), und der verbalen Gleichsetzung von sich und

---

13 Tod des Asklepios: Eur. *Alc.* 3 f. Die Asklepiosgeschichte wurde auch von Hesiod erzählt, dessen Version der von Euripides entsprechen soll (Hes. fr. 51–54; vgl. Hes. fr. 58 Merkelbach–Solmsen–West).

14 Eur. *Alc.* 122–127.

15 Zur Sterblichkeit als bezeichnendem Charakteristikum des Menschen vgl. Wankel 1983, der den Sterblichkeitsgedanken als literarisches Motiv untersucht.

16 Zum Verhältnis zwischen Unsterblichkeit und göttlicher Macht vgl. Henrichs (2010b), bes. 29: „Immortality and divine power are closely linked like cause and effect. If gods were subject to death, their power would be finite and limited by their mortality."

17 Zur Waffe des Zeus vgl. (u. v. a.) in der Epik: Hes. *theog.* 492–506 (Donnerkeil als Waffe des Zeus); 690–712 (Blitz im Einsatz gegen die Titanen); 846–856 (gegen Ungeheuer); Hom. *Il.* 8,399–408 (gegen andere Götter); 15,112–118 (gegen andere Götter); 21,193–199 (als Ausdruck seiner Macht über die Natur); Hom. *Od.* 5,125–128 (gegen den sterblichen Jasion, dessen Beischlaf mit Demeter eine Grenzüberschreitung darstellt; vgl. Aphrodites Warnung an Anchises: Hom. *h.* 5,286–290).

seinem Gastgeber andererseits, die durch die polyptotische Verwendung des normalerweise auf menschliche Frömmigkeit bezogenen Adjektivs ὅσιος für sich und Admet erfolgt (ὁσίου γὰρ ἀνδρὸς ὅσιος ὢν ἐτύγχανον, 10), wird die nivellierende Wirkung der Strafe deutlich.[18] Zeus lässt Apoll damit die möglichen Folgen einer solchen Nivellierung der Unterschiede zwischen Göttern und Menschen erfahren vergleichbar derjenigen Nivellierung, welche die Wiederbelebung der Toten hätte herbeiführen können.

Die Asklepiosgeschichte zeigt, inwieweit das Verhältnis zwischen Menschen und Göttern durch die Sterblichkeit bestimmt ist: Die Macht der Götter speist sich teilweise aus der ihnen eigenen Unsterblichkeit und beruht dabei auf der Ohnmacht der Sterblichen. Mit der menschlichen Sterblichkeit sind aber auch die Machtverhältnisse zwischen den Göttern verflochten, so dass das Eingreifen ins menschliche Schicksal – wie auch der kommende Zwist zwischen Thanatos und Apoll veranschaulicht – eben diese Machtverhältnisse aus dem Gleichgewicht bringen kann.[19]

Thanatos und die Ökonomie des Todes

Als vor dem Palast Admets Apoll und Thanatos aufeinander treffen, werden zwei gegensätzliche Verhältnisse zum menschlichen Schicksal und zu den Sterblichen gegenübergestellt. Auf der einen Seite steht Apoll in einem reziproken Verhältnis zu Admet, dessen besondere Gastfreundlichkeit das andauernde Wohlwollen des Gottes begründet, und hält eine schützende Hand über Admet und dessen Frau. Insofern als das Band der Gastfreundschaft zwischen Apoll und Admet eine indirekte Folge der Wohltat des Asklepios ist, lässt sich die Menschennähe Apolls als Fortsetzung der Menschenfreundlichkeit seines Sohnes ansehen, und Apoll zielt durch seine Versuche, erst Admet, dann Alkestis ein längeres Leben zu gewähren, im Wesentlichen auf

---

18 Einen Überblick über die Deutungsversuche des Adjektivs ὅσιος in Bezug auf Apoll bietet Peels (2016) 156 – 158. Peels (2016) 158 kommt zum Schluß, dass „[by] placing himself on the level of a human by using this 'human' word[, Apollo] linguistically reflects the paradox of the situation in which [he] finds himself".

19 Dass das Eingreifen ins menschliche Schicksal zur Störung zwischengöttlicher Verhältnisse führt, wird auch im Epos thematisiert. In der *Ilias* dürfen Götter ihren Schützlingen bzw. Söhnen auf dem Schlachtfeld beistehen und auf andere Art und Weise helfen (Beispiele göttlicher Hilfe sind aufgelistet bei Morrison 1997, 283 Anm. 21). Wenn aber eine echte Änderung des Schicksals eines Sterblichen – nämlich die Aufschiebung seines (immer vorbestimmten) Todes – ernsthaft erwogen wird, stammt die Initiative stets von Zeus, z. B. wenn dieser die Rettung von Sarpedon (Hom. *Il.* 16,433 – 438) oder Hektor (Hom. *Il.* 22,168 – 181) abwägt. In beiden Fällen wird ihm von einer Göttin (Hera oder Athene) abgeraten, die ihn an die Todesverfallenheit des Menschen erinnert (Hom. *Il.* 16,440 f. = 22,179 f.) und die Missgunst oder gar Groll andeutet, die eine Rettung des Todgeweihten vor seinem bevorstehenden Schicksal unter den anderen Göttern auslösen würde (Hom. *Il.* 16,443 – 449; 22,181).

dasselbe wie Asklepios ab, ohne jedoch die entscheidende Grenze zu überschreiten.[20] Ja, mit seinem Schützling steht der Gott in einer so engen Verbindung, dass er Admet als φίλος (der Begriff für jemanden, der in einer engen reziproken freundschaftlichen oder familiären Beziehung steht) auszeichnet und seine Betroffenheit über den bevorstehenden Tod der Alkestis mit derselben Formulierung ausdrückt wie auch die (menschlichen) Hinterbliebenen: φίλου [...] ἀνδρὸς συμφοραῖς βαρύνομαι („an eines lieben Mannes Unglück trag ich schwer", 42).[21] Dass aber trotz aller Menschennähe eine unüberbrückbare Kluft zwischen Apolls Mitleid und der durch Trauer gekennzeichneten menschlichen Erfahrung des Todes besteht, wird im weiteren Verlauf des Dramas verdeutlicht.

Thanatos hingegen bewegt sich außerhalb der Regeln der Gegenseitigkeit. Sein Charakter ist durch die Abwesenheit jeglicher χάρις geprägt, und wie er sich im Wortgefecht mit Apoll weigern wird, auf dessen Bitte einzugehen, so kennzeichnet ihn in der kultischen Wirklichkeit seine Unzugänglichkeit für die Menschen und seine damit verbundene Unerbittlichkeit.[22] Denn die Kultverehrung des Thanatos in der klassischen Antike war, wenn es überhaupt eine gab, laut späteren Quellen äußerst selten und wurde wenn, dann nur unter Nicht-Griechen oder in Sparta gepflegt.[23] Der Unausweichlichkeit des Todes entsprechend ist seine anthropomorphe Personifizie-

---

20 Während in der *Alkestis* die Kontinuität zwischen Apoll und seinem Sohn als eine Art Fortsetzung dargestellt wird, drückt sich diese Kontinuität im Kult durch die Überlagerung von Apoll und Asklepios als Heilgott bzw. Heilheros und durch ihre gemeinsame Verehrung an gewissen Orten aus: Nilsson (1967) Bd. 1, 538 f.; zu gemeinsamen Kultorten siehe Riethmüller (2005), z. B. Bd. 2, 25 mit Bd. 1, Kat. 147; Bd. 2, 33, 42, 69 f., 72, 75 (von den 159 nachweisbaren Kultorten des Asklepios auf dem griechischen Festland „gehören auch 12 Kultstätten in Heiligtümern anderer Gottheiten, insbesondere des Apollon in Delphi, Epidauros, Thermos etc.", die Riethmüller in Bd. 1, z. B. Kat. 29; Kat. 33; Kat. 119; Kat. 137 untersucht).

21 Im weiteren Verlauf des Dramas wird die Trauer Admets mit ähnlichen Worten ausgedrückt: ἐγὼ / καὶ σφὼ βαρείαι συμφορᾶι πεπλήγμεθα (Eur. *Alc.* 405, Admet in Bezug auf sich und seine Kinder); βαρείαι συμφορᾶι πεπληγμένος (Eur. *Alc.* 856, Herakles in Bezug auf Admet); ἅλις γὰρ συμφορᾶι βαρύνομαι (Eur. *Alc.* 1048, Admet).

22 Abwesenheit aller χάρις: Vgl. Eur. *Alc.* 48; 60 – 62; 70 f. und die folgende Diskussion.

23 Lesky (1934) 1257 f. In den überlieferten antiken griechischen Texten wird Thanatos viermal in Verbindung mit Kultverehrung gebracht: Philostratos (*Ap.* 5,4) und Ailianos (fr. 19) berichten, dass unter allen Völkern allein die Einwohner von Gadeira (Cádiz) für Thanatos Hymnen gesungen oder ein Heiligtum gebaut haben; Paus. 3,18,1 und Plut. *Kleomenes* 9,1 erwähnen jeweils ein Standbild (ἄγαλμα) und Heiligtum (ἱερόν) des Gottes in Sparta. Zurecht bemerkt Lesky (1934) 1258 zu den ersteren Quellen: „[A]uch wenn man den Zweifel an der Zuverlässigkeit dieser Angaben unterdrückt, ist doch zu bemerken, daß es sich dabei keineswegs um Kult des griechischen T[hanatos], sondern lediglich um *interpretatio Graeca* einer einheimischen Gottheit handeln kann" und zu Pausanias: „[S]o liegt die Vermutung nahe, daß für T[hanatos] eben nur jene bei Pausanias erwähnten Standbilder Anlaß zu der Notiz gegeben haben, ohne daß aus ihr weitere Kulttatsachen erschlossen werden dürfen. [D]as Zeugnis, das diese beiden Stellen für tatsächlichen Kult des T[hanatos] ablegen, [ist also] nur ein höchst zweifelhaftes." Ähnlich verhält es sich mit der (angeblichen) Kultverehrung des Hades: Henrichs (2012).

rung, der Gott Thanatos, weder abzuhalten noch durch Opfergaben umzustimmen, wie es Aischylos in seiner verlorenen Tragödie *Niobe* pointiert in Verse gesetzt hatte:[24]

> μόνος θεῶν γὰρ Θάνατος οὐ δώρων ἐρᾷ,
> οὐδ' ἄν τι θύων οὐδ' ἐπισπένδων ἄνοις,
> οὐδ' ἔστι βωμὸς οὐδὲ παιωνίζεται·
> μόνου δὲ Πειθὼ δαιμόνων ἀποστατεῖ.
>
> Allein unter den Göttern begehrt Thanatos keine Geschenke,
> weder mit Opfern noch mit Spenden lässt sich etwas erreichen,
> noch hat er einen Altar, noch ertönt ihm der Paian,
> und von ihm allein unter den Dämonen [d. h. den Göttern] hält sich Peitho fern.

Genau diese Figur des Todes lässt nun Euripides in der Prologszene konkrete Gestalt annehmen, und er wandelt die kultische Unzugänglichkeit des Gottes und die Unabwendbarkeit des Ereignisses, das Thanatos verkörpert, in Unzugänglichkeit gegenüber anderen Göttern und Unbeugsamkeit beim Ausüben seines göttlichen Amtes um. Dass Thanatos keinen Kult empfängt und den Menschen nicht zugänglich ist, betrifft schließlich nur den Umgang der Sterblichen, nicht der anderen Götter mit ihm, und kann sich folglich im Dialog mit einem anderen Gott nur anders manifestieren. Wie sich diese Charaktereigenschaft des Thanatos äußert, wird also an Situation und Gegenüber angepasst. Nicht zufällig sind es die menschlichen Choreuten, die später in ihrer Trauer um Alkestis den fehlenden Kult einer anderen unerbittlichen Gottheit in Versen thematisieren, die stark an das *Niobe*-Fragment erinnern: μόνας δ' οὔτ' ἐπὶ βωμοὺς / ἐλθεῖν οὔτε βρέτας θεᾶς / ἔστιν, οὐ σφαγίων κλύει („sie ist die einzige Göttin, zu deren Altären / und Götterbild man nicht pilgern kann, / Schlachtopfer erhört sie nicht", 973 – 975). Die Rede ist von Ananke (die Naturnotwendigkeit oder der Zwang des Schicksals), die, so der Chor weiter, gemeinsam mit Zeus das Verhängnis vollzieht (καὶ γὰρ Ζεὺς ὅτι νεύσῃ / σὺν σοὶ [d. h. Ananke] τοῦτο τελευτᾷ, 978 f.).[25] Die Aussage des Chors beleuchtet das Verhältnis des Zeus zu den Schicksalsmächten in der *Alkestis* und erlaubt dabei Rückschlüsse auf die Stellung des Thanatos in dieser Götterkonstellation. Zeus handelt nicht nur im Einklang mit Ananke, sondern ist – wie seine Tötung des Asklepios demonstriert – die Instanz, die über die Einhaltung der durch Ananke erzwungenen Regelungen wacht und deren Verletzung bestraft. Von Ananke zu den Moiren (33), die das Todeslos (μόρος, 32) jedem Einzelnen zuteilen und die Apoll zu Admets Gunsten überlistet, ist es kein großer Schritt: Die Göttinnen vertreten dasselbe Prinzip wie Ananke und Zeus, nämlich die Bestimmtheit des Todes, nur liegt ihr Akzent auf der Determinierung, bei Ananke wiederum auf der Unausweichlichkeit des Schicksals. Thanatos tritt als vierter dieser Konstellation bei als diejenige Schicksalsmacht, die den Sterbeprozess persönlich herbeiführt und den Tod in seiner

---

24 Aischyl. fr. 161 Radt (Übs. vom Verfasser).

25 Zum Verhältnis zwischen Ananke und dem Tod siehe Schreckenberg (1964) 66 – 71.

konkretesten, da auch handgreiflichen Form darstellt.[26] Auf die Körperlichkeit – und Angreifbarkeit – des Thanatos sowie seine Relation zum Ereignis Tod wird im Einzelnen noch einzugehen sein, doch an dieser Stelle sei bemerkt, dass weder zwischen Person und Personifizierung noch zwischen Gott und Wirkung eine genaue Trennlinie verläuft.[27]

Wie aus griechischer Sicht für jeden der Tod immer schon vorbestimmt ist und das Lebensende zur bestimmten Zeit eintritt, so erscheint mit betonter Pünktlichkeit Thanatos (συμμέτρως δ' ἀφίκετο, / φρουρῶν τόδ' ἦμαρ ᾧι θανεῖν αὐτὴν χρεών, „zur rechten Zeit ist er eingetroffen, lauernd auf diesen Tag, an dem [Alkestis] sterben muss", 26 f.).[28] Mit seinem Auftritt wird der Streit über das menschliche Leben und göttliche Vorrechte, der sich bei Asklepios, Zeus und Apoll entzündet hatte, als Dialog fortgesetzt, in dem über eben diese zwei Gegenstände explizit verhandelt wird. Die Auseinandersetzung bewegt sich dabei hauptsächlich in zwei ineinander verzahnten Gebieten: Ehre und göttliche Geltungsbereiche einerseits, Mittel der Erzwingung und der Überzeugung andererseits, nämlich Gewalt, die diesmal nicht zustande kommt, doch im Hintergrund präsent ist, und die gewaltlosen Mittel Tausch und Handel, die an Stelle physischer Gewalt eingesetzt werden.

Thanatos' erste Worte verraten nicht nur Argwohn gegenüber Apoll, sondern bezeichnenderweise auch Angst vor Gewalt (28–37):[29]

ἆ ἆ·
τί σὺ πρὸς μελάθροις; τί σὺ τῆιδε πολεῖς,
Φοῖβ'; ἀδικεῖς αὖ τιμὰς ἐνέρων
ἀφοριζόμενος καὶ καταπαύων;
οὐκ ἤρκεσέ σοι μόρον Ἀδμήτου
διακωλῦσαι, Μοίρας δολίωι

26 Vgl. Riemer (1989) 116 f., der anhand der Ähnlichkeit des Ananke-Liedes mit dem *Niobe*-Fragment Thanatos und Ananke direkt miteinander identifiziert („[i]hn [d. h. Thanatos] meint der Chor, wenn er von Ananke spricht") und von einer „Übereinstimmung der abstrakten Naturnotwendigkeit mit ihrer Konkretisierung als Todesmacht" spricht. Thanatos und Ananke sind eher Aspekte desselben Konzeptes und keinesfalls identisch.

27 Anders formuliert, demonstriert der euripideische Thanatos das, was Pötscher als „Person-Bereichdenken" versteht, d. h. die Einheit von der persönlichen Auffassung eines Gottes und seinem Wirkungsbereich („Person-Bereicheinheit"). Es handle sich dabei, so Pötscher (1959b) 15, „nur rein äußerlich um ein Nebeneinander, in Wirklichkeit aber um eine Einheit von Person und Bereich [...], die je nach Bedürfnis (nach dem des Gedankenablaufes und nach dem der Ausdrucksabsicht) den einen oder den anderen Aspekt in den Vordergrund rücken kann". Der Gott und sein Bereich sind immer gemeint; wo z. B. „Streit herrscht, herrscht die Göttin Streit, und wo sie ist, ist Streit", Pötscher (1978) 224. Hierzu Pötscher (1959a), Pötscher (1959b), Pötscher (1978). Einen nuancierten Forschungsüberblick über verschiedene Interpretationen von Personifikationen neben grundsätzlichen Überlegungen zur Definition von Personifikation bietet Borg (2002) 49–95.

28 Zum Motiv des bestimmten Tages (πέπρωται, 20 f.; πεπρωμένη [...] ἡμέρα, 147) in Zusammenhang mit Sterblichkeit und Zeitvorstellungen in der *Alkestis* vgl. Segal (1993) 217–220; zum bestimmten Tag als tragischem Motiv vgl. Seeck (1985) 24–28; weitere euripideische Beispiele bei Warmbold (1871) 5.

29 Modifizierte Übersetzung nach Seeck (2008).

σφήλαντι τέχνηι; νῦν δ' ἐπὶ τῆιδ' αὖ
χέρα τοξήρη φρουρεῖς ὁπλίσας,
ἣ τόδ' ὑπέστη, πόσιν ἐκλύσασ'
αὐτὴ προθανεῖν Πελίου παῖς;

Ah, ah!
Warum bist du beim Palast? Was schleichst du hier herum,
Phoibos? Verletzt Du erneut das Recht, dir die Autorität der Unteren
aneignend und außer Kraft setzend?
Genügte es dir nicht, den Admet bestimmten Tod
zu verhindern durch listige
Täuschung der Moiren? Nun hältst du wieder
Wache, die Hand mit dem Bogen bewaffnet, bei ihr,
die es auf sich nahm, ihren Gatten auszulösen und
selbst an seiner Stelle zu sterben, die Tochter des Pelias.

Sein Misstrauen wird insbesondere dadurch geweckt, dass der mit dem Bogen bewaffnete Apoll als kampfbereiter Gegner erscheint. Apolls Behauptung, er trage doch immer den Bogen, beruhigt Thanatos nicht, nach dessen Ansicht keine Waffe nötig sei, wenn man im Recht sei (δίκην ἔχειν, 39) und kein gewaltsames Durchsetzen eigener Interessen beabsichtigt.[30] Neben dem Bogen beruft sich Thanatos auf Apolls frühere Einmischung in die Angelegenheiten der Schicksalsmächte. Davon hat Apoll in der Prologrede schon berichtet: Den Moiren hat er durch eine List – anderen Überlieferungen des Mythos zufolge hat er die Göttinnen mit Wein betrunken gemacht – die Information entlockt, unter welchen Bedingungen Admet seinem frühen Tod entrinnen könnte.[31] Was Apoll positiv als „Rettung" bezeichnet (ὃν [Admet] θανεῖν ἐρρυσάμην, 11; vgl. τόνδ' ἔσωιζον οἶκον, 9), wird von Thanatos als Übergriff gesehen und als implizit gewaltsam geschildert durch das Partizip σφήλας (σοι [...] Μοίρας [...] σφήλαντι, 34, oben zitiert). Das Verb σφάλλειν (wörtlich „zum Fallen bringen") kann im Passiv den schwankenden Gang eines Betrunkenen beschreiben und mag hier auf die Wirkung des von Apoll ausgeschenkten Weins anspielen, doch es entstammt dem Kontext des Ringkampfs, so dass körperliche Gewalt noch im Hintergrund mitschwingt.[32] Apoll spricht den subtilen Vorwurf und die Angst seines Gegners an, indem er sein Vorgehen als explizit gewaltlos bezeichnet (44 f.):

{Απ.} ἀλλ' <u>οὐδ'</u> ἐκεῖνον <u>πρὸς βίαν</u> σ' ἀφειλόμην.
{Θα.} πῶς οὖν ὑπὲρ γῆς ἐστι κοὐ κάτω χθονός;

[Apoll:] Doch auch jenen [d. h. Admet] nahm ich dir nicht mit Gewalt.
[Thanatos:] Wieso ist er denn auf der Erde und nicht unter dem Boden?

---

30 Eur. *Alc.* 38–41.
31 Betrunkene Moiren: Aischyl. *Eum.* 723–728; Überlistung und die Möglichkeit des Lebenstausches: Eur. *Alc.* 11–14.
32 Σφάλλειν und Betrunkenheit: z. B. Aristoph. *Vesp.* 1324.

Thanatos weist Apolls Behauptung prompt zurück; er sieht nicht ein, wie es Apoll ohne Gewalt hätte gelingen können. Apolls Umgang mit den Moiren und seine Bewaffnung deuten für Thanatos auf eine Bereitschaft zum gewaltsamen Eingreifen hin. Angst vor einem Gewaltakt setzt die Wirksamkeit physischer Gewalt und somit die eigene körperliche Verletzbarkeit voraus, und die unausgesetzte Angst des Todesgottes – auch wenn man es als einen komischen Zug versteht – weist darauf hin, dass er (wie alle anderen Götter auch) den potentiellen Schwächen der Körperlichkeit unterworfen ist. Er kann, so wird dadurch im Besonderen hervorgehoben, zum Opfer von Handgreiflichkeiten werden; diese Eigenschaft wird erst später für die Handlung bedeutsam.[33]

Die reale oder imaginäre Gewaltdrohung, die Thanatos beunruhigt, ermöglicht es ihm, sich und die anderen Schicksals- und Unterweltsmächte (die Moiren und sämtliche ἔνεροι, 30) als geschädigte Kläger zu präsentieren. Als er die rhetorische Frage stellt, ob Apoll wieder (αὖ, 30; 34) das Recht beziehungsweise die τιμαί (30; 53) der unterirdischen Götter verletzt (ἀδικεῖς, 30), bezieht er mittels seiner juridischen Terminologie den Aspekt von Recht und Gerechtigkeit in den Konflikt mit ein (δίκη, vgl. 38–42).[34] Der Begriff τιμή verweist sowohl auf Ehre und Achtung als auch auf Ämter und wertvollen Besitz und schließt damit den abstrakten sozialen Wert, den Thanatos durch sein göttliches Amt gewinnt, aber auch das ausgeübte Amt selbst und den konkreten Gewinn – den toten Menschen (νεκρός, 43) – ein. Die Rechtsterminologie wird auf einen neuen Bereich ausgedehnt, als Thanatos spezifiziert, wie Apoll seine τιμαί missachtet: Durch Aneignung und indem er sie außer Kraft setzt (ἀφοριζόμενος καὶ καταπαύων, 31, oben zitiert). Besonders prägnant ist der technische Begriff ἀφορίζειν. Er bezeichnet ursprünglich die Abgrenzung eines Grundstücks beziehungsweise die Übernahme eines Territoriums, indem man es sich aneignet, und ist in Zusammenhang mit der unmittelbar vorangehenden Bemerkung des Thanatos zu verstehen, in der er Apolls Anwesenheit kommentiert (29 f.). Thanatos betrachtet Apolls Präsenz misstrauisch, denn Apoll, der unter anderem als Gott der Reinheit gilt, pflegt sich nicht in der Nähe von Sterbenden aufzuhalten; tatsächlich verlässt er gerade den Palast wegen der durch Sterben ausgelösten Befleckung (μίασμα, 22 f.).[35] Thanatos' Ankunft zur gleichen Zeit kündigt seine Übernahme dessen an, was ihm rechtlich zusteht: Wo gestorben wird, gebietet der Todesgott. Mit ἀφορίζειν wird der befürchtete Übergriff des Apoll auf seinen – konzeptuellen wie konkret räumlichen – Machtbereich versinnbildlicht.

Schon mit dem Rechtsbegriff ἀφορίζειν ist das Thema des Aushandelns von Grenzen und Machtbefugnissen zwischen den Göttern angeschnitten. In den Eigenbereich des Todes will Apoll nicht gewaltsam eingreifen, auch verzichtet er zunächst überhaupt auf einen Überredungsversuch, denn durch Worte sei der Tod ohnehin

---

33 Siehe unten S. 217–219.

34 Vgl. Parker (2000) zu Eur. *Alc.* 30: „Death uses correct legal language".

35 Zum Tod und Sterben als Auslöser von Befleckung: Parker (1983) 32–48, 54–73; Wächter (1910) 43–63.

nicht gefügig zu machen.[36] Doch alsbald tritt er in eine Verhandlung ein, die einem Tauschhandel gleichkommt und in deren Zentrum die Frage nach dem Wert eines Menschenlebens steht.[37] Ob Alkestis nicht doch alt werden dürfte (52)? Denn einerlei, ob sie gleich oder später stirbt, so argumentiert Apoll, gewinnt Thanatos immer noch nur ein *einzelnes* Leben: οὔτοι πλέον γ' ἂν ἢ μίαν ψυχὴν λάβοις (54). Durch das betonte μία bezeichnet Apoll die bloße Anzahl der Totenseelen als das Entscheidende. Zwei Tote wären gemäß dieser Logik mehr wert als einer, ja, ein Leben wäre, wenn man den Gedanken über den Text hinaus weiter verfolgt, dem anderen gleich, egal, welche Eigenschaften dem Menschen zugehörig waren, wie etwa Alter, Rang oder Reichtum (der in Vers 54 ja noch nicht thematisiert wird). Die mindestens seit Homer gängige Vorstellung, dass der Tote seinen gesellschaftlichen Status mit ins Jenseits bringt oder gar in einen höheren Status eintritt, wird bewusst ausgeblendet. Die vom Körper gelöste ψυχή hat nach der Argumentation des Apoll nur einen intrinsischen, vom Individuum unabhängigen Wert, als würden alle Menschen durch den Tod gleichgemacht. Indem Apoll den Gewinn mit der ψυχή gleichsetzt und dabei aus der Vorstellung der Seele alle personalen Eigenschaften, die der ψυχή des Lebenden sowie des Toten normalerweise zugehören, zunächst ausklammert, macht er – in rhetorischer Absicht – das Menschenleben gleichsam zur Handelsware oder Währung.

Thanatos weist das erste Argument zurück. Für ihn ist der Wert einer ψυχή nicht fixiert, sondern ändert sich je nach einer bestimmten Eigenschaft des Toten, nämlich dem Alter: Junge Verstorbene bringen ihm ein größeres „Ehrgeschenk" ein (νέων φθινόντων μεῖζον ἄρνυμαι γέρας, 55). Sein Gewinn entspricht dabei dem Verlust des Verstorbenen, und der Wert der Lebenszeit ist für ihn und sein Opfer ein und derselbe. Denn der Durchschnittsmensch versucht, wie der spätere Streit zwischen Admet und seinem alternden Vater anschaulich macht, seine Lebenszeit immer weiter in die Länge zu ziehen, und auch für Thanatos hat diese noch nicht ausgelebte Zeit Wert.[38] Ferner besteht das γέρας des Gottes nicht allein im Erworbenen, sondern auch im Erwerben selbst, da dies die Ausführung der ihm zugewiesenen (vgl. 49, τοῦτο [...] τετάγμεθα) ehrenbringenden Tätigkeit darstellt. An diesen τιμαί, also seinen Ehren und seinem Amt, findet der Gott Freude (τιμαῖς κἀμὲ τέρπεσθαι δόκει, 53).

---

36 Eur. *Alc.* 48; 72; vgl. den letzten Vers des oben zitierten *Niobe*-Fragments (Aischyl. fr. 161 Radt).
37 Verhandlung: Eur. *Alc.* 50–63.
38 Auseinandersetzung zwischen Admet und seinem Vater Pheres: Eur. *Alc.* 606–733. Besonders pointiert bringen Vater und Sohn den Egoismus des anderen, aber auch die menschliche Tendenz, nach einem langen Leben zu streben, zum Ausdruck in V. 711 f.: {Αδ.} ταὐτὸν γὰρ ἡβῶντ' ἄνδρα καὶ πρέσβυν θανεῖν; / {Φε.} ψυχῆι μιᾶι ζῆν, οὐ δυοῖν, ὀφείλομεν. Hinter Admets rhetorischer Frage steckt auch der Gedanke, der Tod eines jüngeren Menschen sei ein größerer Verlust als der eines älteren, sein Leben mehr wert als das von jemandem, dem verhältnismäßig wenig Lebenszeit übrig bleibt. Dagegen sieht Pheres auch im fortschreitenden Alter das eigene Leben als wertvollsten Besitz, da er – anders als sein Sohn – nur eins hat. Aus diesem Grund war er nicht bereit, an Stelle seines Sohnes zu sterben; dass Admet seinem frühen Tod dennoch entronnen ist und somit gleichsam ein zweites Leben gewonnen hatte, sieht Pheres als widernatürlich.

Apoll versteht das vom Alter des Verstorbenen abhängige γέρας fälschlich als einen rein materiellen Gewinn und ändert daraufhin seine Taktik: Auch wenn Alkestis hochbetagt stürbe, würde sie aufwendig bestattet (κἂν γραῦς ὄληται, πλουσίως ταφήσεται, 56). Aus der reichen Bestattung und den Totengaben eines älteren Opfers, so der Gedanke, schlüge der Todesgott einen höheren Gewinn. In seinem Vorschlag vermischt Apoll zwei Wertkategorien, die der immateriellen Lebenskraft und die des materiellen Reichtums, die wegen der radikal unterschiedlichen Beschaffenheit des jeweiligen Wertes normalerweise auseinandergehalten werden. Vielmehr gilt das Prinzip, dass Immaterielles gegen Immaterielles, Materielles gegen Materielles getauscht wird. Dies ist nicht allein am Beispiel des Todesaufschubs des Admet zu beobachten, der auf einem gegenseitigen Tausch von Lebenszeit basiert, sondern Variationen desselben Gedankens erscheinen immer wieder dann, wenn in der griechischen Literatur über den Wert eines Lebens reflektiert wird. Wenn etwa in der *Ilias* Zeus die Keren (Todeslose) der gegenüberstehenden Heere oder diejenigen von Achill und Hektor auf die Waagschalen legt oder Aischylos eine Wägung der ψυχαί von Achill und Memnon dramatisiert, handelt es sich um das Gegeneinander-Abwägen gleichbeschaffener – hier immaterieller – Entitäten, wie man es sonst nur mit wertvollen materiellen Tauschobjekten macht.[39] Aischylos soll sich bezeichnenderweise desselben Bühnenbildes bedient haben, als er die Auslösung Hektors inszenierte und eine überdimensionierte Waage auf die Bühne brachte, mit der der Leichnam gegen das Lösegeld aufgewogen wurde.[40] Auch hier geht es letzten Endes um den Wert eines – verlorenen – Lebens, doch physische und metaphysische Ebenen bleiben getrennt: Geld wird gegen leblosen Leib getauscht; schließlich steht den Menschen nur das Materielle als Tauschmittel zur Verfügung. Materielles und Immaterielles können nicht gegeneinander aufgewogen oder getauscht, sondern höchstens miteinander verglichen werden. In Vergleichen wird aber ihre Trennung nicht aufgehoben, sondern bestätigt: Man vergleicht den Wert des Lebens mit dem materieller Güter nur, um jenen besser zu erfassen und von letzterem abzuheben.[41] Denn dem Leben wird ein ganz besonderer Wert beigemessen als einmaligem Besitz, der verloren, aber anders als jeder andere Schatz nicht wiedergewonnen werden kann.[42] Wie die sterbende Alkestis später konstatiert, nichts ist wertvoller als das Leben: ψυχῆς γὰρ οὐδέν ἐστι τιμιώτερον (301). Was für den Menschen besonders

---

39 Kerostasie: Hom. *Il.* 8,69 – 77; Hom. *Il.* 22,209 – 213; die Psychostasie von Memnon und Achill wurde von Aischylos in seiner nicht erhaltenen Tragödie *Psychostasia* inszeniert: Poll. 4,130; Plut. *mor.* 17a (= *aud. poet.* 2,16F); Schol. A zu Hom. *Il.* 8,70; Schol. A und T zu Hom. *Il.* 22,210.

40 Die Auslösung Hektors wurde in den (nicht erhaltenen) *Phrygern* des Aischylos inszeniert: Schol. A und T zu Hom. *Il.* 22,351.

41 Wert des Lebens wird mit dem materieller Güter verglichen und davon abgegrenzt, z. B. Eur. *Or.* 644 f.; vgl. Eur. fr. 518 Kannicht.

42 Der Gedanke findet seinen deutlichsten Ausdruck in Achills Ablehnung der Gaben des Agamemnon: Der ganze Schatz des Ilion wäre den Preis seiner ψυχή nicht wert; Kriegsbeute kann man immer gewinnen, aber das Leben lässt sich nicht erbeuten. Hom. *Il.* 9,401 – 409; vgl. Eur. *Suppl.* 775 – 777.

wertvoll ist (τιμιώτερος), erweist auch dem Todesgott die höchste Ehre (τιμή) und ist auch für ihn nicht gegen Reichtum austauschbar. Indem Apoll auf eine für den menschlichen Kommerz geeignete Handelsware (Reichtum) zurückgreift und suggeriert, dass diese den – nicht messbaren – Wert des Lebens überbieten kann, reduziert er wieder das Menschenleben auf etwas Quantifizierbares. Er banalisiert dabei das Leben als Handelsgut und verkennt, obwohl er gerade für die Verlängerung eines Menschenlebens argumentiert, den Wert des Lebens. In der Annahme, sein Gegner sei durch Habgier motiviert, vertritt Apoll eine materialistische Perspektive, während Thanatos einen eher immateriellen und abstrakten Gewinn erwartet und dem Leben einen ähnlichen Wert wie auch der Mensch selbst zuerkennt.

Thanatos erduldet die kategoriale Mischung von Leben und Reichtum nicht, sondern deutet Apolls Aufwertung des Bestattungsaufwandes als Entwurf eines neuen Gesetzes (νόμον τίθης, 57) zugunsten der Reichen, die sich dann ein längeres Leben erkaufen könnten.[43] Dadurch, so impliziert die rechtssprachliche Formulierung, würde an dem von Thanatos und den anderen Schicksalsgewalten vertretenen Naturgesetz gerüttelt und den (wohlhabenden) Menschen die Mitbestimmung des eigenen Schicksals ermöglicht durch eine Art Handel mit dem Todesgott. Wie aber Thanatos weder durch Gebete noch Opfergaben umzustimmen ist (vgl. das oben angeführte *Niobe*-Fragment), so kann man ihn auch nicht durch Gold oder Lösegeld beeinflussen, sondern materielles Vermögen hat bei ihm wie im Totenreich keinen Wert: Thanatos steht außerhalb jedes Tauschverhältnisses.[44] Als Apoll die Vergeblichkeit seines Unterfangens klar wird, verlässt er die Szene, sagt aber vor seinem Abschied Alkestis' baldige Rettung durch Herakles voraus.[45] Wessen Natur jegliche Reziprozität fremd ist (χάρις, 60 – 62), der kann nur durch Gewalt gezwungen werden, und Apoll deutet dementsprechend Thanatos' Überwältigung an (βίαι γυναῖκα τήνδε σ' ἐξαιρήσεται, 69).

Der Übergang in den Tod

Thanatos tut Apolls Worte als leere Drohung ab und begibt sich in seiner Rolle als „Priester der Toten" (ἱερεὺς θανόντων, 25) in den Palast (74 – 76):

> στείχω δ' ἐπ' αὐτήν, ὡς κατάρξωμαι ξίφει·
> ἱερὸς γὰρ οὗτος τῶν κατὰ χθονὸς θεῶν
> ὅτου τόδ' ἔγχος κρατὸς ἁγνίσῃ τρίχα.

43 Eur. *Alc.* 57 – 59: {Θα.} πρὸς τῶν ἐχόντων, Φοῖβε, τὸν νόμον τίθης. / {Απ.} πῶς εἶπας; ἀλλ' ἦ καὶ σοφὸς λέληθας ὤν; / {Θα.} ὠνοῖντ' ἂν οἷς πάρεστι γηραιοὶ θανεῖν.

44 Leben kann nicht gekauft werden: Anakr. 36; Lösegeld ist gegen den Tod, Alter und Krankheit nutzlos: Sol. 24 IEG; irdische Reichtümer ohne Wert in der Unterwelt: Aischyl. *Pers.* 840 – 842; Sol. 24 IEG.

45 Eur. *Alc.* 65 – 71.

Ich schreite zu ihr hin, um mit dem Schwert das Opfer zu beginnen:
denn den unterirdischen Göttern ist der verfallen,
dessen Hauptes Haar diese Waffe weiht.

Seine Worte schließen die Szene zwischen den Göttern ab und leiten die Fortführung der Handlung auf menschlicher Ebene ein, indem sie den Blick von zwischengöttlichen Verhältnissen auf Thanatos' ebenfalls asymmetrisches Verhältnis zu den Menschen lenken. Seine Aufgabe (die Ausübung seines Amtes) ist bisher als Gewaltakt beschrieben worden und schließt verschiedene Phasen des Sterbens ein: Er nimmt oder fasst die Toten an (λαμβάνειν, 48), um sie ins Jenseits fortzuführen (κἀπάξομαί γε [*sc.* Alkestis] νερτέραν ὑπὸ χθόνα, 47), und versteht dies als das Töten derjenigen, deren Todestag gekommen ist (κτείνειν γ' ὃν ἂν χρῆι, 49). Dazu kommt jetzt die „Weihung" des Menschen an die Unterweltsgötter: Das Töten wird als sakrale Gewalt, der Sterbeprozess metaphorisch als Opferritual aufgefasst und Thanatos nicht als Scherge, sondern als Priester der Toten dargestellt, der sein Opfer durch das Abschneiden einer Haarlocke in die Gewalt der (Unterwelts)götter bringt und es dadurch dem Tod weiht.[46] Er beaufsichtigt – beziehungsweise verkörpert – dabei alle Phasen des Todes, von dessen Anfang und der Lösung des Menschen von der Gesellschaft der Lebenden über den Übergang in den Tod bis hin zur Eingliederung des Verstorbenen in die Unterwelt, die ebenso wie die Lösung von der diesseitigen Gesellschaft durch die Weihung an die chthonischen Götter erfolgt. Im Anschluss an diese Szene wird der Übergang in voller Länge inszeniert. Der Fokus richtet sich dabei auf die Wirkung des Thanatos oder den Tod als Ereignis, während der Tod als Person in den Hintergrund tritt – doch auch wenn er nicht mehr auf der Bühne steht, bleibt seine Gegenwart spürbar und mit Gewalt verbunden.

Die Sterbeszene. Der Mensch und der Tod

Das menschliche Schicksal ist nur insofern eine göttliche Angelegenheit, als es die Lieblinge der Götter und göttliche Machtverhältnisse betrifft. So bedrückt Apoll sein mag (βαρύνομαι, 42), laut seiner Argumentation ist das Leben einer Handelsware gleich, und während Thanatos' Wertschätzung des Lebens mit der menschlichen Perspektive äußerlich übereinstimmt, geht es ihm, Apoll, nur um die Besitznahme des Lebensprinzips und sein Recht. Im Kontrast zum kühlen Rechtsdisput der Götter steht die menschliche Reaktion, die in den folgenden Szenen ausführlich dramatisiert wird. Denn für den Menschen lösen Tod und Sterblichkeit heftige Gefühlsregungen wie Schrecken und Trauer aus; sie prägen seine Erfahrungswelt und repräsentieren seine begrenzte Macht den Göttern gegenüber: Götter verhandeln, Menschen leiden.

46 Zum Abschneiden einer Stirnlocke des Tieres zu Beginn des Opferrituals vgl. Burkert (2011) 94; Eitrem (1915) 409–415 (mit Belegen); Nilsson (1967) 150.

Der Todesgott ist vor der Parodos in den Palast eingetreten: Wie nehmen die Menschen seine Gegenwart wahr? Vordergründig ist die Antwort: gar nicht. Denn es wird keine Interaktion zwischen dem Tod als Person (wie in der Prologszene) und den menschlichen Charakteren inszeniert, noch wird eine solche Interaktion auch nur angedeutet. Erst am Schluss ist von einer Begegnung mit Thanatos in seiner persönlichen Form die Rede, als ihm – bezeichnenderweise – kein gewöhnlicher Sterblicher, sondern Herakles entgegentritt. Dieser befindet sich dank seiner teils göttlicher Abstammung, die ihn zu übermenschlichen Leistungen befähigt, in einer Zwischenzone zwischen Göttern und Menschen, und folglich ist für ihn die Grenze zwischen göttlichen und menschlichen Bereichen durchlässiger – darunter bekanntlich auch die Grenze zwischen Dies- und Jenseits.[47] Indem Euripides sowohl Kontakt zwischen Thanatos als Person mit Apoll als auch zwischen Thanatos und Herakles, niemals aber zwischen Thanatos und den Menschen in der *Alkestis* stattfinden lässt, unterstreicht er die Unzugänglichkeit des Gottes: Für die Menschen ist die direkte Kommunikation mit Thanatos ausgeschlossen; weder lässt er sich erblicken, noch kann man ihn durch Opfer und Gebet herbeirufen oder umstimmen, sondern er bleibt wie Hades ein ἄσπονδος θεός, ein Gott, der keine Trankopfer annimmt (424), der sich also dem kultischen Kontakt entzieht.[48] Die Unmöglichkeit der Kommunikation mit Thanatos führt zur Aporie, wie der Chor eingesteht: „Ein schroffes Todeslos naht – und ich weiß nicht, zu welchem Opferpriester an den Altären der Götter ich gehen soll" (μόρος [...] ἀπότομος / πλάθει. θεῶν δ' ἐπ' ἐσχάραις[49] / οὐκ ἔχω τίνα / μηλοθύταν πορευθῶ, 118–121). Zur Kompensierung versucht Admet, den ganzen Himmel in Bewegung zu setzen, indem er an den Altären aller kultisch zugänglichen Götter opfert – allerdings vergeblich.[50]

Die Anwesenheit des Todesgottes lässt sich vielmehr an seinem Wirken im Diesseits erkennen. Dies manifestiert sich sofort im Status der Alkestis, der gleich nach der Prologszene zwischen Leben und Tod zu schwanken beginnt. Bereits dem auftretenden Chor ist nicht klar, ob seine Herrin noch lebt oder schon tot ist, obwohl er weiß, dass der „bestimmte Tag" (κύριον ἦμαρ, 105) gekommen ist. Mangels eindeutiger Zeichen von Trauer vor dem Palast müssen die Choreuten die Dienerin um Auskunft bitten, deren Antwort den Zwischenstatus der Alkestis nur bestätigt: Die Königin sei paradoxerweise „lebend und tot zugleich" (καὶ ζῶσαν εἰπεῖν καὶ θανοῦσαν ἔστι σοι,

47 Vgl. die Jenseitsreise des Herakles: z. B. Hom. *Il.* 8,362–369; Hom. *Od.* 11,620–626. Zum besonderen Status des Herakles v. a. nach dem Tode, aber auch im Leben siehe Stafford (2010).

48 Zur kultischen Unzugänglichkeit des Thanatos siehe oben S. 197–199.

49 Diggle emendiert das in den Handschriften überlieferte (und hier übernommene) ἐσχάραις in ἐσχάραν.

50 Opfer an den Altären aller Götter: Eur. *Alc.* 133–135, πάντων δὲ θεῶν ἐπὶ βωμοῖς / αἱμόρραντοι θυσίαι πλήρεις, / οὐδ' ἔστι κακῶν ἄκος οὐδέν.

141).[51] Sobald Alkestis wahrgenommen hat, so die Dienerin weiter, dass der bestimmte Tag (ἡ κυρία ἡμέρα, 158) angebrochen war, hat sie begonnen, sich auf den Tod vorzubereiten.[52] Ihre Vorbereitung beruht zwar weniger auf einem direkten Wirken des Thanatos als auf einem Vorauswissen, dass der festgesetzte Tag gekommen sei. Doch die Statusänderung ergibt sich nicht allein daraus.[53] Vielmehr wird sie durch das Auftreten konkreter Symptome des Sterbens bestätigt und bekräftigt: Alkestis ist körperlich geschwächt und kann sich kaum aufrecht halten (προνωπής, 143; vgl. 20); ihr Atem, der hier auf die Kraft der ψυχή verweist, wird schwächer (ψυχορραγεῖ, 143; vgl. 20).[54] Aus menschlicher Sicht sind die Symptome des nahen Todes auf den bestimmten Tag selbst zurückzuführen, der (in den Worten der Dienerin) Gewalt über Alkestis ausübt: πεπρωμένη [...] ἡμέρα βιάζεται. Aus dem Götterdialog ging aber hervor, dass der Tag nur aus der Konvergenz verschiedener Schicksalsmächte seine Wirkungskraft bezieht – darunter prominent dem betont pünktlich erscheinenden Thanatos, der das Sterben einleitet. Die Gewalt des „tötenden" (49) Thanatos und die des todbringenden Tages sind identisch, wenn auch jeweils aus göttlicher beziehungsweise menschlicher Perspektive gesehen.

Die beschriebenen Symptome deuten ferner darauf hin, dass der Sterbeprozess der Alkestis wie eine Krankheit aufgefasst wird, die sie verzehrt; so beschreiben ihn die Dienerin und der Chor: φθίνει [...] καὶ μαραίνεται νόσωι (203; vgl. 236). Auch hier handelt es sich um die menschliche Wahrnehmung der Situation, in der die Wirkung, aber nicht deren (göttlicher) Urheber sichtbar ist.[55] Die Beschreibung des Todes als Krankheit (νόσος) darf jedoch nicht zu dem Schluss verleiten, dass Alkestis' Tod als „natürlich" im Unterschied zu einem von einer äußeren Machteinwirkung verur-

51 Der Chor versucht zu eruieren, ob Alkestis noch lebt: Eur. *Alc.* 77–212. Hierzu vgl. Gregory (1991) 28–34, die den ambigen Status der Alkestis als symptomatisch für eine unscharf gewordene Grenze zwischen Leben und Tod in der ganzen *Alkestis* interpretiert.

52 Vorbereitung auf den Tod: Eur. *Alc.* 158–198.

53 Vgl. Seeck (1985) 40: „Der Abschied wird [...] aus dem Motiv des Vorauswissens und nicht dem der Gegenwart des Todes hergeleitet. Alkestis nimmt hier Abschied, weil sie weiß, daß sie sterben muß, also auf Grund einer Prognose, und nicht, weil sie bereits im Sterben liegt." Dennoch, so Seeck (1985) 62 weiter: „Prognose und Präsenz des Todes überlagern sich. [...] Die Überlagerung wird mit dem Näherrücken des Endpunktes immer stärker; die beiden Linien konvergieren und treffen im Zeitpunkt des Todes zusammen."

54 Der Terminus ψυχορραγεῖν („die ψυχή wird [vom Leib] abgerissen") bezieht sich auf das schwere Atmen eines Sterbenden (vgl. das flache Atmen der Alkestis in Eur. *Alc.* 205: ὅμως δέ, καίπερ σμικρόν, ἐμπνέουσ' ἔτι): z. B. Aisop. 246,8 f.; Eur. *Herc.* 324; in den Scholien zu Aischyl. *Pers.* 977b und 978 wird das Verb ἀσπαίρειν mit ψυχορραγεῖν glossiert. Das Verb bedeutet somit das Losreißen der ψυχή vom Körper bzw. das Ableben (vgl. Sch. vet. zu Apoll. Rhod. 2,833: <ψυχορραγέοντα>: ἀποψυχοῦντα).

55 Vgl. Gregory (1991) 31: „[According to this description, Alcestis] might be any invalid dying of a commonplace disease. The difficulty in description is partly linguistic: because there are no terms available to depict Alcestis' unique status, it can only be assimilated to other more familiar conditions. But if Alcestis' act is so difficult to describe, it may also be because there is no place for it in the human scheme of things." (Dass es keine anderen sprachlichen Möglichkeiten zur Schilderung der besonderen Situation gäbe, ist allerdings fraglich.)

sachten Tode empfunden wird.[56] Eine solche Begriffsunterscheidung muss allerdings stets die beiden semantischen Pole von „Natürlichkeit“ berücksichtigen: zum einen im Gegenteil zu „übernatürlich“ (göttlich oder magisch verursacht), zum anderen im Kontrast zu „gewaltsam“. Die erstere Differenzierung, nämlich zwischen natürlich und übernatürlich, entspricht keinem im griechischen Drama oder Epos erkennbaren Todeskonzept, während die zweite nur implizit vorkommt: Ein klar artikuliertes Konzept des „natürlichen“ Todes fehlt in den genannten Gattungen; höchstens gilt eine Unterscheidung zwischen einem frühen und einem späten Tod.[57] Der vorzeitige Tod wird wie der späte häufig als vorbestimmt betrachtet; so bezeichnet Alkestis den eigenen Tod einerseits als vorzeitig, betont aber andererseits die metaphysische Bestimmtheit, dass sie genau zu diesem Zeitpunkt stirbt.[58] Der Tod, ob er früh, gewaltsam oder erst im fortgeschrittenen Lebensalter eintritt, ist also – in den epischen und dramatischen Vorstellungswelten – nicht zufällig oder wider die göttlich-natürliche Ordnung, sondern wird überwiegend auf Schicksalsmächte zurückgeführt. Aus eben diesem Grund ist der Tod, besonders der von Alkestis, von einem aufklärerischen Standpunkt aus als „übernatürlich“ zu verstehen und daher, in modernen Kategorien von Natürlichkeit versus „von einer äußeren (menschlichen, göttlichen oder magischen) Macht verursacht“ gedacht, „unnatürlich“. Stärker in der griechischen Antike verankert ist die Abgrenzung des „natürlichen“ von einem gewaltsamen Tod, deren expliziteste Formulierung sich im Jahrhundert nach Euripides findet, doch auch dieser Differenzierung gemäß lässt sich der Tod der Alkestis nicht als natürlich bezeichnen.[59] Nicht nur die Charakterisierung des „tötenden“ Thanatos in der Prologszene spricht dagegen, sondern auch Alkestis empfindet ihren Tod – wie in ihrer Sterbebettvision dramatisiert wird (dazu gleich mehr) – als gewaltsame Einwirkung externer Mächte. Todesereignis und Todesgott entsprechen einander und bilden ein stimmiges Gesamtkonzept des Todes in der *Alkestis*.

Mit dem Auftritt der Alkestis schwenkt die Perspektive von der Dienerin und dem Chor zur Sterbenden selbst, und der Sterbeprozess entwickelt sich vom krankheitsähnlichen Zwischenzustand zur gewaltsamen und angsterregenden Todeserfahrung, deren Ablauf die Zuschauer miterleben. Alkestis beginnt ihre Monodie (244–272) mit einer Anrede an das Tageslicht, das sie gleich verlässt, und an ihr Brautgemach, dann aber kommt etwas völlig Unerwartetes: Die Sterbende gewährt einen Einblick in ihr

56 Anders Segal (1993) 219. Zum höchst umstrittenen Begriff des „natürlichen“ Todes und dessen Entwicklung v. a. in der Neuzeit siehe u. a. Baumann (1995) 84–93; Feldmann (2010) 79–83; Fuchs (1969) 31–35; Weber (1989) 207–230.

57 Früher versus später Tod als Kategorie: Vgl. die Wahl des Achill, Hom. *Il.* 9,410–416.

58 Unzeitigkeit: Vgl. Eur. *Alc.* 167 f. Alkestis wünscht, dass ihre Kinder nicht wie sie „unzeitig [d. h. frühzeitig] sterben“ (μηδ’ ὥσπερ αὐτῶν ἡ τεκοῦσ’ ἀπόλλυμαι / θανεῖν ἀώρους παῖδας). Erkennung der Vorbestimmtheit oder Notwendigkeit des Todeszeitpunktes: Eur. *Alc.* 107; vgl. v. a. die Worte der Alkestis in Eur. *Alc.* 320–322.

59 Zwischen einem „natürlichen“ und einem gewaltsamen Tod wird explizit unterschieden bei Aristot. *pol.* 478b24–26: θάνατος δ’ ἐστὶν ὁ μὲν βίαιος ὁ δὲ κατὰ φύσιν, βίαιος μὲν ὅταν ἡ ἀρχὴ ἔξωθεν ἦι, κατὰ φύσιν δ’ ὅταν ἐν αὐτῶι.

Sterbeerlebnis. Anders als die spärlichen vergleichbaren Stellen in der archaischen und klassischen Literatur, an denen der Augenblick des Todes ebenfalls aus der Sicht des Sterbenden beschrieben wird, geht Alkestis' Aussage über einen bloßen Hinweis auf das einbrechende Todesdunkel oder das Fortfliegen des Lebenshauches hinaus.[60] Man erfährt unmittelbar, wie Alkestis Thanatos – hier den Tod als Erlebnis – wahrnimmt.

Ihre Todesvision besteht aus drei kurzen lyrischen Abschnitten (Strophe, Antistrophe und Epode), in denen das Jenseits – und damit auch der Todesmoment – zunehmend näher rückt. Bereits mit dem eröffnenden Wort „ich sehe [...]", das durch seine Stellung am Versanfang sowie seine prompte Wiederholung betont wird, deutet Alkestis auf den visuellen Aspekt ihres Erlebnisses und somit auf ein anderes Sehen hin, das die Erfahrungswelt der Sterbenden von der der Lebenden abgrenzt (252–257):

> ὁρῶ δίκωπον ὁρῶ σκάφος ἐν
> λίμναι· νεκύων δὲ πορθμεὺς
> ἔχων χέρ' ἐπὶ κοντῶι Χάρων
> μ' ἤδη καλεῖ· Τί μέλλεις;
> ἐπείγου· σὺ κατείργεις. τάδε τοί με
> σπερχόμενος ταχύνει.

> Ich sehe, ich sehe einen zweirudrigen Nachen
> auf einem See: Der Fährmann der Toten,
> die Hand an der Stange, Charon,
> ruft mich schon: Was säumst du?
> Beeil dich: Du hältst mich hin! So drängt er mich
> ungestüm zu Eile.

Am Anfang liegt das Jenseits noch in der Ferne: Der Nachen Charons erscheint auf dem Gewässer, das den Hades von der Oberwelt trennt, und Alkestis befindet sich noch am diesseitigen Ufer. Der Fährmann ruft, stellvertretend für die restlichen Unterweltsmächte, Alkestis zu und überbrückt durch seine Kontaktaufnahme die Distanz zwischen Jenseits und Diesseits. Die visuelle Dimension des Erlebnisses wird dabei um eine akustische erweitert, die gleichfalls nur für die Sterbende wahrnehmbar ist, und durch die sensorische Vergegenwärtigung wirken Charon und der Tod umso näher. Charons Sorgen um Pünktlichkeit (255–257) weisen wie auch die rechtzeitige Ankunft des Thanatos am verhängten Tag auf die Bestimmtheit des Schicksals hin, und indem er die Sterbende zur Eile treibt, setzt er den charakteristischen Zwang des

60 Das Todeserlebnis wird aus der Perspektive des Sterbenden kurz geschildert bei z. B. Bakchyl. 5,151–154 (der gestorbene Meleagros erinnert sich ans Schwinden seines Atems und seiner Lebenskraft im Augenblick des Todes) und Eur. *Phoen.* 1453 (der sterbende Polyneikes spricht von dem ihn umhüllenden Todesdunkel). Vgl. oben Kapitel VII (Euripides, *Hekabe*), S. 176 Anm. 15.

Schicksals ins Wort und zeigt seine Wesensverwandtschaft mit anderen Schicksalsgottheiten wie etwa Ananke, deren Name das Konzept des Zwanges ja beinhaltet.[61]

Der Zwang des Schicksals kommt nicht bloß in der Mahnung Charons zum Ausdruck, sondern wird auch tatkräftig umgesetzt, wie Alkestis schildert (259 – 263):

ἄγει μ' ἄγει τις, ἄγει μέ τις (οὐχ
ὁρᾷς;) νεκύων ἐς αὐλάν,
ὑπ' ὀφρύσι κυαναυγέσι
βλέπων πτερωτὸς Ἅιδας.
τί ῥέξεις; ἄφες. οἵαν ὁδὸν ἁ δει-
    λαιοτάτα προβαίνω.

Es schleppt, es schleppt mich einer fort – siehst du's denn nicht? –
in die Halle der Toten,
unter dunkelglänzenden Brauen
hervorschauend, der geflügelte – Hades!
Was willst du tun? Lass los! – Welchen Weg,
    ich Ärmste, rück ich doch vor!

Das Jenseits liegt nicht mehr am fernen Horizont, der Fährmann ist nicht mehr nur in Rufweite: Jetzt erfährt Alkestis den Tod auch haptisch, als sie ein anfangs unbestimmter Jemand aus der Unterwelt anfasst und in den Hades fortzerren will. Die Unbestimmtheit des Agenten (τις) und die an ihn gerichtete Frage τί ῥέξεις; deuten das Unbekannte und das Fremde am Tode an, das neben der gewaltsamen Natur des Erlebnisses die Sterbende in Unruhe und Angst versetzt. Trotz des Vorauswissens, dass sie an diesem Tag stirbt, trotz ihrer Vorbereitung auf den Tod oder der in diesem Zusammenhang doch klaren Absicht ihres jenseitigen Angreifers, die die ängstliche Frage τί ῥέξεις; streng genommen unnötig macht, erlebt Alkestis den Tod als verwirrenden Moment und Angriff fremder Mächte.

---

61 Von einer Jenseitsmacht kurz vor dem Tod gerufen zu werden drückt hier die Bestimmtheit und Notwendigkeit des Schicksals aus; vgl. Hom. *Il.* 22,297 (Hektor): ὢ πόποι ἦ μάλα δή με θεοὶ θανατόνδε κάλεσσαν; ähnlich Hom. *Il.* 16,692 f. Das Motiv bekommt eine komische Wendung in Aristoph. *Lys.* 606 f., als Lysistrate und ihre Komplizinnen, in ihrem Eifer, den Proboulos loszuwerden, ihm Kränze (als Totenschmuck) auflegen und vorzeitige Grabopfer versprechen, ihre Handlung mit der verbalen Beleidigung begleitend: ὁ Χάρων σε καλεῖ, / σὺ δὲ κωλύεις ἀνάγεσθαι („Charon ruft dich schon, doch du verzögerst die Abfahrt!", Übs. vom Verfasser). Als wiederum im ernsteren Kontext der Tragödie „der Gott" Ödipus „von allen Seiten" ruft und dessen Zaudern tadelt (Soph. *Oid. K.* 1626 – 1629, v. a. 1627: τί μέλλομεν χωρεῖν;), wird über die bloße Bestimmtheit des Schicksals hinaus das Besondere am Tod (bzw. Verschwinden) des Ödipus – nämlich Ödipus' Verbindung mit dem Göttlichen – ausgedrückt. Vgl. die Worte des zum Tode verurteilten Sokrates bei Plat. *Phaid.* 115a: ἐμὲ δὲ νῦν ἤδη καλεῖ, φαίη ἂν ἀνὴρ τραγικός, ἡ εἱμαρμένη („mich ruft jetzt schon das Verhängnis, wie man in der Tragödie sagen würde", Übs. vom Verfasser). Im 1. Jh. n. Chr. hat Epiktet das Bild des rufenden Schicksalsgottes in ein allgemeineres Bild des vor einer Reise rufenden Steuermannes umgewandelt und in eine Metapher für die Todesbereitschaft transformiert: Epikt. *ench.* 7 (vgl. v. a. den vorletzten Satz: ἐὰν δὲ ὁ κυβερνήτης καλέσῃ, τρέχε ἐπὶ τὸ πλοῖον ἀφεὶς ἐκεῖνα ἅπαντα μηδὲ ἐπιστρεφόμενος).

Der Angreifer entpuppt sich als kein Geringerer denn der Gott Hades, zu dessen Hof (αὐλά) Alkestis gerade geführt wird. Seine Erscheinung mag in diesem Kontext zwar nicht überraschen, doch ganz selbstverständlich ist sie wiederum auch nicht: Nach dem vorangehenden Bild des rufenden Fährmanns hätte man auch Charon erwarten können, und nach dem Hinweis auf eine geflügelte Gestalt (πτερωτός) ist mancher Interpret enttäuscht worden, dass sich die Beschreibung nicht auf den in der attischen Vasenmalerei häufig mit Flügeln dargestellten Thanatos bezieht.[62] Da in Bild- und anderen Textquellen Hades sonst keine Flügel trägt, wird Ἅιδας gerne athetiert, in einen Akkusativ verwandelt (mit dem Sinne „Hades blickend [d. h. mit tödlichem Blick]") oder dadurch erklärt, dass hier der Gott Thanatos metaphorisch als Hades bezeichnet wird – schließlich habe sich Thanatos als für die Fortführung der Alkestis in die Unterwelt zuständig bezeichnet.[63] Weder Athetierung noch die Gleichsetzung von Thanatos und Hades ist aber nötig, sondern es handelt sich hier um voneinander differenzierte Gottheiten, deren Wirkungsbereiche sich überschneiden und deren Attribute daher teilweise übertragbar sind. Die Beflügelung des Thanatos in bildlichen Darstellungen hängt eng zusammen mit der Rolle, in der er auf den Vasen stets erscheint, nämlich als Totengeleiter oder Totenträger.[64] Dort dienen seine Flügel als ikonographischer Hinweis auf das Hin- und Herreisen zwischen menschlichen und göttlichen Sphären beziehungsweise die Fähigkeit, eine den Menschen unzugängliche Sphäre – bei anderen Gottheiten himmlische oder entrückte Regionen, bei Thanatos die ferne Unterwelt – zu erreichen und die Menschen dahin zu entführen.[65] Der Kahn

62 Aus einem ähnlichen Grund und anhand der Bemerkung eines Scholiasten, in der Thanatos als schwarzgeflügelt (μέλανας πτέρυγας ἔχων) beschrieben wird, hat an einer späteren Stelle Musgrave τὸν μελάμπεπλον […] Θάνατον durch τὸν μελάμπτερον […] Θάνατον ersetzt (Eur. *Alc.* 843 f.).

63 Thanatos' Aufgaben: Eur. *Alc.* 47; vgl. 27. – Hades ohne Flügel: Robert (1879) 34 erwähnt die einzige bekannte Ausnahme, eine Grabinschrift unbekannter Herkunft, die allerdings „sicher beträchtlich jünger ist als das 5. Jahrhundert"; darin schlägt Hades seine Flügel um den Verstorbenen herum: Ἅιδης [o]ἱ σκοτίας ἀμφέβαλεν πτέρυγας, Kaibel (1878) Nr. 89. – Athetierung: Vgl. Robert (1879) 34–36, dessen Argument u. a. Murray beeinflusst hatte; Wilamowitz hat den Akkusativ vorgeschlagen (zit. Robert 1879, 36). – Zur Deutung, dass mit „dem geflügelten Hades" Thanatos gemeint ist, vgl. z. B. Markantonatos (2013) 63 (die als Hades genannte Figur „must be either Hermes […] or, more probably, Thanatos"); Garland (2001) 58 lässt die Frage offen („what is not understood is […] whether [Thanatos] is to be regarded as a totally independent figure distinct from Hades"); Sourvinou-Inwood (2012) vertritt die Meinung, Thanatos sei hier „metaphorically described as […] 'winged Hades'"; vgl. Sourvinou-Inwood (1995) 306 f., Anm. 20; Willinghöfer (1996) 109 spricht von einer Übertragung des „Namen und [der] Aufgabenbereiche des Thanatos […] auf Hades".

64 Zu Vasendarstellungen von Thanatos im Allgemeinen: Peifer (1989) 235–266; Willinghöfer (1996).

65 Vgl. die Untersuchung geflügelter Wesen in der Vasenmalerei des 6. und 5. Jh. v. Chr. von Thomsen (2011) 280 und *passim:* „Allen [Flügelwesen] gemein aber ist die Grundbedeutung der Beflügelung als Zeichen der Grenzüberschreitung zwischen göttlicher und menschlicher Welt." Das gilt auch für die Eidola, die kleinen, in der Regel geflügelten menschlichen Gestalten, die die ψυχή der soeben Verstorbenen darstellen sollen, Thomsen (2011) 275 f.: „Das Eidolon wird über der gerade getöteten Leiche dargestellt oder es ist z. B. mit Charon auf dem Weg in den Hades. Darin erweist sich die Gemeinsamkeit mit den göttlichen Flügelfiguren: Waren dort solche Wesen geflügelt, bei denen das Hineinagieren in die menschliche Sphäre zentral ist, so sind es hier solche, die die menschliche Sphäre

Charons sowie der Flügelhut und die Flügelschuhe des Hermes, der neben seiner Rolle als Götterbote auch als Psychopompos fungiert, drücken eine ähnliche Beweglichkeit aus.[66] Neben Charon, Hermes und Thanatos tritt ein weiterer Totengeleiter, der Gott Hades, der – zumindest in der Tragödie – den Sterbenden in die Unterwelt oder, dem Psychopompos Hermes ähnlich, den Verstorbenen wieder ans Licht geleiten kann.[67] Diese Funktion übt Hades auch in der Vision der Alkestis aus. Ob seine Ausstattung mit Flügeln der Ikonographie des Thanatos direkt entlehnt ist oder nicht, gewiss ist, dass das Motiv derselben ikonographischen Funktion wie bei Thanatos dient und auf eine gleiche Mobilität zwischen Welten hindeutet: Das Attribut unterstreicht die psychopompische Funktion des Hades in dieser Passage. Wenn dabei die Attribute, Rollen und Identitäten verschiedener Jenseitsmächte hier ineinanderzufließen scheinen, von Charon über den unbestimmten „Jemand" bis hin zum totengeleitenden Hades, so passt es durchaus zur Gesamtgestaltung und zum dramatischen Zweck der Vision.[68] Wie die Sprache der Alkestis bestätigt, die sich in der Monodie durch Wiederholungen, Selbstunterbrechungen und den sprunghaften Wechsel zwischen Adressaten auszeichnet, soll hier ein emotionaler, nicht rationaler Vorgang geschildert werden. Die Jenseitsbilder vermitteln einen vertieften Einblick in die Todeserfahrung, indem sie den Ablauf des Sterbens dramatisch nachzeichnen und zugleich den innerlichen Zustand der Sterbenden widerspiegeln.

Des Weiteren hebt sich Hades als Herrscher der Unterwelt, dessen Name auf sein Herrschaftsgebiet übertragen wird und metonymisch auch den Tod bezeichnen kann, von anderen Psychopompoi oder Jenseitsfiguren ab. Auch wenn sich der Name Hades – wie in der oben zitierten Passage – eindeutig auf seine Person bezieht, schwingt

---

verlassen". Thanatos selbst und andere Götter, die „Sterbliche verfolgen, ergreifen und entführen", werden nicht von Thomsen behandelt: Thomsen (2011) 274; hierzu Schellenberg (2001); vgl. Peifer (1989) 267–292 und 301 f. zu Sirenen und Sphingen als Menschen entraffenden Todesdämonen; zur göttlichen Entrückung im Allgemeinen vgl. Radermacher (1903) 113–117; Rohde (1898) Bd. 1, 68–75.

66 Zu Hermes als Flügelfigur in der Ikonographie vgl. Thomsen (2011) 272–272, zusammenfassend auf S. 272: „Auf Seiten der Flügelfiguren braucht es für einen Gott, der in diesem Maße mit Bewegung, Übergängen, Grenzüberschreitungen assoziiert ist, keiner detaillierten Begründung, dass er sich in die anhand anderer Flügelfiguren ermittelte Bedeutung des Bildzeichens Beflügelung bestens einfügt."

67 Hades als Totengeleiter: Hades soll Antigone in die Unterwelt führen, Soph. *Ant.* 810–816; Hades (Aidoneus) wird in seiner Rolle als ἀναπομπός gebeten, den Totengeist des Dareios aus der Unterwelt zu entlassen, Aischyl. *Pers.* 650 f.; vgl. Eur. *Hel.* 969–974 (Hades wird als σύμμαχος angerufen und gebeten, Kriegsgefallene als Lebende wieder in die Oberwelt zu senden); bei Pind. *O.* 9,33–35 trägt Hades (wie sonst Hermes Psychopompos, z. B. Hom. *Od.* 24,1–4) einen Stab, mit dem er die Toten in die Unterwelt hinunter führt (Ἀΐδας ἀκινήταν ἔχε ῥάβδον, / βρότεα σώμαθ' ᾇ κατάγει κοίλαν πρὸς ἄγυιαν / θναισκόντων). Zum Epitheton ἀναπομπός vgl. ψυχοπομπός in Bezug auf Charon (Eur. *Alc.* 361; später wird er auch νεκροπομπός genannt, Eur. *Alc.* 441) oder πομπαῖος in Bezug auf den chthonischen Hermes in seiner Rolle als Seelengeleiter (καλῶ δ' ἅμα / πομπαῖον Ἑρμῆν χθόνιον εὖ με κοιμίσαι, Soph. *Ai.* 831 f.).

68 Lesky (1934) 1256 spricht z. B. von einem absichtlichen „Ineinanderfließen der beiden Gestalten Hades und T[hanatos]" und einem „kaleidoskopartige[n] Durcheinandergehen der einzelnen Vorstellung".

die besondere Verbindung des Gottes zum unterirdischen Reich als Örtlichkeit mit, so dass durch die Nähe des Gottes in der Todesvision auch die zunehmende Nähe zur Unterwelt evoziert wird; der Gott steht proleptisch für das Reiseziel. Die Vereinigung von Gott und Zuständigkeitsbereich bedeutet ferner, dass das Dunkel des Ortes, das mit fehlendem Sehen, ob Blindheit oder Unsichtbarkeit, einhergeht, von der Präsenz des Gottes nicht entkoppelt werden kann: Der Name Hades wird volksetymologisch aus ἀϊδής („unsichtbar") hergeleitet, und wie der Ort „unsichtbar" ist und seine Bewohner unsichtbar macht, so ist Hades der unsichtbare – und durch den Tod unsichtbar machende – Gott.[69] Ihn zu sehen, mutet anhand seiner Assoziationen mit Finsternis und Unsichtbarkeit fast paradox an und markiert das Sehen der Sterbenden als etwas Besonderes – und etwas Isolierendes. Denn er erscheint nur ihr, und ähnlich den akustischen und haptischen Elementen der Vision, die Alkestis allein wahrnimmt, dient das andere Sehen dazu, die Sterbende immer mehr von den Lebenden zu isolieren: Die pathetische Frage: οὐχ ὁρᾷς; (259) kurz vor der Hadeserscheinung hebt dies nachdrücklich hervor.[70]

Als nach der Erscheinung des Hades Alkestis den Pfad ins Jenseits zu beschreiten beginnt (ὁδόν [...] προβαίνω, 262 f.), versagen ihr im Diesseits ihre Füße den Dienst und sie lässt sich hinlegen (266–272):

μέθετε μέθετέ μ' ἤδη·
κλίνατ', οὐ σθένω ποσίν.
πλησίον Ἅιδας, σκοτία
δ' ἐπ' ὄσσοισι νὺξ ἐφέρπει.
τέκνα τέκν', οὐκέτι δὴ
οὐκέτι μάτηρ σφῷν ἔστιν.
χαίροντες, ὦ τέκνα, τόδε φάος ὁρῷτον.

Lasst, lasst mich nun los!
Bettet mich hin, den Füßen versagt die Kraft:
Nahe ist Hades! Finstere Nacht
beschleicht meine Augen.
Kinder, Kinder, nicht mehr nun,

69 Zur Volksetymologie des Namens Hades vgl. Plat. *Gorg.* 493b; Plat. *Krat.* 403a; zur platonischen Deutung des Hades siehe Enache (2008). – Zur Unsichtbarkeit als Charakteristikum der Unterwelt vgl. Aischyl. *Sept.* 856–860; Aristoph. *Ran.* 1332 f. (ὄνειρος [...] ἐξ ἀφανοῦς Ἀΐδα); Pind. fr. 207; als Charakteristikum des Hades (wo Ἅιδας den Ort, den Gott oder beides bezeichnen könnte): Soph. *Ai.* 607 (ἀίδολος Ἅιδας); als Charakteristikum der Persephone: Soph. *Oid. K.* 1556 (ἡ ἀφανὴς θεός); als Charakteristikum der Toten: z. B. Aischyl. *Ag.* 466 f.; [Ps.-]Aischyl. *Prom.* 152; Sapph. fr. 55 PLF.; vgl. die Unsichtbarkeit der Seele sowie der Unterwelt bei Plat. *Phaid.* 80d5–81a10. Andere Götter und die Lebenden (z. B. Perseus) können mittels der Tarnkappe des Hades unsichtbar werden: Aristoph. *Ach.* 389 f.; Hes. *scut.* 226 f.; Hom. *Il.* 5,844 f.; Sch. Apoll. Rhod. 4,1515 (zitiert Pherekydes von Syros); Soph. fr. 269c19 Radt (= P. Tebt. 692, fr. 1, Col. ii) mit dem Kommentar von Carden (1974) 84 f. – Zu Sehen und Blindheit, Leben und Tod siehe auch oben Kapitel VI (Aischylos, *Eumeniden*), S. 132 Anm. 34.
70 Vgl. Segal (1993) 230: „[Alcestis'] parenthetical 'don't you see[?]' (259) deepens the pathos of this gap between her and those she is leaving."

nicht mehr habt ihr eure Mutter.
Voll Freude, o Kinder, möget ihr dieses Licht sehen!

Alkestis' abnehmende Beweglichkeit (vgl. οὐ σθένω ποσίν, 267) im Diesseits kontrastiert mit ihrem Voranschreiten (προβαίνω) auf dem Weg in den Hades. Euripides verwendet in diesem Kontrast das sehr übliche Bild des Todes als einer Reise, um die Erfahrung der Ablösung der ψυχή, die unter dem Geleit des Hades oder Charon fortreist, vom immobil (erst schwach, dann starr) werdenden Leib in Worte zu fassen.[71] Der Kontrast beschreibt somit das Sterben beziehungsweise den körperlich-seelischen Vorgang im Augenblick des Todes. Die Psychopompoi Hades und Charon waren also in ihren Bemühungen erfolgreich, und Hades – zugleich Gott, Ort und Abstraktum (der Tod) – ist jetzt *expressis verbis* „nah" (268). Seine Präsenz wird ausdrücklich mit Unsichtbarkeit beziehungsweise fehlender Sehkraft verknüpft, als das Todesdunkel die Augen der Sterbenden umhüllt (269). Das Dunkel führt notwendigerweise den Abbruch jenes Blickkontakts herbei, der die Einbeziehung in die unmittelbare Gesellschaft (hier Familie) ermöglicht, und signalisiert Alkestis' Trennung von den Lebenden, die im Kontrast zur Sterbenden das Tageslicht noch sehen (272). Damit entzieht sich das Diesseits der visuellen Wahrnehmung der Alkestis, die stattdessen – wie die Vision veranschaulicht hat – nur das Jenseitige sieht. Mit dem Sterben erlischt die Erfahrungswelt nicht, sondern wie auch die Beweglichkeit der Sterbenden verlagert sie sich vom Diesseits auf das Jenseits und setzt sich dort fort.

Was Alkestis nach ihrer eigenen Beschreibung in der Monodie widerfährt, entspricht dem, was der leibhaftige Thanatos als seine Aufgabe verstand und herbeiführte, und ist nichts anderes als Thanatos in einer anderen Erscheinungsform beziehungsweise auf einer anderen Erfahrungsebene. Die Menschen in der *Alkestis* erleben Thanatos als Geschehen oder als Wirken des Gottes und begegnen ihm nicht in personhafter Form. Selbst in der Vision lässt Euripides andere Unterweltsfiguren erscheinen, die Alkestis in den Hades fortführen sollen, eine Aufgabe, die Thanatos früher als die eigene bezeichnet hatte (κἀπάξομαί γε [*sc.* Alkestis] νερτέραν ὑπὸ χθόνα, 47; vgl. 25). Daran ist nicht poetische Inkonsequenz zu erkennen, sondern vielmehr die Überschneidung göttlicher Wirkungsbereiche: Charon, Hades und Thanatos sind hinsichtlich ihrer bloßen Tätigkeit – des Tötens – auswechselbare Figuren, die aber unterschiedliche Aspekte des Todes zum Ausdruck bringen. Dieser Verbindung von Vielfalt und Einheit bedient sich Euripides, um das Phänomen Tod in unterschiedlichen Facetten widerzuspiegeln. In Alkestis' Vision vermitteln die unterschiedlichen Konnotationen von Charon und Hades in Verbindung mit der zunehmenden sensorischen Dimension des Todeserlebnisses, wie der Tod immer näher rückt. Dass sie der Alkestis sichtbar werden, den anderen aber nicht, liegt daran, dass sie durch die Handlung des Thanatos dem Reich der Toten übergeben worden ist. Dadurch ist Al-

---

71 Weg- oder Reisemetapher: z. B. Eur. *Alc.* 610; Soph. *Ant.* 807 f.; Soph. *El.* 1162–1164; Soph. *Trach.* 874 f.; vgl. Aischyl. fr. 239 Radt (zit. Plat. *Phaid.* 107e4–108a6) u.v.m.

kestis in den Einflussbereich der Unterweltsmächte somit in eine gleichsam private Erfahrungswelt geraten. Sie erlebt den Tod als Angriff dieser Mächte, als verwirrend, angsteinflößend und isolierend. Ihre erzwungene Lösung vom Diesseits, die Charon, Hades und Thanatos gemeinsam bewirken, wird durch eine sich intensivierende akustische, haptische und vor allem visuelle Wahrnehmung des Jenseitigen markiert.

Am Ende ihrer Monodie ist Alkestis schon in das Reich des Todes hinübergegangen. Dennoch folgt auf die lyrische Partie eine Rede von Alkestis (280 – 325), in der sie ihre Entscheidung begründet, für Admet zu sterben, und ihn bittet, keine zweite Frau zu nehmen; nach der Gegenrede Admets (328 – 368) verabschiedet sich Alkestis endgültig in einer Stichomythie mit ihrem Gatten (371 – 392). Das Schwinden ihres Augenlichts wird am Schluss der Stichomythie erneut thematisiert (σκοτεινὸν ὄμμα μου βαρύνεται, 385) und führt neben dem Niedersinken ihres Kopfes (388) zum abgebrochenen Blickkontakt mit den Lebenden. Nach der Aufforderung Admets, die Kinder wieder anzuschauen (βλέψον πρὸς αὐτοὺς βλέψον, 390), sagt ihm Alkestis Lebewohl (χαῖρ', 391) und ist dahin (βέβηκεν, 392). Die wiederholte Dramatisierung des Sterbens vor und nach der Abschiedsrede findet ihre strukturelle Entsprechung in anderen euripideischen Sterbeszenen, in denen die Rede eines Sterbenden von – freilich weniger ausführlichen – Hinweisen auf den eintretenden Tod gerahmt wird.[72] In der *Alkestis* ist, wie gesehen, diese Wiederholung nur Teil eines betont langen Sterbensprozesses, der sich zwischen dem Chorauftritt in Vers 77 und Alkestis' letztem Atemzug in Vers 391 allmählich vollzieht. Diese Gestaltung hat einen klaren dramatischen Vorteil gegenüber der Vermittlung des Todes durch einen Botenbericht: Das langsame Sterben auf der Bühne, das nachher durch eine ebenfalls lange Klagehandlung komplementiert wird, erzielt ein sonst kaum noch zu übertreffendes Pathos.[73] Darin liegt auch die hauptsächliche dramatische Funktion der Jenseitsvision und des Sterbens auf offener Bühne, die es dem Publikum erlauben, die letzten Augenblicke der Sterbenden möglichst unmittelbar mitzuerleben; das Publikum wird zum Zeugen ihres Todes. Indem Alkestis' Tod das Mitleid der Zuschauer umso mehr beansprucht und für sie zu einer empirischen Wahrheit wird, gewinnt die Rückkehr der Verstorbenen am Ende ihre volle dramatische Kraft.

---

72 Seeck (1985) 42f. Seeck vergleicht die Sterbeszenen von Hippolytos und Polyneikes; beide Sterbenden bezeichnen sich vor ihrer Abschiedsrede als tot und noch einmal vor dem Eintreten des Todes gleich nachher (Eur. *Hipp.* 1350 und 1457; Eur. *Phoen.* 1444 und 1453); dabei wird „[d]as Sterben [...] also nicht als Abschlußpunkt, sondern als ausgedehnter Vorgang aufgefaßt". Man hat im „doppelten" Sterben der Alkestis eine allgemeinere dramatische Technik gesehen, „dem emotionalen Ausbruch die rationale Argumentation folgen zu lassen (vgl. *Medea* 96 ff. und 214 ff., *Hippolytos* 198 ff. und 373 ff.)": Seeck (2008) zu Eur. *Alc.* 280 – 391 nach Dale (1961) zu Eur. *Alc.* 280 ff. („[t]here are many scenes in which a situation is realized first in its lyric, then its iambic aspect – that is to say, first emotionally, then in its reasoned form.").

73 Zur „ungewöhnlich weit ausgebreitet[en]" Klagesituation vgl. Seeck (1985) 113 – 118.

Rettung und Rückkehr

Die Verstorbene wird beklagt, betrauert und bestattet.[74] Während der Chor vorher auf Alkestis' Rettung vor dem Tod noch hoffte, doch die Erfüllung dieses Wunsches für wenig wahrscheinlich hielt, gibt er jetzt die Hoffnung völlig auf.[75] Die Möglichkeit einer Rettung wird negiert. Der Chor wünscht sich, er könnte seine Herrin aus der Unterwelt zurückführen, und den gleichen Wunsch äußert Admet kurz vor dem Tod seiner Gattin, doch eine Rettung liegt ausdrücklich weder in der Macht Admets noch der Choreuten.[76] An die Stelle des Rettungswunsches tritt jetzt der Wunsch nach einem leichten Übergang der Verstorbenen ins neue Dasein: Die Unterweltsgötter – genannt werden Hades, der chthonische Hermes und Charon – möchten Alkestis freundlich aufnehmen, sie als beste aller Frauen anerkennen und ihr einen Ehrenplatz neben Persephone zukommen lassen; Alkestis soll das Haus in der Unterwelt „vorbereiten" und auf die jenseitige Wiedervereinigung mit ihrem Gatten warten.[77] In der Vorstellung eines freundlichen Empfangs im Hades erscheinen die Unterweltsgötter in einem anderen Licht als in der Todesvision. Sie rufen nicht mehr den Schrecken des Todes und des Unbekannten hervor, sondern sorgen für die Integrierung der Alkestis in die Welt der Toten. Die Anerkennung und die Ehren, die sie Alkestis im Jenseits zuweisen sollen, entsprechen der besonderen Anerkennung und den Ehren, die Alkestis im Diesseits zugewiesen werden, weil sie für Admet den Tod auf sich genommen hatte. Über die zwölf Monate lange Trauer im Palast hinaus wird Alkestis in der Erinnerung der Hinterbliebenen fortdauern und sogar in Athen und Sparta im Rahmen alljährlicher Feste gepriesen werden.[78] Ferner soll, so der Chor, ihr Grabhügel nicht als der eines gewöhnlichen Sterblichen gelten, sondern „man soll das Grab ehren, wie es den Göttern gebührt, fromme Stätte für Wanderer" (μηδὲ νεκρῶν ὡς φθιμένων χῶμα νομιζέσθω / τύμβος σᾶς ἀλόχου, θεοῖσι δ' ὁμοίως / τιμάσθω, σέβας ἐμπόρων, 995–998 [*sic*]). Von fremden Wanderern soll sie als μάκαιρα δαίμων gegrüßt (1003) und um ihre Gunst gebeten werden (χαῖρ', ὦ πότνι', εὖ δὲ δοίης, 1004), das heißt, als eine besondere Tote behandelt werden, die über eine Segensmacht verfügt und zum übermenschlichen Status erhoben worden ist. Wie sich der Chor durch die positiven Jenseitsbilder, die sich in seinen Wünschen für Alkestis' freundliche Aufnahme in der Unterwelt niederschlagen, ihre Integrierung in eine neue Welt oder eine neue existentielle Phase vorstellt, so will er ihr auch durch die außergewöhnlichen postmortalen Ehren – die ebenfalls ein sehr positives Bild des Jenseits vermitteln – einen festen Platz in der Gesellschaft der Lebenden verleihen, der ihrem neuen Status als Tote entspricht; auf Erden soll sie durch Verehrung (am Grab) erreichbar bleiben und

---

74 Eur. *Alc.* 393–1005.

75 Der Chor hofft auf einen Retter: Eur. *Alc.* 91 f.; 122–131; 145; 220–225.

76 Rettungswunsch des Chores: Eur. *Alc.* 456–459; Rettungswunsch des Admet: Eur. *Alc.* 357–364.

77 Freundlicher Empfang und Ehrenplatz: Eur. *Alc.* 741–746; Anerkennung: Eur. *Alc.* 435–444; Domizil in der Unterwelt: *Alc.* 364; vgl. Eur. *Alc.* 436 f.

78 Zwölf Monate: Eur. *Alc.* 422–434; Feste: Eur. *Alc.* 445–454.

durch ewiges Gedenken im Ritual (in den Festen) „weiterleben“. Der Toten sollen diese verschiedenen Ehren als Verdienst ihrer Tat zukommen und den frühen Tod so gut wie möglich aufwiegen; den Hinterbliebenen dienen sie zum Trost.[79] Indem die Ehren und die mit ihnen verbundenen Jenseitsbilder auch die neue Stellung der Alkestis in beiden Welten widerspiegeln, bestätigen und konkretisieren sie die Tatsächlichkeit ihres Todes.

Diese Bilder und Vorstellungen, mittels derer die Endgültigkeit von Alkestis’ Tod thematisiert wird, konzentrieren sich in zwei Chorliedern, die jeweils auf eine Klage über die Tote folgen.[80] Das erste dieser Chorlieder, in dem eine Rettung aus der Unterwelt als unrealisierbarer Wunsch ausgeschlossen wird, steht suggestiv vor der Ankunft des künftigen Retters Herakles, während das zweite – das sogenannte „Ananke“-Lied, in dem die gleichnamige Schicksalsmacht für allbezwingend und unausweichlich erklärt wird – pointiert vor der Rückkehr des Herakles vom Grab steht. Durch die Nebeneinanderstellung wird das Wunderbare an der Rettung hervorgehoben (vgl. θαῦμ’ ἀνέλπιστον, 1123), die Tat als übermenschliche Leistung ausgewiesen. Sie kontrastiert mit der menschlichen Reaktion, dem Trauern, das zwar als Kulturtechnik zur Bewältigung des Todes gilt, letztendlich aber die Ohnmacht des Menschen gegenüber dem Tod zeigt, wie der Chor in seiner Anrede an den trauernden Admet suggeriert: „Nie wirst du mit Weinen die Toten von unten hinauf ans Licht bringen“ (οὐ γὰρ ἀνάξεις ποτ’ ἔνερθεν / κλαίων τοὺς φθιμένους ἄνω, 986 f.). Der Mensch ist nicht imstande, den Tod zu überwältigen.

Herakles und der Gott des Todes

Als einziger im Drama unternimmt es Herakles, Thanatos zu überwinden. Herakles ist nicht nur im Besitz außergewöhnlicher Kraft und Kampffähigkeiten (vgl. 481–506), sondern vermag sich, wie bereits erwähnt, dank seiner zur Hälfte göttlichen Herkunft zwischen menschlichen und göttlichen Bereichen zu bewegen. Er setzt sich zu Lebzeiten erfolgreich mit Göttern auseinander, überwältigt Geras, das Greisenalter, wie in der Vasenikonographie mehrmals dargestellt wird, und erreicht nach seinem Tod einen gottähnlichen, ja sogar göttlichen Status, wird in den Olymp aufgenommen und erhält als Braut Hebe, die Göttin der Jugend.[81] Sein Sieg über Geras, der mit dem Tod konzeptuell nah verwandt ist, deutet wie seine Heirat mit Hebe auf eine persönliche

---

79 Zur tröstenden Funktion des Ruhms vgl. Segal (1993) 227.

80 Chorlieder: Eur. *Alc.* 435–475 und Eur. *Alc.* 962–1005.

81 Herakles kämpft gegen Hades und Poseidon (Pind. *O.* 9,29–35) und verwundet Hera und Hades (Hom. *Il.* 5,382–504). – Zur Vergöttlichung des Herakles: Hes. *theog.* 950–955; Aufnahme in den Olymp und Heirat mit Hebe: Hom. *Od.* 11,601–604; weitere Quellen bei Roloff (1970) 87 f.; zum postmortalen Status des Herakles vgl. Stafford (2010) 239–244. – Geras und Herakles in Vasendarstellungen: Vgl. Borg (2002) 88–94; Shapiro (1976) 112–117 mit weiterführender Literatur.

Überwindung der Sterblichkeit hin und weitet sich im Alkestis-Mythos zum Sieg über den Todesgott aus, dessen Gegenbild der lebensfrohe Heros ist.

Admet empfängt den reisenden Herakles während – und trotz – der Trauerriten freundlich und verunklärt den Sachverhalt absichtlich auf solche Weise, dass sein Gast nichts vom Tod der Alkestis ahnt.[82] Erst als jener unbekümmert quasi ein Ein-Mann-Symposion feiert und zu laut grölt, erfährt er die Wahrheit von einem der trauernden Diener und beschließt zu handeln.[83] Aus Admets Gastfreundlichkeit entsteht also wieder eine vorteilhafte Reziprozität (χάρις, 842; vgl. 853–860), und Herakles, dessen Ankunft Apoll ja schon im Prolog angekündigt hatte,[84] setzt Apolls Machtkampf gegen Thanatos fort, allerdings mit einem entscheidenden Unterschied: Statt an die Aufgabe mit Überredungs- und Tauschversuchen heranzugehen, greift er auf List und körperliche Gewalt zurück.

Herakles' Konflikt mit dem Tod rundet das Bild des Thanatos in der *Alkestis* ab. Um Alkestis zurückzugewinnen, entwirft der Heros zwei Pläne: Entweder trifft er Thanatos am Grab an, wo jener das Blut der geschlachteten Opfertiere trinkt, und greift ihn aus einem Hinterhalt an, oder, sollte Thanatos doch nicht da sein, steigt er hinab „zu den Unterirdischen, zu den sonnenlosen Häusern der Kore [d. h. Persephone] und des Herrschers [d. h. Hades/Pluton], um sie [um Alkestis] zu bitten" (εἶμι τῶν κάτω / Κόρης ἄνακτός τ' εἰς ἀνηλίους δόμους, αἰτήσομαί, 851–853). Im Alternativplan, die Unterweltsherrscher um Alkestis' Rückkehr zu bitten, gewinnen Persephone und – überraschenderweise – der sonst unerbittliche Hades an Zugänglichkeit.[85] Eine Audienz bei ihnen setzt zwar eine für gewöhnliche Sterbliche unmögliche Unterweltsreise voraus, aber wem diese Reise gelingt, der kann – so nimmt Herakles an – die Bereitschaft des königlichen Paars erwarten, seine Bitte zu erhören. Diese Vorstellung erinnert an den früheren Wunsch Admets, wie Orpheus ins Totenreich hinabsteigen zu können und Persephone und ihren Gatten durch Gesang so zu bezaubern, dass er Alkestis zurückbekäme.[86] Admets Wunsch und Herakles' Plan legen nahe, dass Hades und Persephone im Kontrast zu Thanatos umzustimmen sind und dass das Bitten seine Wirksamkeit bei ihnen behält.[87] Dabei erscheint in der *Alkestis* der unerbittliche Thanatos als Ausnahme auch unter den Unterweltsgöttern, der nur mittels Gewalt um das ihm Verfallene gebracht werden kann – und gebracht wird. Als Herakles ihn aus dem Hinterhalt überfällt und anpackt (αὐτὸν [...] μάρψας χεροῖν, 1142), kommt es zu einer handgreiflichen Auseinandersetzung (μάχη, 1140; ἀγών, 1141). Herakles malt die Szene schon vorher in seinem Plan deutlich aus (847–849):

---

82 Eur. *Alc.* 476–567.

83 Eur. *Alc.* 747–836.

84 Apoll prophezeit die Ankunft des Herakles: Eur. *Alc.* 65–69.

85 Unerbittlichkeit des Hades: z. B. Hom. *Il.* 9,158 f.; Soph. *Ant.* 780.

86 Admets Wunsch: Eur. *Alc.* 357–362.

87 In einer anderen Version des Mythos wird Alkestis tatsächlich von Persephone aus der Unterwelt entlassen: Apollod. 1,106.

μάρψω, κύκλον γε περιβαλὼν χεροῖν ἐμαῖν,
οὐκ ἔστιν ὅστις αὐτὸν ἐξαιρήσεται
μογοῦντα πλευρά, πρὶν γυναῖκ' ἐμοὶ μεθῇι.

Ich werde [ihn] packen, und wenn ich ihn mit meinen beiden Armen rings umschnürt habe,
dann kann keiner mehr ihn mir entwinden –
ihn, dem ich die Rippen quetsche – bevor er mir die Frau freigegeben hat.

Für Herakles ist Thanatos kein Abstraktum, sondern eine angreifbare anthropomorphe Gestalt. Stark hervorgehoben in dieser Passage werden die Körperlichkeit und die daraus entstehende Verletzbarkeit des Gottes, die bereits in der Prologszene an seiner Angst vor einem Gewaltakt seitens Apoll erkennbar waren, deren Folgen aber erst in der Konfrontation mit Herakles klar werden. Im Griff des Herakles erfährt Thanatos eine Ausweglosigkeit (vgl. 848 im obigen Zitat) ähnlich der, welche die Sterblichen im Tod erfahren, wenn Schicksalsmächte wie Thanatos oder die Göttin Ananke sie „mit den unentrinnbaren Fesseln ihrer Hände" packen (καί σ' ἐν ἀφύκτοισι χερῶν εἷλε θεὰ δεσμοῖς, 984; die Rede ist hier von Ananke). Nur durch eine gleiche Macht kann der Gott dazu gezwungen werden, die Tote freizugeben.

Alkestis *rediviva*

Nach seinem Sieg führt Herakles die schweigende, verschleierte Alkestis vom Grab zurück zum Palast.[88] Die fremde Frau habe er bei einem Wettkampf gewonnen, erzählt er seinem Gastgeber, und Admet solle sie nun aufnehmen, bis Herakles von seiner nächsten Arbeit zurückgekehrt sei. Admet, den die Gestalt der verhüllten Frau an die Verstorbene erinnert und der vermutlich wegen seines Gelübdes, nie wieder zu heiraten, eine fremde Frau überhaupt nicht ins Haus führen will, weigert sich und kann von Herakles nur allmählich dazu gebracht werden, die Frau aufzunehmen, sie an die Hand zu nehmen, um sie ins Haus zu leiten, und ihr – enthülltes – Gesicht anzuschauen.[89] Admet erkennt in der vermeintlich Fremden Alkestis, die Umstände ihrer Rettung werden resümiert und, obwohl die Zurückgekehrte aus rituellen Gründen drei Tage lang stumm bleiben muss, gilt sie wieder als die lebende Frau Admets, der sich auf „ein besseres Leben als das vorherige" freut (μεθηρσόμεσθα βελτίω βίον / τοῦ πρόσθεν, 1157 f.).

Eine echte Rückkehr ins Leben, wie Alkestis sie erfährt, findet in den erhaltenen Tragödien keine Parallele. Weder ist Alkestis' Tod vorgetäuscht, wie der des Orest bei

88 Die Rückkehr: 1008–1158. – Die Verhüllung und Enthüllung von Alkestis' Gesicht zeigt sich an zwei Textstellen: Eur. *Alc.* 1061–1067 (Admet kommentiert nur die Gestalt, nicht das Gesicht der Alkestis) und Eur. *Alc.* 1121–1129 (Herakles zwingt Admet dazu, Alkestis' Gesicht anzuschauen). Der Verfasser der zweiten *Alkestis*-Hypothesis hat auch auf die Verhüllung der Alkestis geschlossen (Ἡρακλῆς [...] ἐσθῆτι καλύπτει τὴν γυναῖκα).

89 Zur Rolle des Gelübdes (Eur. *Alc.* 328–335) in Admets Weigerung, die fremde Frau aufzunehmen, vgl. Seidensticker (1982) 147–151.

Aischylos und Sophokles, noch wird er lediglich vermutet, wie der Tod des Herakles im gleichnamigen euripideischen Drama. Im Gegensatz zu anderen Toten, deren zeitweilige Entlassung aus der Unterwelt inszeniert wird, erscheint Alkestis auch nicht als Totengeist, sondern als Mensch aus Fleisch und Blut. Dass sie tatsächlich den Status einer Lebenden wiedererlangt (beziehungsweise wiederlangen wird) und kein Wiedergänger ist, muss Euripides unzweideutig vermitteln, damit das „Happy End" gelingt. Wie erreicht Alkestis diesen Status wieder, und welcher Status kommt ihr in der Zwischenzeit zu, wenn sie keine Tote mehr ist, aber allein von Herakles – aber noch von keinem Lebenden aus ihrem Familienkreis – für lebendig gehalten wird?

Wie sich der Übergang von der Lebenden zur Toten langsam vollzogen hatte, so kann die Tote nicht mit einem Schritt wieder die Schwelle zurück ins Leben überschreiten. Der Tod der Alkestis füllt drei Viertel des Dramas aus, von der Einleitung des Todes durch Thanatos über die Ablösung des Lebenshauchs vom Leib, die im fünften vorchristlichen Jahrhundert als das Ende des biologischen Lebens gilt, bis hin zur sozialen und rituellen Anerkennung von Alkestis' neuem Status als heroisierte Tote. In jeder Hinsicht ist sie von der Welt der Lebenden endgültig getrennt. Diesen Prozess stößt jetzt Herakles um, als er Alkestis zurückführt, und seine Leistung ist es, durch die körperliche Bezwingung des Thanatos den biologischen Tod der Alkestis rückgängig zu machen: Körper und ψυχή vereinigen sich wieder zum lebenden Menschen Alkestis. Der Tod vollzieht sich aber, wie dramatisiert, auch auf sozialer Ebene, indem der Toten ein Platz im Jenseits zugewiesen und ihre Abwesenheit im Diesseits durch Ruhm und Ritual kompensiert wird, sowie auf ritueller Ebene in Gestalt von Toten- und Trauerriten. Für die vollständige Rückkehr ins Leben ist dementsprechend mehr als die bloße Wiederbelebung des Leibes notwendig.

Bei der Rückkehr vom Tode handelt es sich um eine fiktive Situation, die jedoch eine Basis im realen Leben hat. Zum einen ist im fünften Jahrhundert der Scheintod, der später zu einem Lieblingsmotiv des antiken Romans wird, kein unbekanntes Phänomen. Unter anderen soll sich der Philosoph Demokrit, der die bei zeitgenössischen Ärzten geltenden Kennzeichen eines erfolgten Todes für unzuverlässig hielt, in einem nicht überlieferten Traktat über den Hades (περὶ τοῦ Ἅιδου) mit dem Themenkreis Scheintod, Tod und Wiederbelebung auseinandergesetzt haben.[90] Totgeglaubte wachten gelegentlich nach einer Fehldiagnose der Familie oder eines Arztes

90 Kennzeichen des Todes: Demokrits Ansicht wird im 1. Jh. n. Chr. von Celsus überliefert, der selbst die Zuverlässigkeit von Zeichen des nahenden wie eingetretenen Todes bezweifelt: Cels. *de med.* 2,6. Celsus bezieht sich wahrscheinlich auf den genannten Hades-Traktat, von dem Proklos in seinem Kommentar zu Platons *Staat* berichtet (Prokl. pol. II 113 Kroll = Demokr. fr. 68 B 1 DK): Τὴν μὲν περὶ τῶν ἀποθανεῖν δοξάντων, ἔπειτα ἀναβιούντων ἱστορίαν ἄλλοι τε πολλοὶ τῶν παλαιῶν ἤθροισαν καὶ Δημόκριτος ὁ φυσικὸς ἐν τοῖς Περὶ τοῦ Ἅιδου γράμμασιν. In dieser Schrift soll Demokrit auch das Argument verfochten haben, der Tod sei reversibel (Prokl. pol. II 113 Kroll = Demokr. fr. 68 B 1 DK): οὐδὲ γὰρ ὁ θάνατος ἦν ἀπόσβεσις, ὡς ἔοικεν, τῆς συμπάσης ζωῆς τοῦ σώματος, ἀλλ' ὑπὸ μὲν πληγῆς τινος ἴσως καὶ τραύματος παρεῖτο, τῆς δὲ ψυχῆς οἱ περὶ τὸν μυελὸν ἔμενον ἔτι δεσμοὶ κατερριζωμένοι καὶ ἡ καρδία τὸ ἐμπύρευμα τῆς ζωῆς εἶχεν ἐγκείμενον τῶι βάθει· καὶ τούτων μενόντων αὖθις ἀνεκτήσατο τὴν ἀπεσβηκυῖαν ζωὴν ἐπιτήδειος πρὸς τὴν ψύχωσιν γενόμενος.

noch im Krankenzimmer oder – wie man etwa dem Er-Mythos des Platon entnimmt, in dem sich der Protagonist eines Morgens auf einem Scheiterhaufen wiederfindet – erst gegen Ende der mehrtägigen Bestattungsriten auf.[91] Zum anderen deutet die Praxis, Kenotaphen zu errichten, auf eine Art Ersatzbestattung und wohl auch rituelle Anerkennung des Todes derer hin, die für tot gehalten wurden und deren Leichname verschollen waren; in solchen Situationen bleibt eine Rückkehr des Totgeglaubten unter Umständen nicht auszuschließen.[92] Es gab also zwei Arten der „Rückkehr" vom Tode, die ihre mythische Entsprechung im Alkestis-Mythos finden, nämlich die eigentliche Rückkehr eines Totgeglaubten aus der Fremde und das Erwachen eines für tot Erklärten, und es ist nachvollziehbar – und wird in zwei späteren Quellen berichtet –, dass man in beiden Fällen auf bestimmte rituelle Handlungen zurückgriff, um die durchgeführten Totenriten rückgängig zu machen.[93]

Die zwei eben erwähnten späteren Quellen tragen zum näheren Verständnis des Status der Alkestis bei, während sie sich im Zwischenbereich zwischen Leben und Tod aufhält. Ihr Verhalten während dieser Zeit ist in einem Punkt besonders auffällig, wie die Frage Admets gleich nach der Wiedererkennung zeigt (1143 – 1146):

{Αδ.} τί γάρ ποθ' ἥδ' ἄναυδος ἕστηκεν γυνή;
{Ηρ.} οὔπω θέμις σοι τῆσδε προσφωνημάτων
κλύειν, πρὶν ἂν θεοῖσι τοῖσι νερτέροις
ἀφαγνίσηται καὶ τρίτον μόλῃ φάος.

[Adm.] Warum denn nur steht die Frau hier stumm da?
[Her.] Noch darfst Du ihre Begrüßungsworte nicht
hören, bis sie den unteren Göttern gegenüber
rein ist und der dritte Tag gekommen ist.

Zur Erklärung dafür, warum die Anrede durch Alkestis vorübergehend nicht göttlich sanktioniert (θέμις) ist, wird in der Forschung neben dem Hesych'schen Lemma zu δευτερόποτμος („[Person] mit einem zweiten Schicksal [d. h. Tod]") beziehungsweise ὑστερόποτμος („[Person] mit einem späteren Schicksal") auch eine Plutarchstelle

---

91 Vermeintlich Toter wacht im Sterbezimmer auf: Im Hippokratischen Korpus wird der Fall eines gewissen Timokrates von Elis erzählt, der – entweder weil er zu viel getrunken hatte oder wegen einer Abführungskur – in einen todesähnlichen Zustand verfällt, von seiner Familie für tot gehalten wird, aber doch aufwacht (Hippokr. *morb. pop.* 5). – Er-Mythos: Plat. *rep.* 614 – 621. In seinem Kommentar zu der Stelle führt Proklos (5. Jh. n.Chr.) weitere Beispiele von Scheintoten auf, die er hauptsächlich in Schriften der klassischen und hellenistischen Periode vorgefunden hat (Prokl. pol. II 113 – 116 Kroll); vgl. Herakl. Pont. fr. 77 – 81 Wehrli, in dessen Abhandlung περὶ τῶν νόσων bzw. περὶ τῆς ἄπνου Empedokles die Wiederbelebung einer für tot gehaltenen Frau zugeschrieben wird.

92 Die Errichtung von Kenotaphen findet bereits bei Homer Erwähnung: Hom. *Od.* 1,289 – 291; *Od.* 2,220 – 222; vgl. *Od.* 4,584. Die Praxis ist auch epigraphisch früh belegt: Vgl. den ca. 625 – 600 v.Chr. errichteten Kenotaph für den auf See gebliebenen Menekrates in Korkyra, IG IX 1,867.

93 Zwei spätere Quellen: Hesych. δ 746; Plut. *qu. R.* 5 (siehe gleich unten).

über Wiedergeburtsriten bei den Griechen und Römern herangezogen.[94] Die Begriffe bezeichnen einen für tot gehaltenen Menschen, für den die üblichen Bestattungsriten ausgeführt worden sind (Plutarch spezifiziert die ἐκφορά und die Errichtung eines Grabes, τάφος), der aber gegen alle Erwartung zurückkehrt oder sich als lebend erweist.[95] Ein Totgeglaubter gehört nach Ausführung der Bestattungsriten den Toten an ([οἱ δοκοῦντες] ἅπαξ τεθάφθαι καὶ γεγονέναι τῆς τῶν φθιτῶν μερίδος, Plut. *qu. R.* 5), und die Griechen, so Plutarch, „hielten ihn für unrein; sie vermieden den Umgang mit ihm und untersagten ihm den Zutritt zu Heiligtümern" (οὐ [...] ἐνόμιζον ἁγνοὺς οὐδὲ κατεμίγνυσαν ἑαυτοῖς οὐδ' εἴων ἱεροῖς πλησιάζειν, Plut. *qu. R.* 5).[96] Der Wiedergekehrte hat sich einem Ritus zu unterziehen, in dem seine – zweite – Geburt aufgeführt wird.[97] Anhand der Stellen bei Hesych und Plutarch wird das Schweigen der Alkestis dem zeitweiligen Ausschluss der δευτερόποτμοι aus der Gesellschaft gleichgesetzt: Ähnlich wie es laut Plutarch den Lebenden obliegt, Kontakt mit den δευτερόποτμοι zu vermeiden (οὐδὲ κατεμίγνυσαν ἑαυτοῖς), wird, streng genommen, Alkestis das Schweigen nicht auferlegt, sondern den anderen das Zuhören verboten.[98] Eine völlige Übereinstimmung mit der *Alkestis* lässt sich aber nicht feststellen;[99] vielmehr bekräftigen die δευτερόποτμοι-Stellen die Interpretation, dass Alkestis wegen ihrer noch

---

94 Hesych. δ 746; Plut. *qu. R.* 5. Die Plutarchstelle wurde schon von Woolsey (1837) 109 zu Eur. *Alc.* 1146 mit der *Alkestis* in Verbindung gebracht; Trammell (1941) hat Vergleichsmaterial (auch aus anderen Kulturen) gesammelt und wie Woolsey das Argument vertreten, Alkestis stelle wegen ihres Kontakts mit dem Tod eine Befleckungsgefahr dar, bis sie gereinigt wird. Betts (1965) 182 vertritt die Meinung, Euripides verweise mit dem Wort ἀφαγνίζειν auf genau die von Plutarch beschriebene Wiedergeburtszeremonie; Buxton (2013) 208 f. ist vorsichtiger: „Did [...] silence figure in the ritual for managing such a rare and anomalous case, and was Euripides adapting that silence in the *Alkestis?* There is, I think, no evidence; and the silence could just as easily have been Euripidean invention, appropriate because of Alkestis' still-dangerous link with the dead. Or could he, here too, have been borrowing from the wedding ritual? When the bride was veiled before the *Anakalupteria*, did she also have to keep silent, being restored to normal communication only after the unveiling? [...] In any case, we would be dealing not with a simple 'reflection' of ritual, but with its adaptation to the needs of a given dramatic context." In einem früheren Artikel hat Buxton ausführlicher für diese Kongruenz zwischen Schweigen und Verschleierung argumentiert und die wahrscheinliche Anspielung der Verschleierung und Entschleierung auf den Hochzeitsritus hervorgehoben: Buxton (1987) 172. Auf die Verschleierung wird im Folgenden zurückzukommen sein. – In der jüngeren Forschung zur *Alkestis* werden die δευτερόποτμος-Stellen kaum in Betracht gezogen: Vgl. z. B. die jüngsten Kommentare von Parker (2007) zu Eur. *Alc.* 1006 – 1158; Seeck (2008) 40 f. Dies liegt teilweise an der Bemühung, die dramatische Wirkung des Schweigens – zu Recht – hervorzuheben, wobei andere Gründe dafür ausgeblendet oder verkannt werden. Es spricht jedoch nichts dagegen, dass das Schweigen „ästhetisch-künstlerisch" (Seeck) motiviert war und zugleich auf rituelle Vorgänge anspielte.

95 Hesych δ 746: ὕστερον ἀνεφάνη ζῶν; bei Plutarch ist die Rückkehr eines Totgeglaubten aus der Fremde impliziert.

96 Übs. vom Verfasser.

97 Plut. *qu. R.* 5; Hesych δ 746 bezeichnet den Brauch als attisch: ἢ ὁ δεύτερον διὰ γυναικείου κόλπου διαδύς· ὡς ἔθος ἦν παρὰ Ἀθηναίοις ἐκ δευτέρου γεννᾶσθαι.

98 Betts (1965) 182.

99 *Pace* Betts (1965).

nicht gänzlich (das heißt: nicht rituell) abgebrochenen Beziehung zur Unterwelt als unrein gilt, und daher – die Reihenfolge ist wichtig – noch nicht sozial wieder eingegliedert werden kann.[100] Indiz ihrer Unreinheit ist das Schweigen. Ähnlich wie die vorübergehende Isolierung des δευτερόποτμος, die alle Aspekte des Kontakts ausschließt, soll das Schweigen der Alkestis davor schützen, dass ihre Unreinheit – hier über einen bestimmten Kanal, die Sprache – auf andere übertragen wird.[101]

Alkestis entspricht auf mythischer Ebene einem δευτερόποτμος und hat wie dieser einen besonderen, schwer einzuordnenden Status zwischen Lebendem und Totem.[102] Ihr Schweigen hängt, wie die oben zitierte Antwort des Herakles (1144–1146) verdeutlicht, unmittelbar von diesem Zwischenstatus ab, dessen Ende durch das ἀφαγνίζεσθαι (dazu mehr unten) und das Vergehen einer bestimmten Zeitspanne herbeigeführt wird.[103] Auf ihre Unreinheit lässt sich aber hauptsächlich aus der plutarch'schen Vergleichsstelle schließen, während in der Rückkehrszene Unreinheit und Übertragungsgefahr impliziert, aber nicht thematisiert werden. Dies liegt vornehmlich am dramatischen Interesse des Euripides, andere, erfreulichere Aspekte der Rückkehr als das mit Befleckung einhergehende Kontaktverbot hervorzuheben.[104] Zum anderen liegt es an dem nuancierteren Bild von Reinheit und Tod in der *Alkestis.*

Plutarch zufolge hat der δευτερόποτμος einen klaren rituellen Status als „unrein", οὐχ ἁγνός.[105] Euripides verwendet denselben Wortstamm an zwei Stellen, um den sich ändernden Status der Alkestis zu bezeichnen: Wie Thanatos als „Priester der Toten" ihren Übergang in den Tod durch das ἁγνίζειν initiiert (76), so erfordert der Vollzug ihrer Rückkehr das ἀφαγνίζεσθαι (1146). Doch die erste Passage scheint auf den ersten Blick im Widerspruch zur Plutarchstelle zu stehen. Denn das Verb ἁγνίζειν beschreibt eine Handlung, die die Sterbende implizit ἁγνή macht oder wenigstens mit dem ἁγνός-sein assoziiert, statt sie οὐχ ἁγνή zu machen, wie man hätte erwarten können. Thanatos weiht (ἁγνίζειν) eine Haarlocke seines Opfers, die *pars pro toto* das Opfer

---

100 Unrein: Vgl. Trammell (1941) 144: „Nobody under a ban of pollution could address others until he had been purified". Soziale Eingliederung: Vgl. Betts (1965) 182: „technically, [the *deuteropotmos*] did not exist; he had been buried and could not be considered to be alive again until he had re-entered the world in the normal way".

101 Zur Übertragung von Befleckung durch Sprache siehe unten S. 226 Anm. 116.

102 Anders Naiden (1998), der argumentiert, Alkestis sei bis Ende des dritten Tages (dazu mehr unten) ein Totengeist bzw. φάσμα. Naiden beruft sich auf Vers 1127, in dem Admet seine Unsicherheit äußert, ob die plötzlich enthüllte Frau wirklich Alkestis oder nur ein Totengeist bzw. eine Totenerscheinung sei (ὅρα δὲ μή τι φάσμα νερτέρων τόδ' ἦι, Eur. *Alc.* 1127). Gegen Naidens Interpretation spricht aber u. a. der Folgevers, in dem Herakles versichert, er sei doch kein ψυχαγωγός, der – so die Bedeutung dieser Aussage – Totengeister oder Phantasmata aus der Unterwelt heraufbeschwört.

103 Die Zeitangabe von drei Tagen ist noch nicht überzeugend erklärt worden; die Dreizahl taucht u. a. in Verbindung mit Totenriten auf und ist wohl auf diese Assoziation zurückzuführen: Riemer (1989) 101–103 (mit Überblick über bisherige Erklärungen); vgl. Naiden (1998) 82; Rohde (1898) Bd. 1, 232 Anm. 3.

104 Auf diese Aspekte wird zurückzukommen sein.

105 Zur Bedeutung von ἁγνός in Bezug auf Menschen und Gegenstände vgl. Parker (1983) 147, der es als „uncontaminated, fit to approach the gods" übersetzt.

selbst einschließt: ἱερὸς [...] οὗτος τῶν κατὰ χθονὸς θεῶν / ὅτου τόδ' ἔγχος κρατὸς ἁγνίσῃ τρίχα, (75 f.).[106] Dadurch macht er Alkestis ἱερός beziehungsweise ἱερή („heilig"), das heißt, er bringt sie aus der menschlichen in die göttliche Sphäre. Der Terminus „heilig" oder ἱερός sagt nichts Explizites über die Reinheit oder Unreinheit der Alkestis aus noch steht er im Kontrast zu einem vermeintlich „profanen" Bereich, sondern er drückt eine besonders enge Verbindung zu den Göttern aus und bezeichnet häufig das, was den Göttern gehört.[107] Aus Thanatos' Handlung lässt sich die Vorstellung ableiten, dass der Tod das Verhältnis des Menschen den Göttern gegenüber ändert, indem er den Sterbenden in den Augen der Unterweltsgötter, hier durch Thanatos vertreten, heilig macht und ihn somit in deren Bereich holt. Auf ähnliche Weise wie in der *Alkestis*-Szene wird das Verb ἁγνίζειν auf Totenriten angewandt: An einer anderen Stelle umschreibt Euripides die Feuerbestattung als das ἁγνίζεσθαι der Leichen (ἵν' αὐτῶν σώμαθ' ἡγνίσθη πυρί, „[dort,] wo die Leichen mit Feuer ἁγνός gemacht wurden", Eur. *Suppl.* 1211).[108] Nach der Verbrennung werden die irdischen Überreste als Asche in einer Urne zum letzten Ruheplatz unter die Erde gebracht; die Leichname und somit die Verstorbenen, die als weiterexistierende Individuen mit ihrer (ehemaligen) körperlichen Erscheinungsform noch identifiziert werden und an den Bestattungsort gebunden sind, gehören fortan zum unterirdischen Reich.[109] Hierdurch sind sie dem Bereich des Todes „geweiht" (ἁγνίζεσθαι). Der Vorgang, den Toten oder seinen Leichnam zu „weihen" oder „rein" zu machen (τὸν θανόντα[110] [...] ἁγνίσαι, Soph. *Ant.* 545), bezieht sich auch in der *Antigone* auf die Bestattungsriten,

106 Siehe oben S. 204 f.

107 ἱερός: Burkert (2011) 402 f.; Parker (1983) 325; Samon (2000) 325. – Zur fehlenden Dichotomie zwischen „heilig" und „profan": Bremmer (1998); Connor (1988): Samon (2000) 325–329; vgl. Peels (2016) 207–212 (mit weiterführender Bibliographie) in Bezug auf ὅσιος und vgl. schon van der Valk (1942) 121 („Wenn wir [...] versuchten zu zeigen, dass das Altertum ein besonderes Wort verwendet hat für den Begriff, dass man seine Pflicht den Göttern gegenüber erfüllt hatte, [...] so soll man nicht vergessen, dass in den alten Religionen und Gesellschaften [...] das ganze Leben als zu den Göttern in Beziehung stehend und von ihnen beherrscht gedacht wird").

108 Inwiefern der Leichenverbrennung im 5. Jh. v. Chr. eine reinigende Wirkung zugeschrieben wurde, sei dahingestellt. Der expliziteste Beleg für diese Verbindung befindet sich in den Scholien zu Eur. *Or.* 40 f. Der euripideische Vers (θανοῦσα μήτηρ [Klytaimestra] πυρὶ καθήγνισται δέμας) wird erklärt als (1) ἁγνείαν γὰρ ἐκάλεσε τὴν διὰ πυρὸς φθορὰν τοῦ σώματος, (2) κεκάθαρται· πάντα γὰρ καθαίρει τὸ πῦρ und noch deutlicher (3) ἁγνὰ γὰρ δοκεῖ εἶναι τὰ καιόμενα, τὰ δὲ ἄταφα μεμιασμένα. Zur kathartischen Wirkung des Feuers: Parker (1983) 227 f.; Rohde (1898) Bd. 2, 101 f. mit Anm. 2; in Verbindung mit Leichenverbrennung: Vgl. Rudhardt (1992) 171; Williger (1922) 49 Anm. 1 postuliert einen Wunsch „der Griechen[,] im Zustande religiöser Reinheit in den Hades ein[zu]gehen". Vgl. Parker (1983) 329: „Where the reference is to burning a corpse, the rendering 'purify' is possible, because of the cathartic force of fire", aber, so bemerkt Parker zu Recht in Anm. 12 auf derselben Seite, „in Soph. *Ant.* 545[,] burning is not in question."

109 Zur Identifizierung des Verstorbenen mit seinem Körper: Vgl. Kapitel VII (Euripides, *Hekabe*), S. 173–175 zur Doppeldeutigkeit von νέκυς und νεκρός.

110 In diesem Beispiel wird wie üblich kein sprachlicher Unterschied zwischen dem Toten und seinem Leichnam gemacht.

deren Vollzug Hades für alle Toten fordert (Soph. *Ant.* 519). Sophokles macht die Bedeutung der als „Weihung" beschriebenen Riten noch deutlicher, als er den Seher Teiresias Kreon eine Verkehrung der göttlich sanktionierten Ordnung vorwerfen lässt. Kreon habe, so Teiresias, einerseits eine „der Oberen [d. h. Lebenden] hinunter geworfen" (ἔχεις μὲν τῶν ἄνω [*sc.* τινὰ] βαλὼν κάτω, Soph. *Ant.* 1068), indem er Antigone im Grab lebendig eingemauert hat, andererseits halte er „hier oben einen Toten fest, welcher den unteren Göttern zugehört, / entrechtet, unbestattet, unheilig" (ἔχεις δὲ τῶν κάτωθεν ἐνθάδ' αὖ θεῶν / ἄμοιρον, ἀκτέριστον, ἀνόσιον[111] νέκυν, Soph. *Ant.* 1070 f.).[112] Mittels der Bestattungsriten also wird der Tote „geweiht" oder ἁγνός gemacht und der Welt der Toten übergeben; danach ist er nicht mehr „unheilig" (ἀνόσιος, Soph. *Ant.* 1071), sondern steht als Toter „im richtigen Verhältnis zu den Göttern der Unterwelt".[113] Wie die Übersetzung „weihen" vermittelt, versteht sich die Reinheit, die in ἁγνίζειν mitschwingt, hier als ein Zustand, der für den Eintritt in eine bestimmte göttliche Domäne (sei es ins Heiligtum, sei es in einen existentiellen Bereich) Voraussetzung ist. Bei der „Einweihung" in den Tod liegt der Akzent nicht auf einer befleckenden Wirkung des Todes, sondern auf der Angehörigkeit zum anderen Bereich, in dem der oder die Verstorbene völlig in der Gewalt der Unterweltsgötter ist und sich daher als „heilig" (ἱερός, im oben spezifizierten Sinne) beschreiben lässt. Die „Weihung", das ἁγνίζεσθαι, bedeutet die endgültige Angliederung des verstorbenen Menschen an das Totenreich.

Wie verhalten sich zur „Weihung" die bei der Rückkehr durchzuführenden Riten, die als das θεοῖσι τοῖσι νερτέροις ἀφαγνίζεσθαι (1145 f.) beschrieben werden? Das Kompositum ἀφαγνίζειν findet sich in erhaltenen Texten aus dem fünften Jahrhundert v. Chr. wenig belegt;[114] etwa tausend Jahre später wird das Medium ἀφαγνίζεσθαι beziehungsweise ἀφαγνίσασθαι von Hesych mit καθιερώσασθαι („weihen") und ἀφοσιώσασθαι (häufig übersetzt als „sich entsühnen" oder „Entsühnungsopfer darbringen"), noch später wird das Aktiv in der *Suda* mit ἀποδοῦναι („zurückgeben, vergelten, büßen") und καθιερῶσαι („weihen") glossiert.[115] In Bezug auf die *Alkestis*-Stelle ist die Bedeutung καθιερώσασθαι/καθιερῶσαι auszuschließen, denn von einer zweiten „Weihe" an die Unterweltsgötter kann nicht die Rede sein. Auch das in den Über-

---

111 ἀνόσιον drückt aus, dass der Leichnam den Göttern missfällt, weil eine Pflicht ihnen gegenüber – nämlich die von ihnen geforderte Bestattung des Toten (vgl. Soph. *Ant.* 65–67; 519) – noch nicht erfüllt worden ist. Zur Bedeutung von ὅσιος siehe Peels (2016), bes. 213 f. (ὅσιος in Bezug auf Totenriten); van der Valk (1942), bes. 123–125.

112 Übs. nach Schadewaldt (1964), modifiziert vom Verfasser.

113 Van der Valk (1942) 124.

114 ἀφαγνίζειν im 5. Jh. v. Chr.: Eur. fr. 46a11 Kannicht: τήνδ' ἀφαγνίζεις χθόνα (der genaue Kontext ist nicht erhalten); Hippokr. *morb. sacr.* 1,108–112: αὐτοί τε ὅρους τοῖσι θεοῖσι τῶν ἱερῶν καὶ τῶν τεμενέων ἀποδεικνύμενοι, ὡς ἂν μηδεὶς ὑπερβαίνῃ ἢν μὴ ἁγνεύῃ, εἰσιόντες τε ἡμεῖς περιρραινόμεθα οὐχ ὡς μιαινόμενοι, ἀλλ' εἴ τι καὶ πρότερον ἔχομεν μύσος, τοῦτο ἀφαγνιούμενοι; in Soph. *Ant.* 196 wird oft zu ἐφαγνίσαι emendiert: Vgl. Griffith (1999) z. St.; κἀφαγιστεύσας in Soph. *Ant.* 247 lässt sich als Krasis entweder von καὶ ἀφαγιστεύσας oder von καὶ ἐφαγιστεύσας verstehen.

115 Hesych α 8529; *Suda* α 4547.

setzungen von ἀποδοῦναι und ἀφοσιώσασθαι enthaltene Konzept der Entsühnung ergäbe an dieser Stelle wenig Sinn: Im Unterschied zu etwa Blutschuldigen, deren Tat als ein Vergehen in den Augen der Menschen und Götter dargestellt wird und die deshalb als besonders reinigungsbedürftig gelten, besteht im Fall der Alkestis kein Indiz dafür, dass ihre Rückkehr als Vergehen angesehen wird oder göttlichen Zorn erweckt.

Blutschuldige bieten dennoch einen relevanten Vergleichspunkt, denn in der Tragödie werden sie prominent mit derselben Konstellation von Unreinheit, Schweigen und sozialem Ausschluss in Verbindung gebracht, die auch Alkestis und die von Plutarch beschriebenen δευτερόποτμοι betrifft. Das Schweigen von Orest, Ödipus und Herakles wird beispielsweise auf die durch den Mord verursachte Befleckung zurückgeführt und soll (neben anderen Mitteln) deren Übertragung durch Kommunikation abwehren.[116] Während der Mörder noch aus der Gesellschaft ausgeschlossen ist, kann er – und dies zeigt sich am anschaulichsten in den *Eumeniden* – göttlicher Strafe anheimfallen, das heißt, er ist den Göttern „verfallen" oder „geweiht".[117] So lässt Aischylos die Erinyen den Muttermörder als ein für sie ἱερός gemachtes oder ihnen geweihtes (καθιερωμένος) Opfer angreifen, das einem eigens für sie bestimmten lebendigen, noch nicht geschlachteten Opfertier gleicht.[118] Gegen diesen Anspruch wehrt sich der Verfolgte mit dem Argument, er habe sich dem Zuständigkeitsbereich der Erinyen doch entzogen, indem er durch verschiedene Reinigungsmaßnahmen „ἱερός gemacht worden" sei (ἀφιερώμεθα), und sei ihrer Strafe nicht mehr verfallen.[119]

---

116 Trammell (1941) 144 f. zitiert folgende Beispiele: Orest in Aischyl. *Eum.* 448 f.; Eur. *Iph. T.* 947–954; Herakles in Eur. *Herc.* 1282–1284; Ödipus in Soph. *Oid. T.* 350–353. Vgl. Eur. fr. 1008 Kannicht; Eur. *El.* 1292–1297; Eur. *Or.* 75 f.; Soph. *Oid. T.* 236–243; nicht nur darf der Blutbefleckte andere nicht anreden, sondern er darf auch nicht von anderen angeredet werden: Eur. *Or.* 46–48; Soph. *Oid. T.* 238. Trammell führt die Beispiele an als Belege dafür, dass „nobody under a ban of pollution could address others until he had been purified", und kommentiert sie nicht weiter. – Zu Schweigen und Unreinheit vgl. Montiglio (2000) 17–23; Parker (1983) 370 f. – Dass der Blutbefleckte von der Kommunikation mit anderen ausgeschlossen werden soll, bedeutet nicht, dass dies in der Tragödie tatsächlich geschieht: Vgl. Eur. *Herc.* 1214–1234; zu dieser Stelle und zur absichtlichen Missachtung der Befleckungsgefahr in der Tragödie siehe Parker (1983) 309–312; zu dramatischen Situationen, in denen trotz eines Schweigegebotes gesprochen wird, sowie zum unterschiedlichen Stellenwert des Schweigens von Orest und Ödipus siehe Gödde (2005).

117 Vgl. Widengren (1969) 20–45 zu Vorstellungen von Tabu und Heiligkeit, v. a. 39: „Als einer Gottheit heilig, als ihr geweiht, kann der Mensch an der Heiligkeit teilnehmen, die aus der göttlichen Sphäre strömt. Aber er kann auch von der Heiligkeit getroffen werden. Die Weihe an eine Gottheit kann bedeuten, dass er einem Gott verfallen ist und von seinem Zorn getroffen wird. [...] Heilig und verflucht sind die beiden Seiten des Begriffes „geweiht"." Das bekannteste Beispiel dieser Doppeldeutigkeit in der Antike ist vielleicht der lateinische Begriff *sacer:* hierzu Fowler (1911).

118 καθιερωμένος: Aischyl. *Eum.* 304 f.: ἐμοὶ τραφείς τε καὶ καθιερωμένος [...] / καὶ ζῶν με δαίσεις οὐδὲ πρὸς βωμῶι σφαγείς, „für mich aufgenährt und mir geweiht, lebendig schon, nicht erst geschlachtet am Altar, mein Bissen", Übs. nach Staiger (1958). Zur Opfermetaphorik in dieser Passage siehe Kapitel VI (Aischylos, *Eumeniden*), S. 142 f.

119 ἀφιερώμεθα: Aischyl. *Eum.* 451; Kontext: Aischyl. *Eum.* 445–452. Dass die Erinyen die Gültigkeit von Orests Reinigung(en) nicht anerkennen wollen, gehört in einen anderen Kontext.

Das Verb ἀφιεροῦν bezieht sich nicht unmittelbar auf Orests Reinigung oder Entsühnung selbst, sondern drückt vielmehr die Wirkung seiner in Form von Reinigungen vollzogenen Entsühnung aus. Bewirkt wird die Aufhebung oder Negierung seiner „Weihung" an die Unterweltsgöttinnen und sein durch Reinigung erlangter ritueller Status (Reinheit). Letzterer ermöglicht seine Aufnahme als „reiner und gefahrloser Schutzflehender" durch Athene in ihrem Heiligtum (ἱκέτης [...] καθαρὸς ἀβλαβής, Aischyl. *Eum.* 473 f.; vgl. 445 f.): Orest ist nun ἱερός in dem Sinne, dass er in Kontakt mit dem, was ἱερόν ist, treten darf; er darf gottgeweihte Bereiche wieder betreten und kann sich so unter göttlichen Schutz stellen.[120] Anders formuliert: In der Einflusssphäre der Erinyen und in der Einflusssphäre konzeptuell nicht-verwandter Götter gleichzeitig zu stehen, schließt sich theoretisch gegenseitig aus.

Die Bedeutung von ἀφιερῶν an der *Eumeniden*-Stelle überschneidet sich teilweise mit ἀφοσιώσασθαι, einer der oben gelisteten Hesych'schen Glossen von ἀφαγνίζεσθαι. Dies wird klar, wenn man bei ἀφοσιώσασθαι den Akzent nicht auf Entsühnung legt, sondern die Bedeutung, die das Wort im fünften Jahrhundert hatte, stattdessen als die Befreiung von einer bestimmten Bindung an eine oder mehrere Gottheiten (z. B. durch die Erfüllung eines Eides) präzisiert.[121] Trotz Bedeutungsdifferenzen zwischen ἱερός, ὅσιος und ἁγνός sprechen die semantischen Berührungspunkte dieser drei Heiligkeitsbegriffe sowie die gleiche Präfixierung der hier einschlägigen Verben mit ἀπο- dafür, dass (zumindest in der *Alkestis*) ἀφαγνίζεσθαι zur selben Bedeutungssphäre wie ἀφιερῶν und ἀφοσιώσασθαι gehört. Der Akt des ἀφαγνίζεσθαι (sich ἁγνός machen) ist ebenfalls das Ablegen eines früheren Status *vis-à-vis* den Göttern, ob durch Reinigung oder andere Rituale; es bildet das Gegenritual zur Weihung der Sterbenden an die Unterweltsgötter, welche dadurch aufgehoben wird.[122] Alkestis wird den Unterwelts-

---

120 Sommerstein (1989) z. St. vergleicht ἱερός in Soph. *Oid. K.* 287. Das Interessante an ἀφιερῶν in Aischyl. *Eum.* 451 ist, dass es der in der Forschung immer wieder behaupteten Differenzierung zwischen ὅσιος und ἱερός nicht entspricht, der zufolge ὅσιος die Aufhebung eines als ἱερός beschriebenen Zustandes bezeichnet. In den einflussreichen Diskussionen von Burkert (2011) 402–406 und van der Valk (1942) wird ὅσιος jeweils als „die Desakralisation nach der [durch ἱερός ausgedrückten] Sakralisation" (Burkert 404) und u. a. als „die Sphäre des nicht-ἱερόν, was nicht den Göttern gewidmet ist, menschlich" (van der Valk 114) aufgefasst. Samons (2000) 326, der die Dichotomie zwischen heilig und profan ablehnt, modifiziert den Unterschied wie folgt: „things that were actually owned by or closely associated with the gods (*hiera*), and [...] things that were sanctioned by or acceptable to the gods (*hosia*), but not 'owned' by or consecrated to them". Dass Aischylos hier ein ἱερός-Kompositum im zweiten Sinne gebraucht, suggeriert, dass die Grenzen zwischen ἱερός und ὅσιος vielleicht weniger klar definiert waren, als gemeinhin angenommen wird, beziehungsweise dass Autoren unterschiedliche semantische Abgrenzungen vornehmen konnten.

121 Eid: Hdt. 4,154; vgl. Hdt. 1,199: Nach babylonischem Brauch, so Herodot, hat jede Frau sich vor der Heirat im Aphroditetempel aufzuhalten und sich dort einem Fremden hinzugeben; „nachdem sie jedoch diese Forderung erfüllt hat, ἀποσιωσαμένη τῇι θεῶι, nachdem sie sich ὁσία [...] gemacht hat, [...] ginge sie nach Hause" (ἐπεὰν δὲ μιχθῇι, ἀποσιωσαμένη τῇι θεῶι ἀπαλλάσσεται ἐς τὰ οἰκία), van der Valk (1942) 119. Zu beiden Herodot-Stellen siehe auch Peels (2016) 232–234.

122 Zu einem ähnlichen Ergebnis kommen auf anderen Wegen Riemer (1989) 98, 101 und Williger (1922) 49.

göttern gegenüber ἁγνός in dem Sinne, dass sie ihre Bindung an sie löst, ihrem Reich nicht mehr gehört.[123]

Bis zum Vollzug des ἀφαγνίζεσθαι ähnelt der Status der zurückgekehrten Alkestis dem einer Toten und geht erst nachher in den einer Lebenden über. Relevant für die Interpretation ihres rituellen Status sind besonders die oben getroffenen Beobachtungen, dass einerseits die durch ἁγνός konnotierte Reinheit Voraussetzung für die Aufnahme in einen göttlichen Bereich ist (Soph. *Ant.*), und andererseits die Aufnahme in einen solchen Bereich Kontakt zu einem anderen ausschließen kann (Aischyl. *Eum.*). Beide Beobachtungen tragen zur Erklärung dafür bei, warum mit einem ἁγνός-Verb sowohl die Bindung der Alkestis an die Unterweltsgötter als auch die Lösung dieser Bindung beschrieben wird: Beim Übergang in die Unterwelt sowie in die Oberwelt handelt es sich um einen Wechsel in den Verwaltungsbereich verschiedener Gottheiten. In der *Alkestis* werden diese Gottheiten beziehungsweise Bereiche durch Thanatos (Unterwelt und Tod) und Apoll (Oberwelt und Leben) vertreten und mittels eben dieser Figuren miteinander kontrastiert: Man denke zurück an die in der Prologszene scharf voneinander abgegrenzten Machtgebiete oder „Ämter" der zwei Götter sowie an Apolls Bemerkung, er verlasse wegen der durch das Sterben verursachten Befleckungsgefahr das Haus seines Gastfreundes (22f.).[124] Wie die Charaktere des Apoll und des Thanatos im Gegensatz zueinander stehen, so schließt die als Geweihtheit oder Reinheit aufgefasste Zugehörigkeit zum Zuständigkeitsbereich des einen die Bindung zum Bereich des anderen aus. Bevor sich Alkestis vom Bereich des Todes rituell losgemacht hat, gilt sie im Bereich der Lebenden als unrein oder, wie es Plutarch etwas expliziter als Euripides formuliert hat, οὐχ ἁγνός (beziehungsweise οὐχ ἁγνή).

Euripides deutet die Unreinheit an, die den Status eines δευτερόποτμος kennzeichnet, ohne sie ins Zentrum der Rückkehrszene zu stellen. Ihre Bedeutung ist dennoch nicht zu unterschätzen, denn sie bildet die Folie, vor der sich die Szene abspielt. Alkestis' Schweigen weist auf eine Übertragungsgefahr hin und steht, wenn man Alkestis als mythologisches Äquivalent eines δευτερόποτμος betrachtet, prägnant für einen weiterreichenden Ausschluss aus Ritualgemeinschaft und Gesellschaft überhaupt, der in seinem Ausmaß dem Kontaktverbot mit einem befleckten Mörder nahekommt. Doch in dieser Hinsicht weicht die euripideische Darstellung *prima facie* von Plutarchs Bericht über den Umgang mit δευτερόποτμοι erheblich ab: Die zurückgekehrte Alkestis wird nicht so behandelt, als wäre sie befleckt oder stellte eine Ansteckungsgefahr dar, sondern sie wird entschleiert und angesprochen, an der Hand

---

123 ἀφαγνίζεσθαι lässt sich wie ἀφοσιώσασθαι in Hdt. 1,199 als „sich *gegenüber* den Unterweltsgöttern/der Göttin lösen oder befreien" übersetzen; die Übersetzung „sich *von* den Unterweltsgöttern/der Göttin lösen oder befreien" würde, streng genommen, den *genitivus separativus* benötigen: Vgl. Jerram (1890) zu Eur. *Alc.* 1146.

124 Siehe den Abschnitt „Thanatos und die Ökonomie des Todes", S. 196–204.

gefasst und ins Haus aufgenommen.[125] Diese Handlungen verstehen sich jedoch nicht als Widerspruch zur implizierten Unreinheit der Alkestis. Sie sollen vielmehr die bewusste Missachtung und Überwindung jener Unreinheit zeigen und auf die vollständige Neueingliederung der Alkestis hindeuten.

Der Tod besitzt, wie vorher erörtert, verschiedene, eng ineinandergreifende Aspekte, darunter einen rituellen, einen sozialen und einen biologischen, die jetzt allesamt umgekehrt werden müssen. Diese rituelle Umwandlung steht Alkestis in drei Tagen bevor, und Herakles klärt jeden Zweifel bezüglich der Körperlichkeit der Zurückgekehrten auf: Er versichert Admet, er sei kein Totenbeschwörer (ψυχαγωγός, 1128), der die bloße ψυχή herbeigezaubert hat, noch sei Alkestis nur ein Totengeist oder eine leblose Erscheinung aus der Unterwelt (τι φάσμα νερτέρων, 1127). In der Wiederkehrszene wird der Tod auf sozialer Ebene rückgängig gemacht, und dies geschieht, wie gerade angedeutet, indem jegliche Verunreinigungsgefahr absichtlich missachtet wird. Dabei bedient sich Euripides einer dramatischen Strategie, auf die er auch in den späteren Werken *Orest* und *Herakles* zurückgreift. Im *Orest* scheut Pylades die Nähe zum Muttermörder Orest nicht, sondern sieht über die von Orest ausgehende Befleckungsgefahr hinweg zugunsten eines höheren Freundschaftsideals, dessen Stärke hervorgehoben werden soll.[126] Die sozial integrierende Wirkung einer solchen Missachtung wird im *Herakles* noch deutlicher ausgespielt. Durch den im Wahnsinnsanfall begangenen Mord an Frau und Kindern befleckt, sondert sich Herakles vom Kontakt mit anderen ab, indem er sowohl sein Gesicht verhüllt, damit seine Befleckung nicht durch Blickkontakt übertragen wird, als auch schweigt und nicht angeredet werden will, um die Gefährdung anderer durch Sprache zu vermeiden.[127] Schritt für Schritt führt ihn sein treuer Freund Theseus aus dieser Selbstisolation heraus: Trotz mahnender Gesten spricht Theseus ihn an, enthüllt Herakles' Gesicht und fordert ihn ausdrücklich zum Blickkontakt auf (βλέψον πρὸς ἡμᾶς). Schließlich überzeugt er Herakles, der sich auch einer Übertragungsgefahr durch Körperkontakt bewusst ist, ihm die Hand zu geben und sich auf ihn zu stützen, und verspricht ihm Aufnahme und die rituelle Reinigung eben dieser blutbefleckten Hände in Athen (ἐκεῖ χέρας σὰς ἁγνίσας μιάσματος, / δόμους τε δώσω, Eur. *Herc.* 1324 f.).[128] Theseus' Handeln widerspricht dem gebräuchlichen Umgang mit Blutbefleckten und bezweckt

125 Vgl. Seeck (2008) 40 Anm. 112, der die in Eur. *Alc.* 1144–1146 angedeutete Unreinheit ohnehin für eine dramatische Erfindung hält: „Die Zuschauer von 438 konnten sich, obwohl es natürlich keinen Ritus für die Rückkehr eines Toten ins Leben gab, damit abfinden, weil bei vielen Gelegenheiten Reinigungsriten üblich waren, aber sie durften nicht vergessen, daß sie sich im Theater und nicht im Alltagsleben befanden. Andernfalls hätten sie sich nachträglich darüber wundern müssen, daß Admet Alkestis bei der Hand gefaßt hatte, ohne sich dadurch zu verunreinigen und sich einem Reinigungsritus unterziehen zu müssen."

126 Eur. *Or.* 791–794. Zu dieser Szene siehe Parker (1983) 310.

127 Eur. *Herc.* 1153–1162; 1214–1234. Übertragung über den Blick: Vgl. Eur. *El.* 1195; Eur. *Hipp.* 946; Eur. *Iph. T.* 1206–1220; *Or.* 512–515; Soph. *Oid. T.* 1384 f.

128 Eur. *Herc.* 1214–1234, bes. 1226 f. und 1231 (Enthüllung und Aufforderung zum Blickkontakt); 1395–1402, v. a. 1398–1400 (Berührung).

nicht wie üblich einen Ausschluss, sondern eine Neuintegrierung in die Gesellschaft durch sozialen Kontakt.[129] Die *Herakles*-Szene dramatisiert die Außergewöhnlichkeit – und potentielle Gefahr – des Kontakts zu einem, der sich in einem unreinen Zustand befindet, welcher noch nicht rituell aufgehoben worden ist; hier sowie im *Orest* wird die Bereitschaft, im Widerspruch zu den geltenden sozialen Umgangsregeln zu handeln, als Zeichen einer Bindung und Treue zum Betroffenen dargestellt.

Die gleiche Konstellation findet sich in der Rückkehrszene der *Alkestis*. Der entscheidende Unterschied zu den *Orest*- und *Herakles*-Szenen liegt aber darin, dass die angedeutete Unreinheit der Alkestis nicht von einem Mord herrührt, so dass eine Neuintegrierung in die Gesellschaft notwendigerweise andere Assoziationen annimmt. Zudem ermöglicht nicht nur Freundschaft (zwischen Herakles und Admet) wie in den zwei späteren Dramen, sondern vor allem die eheliche Liebe (zwischen Admet und Alkestis) die gesellschaftliche Wiederaufnahme der ehemaligen Toten. Das Band der Ehe und die Überwindung der zerstörenden Kraft des Todes beeinflussen also die Gestaltung der Szene und die Valenz der drei Gesten oder Handlungen – Ansprache, Blickkontakt und Berührung —, die die soziale Interaktion konkret wiederherstellen. Die Bedeutsamkeit des verbalen, körperlichen und des visuellen Kontakts für die soziale Integrierung ist klar, doch Euripides bedient sich nicht nur der universalen Natur dieser Gesten, sondern er spielt auch mit deren Mehrdeutigkeit. Denn neben der inszenierten Wiederaufnahme eines Befleckten in die Gemeinschaft kommt einerseits dem Blickkontakt und der Berührung eine wichtige Rolle in der Hochzeitszeremonie zu, wenn die Braut in eine neue Familie aufgenommen wird, und bei der Wiedererkennung des Ehepaars Alkestis und Admet ist diese Bedeutungsüberlappung dramatisch günstig. Andererseits – und für die Rückkehr vom Tod noch bedeutender – hat der Blickkontakt wie das Sehen überhaupt eine privilegierte Stelle sowohl in der sozialen Interaktion als auch im altgriechischen Denken über Leben und Tod.[130] Dementsprechend erfährt die Wiedereingliederungsthematik – denn es handelt sich in der Rückkehrszene im Grunde genommen um das Gleiche wie in den *Orest*- und *Herakles*-Szenen – eine Akzentverschiebung insofern, als Euripides mit dieser Thematik die Todesthematik verflicht und dabei die Wiederherstellung des Blickkontakts zum Wendepunkt der Szene macht.

Bei der Inszenierung der *Alkestis* dürfte die Rolle des Blickkontakts in der Schlussszene noch deutlicher gewesen sein als beim Lesen des Textes. Denn das

---

129 Parker (1983) 317: „For the victim [...] the consequence of his pollution lies not so much in an immediate danger as in social stigma. Theseus gives Heracles courage to live on by showing him that he is not, after all, cut off from his fellow men [...] he persuades Heracles to confront the outside world, first passively by sight, then by speech, and finally by actual physical contact with one who is not polluted." Vgl. Parker (1983) 309 – 312 zu Situationen, in denen „the infectiousness of pollution is either explicitly denied or nobly disregarded in favour of a higher ideal"; diese Haltung spiegele, so Parker, eventuell sophistisches Gedankengut wider.

130 Zur Bedeutung des Sehens und des Blickkontakts vgl. oben S. 213 – 215; grundlegend dazu siehe Cairns (2005).

Gesicht (beziehungsweise die Maske) der Frau, die Herakles mit sich führt, ist dem Blick des Publikums durch einen Schleier entzogen – die dadurch erzeugte dramatische Spannung ist unübersehbar[131]–, und durch den Schleier wird auch die Möglichkeit des Blickkontakts mit den anderen, lebenden Figuren ausgeschlossen. Als Alkestis zuletzt auf der Bühne war, lag sie auf dem Sterbebett, und genau der Abbruch des Blickkontakts mit den Lebenden hat ihre Trennung vom Diesseits gekennzeichnet, nachdem die Sterbende schon durch ihr „anderes Sehen", den betont visuellen Aspekt ihres Übergangs in das dunkle Totenreich, von den sehenden Lebenden isoliert wurde.[132] Alkestis' Verschleierung, die den Hochzeitsschleier einer Braut sowie den durch einen Schleier verliehenen Schutz vor jeglicher Befleckung evoziert, funktioniert in dieser Szene auch als Hinweis auf Alkestis' noch nicht vollständige Trennung von der Unterwelt.[133] Da der Schleier ein sofortiges Erkennen verhindert (genau wie es Herakles beabsichtigt), hält Admet die Verhüllte für eine Fremde und kann von Herakles nur mit großer Mühe dazu „gezwungen" werden, sie zu berühren (θιγεῖν), indem er sie an der Hand nimmt.[134] Nur mit abgewandtem Blick streckt Admet seine rechte Hand zu ihr aus, „wie wenn ich Gorgo köpfte" (καὶ δὴ προτείνω, Γοργόν' ὡς καρατομῶν, 1118), als gehörte sie noch zu den gefährlichen Unterweltswesen und könnte ihn durch ihren – obschon noch verhüllten – Blick in diese andere Welt mit reißen.[135]

Die Berührung versteht sich als Anspielung auf die sogenannte χεῖρ ἐπὶ καρπῶι Geste des Bräutigams, der seine Braut am Handgelenk fasste – eine bedeutsame Geste des Hochzeitsrituals, an die sich der trauernde Admet kurz zuvor erinnert hat: „Damals mit Fichtenfackeln vom Pelion / und mit Hochzeitsgesängen zog ich hier ein / und hielt die Hand meiner lieben Gattin" (τότε μὲν πεύκαις σὺν Πηλιάσιν / σύν θ' ὑμεναίοις ἔστειχον ἔσω / φιλίας ἀλόχου χέρα βαστάζων, 915–917).[136] Verstärkt wird die Assoziation durch Herakles' wiederholte Aufforderung, Alkestis ins Haus zu führen, welche an die Einführung der Braut ins Haus ihres Gatten (und damit an ihre Aufnahme in seine Familie) erinnert.[137] Auf die Wiederherstellung körperlichen Kontakts mit den Lebenden folgt die Wiederherstellung des Blickkontakts: Sobald

131 Zur Bühnenwirkung vgl. Seeck (2008) zu Eur. *Alc.* 1006–1163: „Da Herakles weiß, wer die Verhüllte ist, der Zuschauer es vermuten kann, Admet und der Chor es nicht wissen, ergibt sich ein reizvolles Nebeneinander von Wissen und Nichtwissen".

132 Siehe oben, S. 204–215.

133 Zur Bedeutung des Schleiers siehe die umfassende und grundlegende Monographie von Llewellyn-Jones (2003), v. a. 259–281 zum Schleier als Trennwand und Schutz vor Befleckung und zur Verbindung von Verschleierung und Schweigen.

134 Eur. *Alc.* 1113–1119. – Zwang: ἄναξ, βιάζῃ μ' οὐ θέλοντα δρᾶν τάδε, Eur. *Alc.* 1116 (Admet zu Herakles).

135 Zum Blick der Gorgo siehe Kapitel VI (Aischylos, *Eumeniden*), S. 134 f.

136 Buxton (2003) 204. Zur Geste: Jenkins (1983); Rehm (1994) 35–40.

137 Wiederholte Aufforderung: Eur. *Alc.* 1097; 1110; 1112; 1114; 1147. Zur Evozierung des Hochzeitsrituals siehe Buxton (2003) 204; Rehm (1993) 95; zu Hochzeitsanspielungen in der Szene im Allgemeinen: Buxton (1987).

Admet die Fremde festhält (Herakles: ἔχεις; Admet: ἔχω, ναί, 1119), befiehlt ihm Herakles, seinen Blick zur doch bekannten Frau zu wenden: βλέψον πρὸς αὐτήν (1121). Alkestis wird entschleiert, und der Wiedererkennungsmoment entsteht erst dann, als man sich von Angesicht zu Angesicht anschaut. Zugleich evoziert dieser Moment die rituelle Entschleierung der Braut während der Hochzeit, die ἀνακαλυπτήρια, so dass die durch den Blickkontakt wiederhergestellte Verbindung zu den Lebenden auch die erfolgreiche soziale Eingliederung (hier durch Aufnahme in die Familie des Mannes) suggeriert; Alkestis' Rückkehr wird implizit als ein Übergang vom „Haus des Hades" (Ἅιδου/Ἀίδα δόμοι) ins Haus des lebenden Bräutigams Admet (Ἀδμήτου δόμοι) dargestellt.[138] Nachdem Herakles die Wirklichkeit und Lebendigkeit der Alkestis bestätigt, von der Admet seinen Blick jetzt nicht abwenden kann, erkennt Admet nun auch freiwillig durch körperlichen, verbalen und Blickkontakt die Rückkehr seiner Gattin an und vollzieht durch einen Sprechakt ihre Aufnahme ins Haus (1131–1135):[139]

{Αδ.} θίγω, προσείπω ζῶσαν ὡς δάμαρτ' ἐμήν;
{Ηρ.} πρόσειπ'· ἔχεις γὰρ πᾶν ὅσονπερ ἤθελες.
{Αδ.} ὦ φιλτάτης γυναικὸς ὄμμα καὶ δέμας,
ἔχω σ' ἀέλπτως, οὔποτ' ὄψεσθαι δοκῶν.
{Ηρ.} ἔχεις.

[Adm.] Kann ich sie berühren, anreden, als Lebendige, als meine Gattin?
[Her.] Rede sie an! Du hast ja alles, was du ersehnst.
[Adm.] O Aug' und Leib der liebsten Frau!
Ich habe dich wieder – unverhofft, ich glaubte, dich nie mehr zu sehen.
[Her.] Ja, du hast sie.

Mit dem an Alkestis gerichteten ἔχω σ' („ich habe dich") nimmt Admet die frühere Frage des Herakles an ihn auf (ἔχεις; „hast du sie?", 1119) als eine affirmative sowie performative Aussage, deren Gültigkeit Herakles wiederum bestätigt (ἔχεις). Hervorgehoben in seiner Anrede wird auch das gegenseitige Sehen, als Admet einerseits Alkestis' Augen oder Antlitz (ὄμμα) apostrophiert und andererseits die Unverhofftheit dessen, was er jetzt sieht (ὄψεσθαι), kommentiert. Der beim Sterben abgebrochene Blickkontakt wird wiederhergestellt, die dadurch entstehende Trennung von Licht, Leben und Liebe aufgehoben.

Allmählich ist Alkestis in den Tod hinübergegangen und vom Tod kehrt sie ebenso graduell ins Leben zurück, bis sie wieder als Lebende unter Lebenden gilt. Obwohl ihre Bindung an die Unterweltsgötter erst mit der Zeit und durch den Ritus außer Kraft gesetzt werden kann, wird die zuvor entstandene Befleckungsgefahr absichtlich außer Acht gelassen und die Zurückgekehrte aufgenommen. Diese Gefahr bleibt im Hintergrund, denn schließlich soll nicht der – wenn auch nur vorübergehende – Ausschluss

---

138 Vgl. Buxton (1983) 172: Die Rückkehr der Alkestis sei „le prélude à un second mariage". – Zu den Anakalypterien: Deubner (1900); Llewellyn-Jones (2003) 230–238 mit weiterführender Literatur; Oakley (1982). – Haus des Hades: Eur. *Alc.* 25; 73; 436; 626. – Haus des Admet: Eur. *Alc.* 65; 78; 170; 748.
139 Bestätigung: Eur. *Alc.* 1126–1132. – Blick des Admet: Eur. *Alc.* 1124; 1126; 1129.

einer befleckten, noch an den Tod gebundenen Frau hervorgehoben werden. Das dramatische Interesse des Euripides ist es vielmehr, die gelungene Rückkehr und gleichsam als zweite Hochzeit geltende Wiedervereinigung mit Admet zu inszenieren, kurz: die Integration der Lebenden und nicht die anhaltende Isolation durch den Tod. In einer Hinsicht aber bleibt die reziproke Interaktion zwischen Alkestis und den Lebenden, und somit auch die Rückkehr, unvollständig: Alkestis antwortet nicht. Alkestis' Schweigen ist das Letzte, was sie an das Totenreich bindet. Es ist die einzige Erinnerung an den Tod, so dass man überspitzt sagen könnte: „mit diesem Schweigen kommt der Tod zurück ins Haus, nicht als personifizierte Gewalt und auch nicht im allegorischen Sinne – mit Alkestis wird das Wissen um die Sterblichkeit in diesem Haus anwesend sein." [140] Das Schweigen unterstreicht die Außergewöhnlichkeit der Situation – und die Wiederherstellung der normalen Ordnung, in der das Sterben die *conditio humana* bestimmt. Die Grenzen der Sterblichkeit können unter Umständen verschoben werden, doch aufgehoben werden sie nicht.

Fazit. Die Grenzen der Sterblichkeit

Kein erhaltenes Drama beschäftigt sich so durchgehend und intensiv mit dem Tod wie die *Alkestis.* Im Handlungsverlauf werden verschiedene Facetten des Todes beleuchtet – von seiner Stellung in der göttlich-menschlichen Ordnung über den Sterbeprozess und die Todeserfahrung des Einzelnen bis hin zur Trauer und zur Bedeutung des Todes für die Hinterbliebenen – und von der Sterbenden wie den Lebenden, den Unsterblichen wie den Sterblichen kommentiert, so dass die Tragödie gleichsam eine „Anthropologie des Todes, eine Enzyklopädie *en miniature* von Todeseinstellungen und dem Umgang mit dem Tod" aufstellt.[141] Von den vielen Aspekten des Todes sind in diesem Kapitel hauptsächlich folgende analysiert worden: die Bedeutung der Sterblichkeit für die Machtverhältnisse unter den Göttern sowie zwischen Mensch und Gott, der Charakter des Todes als Gott und Ereignis, das Sterbeerlebnis, die Überwältigung des Todes und die Rückkehr vom Tod. Das verbindende Element in diesem Themenkomplex ist der Kontakt zum Jenseits; im Zentrum stehen diejenigen Momente, in denen die Grenze zwischen dem Diesseits und dem Jenseits in die eine oder die andere Richtung überschritten wird. In jedem der betrachteten Fälle handelt es sich um eine Begegnung mit der Unterwelt beziehungsweise einer Figur aus der Unterwelt, zum einen in der Gestalt des Thanatos und anderer Unterweltsgötter, die die Sterbende ins Totenreich holen, zum anderen in Form der Zurückgekehrten, deren

---

140 Birkenhauer (2004) 48, die zu diesem Schluss auf anderem Wege kommt. Zu anderen Deutungsmöglichkeiten des Schweigens, durch die das Happy-End in Frage gestellt wird, siehe den Überblick bei Birkenhauer (2004) 84 mit weiterführender Literatur. Vgl. Hermann (Zitat bei Parker 2007, 252): *ne mortua quidem fuisse videretur spectatoribus, nisi reversa aliquid sacri horroris secum referret.*
141 Segal (1993) 213: „The play presents a veritable anthropology of death, a kind of miniature encyclopaedia of attitudes and responses."

Bindung an die Unterwelt erst nach dem Schluss der Tragödie völlig gelöst werden wird. Diese Momente werden für die Götter immer durch Konflikt, für die Menschen immer von der Gefahr, die die Nähe zum Tod in sich birgt, markiert.

Das Wirken des Jenseits ins Diesseits hinein manifestiert sich in der *Alkestis* nicht durch Totengeister, noch wird Kommunikation mit der Toten am Grab als Möglichkeit betrachtet. Im Gegenteil: Der Tod wird als Ende gegenseitiger Kommunikation mit der Sterbenden inszeniert; höchstens kann Admet auf die tröstende Erscheinung der Verstorbenen im Traum hoffen.[142] Euripides entwirft als gedanklichen Rahmen der Handlung die Absolutheit des Todes – die Vorstellung des Todes als der entscheidenden Grenze schlechthin. Die Sterblichkeit, wie in der Asklepios-Geschichte und im Dialog der Prologszene hervorgehoben, ist das bestimmende Abgrenzungs- und Wesensmerkmal des Menschen. Der Tod bildet das τέρμα βίου (643), die äußerste Grenze des Lebens oder den Wendepunkt (wie auf der Pferderennbahn), auf den das Leben hinausläuft und nach dessen Erreichen das Leben in eine andere Daseinsform übergeht. Diese Erfahrung, die Todesverfallenheit, grenzt den Menschen von den Unsterblichen ab, bestimmt sein Verhältnis zu den Göttern und führt, nach der Darstellung des Euripides, zu einer unüberbrückbaren Kluft zwischen der Welt der Götter und der der Menschen. Der Tod ist für die Menschen eine Quelle der Angst und ein individuell vorbestimmtes Leid, das die Götter über jeden verhängen und – wie Euripides im Prolog sowie in der Sterbeszene zeigt – auch jedem zufügen. Insofern als der Tod dabei zum Verwaltungsbereich bestimmter Götter wird, grenzt er die Machtbereiche der Götter voneinander ab.

Vor diesem Hintergrund wird klar, welches Konfliktpotential in dem Versuch steckt, die Lebensgrenze zu ändern. Ferner bestätigt Apolls Verweis auf die Asklepiosgeschichte im Prolog, dass eine Aufschiebung des Todes ausgeschlossen ist; nur eine Aufhebung des Todestages kam für Admet und kommt für Alkestis in Frage. Selbst Apolls Überlistung der Moiren, die zum Ressentiment des Thanatos führt, zeitigt nicht das erwünschte Ergebnis, sondern fügt Admet ein anderes Leid zu: Ohne Alkestis, die ihr Leben für ihn aufgibt, gleicht Admets Leben dem Tod (in den prophetischen Worten des Chores: ἀπλακὼν ἀλόχου τῆσδ' ἀβίωτον / τὸν ἔπειτα χρόνον βιοτεύσει, 242f., „seiner Gattin beraubt, wird er in Zukunft ein Leben führen, das keins ist"). Das Eingreifen ins menschliche Schicksal hat nur begrenzt Erfolg.

Ihrem Schicksal gegenüber stehen die Menschen so gut wie machtlos da. Es ist wohl als euripideische Ironie zu verstehen, dass derjenige Gott, der dem Menschenleben einen ebenso hohen Wert beimisst wie die Sterblichen selbst, nicht der menschennahe Apoll ist, sondern der Todesgott. Gegen Bestechung und Tausch, Gebet und Überredung ist dieser gefeit und entzieht sich jedem reziproken Verhältnis (χάρις) mit Menschen und Mitgöttern. Sein Wesen verschmilzt mit seinem Wirkungsbereich, dem Tod als Ereignis, so dass sich ein einheitliches Todesbild ergibt. Zu seinem Charakter gehört die Härte und die Gewaltsamkeit des Schicksalszwangs, der den

142 Besuch im Traum: Eur. *Alc.* 354–356.

Menschen „in unentrinnbare Fesseln“ legt (ἐν ἀφύκτοισι [...] δεσμοῖς, 984), ihn „bezwingt“ (δαμάζειν, 127; 981; βιάζειν, 147) und den der Mensch nicht zu erklären weiß: „[Die Sonne] sieht dich [Alkestis] und mich [Admet], zwei im Unheil, die den Göttern nichts angetan, wofür du sterben müsstest“ (ὁρᾶι σε κἀμέ, δύο κακῶς πεπραγότας, / οὐδὲν θεοὺς δράσαντας ἀνθ’ ὅτου θανῆι, 246 f.). Die Gewalt des Todes lässt sich nur durch Gegengewalt überwinden, zu der der Mensch aber nicht fähig ist und die der Gott Apoll vermeidet. Nur Herakles, der sich zwischen menschlichen und göttlichen Bereichen bewegt, vermag es, Thanatos die Tote abzuringen.

Herakles durchbricht damit eine für absolut gehaltene Grenze. Die Rückkehr der Alkestis ist radikaler als eine Wiederkehr als Totengeist, denn die Gerettete lässt – wenn auch allmählich – den Zustand des Todes hinter sich; sie verlässt gänzlich das Reich der Todesgötter und bricht ihre Verbindung zu ihnen ab. Alkestis wird dabei nicht ihrer Sterblichkeit enthoben, sondern sie tritt wieder ins Leben ein und erlangt, wie in der Schlussszene ausführlich dramatisiert, neben dem entscheidenden Merkmal der Körperlichkeit auch die rituelle und soziale Zugehörigkeit zur Welt der Lebenden wieder. Damit bekommt sie ein zweites – späteres – Schicksal. Herakles’ Sieg über den Tod ist also kein endgültiger; der Tod besteht weiterhin als Grenze des menschlichen Lebens. Das Paradoxe an der *Alkestis* ist, dass durch die Überwältigung und Überwindung des Todes die Lebensgrenze nicht aufgehoben wird, sondern dass dieser Sieg nur dazu dient, die Ordnung – den „normalen“ Tod – wiederherzustellen.[143] Hinter der Geschichte lässt sich vielleicht die menschliche Fantasie der Todesüberwindung erkennen, doch letzten Endes unterstreicht Alkestis’ Rückkehr ins Leben nur die Unausweichlichkeit des Todes.

143 Segal (1993) 219: „[T]he ending restores us, paradoxically, to the normality of dying at one’s appointed time. [...] Everyone in this world will henceforth die on schedule [...]; the characters live within the limits of the human condition, mortally ever after.“

IX Rückblick und Ausblick. Zur Dramatik der Chthonioi

Ausgehend von der Erkenntnis, dass eine einheitliche Eschatologie im Athen des fünften vorchristlichen Jahrhunderts fehlte, hat die vorliegende Arbeit – anders als die meisten Untersuchungen zu ähnlichen Themen[1] – weder die Rekonstruktion eines Todes- oder Totenglaubens anhand literarischer Texte noch eine Gesamtinterpretation chthonischer Gewalten und jenseitiger Einzelelemente in der Tragödie angestrebt. In den Mittelpunkt gerückt wurde stattdessen ein bestimmter Aspekt im Komplex von Todes- und Jenseitsvorstellungen, nämlich die auf Erden agierenden Chthonioi. Angesichts ihrer besonderen Anschaulichkeit in der Tragödie erwies sich ein Fokus auf ebendiese Gattung als sinnvoll. Diejenigen Jenseitsgötter und Toten, die, eingebettet in eine umfassendere Jenseits- oder Todesthematik des Einzeldramas, auftreten oder von den Lebenden als handlungsmächtige Interaktionspartner imaginiert werden, wurden folglich in ihrem dramatischen Zusammenhang analysiert hinsichtlich ihrer Wirkmächtigkeit im Diesseits (was können die Chthonioi?), ihres Wesens und Status in der göttlich-menschlichen Ordnung (was sind die Chthonioi?) und nicht zuletzt ihres spezifisch dramatischen beziehungsweise dramaturgischen Stellenwertes als chthonische Mächte (warum werden sie überhaupt dargestellt?). So konnte eine wichtige, wenn auch begrenzte Gruppe von Texten auf diesen Aspekt hin erschlossen und einerseits das Bild der darin vermittelten Vorstellungen präzisiert und korrigiert, andererseits eine Dramatik des Chthonischen – insbesondere der wiederkehrenden Toten – in einer repräsentativen Auswahl an Tragödien herausgearbeitet werden.

Die Antworten auf die drei oben formulierten Fragen fielen, der Fluidität allgemeiner Vorstellungen vom postmortalen Dasein entsprechend, je nach Drama unterschiedlich aus, und dramatische Jenseitsfiguren wie die sie begleitenden Todesbilder wiesen eine starke situative Bedingtheit auf. Von den verschiedenen Ergebnissen sollen im Folgenden einige in synthetisierter Form und teilweise unter einem neuen Gesichtspunkt rekapituliert werden mit dem Zweck, bestimmte Bezüge zwischen den Einzelanalysen zu verdeutlichen und dadurch weitere Fragestellungen anzuregen. Dabei liegt der Fokus auf den Toten als dramatischen Figuren, da sie in der Tragödie die am prominentesten vertretene Gruppe von Jenseitsmöchten darstellen. Zunächst folgt ein kurzer Überblick über die Toten als Tragödienfiguren, in dem eine kleine Typologie der Toten vorgestellt wird (*1. Zur Typologie der Toten in der Tragödie*). Daraufhin soll das Augenmerk auf die als aktiv vorgestellten Toten gerichtet werden, welche ja die zentrale Gruppe der in dieser Arbeit untersuchten Chthonioi bilden, und Gemeinsamkeiten hinsichtlich ihrer Dramatik wie der ihnen zugeschriebenen Macht vorgeführt werden, die sich trotz aller Differenzen in den vorausgegangenen Analysen klar abgezeichnet haben (*2. Die aktiven Toten*). Im letzten Abschnitt gilt es, die be-

1 Eine wichtige Ausnahme bildet die Monographie von Geisser (2002).

https://doi.org/10.1515/9783110612691-010

sondere Akzentsetzung der Tragödie auszuwerten, indem die in der Tragödie dargestellten oder thematisierten Schicksale beziehungsweise die postmortalen Erfahrungen der Verstorbenen ausblickartig dem eschatologischen Gehalt der Eleusinischen Mysterien – soweit rekonstruierbar – gegenübergestellt werden (*3. Ein tragisches Jenseits?*).

Zur Typologie der Toten in der Tragödie

Die Toten der Tragödie lassen sich grob in vier beziehungsweise fünf Kategorien einteilen:

Die erste Kategorie (1) umfasst die passiven Toten, über deren weiteres Dasein oder über deren Wünsche nichts geäußert wird. Ihr Tod ist das dramatisch Wichtige, nicht ihr Los im Jenseits (z. B. Pentheus in Eur. *Bacch.*).

Eine zweite Kategorie (2) enthält die Toten, denen ein gewisses Interesse an der Welt der Lebenden, vor allem am weiteren Schicksal ihres unbelebten Leibes und ihrer Familie, zugeschrieben wird. Diese werden eventuell apostrophiert oder es werden Gebete an sie gerichtet, ohne dass der (lebende) Sprecher notwendigerweise eine Reaktion erwartet (vgl. Menelaos' Gebet an Proteus, Eur. *Hel.* 959–999, oder die Anrufungen von Andromache und Hekabe an den verstorbenen Hektor, Eur. *Tro.* 587–598); ja, es kann sogar innerhalb des Dramas zur Debatte gestellt werden, ob der Tote zur Wahrnehmung fähig ist (Soph. *El.*).[2] Solche Anrufe und Stoßgebete sind von Appellen im Rahmen einer Beschwörung, in der auch Libation und Opfer dargebracht werden und die den Toten heraufführen soll, zu unterscheiden. Das vorausgesetzte Bedürfnis der Toten nach Ehre, ob in Form von Rache, Trauer oder Bestattung, wird häufig zu einem der Handlungsmotive der Hinterbliebenen (vgl. die von Klytaimestra und Aigisth angegebenen Motive im *Agamemnon*; vgl. Soph. *Ant.*), während sich die Toten selbst nicht an der Handlung beteiligen. Besonders hier, aber auch in den anderen Kategorien, gilt, dass der Totschlag unter anderem als dramatisches Mittel dienen kann, Figuren aus der Handlungswelt zu schaffen und dadurch neue Charakterkonstellationen, Machtdynamiken und Handlungssituationen entstehen zu lassen. Die meisten Toten gehören dieser Kategorie an.

Nur wenige Sterbliche (3) entkommen dem Tod durch göttliche Entrückung aus der menschlichen Sphäre oder führen ein seliges postmortales Dasein beziehungsweise werden nach dem Tod vergöttlicht.[3] Solche Schicksale finden in den Tragödien

---

2 Siehe Kapitel IV (Sophokles, *Elektra*).

3 Entrückung: Eur. *Bacch.* 1338 (Kadmos); Eur. *Hel.* 1676–1679 (Menelaos); Eur. *Suppl.* 925–927 (Amphiaraos); seliges Dasein: Eur. *Andr.* 1259–1262 (Achill); Vergöttlichung: Eur. *Andr.* 1253–1256 (Peleus); Eur. *Hel.* 1666–1669 (Helena); Eur. *Or.* 1635–1637 (Helena); vgl. [Ps.-]Eur. *Rhes.* 962–973.

nur flüchtige Erwähnung, und die existentielle Form des Betroffenen entzieht sich häufig einer genauen Kategorisierung in „lebend" oder „tot".[4]

Ferner gibt es (4) die – hier hauptsächlich behandelten – aktiven oder als aktiv aufgefassten Toten, der Einfachheit halber auch Totengeister genannt, von denen (anders als bei den Toten der zweiten Kategorie) die Lebenden *unzweideutig* eine Reaktion erwarten oder die aus eigenem Antrieb im Bereich der Lebenden erscheinen. Auf diese wird im nächsten Abschnitt zurückzukommen sein.

Schließlich stellt (5) Alkestis, der wie nur wenigen im griechischen Mythos eine tatsächliche Rückkehr ins Leben gestattet wird, einen Sonderfall dar: Am Dramenschluss ist sie keine Tote mehr, gilt jedoch auch noch nicht als vollständiges Mitglied der Gesellschaft der Lebenden, sondern hat bis zur Vollendung ihres Übergangs einen einzigartigen Zwischenstatus.

Es wird an dieser Typologie aufgefallen sein, dass die Heroen keiner eigenen Gruppe zugeordnet wurden. Ein Hauptgrund dafür liegt darin, dass Heroen in der Tragödie keine klar abgrenzbare Kategorie bilden: Wenn einem sterbenden oder noch lebenden Menschen ein Heroenkult in Aussicht gestellt wird, kann zum Beispiel die künftige Wirkungsmacht des Kultempfängers fast beiläufig erwähnt (z. B. Eurystheus in Eur. *Heraclid.*, Orest in Aischyl. *Eum.*), nachdrücklich thematisiert (Ödipus in Soph. *Oid. K.*) oder aber ausgespart werden (vgl. Aias oder Hippolytos in den gleichnamigen Dramen). Im letzteren Fall haben wir – angesichts der aus verschiedensten Quellen feststellbaren allgemeinen Wirkungsmacht der Heroen – nicht davon auszugehen, dass der künftige Heros als schwach imaginiert wurde, sondern vielmehr dass seine Kraft zugunsten anderer, im jeweiligen Kontext dramatisch wichtiger Aspekte seiner Heroisierung hintangestellt wird. Ebenfalls wird die aktuelle Macht eines (bereits verstorbenen) Kultempfängers bald hervorgehoben, bald nicht; er kann erscheinen oder nicht; ihm wird gelegentlich ein seliges Dasein zuteil (z. B. Achill in Eur. *Andr.* 1259–1262, anders als in der homerischen *Nekyia* oder Eur. *Hec.*) oder er haust wie üblich im dunklen Hades (vgl. Agamemnon in Aischyl. *Choeph.*). In beinahe jeder der oben aufgestellten Kategorien können Heroen vorkommen, aber keine davon ist exklusiv für sie vorgesehen – selbst unter den selig Entrückten der dritten Kategorie ist, wie angedeutet, der kultische wie existentielle Status des Betroffenen nicht immer eindeutig.

---

4 Zur Untersuchung derjenigen ambivalenten oder atypischen Existenzformen von bestimmten (entrückten oder selig gewordenen) Sterblichen und Unsterblichen, die nicht eindeutig als Tod oder Leben zu bezeichnen sind, liefert die Tragödie unzureichendes Material. Eine solche Untersuchung, die zum Verständnis antiker Auffassungen von Leben und Tod, Göttern und Menschen sowie zum Verständnis mythischer Variationen (vgl. hierzu Gladigow 1985) beitragen würde, müsste mit Hesiod anfangen und eventuell die späteren Mythographen mit einbeziehen. Als separates Phänomen zu betrachten ist die paradoxe Bezeichnung eines Charakters als „lebend und tot zugleich", die sich auf den sozialen Tod eines (biologisch) lebenden Menschen bezieht (vgl. Gödde 2000, 98, 143–146, bes. 144) und die im Fall des Orest (Aischyl. *Choeph.* 1043), wie in Kapitel III (Aischylos, *Choephoren*) diskutiert, auch eine Nähe zu den Toten ausdrückt.

Dass die Heroen keine separate Kategorie noch Unterkategorie bekommen, spiegelt also vornehmlich das Interesse dieser Arbeit wider, die Rolle der als aktiv gedachten beziehungsweise dargestellten Unterweltsmächte zu erschließen, und soll nicht etwa implizieren, dass das Konzept des Heroen ohne Bedeutung für die Tragödie ist. Im Gegenteil: Neben den oben angeführten Exempeln hat zum Beispiel die Analyse der *Perser* gezeigt, wie sich Aischylos typischer Elemente des Heroenkults bedient, um in den *Persern* den verstorbenen Dareios an eine lokale, mythisch-idealisierte Vergangenheit zu binden und zur Figur einer für die aktuelle Generation unerreichbaren übermenschlichen Größe zu machen.[5] In den *Choephoren* steht hinter dem Vergleich des Grabes mit einem Altar ebenfalls der Heroenkult, der sich in seinen Requisiten und in ritueller Praxis dem Götterkult annäherte und vom Totenkult abgrenzte;[6] der schändlich ermordete König erfährt durch den Vergleich eine Aufwertung im Status, die – fast durch Überkompensierung – zur Wiederherstellung der ihm gebührenden Totenehrungen beiträgt und darüber hinaus Agamemnons Macht als Toter erkennt und unterstreicht.[7] Doch in den *Persern* und in den *Choephoren* wie in den restlichen einschlägigen Tragödien auch muss der Bezug auf den Heroenkult im jeweiligen Kontext erst festgestellt werden, denn der Heros bildet in der Tragödie auch terminologisch keine eigene Kategorie: Der Begriff ἥρως kommt in der überlieferten Tragödien nur selten vor.[8] Es geht in der Tragödie schließlich nicht darum, ein möglichst vollständiges Bild eines Phänomens wie des Heroenkults darzustellen, sondern stets um die Hervorhebung dramaturgisch nützlicher Teilaspekte und um dramatische

5 Siehe Kapitel II (Aischylos, *Perser*).

6 Grundlegend zur wesentlichen Überschneidung von Ritualen im Heroenkult und im Götterkult siehe Ekroth (2002), die zum Ergebnis kommt, der Heroenkult habe die im Götterkult üblichen Rituale übernommen, um die Heroen von den „normalen" Verstorbenen formell zu unterscheiden („There was no interest in connecting the heroes with the ordinary mortals; rather a separation from the cult of the dead was desired: therefore hero-cults adopted the rituals of the cult of the gods", Ekroth 2002, 340 f.).

7 Siehe Kapitel III (Aischylos, *Choephoren*).

8 ἥρως in der Tragödie: Aischyl. *Ag.* 516 (der Bote erwähnt die Schutzheroen des Landes); Aischyl. fr. 55 Radt (Heroen neben Zeus und Hera sowie Zeus Soter als Empfänger eines Trankopfers); Eur. 446,2 Kannicht (in Bezug auf Hippolytos: ὦ μάκαρ, οἵας ἔλαχες τιμάς, / Ἱππόλυθ' ἥρως, διὰ σωφροσύνην). – Das Fehlen des Begriffs ist eventuell mit der im fünften Jahrhundert verbreiteten Tendenz zu verbinden, zeitgenössische Tote, die heroenkultähnliche Ehren erhielten, selten ausdrücklich oder ohne Einschränkung als Heroen (ἥρωες bzw. ἥρως) zu bezeichnen (vgl. hierzu Jones 2010, 22–37, bes. 22–28, und Boedeker 2001). Der Grund für diese Haltung ist unbekannt; sie lässt sich möglicherweise auf eine Ehrfurcht vor den „traditionellen", längst verstorbenen bzw. mythisch-historischen Heroen zurückführen (Jones 2010, 21; kritisch zu dieser Ansicht: Currie 2005, 115 f.). Wenn die zeitliche Distanz des Kultempfängers zur Gegenwart bzw. die Dauer seines Kultes für seine Bezeichnung als Heros wichtig (aber nicht unabdingbar) war, dann lag es möglicherweise nahe, in der Erzählung einer Kultgründung – und in der Tragödie wird zum großen Teil die Entstehung, nicht die Fortsetzung eines Kultes erwähnt oder dramatisiert – den Begriff in der fiktionalen Gegenwart zunächst auszulassen. Diese Erklärung ist jedoch sehr spekulativ und weist letztendlich nur auf das komplexe Verhältnis der dramatisierten mythischen Vergangenheit zur Gegenwart des Dichters hin.

Spiegelungen und Anspielungen, Problematisierungen und Adaptierungen einer dem Zuschauer bekannten kultischen oder anderen Realität.

Die aktiven Toten

Die Toten der vorletzten Kategorie, die als Figuren auftreten oder als handlungsmächtige Interaktionspartner gedacht werden, zeichnen sich durch ihre Heterogenität aus. Sie weichen in ihrer Art und Macht sowie im jenseitigen Status voneinander ab, erscheinen aus unterschiedlichen Anlässen, und als Dramenfiguren kommen ihnen diverse Funktionen in der Handlung zu. Die griechische Tragödie kennt keinen einheitlichen Typus „des Toten" beziehungsweise „des Bühnengeistes".

Gemeinsam haben die „aktiven" Toten allerdings, dass ihre erwünschte oder eigentliche Präsenz stets mit einer Forderung verbunden ist.[9] Diese Forderung stellt häufig, aber nicht ausschließlich einen Anspruch dar, dessen Erfüllung auf Basis eines bereits existierenden reziproken Verhältnisses zu erwarten ist, das trotz des Todes einer Partei fortgesetzt werden soll. Der Anspruch kann von Seiten der Lebenden oder aber von Seiten der Toten ausgehen: Entweder erscheint der Tote *motu proprio* wie Achill (Eur. *Hec.*; Soph. *Polyxene*), Klytaimestra (Aischyl. *Eum.*) oder Polydor (Eur. *Hec.*), oder er wird rituell heraufbeschworen wie Teiresias in den fragmentarisch überlieferten *Psychagogoi* des Aischylos, Dareios (Aischyl. *Pers.*) oder – wenngleich ohne Totenerscheinung – Agamemnon (Aischyl. *Choeph.*).

Ob die Lebenden oder aber die Toten den Kontakt einleiten, hängt mit der Situation und der Charakterisierung des jeweiligen Toten eng zusammen. Ein Toter, der unaufgefordert in Kontakt mit den Lebenden oder mit bestimmten sich in der Oberwelt aufhaltenden Göttern tritt – ob im Traum (Polydor, Klytaimestra) oder in einer seiner Größe zu Lebzeiten entsprechenden Epiphanie vor dem ganzen Heer (Achill) – erscheint immer derjenigen Person oder Gruppe, die in der Lage oder verpflichtet ist, ihm aufgrund eines früheren Gegenseitigkeitsverhältnisses zu helfen. Für die aus eigener Initiative erscheinenden Toten steht ihre Ehre auf dem Spiel: Sie erheben Anspruch auf eine Handlung im Diesseits, zu der sie sich berechtigt sehen und durch deren Vollzug ihr Status rituell anerkannt wird oder sie zu einem höheren Ansehen gelangen. Das Menschenopfer in der *Hekabe* lässt sich, obwohl problematisch, letztendlich als eine Art Ehrengeschenk verstehen, das gerade durch seine Besonderheit auf die Besonderheit des Toten abhebt beziehungsweise ihm besondere Ehre verleihen soll. Polydor hingegen verlangt wie sein epischer Vorgänger Patroklos das allerelementarste Recht der Toten auf Bestattung, die aus antiker Perspektive als Ehrengeschenk (γέρας) gilt und neben den übrigen Totenriten den Übergang des

9 Nicht berücksichtigt werden hier die ermordeten Kinder, die Kassandra in einer Vision sieht und hört (Aischyl. *Ag.* 1096 f. und 1214–1222), oder der Totengeist des Argos, der ebenfalls wohl nur in einer Vision erscheint und im Drama nicht weiter thematisiert wird ([Ps.-]Aischyl. *Prom.* 566–575).

Verstorbenen von einem Reich ins andere anerkennt, wenn nicht sogar – wenigstens theoretisch – ermöglicht.[10] Schon in diesem Reich angelangt, will laut eigener Aussage Klytaimestra mit ihrer Forderung ihr Ansehen im Jenseits durch Vergeltung im Diesseits verbessern. Dabei sollen die Erinyen eine Aufgabe erfüllen, die in ihrer Grundform (Vergeltung eines Mordes) den Hinterbliebenen obliegt, die jedoch kein Lebender mehr ausführen kann. In allen Fällen handelt es sich um eine grundsätzliche Pflicht der Lebenden den Toten gegenüber, die für den individuellen Status des Toten im Jenseits und Diesseits konstitutiv ist;[11] nur im Fall Achills wird das Ausmaß dieser Verpflichtung beziehungsweise die bestimmte (abnorme) Form der Ehre zur Diskussion gestellt. Aus eigenem Antrieb überschreiten die Verstorbenen die Schwelle zum Diesseits dann, wenn sie die ihnen gebührende, ihrer spezifischen Situation angemessene Achtung noch nicht bekommen haben. Die „unerledigten Geschichten", die in der attischen Tragödie Verstorbene in die Oberwelt treiben, sind zeit- und kulturspezifisch: Es geht stets um γέρας und τιμή.

Wenn in der dramatischen Fiktion die Lebenden wiederum Kontakt mit der Unterwelt aufnehmen, um einen Toten heraufzubeschwören, suchen sie vielmehr den Ausweg aus einer krisenhaften Situation, zu dem der Tote durch prophetisches Wissen (Teiresias in den *Psychagogoi*; vgl. die *Nekyia*), besonnenen Rat (Dareios) oder seinen Beistand (Agamemnon in den *Choephoren*) verhelfen soll.[12] Keine der drei Beschwörungen setzt eine allgemeine Fähigkeit oder allen Toten gemeinsame Kraft voraus, obwohl ihnen eine Steigerung der jeweiligen Autorität, eine übernatürliche Macht oder näherer Einfluss auf göttliche Mächte regelmäßig zuteil wird. Vielmehr wenden sich die Lebenden an einen bestimmten Toten aufgrund einer schon zu Lebzeiten vorhandenen Gabe (Prophezeiung, Besonnenheit) oder einer bereits bestehenden Beziehung (Vater, Gatte oder König). Der heraufbeschworene Tote wird als potentieller Bundesgenosse beziehungsweise potentielle Rettungsmacht betrachtet. Dies gilt auch für Achill, der durch „totenleitende" Trankopfer (χοαί [...] νεκρῶν ἀγωγοί, *Hec.* 535 f.) nach den Regeln einer Beschwörung zum Grabhügel gelockt werden soll (vgl. den Befehl ἐλθέ, *Hec.* 536), um sein Opfer entgegenzunehmen und im Gegenzug günstige Bedingungen für die Heimfahrt seiner ehemaligen Kampfgenossen zu schaffen (*Hec.* 538–541). Es gilt ferner auch im Drama außerhalb der tragischen Gattung, wie ein Seitenblick auf die Komödie verrät: Auch in der Schwestergattung werden be-

---

10 Zum Verhältnis zwischen Bestattung und Übergang in die Unterwelt vgl. Sourvinou-Inwood (1995) 309–311.

11 Die ausbleibende Erfüllung der Pflicht (aus welchem Grund auch immer) kann zum Einschreiten göttlicher Mächte führen. Durch ihre spezifischen Konnotationen sind die Erinyen geeignet, Klytaimestra im Kontext der *Eumeniden* zu vertreten, doch anderswo bleiben potentielle göttliche Agenten unbestimmt: Vgl. Hom. *Il.* 22,358; *Od.* 11,73.

12 In keiner erhaltenen Tragödie erscheint ein „helfender" Toter aus eigenem Antrieb, wie etwa verschiedene Heroen (unter anderem) auf den Schlachtfeldern des fünften Jahrhunderts erschienen sein sollen. (Heroen als Nothelfer: Vgl. Kearns 1989, 44–47 und von der Mühll 1930, 449–457 mit Beispielen. In der Tragödie ist höchstens die unerwartete Erscheinung der – vergöttlichten – Dioskuren als *dei ex machina* zu vergleichen: Eur. *El.* 1238–1356; Vergöttlichung: Eur. *El.* 1356; vgl. Eur. *Hel.* 137–140.)

stimmte Tote als Retter oder Helfer der Gesellschaft angesehen, insbesondere in ihrer Rolle als Vertreter einer idealisierten politischen oder literarischen Vergangenheit. Da eine Auseinandersetzung mit den komischen Wendungen des Motivs oder den Toten- und Jenseitsdarstellungen der Tragödie den Rahmen des Fazits sprengen würde, muss ein Hinweis auf die wichtigsten Beispiele genügen: Zur „Rettung" ihrer Polis werden neben Aischylos in den *Fröschen* auch tote Staatsmänner in den in der Antike äußerst beliebten *Demoi* des Eupolis (fr. 99–141 PCG) sowie den *Cheirones* des Kratinos (fr. 245–268 PCG) entweder rituell heraufbeschworen oder auf andere mühsame Weise aus der Unterwelt geholt.[13]

Zweck der weiteren Betätigung eines Staatsmannes oder Dichters nach seinem Tode, wie in den *Fröschen, Cheirones* und *Demoi* inszeniert, ist die Wiedereinführung oder Fortsetzung seines bisherigen politischen oder dichterischen Programms, doch das spezifische Können des jeweiligen Toten wäre unnütz, käme nicht auch dessen Hilfsbereitschaft hinzu. In den erwähnten Komödien sowie in den *Persern* und in den *Choephoren* setzt die Zurückrufung der Verstorbenen ein den Tod überdauerndes Interesse am irdischen Geschehen voraus. Auf welche Weise sich die Lebenden in den *Cheirones* und den *Demoi* beim Zurückholen oder Beschwören auf dieses Interesse bezogen haben, muss wegen der lückenhaften Überlieferung reine Spekulation bleiben, in den Tragödien aber haben wir ein klareres Bild: Anders als in der zeitgenössischen Polis, die den Schauplatz der Komödien bildet, sorgt in den *Choephoren* und den *Persern* die hereditäre Monarchie einer mythischen Vorzeit einerseits und eines fremden Landes andererseits für eine starke Kontinuität zwischen den Generationen und für die dementsprechend nicht nur politische, sondern auch familiäre Verbindung zwischen Toten und Lebenden. Das Wohlergehen der politischen Gemeinschaft und das des Familiengeschlechtes gehen ineinander über, so dass der Erfolg oder Misserfolg des Thronerben auf beiden Ebenen für den Verstorbenen bedeutsam ist, der zum einen durch den mit seiner Herrschaft verbundenen Ruhm gewissermaßen eine Form von Unsterblichkeit erhält und zum anderen in seinen Nachkommen weiterlebt.[14] Wie eng das Schicksal des verstorbenen Herrschers mit dem seiner Kinder verflochten sein kann, zeigt am deutlichsten das Versprechen, das jeweils Orest und Elektra ihren Bitten hinzufügen: Erhört Agamemnon ihre Gebete und gelingt ihr Unternehmen, wird aus diesem ersten Ritual am Grab die regelmäßige Verehrung des Toten im Kult, die das Gedächtnis und die fortwährende Ehre des Königs und Vaters im Diesseits sichern (Aischyl. *Choeph.* 481–488). Wie an diesem Beispiel besonders klar wird, beziehen sich die Lebenden im Drama gerne auf eine im Leben etablierte Beziehung, die nun wiederaufgenommen und fortgesetzt werden soll unter

13 Eventuell wird auch in den fragmentarisch überlieferten *Gerytades* des Aristophanes (fr. 156–190 PCG) eine Art Rettung aus der Unterwelt erwartet: Drei Dichter werden in den Hades entsandt und damit beauftragt – wie die Forschung vermutet – „ein kostbares altes Gut, die Archaia Poiesis, den Menschen zurückzubringen": Rehrenböck (1987) 22 mit Verweis auf die freilich sehr spekulative, auf den Fragmenten basierende Rekonstruktion von Schmid–Stählin (1959) 209.

14 Vgl. Kapitel III (Aischylos, *Choephoren*), S. 70 Anm. 158.

neuen, durch den Tod veränderten Verhältnissen, in denen der Verstorbene eine neue Existenzform wie Machtstellung innehat, die die Bedingungen und Möglichkeiten seiner Interaktion mit den Lebenden (und Göttern) ändert. Auch kann ein noch zu Lebzeiten geäußertes Versprechen, vom Grab aus ein Gegenseitigkeitsverhältnis weiterzuführen, Bündnisse unter den Lebenden durch zeitliche Ausdehnung und zukünftigen übernatürlichen Schutz verstärken.[15] Trotz der Ablösung des Verstorbenen von der Gesellschaft und trotz seines Übergangs ins Totenreich bleibt er doch noch an diese Gesellschaft gebunden – und sie unter Umständen an ihn.[16]

Ein tragisches Jenseits? Das Problem der Mysterien

Weder die soeben zusammengefassten Gemeinsamkeiten und Tendenzen in der Darstellung der „aktiven" Toten noch der am Anfang dieses Fazits stehende Versuch einer Typologie sollen darüber hinwegtäuschen, dass sich die Toten und die Totengeister der Tragödie, ebenso wie die Toten- und Jenseitsvorstellungen in der antiken griechischen Literatur überhaupt, letztendlich in keine eindeutigen Kategorien zwängen lassen. Die Totenvorstellungen in der erhaltenen Tragödie decken das Möglichkeitsspektrum an Spielarten außerhalb der tragischen Gattung durchaus ab. Jedoch fällt auf, dass eine Spielart im tragischen Korpus kaum vertreten ist: Von einer glückseligen Weiterexistenz, auch durch Vergöttlichung oder aber göttliche Entrückung anstelle eines „eigentlichen" Todes, ist nämlich nur selten die Rede (vgl. die kurze Typologie oben). Tatsächlich bleibt in den hier behandelten Tragödien, welche die Toten unmittelbar zu Wort kommen lassen, das Konzept einer postmortalen Glückseligkeit weitgehend ausgespart. Es ist bezeichnend, dass selbst eine Figur wie König Dareios, dem Gottähnlichkeit und ein privilegierter Status im Hades (vgl. Aischyl. *Pers.* 691 f.) zuteilwerden, trotz dieser außergewöhnlichen Auszeichnungen dem jenseitigen Dasein generell die Glückseligkeit abspricht (Aischyl. *Pers.* 839 – 843):[17]

> ἐγὼ δ' ἄπειμι γῆς ὑπὸ ζόφον κάτω.
> ὑμεῖς δέ, πρέσβεις, χαίρετ', ἐν κακοῖς ὅμως
> ψυχῆι διδόντες ἡδονὴν κατ' ἡμέραν,
> ὡς τοῖς θανοῦσι πλοῦτος οὐδὲν ὠφελεῖ.

15 Vgl. Orest in den *Eumeniden* (Kapitel VI).

16 Zur Neuintegrierung des Toten in die Gesellschaft als kulturübergreifendem Phänomen in der Vormoderne vgl. Fuchs (1969) 38 in Bezug auf Bestattungsriten: „[D]er Tote muß, da er offensichtlich zur sozialen Gruppe nicht mehr voll gehört, von ihr gelöst werden, die Gruppe muß sich von ihm befreien, mögliche negative Folgen dieser Lösung auf die Gruppe abwehren, zugleich aber den Gestorbenen auf neue Weise, seinem neuen Status entsprechend in den sozialen Zusammenhang reintegrieren. [...] Die Toten als Geister oder in anderer Gestalt können nicht nur dauernd mit den Lebenden kommunizieren, sondern gehören der Welt der Lebenden als mögliche Interaktionspartner – wenn auch auf neue Weise – an."

17 Übs. Schadewaldt (1964).

Ich geh hinweg, hinunter in der Erde Dunkel.
Ihr aber, Ehrwürdige! Freuet euch und gebt, obwohl
im Leid, der Seele Freude, wie sie bringt der Tag,
weil den Gestorbenen Reichtum nichts mehr nützen mag.

Die Aufrechterhaltung und gar Steigerung eines hierarchischen Systems in der Unterwelt übersehend, hebt Dareios mit diesen Abschiedsworten das Nivellierende am Tode hervor: Der Hades zeichnet sich durch seine Düsterkeit aus, die alle Toten ungeachtet spezieller Ehren oder gottähnlicher Stellung erwartet, und erscheint durch den Kontrast zur Welt der Lebenden als freudlos. Auch in seinem Unglück und Leid (ἐν κακοῖς) kann der Lebende eine – spezifisch irdische, auf Materielles zurückzuführende – Freude erfahren, die weder im Tode zu genießen ist noch, so die implizite Aussage des Dareios, in der Unterwelt durch andere Freuden ersetzt oder kompensiert wird.[18] Das hier vermittelte Jenseitsbild weicht kaum von dem homerischen ab, das Achill in der *Nekyia* der *Odyssee* vermittelt: Lieber fristete der Beste der Achäer ein kümmerliches Leben als Tagelöhner, als über die Toten zu herrschen (Hom. *Od.* 11,488 – 491).

Obwohl Dareios' Äußerung über das Jenseits spezifische Bedeutung für die *Perser* hat und vor allem durch den leitmotivischen Begriff πλοῦτος ins dramatische Geflecht fest eingewoben wird, bringt er eine Ansicht auf den Punkt, die in verschiedenen, situationsbedingten Variationen die erhaltenen Tragödien durchzieht. Frappierend an

18 Hierin liegt einer der Hauptunterschiede zum Jenseits der Komödie: In Beschreibungen des jenseitigen Lebens in der Komödie stehen den Toten nicht nur allerlei irdische Genüsse (vor allem Reichtum in Form von Luxusspeisen) zur Verfügung, sondern sie sind im übertriebenen Übermaß vorhanden, wie sonst nur in Vorstellungen eines goldenen Zeitalters, in dem die Erde alles von alleine hervorgebracht haben soll. Zum Automaton-Topos und zum Schlaraffenland im Hades siehe den grundlegenden Artikel von Rehrenböck (1987). Rehrenböck, der die wichtige Verbindung zwischen dem Mythos des Kronos-Zeitalters und dem unterweltlichen Schlaraffenland in der Komödie erkennt, führt die Wahl der Unterwelt als Schauplatz in den einschlägigen Komödien hauptsächlich auf das komische Potential des Ortes zurück statt auf einen Einfluss der Eleusinischen oder anderer (z. B. orphischer) Mysterien: Rehrenböck (1987) 25; vgl. Gatz (1967) 114 – 128. Trotz ihrer spezifisch komischen Prägung jedoch ist das jenseitige Schlaraffenland nicht allein als opportune Erfindung der Komiker bzw. als Übertragung des beliebten komischen Motivs des Kulinarischen auf eine phantastische Landschaft zu verstehen. Mir erscheint ein wichtiger, bei Gatz und Rehrenböck nicht erwähnter konzeptueller Zwischenschritt zwischen der komischen Unterwelt und dem Mythos des goldenen Zeitalters darin zu liegen, dass der in eben diesem Zeitalter herrschende Gott Kronos, der ja als Sinnbild für das frühste Leben dient (vgl. Hes. *erg.* 109 – 125), nach seinem Sturz durch Zeus in den Tartaros verbannt wurde ([Ps.-]Aischyl. *Prom.* 219 – 221; Hes. *theog.* 850 – 852; Hom. *Il.* 14,274 – 279; Hom. *Il.* 15,221 – 225) oder auf den Inseln der Seligen weiter herrschte (Pind. *O.* 2,68 – 78; vgl. Hes. *erg.* 173b–d mit van der Valk 1985 und West 1978 z. St.). In den komischen Jenseitsbeschreibungen werden die Charakteristika des vergangenen Kronos-Zeitalters in die Unterwelt verlagert. Sowohl dadurch als auch durch seine Rolle als Zuhause von Vertretern der „guten alten Zeiten", deren Begabung nun wieder auf Erden verlangt wird, wird der komische Hades zum Ort der idealisierten Vergangenheit schlechthin, auch wenn diese Vorstellung durch komische Wendungen im jeweiligen Stück wieder modifiziert, unterminiert oder ironisiert wird.

den jenseitigen Erfahrungen in der Tragödie ist, dass sie nicht nur Glückseligkeit im Allgemeinen selten zulassen, sondern auch die durch Einweihung in die Eleusinischen Mysterien versprochene Seligkeit im Speziellen ausklammern.[19] Die „süßeren Hoffnungen“, die der Eingeweihte „für das Lebensende und für alle Ewigkeit“ hegte ([ἡ τελετὴ], ἧς οἱ μετασχόντες περί τε τῆς τοῦ βίου τελευτῆς καὶ τοῦ σύμπαντος αἰῶνος ἡδίους τὰς ἐλπίδας ἔχουσιν, Isokr. *or.* 4,28), beziehungsweise das Eleusinische Jenseitsversprechen, dass derjenige, der die Mysterienweihen gesehen hat, ὄλβιος („selig“) würde und ein anderes, besseres Los als der im modrigen Dunkel verweilende Uneingeweihte erhielte, erwähnt in der Tragödie keiner der Toten und erwartet keiner der Lebenden explizit.[20] Dies ist nicht selbstverständlich. Wenn die Eleusinischen Mysterien, an deren im staatlichen Festkalender verankerter Feier sowohl Athener als auch Griechen aus anderen Poleis jährlich zu Tausenden teilgenommen haben sollen, tatsächlich für eine entsprechend große Zahl der Theaterzuschauer von Bedeutung waren und darüber hinaus das Bild des persönlichen Schicksals nach dem Tod stark prägten, dann ist ihr Fehlen in Toten- und Jenseitsdarstellungen im tragischen Korpus erklärungsbedürftig.[21]

---

19 Es ist in diesem Zusammenhang bedeutsam, dass ein Abschnitt zu den Eleusinischen Mysterien in der Monographie von Mikalson (1991) zur Religion in der griechischen Tragödie fehlt.

20 Jenseitsversprechen: Vgl. als *locus classicus* Hom. *h.* 2,480 – 482: ὄλβιος ὃς τάδ’ ὄπωπεν ἐπιχθονίων ἀνθρώπων· / ὃς δ’ ἀτελὴς ἱερῶν, ὅς τ’ ἄμμορος, οὔ ποθ’ ὁμοίων / αἶσαν ἔχει φθίμενός περ ὑπὸ ζόφωι εὐρώεντι.

21 Die folgende Diskussion beschränkt sich bewusst auf die Eleusinischen Mysterien aus dem einfachen Grund, dass ihre Beliebtheit, Bedeutung und zentrale Stellung als Poliskult gut belegt und einzigartig unter den Mysterienkulten dieser Zeit sind. Obwohl Unklarheiten über die Eleusinischen Mysterien bestehen, ist die Forschungslage im Vergleich zu anderen antiken griechischen Arkandisziplinen gut; wie und inwiefern sich bakchische, orphische oder gar pythagoreische Mysterien hingegen überschneiden und voneinander unterscheiden, steht zur Debatte: Siehe u. a. Burkert (1977); Graf (1974); Henrichs (2010a). Die Fokussierung auf die Eleusinischen Mysterien rechtfertigt sich auch dadurch, dass die vielleicht wichtigsten Textquellen für die nicht-Eleusinischen Mysterien, nämlich die sogenannten Goldblättchen, erst ab 400 v. Chr. – später als die hier analysierten attischen Tragödien also – erscheinen (siehe Graf-Johnston 2007) und bisher nur außerhalb Attikas entdeckt worden sind (Henrichs 2010a, 95; aus letzterem Tatbestand hat Burkert 1990, 28 die Folgerung gezogen, „daß die Dionysosmysterien besonders in Italien in den Rang eines gleichwertigen Gegenstücks zum Eleusinischen Kult aufgerückt sind“, den sie in Attika selbst wegen der (so Henrichs 2010a, 95) „dominierenden, die Jenseitsvorstellungen beherrschenden Vorrangstellung der Eleusinischen Mysterien [...], die den Mysten ein besseres Leben nach dem Tod im Umkreis der Demeter und nicht des Dionysos versprachen“ nicht einnehmen konnten).

Es soll ferner unterstrichen werden, dass im vorliegenden Abschnitt nur 1) die ausdrückliche Erwähnung 2) identifizierbar mystischen Gedankenguts in 3) Todes-, Toten- und Jenseitsvorstellungen in der Tragödie in die Untersuchung einbezogen werden. Andere tragische Passagen, in denen eindeutig erkennbare Hinweise auf (Eleusinische oder andere) Mysterienkulte bzw. deren Inhalt vorkommen, werden hier nicht berücksichtigt. Problematisch an den meisten Untersuchungen zu Anspielungen auf Mysterienrituale und -glauben in der Tragödie ist u. a., dass sie versuchen, bestimmte, nicht ausschließlich durch mystische Einweihungsakte erklärbare emotionale Vorgänge in der Tragödie auf ein postuliertes emotionales Erlebnis des Mysten oder das Erlebnis mythischer „Gründungsfiguren“ (Dionysos, Orpheus, Persephone oder Demeter) zurückzuführen (z. B. Seaford 1994, 285;

Zwei Erklärungen bieten sich zunächst an, die jedoch – aus gleich zu erläuternden Gründen – den Sachverhalt nicht gänzlich aufklären können. Zum einen erscheint das Geheimhaltungsgebot der Mysterien als Begründung der Nichterwähnung intuitiv besonders naheliegend. Ein Verstoß gegen die Schweigepflicht konnte schwere Konsequenzen nach sich ziehen: Laut einer Anekdote aus dem vierten Jahrhundert soll sich Aischylos während einer Aufführung, in der er das Mysteriengeheimnis verletzt hatte, wegen des dadurch ausgelösten Aufruhrs im Theaterpublikum zum Dionysosaltar geflüchtet haben; im folgenden Gerichtsprozess entging er jedoch der Todesstrafe und wurde freigesprochen.[22] Doch die auferlegte Schweigepflicht hat vielmehr die moderne Erforschung der Mysterien als die antike Kunstfreiheit eingeschränkt und kann kaum als primärer Grund für das Fehlen der mit den Eleusinischen Mysterien verbundenen Jenseitsvorstellungen angesehen werden.[23] Denn offensichtlich konnte das jenseitige Versprechen der Mysterien im Demeterhymnos, bei Pindar im fünften und Isokrates im vierten Jahrhundert wie an ein paar anderen Stellen in der Literatur angedeutet oder vage umrissen werden, ohne als Verstoß gegen die Arkandisziplin empfunden zu werden.[24] Eine Anspielung findet sich sogar in einem Sophokles-Fragment aus einem unbekannten Drama, in dem es heißt, nur die Eingeweihten hätten ein „Leben" im Hades, während den anderen „allerlei Übel" nach dem Tode

---

Widzisz 2010, 469 – 472) oder Praktiken wie Reinigung, die in vielen rituellen Kontexten außerhalb der Mysterien vollzogen werden und denen je nach Zusammenhang ein unterschiedlicher Stellenwert zukommt, als Anklänge an mystische Reinheitsvorschriften zu deuten (z. B. Seaford 1994, 285 f.; Tierney 1937, 19 f.). Vor allem aber werden in den vieldeutigen poetischen Bildern, Bilderkomplexen und -sequenzen implizite mystische Elemente gefunden (z. B. Seaford 1994a, 368 – 405, Seaford 1994b, Widzisz 2010), insbesondere wenn es darin um Licht und Dunkel geht. Doch solche Bilder und Bilderkomplexe auf die Mysterien zurückzuführen, verkennt die Versatilität und Vielfältigkeit poetischer Bilder und die Verbreitung der Phänomene, auf die sie Bezug nehmen: Schweigen, Bekränzung, Licht und Dunkel oder Sichtbar und Unsichtbar, aber auch Motive wie Wahrheit und Betrug, Pathos und die Befreiung vom Leiden gehören nicht exklusiv zur Erfahrung oder gar zum Vokabular der Mysterien, sondern sind in unterschiedlichen Kontexten anzutreffen (man denke z. B. an die Rolle von Licht und Fackeln in diversen nicht-mystischen Ritualen, an die vielfältigen Anlässe, zu denen Kränze getragen werden (vgl. Blech 1982) oder an den unterschiedlichen Stellenwert des Schweigens, wie ihn v. a. Gödde 2005 und 2011 sowie Montiglio 2000 herausgearbeitet haben). Statt auf mystische Bezüge zu schließen, wäre es eventuell gewinnbringender, nach einem gemeinsamen kulturspezifischen Nenner eines jeweiligen Motivs in seinen verschiedenen Zusammenhängen zu suchen oder nach den unterschiedlichen kontextspezifischen Bedeutungsmöglichkeiten des Motivs zu fragen. Für einen Forschungsüberblick über postulierte Bezüge zwischen der Tragödie und den Mysterien siehe v. a. Schlesier (1995).

22 Aristot. *eth. Nic.* 1111a8 – 10 mit anonymem Kommentator z. St. (CAG XX p. 145 = Herakl. Pont. fr. 170 Wehrli); vgl. Clem. Al. *strom.* 2,14,60,3; zum Verhältnis des späteren Zeugnisses des Clemens zu dem des Herakleides Pontikos vgl. Riedweg (1987) 130 f. Vermutlich sind die Eleusinischen Mysterien gemeint.

23 Folgen der Schweigepflicht für die moderne Erforschung antiker Mysterienkulte: Burkert (1997) 274 – 283; Henrichs (2010a) 88 f.

24 Isokr. *or.* 4,28; Pind. fr. 137.

zuteil würde.[25] Mit diesem Fragment ist man bereits bei der zweiten, plausibleren Erklärung angelangt, nämlich dass die Ausklammerung der „positiveren" Vorstellungen der Mysterien auf die Willkür der Tragödienüberlieferung zurückzuführen sein könnte. Sicher hat der Zufall der Überlieferung das Gesamtbild der Tragödie stark bestimmt, doch er allein reicht als Erklärung ebenfalls nicht aus, zumal der Tod und die postmortale Existenz in den überlieferten Dramen mehrmals thematisiert werden.

Auch in den Tragödien, in denen die Mysterien in einem anderen Kontext erwähnt werden, lässt sich keine Verbindung zum jenseitigen Los der Charaktere feststellen. Im Prolog des *Hippolytos* wird etwa erzählt, wie Phaidra den jungen Hippolytos zum ersten Mal bei der Mysterienfeier erblickt, in der Schlussszene aber spielt für den sterbenden Hippolytos seine Einweihung keine erkennbare Rolle.[26] Er wird das Unterweltsdunkel erfahren (γῆς ὑπὸ ζόφος, Eur. *Hipp.* 1416); kein spezielles „Leben" nach dem Tod wird für ihn als Eingeweihten angedeutet.[27] Dennoch soll er, so kündigt Artemis an, außergewöhnliche Ehren von den Lebenden erhalten: Zum Ausgleich für seine Leiden (ἀντὶ τῶνδε τῶν κακῶν / τιμὰς μεγίστας [...] / δώσω, 1423 – 1435) sollen unverheiratete Mädchen seiner mit rituellem Klagen ewig gedenken (Eur. *Hipp.* 1425 –

---

25 Soph. fr. 837 Radt (= 753 Nauck = Plut. *aud. poet.* 4,21F): ὡς τρισόλβιοι / κεῖνοι βροτῶν, οἳ ταῦτα δερχθέντες τέλη / μόλωσ' ἐς Ἅιδου· τοῖσδε γὰρ μόνοις ἐκεῖ / ζῆν ἔστι, τοῖς δ' ἄλλοισι πάντ' ἔχειν κακά. Vgl. Aristoph. *Ran.* 454 – 459.

26 Mysterienfeier: Eur. *Hipp.* 24 – 28. – Auch Schlesier (2002) 86, die im *Hippolytos* verschiedene Anspielungen nicht nur auf die Eleusinischen, sondern auf bakchische und orphische Mysterien sieht, konstatiert das Fehlen eines expliziten Bezugs zu den (hier als bakchisch gedeuteten) Mysterien in den in V. 1425 – 1430 erwähnten Kultehren des Hippolytos, deutet es aber als ein absichtliches Verschweigen: „Die Beziehung ihrer Schicksale [d. h. von Phaidra und Hippolytos] zu Dionysos und den dionysischen Frauen lassen [die Mädchenchöre, die Hippolytos im Kult verehren] wohlweislich aus dem Spiel. Die [...] Namen [von Dionysos und seiner Gefolgschaft] werden also im öffentlichen Lied der Bräute verschwiegen, so als gelte es diese wie ein Mysteriengeheimnis zu hüten." Für eine Begründung der in diesem Zitat vertretenen Lesart siehe Schlesier (1995) 412 – 415.

27 In der Selbstbezeichnung des sterbenden Hippolytos als σεμνός und θεοσέπτωρ sowie im Verweis auf den „voraussehbaren" oder „sichtbaren" Hades (ὅδ' ὁ σεμνὸς ἐγὼ καὶ θεοσέπτωρ, / ὅδ' ὁ σωφροσύνῃ πάντας ὑπερσχών, / προῦπτον ἐς Ἅιδην στείχω, Eur. *Hipp.* 1364 – 1366) sieht Schlesier (2002) 86 einen Versuch des Hippolytos, eine „mystisch privilegierte Position noch einmal für sich ganz allein" zu reklamieren. Dagegen spricht allerdings, dass σεμνός und θεοσέπτωρ (= θεοσεβής) keine spezifisch mystische Bedeutung haben, sondern im Wortfeld allgemeiner Frömmigkeits- oder Ehrfurchtsbegriffe anzusiedeln sind: Es geht hier um ein von Hippolytos behauptetes Streben nach εὐσέβεια den Göttern gegenüber im Allgemeinen, die durch sein Streben nach εὐσέβεια den Menschen gegenüber ergänzt wird, wie Hippolytos in den nächsten Versen spezifiziert: μόχθους δ' ἄλλως / τῆς εὐσεβίας / εἰς ἀνθρώπους ἐπόνησα (Eur. *Hipp.* 1367 – 1369). Im Adjektiv προῦπτος in Bezug auf den Hades (vgl. Soph. *Oid. K.* 1440) bzw. den Tod lässt sich ferner keine implizite Anspielung auf die „Schau" der Mysterien ausmachen; das Adjektiv weist nicht auf ein mystisches Erlebnis oder auf Sichtbarkeit im buchstäblichen Sinne, sondern bezeichnet stets ein Ereignis als absehbar und sein Eintreten als sicher oder bevorstehend: Vgl. προῦπτος bzw. πρόοπτος θάνατος, „der sichere Tod" oder ein „vorhersehbarer Tod" (Demosth. *or.* 60,27; Hdt. 9,17; Isok. *or.* 10,27); „eine vorhersehbare Gefahr", ἐς προῦπτον κίνδυνον καταστῆσαι (Thuk. 5,99) oder ἐν τοῖς αἰσχροῖς καὶ προύπτοις κινδύνοις (Thuk. 5,111); „ein vorhersehbares Übel", εἰς προῦπτον κακὸν [...] ἐμβαλεῖν (Demosth. *or.* 3,13 u. a.) usw.

1430). Er wird also zum Kultheros; allerdings wird hier sein unvergängliches Gedächtnis im Kult ins Zentrum gerückt, während eine mögliche Wirkungsmacht als Heros unerwähnt bleibt. Im *Hippolytos* stellt Euripides also zwei postmortale Daseinsmöglichkeiten in den Raum, nämlich das Seligkeitsversprechen des Demeterkultes und die Erhebung zum Heros, doch nur die letztere entwickelt er weiter.[28] Es geht dabei nicht um konkurrierende Vorstellungen, die sich zwangsläufig gegenseitig ausschließen und aus Versehen in demselben Drama vorkommen. Wie das *Hippolytos*-Beispiel nahelegt, in dem die Konzepte des Heroenkultes und der Kompensation für das persönliche Leid stark hervortreten, geht es hier eher um die dichterische Akzentsetzung: Die Tragödie verfolgt hauptsächlich Interessen, die die Vorstellung einer durch Einweihung erlangten Seligkeit nicht zur Geltung zu bringen vermag.

Der Bruch zwischen dem eschatologischen Gehalt der Mysterien und den Darstellungsinteressen der Tragödie geschieht in erster Linie durch das angenommene Verhältnis des Verstorbenen zur hinterlassenen Welt. Den Aussagen über die Mysterien und deren Jenseitsverheißungen lässt sich entnehmen, dass der Akzent auf den Menschen als ein von seiner Familie unabhängiges Individuum gelegt wurde:

> Das Schicksal des Menschen wird von einem individuellen, höchstpersönlich zu vollbringenden Akt, der Einweihung, abhängig gemacht. [...] Der individuell – ohne Bindung an die Familie oder an eine soziale Gruppe – zu vollziehende Kultakt der Einweihung entscheidet über die Existenzform nach dem Tode – der Nicht-Myste vegetiert weiter im ‚homerischen' Hades. Trotz mancher vermittelnder Positionen haben die Mysterien weitgehend die Tendenz, den Menschen von seinem Familienband unabhängig zu machen; an seine Stelle tritt die neue Gemeinschaft der Mysten.[29]

Die Abhängigkeit des persönlichen Schicksals von der Einweihung einerseits und die (im fünften Jahrhundert wenigstens potentielle und in späteren Mysterienkulten zu beobachtende) Unabhängigkeit vom Familienband andererseits bedeuten, dass der Nexus zwischen dem Leben und dem Schicksal nach dem Tod sowie zwischen den Lebenden und den Toten verschoben wird. Denn wenn rituelle Handlungen (die Einweihung) das jenseitige Los im Wesentlichen bestimmen, so wird der Bezug zu individuellen Leistungen und Erfahrungen (außerhalb der Mysterien) abgeschwächt oder er reißt sogar ab. Nicht die moralischen Implikationen, die den Philosophen Diogenes später zum Spott reizten („wird denn Pataikion, dem Dieb, ein besseres Los nach dem Tod zuteil als Epaminondas, nur weil jener eingeweiht ist?"),[30] bilden das Hauptproblem, sondern die Diskontinuität zwischen Leben und Tod selbst, die nur schlecht zu einer Gattung passt, in welcher gerade die Kontinuität zwischen Vergangenheit(en) und Gegenwart(en) wiederholt hervorgehoben wird. Das oben ange-

---

28 Dabei ist zu betonen, dass das Seligkeitsversprechen selbst keine Erwähnung findet; die Mysterienfeiern dienen lediglich als Kulisse für die Begegnung zwischen Phaidra und Hippolytos.

29 Gladigow (1974) 296.

30 Plut. *aud. poet.* 4,21F (κρείττονα μοῖραν ἕξει Παταικίων ὁ κλέπτης ἀποθανὼν ἢ Ἐπαμεινώνδας ὅτι μεμύηται;); vgl. Diog. Laert. 6,39.

führte Beispiel des Hippolytos zeigt diese Verbindung deutlich: Hippolytos' Erhebung zum Kultheros nach dem Tode wird ausdrücklich als Kompensation für das aufgefasst, was er im Leben erlitten hat. Somit werden seine Erfahrungen (Leid) als Lebender und seine Erfahrungen (Verehrung) als Toter verknüpft. Durch die kompensatorische Kultgründung wird gleichzeitig eine Verbindung zur Gegenwart des Zuschauers hergestellt, indem eine Ätiologie für den Hippolytos-Kultus geliefert wird.[31] Auch wenn die Verstorbenen keine Kultverehrung empfangen, ist die Kontinuität zwischen dem Leben – insbesondere dem Leiden – und dem Danach entscheidend: Das Rachebedürfnis einer ermordeten Klytaimestra würde zum Beispiel beträchtlich an Dringlichkeit und Bedeutsamkeit verlieren, wenn ihre Ermordung keine Auswirkung auf ihr Ansehen (im Dies- und Jenseits) hätte oder wenn ihr jenseitiger Status völlig durch einen rituellen Akt vorher bestimmt worden wäre. Ein einheitliches Geschick nach dem Tod und die Gleichheit der Verstorbenen im Tod, wie die Mysterien sie den Eingeweihten boten, würden das Problem des persönlichen, individuellen Leids, das so oft in der Tragödie eine zentrale Rolle spielt und überdimensionale Größe annimmt, nicht nur verkennen, sondern auch verdrängen und damit aufheben.

Indem das postmortale Los von der Einweihung abhängig gemacht wird, ändert sich – wie im obigen Zitat bereits angedeutet – unter Umständen die Bedeutung bestimmter zwischenmenschlicher Beziehungen. Insbesondere verliert ein über den Tod hinaus bestehendes Gegenseitigkeitsverhältnis mit den Lebenden an Notwendigkeit. Die Möglichkeit einer solchen Beziehung wird zwar keineswegs ausgeschlossen, doch dem verstorbenen Mysten bringt sie (aus Sicht der Interessen eines Tragödienautors) wenig Nutzen: An seinem Los können die Lebenden durch Verehrung und Kult, Darbringungen oder Rache nichts Wesentliches ändern. Denn das „Leben" des Eingeweihten (im Kontrast zum Nicht-Leben der Nicht-Eingeweihten)[32] und dessen ewige Glückseligkeit erübrigen, streng genommen, das Bedürfnis, sich Ewigkeit auf andere Weise zu sichern, ob durch Erinnerung im Kult, Ruhm oder das Fortleben in seinen Nachkommen. Das erhöhte Ansehen des Toten, das diese Ehren bringen, das aber ein oft als trostlos dargestelltes Dasein im Hades vielleicht nicht ganz auszugleichen vermag, kann zu einem bereits zufriedenstellenden Schicksal wenig beitragen. Die Verbindung zum Irdischen wird schwächer, die Reziprozität zwischen Lebenden und Toten und die Bindung des Toten an die Gesellschaft werden unterminiert. Das tragische Potential des Toten liegt dagegen gerade in dieser Verbindung zu den Lebenden. Dies zeigt sich am deutlichsten, wenn der Tote eine aktivere Rolle spielt oder im Drama erscheint, doch selbst wenn er nur reglos daliegt und allein sein Tod die Lebenden zum Handeln motiviert, wird eine Verbindung zwischen den Lebenden und den Toten vorausgesetzt, die, auch abgesehen von den im jeweiligen Drama erörterten

31 Grundlegend zum Verhältnis der Tragödie zur Ätiologie: Dunn (1996); Kowalzig (2006); besonders kritisch gegenüber diesem Verhältnis: Scullion (2000).
32 Soph. fr. 837 Radt (Zitat siehe oben Anm. 25).

Vorstellungen, maßgeblich geschwächt würde, wenn auf einer von den Lebenden unabhängigen, bereits bestehenden Glückseligkeit im Jenseits die Betonung läge.

In welchem Verhältnis die Jenseitsvorstellungen in den Eleusinischen und anderen Mysterien zu den verschiedenen anderen Auffassungen vom jenseitigen Dasein standen, lässt sich aufgrund der begrenzten Quellenlage zu den ersteren nicht näher konkretisieren. Auch die Frage nach dem genauen Verhältnis zum Heroenkult bleibt offen. Offensichtlich handelte es sich dabei, wie oben bereits angedeutet, weniger um eine Konkurrenz zwischen sich widersprechenden Vorstellungen als um die Koexistenz von Vorstellungen, in denen der Akzent jeweils anders gesetzt werden konnte. Neben den wenigen Fällen seliger Entrückung oder von Vergöttlichung in meist euripideischen Dramen stellt der Heroenkult die – trotz aller Vorbehalte – am positivsten bewertete Form des postmortalen Loses dar, die die erhaltene Tragödie kennt. Anders als Vergöttlichung oder Entrückung spielt der Heroenkult mehrmals eine dramatisch zentrale Rolle: in Euripides' *Hekabe* und im *Ödipus auf Kolonos* des Sophokles oder – wie in der vorliegenden Arbeit herausgestellt werden konnte – in den aischyleischen *Persern.*[33] Beiden Spielarten gemeinsam ist allerdings, dass der Verstorbene nur auf Basis individueller Erfahrungen oder Leistungen erhöht wurde und eine Art Verehrung genießt. [34] Der Bezug zum eigenen Leben sowie die Verbindung zu den Lebenden durch Kultehren stehen im Vordergrund. Das Schicksal ist individuell, ehren-, leistungs- oder leidensbezogen und damit auch exklusiv – im Kontrast zur besonderen Inklusivität der Eleusinischen Mysterien und zur Gleichstellung der Mysten im Tode.[35] Darüber hinaus wird die Exklusivität des Heroenkultes dadurch verstärkt, dass Verstorbene im fünften Jahrhundert nur in sehr wenigen Ausnahmefällen, wenn überhaupt, als Heroen kultisch verehrt wurden.[36] In der Regel also ist die Möglichkeit kultischer Verehrung als Heros in der Vergangenheit anzusiedeln, während die Mysterien – obwohl mythisch-historisch gesehen selbst keine ganz junge Entwicklung – mit ihren Zukunftshoffnungen bestimmte Bedürfnisse der Gegenwart des fünften Jahrhunderts erfüllen. Angehörige der älteren Generationen, die nach traditioneller Vorstellung die jüngste an Kraft und Tüchtigkeit überragten, erhalten kultische Verehrung.[37] Vor diesem Hintergrund ist die Akzentuierung der Heroisierung als (relativ)

---

33 Heroenkult in der Tragödie: bei Aischylos: *Eum.* 767–774 (Orest); vgl. *Choeph.* (Agamemnon); bei Sophokles: *Aias* (Aias) und *Oid. K.* (Ödipus); bei Euripides: vgl. *Andr.* 1239–1242 (Neoptolemos); evtl. *Bacch.* 6–9 (Semele); *Hec.* (Achill); *Heraclid.* 1026–1044 (Eurystheus); *Herc.* 1331–1335 (Herakles); *Suppl.* 1211 f. (die Sieben); *Hipp.* 1416–1430 (Hippolytos); vgl. *Iph. T.* 1462–1467 (Iphigenie); *Med.* 1378–1385 (ihre Kinder); vgl. die jährlichen Festlichkeiten am Grab zur Erinnerung an die verstorbene Alkestis, Eur. *Alc.* 445–454.

34 Die Erlangung von Kultehren bzw. die Erhöhung zum Heros ist aber wohlgemerkt nicht als Verherrlichung des Verstorbenen zu verstehen.

35 Inklusivität: Eingeweiht werden konnten alle, die die griechische Sprache beherrschten und rein von Blutschuld waren. Antike Quellen dafür: Bremmer (2014) 4 Anm. 23.

36 Zur Frage der Heroisierung im fünften Jahrhundert vgl. Currie (2005) 89–200; Jones (2010) *passim*; kritisch dazu: Bremmer (2006).

37 Zur Überlegenheit der vergangenen Generation(en) vgl. Hes. *erga* 110–201; Hom. *Il.* 1, 259–274.

positivem Schicksal in der Tragödie eventuell auch zum Teil darauf zurückzuführen, dass die Akteure mit wenigen Ausnahmen einer mythisch-historischen Vergangenheit angehören.[38] Der Hauptgrund dieser Akzentuierung jedoch bleibt, dass der Heroenkult alles intensiviert, was hinsichtlich der Toten das größte Potential für den Tragiker hat: die Individualität des Verstorbenen, die Kontinuität von seinem Leben und seinem Geschick danach, das Gegenseitigkeitsverhältnis mit der Gemeinschaft und damit auch den Bezug zur Gegenwart der Handlung – und unter Umständen auch einen ätiologischen Bezug zur kultischen Wirklichkeit des Zuschauers. Dramaturgische Zwecke und die Versprechungen der Mysterien gehen auseinander, so dass sich die tragischen Dichter bevorzugt anderer Vorstellungen bedienen, wenn es um die Toten und deren Dasein geht. Der Tod lässt sich in der Tragödie nicht pauschal durch einen Einweihungsakt zum positiven Zustand verwandeln, sondern vornehmlich durch individuelle Ehren und Erinnerung im Heroen- beziehungsweise Grabkult, durch Trauerriten oder Rache, durch die Zuschreibung einer im Tod erworbenen übernatürlichen Kraft oder einer gesteigerten Autorität mildern. Überwunden im engeren Sinne wird der Tod nur einmal, als er höchstpersönlich Alkestis vom Grab abholen will, doch seine Niederlage gilt nur als vorübergehend – zum Haus des Admet wird er eines Tages schicksalsgemäß pünktlich zurückkehren, ohne dass ihm ein Halbgott seine Beute abringt.[39]

Das weitgehende Fehlen seliger Toter in der Tragödie, vor allem im Sinne einer durch Mysterien erworbenen Seligkeit, hängt schließlich auch damit zusammen, dass im erhaltenen Tragödienkorpus dem Jenseits als Ort des weiteren Daseins verhältnismäßig wenig Bedeutung zukommt und eher wenig dichterische Aufmerksamkeit gilt.[40] Jenseitige Mächte verlassen die Unterwelt und greifen in das diesseitige Geschehen ein, sie bringen gleichsam das Jenseits ins Diesseits, statt ihre Macht im Hades zu entwickeln oder dort in Frieden zu ruhen. „Alles [...], Conflict und Lösung, Frevelthat und deren Sühnung in immer erneuetem [*sic*] Frevel und daraus entsprungenen Leiden", so hat Rohde die Situation zusammengefasst,

> vollzieht sich hier in dieser Welt. Alle Schuld rächt sich auf Erden. Das Jenseits ist in der Kette dieser Vorstellungen und Bilder nicht ein unentbehrliches Glied. Selten fällt des Dichters Blick dorthin. Speculationen über das Dasein der Seele nach dem Tode [d. h. im Hades], ein seliges Leben im Geisterreiche, liegen ihm ganz fern.[41]

Dieser Umstand ist jedoch nicht, wie Rohde anschließend nahelegt, darauf zurückzuführen, dass etwa Aischylos und seine Generation die schwer zu ergründenden

38 Die Ausnahme von Dareios in den *Persern* bestätigt hier die Regel: Obwohl Dareios eine Figur aus der jüngeren Geschichte ist, vertritt er im Rahmen des Dramas eine ältere Generation und eine endgültig vergangene (bessere) Zeit.
39 Siehe Kapitel VIII (Euripides, *Alkestis*).
40 Eine Ausnahme bildet Aischyl. *Eum.* 267–275: Hierzu siehe Kapitel VI (Aischylos, *Eumeniden*).
41 Rohde (1898) Bd. 2, 232.

Realitäten der Welt, einschließlich des Todes, mit einem „herben Ernst“ anschauten und der Flucht in Vorstellungen eines besseren und gerechten Jenseits nicht bedurften.[42] Noch lässt er sich allein durch die ausgeprägte Weltimmanenz, den stark auf das Diesseits gerichteten Blick der Griechen im fünften Jahrhundert, erklären. Er ergibt sich auch – wie soeben in Bezug auf die Mysterien postuliert und in den Einzelanalysen dieser Arbeit wiederholt festgestellt – aus bewussten dramaturgischen Entscheidungen und im Rahmen eines dramatischen Wettbewerbs, in dem Spannung und poetische Kunst keine geringe Rolle spielten. Folglich ist das von Rohde beschriebene Phänomen auch aus einer anderen – komplementären – Perspektive zu fassen, die sich an der Dramatik orientiert. Wenn der Tragiker Tote die Grenze zum Diesseits überschreiten lässt, ist dies eine über die Antike hinaus verwendete dramatische Technik, alles „hier in dieser Welt“ beziehungsweise „hier in diesem Theater“ zu zeigen:

> In der Zeit des Theaters koexistieren systematisch eine „volle“ Identität von Ereignissen im Hier und Jetzt und die Aushöhlung dieser Identität durch das Faktum der nur vorgespielten Wiederholung: doppelte Zeit, vergangen und doch gegenwärtig; im „Jetzt“ erblickt und doch von früher. So hat man in den Dramen auch die Erscheinung der Totengeister und Gespenster zu verstehen: Überdeutlich signalisieren sie, daß das Tote in der Geschichte nicht tot ist, daß die Taten, Untaten, Morde und Tode der Vergangenheit fortexistieren als Mächte, die zwar kaum mehr materiell greifbar sind, aber im Bewußtsein und Fühlen der Menschen nicht minder wirksamwirklich ihr Wesen oder Unwesen treiben.[43]

Der Totengeist bringt seine eigene Geschichte aus der Unterwelt und aus der Vergangenheit auf die Bühne – was wiederum eine unvollendete Geschichte voraussetzt, die nur im Diesseits vollendet werden kann.[44] Genau solche Tote sind es, die die Tragiker interessieren und deren Geschichte es im Hier und Jetzt, nicht im fernen Jenseits, zu erzählen gilt. Den eingeweihten oder glückseligen, zufrieden ruhenden Toten jedoch fehlt schlechthin die dramatische Brisanz.

---

42 Rohde (1898) Bd. 2, 233: „In der Generation der Männer, die [wie Aischylos] bei Marathon gekämpft hatten, bedurfte ein tiefer, ja herber Ernst der Betrachtung von Welt und Schicksal noch kaum der Unterstützung durch theologische Sectenmeinungen, die aus den Härten und Dunkelheiten dieser ungenügenden Wirklichkeit sich nur durch die Flucht der Gedanken in ein geahntes Jenseits zu retten vermochten.“

43 Lehmann (2013) 135.

44 Vgl. Rosenkranz (1853) 343, der allerdings auf christliche Jenseitsvorstellungen anspielt („allgemeines Gericht“; „poetische Gerechtigkeit“): „Wenn der Mensch seine Geschichte noch nicht ausgelebt hat, so läßt ihn die Phantasie aus dem Grabe wiederkehren, auf der Oberwelt die Vollendung seines Dramas zu betreiben. Sie verspart die Abwickelung des Restes seiner Geschichte nicht auf eine unbestimmte Zeit eines allgemeinen Gerichtes, sondern löst sie als poetische Gerechtigkeit hier schon auf.“

Bibliographie

Abkürzungen

Antike Autoren und Werktitel werden nach dem Verzeichnis des Neuen Pauly (1996) abgekürzt.

CAG *Commentaria in Aristotelem graeca. Edita consilio et auctoritate Academiae Litterarum Regiae Borussicae*, Berlin 1882–1909.

Diggle *Euripidis fabulae*
Bd. 1: *Cyclops, Alcestis, Medea, Heraclidae, Hippolytus, Andromacha, Hecuba*, Oxford 1981.
Bd. 2: *Supplices, Electra, Hercules, Troades, Iphigenia in Tauris, Ion*, Oxford 1984.
Bd. 3: *Helena, Phoenissae, Orestes, Bacchae, Iphigenia Aulidensis, Rhesus*, Oxford 1994.

DK *Die Fragmente der Vorsokratiker*, hg. v. H. Diels und W. Kranz, Berlin 1951–1952 (6. Aufl.).

DNP *Der Neue Pauly. Enzyklopädie der Antike*, hg. v. H. Cancik und H. Schneider, Stuttgart/Weimar 1996–2003.

FGrH *Die Fragmente der griechischen Historiker*, hg. v. F. Jacoby u. a., 4 Teile, Berlin 1923 ff.

IEG *Iambi et Elegi Graeci ante Alexandrum cantati*, 2 Bde., hg. v. M. L. West, Oxford 1989–1992 (2. Aufl.).

IG *Inscriptiones Graecae*, Berlin 1926 ff.

Kaibel *Epigrammata Graeca ex lapidibus conlecta*, hg. v. G. Kaibel, Berlin 1878.

Kannicht *Tragicorum Graecorum Fragmenta*:
Bd. 5: *Euripides*, hg. v. R. Kannicht, Göttingen 2004 (2. Aufl.).

Kannicht-Snell *Tragicorum Graecorum Fragmenta*:
Bd. 2: *Fragmenta adespota. Testimonia*, hg. v. B. Snell und R. Kannicht

Kock *Comicorum Atticorum Fragmenta*, 3 Bde., hg. v. Th. Kock, Leipzig 1880–1888.

LIMC *Lexicon Iconographicum Mythologiae Classicae*, hg. v. O. Revederin und L. Kahil, Zürich/München 1981 ff.

LSJ *A Greek-English Lexicon*, Compiled by Henry George Liddell and Robert Scott, Revised and Augmented throughout by Sir Henry Stuart Jones, Oxford 1940 (9. Aufl.).

LSS *Lois sacrées des cités grecques. Supplément*, hg. v. F. Sokolowski, Paris 1962.

Mette *Die Fragmente der Tragödien des Aischylos*, hg. v. H. J. Mette, Berlin 1959.

Nauck *Tragicorum Graecorum Fragmenta*, hg. v. A. Nauck; *Suppl. continens nova fragmenta Euripidea et adespota apud scriptores veteres reperta adiecit B. Snell*, Hildesheim 1964 (2. Aufl.).

OCD *The Oxford Classical Dictionary*, hg. v. S. Hornblower, A. Spawforth und E. Eidinow, Oxford 2012 (4. Aufl.).

PCG *Poetae Comici Graecae*, hg. v. R. Kassel und C. Austin, Berlin 1983–2001.

PLF *Poetarum Lesbiorum Fragmenta*, hg. v. E. Lobel und D. L. Page, Oxford 1955.

PMG *Poetae Melici Graecae*, hg. v. D. L. Page, Oxford 1962.

PMGF *Poetarum Melicorum Graecorum Fragmenta*, hg. v. M. Davies, Oxford 1991.

P. Oxy. *The Oxyrhynchus Papyri*, hg. v. B. P. Grenfell u. a., London 1898 ff.

RAC *Reallexikon für Antike und Christentum*, hg. v. T. Klauser u. a., Stuttgart 1950 ff.

https://doi.org/10.1515/9783110612691-011

Radt *Tragicorum Graecorum Fragmenta:*
Bd. 3: *Aeschylus*, hg. v. S. Radt, Göttingen 2009 (2. Aufl.).
Bd. 4: *Sophocles*, hg. v. S. Radt, Göttingen 1999 (2. Aufl.).

RE *Paulys Realencyclopädie der classischen Altertumswissenschaften*, hg. v. G. Wissowa, 34 Bde. und 15 Supplement-Bde., München 1893–1980.

SEG *Supplementum Epigraphicum Graecum*, Leiden 1923 ff.

Snell *Tragicorum Graecorum Fragmenta:*
Bd. 1: *Didascaliae tragicae, catalogi tragicorum et tragoediarum, testimonia et fragmenta, tragicorum minorum*, hg. v. B. Snell, S. Radt und R. Kannicht, Göttingen 1986 (2. Aufl.).

Editionen, Kommentare und Übersetzungen

Aischylos

Blass, F. (1906): *Aischylos' Choephoren*, Halle a. d. S.

Broadhead, H. D. (1960): *The Persae of Aeschylus*, Cambridge.

Burges, A. (1822): *Aeschyli, quae supersunt, fabulae et fragmenta. Eumenides*, London.

Conacher, D. J. (1987): *Aeschylus' Oresteia: A Literary Commentary*, Toronto/Buffalo/London.

Fraenkel, E. (1950): *Aeschylus Agamemnon*, 3 Bde., Oxford.

Garvie, A. F. (1986): *Choephori*, Oxford.

Garvie, A. F. (2009): *Aeschylus Persae*, Oxford.

Groeneboom, P. (1930/1960): *Aischylus' Persae*, Groningen; dt. Übers.: *Aischylos' Perser*, Göttingen 1960 (zitiert nach der dt. Fassg.).

Groeneboom, P. (1949), *Aeschylus' Choephoroi*, Groningen.

Groeneboom, P. (1952), *Aeschylus' Eumeniden*, Groningen.

Italie, G. (1953): *Aeschylus Perzen*, Leiden.

Kraus, W. (1965): *Der gefesselte Prometheus. Die Schutzsuchenden*, Stuttgart.

Lloyd-Jones, P. H. J. (1979): *Aeschylus. Oresteia*, London.

Mette, H. J. (1963): *Der verlorene Aischylos* [= Deutsche Akademie der Wissenschaften zu Berlin, Schriften der Sektion für Altertumswissenschaft 35], Berlin.

Müller, K. O. (1833): *Aischylos, Eumeniden, griechisch und deutsch, mit erläuternden Abhandlungen über die äußere Darstellung und über den Inhalt und die Composition dieser Tragödie*, Göttingen.

Page, D. (1972): *Aeschyli septem quae supersunt tragoediae*, Oxford.

Schadewaldt, W. (1964): *Griechisches Theater*, Frankfurt a. M.

Schiller, L. (1869): *Aeschylus Perser*, Berlin.

Sier, K. (1988): *Die lyrischen Partien der Choephoren des Aischylos. Text, Übersetzung, Kommentar* [= Palingenesia. Monographien und Texte zur klassischen Altertumswissenschaft 23], Stuttgart.

Smith, O. L. (1976): *Scholia Graeca in Aeschylum quae existant omnia*, Leipzig.

Sommerstein, A. H. (1989), *Aeschylus, Eumenides*, Cambridge.

Staiger, E. (1958): *Aischylos. Die Orestie*, Stuttgart.

Stanley, T. (1663): *Αἰσχύλου τραγωδίαι ἑπτά*, London.

Thomson, G. D. / Headlam, W. ²(1966): *The Oresteia of Aeschylus*, 2 Bde., Amsterdam.

Tucker, T. G. (1901): *The Choephori of Aeschylus*, Cambridge.

Turnebus, A. (1552): *Αἰσχύλου Προμηθεὺς δεσμώτης, Ἑπτὰ ἐπὶ Θήβαις, Πέρσαι, Ἀγαμέμνων, Εὐμενίδες, Ἱκέτιδες*, Paris.

Verrall, A. W. (1983): *The Choephori of Aeschylus*, London.

Werner, O. ⁷(2011): *Aischylos. Tragödien und Fragmente*, Mannheim. Erstauflage 1959.

West, M. L. (1990a): *Aeschylii Tragoediae*, Stuttgart.
Wilamowitz-Moellendorff, U. von (1896): *Aischylos. Orestie. Griechisch und Deutsch mit Erläuterungen. Zweites Stück: Das Opfer am Grab*, Berlin; wieder abgedruckt in: ders., *Kleine Schriften*, Bd. 1, *Klassische griechische Poesie*, Berlin, 148–172 (zitiert nach der Erstfassg.).

Anakreon
West, M. L. ^{2}(1993): *Carmina Anacreontea*, Stuttgart. Erstauflage 1983.

Aristophanes
Dübner, F. (1877): *Scholia Graeca in Aristophanem cum prolegomenis grammaticorum*, 2. Bde., Paris.

Aristophanes von Byzanz
Nauck, A. ^{2}(1963): *Aristophanis Byzantii grammatici Alexandrini fragmenta*, Halle.

Aristoteles
Ross, W. D. ^{2}(1970): *Aristotle, Parva naturalia: A Revised Text with Introduction and Commentary*, Oxford. Erstauflage 1955.

Athenaios
Kaibel, G. (1887–1890): *Athenaei naucratitae dipnosophistarum libri XV*, Leipzig.

Bacchylides
Maehler, H. (1982): *Die Lieder des Bakchylides. I. Die Siegeslieder. Edition des Textes mit Einleitung und Übersetzung. II. Kommentar*, Leiden.
Maehler, H. (1997): *Die Dithyramben und Fragmente. Text, Übersetzung und Kommentar*, Leiden.
Maehler, H. (2004): *Bacchylides. A Selection*, Cambridge.

Euripides
Dale, A. M. ^{2}(1961): *Euripides, Alcestis*, Oxford.
Jerram, C. S. ^{5}(1900): *Euripides, Alcestis*, Oxford. Erstauflage 1880.
Matthiessen, K. (2010): *Euripides, Hekabe* [= Texte und Kommentare. Eine altertumswissenschaftliche Reihe 34], Berlin/New York.
Parker, L. P. E. (2007): *Euripides, Alcestis*, Oxford.
Seaford, R. ^{2}(1988): *Euripides, Cyclops*, Oxford.
Seeck, G. A. (1985): *Unaristotelische Untersuchungen zu Euripides. Ein motivanalytischer Kommentar zur Alkestis*, Heidelberg.
Seeck, G. A. (2008): *Euripides, Alkestis*, Berlin.
Steinmann, K. (1981): *Euripides, Alkestis*, Stuttgart.
Woolsey, T. D. (1837): *A Selection of Greek Tragedies, with Notes, for the Use of Private Colleges and for Private Reading. Volume I. The Alkestis of Euripides and the Antigone of Sophocles*, Boston.

Herakleides Pontikos
Wehrli, F. ^{2}(1969): *Die Schule des Aristoteles. Band VII. Herakleides Pontikos*, Basel/Stuttgart. Erstauflage 1953.

Herodot
Feix, J. ^{7}(2006): *Herodot, Historien*, 2 Bde., München.
Wilson, N. G. (2015): *Herodoti Historiae*, 2 Bde., Oxford.

Hesiod

Merkelbach, R. / Solmsen, F. / West, M. L. [3](1990): *Hesiodi Theogonia, Opera et Dies, Scutum, Fragmenta Selecta*, Oxford.

West, M. L. (1966): *Hesiod, Theogony*, Oxford.

West, M. L. (1978): *Hesiod, Works and Days*, Oxford.

Hesych

Cunningham, I. C. / Latte, K. (2018): *Hesychii Alexandrini Lexicon. Vol. I. Α–Δ*, Berlin/Boston.

Latte, K. (1966): *Hesychii Alexandrini Lexicon. Vol. II. Ε–Ο*, Kopenhagen.

Hansen, P. A. / Latte, K. (2005): *Hesychii Alexandrini Lexicon. Vol. III. Π–Σ*, Berlin/Boston.

Cunningham, I. C. / Hansen, P. A. / Latte, K. (2009): *Hesychii Alexandrini Lexicon. Vol. IV. Τ–Ω*, Berlin/Boston.

Hippokrates

Littré, É. (1839–1861): *Oeuvres complètes d'Hippocrate*, 9 Bde., Paris.

Homer

Latacz, J. / Nünlist, R. / Stoevesandt, M. (2000): *Homers Ilias. Gesamtkommentar. Band I. Erster Gesang (A), Faszikel 2. Kommentar*, München/Leipzig.

Richardson, N. J. (1974): *The Homeric Hymn to Demeter*, Oxford.

Voß, J. H. (1781): *Homers Ilias*, Altona.

Voß, J. H. (1793): *Homers Odyssee*, Altona.

Pausanias Atticista

Erbse, H. (1950): *Untersuchungen zu den attizistischen Lexika*, Berlin.

Pausanias Periegetes

Rocha-Pereira, M. H. [2](1989–1990): *Pausaniae Graecae Descriptio*, 2 Bde., Leipzig.

Pindar

Maehler, H. / Snell, B. [9](1997–2001): *Pindari carmina cum fragmentis*, 2 Bde., Leipzig.

Platon

Burnet, J. (1900–1907): *Platonis opera*, 5 Bde., Oxford.

Menkhaus, T. (2003): *Eidos, Psyche und Unsterblichkeit. Ein Kommentar zu Platons Phaidon*, Frankfurt/London.

Proklos

Kroll, W. (1899–1901): *In Platonis rem publicam commentarii*, 2 Bde., Leipzig.

Sophokles

Carden, R. (1974): *The Papyrus Fragments of Sophocles. An Edition with Prolegomena and Commentary*, Berlin/New York.

Finglass, P. J. (2007): *Sophocles. Electra*, Cambridge.

Griffith, M. (1999): *Sophocles. Antigone*, Cambridge

Pearson, A. C. (1917): *The Fragments of Sophocles. Edited with Additional Notes from the Papers of Sir R. C. Jebb and W. G. Headlam*, 2 Bde., Cambridge.

Stobaios

Wachsmuth, C. / Hense, O. (1884–1912): *Ioannis Stobaei anthologium*, 3 Bde., Berlin.

Suda
Adler, A. (1928–1935): *Suidae Lexicon*, 4 Bde., Leipzig.

Forschungsliteratur

Aigner, P. (2012): „Zum Maschalismos", in: G. Danek / I. Hellerschmid (Hg.): *Rituale. Identitätsstiftende Handlungskomplexe* [= 2. Tagung des Zentrums Archäologie und Altertumswissenschaften an der Österreichischen Akademie der Wissenschaften, 2./3. November 2009], Wien, 107–121.
Alexiou, M. ²(2002): *The Ritual Lament in Greek Tradition*, Cambridge. Erstauflage 1978.
Alt, K. (1982): „Diesseits und Jenseits in Platons Mythen von der Seele. Teil I", *Hermes* 110(3), 278–299.
Alt, K. (1983): „Diesseits und Jenseits in Platons Mythen von der Seele. Teil II", *Hermes* 111(1), 15–33.
Ariès, P. (1977): *L'homme devant la mort*, Paris; dt. Übers.: *Geschichte des Todes*, München 1980; engl. Übers.: *The Hour of Our Death*, New York, 1981.
Assmann, J. (2000): *Der Tod als Thema der Kulturtheorie*, Frankfurt a. M.
Bacon, H. (2001): „The Furies' Homecoming", *Classical Philology* 96(1), 48–59.
Bardel, R. (2005): „Spectral Traces: Ghosts in Tragic Fragments", in: F. McHardy / J. Robson / D. Harvey (Hg.): *Lost Dramas of Classical Athens: Greek Tragic Fragments*, Exeter, 83–112.
Baertschi, A. M. (2007): *Nekyiai. Totenbeschwörung und Unterweltsbegegnung im neronisch-flavischen Epos*, Diss. Humboldt-Universität zu Berlin.
Bakola, E. (2014): „Interiority, the 'Deep Earth' and the Spatial Symbolism of Darius' Apparition in the Persians of Aeschylus", *Cambridge Classical Journal* 60, 1–36.
Baumann, H. (1995): *Individualität und Tod. Psychologische und anthropologische Aspekte der Todeserfahrung*, Würzburg.
Beazley, J. D. (1956): *Attic Black-Figure Vase-Painters*, Oxford.
Bees, R. (2009): *Aischylos. Interpretationen zum Verständnis seiner Theologie* [= Monographien zur klassischen Altertumswissenschaft 133], München.
Bernard, W. (2001): *Das Ende des Ödipus bei Sophokles. Untersuchungen zur Interpretation des Ödipus auf Kolonos*, München.
Betensky, A. (1978): „Aeschylus' Oresteia: The Power of Clytemnestra", *Ramus* 7(1), 11–25.
Betts, G. G. (1965): „The Silence of Alcestis", *Mnemosyne* 18(1), 181–182.
Bickel, E. (1926): *Homerischer Seelenglaube. Geschichtliche Grundzüge menschlicher Seelenvorstellungen* [= Schriften der Königsberger Gelehrten Gesellschaft, Geisteswissenschaftliche Klasse 7], Berlin, 211–343.
Bickel, E. (1942): „Geistererscheinungen Bei Aischylos. Vom Heroenkultspiel des griechischen Mittelalters im Dialog der attischen Tragödie", *Rheinisches Museum für Philologie*, N. F. 91, 123–164.
Birkenhauer, T. (2004): „Schweigende Präsenz. Zur szenischen Komposition der Alkestis des Euripides", in: B. Borchard / C. M. Zenck (Hg.): *Alkestis. Opfertod und Wiederkehr. Interpretationen* [= Hamburger Jahrbuch für Musikwissenschaft 23], Frankfurt a. M., 33–54.
Blech, M. (1982): *Studien zum Kranz bei den Griechen* [= Religionsgeschichtliche Versuche und Vorarbeiten 38], Berlin/New York.
Blundell, M. W. (1991): *Helping Friends and Harming Enemies: A Study in Sophocles and Greek Ethics*, Cambridge.
Boardman, J. / Kurz, D. C. (1971/1985), *Greek Burial Customs*, London; dt. Übers.: *Thanatos. Tod und Jenseits bei den Griechen*, Mainz a. R. 1985 (zitiert nach der dt. Fassg.).

Bock, M. (1936): „Die Schlange im Traum der Klytaimestra“, *Hermes* 71, 230 – 236.

Boedeker, D. (1998): „Protesilaos and the End of Herodotus’ Histories“, *Classical Antiquity* 7(1), 30 – 48.

Boedeker, D. (2001): „Paths to Heroization at Plataea“, in: D. Boedeker / D. Sider (Hg.): *The New Simonides: Contexts of Praise and Desire*, Oxford, 148 – 163.

Boehringer, D. (2001): *Heroenkulte in Griechenland von der geometrischen bis zur klassischen Zeit. Attika, Argos, Messenien* [= Klio. Beiträge zur Alten Geschichte N. F. 3], Berlin.

Borg, B. (2002): *Der Logos des Mythos. Allegorien und Personifikationen in der frühen griechischen Kunst*, München.

Borst, A. (1990): „Drei mittelalterliche Sterbefälle“, in: ders. (Hg.): *Barbaren, Ketzer und Artisten. Welten des Mittelalters*, München, 567 – 598.

Bowman, L. (1997): „Klytaimnestra’s Dream: Prophecy in Sophokles’ Elektra“, *Phoenix* 51(2), 131 – 151.

Bowra, C. M. ^{2}(1961): *Early Greek Poetry from Alcman to Simonides*, Oxford.

Braun, M. (1998): *Die Eumeniden des Aischylos und der Areopag* [= Classica Monicensia. Münchener Studien zur Klassischen Philologie 19], Tübingen.

Bravo, J. (2004): „Heroic Epiphanies: Narrative, Visual, and Cultic Contexts“, in: N. Marinatos / D. Shanzer (Hg.): *Divine Epiphanies in the Ancient World* [= Illinois Classical Studies 29], Urbana-Champaign, 63 – 84.

Bremmer, J. N. (1983): *The Early Greek Concept of the Soul*, Princeton.

Bremmer, J. N. (1998): „‘Religion’, ‘Ritual’ and the Opposition ‘Sacred vs. Profane’: Notes Towards a Terminological ‘Genealogy’“, in: F. Graf (Hg.): *Ansichten griechischer Rituale. Geburtstags-Symposium für Walter Burkert*, Stuttgart/Leipzig, 9 – 32.

Bremmer, J. N. (2002): *The Rise and Fall of the Afterlife* [= The 1995 Read-Tuckwell Lectures at the University of Bristol], London/New York.

Bremmer, J. N. (2006): „The Rise of the Hero Cult and the New Simonides“, *Zeitschrift für Papyrologie und Epigraphik* 158, 15 – 26.

Bremmer, J. N. (2012): „Die Karriere der Seele. Vom antiken Griechenland ins moderne Europa“, in: B. Janowski (Hg.): *Der ganze Mensch. Zur Anthropologie der Antike und ihrer europäischen Nachgeschichte*, Berlin, 497 – 524.

Bremmer, J. N. (2014): *Initiation into the Mysteries of the Ancient World* [= Münchner Vorlesungen zu Antiken Welten 1], Berlin.

Bröcker, W. (1971): *Der Gott des Sophokles*, Frankfurt a. M.

Brown, A. L. (1982): „Some Problems in the Eumenides of Aeschylus“, *Journal of Hellenic Studies* 102, 26 – 32.

Brown, A. L. (1983): „The Erinyes in the Oresteia: Real Life, the Supernatural, and the Stage“, *Journal of Hellenic Studies* 103, 13 – 34.

Brown, A. L. (1984): „Eumenides in Greek Tragedy“, *Classical Quarterly* N. S. 34(2), 260 – 28.

Budelmann, F. (2006): „Körper und Geist in tragischen Schmerz-Szenen“, in: B. Seidensticker / M. Vöhler (Hg.): *Gewalt und Ästhetik. Zur Gewalt und ihrer Darstellung in der griechischen Klassik*, Berlin, 123 – 148.

Burian, P. (1972): „Supplication and Hero Cult in Sophocles’ Ajax“, *Greek, Roman and Byzantine Studies* 13(2), 151 – 156.

Burkert, W. (1962): „ΓΟΗΣ. Zum griechischen ‘Schamanismus’“, *Rheinisches Museum für Philologie* 105, 36 – 55; wieder abgedruckt in: F. Graf (Hg.): *Kleine Schriften III. Orphica et Pythagorica*, Göttingen 2006, 173 – 190 (zitiert nach der Erstfassg.).

Burkert, W. (1977): „Orphism and Bacchic Mysteries: New Evidence and Old Problems of Interpretation“, *The Center for Hemeneutical Studies in Hellenistic and Modern Culture* 28, 1 – 8; wieder abgedruckt in: F. Graf (Hg.): *Kleine Schriften III. Mystica, Orphica, Pythagorica*, Göttingen 2006, 37 – 46 (zitiert nach der Erstfassg.).

Burkert, W. (1990): *Antike Mysterien. Funktionen und Gehalt*, München.
Burkert, W. (1994): *Vergeltung zwischen Ethologie und Ethik. Reflexe und Reflexionen in Texten und Mythologien des Altertums* [= Carl Friedrich von Siemens Stiftung, Themen 55], München.
Burkert, W. ²(1997): *Homo necans. Interpretationen altgriechischer Opferriten und Mythen* [= Religionsgeschichtliche Versuche und Vorarbeiten 32], Berlin/New York. Erstauflage 1972.
Burkert, W. (1999): „Von Selinus zu Aischylos. ‚Reinigung' im Ritual und im Theater", *Berichte und Abhandlungen der Berlin-Brandenburgischen Akademie der Wissenschaften* 7, 23–38; wieder abgedruckt in: W. Rösler (Hg.): *Kleine Schriften VII. Tragica et Historica*, Göttingen 2007, 37–52 (zitiert nach der Erstfassg.).
Burkert, W. ²(2011): *Griechische Religion der archaischen und klassischen Epoche* [= Religionen der Menschheit 15], Stuttgart. Erstauflage 1977.
Busolt, G. ³(1920): *Griechische Staatskunde. Erste Hälfte: Allgemeine Darstellung des griechischen Staates*, München.
Buxton, R. G. A. (1982): *Persuasion in Greek Tragedy*, Cambridge.
Buxton, R. (1987): „Le voile et le silence dans Alceste", in: P. Ghiron-Bistagne (Hg.): *Anthropologie et Théâtre antique. Actes du colloque international de Montpellier, 6–8 mars 1986* [= Cahiers du GITA 3], 167–178.
Buxton, R. (2013): *Myths and Tragedies in their Ancient Greek Contexts*, Oxford.
Cairns, D. (1993). *Aidōs: The Psychology and Ethics of Honour and Shame in Ancient Greek Literature*, Oxford.
Cairns, D. (2005): „Bullish Looks and Sidelong Glances: Social Interaction and the Eyes in Ancient Greek Culture", in: D. Cairns (Hg.): *Body Language in the Greek and Roman Worlds*, Swansea, 123–155.
Calame, C. (1998): „Mort héroïque et culte à mystère dans l'Œdipe à Colone de Sophocle: Actes rituels au service de la création mythique", in: F. Graf (Hg.): *Ansichten griechischer Rituale. Geburtstags-Symposium für Walter Burkert*, Stuttgart/Leipzig, 326–356.
Calder III, W. M. (1966): „A Reconstruction of Sophocles' Polyxena", *Greek Roman and Byzantine Studies* 7, 31–56; wieder abgedruckt in: ders., *Theatrokratia: Collected Papers on the Politics and Staging of Greco-Roman Tragedy* [= Spudasmata 104], New York 2005, 233–266 (zitiert nach der Ersttassg.).
Catenaccio, C. (2011): „Dream as Image and Action in Aeschylus' Oresteia", *Greek, Roman, and Byzantine Studies* 51, 202–231.
Chiasson, C. C. (1999): „Σωφρονοῦντες ἐν χρόνωι: The Athenians and Time in Aeschylus' Eumenides", *Classical Journal* 95(2), 139–161.
Chromik, C. (1967): *Göttlicher Anspruch und menschliche Verantwortung bei Euripides*, Diss. Christian-Albrechts-Universität zu Kiel.
Clinton, K. (1996): „A New *lex sacra* from Selinus: Kindly Zeuses, Eumenides, Impure und Pure Tritopatores, and Elasteroi", *Classical Philology* 91(2), 159–179.
Connor, W. (1988): „'Sacred' and 'Secular': Ἱερὰ καὶ ὅσια and the Classical Athenian Concept of the State", *Ancient Society* 19, 161–188.
Court, B. (1994): *Die dramatische Technik des Aischylos*, Stuttgart/Leipzig.
Currie, B. (2005): *Pindar and the Cult of Heroes*, Oxford.
Crane, G. (1988): *Calypso: Backgrounds and Conventions of the Odyssey* [= Beiträge zur klassischen Philologie 191], Frankfurt a. M.
Darnton, R. (1990): „The History of Mentalities", in: ders., *The Kiss of Lamourette: Reflections in Cultural History*, New York, 268–290.
Dawe, R. D. (1963): „Inconsistency of Plot and Character in Aeschylus", *Proceedings of the Cambridge Philological Society* 189 [= N. S. 9], 21–62.
Deacy, S. (2015): „Gods – Olympian or Chthonian?", in: E. Eidinow / J. Kindt (Hg.): *Ancient Greek Religion*, Oxford, 355–367.

Deichgräber, K. (1941): „Die Perser des Aischylos“, *Nachrichten der Akademie der Wissenschaften in Göttingen. Philologisch-Historische Klasse* 8 [= Fachgruppe 1, N. F. Bd. 4, Nr. 5], 155 – 202 (285 – 332).

Descharmes, B. (2013): *Rächer und Gerächte. Konzeptionen, Praktiken und Loyalitäten der Rache im Spiegel der attischen Tragödie* [= Freunde – Gönner – Getreue 8], Göttingen.

Deubner, L. (1900): „ἐπαύλια“, *Jahrbuch des Deutschen Archäologischen Instituts* 15, 148 – 151.

Deubner, L. (1932): *Attische Feste*, Berlin.

Devereux, G. (1976): *Dreams in Greek Tragedy: An Ethno-Pyscho-Analytical Study*, Oxford.

Dickey, E. (1996): *Greek Forms of Address: From Herodotus to Lucian*, Oxford.

Dieterich, A. ^{2}(1913): *Mutter Erde. Ein Versuch über Volksreligion*, Leipzig/Berlin. Erstauflage 1905.

Dieterich, A. ^{3}(1963): *Nekyia. Beiträge zur Erklärung der neuentdeckten Petrusapokalypse*, Stuttgart/Leipzig. Erstauflage 1893.

Dietrich, B. C. (1965): *Death, Fate, and the Gods: The Development of a Religious Idea in Greek Popular Belief and in Homer*, London.

Dirksen, H. J. (1965): *Die aischyleische Gestalt des Orest und ihre Bedeutung für die Interpretation der Eumeniden* [= Erlanger Beiträge zur Sprach- und Kunstwissenschaft 22], Nürnburg.

Dodds, E. R. (1951): *The Greeks and the Irrational*, Berkeley/Los Angeles; dt. Übers.: *Die Griechen und das Irrationale*, Darmstadt 1970 (zitiert nach der engl. Fassg.).

Dumortier, J. (1935): *Les images dans la poésie d'Eschyle*, Paris.

Dunn, F. (1996): *Tragedy's End: Closure and Innovation in Euripides' Drama*, New York/Oxford.

Dyer, R. R. (1969): „The Evidence for the Apolline Purification Rituals at Delphi and Athens“, *Journal of Hellenic Studies* 89, 38 – 56.

Edmunds, L. (1981): „The Cults and Legends of Oedipus“, *Harvard Studies in Classical Philology* 85, 221 – 238.

Eijk, P. van der (2013): „Cure and (In)curability of Mental Disorders in Ancient Medical and Philosophical Thought“, in: W. V. Harris (Hg.): *Mental Disorders in the Classical World* [= Columbia Studies in the Classical Tradition 38], Leiden/Boston, 307 – 338.

Eitrem, S. (1915): *Opferritus und Voropfer der Griechen und Römer*, Kristiania.

Eitrem, S. (1928): „Necromancy in the Persai of Aischylos“, *Symbolae Osloenses, Norwegian Journal of Greek and Latin Studies* 6(1), 1 – 16.

Ekroth, G. (1999): „Pausanias and the Sacrificial Rituals of Greek Hero-Cults“, in: R. Hägg (Hg.): *Ancient Greek Hero Cult* [= Proceedings of the Sixth International Seminar on Ancient Greek Cult, Göteborg University, 21 – 23 April 1995, Skrifter utgivna av Svenska institutet i Athen 80 16], Stockholm, 145 – 158.

Ekroth, G. (2002): *The Sacrificial Rituals of Greek Hero-Cults in the Archaic to the Early Hellenistic Periods* [= Kernos Supplément 12], Liège.

Ekroth, G. (2007): „Heroes and Hero-Cults“, in: D. Ogden (Hg.): *A Companion to Greek Religion*, Oxford, 100 – 114.

Enache, C. (2008): „Der unsichtbare Totengott. Platons Namendeutung des Hades im Phaidon (80d–81c) und im Kratylos (403a–404b)“, *Rheinisches Museum für Philologie* N. F. 151(1), 61 – 82.

Engels, J. (1998): *Funerum sepulcrorumque magnificentia. Begräbnis- und Grabluxusgesetze in der griechisch-römischen Welt mit einigen Ausblicken auf Einschränkungen des funeralen und sepulkralen Luxus im Mittelalter und in der Neuzeit* [= Hermes Einzelschriften 78], Stuttgart.

Erbse, H. (1984): *Studien zum Prolog der euripideischen Tragödie* [= Untersuchungen zur antiken Literatur und Geschichte 20], Berlin/New York.

Erbse, H. (1986): *Untersuchungen zur Funktion der Götter im homerischen Epos*, Berlin.

Faraone, C. A. (1985): „Aeschylus' ὕμνος δέσμιος (Eum. 306) and Attic Judicial Curse Tablets“, *Journal of Hellenic Studies* 105, 150 – 154.

Faraone, C. A. (2009): „Kronos and the Titans as Powerful Ancestors: A Case Study of the Greek Gods in Later Magical Spells“, in: J. N. Bremmer / A. Erskine (Hg.): *The Gods of Ancient Greece*, Edinburgh, 388–405.
Farnell, L. R. (1921): *Greek Hero Cults and Ideas of Immortality* [= The Gifford Lectures 1920], Oxford.
Feldmann, K. (2004): *Tod und Gesellschaft. Sozialwissenschaftliche Thanatologie im Überblick*, Wiesbaden. Erstauflage.
Feldmann, K. ²(2010): *Tod und Gesellschaft. Sozialwissenschaftliche Thanatologie im Überblick*, Wiesbaden. Überarbeitete Auflage.
Festugière, A. J. (1973): „Tragédie et tombes sacrées“, *Revue de l'histoire des religions* 184, 3–24.
Fischer, H. (2011): „Tod unter Heiden. Gahmuret und Vivianz“, in: S. Knaeble / S. Wagner / V. Wittmann (Hg.): *Gott und Tod. Tod und Sterben in der höfischen Kultur des Mittelalters*, Berlin, 135–148.
Flashar, H. (2000), *Sophokles. Dichter im demokratischen Athens*, München.
Fletcher, J. (2012): *Performing Oaths in Classical Greek Drama*, Cambridge/New York.
Flickinger, R. C. (1939): „Off-Stage Speech in Greek Tragedy“, *Classical Journal* 34, 355–360.
Foley, H. (2009): *Female Acts in Greek Tragedy*, Princeton.
Föllinger, S. (2003): *Genosdependenzen. Studien zur Arbeit am Mythos bei Aischylos* [= Hypomnemata 418], Göttingen.
Foß, Rainer (1994): *Griechische Jenseitsvorstellungen von Homer bis Plato mit einem Anhang über Vergils sechstes Buch der Aeneis*, Aachen.
Fowler, W. W. (1911): „The Original Meaning of the Word *sacer*“, *Journal of Roman Studies* 1, 57–63.
Freud, S. (1919), „Das Unheimliche“, *Imago. Zeitschrift für Anwendung der Psychoanalyse auf die Geisteswissenschaften* 5, 297–324.
Fröhlich, P. (2013): „Governmental Checks and Balances“, in: H. Beck (Hg.): *A Companion to Ancient Greek Government* [= Blackwell Companions to the Ancient World], Oxford.
Fritz, K. von (1962): „Die Orestessage bei den drei großen griechischen Tragikern“, in ders.: *Antike und moderne Tragödie. Neun Abhandlungen*, Berlin, 113–159.
Frontisi-Ducroux, F. (2007): „The Invention of the Erinyes“, in: J. Elsner u. a. (Hg.): *Visualizing the Tragic. Drama, Myth, and Ritual in Greek Art and Literature, Essays in Honour of Froma Zeitlin*, Oxford, 165–176.
Fuchs, W. (1969): *Todesbilder in der modernen Gesellschaft*, Frankfurt a. M.
Furley, W. / Bremer, D. (2001): *Greek Hymns: Selected Cult Songs from the Archaic to the Hellenistic Period*, 2 Bde., Tübingen.
Gaertringen, H. van (1894): s. v. „Anthesteria“, in: RE Bd. 1, 2, Sp. 2371–2375.
Gagarin, M. (1976): *Aeschylean Drama*, Berkeley/Los Angeles/London.
Garland, R. (1982): „GERAS THANONTON: An Investigation into the Claims of the Homeric Dead“, *Bulletin of the Institute of Classical Studies* 29, 69–80.
Garland, R. ²(2001): *The Greek Way of Death*, London.
Gärtner, T. (2004): „Leiden nach dem Krieg. Beobachtungen zu den euripideischen Tragödien Hekabe und Troerinnen I“, *Quaderni urbinati di cultura classica* N. S. 78(3), 37–58.
Gärtner, T. (2005): „Leiden nach dem Krieg. Beobachtungen zu den euripideischen Tragödien Hekabe und Troerinnen II“, *Quaderni urbinati di cultura classica* N. S. 79(1), 37–54.
Gatz, B. (1967): *Weltalter, goldene Zeit und sinnverwandte Vorstellungen* [= Spudasmata. Studien zur Klassischen Philologie und ihren Grenzgebieten 16], Hildesheim.
Geffcken, J. (1898): *Stimmen der Griechen am Grabe*, Hamburg/Leipzig.
Gehrke, J. (1987): „Die Griechen und die Rache. Ein Versuch in historischer Psychologie“, *Saeculum* 38, 121–149.
Geisser, F. (2002): *Götter, Geister und Dämonen. Unheilsmächte bei Aischylos – zwischen Aberglauben und Theatralik* [= Beiträge zur Altertumskunde 179], München.

Gelzer, T. (1969): „Zur Versreihe der 'Heroes' aus der Alten Komödie (Pap. Mich. inv. 3690)", *Zeitschrift für Papyrologie und Epigraphik* 4, 123–133.
Gennep, A. van (1909): *Les rites de passage. Étude systématique des rites*, Paris.
Gerolemou, M. (2011): *Bad Women, Mad Women. Gender und Wahnsinn in der griechischen Tragödie*, Tübingen.
Gladigow, B. (1974): „Jenseitsvorstellungen und Kulturkritik", *Zeitschrift für Religion und Geistesgeschichte* 26, 289–309.
Gladigow, B. (1985): „Mythische Experimente – experimentelle Mythen", in: R. Schlesier (Hg.): *Faszination des Mythos. Studien zu antiken und modernen Interpretationen*, Basel, 61–82; wieder abgedruckt in: C. Auffarth / J. Rüpke (Hg.): *Religionswissenschaft als Kulturwissenschaft*, Stuttgart 2005, 112–124.
Gödde, S. (2000a): *Das Drama der Hikesie. Ritual und Rhetorik in Aischylos' Hiketiden*, Münster.
Gödde, S. (2000b): „Zu einer Poetik des Rituals in Aischylos' Persern", in: S. Gödde / T. Heinze (Hg.): *Skenika. Beiträge zum antiken Theater und seiner Rezeption*, Darmstadt, 31–47.
Gödde, S. (2005): „Unsagbares sagen. Ästhetische und rituelle Aspekte des Schweigens in der griechischen Tragödie: Ödipus und Orest", *Poetica* 37, 255–284.
Gödde, S. (2011): *Euphêmia. Die gute Rede in Kult und Literatur der griechischen Antike* [= Bibliothek der klassischen Altertumswissenschaften N. F. 2, 120], Heidelberg.
Gödde, S. (2012): „Recht ohne Gesetz? Szenarien der Rechtssprechung bei Homer, Hesiod und Aischylos", in: K.-P. Adam / F. Avemarie / N. Wazana (Hg.): *Law and Narrative in the Bible and in Neighbouring Ancient Cultures* [= Forschungen zum Alten Testament 54], Tübingen, 157–185.
Goldhill, S. (1984): *Language, Sexuality, Narrative: The Oresteia*, Cambridge.
Goldman, H. (1910): „The Oresteia of Aeschylus as Illustrated by Greek Vase Painting", *Harvard Studies in Classical Philology* 21, 111–159.
Gondos, E. A. (1996): *Auf dem Weg zur rhetorischen Theorie. Rhetorische Reflexion im ausgehenden fünften Jahrhundert v. Chr.*, Tübingen.
Gow, A. S. F. (1928): „Notes on the Persae of Aeschylus", *Journal of Hellenic Studies* 48, 133–158.
Grabow, E. (1998): *Schlangenbilder in der griechischen schwarzfigurigen Vasenkunst*, Münster.
Graf, F. (1974): *Eleusis und die orphische Dichtung Athens in vorhellenistischer Zeit* [= Religionsgeschichtliche Versuche und Vorarbeiten 33], Berlin/New York.
Graf, F. (1980): „Milch, Honig und Wein. Zum Verständnis der Libation im griechischen Ritual", in: *Perennitas. Studi in onore di Angelo Brelich*, Rome 1980, 209–221.
Graf, F. / Johnston, S. I. (2007): *Ritual Texts for the Afterlife: Orpheus and the Bacchic Gold Tablets*, London/New York.
Graves, F. P. (1891): *Burial Customs of the Ancient Greeks*, Brooklyn.
Gregory, J. (1991): *Euripides and the Instruction of the Athenians*, Ann Arbor.
Griffith, M. (1987): „Aeschylus' Choephoroi 3 A–3B (or 9 A–9B?)", *American Journal of Philology* 108, 377–82.
Griffiths, M. (1995): „Brilliant Dynasts: Power and Politics in the Oresteia", *Classical Antiquity* 14(1), 62–129.
Gruber, M. A. (2009): *Der Chor in den Tragödien des Aischylos. Affekt und Reaktion*, Tübingen.
Gruen, E. S. (2011): *Rethinking the Other in Antiquity* [= Martin Classical Lectures], Princeton/Oxford.
Guggisberg, M. A. (2008): „Gräber von Bürgern und Heroen. ‚Homerische' Bestattungen im klassischen Athen", in: C. Kümmel / B. Schweizer / U. Veit (Hg.): *Körperinszenierung – Objektsammlung – Monumentalisierung: Totenritual und Grabkult in frühen Gesellschaften. Archäologische Quellen in kulturwissenschaftlicher Perspektive*, Münster/New York/München/Berlin, 287–317.
Haase, M. (2002): s. v. „Totenbefragung", in: DNP 12/1, Sp. 706–707.

Hall, E. (1989): *Inventing the Barbarian: Greek Self-Definition through Tragedy*, Oxford.
Hall, J. (1999): „Beyond the Polis: The Multilocality of Heroes", in: R. Hägg (Hg.): *Ancient Greek Hero Cult* [= Proceedings of the Sixth International Seminar on Ancient Greek Cult, Göteborg University, 21–23 April 1995, Skrifter utgivna av Svenska institutet i Athen 80 16], Stockholm, 145–158.
Hame, K. J. (1999): *Ta Nomizomena: Private Greek Death-Ritual in the Historical Sources and Tragedy*, Diss. Bryn Mawr College.
Hame, K. J. (2004): „All in the Family: Rites and the Health of the Oikos in Aischylos' Oresteia", *American Journal of Philology* 125(4), 513–538.
Hamilton, R. (1992): *Choes und Anthesteria: Athenian Iconography and Ritual*, Ann Arbor.
Harrison, J. E. ³(1922): *Prolegomena to the Study of Greek Religion*, Cambridge. Erstauflage 1903.
Heath, J. (2005): *The Talking Greeks: Speech, Animals, and the Other in Homer, Aeschylus, and Plato*, Cambridge/New York.
Heinemann, K. (1913): *Thanatos in Poesie und Kunst der Griechen*, Diss. Ludwig-Maximilians-Universität zu München.
Heldmann, G. (2000): *Märchen und Mythos in der Antike? Versuch einer Standortbestimmung* [= Beiträge zur Altertumskunde 137], München/Leipzig.
Helm, J. (2004): „Aeschylus' Genealogy of Morals", *Transactions of the American Philological Association* 134(1), 23–54.
Henrichs, A. (1983): „The 'Sobriety' of Oedipus: Sophocles OC 100 Misunderstood", *Harvard Studies in Classical Philology* 87, 87–100.
Henrichs, A. (1984): „The Eumenides and Wineless Libations in the Derveni Papyrus", *Atti del XVII congresso internazionale di papirologia* 2, 255–268.
Henrichs, A. (1989): „Zur Perhorreszierung des Wassers der Styx bei Aischylos und Vergil", *Zeitschrift für Papyrologie und Epigraphik* 78, 1–29.
Henrichs, A. (1991): „Namenlosigkeit und Euphemismus. Zur Ambivalenz der chthonischen Mächte im attischen Drama", in: H. Hofmann / A. Harder (Hg.): *Fragmenta dramatica. Beiträge zur Interpretation der griechischen Tragikerfragmente und ihrer Wirkungsgeschichte*, Göttingen, 161–201.
Henrichs, A. (1993): „The Tomb of Aias and the Prospect of Hero Cult in Sophokles", *Classical Antiquity* 12(2), 165–180.
Henrichs, A. (1994): „Anonymity and Polarity: Unknown Gods and Nameless Altars at the Areopagos", *Illinois Classical Studies* 19, 27–58.
Henrichs, A. (1994/5): „'Why Should I Dance?': Choral Self-Referentiality in Greek Tragedy", *Arion* 3(1), 56–111.
Henrichs, A. (2002): s. v. „Zeus", in: DNP 12, 2, Sp. 782–789.
Henrichs, A. (2010a): „Mystika, Orphika, Dionysiaka. Esoterische Gruppenbildungen, Glaubensinhalte und Verhaltensweisen in der griechischen Religion", in: A. Bierl / W. Braungart (Hg.): *Gewalt und Opfer. Im Dialog mit Walter Burkert* [= MythosEikonPoiesis 2], Berlin/New York, 87–114.
Henrichs, A. (2010b): „What is a Greek God?", in: J. Bremmer / A. Erskine (Hg.): *The Gods of Ancient Greece: Identities and Transformations*, Edinburgh, 19–42.
Henrichs, A. ⁴(2012): s. v. „Hades", in: OCD, S. 640–641.
Herter, H. (1950): „Böse Dämonen im Frühgriechischen Volksglauben", *Rheinisches Jahrbuch für Volkskunde* 1, 112–143; wieder abgedruckt in: E. Vogt (Hg.): *Kleine Schriften*, München 1975, 43–75 (zitiert nach der Erstfassg.).
Herter, H. (1976): „Hermes. Ursprung und Wesen eines griechischen Gottes", *Rheinisches Museum für Philologie* N. F. 119, 193–241.
Hertz, R. (1909): „La prééminence de la main droite. Étude sur la polarité religieuse", *Revue philosophique* 39, 553–580.

Heubeck, A. (1986): „ἐρινύς in der archaischen Epik", *Glotta*, 64(3/4), 143 – 165.
Hickmann, R. M. (1938): *Ghostly Etiquette on the Classical Stage* [= Iowa Studies in Classical Philology 7], Diss. University of Michigan.
Hirzel, R. (1907): *Themis, Dike und Verwandtes. Ein Beitrag zur Geschichte der Rechtsidee bei den Griechen*, Leipzig.
Hirzel, R. (1909): „Die Strafe der Steinigung", *Abhandlungen der Königlich Sächsischen Gesellschaft der Wissenschaften. Philologisch-historische Klasse* 27(7), Leipzig, 223 – 266.
Hoessly, F. (2001): *Katharsis. Reinigung als Heilverfahren. Studien zum Ritual der archaischen und klassischen Zeit sowie zum Corpus Hippocraticum* [= Hypomnemata 135], Göttingen.
Horsley, G. H. R. (1980): „Sophokles, Elektra 1361", *Classical Journal* 75(4), 299 – 300.
Hose, M. (2008): *Euripides. Der Dichter der Leidenschaften*, München.
Hose, M. (2010): „Die Orestie des Aischylos – die Götter, das Recht und die Stadt", in: E. Stein-Hölkeskamp / K.-J. Hölkeskamp (Hg.): *Die griechische Welt. Erinnerungsorte der Antike*, München.
Hughes, D. D. (1991): *Human Sacrifice in Ancient Greece*, London/New York.
Humphreys, S. C. (1980): „Family Tombs and Tomb Cult in Ancient Athens: Tradition or Traditionalism?", *Journal of Hellenic Studies* 100, 96 – 126.
Hundt, J. (1935): *Der Traumglaube bei Homer* [= Greifswalder Beiträge zur Literatur- und Stilforschung], Diss. Greifswald.
Jacoby, F. (1944): „ΓΕΝΕΣΙΑ: A Forgotten Festival of the Dead", *Classical Quarterly* 38, 65 – 75.
Jahn, T. (1987): *Zum Wortfeld ‚Seele-Geist' in der Sprache Homers*, München.
Jameson, M. H. / Jordan, D. R. / Kotansky, R. D. (1993): *A New lex sacra from Selinus* [= Greek, Roman, and Byzantine Monographs 11], Durham.
Jenkins, I. (1983): „Is There Life After Marriage? A Study in the Abduction Motif in Vase Paintings of the Athenian Wedding Ceremony", *Bulletin of the Institute of Classical Studies* 30, 137 – 145.
Johnston, S. I. (1999): *Restless Dead: Encounters between the Living and the Dead in Ancient Greece*, Berkeley.
Johnston, S. I. (2008): *Ancient Greek Divination*, Massachusetts/Oxford.
Jones, C. (2010): *New Heroes in Antiquity: From Achilles to Antinoos*, Cambridge/London.
Jouan, F. (1981): „L'évocation des morts dans la tragédie grecque", *Revue de l'histoire des religions*, 198(4), 403 – 421.
Junge, M. (1983): *Untersuchungen zur Ikonographie der Erinys in der griechischen Kunst*, Diss. Kiel.
Kannicht, R. (1957): *Untersuchungen zu Form und Funktion des Amoibaion in der attischen Tragödie*, Diss. Heidelberg.
Kantzios, I. (2004): „The Politics of Fear in Aeschylus' Persians", *Classical World* 98(1), 3 – 19.
Käppel, L. (1998): *Die Konstruktion der Handlung in der Orestie des Aischylos. Die Makrostruktur des ‚Plot' als Sinnträger in der Darstellung des Geschlechterfluchs* [= Zetemata 99], München.
Karfik, F. (2004): *Die Beseelung des Kosmos. Untersuchungen zur Kosmologie, Seelenlehre und Theologie in Platons Phaidon und Timaios* [= Beiträge zur Altertumskunde 199], München/Leipzig.
Kaufmann-Bühler, D. (1954): *Begriff und Funktion der Dike in den Tragödien des Aischylos*, Diss. Heidelberg.
Kearns, E. (1989): *The Heroes of Attica* [= Bulletin of the Institute of Classical Studies, Supplement 57], London.
Kensky, M. (2010): *Trying Man, Trying God: The Divine Courtroom in Early Jewish and Christian Literature* [= Wissenschaftliche Untersuchungen zum Neuen Testament 2. Reihe 289], Tübingen.
Kerschensteiner, J. (1962): *Kosmos. Quellenkritische Untersuchungen zu den Vorsokratikern* [= Zetemata. Monographien zur klassischen Altertumswissenschaft 30], München.
Kessels, A. H. M. (1978): *Studies on the Dream in Greek Literature*, Utrecht.

Kiefer, K. (1909): *Körperlicher Schmerz und Tod auf der attischen Bühne*, Heidelberg.

King, K. C. (1985): „The Politics of Imitation: Euripides' Hekabe and the Homeric Achilles", *Arethusa* 18(1), 47 – 66.

Kircher, K. (1910): *Die sakrale Bedeutung des Weines im Altertum* [= Religionsgeschichtliche Versuche und Vorarbeiten 9,2], Gießen.

Kitzinger, R. (1991): „Why Mourning Becomes Elektra", *Classical Antiquity* 10(2), 298 – 327.

Konstantinidou, K. (2014): „Oath and Curse", in: A. H. Sommerstein / I. C. Torrance (Hg.): *Oaths and Swearing in Ancient Greece*, Berlin/Boston, 6 – 47.

Kowalzig, B. (2006): „The Aetiology of Empire? Hero-Cult and Athenian Tragedy", in: J. Davidson / F. Muecke / P. Wilson (Hg): *Greek Drama III: Essays in Honour of Kevin Lee* [= Bulletin for the Insitute of Classical Studies Supplement 87], 79 – 98.

Krafft, F. (1963): *Vergleichende Untersuchungen zu Homer und Hesiod* [= Hypomnemata 6], Göttingen.

Kranz, W. (1933): *Stasimon. Untersuchungen zu Form und Gehalt der griechischen Tragödie*, Berlin.

Krumeich, R. / Pechstein, N. / Seidensticker, B. (Hg.) (1999): *Das griechische Satyrspiel* [= Texte zur Forschung 72], Darmstadt.

Küster, E. (1913): *Die Schlange in der griechischen Kunst und Religion*, Gießen.

Lada, I. (1996): „Weeping in Hecuba: Is It a 'Brechtian' Act?", *Arethusa* 29(1), 87 – 124.

Lämmle, R. (2013): *Poetik des Satyrspiels* [= Bibliothek der klassischen Altertumswissenschaften, N. F. 2, 136], Heidelberg.

Latacz, J. (1984): „Funktionen des Traums in der antiken Literatur", in: T. Wagner-Simon / G. Benedetti (Hg.): *Traum und Träumen*, Göttingen, 10 – 31; wieder abgedruckt in: F. Graf u. a. (Hg.): *Erschließung der Antike. Kleine Schriften zur Literatur der Griechen und Römer*, Stuttgart/Leipzig 1994, 447 – 467 (zitiert nach der Erstfassg.).

Lebeck, A. (1971): *The Oresteia: A Study in Language and Structure*, Washington D.C.

Lehmann, H.-T. (2013): *Tragödie und dramatisches Theater*, Berlin.

Lennig, R. (1969): *Traum und Sinnestäuschung bei Aischylos, Sophokles, Euripides*, Diss. Eberhard-Karls-Universität Tübingen.

Lesky, A. (1925): *Alkestis, der Mythus und das Drama* [= Sitzungsberichte der Akademie der Wissenschaft in Wien. Philosophisch-historische Klasse 203(2)], Wien/Leipzig.

Lesky, A. (1931): „Die Orestie des Aischylos", *Hermes* 66(3), 190 – 214; wieder abgedruckt in: W. Kraus (Hg.): *Gesammelte Schriften. Aufsätze und Reden zu antiker und deutscher Dichtung und Kultur*, München 1966, 92 – 110 (zitiert nach der Erstfassg.).

Lesky, A. (1934): s. v. „Thanatos", in: RE Bd. 29, 1, Sp. 1245 – 1268.

Lesky, A. (1939): s. v. „Orestes", in: RE Bd. 18, 1, Sp. 966 – 1010.

Lesky, A. (1943): *Der Kommos der Choephoren* [= Sitzungsberichte der Bayerischen Akademie der Wissenschaften in Wien. Philosophisch-historische Klasse 221(3)], Wien/Leipzig.

Liapis, V. (2006): „Ghosts, Wand'ring Here and There. Orestes the Revenant in Athens", in: D. Cairns / V. Liapis (Hg.): *Dionysalexandros: Essays on Aeschylus and his Fellow Tragedians in Honour of Alexander F. Garvie*, Swansea, 201 – 231.

Llewellyn-Jones, L. (2003): *Aphrodite's Tortoise: The Veiled Women of Ancient Greece*, Swansea.

Lloyd, M. (2005): *Sophokles: Elektra* [= Duckworth Companions to Greek and Roman Tragedy], London.

Lloyd-Jones, P. H. J. (1964): „The Supplices of Aeschylus. The New Date and Old Problems", *L'antiquité classique* 33, 356 – 374; wieder abgedruckt in: ders. (1990a) 262 – 277; dt. Übs. in: H. Hommel (Hg.): *Wege zu Aischylos* [= Wege der Forschung 87], Darmstadt 1974, 101 – 124 (zitiert nach der Erstfassg.).

Lloyd-Jones, P. H. J. (1981): „Notes on P. Köln III 125 (Aeschylus, Psychagogoi?)", *Zeitschrift für Papyrologie und Epigraphik* 42, 21 – 22; wieder abgedruckt in: ders. (1990a) 355 – 356 (zitiert nach der Erstfassg.).

Lloyd-Jones, P. H. J. ²(1983): *The Justice of Zeus*, Berkeley. Erstauflage 1971.
Lloyd-Jones, P. H. J. (1990a): *Greek Epic, Lyric, and Tragedy: The Academic Papers of Sir Hugh Lloyd-Jones*, Oxford.
Lloyd-Jones, P. H. J. (1990b): *Greek Comedy, Hellenistic Literature, Greek Religion, and Miscellanea: The Academic Papers of Sir Hugh Lloyd-Jones*, Oxford.
Lloyd-Jones, P. H. J. (1990c): „Erinyes, Semnai Theai, Eumenides", in: E. Craik (Hg.): *Owls to Athens. Essays on Classical Subjects Presented to Sir Kenneth Dover*, Oxford, 203–212; wieder abgedruckt in: ders. (2005) 90–99 (zitiert nach der Erstfassg.).
Lloyd-Jones, P. H. J. (2005): *The Further Academic Papers of Sir Hugh Lloyd-Jones*, Oxford.
Loraux, N. (1981): *L'invention d'Athènes. Histoire de l'oraison funèbre dans la 'cité classique'*, Paris/La Haye/New York.
Ludwich, A. (1889): „Wie verstanden die Alten das homerische ἠεροφοῖτις?", *Neue Jahrbücher für Philologie und Paedagogik* 139, 657–667.
Mace, S. (2002): „Why the Oresteia's Sleeping Dead Won't Lie, Part I: Agamemnon", *Classical Journal* 98(1), 35–56.
Mace, S. (2004): „Why the Oresteia's Sleeping Dead Won't Lie, Part II: Choephoroi and Eumenides", *Classical Journal* 100(1), 39–60.
MacLeod, C. W. (1982): „Politics and the Oresteia", *Journal of Hellenic Studies* 102, 124–144.
MacLeod, L. (2001): *Dolos and Dike in Sophokles' Elektra*, Leiden/Boston/Köln.
Markantonatos, A. (2013): *Euripides' 'Alcestis': Narrative, Myth, and Religion* [= Untersuchungen zur antiken Literatur und Geschichte 112], Berlin/Boston.
Malten, L. (1924): s. v. „Ker", RE, Suppl. 4, 883–900.
Mantziou, M. (1981): *Hymns and Hymnal Prayers in Fifth Century Greek Tragedy with Special Reference to Euripides*, Diss. University of London.
Manuwald, B. (2000): „Zur Dialektik von ‚alt' und ‚neu' in der griechischen Tragödie", *Antike und Abendland* 46, 76–92.
Marr, J. L. (1993): „Ephialtes the Moderate?", *Greece and Rome* 40, 11–19.
Martin, B. (2014): „Blood, Honour and Status in Odyssey 11", *Classical Quarterly* N. S. 64(1), 1–12.
Mastronarde, D. (1990): „Actors on High: The Skene Roof, the Crane, and the Gods in Attic Drama", *Classical Antiquity* 9(2), 247–294.
Mastronarde, D. (2010): *The Art of Euripides: Dramatic Technique and Social Context*, Cambridge.
McClure, L. (1996): „Clytemnestra's Binding Spell (Ag. 958–974)", *Classical Journal* 92(2), 123–140.
Merkelbach, R. (1967): „Die Heroen als Geber des Guten und Bösen", *Zeitschrift für Papyrologie und Epigraphik* 1, 97–99.
Merthen, C. (2005): *Beobachtungen zur Ikonographie von Klage und Trauer. Griechische Sepulkralkeramik vom 8. bis 5. Jh. v. Chr.*, Diss. Julius-Maximilians-Universität Würzburg.
Messer, W. S. (1918): *The Dream in Homer and Greek Tragedy*, New York.
Meuli, K. (1937): „Drei Grundzüge des Totenglaubens", in: T. Gelzer (Hg.): *Gesammelte Schriften I*, Basel/Stuttgart 1975, 303–331.
Mikalson, J. D. (1991): *Honor Thy Gods: Popular Religion in Greek Tragedy*, Chapel Hill/London.
Montiglio, S. (2000): *Silence in the Land of Logos*, Princeton.
Moritz, H. E. (1979): „Refrain in Aeschylus. Literary Adaptation of Traditional Form", *Classical Philology* 74(3), 187–213.
Morris, I. (1989): „Attitudes toward Death in Archaic Greece", *Classical Antiquity* 8(2), 296–320.
Morrison, J. V. (1997): „Kerostasia, the Dictates of Fate, and the Will of Zeus in the Iliad", *Arethusa* 30, 273–296.
Mossman, J. (1995): *Wild Justice: A Study of Euripides' Hecuba*, Oxford.
Mueller-Goldingen, C. (1995): *Untersuchungen zu Xenophons Kyropädie* [= Beiträge zur Altertumskunde 42], Stuttgart/Leipzig.

Mueller-Goldingen, C. (2000): „Tradition und Innovation. Zu Stesichoros' Umgang mit dem Mythos", *L'antiquité classique* 69, 1–19.
Mühll, P. von der (1930): *Der große Aias*, Basel.
Müller, K. O. (1841): *Geschichte der griechischen Literatur bis auf das Zeitalter Alexanders*, 2 Bde., Breslau.
Naiden, F. (1998): „Alcestis the Ghost", *Lexis* 16, 77–85.
Neitzel, H. (1991): „Zur Reinigung des Orest in Aischylos' Eumeniden", *Würzburger Jahrbücher für die Altertumswissenschaft* N. F. 17, 69–89.
Nilsson, M. P. (1957): „Die Griechengötter und Gerechtigkeit", *Harvard Theological Review* 50(3), 193–210; wieder abgedruckt in: ders., *Opuscula Selecta III*, Lund 1960, 303–321 (zitiert nach der Erstfassg.).
Nilsson, M. P. [3](1967): *Geschichte der griechischen Religion*, 2 Bde., München. Übersetzte und ergänzte Auflage von: Nilsson, M. P. (1921): *Den grekiska religionens historia*, Stockholm.
Oakley, J. H. (1982): „The Anakalypteria", *Archäologischer Anzeiger* 97, 113–118.
Oakley, J. H. (2004): *Picturing Death in Classical Athens: The Evidence of the White Lekythoi*, Cambridge.
Ogden, D. (2009/2010): *Greek and Roman Necromancy*, Princeton; dt. Übers.: *Nekromantie. Das antike Wissen über die Totenbeschwörung durch Magie*, Rudolstadt 2010 (zitiert nach der dt. Fassg.).
Olivetti, P. (2010): *Uses and Interpretations of Ritual Terminology: Goos, Oimoge, Threnos, and Linos in Ancient Greek Literature*, Diss. University of Birmingham.
Otto, W. [2](1958): *Die Manen oder von den Urformen des Totenglaubens. Eine Untersuchung Zur Religion der Griechen, Römer und Semiten und zum Volksglauben überhaupt*, Darmstadt. Erstauflage 1926.
Quincey, J. H. (1964): „Orestes and the Argive Alliance", *Classical Quarterly* 14, 190–206.
Padel, R. (1992): *In and Out of the Mind: Greek Images of the Tragic Self*, Princeton.
Padel, R. (1995): *Whom Gods Destroy: Elements of Greek and Tragic Madness*, Princeton.
Pathmanathan, R. S. (1965): „Death in Greek Tragedy", *Greece and Rome* 12(1), 2–14.
Parker, R. (1983): *Miasma: Pollution and Purification in Early Greek Religion*, Oxford.
Parker, R. (1997): „Gods Cruel and Kind: Tragic and Civil Theology", in: C. Pelling (Hg.): *Greek Tragedy and the Historian*, Oxford, 143–160.
Parker, R. (2005): *Polytheism and Society at Athens*, Oxford.
Peels, S. (2016): *Hosios: A Semantic Study of Greek Piety*, Leiden.
Peifer, E. (1989): *Eidola und andere mit dem Sterben verbundene Flügelwesen in der attischen Vasenmalerei in spätarchaischer und klassischer Zeit* [= Europäische Hochschulschriften, Reihe XXXVIII, Bd. 28], Frankfurt a. M.
Pelling, C. (1997): „Aeschylus' Persae and History", in: ders. (Hg.): *Greek Tragedy and the Historian*, Oxford, 1–19.
Peres, I. (2003): *Griechische Grabinschriften und neutestamentliche Eschatologie* [= Wissenschaftliche Untersuchungen zum Neuen Testament 157], Tübingen.
Petersmann, G. (1973): „Die monologische Totenklage der Ilias", *Rheinisches Museum für Philologie* 116, 3–16.
Petrounias, E. (1976): *Funktion und Thematik der Bilder bei Aischylos* [= Hypomnemata 48], Göttingen.
Pfister, F. (1909/1912): *Der Reliquienkult im Altertum*, 2 Bde., Gießen.
Pfister, F. (1924): s. v. „Epiphanie", in: RE Suppl. 4, Sp. 277–323.
Phillips, E. D. (1953): „Odysseus in Italy", *Journal of Hellenic Studies* 73, 53–67.
Piérart, M. (1971): „Les EYΘYNOI athéniens", *L'antiquité classique* 40, 526–573.
Podlecki, A. J. (1966): *The Political Background of Aeschylean Tragedy*, Ann Arbor.

Pötscher, W. (1959a): „Ares“, *Gymnasium. Zeitschrift für Kultur der Antike und humanistische Bildung*, 5–14; wieder abgedruckt in: ders. (1988) 37–48 (zitiert nach der Erstfassg.).
Pötscher, W. (1959b): „Das Person-Bereichdenken in der frühgriechischen Periode“, *Wiener Studien* 72, 5–25; wieder abgedruckt in: ders. (1988) 49–69 (zitiert nach der Erstfassg.).
Pötscher, W. (1960): „Moira, Themis und τιμή im homerischen Denken“, *Wiener Studien* 73, 5–39; wieder abgedruckt in: ders. (1988) 90–124 (zitiert nach der Erstfassg.).
Pötscher, W. (1965): „Die „Auferstehung“ in der klassischen Antike“, *Kairos* 7, 208–215; wieder abgedruckt in: ders. (1988) 163–172 (zitiert nach der Erstfassg.).
Pötscher, W. (1978): „Person-Bereichdenken und Personifikation“, *Literaturwissenschaftliches Jahrbuch* N. F. 19, 217–231; wieder abgedruckt in: ders. (1988) 70–89 (zitiert nach der Erstfassg.).
Pötscher, W. (1988): *Hellas und Rom. Beiträge und kritische Auseinandersetzung mit der inzwischen erschienenen Literatur*, Hildesheim/Zürich/New York.
Prins, Y. (1991): „The Power of the Speech Act: Aeschylus' Furies and their Binding Song“, *Arethusa* 24(2), 177–195.
Procopio, G. (1952): „Vasi a figure nere del Museo Nazionale di Reggio Calabria“, *Archeologia Classica* 4, 153–158.
Pucci, P. (1992): „Human Sacrifices in the Oresteia“, in: R. Hexter / D. Selden (Hg.): *Innovations of Antiquity*, New York/London, 513–536.
Rakoczy, T. (1996): *Böser Blick, Macht des Auges und Neid der Götter. Eine Untersuchung zur Kraft des Blickes in der griechischen Literatur* [= Classica Monacensia 13], Tübingen.
Radermacher, L. (1903): *Das Jenseits im Mythos der Hellenen. Untersuchungen über antiken Jenseitsglauben*, Bonn.
Rechenauer, G. (2001): „Der tragische Konflikt und seine Lösung in der Orestie des Aischylos“, *Quaderni Urbinati di Cultura Classica* N. S. 68(2), 59–92.
Rehm, R. (1994): *Marriage to Death: The Conflation of Wedding and Funeral Rituals in Greek Tragedy*, Princeton.
Rehm, R. (2002): *The Play of Space: Spatial Transformation in Greek Tragedy*, Princeton.
Rehrenböck, G. (1987): „Das Schlaraffenland im Tartaros. Zur Thematik der Metalles des Komikers Pherekrates“, *Wiener humanistische Blätter* 29, 14–25.
Reiner, E. (1938): *Die rituelle Totenklage der Griechen* [= Tübinger Beiträge zur Altertumskunde 30], Stuttgart.
Reinhardt, K. (1947): *Sophokles*, Frankfurt a. M.
Reinhardt, K. (1949): *Aischylos als Regisseur und Theologe*, Bern.
Reinhardt, U. (2012): *Mythen – Sagen – Märchen. Eine Einführung mit exemplarischen Motivreihen* [= Paradeigmata 17], Freiburg i. Br./Berlin/Wien.
Renger, A.-B. (2006): *Zwischen Märchen und Mythos. Die Abenteuer des Odysseus und andere Geschichten von Homer bis Walter Benjamin*, Stuttgart.
Riedweg, C. (1987): *Mysterienterminologie bei Platon, Philon und Klemens von Alexandrien*, Berlin/New York.
Riemer, P. (1989): *Die Alkestis des Euripides. Untersuchungen zur tragischen Form* [= Beiträge zur Klassischen Philologie 195], Frankfurt.
Riess, W. (2011): „Demokratische Gewalt? Prolegomena zu einer Kulturgeschichte der interpersonellen Gewalt im klassischen Athen“, *Historische Zeitschrift* 292, 681–718.
Riess, W. (2012): *Performing Interpersonal Violence: Court, Curse, and Comedy in Fourth-Century BCE Athens* [= MythosEikonPoiesis 4], Berlin/New York.
Riethmüller, J. W. (2005): *Asklepios. Heiligtümer und Kulte* [= Studien zu Antiken Heiligtümern 2], 2 Bde., Heidelberg.
Rohde, E. (1895): „Paralipomena“, *Rheinisches Museum für Philologie* 50, 1–30.

Rohde, E. ²(1898): *Psyche. Seelencult und Unsterblichkeitsglaube der Griechen*, 2 Bde., Freiburg. Erstauflage 1894.
Röhser, G. (1987): *Metaphorik und Personifikation der Sünde. Antike Sündenvorstellungen und paulinische Hamartia* [= Wissenschaftliche Untersuchungen zum Neuen Testament 2, Reihe 25], Tübingen.
Roloff, D. (1979): *Gottähnlichkeit, Vergöttlichung und Erhöhung zu seligem Leben. Untersuchungen zur Herkunft der platonischen Angleichung an Gott* [= Untersuchungen zur antiken Literatur und Geschichte 4], Berlin.
Rose, H. J. (1950): „Ghost Ritual in Aeschylus", *Harvard Theological Review* 43(4), 257–280.
Rosenbloom, D. (2006): *Aeschylus: Persians*, London.
Rosenkranz, K. (1853): *Ästhetik des Häßlichen*, Königsberg.
Rosenmeyer, T. G. (1982): *The Art of Aeschylus*, Berkeley/Los Angeles/London.
Rudhardt, J. ²(1992): *Notions fondamentales de la pensée religieuse et actes constitutifs du culte dans la Grèce classique. Étude préliminaire pour aider à la compréhension de la piété athénienne au IVme siècle*, Paris. Erstauflage 1958.
Ruhl, L. (1903): *De mortuorum iudicio* [= Religionsgeschichtliche Versuche und Vorarbeiten 2(2)], 33–105.
Saïd, S. (1981): „Darius et Xerxès dans les Perses d'Eschyle", *Ktema* 6, 17–38.
Samon, L. J. (2000): *Empire of the Owl: Athenian Imperial Finance* [= Historia. Zeitschrift für alte Geschichte, Einzelschriften 142], Stuttgart.
Saurian, H. (1986): s. v. „Erinys", in: LIMC III.1, 824–843.
Schadewaldt, W. (1932): „Der Kommos in Aischylos' Choephoren", *Hermes* 67(3), 312–354; wieder abgedruckt in: R. Thurow / E. Zinn (Hg.): *Hellas und Hesperien. Gesammelte Schriften zur Antike und zur neueren Literatur in zwei Bänden. Zum 70. Geburtstag von Wolfgang Schadewaldt am 15. März 1970, 2., neugestaltete und vermehrte Ausgabe*, Zürich/München 1970, Bd. 2, 249–283 (zitiert nach der Erstfassg.).
Schadewaldt, W. (1952): „Zu einem Florentiner Papyrusbruchstück aus dem 'Alkmeon in Psophis' des Euripides", *Hermes* 80, 46–66; wieder abgedruckt in: R. Thurow / E. Zinn (Hg.): *Hellas und Hesperien. Gesammelte Schriften zur Antike und zur neueren Literatur in zwei Bänden. Zum 70. Geburtstag von Wolfgang Schadewaldt am 15. März 1970, 2., neugestaltete und vermehrte Ausgabe*, Zürich/München 1970, Bd. 2, 516–534 (zitiert nach der Erstfassg.).
Schäfer, M. (1990): *Der Götterstreit in der Ilias* [= Beiträge zur Altertumskunde 15], Stuttgart.
Schauer, M. (2002): *Tragisches Klagen: Form und Funktion der Klagedarstellung bei Aischylos, Sophokles und Euripides* [= Classica Monacensia 26], Tübingen.
Scheer, T. (2001): „Die Götter anrufen. Die Kontaktaufnahme zwischen Mensch und Gottheit in der griechischen Antike", in: K. Brodersen (Hg.): *Gebet und Fluch, Zeichen und Traum. Aspekte religiöser Kommunikation in der Antike* [= Antike Kultur und Geschichte 1], Münster, 31–56.
Schellenberg, S. (2001): *Das Motiv der Entführung durch geflügelte Wesen in der attischen Vasenmalerei*, Lizentiatsarbeit der Philosophischen Fakultät der Universität Zürich.
Schlesier, R. (1994): „Olympische Religion und chthonische Religion", in: U. Bianchi (Hg.): *The Notion of 'Religion' in Comparative Research* [= Selected Proceedings of the XVIth Congress of the International Association for the History of Religions, Rome, 3–8 September 1990], Rome, 301–310.
Schlesier, R. (1995): „Lust durch Leid. Aristoteles' Tragödientheorie und die Mysterien. Eine interpretationsgeschichtliche Studie", in: W. Eder (Hg.): *Die athenische Demokratie im 4. Jahrhundert v. Chr. – Vollendung oder Verfall einer Verfassungsform?*, Stuttgart, 389–415.
Schlesier, R. (1997): s. v. „Chthonische Götter II. Griechenland", in: DNP 2, Sp. 1186–1190.
Schlesier, R. (2002): „Heimliche Liebe im Zeichen der Mysterien. Verschleierung und Enthüllung in Euripides' Hippolytos", in: E. Klinger / S. Böhm / T. Franz (Hg.): *Paare in antiken religiösen Texten und Bildern. Symbole für Geschlechterrollen damals und heute*, Würzburg, 51–91.

Schmid, W. / Stählin, O. (1946): *Geschichte der griechischen Literatur, erster Teil. Die klassische Periode der griechischen Literatur. Vierter Band* [= Handbuch der Altertumswissenschaft VII 1,4], München.

Schmitz, W. (2004): *Nachbarschaft und Dorfgemeinschaft im archaischen und klassischen Griechenland*, Berlin.

Schmitz, W. (2007): *Haus und Familie im antiken Griechenland*, München.

Schreckenberg, H. (1964): *Ananke. Untersuchungen zur Geschichte des Wortgebrauchs* [= Zetemata 36], München.

Schulze, W. (1918): „Beiträge zur Wort- und Sittengeschichte II", *Sitzungsberichte der Preußischen Akademie der Wissenschaften*, 481–511; wieder abgedruckt in: W. Wissmann (Hg.): *Kleine Schriften*, Göttingen ²1966, 160–189.

Scullion, S. (1994a): „Olympian and Chthonian", *Classical Antiquity* 13(1), 75–119.

Scullion, S. (1994b): *Three Studies in Athenian Dramaturgy* [= Beiträge zur Altertumskunde 25], Stuttgart/Leipzig.

Scullion, S. (2000): „Tradition and Innovation in Euripidean Aitiology", in: M. Cropp – K. Lee / D. Sansone (Hg.): *Euripides and Tragic Theatre in the Late Fifth Century*, Champaign, 217–233.

Scullion, S. (2005): „'Saviours of the Father's Hearth': Olympian and Chthonian in the Oresteia", in: R. Hägg / B. Alroth (Hg.): *Greek Sacrificial Ritual, Olympian and Chthonian* [= Proceedings of the Sixth International Seminar on Ancient Greek Cult, Göteborg University, 25–27 April 1997, Skrifter utgivna av Svenska institutet i Athen 8⁰ 18], Sävedalen, 23–36.

Seaford, R. (1985): „The Destruction of Limits in Sophokles' Elektra", *Classical Quarterly* N. S. 35(2), 315–323.

Seaford, R. (1994a): *Reciprocity and Ritual: Homer and Tragedy in the Developing City-State*, Oxford.

Seaford, R. (1994b): „Sophocles and the Mysteries", *Hermes* 122, 275–288.

Segal, C. P. (1966): „The Electra of Sophocles", *Transactions and Proceedings of the American Philological Association* 97, 473–545.

Segal, C. P. (1971): *The Theme of the Mutilation of the Corpse in the Iliad*, Leiden.

Segal, C. (1989): „The Problem of the Gods in Euripides' Hecuba", *Materiali e discussioni per l'analisi dei testi classici* 22, 9–21; wieder abgedruckt in: ders., *Euripides and the Poetics of Sorrow: Art, Gender, and Commemoration in Alcestis, Hippolytus, and Hecuba*, Durham/London 1993, 214–226 (zitiert nach der Erstfassg.).

Segal, C. (1990): „Golden Armor and Servile Robes: Heroism and Metamorphosis in Hecuba of Euripides", *American Journal of Philology* 111(3), 304–317; wieder abgedruckt in: ders., *Euripides and the Poetics of Sorrow: Art, Gender, and Commemoration in Alcestis, Hippolytus, and Hecuba*, Durham/London 1993, 157–189 (zitiert nach der Erstfassg.).

Segal, C. (1993): „Euripides' Alcestis: How to Die a Normal Death in Greek Tragedy", in: E. Bronfen / S. Webster Goodwin (Hg.): *Death and Representation*, Baltimore, 213–241.

Seidensticker, B. (1982): *Palintonos Harmonia. Studien zu komischen Elementen in der griechischen Tragödie* [= Hypomnemata 72], Göttingen.

Shapiro, H. A. (1976): *Personification of Abstract Concepts in Greek Art and Literature to the End of the Fifth Century BC*, Diss. Princeton University.

Shapiro, H. A. (1989): *Art and Cult under the Tyrants in Athens*, Mainz a. R.

Sideras, A. (1971): *Aeschylus Homericus. Untersuchunge zu den Homerismen der aischyleischen Sprache*, Göttingen.

Sidwell, K. (1996): „Purification and Pollution in Aeschylus' Eumenides", *Classical Quarterly* 46(1), 44–57.

Solmsen, F. (1944): „The Tablets of Zeus", *Classical Quarterly* 38, 27–30.

Solmsen, F. (1949): *Hesiod and Aeschylus*, New York.

Sommerstein, A. H. (1996): *Aeschylean Tragedy* [= Le Rane, Studi 15], Bari.

Sommerstein, A. H. / Bayliss, A. J. (2013): *Oath and State in Ancient Greece*, Berlin/Boston.

Sourvinou-Inwood, C. (1981): „To Die and Enter the House of Hades: Homer, Before and After", in: J. Whaley (Hg.): *Mirrors of Mortality*, London, 15–39.
Sourvinou-Inwood, C. (1983): „A Trauma in Flux: Death in the Eighth Century and After", in: R. Hägg (Hg.): *The Greek Renaissance of the Eighth Century BC: Tradition and Innovation* [= Proceedings of the Second International Symposium at the Swedish Institute in Athens, 1–5 June, 1981], Stockholm, 33–49.
Sourvinou-Inwood, C. (1995): *'Reading' Greek Death: To the End of the Classical Period*, Oxford.
Sourvinou-Inwood, C. (1997): „Tragedy and Religion: Constructs and Readings", in: C. Pelling (Hg.): *Greek Tragedy and the Historian*, Oxford, 161–186.
Sourvinou-Inwood, C. (2003): *Tragedy and Athenian Religion*, Lanham/New York/Oxford.
Sourvinou-Inwood, C. ^{4}(2012): s. v. „Thanatos", in: OCD, S. 1449.
Speyer, W. (1980): „Die Hilfe und Epiphanie einer Gottheit, eines Heroen und eines Heiligen in der Schlacht", in: E. Dassmann / K. Suso Frank (Hg.): *Pietas. Festschrift für Bernhard Kötting* [= Jahrbuch für Antike und Christentum Ergänzungsband 8], 55–77.
Stafford, E. (2010): „Herakles between Gods and Heroes", in: J. Bremmer / A. Erskine (Hg.): *The Gods of Ancient Greece: Identities and Transformations* [= Edinburgh Leventis Studies 5], Edinburgh, 228–244.
Stanford, W. B. (1983): *Greek Tragedy and the Emotions: An Introductory Study*, London.
Storey, I. C. (2003): *Eupolis, Poet of Old Comedy*, Oxford.
Strange, J.-M. (2005): *Death, Grief and Poverty in Britain, 1870–1914*, Cambridge.
Straten, F. T. van (1995): *Hierà kalá: Images of Animal Sacrifice in Archaic and Classical Greece*, Leiden.
Sullivan, S. D. (1997): *Aeschylus' Use of Psychological Terminology: Traditional and New*, Montreal.
Taplin, O. (1977): *The Stagecraft of Aeschylus: The Dramatic Use of Exits and Entrances in Greek Tragedy*, Oxford.
Thalheim, T. (1894): s. v. „ἀνάκρισις", in: RE Bd. 1, 2, Sp. 2050–2051.
Thalheim, T. (1903): s. v. „Dike", in: RE Bd. 5, 1, Sp. 574–580.
Thalmann, W. G. (1985a): „Speech and Silence in the Oresteia 1", *Phoenix* 39(2), 99–118.
Thalmann, W. G. (1985b): „Speech and Silence in the Oresteia 2", *Phoenix* 39(3), 221–237.
Thalmann, W. G. (1986): „Aeschylus's Physiology of the Emotions", *American Journal of Philology*, 107(4), 489–511.
Thiel, R. (1993): *Chor und tragische Handlung im Agamemnon des Aischylos*, Stuttgart/Leipzig 1993.
Thomsen, A. (2011): *Die Wirkung der Götter. Bilder mit Flügelfiguren auf griechischen Vasen des 6. und 5. Jahrhunderts v. Chr.* [= Image & Kontext 9], Berlin/Boston.
Tierney, M. (1937): „The Mysteries and the Oresteia", *Journal of Hellenic Studies* 57(1), 11–21.
Trammell, E. P. (1941): „The Mute Alcestis", *Classical Journal* 73(3), 144–150.
Valk, M. H. A. L. H. van der (1985): „On the God Cronus", *Greek, Roman and Byzantine Studies* 26(1), 5–11.
Valk, M. H. A. L. H. van der (1942): „Zum Worte ΟΣΙΟΣ", *Mnemosyne* 10(2), 113–140.
Vrugt-Lenz, J. ter (1976): „Geistern (Dämonen)", in: RAC IX, 598–615.
Vermeule, E. (1979): *Aspects of Death in Early Greek Art and Poetry* [= Sather Lectures 46], Berkeley.
Vernant, J.-P. (1982): „La belle mort et le cadaver outrage", in: G. Gnoli / J.-P. Vernant (Hg.): *La mort, les morts dans les sociétés anciennes*, Cambridge, 45–76.
Vernant, J.-P. (1989): „Figures féminines de la mort en Grèce", in: ders.: *L'individu, la mort, l'amour: Soi même et l'autre en Grèce ancienne*, Paris, 131–152.
Versnel, H. (2009): *Fluch und Gebet. Magische Manipulation versus religiöses Flehen? Religionsgeschichtliche und hermeneutische Betrachtungen über antike Fluchtafeln* [= Hans-Lietzmann-Vorlesungen 10], Berlin.

Visvardi, E. (2015): *Emotion in Action: Thucydides and the Tragic Chorus* [= Mnemosyne Supplements. Monographs on Greek and Latin Language and Literature 377], Leiden/Boston.

Vogt, J. (1972): *Antike und Universalgeschichte. Festschrift Hans Erich Stier zum 70. Geburtstag am 25. Mai 1972* [= Fontes et Commentatores. Schriftenreihe des Instituts für Epigraphik an der Universität Münster, Supplementband 1], 131–145.

Vöhler, M. (2005): „‚Ich aber'. Mythenkorrekturen in Pindars 1. Olympie", in: B. Seidensticker / M. Vöhler (Hg.): *Mythenkorrekturen. Zu einer paradoxalen Form der Mythenrezeption*, Berlin, 19–36.

Wächter, T. (1910): *Reinheitsvorschriften im griechischen Kult* [= Religionsgeschichtliche Versuche und Vorarbeiten 9(1)], Gießen.

Wagner-Hasel, B. (2000): *Der Stoff der Gaben. Kultur und Politik des Schenkens und Tauschens im archaischen Griechenland* [= Campus historische Studien 28], Frankfurt/New York.

Wankel, H. (1983): „Alle Menschen müssen sterben. Variationen eines Topos der griechischen Literatur", *Hermes* 111, 129–154.

Warmbold, F. (1871): „Euripides' Ansichten vom Tode und vom Jenseits", *Programm des herzoglichen Carlsgymnasiums zu Bernburg*, 1–34.

Weber, G. (1989): *Tod, Modernität und Gesellschaft. Entwurf einer Theorie der Todesverdrängung*, Opladen.

West, M. L. (1990b): *Studies in Aeschylus* [= Beiträge zur Altertumskunde 1], Stuttgart.

Whallon, W. (1964): „Maenadism in the Oresteia", *Harvard Studies in Classical Philology* 68, 317–327.

Widengren, G. (1969): *Religionsphänomenologie*, Berlin. Übs. R. Elgnowski.

Widzisz, M. (2010): „The Duration of Darkness and the Light of Eleusis in the Prologue of Agamemnon and the Third Stasimon of Choephoroi", *Greek, Roman, and Byzantine Studies* 50, 461–489.

Wiles, D. (1997): *Tragedy in Athens: Performance Space and Theatrical Meaning*, Cambridge.

Wilamowitz-Moellendorff, U. von (1883): „Die beiden Elektren", *Hermes* 18(2), 214–263; wieder abgedruckt in: W. Buchwald (Hg.): *Kleine Schriften VI. Philologiegeschichte, Pädagogik und Verschiedenes. Nachlese zu den Bänden 1 und 2. Nachtrag zur Bibliographie*, Berlin 1972, 161–208.

Wilamowitz-Moellendorff, U. von (1886): „Die Bühne des Aischylos", *Hermes* 21, 597–622.

Wilamowitz-Moellendorff, U. von (1909): „Lesefrüchte 123–144", *Hermes* 44, 445–476; wieder abgedruckt in: K. Latte (Hg.): *Kleine Schriften IV. Lesefrüchte und Verwandtes*, Berlin 1962, 224–253.

Wilamowitz-Moellendorff, U. von (1914): *Aischylos. Interpretationen*, Berlin.

Wilamowitz-Moellendorff, U. von ^{2}(1951): *Der Glaube der Hellenen*, 2. Bde., Berlin. Erstauflage 1931 (beide Fassungen zitiert).

Willinghöfer, H. (1996): *Thanatos. Die Darstellung des Todes in der griechischen Kunst der archaischen und klassischen Zeit*, Marburg.

Winnington-Ingram, R. P. (1980): *Sophocles: An Interpretation*, Cambridge.

Winnington-Ingram, R. P. (1983): *Studies in Aeschylus*, Cambridge.

Wöhrle, G. (1995): *Hypnos der Allbezwinger. Eine Studie zum literarischen Bild des Schlafes in der griechischen Antike* [= Palingenesia. Monographien und Texte zur klassischen Altertumswissenschaft 53], Stuttgart.

Wunderlich, E. (1925): *Die Bedeutung der roten Farbe im Kultus der Griechen und Römer. Erläutert mit Berücksichtigung entsprechender Bräuche bei anderen Völkern* [= Religionsgeschichtliche Versuche und Vorarbeiten 20–21], Gießen.

Wüst, E. (1868): *Quid Sophocles de immortalitate animae et de inferis tradiderit*, Diss. Jena.

Wüst, E. (1870): „Der Hades und das Leben der Verstorbenen in demselben bei Sophocles", *Programm der Realschule auf der Burg zu Königsberg*, 1–10.

Wüst, E. (1952): s. v. „Polyxenos“, in: RE Bd. 22, 2, Sp. 1851–1852.
Wüst, E. (1956): s. v. „Erinys“, in: RE Suppl. 7, Sp. 82–166.
Zeitlin, F. (1965): „The Motif of the Corrupted Sacrifice in Aeschylus’ Oresteia“, *Transactions and Proceedings of the American Philological Association* 96, 463–508.
Zeitlin, F. (1996): *Playing the Other: Gender and Society in Classical Greek Literature*, Chicago.
Zeppezauer, D. (2011): *Bühnenmord und Botenbericht. Zur Darstellung des Schrecklichen in der griechischen Tragödie* [= Beiträge zur Altertumskunde 295], Göttingen.
Zerhoch, S. (2015): *Erinys in Epos, Tragödie und Kult. Fluchbegriff und personale Fluchmacht* [= Philologus. Supplemente 4], Berlin/Boston.
Zimmermann, B. (2008): *Dithyrambos. Geschichte einer Gattung*, Berlin.

Indices

Stellen

https://doi.org/10.1515/9783110612691-012

Namen und Sachen

Kolibri 360 GmbH
Ferdinand-Jühlke-Straße 7
99095 Erfurt, Deutschland
produktsicherheit@kolibri360.de